结构力学

JIEGOU LIXUE

刘蓉华◎编著

西南交通大学出版社
·成 都·

图书在版编目（C I P）数据

结构力学 / 刘蓉华编著. —成都：西南交通大学出版社，2014.9（2016.5 重印）

ISBN 978-7-5643-3419-2

Ⅰ. ①结… Ⅱ. ①刘… Ⅲ. ①结构力学 Ⅳ. ①O342

中国版本图书馆 CIP 数据核字（2014）第 205341 号

结构力学

刘蓉华　编著

责任编辑	曾荣兵
封面设计	墨创文化
出版发行	西南交通大学出版社 （四川省成都市二环路北一段 111 号 西南交通大学创新大厦 21 楼）
发行部电话	028-87600564　87600533
邮政编码	610031
网　　址	http: //www.xnjdcbs.com
印　　刷	成都蓉军广告印务有限责任公司
成品尺寸	185 mm × 260 mm
印　　张	21
字　　数	495 千字
版　　次	2014 年 9 月第 1 版
印　　次	2016 年 5 月第 3 次
书　　号	ISBN 978-7-5643-3419-2
定　　价	39.50 元

课件咨询电话：028-87600533

图书如有印装质量问题　本社负责退换

前　言

本书是按照教育部力学课程教学指导委员会撰写的《结构力学课程教学基本要求》，围绕应用型人才培养，根据土建类结构力学的教学计划和教学大纲编写的。

全书共九章，第一～六章主要内容包括了静定结构内力计算与位移计算、超静定结构计算的力法与位移法，这些内容是结构力学课程的重要基础，也是学习者必须修读的结构力学经典部分。本书的第七、八、九章是在其经典内容的基础上，进一步介绍杆件结构分析的一些专题分析方法，包括杆系结构的计算机分析、结构动力分析和在移动荷载作用下的结构分析，这些专题内容将为学习相关专业课程以及进行结构设计和科学研究打下良好的基础。

本书的编写致力于读者结构力学的基本概念的培养及应用能力的提高，全书内容简明，讲解语言平实，叙述深入浅出，尽可能注意由具体到抽象，由简单到复杂，注重综合归纳、思考提高。在全书各章的开篇均根据《结构力学课程教学基本要求》，对学习目的和主要知识点的掌握程度，给出了“了解”、“熟悉与理解”、“掌握与应用”由低到高的层次要求。全书的编写符合课程的认知和发展规律，也适应于当前教学改革的要求。

本书是西南交通大学结构力学教研室教师在长期从事结构力学教学、科研以及工程实践的基础上写成的，罗永坤、黄慧萱、蔡婧、江南、马珩、齐欣、李翠娟老师为本书的策划、编写、修订等给予了大量的帮助与支持，在此一并表示衷心的感谢！

限于编者的水平，书中难免存在疏漏和不足之处，诚恳期望同行和读者批评指正。

编　者

2014 年 8 月

目 录

第一章 绪 论

【学习目的和基本要求】

结构力学是土木工程专业的一门重要的专业（技术）基础课。一方面，它以高等数学、理论力学、材料力学等课程为基础；另一方面，它又是钢结构、钢筋混凝土结构、土力学与地基基础、结构抗震等土木工程类专业课的基础。该课程在基础课与专业课之间起着承上启下的作用，是土木工程专业的一门重要主干课程。

对本章学习的基本要求如下：

了解：（1）结构力学的基本研究对象和学科内容，与其他课程的关系；

（2）杆件结构分类；

（3）选取结构计算的原则，初步了解杆件结构怎样简化为计算简图。

掌握：（1）杆件结构常见的四种支座及其计算简图；

（2）四种支座所能产生的反力及反力的计算；

（3）杆件结构常见的三类结点及其计算简图；

（4）三类结点的变形和受力特点；

（5）结构计算简图的概念和确定计算简图的原则。

第一节 结构力学的研究对象和基本任务

建筑物和工程设施中承受、传递荷载而起骨架作用的部分称为工程结构，简称结构。最简单的结构是一根梁或一根柱；一般结构则是由若干杆件或其他非杆元件（如板、壳等）联结而成。例如：工程中的房屋、塔架、桥梁、隧道、挡土墙、水坝等都属于结构。

结构的类型是多种多样的。通常，按组成元件的几何特征，结构可分为杆件结构、板壳结构和实体结构三类。

杆件结构是由若干个杆件相互连接而组成的结构。杆件的几何特征是其横截面的高度和宽度远小于杆件的长度。梁、刚架、拱、桁架等都是杆件结构的典型形式。

板壳结构也称为薄壁结构，其几何特征是厚度远小于长度和宽度两个方向的尺寸。房屋建筑中的楼板和壳体屋盖等都是属于板壳结构。

实体结构也称为三维连续体结构，其几何特征是结构的长、宽、厚三个尺度大小相仿。例如：建筑物或设备的基础、水工结构中的重力坝等均属于实体结构。

结构力学是以杆件结构为主要研究对象，其主要任务包括以下三方面内容：

（1）研究结构的组成规律和合理形式等问题。

（2）研究结构在荷载以及外界因素作用下的内力和位移的计算。在此基础上，即可利用后续相关专业课程知识进行结构设计和验算。

（3）研究结构的稳定性计算以及在动力荷载作用下的动力反应。

结构力学是一门专业（技术）基础课，它一方面要用到数学、理论力学和材料力学等课程的知识，另一方面又为建筑结构、桥梁、隧道等专业课程提供必要的基本理论和计算方法。本书主要介绍结构力学中最基本的计算原理和计算方法，这些内容是解决一般常用结构的静力计算问题所必需的，也是进一步学习和掌握其他现代结构分析方法的基础。

第二节 结构的计算简图

实际结构往往是很复杂的，如果完全按照实际结构的工作状态进行分析，事实上会遇到一定的困难，同时也是不必要的，因而在对实际结构进行力学分析之前，需要作出某些简化和假设。在计算时，常将实际结构中的一些次要因素忽略不计，但是又要能反映出实际结构的主要受力特征。这种经过简化的结构图形称为结构的计算简图。

结构计算简图简化的原则如下：

（1）保留主要因素，略去次要因素，使计算简图能反映出实际结构的主要受力特征及主要性能。

（2）分清主次，略去细节。根据需要与可能，从实际出发，力求计算简洁明了，便于计算。

对于一个结构，尤其是复杂结构的计算简图的确定，需要具有丰富的实践经验和对实际结构物的全面了解。这方面本书不作详细讨论，以下仅介绍平面杆件结构中常用的杆件、支座和结点的简化形式。

一、杆件的简化

各种杆件在计算简图中均用其轴线来代替。等截面直杆的轴线是一直线，曲杆是一曲线。变截面杆件常可近似地用直线或曲线来代替。

二、支座的简化和分类

将结构与基础或其他支承物联系，并用以固定结构位置的装置称为支座。在工程结构中，从支座对结构的约束作用（解除约束后，约束作用以约束反力表示）来看，常用的计算简图可分为如下四种类型：

1. 活动铰支座

这种支座的构造简图可用图 1.1（a）所示方式表示。它对结构的约束作用是只能阻止结构沿垂直于支承平面方向移动，这时，结构既可绕铰 A 作转动，又可沿着与支承平面 $m—n$ 平行的方向微量移动。因此，当不考虑支承平面上的摩擦力时，活动铰支座的反力将通过铰 A 的中心并与支承平面垂直，其作用点和方向是确定的，只是大小未知，可用 F_{RA} 表示。根据上述特点，这种支座在计算简图中常用图 1.1（b）所示的一根竖向支座链杆来代表。

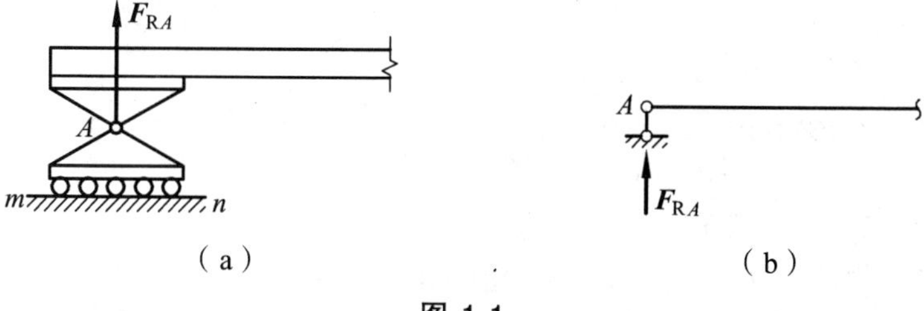

图 1.1

2. 固定铰支座

这种支座的构造简图可用图 1.2（a）所示方式表示。它对结构的约束作用是不允许结构发生任何移动，而只能绕铰 A 转动。因此，固定铰支座的反力将通过铰 A 的中心，但其方向和大小都是未知的，可以用两个沿确定方向的未知反力 F_{Ax} 和 F_{Ay} 来表示。这种支座在计算简图中常用图 1.2（b）、（c）所示交于点 A 的两根链杆来表示。

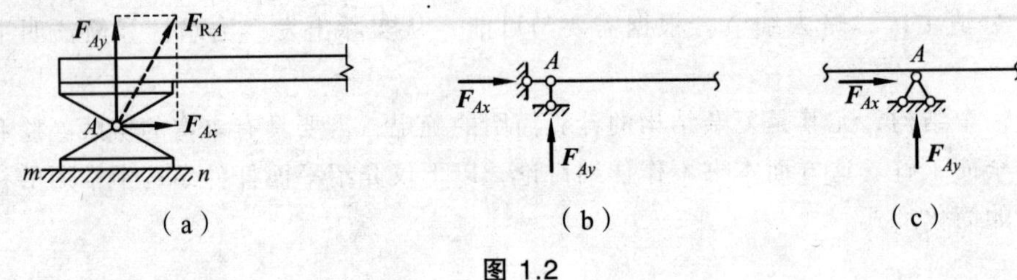

图 1.2

3. 固定支座

这种支座不允许结构在 A 处发生任何移动和转动，它的反力的大小、方向和作用点都是未知的。因此，可以用图 1.3（a）所示的水平和竖向的反力 F_{Ax}、F_{Ay} 及反力偶 M_A 表示。固定支座也可用图 1.3（b）所示三根既不全平行又不全交于一点的链杆表示。显然，这时三根链杆的内力是与这种支座的三个反力等效的。在计算简图中，这种支座常采用图 1.3（c）所示的图形。

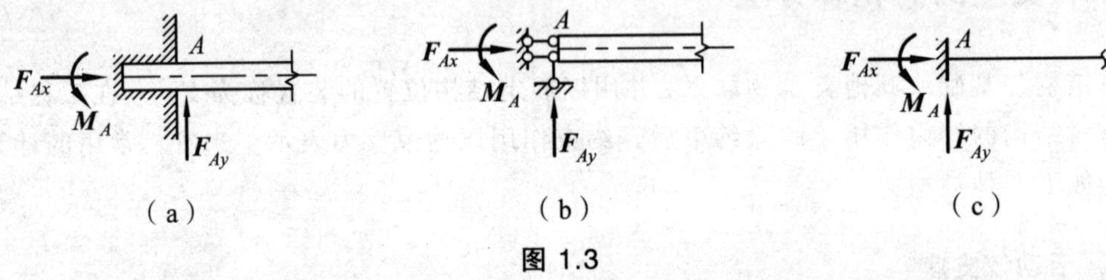

图 1.3

4. 滑动支座

图 1.4（a）所示为滑动支座（亦称定向铰支座）的示意图。这类支座能限制结构的转动，阻止结构沿垂直于支承平面方向移动，但允许结构沿支承平面方向滑动。例如：图 1.4（a）所示的结构在支座处的转动和竖向移动将受到限制，但可沿水平方向有微小滑动，可用图 1.4（b）所示的两根竖向平行支杆来表示这类滑动支座的机动特征和受力特征。相应的支座反力有两个：限制竖直方向移动的反力 F_{Ay} 和限制转动的反力矩 M_A。

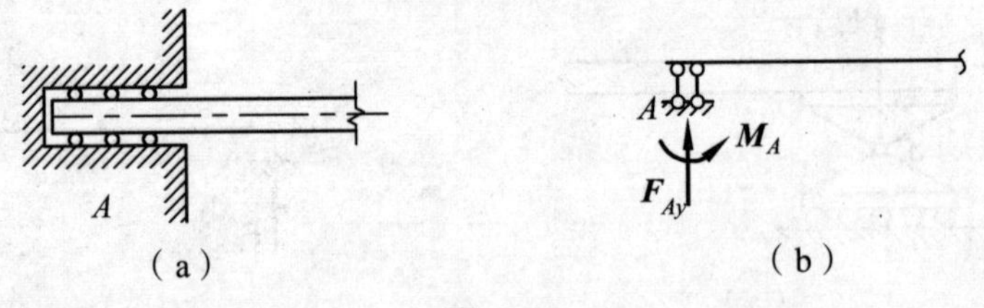

图 1.4

三、结点的简化

在杆件结构中，几根杆件相互联结处称为结点。根据结构的受力特点和结点的构造情况，在计算中常将其简化为以下两种类型：

1. 铰结点

铰结点的特征是所联结各杆可以绕铰作自由转动，因此可用一理想光滑的铰来表示。但这种理想情况在实际工程中很难实现。例如：图 1.5（a）所示为木屋架的下弦中间结点构造图，此结点处各杆并不能完全自由地转动，但是由于杆件间的联结对于相对转动的约束不强，受力时杆件可发生微小的相对转动。因此，其计算简图可近似地处理为如图 1.5（b）所示的铰结点。

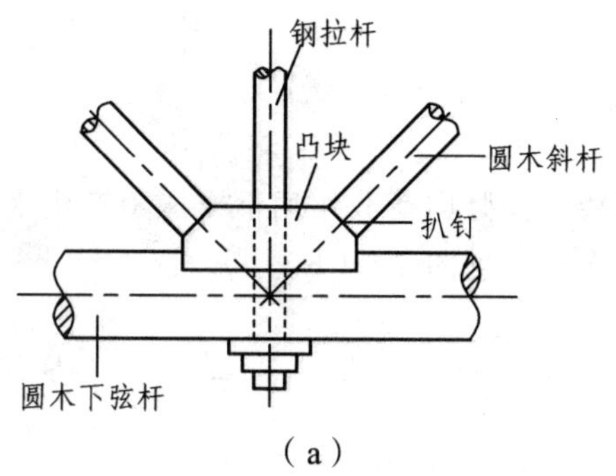

（a）

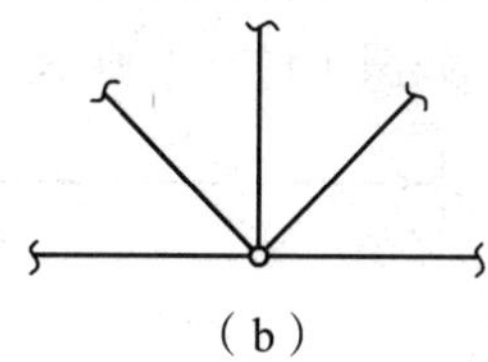

（b）

图 1.5

2. 刚结点

刚结点的特征是所联结的杆件之间不能在结点处产生相对转动，即刚结点处各杆件之间的夹角在变形前后保持不变。图 1.6（a）所示为混凝土多层刚架边柱与横梁的结点构造图。由于边柱与横梁间为整体浇筑，同时横梁的受力钢筋伸入柱内并满足锚固长度的要求，因而就保证了横梁与边柱能相互牢固地联结在一起，构成了刚结点，其计算简图如图 1.6（b）所示。

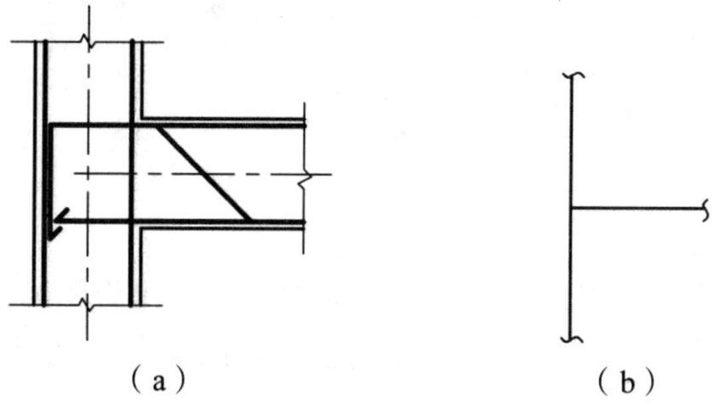

（a）　　（b）

图 1.6

有时还会遇到铰结点和刚结点在一起形成的组合结点。例如：在图 1.7（a）中 A、B 为刚结点，C 为铰结点，D 则为组合结点。组合结点 D[见图 1.7（b）]应视为 BD、ED、CD 三杆在此结点相联，其中，BD 与 ED 两杆是刚性联结，CD 杆与其他两杆则由铰联结。组合结点处的铰又称为不完全铰。

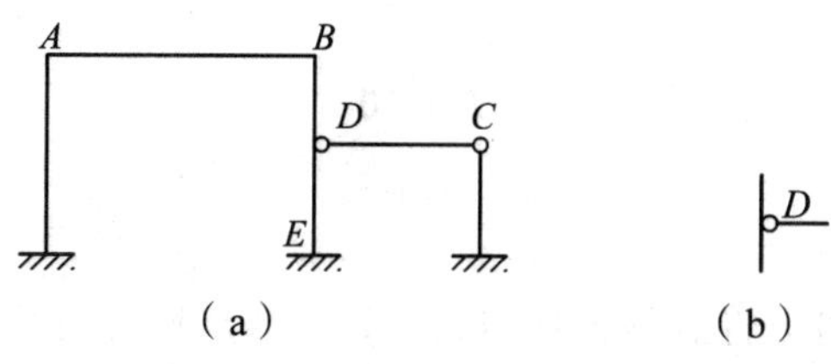

（a）　　（b）

图 1.7

第三节 杆件结构的分类

结构的分类实际上是计算简图的分类。根据平面结构的组成特征和受力特点，可分为以下几种类型：

1. 梁

梁是一种受弯构件，它的轴线一般为直线，在竖向荷载作用下支座不产生水平反力。梁可以是单跨，如图 1.8（a）所示；也可以是多跨，见图 1.8（b）。

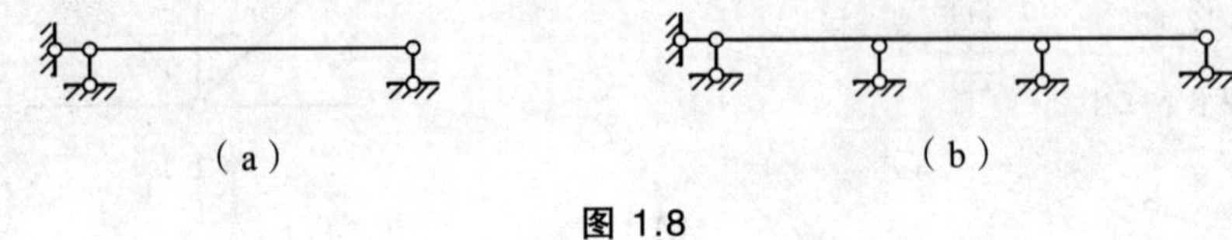

（a）（b）

图 1.8

2. 拱

拱是一种杆轴为曲线且在竖向力作用下，会产生水平反力的结构，见图 1.9。

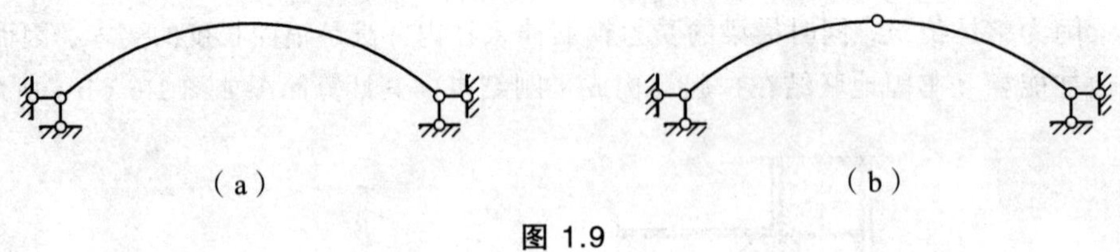

（a）（b）

图 1.9

3. 刚架

刚架通常由直杆组成，其组成特点是杆件联结处的结点为刚结点，见图 1.10，各杆件主要受弯。刚架有时也称为框架。刚架的结点主要是刚结点，也可以有部分铰结点或组合结点。

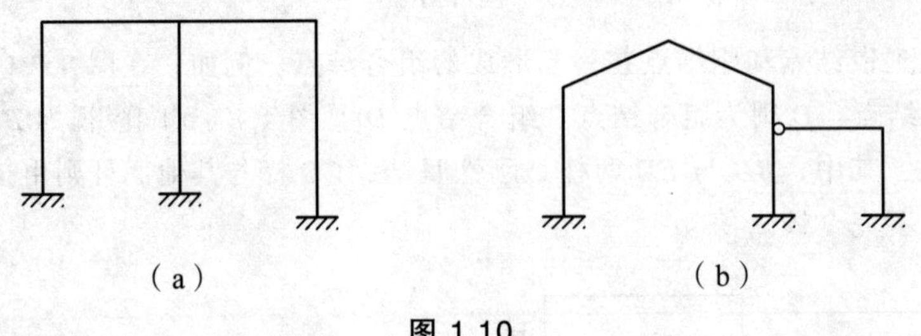

（a）（b）

图 1.10

4. 桁架

桁架由直杆组成，其组成特点是各杆相联结处的结点均为铰结点，见图 1.11。当桁架承受结点荷载时，各杆内只产生轴力。

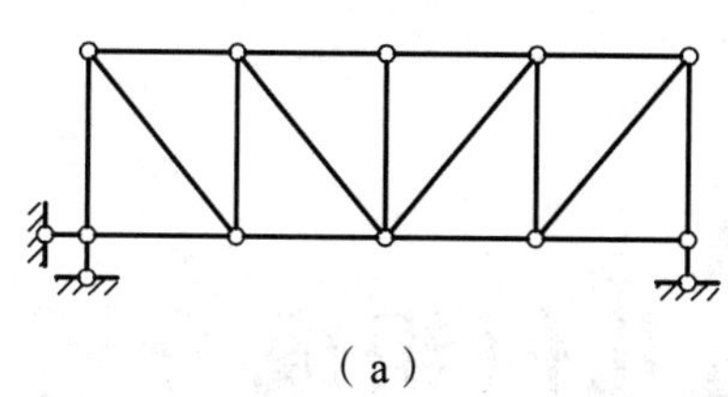
(a)

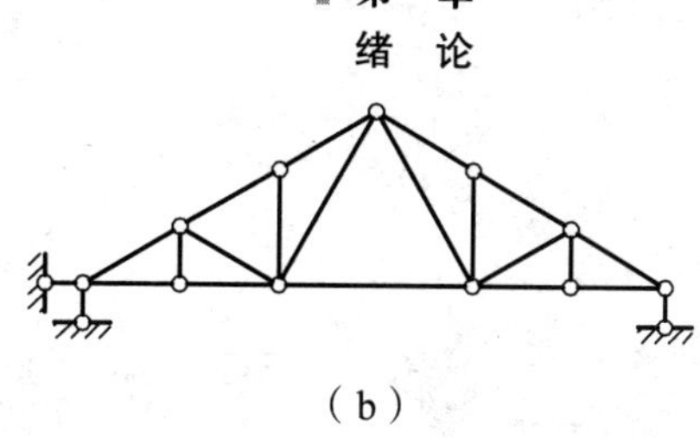
(b)

图 1.11

5. 组合结构

组合结构是由桁架杆件和梁[见图 1.12（a）]或桁架杆件和刚架[见图 1.12（b）]等组合而成的结构，其受力特点为除桁架杆件只承受轴力作用外，其余受弯杆件还同时承受轴力、剪力和弯矩作用。

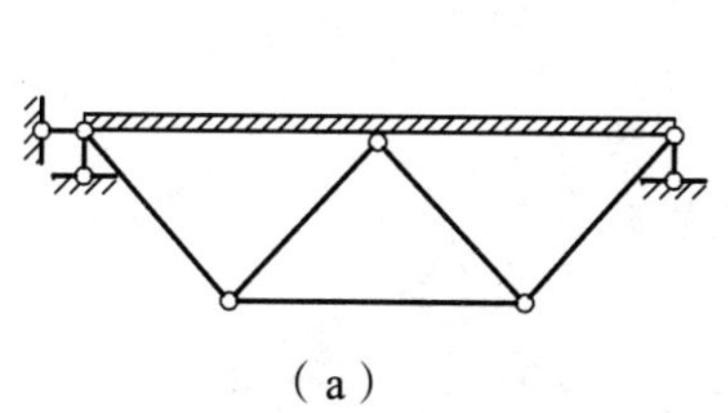
(a)

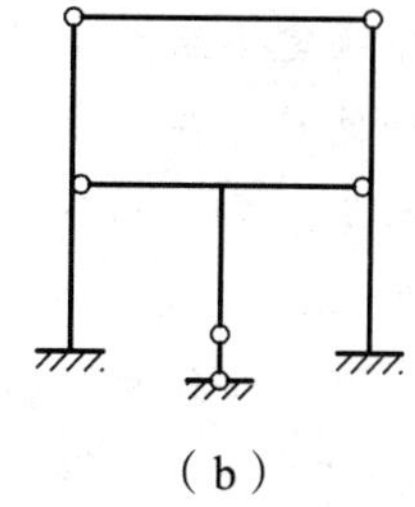
(b)

图 1.12

按照杆轴线和外力的空间位置，结构可分为平面结构和空间结构。如果结构的各杆轴线及外力（包括荷载和反力）均在同一平面内，则称为平面结构；否则，便是空间结构。严格说来，工程实际中的结构都是空间结构，只是在一般情况下可以简化为平面结构或近似地分解为几个平面结构来计算；但有些则必须按空间结构来计算。

第二章 平面体系的几何组成分析

【学习目的和基本要求】

体系的几何组成分析是判定该体系能否作为建筑结构使用的依据。熟练掌握体系几何组成分析基本方法，能快速判断静定结构的组成顺序，为静定结构内力计算奠定基础。对于超静定结构，能迅速确定多余约束的个数；通过减除多余约束使超静定结构变成静定结构，为超静定结构内力计算奠定基础。

对本章学习的基本要求如下：

了解：（1）几何不变体系、几何可变体系的概念；

（2）自由度、刚片、约束的概念。

熟悉与理解：（1）无多余联系几何不变体系组成的三角形规则；

（2）三刚片不共线的三铰（实或虚）相连；

（3）两刚片不全相交也不全平行的三杆相连，或不共线的一杆一铰相连；

（4）加减二元体不改变几何构造性；

（5）不满足三角形规则时的体系可变性。

掌握与应用：（1）必要约束和多余约束的概念；

（2）应用三角形规则进行体系的几何组成分析；

（3）静定杆系结构的组成顺序；

（4）通过减除约束使超静定结构改造成静定结构；

（5）体系的几何组成与静力特性之间的关系。

第一节　结构的几何不变性

在土木或水利工程中，结构是用来支承或传递荷载的，因此它的几何形状和位置必须是稳固的。具有稳固几何形状和位置的体系称为**几何不变体系**；反之，如体系的几何形状或位置可以或可能发生改变的，则称为**几何可变体系**。只有几何不变体系才能用于工程结构。

在本章中，体系几何形状的改变与结构变形是两个性质不同的概念。前者是指体系的材料在不发生应变的情况下，其几何构形发生改变；后者则是指当结构受外因（如荷载）作用，杆件截面上产生应力，同时材料发生应变，从而引起结构变形。结构的变形通常是微小的。在体系的几何组成分析中，不涉及材料应变和结构变形问题。

杆件体系按几何组成方式分类，可分为几何可变体系和几何不变体系两类。图 2.1（a）所示铰接四边形 *ABCD* 是一个四链杆机构，其几何形状和位置（简称位形）是不稳固的，随时处在可变状态，甚至倾倒，这样的体系称为几何可变体系。图 2.1（b）所示体系与图 2.1（a）相比，多了一根斜撑杆件 *CB*，成为由两个铰接三角形（*ABC* 与 *BCD*）构成的体系。显然，它在任意荷载作用下，在不考虑材料发生应变的条件下，其几何形状和位置能稳固地保持不变，这样的体系称为几何不变体系。如果在图 2.1（b）所示体系上再增加斜杆 *AD*，便形成图 2.1（c）所示具有一个多余杆件的几何不变体系。显然，多余是相对于形成几何不变体系的最少约束数而言的。

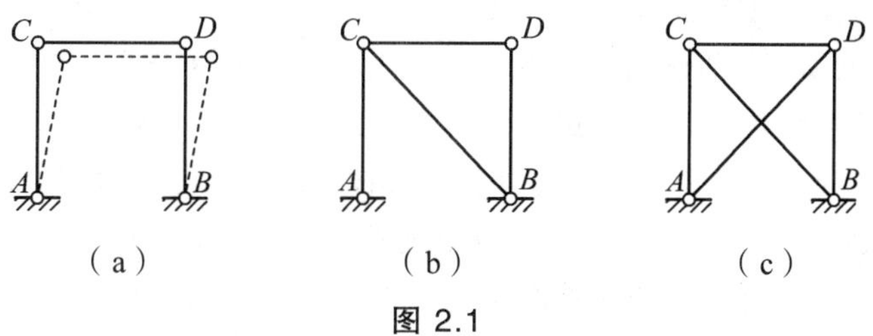

图 2.1

几何组成分析的目的在于：判别某一体系是否几何不变，从而决定它能否作为结构；研究几何不变体系的组成规则，以保证所设计的结构能承受荷载而维持平衡；同时也为正确区分静定结构和超静定结构，以及对结构进行内力计算打下必要的基础。工程结构要求必须是几何不变体系，所以体系几何组成分析的主要目的就是保证结构几何图形的不变性，同时也有助于确定内力分析的顺序和选择恰当的计算方法。

第二节　运动自由度的概念

为了便于对体系进行几何组成分析，先讨论体系运动自由度的概念。所谓运动自由度（以下简称为自由度），是指该体系运动时，用来确定其位置所需独立坐标的数目。在平面内的某

一动点 A，其位置要由两个坐标参数 x 和 y 来确定[见图 2.2（a）]，所以一个点的自由度等于 2，即点在平面内可以作两种相互独立的运动，通常用平行于坐标轴的两种移动来描述。

对平面体系作几何组成分析时，由于不考虑材料的应变，所以认为各个构件没有变形。于是，可以把一根梁、一根链杆或体系中已经肯定为几何不变的某个部分看作一个平面刚体，简称为**刚片**。一个刚片在平面内运动时，其位置将由它上面的任一点 A 的坐标 (x,y) 和过 A 点的任一直线 AB 的倾角 φ 来确定，见图 2.2（b）。因此，一个刚片在平面内的自由度等于 3，即刚片在平面内不但可以自由移动，而且还可以自由转动。

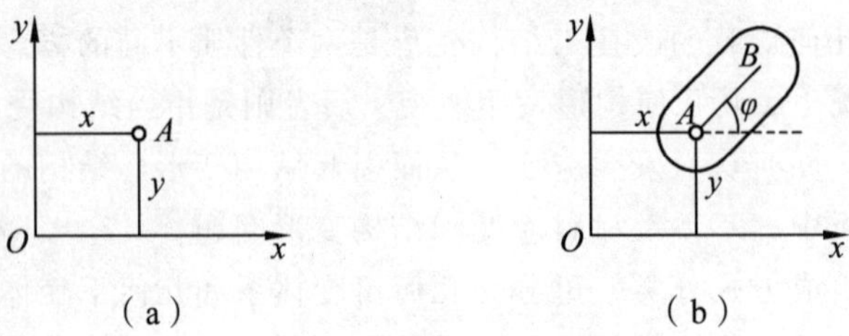

图 2.2

对刚片加上约束装置，它的自由度将会减少，**凡能减少一个自由度的装置称为一个约束**。例如：用一根链杆将刚片与基础相联，见图 2.3（a），则刚片将不能沿链杆方向移动，因而减少了一个自由度，故一根链杆为一个约束。如果在刚片与基础之间再加一根链杆，见图 2.3（b），则刚片又减少了一个自由度。此时，它就只能绕 A 点作转动而丧失了自由移动的可能，即减少了两个自由度。

用一个铰把两个刚片Ⅰ和Ⅱ在 A 点联结起来，见图 2.3（c），对刚片Ⅰ而言，其位置可由 A 点的坐标 (x,y) 和 AB 线的倾角 φ_1 来确定。因此，它仍有 3 个自由度。在刚片Ⅰ的位置被确定后，因为刚片Ⅱ与刚片Ⅰ在 A 点以铰联结，所以刚片Ⅱ只能绕 A 点作相对转动。也就是说，刚片Ⅱ只保留了独立的相对转角 φ_2。因此，由刚片Ⅰ、Ⅱ所组成的体系在平面内的自由度为 4 个。而两个独立的刚片在平面内的自由度总数应为 $2\times3=6$ 个。因此，用一个铰将两个刚片联结起来后，就使自由度的总数减少了 2 个。这种联结两个刚片的铰称为单铰。由上述可见，一个单铰相当于两个约束，即相当于两根链杆的约束作用，见图 2.3（b）。

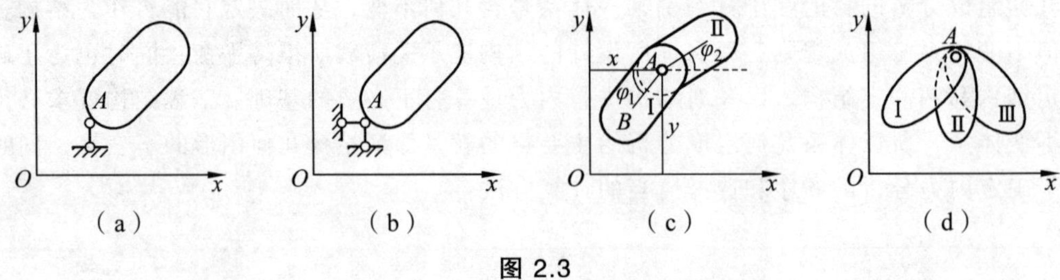

图 2.3

有时一个铰同时联结两个以上的刚片，这种铰称为复铰。图 2.3（d）所示为三个刚片共用一个铰 A 相联，若刚片Ⅰ的位置已确定，则刚片Ⅱ、Ⅲ都只能绕 A 点转动，从而各减少了 2 个自由度。可见，联结三个刚片的复铰相当于两个单铰的作用。由此可推知，平面体系中联结 n 个刚片的复铰相当于（$n-1$）个单铰的作用。

在体系中加入一个联系，而并不能减少体系的自由度，这样的联系便称为多余联系。例如在图 2.1（c）所示体系上加入或减少一根斜杆，均不改变体系的自由度（自由度等于零），这根斜杆即为体系的多余联系。可见，多余联系对于保持体系的几何不变性来说是不必要的（但对于改善结构的受力等方面是需要的）。

通过类似的分析可以知道，固定支座相当于三个约束，联结两杆件的刚结点也相当于三个约束。

一个平面体系通常都是由若干个刚片加入某些约束所组成的。加入约束后能减少体系的自由度，由此，可以简单算出体系的自由度。若加入的约束不够，则算出的自由度大于零，体系将会发生某种运动而几何可变；但在约束数量足够时，即使算出的自由度等于或小于零时，仍不能完全保证体系几何不变。只有在组成体系的各刚片之间恰当地加入足够的约束，才能使刚片与刚片之间不发生相对运动，从而使该体系成为几何不变体系。

第三节　几何不变体系的简单组成规则

为了确定平面体系是否几何不变，须研究几何不变体系的组成规则。现就三种常见的基本情况来分析平面几何不变体系的简单组成规则。

一、两刚片规则

平面中两个独立的刚片共有六个自由度，如果将它们组成为一个整体刚片，则有三个自由度。由此可知，在两刚片之间至少应该加入三个约束才可能使整体组成为一个几何不变的体系。下面讨论这些约束应怎样布置才能达到体系为几何不变的目的。

如图 2.4（a）所示，若刚片Ⅰ和Ⅱ用两根不平行的链杆 1 和 2 联结。为了分析两刚片间的相对运动情况，设刚片Ⅰ固定不动，刚片Ⅱ将可绕 1、2 两杆延长线的交点 O 转动；反之，若设刚片Ⅱ固定不动，则刚片Ⅰ也将绕 O 点转动。O 点称为刚片Ⅰ和Ⅱ的相对转动瞬心。上述情况等效于在 O 点用单铰把刚片Ⅰ和Ⅱ相联结。这个铰的位置在两链杆轴线的交点上，但随着两刚片的相对转动，其位置将随之改变。因此，这种铰与一般的铰不同，称为虚铰。

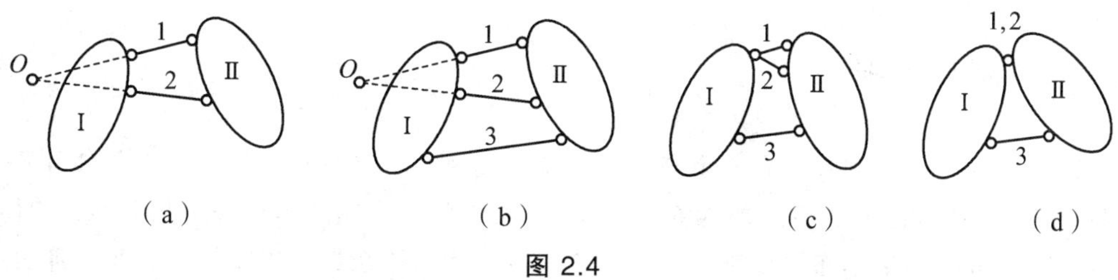

图 2.4

为了制止刚片Ⅰ和Ⅱ发生相对运动，还需要加上一根链杆 3，见图 2.4（b）。如果链杆 3 延长线不通过 O 点，则刚片Ⅰ和Ⅱ之间就不可能再发生相对运动。这时，所组成的体系是几何不变的。

于是，得出两刚片规则为：**两刚片用不全交于一点也不全平行的三根链杆相联结，所组成的体系是几何不变的。**

图 2.4（c）、（d）所示体系与图 2.4（b）体系的实质是相同的，均为几何不变体系。图 2.4（d）中联结刚片Ⅰ、Ⅱ的实铰相当于是由图 2.4（c）中链杆 1 和 2 构成的。

根据上述分析，两刚片组成规则又可表述为：**两个刚片间用一个铰（实铰或虚铰）和一根不通过该铰的链杆相联结，所组成的体系是几何不变的。**

需要注意的是，上述组成规则中提出了一些限制条件。如果不能满足这些条件，将会出现下面所述的情况。

如果联结两个刚片的三根链杆交于同一点，则所构成的体系是几何可变的。图 2.5（a）所示体系中联结刚片Ⅰ、Ⅱ的三根链杆汇交于实铰 O，此时刚片Ⅰ可以绕 O 点任意转动。一般将这种位形可以发生有限量变化的几何可变体系称为常变体系。图 2.5（b）所示体系中三根链杆延长线的交点 O 形成了刚片Ⅰ、Ⅱ之间发生相对运动时的瞬时中心。但当刚片Ⅰ绕 O 点发生瞬时微量转动后，三根链杆便不再交于一点，从而将不再继续发生相对运动。这种原为几何可变，但在某一瞬时经微小位移后即转化为几何不变的体系，称为**瞬变体系**。瞬变体系仍属于几何可变体系，其在开始受载的瞬时不仅会发生几何形状的变化，而且内力为无限大。因此，瞬变体系同样不能应用于工程结构。

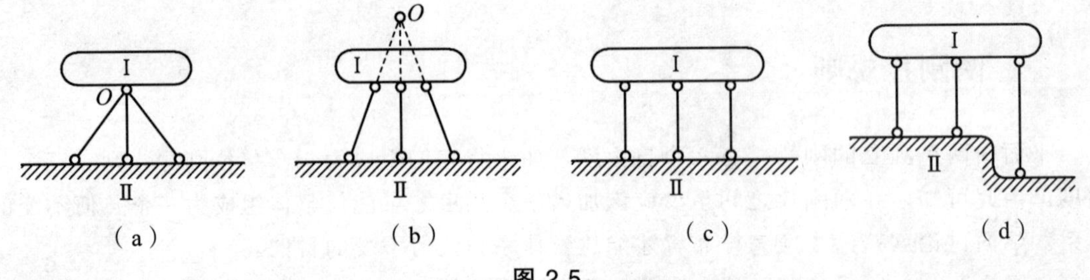

图 2.5

如果联结两个刚片的三根链杆相互平行，则所构成的体系也是几何可变的。图 2.5（c）所示体系中联结刚片Ⅰ、Ⅱ的三根链杆长度相等，刚片Ⅰ可以发生有限量移动，因此是常变体系；图 2.5（d）中三根链杆的长度不相同，当刚片Ⅰ发生微量移动后，三根链杆便不再互相平行，从而将不再继续发生移动，因此是瞬变体系。

二、三刚片规则

平面中三个独立的刚片共有 9 个自由度，而组成为一个整体刚片后只有 3 个自由度。由此可见，在三个刚片之间至少应加入 6 个约束，才可能将三个刚片组成一个几何不变的体系。

为了确定 6 个约束的布置原则，考察图 2.6（a）所示体系，其中刚片Ⅰ、Ⅱ、Ⅲ用不在同一直线上的 A、B、C 三个铰两两相联。这一情况如同用三根线段 AB、BC、CA 作一个三角形。由平面几何可知，用三根定长的线段只能作出一个形状和大小都一定的三角形。也就是说，由此得出的三角形是几何不变的。

于是，得出三刚片规则为：**三刚片用不在同一直线上的三个单铰两两相联，则所组成的体系是几何不变的。**

图 2.6（a）中任一个铰可以换为由两根链杆所组成的虚铰，得出如图 2.6（b）所示的体系。显然，这种体系也是几何不变的。由两根平行链杆也可组成虚铰，其铰心在沿链杆方向的无穷远处。

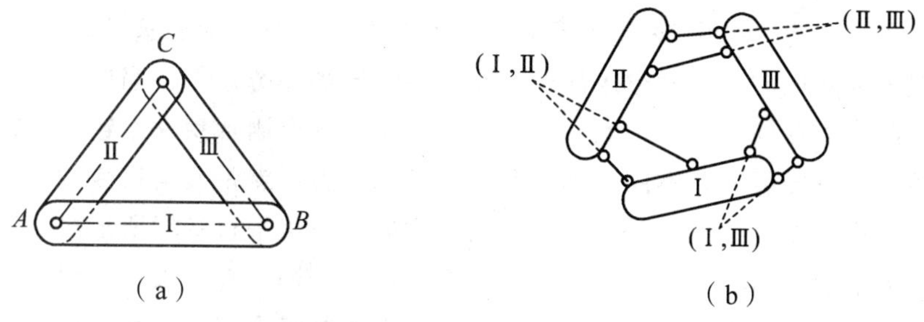

图 2.6

在上述三刚片组成规则中，如三个刚片用位于一直线上的三个铰两两相联（见图 2.7），此时 C 点位于以 AC 和 BC 为半径的两个圆弧的公切线上，故 C 点可沿此公切线做微小的移动。不过在发生一微小移动后，三个铰就不再位于一直线上，运动也就不再继续，故此体系也是一个瞬变体系。

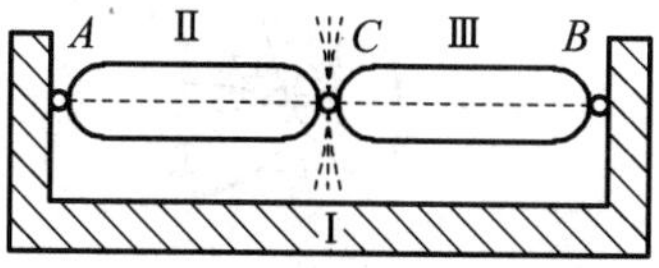

图 2.7

瞬变体系只发生微小的相对运动，似乎可以作为结构，但实际上当它受力时将可能产生很大的内力而导致破坏，或者产生过大的变形而影响使用。例如图 2.8（a）所示瞬变体系，在外力 F_P 作用下，铰 C 向下发生一微小的位移而到 C' 的位置，由图 2.8（b）所示隔离体的平衡条件 $\sum F_y = 0$ 可得

$$F_N = \frac{F_P}{2\sin\varphi}$$

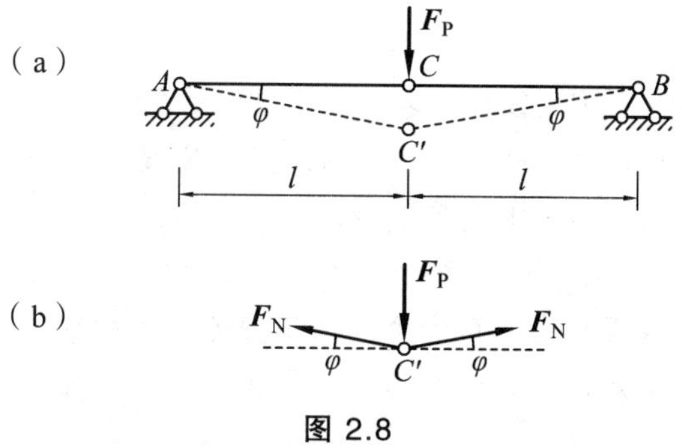

（a）

（b）

图 2.8

因为 φ 为无穷小量，所以

$$F_N = \lim_{\varphi \to 0} \frac{F_P}{2\sin\varphi} = \infty$$

可见，杆 AC 和 BC 将产生很大的内力。由此可知，工程中是决不能采用瞬变体系的。

以下讨论三刚片联结的特殊情况。如果两个刚片之间通过平行链杆联结，则其形成的虚铰将在无穷远处。图 2.9（a）、（b）和（c）分别表示三个刚片之间的联系中包括一对、两对和三对平行链杆的情况。若将图 2.9（a）中的刚片Ⅲ看作链杆，体系就转化为两个刚片由三根链杆联结的情况。根据两刚片组成规则可以推得：**三个刚片用两个铰和一对平行链杆两两相联，若两铰的连线不与平行链杆同方向，则是几何不变的；否则就是几何可变的。**

对于图 2.9（b）所示体系，两组平行链杆所形成的虚铰均在无穷远处。根据几何学原理，当两组平行线方向不同时，它们形成的两个交点在不同的无穷远点；当两组平行线方向相同时，它们形成的交点在同一无穷远点。于是可以推得：**三个刚片用一个铰和两对平行链杆两两相联，若两对平行链杆方向不同，则是几何不变的；否则就是几何可变的。**

图 2.9（c）中三个刚片由三对平行链杆两两相联，三组平行链杆所形成的三个虚铰均在无穷远处。根据射影几何学原理，平面上各无穷远点都在同一直线上，这就是说上述三个虚铰位于一条直线上。于是可以推得：**三个刚片用三对平行链杆两两相联，则是几何可变的。**

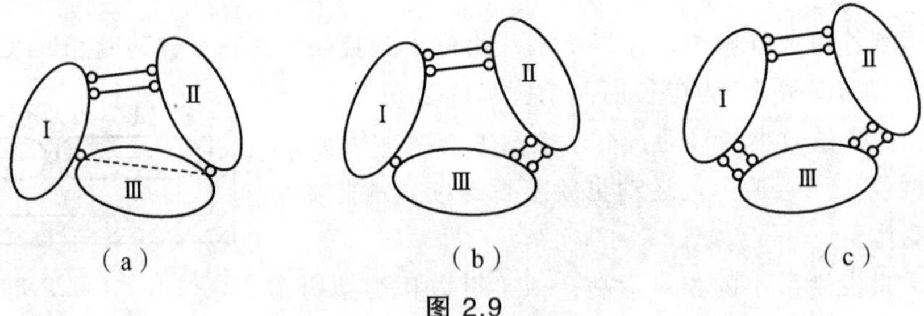

图 2.9

综上所述，两刚片和三刚片组成规则都是基于同一简单的事实，即边长给定的三角形的几何形状是唯一确定的。从这个意义上说，平面几何不变体系的基本组成规则可统称为三角形规则。

三、二元体规则

如将图 2.6（a）中的刚片Ⅱ、Ⅲ看作链杆，就得到如图 2.10 所示的体系。显然，它是几何不变的。这种由两根不共线的链杆联结一个新结点的装置（如图 2.10 中的 B-A-C）称为**二元体**。由上节已知，一个结点的自由度等于 2，用两根不在同一直线上的链杆相联，其约束数也等于 2，所以增加一个二元体对体系的实际自由度无影响。

于是，得出二元体组成规则为：**在一个几何不变体系上增加一个二元体仍是几何不变的。**据此推知，如在一个体系上撤去一个二元体，也不会改变体系的几何组成性质。

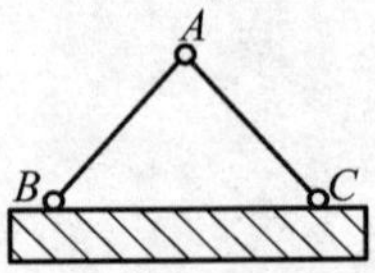

A
B
C

图 2.10

因此，在分析体系的几何组成时，宜先将二元体撤除，再对剩余部分进行分析，所得结论就是原体系几何组成分析的结论。

在以上几何不变体系简单组成规则中，所指明的是最少约束，按照规则要求组成的体系称为无多余约束的几何不变体系。如果体系中的约束少于规定的数目，则该体系是几何可变的，见图 2.11（a）。如果体系中的约束数目比规则中所要求的多，按规则要求则组成有多余约束的几何不变体系。如图 2.11（b）所示体系，*AB* 部分以固定支座 *A* 与大地联结已构成一个几何不变体系，支座 *B* 处的两根链杆对保证体系的几何不变性来说是多余的，称为多余约束，故该体系是具有两个多余约束的几何不变体系。

若体系中的约束达到或超过了规定数目，而约束未能按规则要求分布，则虽有多余约束存在，但体系仍然几何可变。图 2.11（c）就是这种情况。

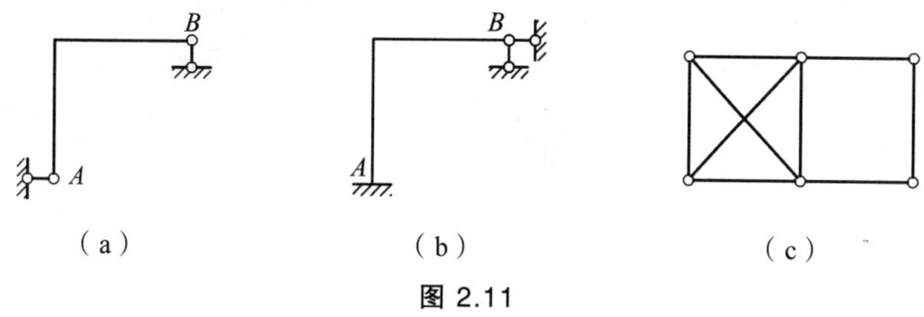

（a）（b）（c）

图 2.11

第四节　几何组成分析示例

几何组成分析的依据通常是前述的三个规则。由于不考虑材料的应变，分析时可把体系中的一根梁、一根链杆或某些几何不变部分视为一刚片，也可将基础（或大地）视为一刚片，还可先将体系中的二元体逐一撤除以使分析简化。

例 2.1　试对图 2.12 所示体系作几何组成分析。

解　图示体系可以视作从基础 *AB* 出发，按二元体规则先形成结点 1，而后重复此规则，逐次扩大，形成结点 2、3 和 4。因此，图示体系为几何不变且无多余约束。

图 2.12

例 2.2　试对图 2.13（a）所示体系作几何组成分析。

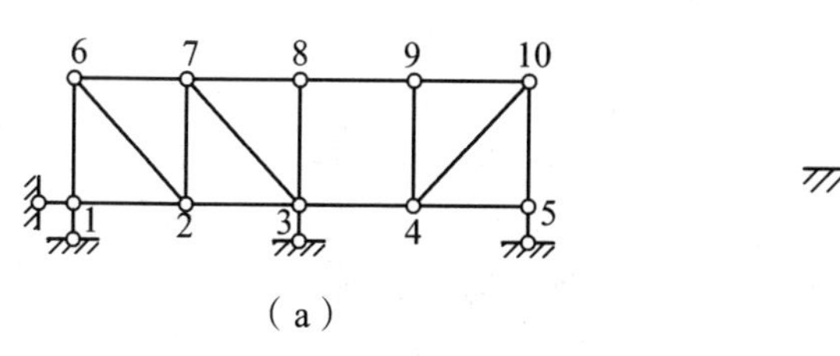

（a）

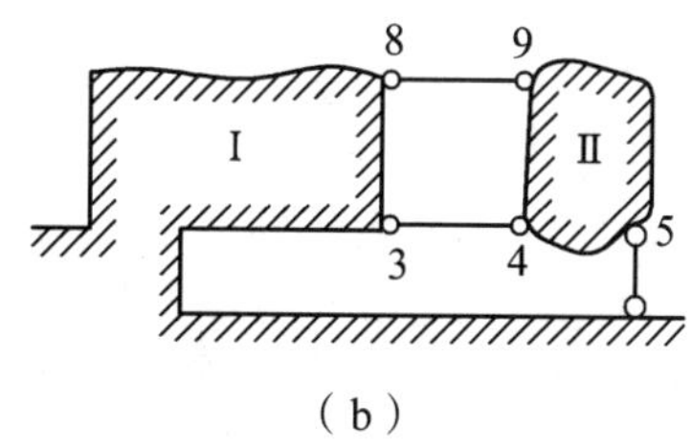

（b）

图 2.13

解　先观察图中 1-2-3-8-7-6-1 部分，它的组成方式与图 2.12 类似，属于无多余约束的几何不变部分。按照两刚片规则，它又与基础构成稳固的三支杆连接，因此 1-2-3-8-7-6-1 部分与基础可合成一个大刚片Ⅰ。再看右边 4-5-10-9-4 部分，也是一个无多余约束的几何不变部分，可画作刚片Ⅱ。于是，图 2.13（a）所示原体系可改造成几何构造上等价的体系，如图 2.13（b）所示。刚片Ⅰ与Ⅱ又按两刚片规则用既不互相平行又不交于一点的三根链杆（89、34 和支杆 5）相连，因此，体系为几何不变且无多余约束。必须注意，在分析过程中，图 2.13（b）中的三根链杆（89、34 和支杆 5）的相对位置必须保持与图 2.13（a）中所示的完全相同。

例 2.3 试对图 2.14（a）所示体系作几何组成分析。

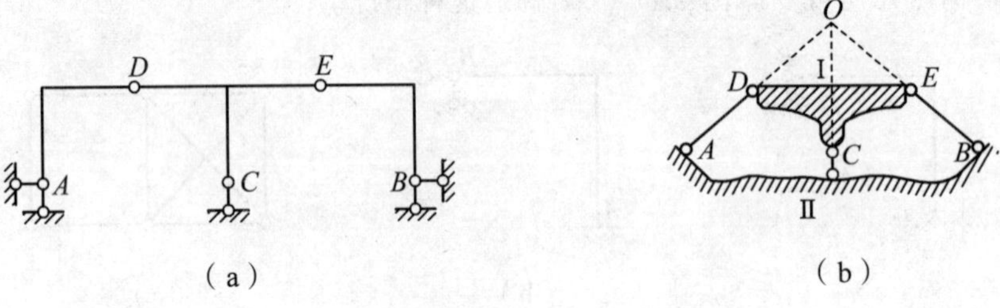

图 2.14

解 图 2.14（a）中折杆 *AD* 和 *BE* 从几何构造上讲可视作链杆，它们分别使 *A*、*D* 和 *B*、*E* 两点之间的距离保持不变。将 *A*、*B* 支座处各有的两根支杆用铰代替，如图 2.14（b）所示。将图 2.14（a）中的 T 形杆件部分视作刚片Ⅰ，基础视作刚片Ⅱ，两刚片之间的几何构造示意图如图 2.14（b）所示。由于三根链杆（*AD*、*BE* 和支杆 *C*）的延长线交于 *O* 点，故原体系为瞬变体系。

例 2.4 试对图 2.15（a）所示体系作几何组成分析。

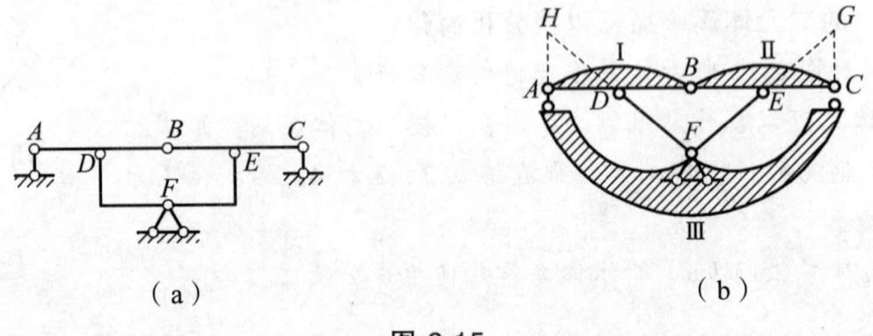

图 2.15

解 此体系与地基有四根支座链杆相联，不能按两刚片规则分析，也无二元体可去，因此，可试用三刚片规则来分析。首先，把基础作为一个大刚片，用Ⅲ表示。铰 *F* 处的两根支座链杆可看作是地基上增加的二元体，因而同属于地基的刚片Ⅲ，见图 2.15（b）。然后，把 *AB* 看作刚片Ⅰ，*BC* 看作刚片Ⅱ，而把刚片 *DF*、*FE* 各用等价的链杆代替（类似于例 2.3 中的处理方法），这样就得到了如图 2.15（b）所示的三个刚片用一个实铰（*B*）和两个虚铰（*H* 和 *G*）两两相连的分析示意图。由于三个铰 *H*、*B*、*G* 不在一直线上，满足三刚片规则，故原体系是几何不变的且无多余约束。

例 2.5 试对图 2.16（a）所示体系作几何组成分析。

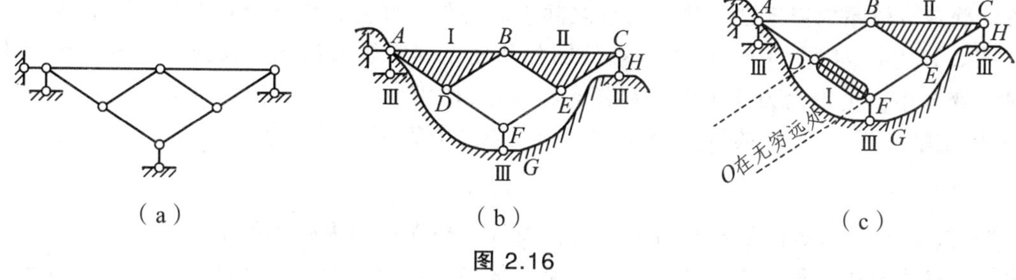

（a）　　（b）　　（c）

图 2.16

解　此体系与地基有四根支座链杆相连，因而连同地基一起分析。首先，将地基作为一刚片，用Ⅲ表示。然后，可把三角形 *ABD* 和 *BCE* 当做刚片Ⅰ、Ⅱ，见图 2.16（b）。刚片Ⅰ、Ⅱ用铰 *B* 相连，而刚片Ⅱ、Ⅲ之间呢？只有链杆 *CH* 直接相连，链杆 *FG* 并不连在刚片Ⅱ上，此外还有杆件 *DF*、*EF* 没有用上。显然，这不符合两两铰连的规则，分析无法进行下去，因此另选刚片。地基仍作为一刚片Ⅲ。*A* 处的两根支杆，可以归入基础这个刚片内；把杆件 *DF* 看作刚片Ⅰ，三角形 *BCE* 看作刚片Ⅱ，见图 2.16（c）。此时，刚片Ⅰ、Ⅲ用链杆 *AD*、*FG* 相连，虚铰在 *F* 点；刚片Ⅱ、Ⅲ用链杆 *AB*、*CH* 相连，虚铰在 *C* 点；刚片Ⅰ、Ⅱ用链杆 *BD*、*EF* 相连，因为此两杆平行，故虚铰 *O* 在此两杆延长线上的无穷远处。

由于虚铰 *O* 在 *C*、*F* 的延长线上，故 *C*、*F*、*O* 三铰位于同一直线上，因此该体系是一个瞬变体系。

例 2.6　试对图 2.17（a）所示体系进行几何构造分析。

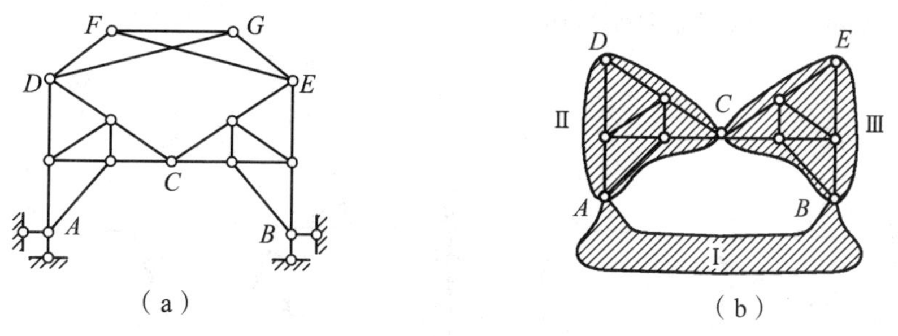

（a）　　（b）

图 2.17

解　首先将地基作为一刚片Ⅰ，*A*、*B* 处的两根支杆，归入地基刚片中，然后分别把满足二元体规则的 *ADC* 和 *BEC* 两部分当做刚片Ⅱ、Ⅲ，见图 2.17（b）。这样就得到了如图 2.17（b）所示的三个刚片用三个实铰 *A*、*B*、*C* 两两相连的分析示意图。由于三个铰不在一直线上，满足三刚片规则，故这部分是几何不变的且无多余约束。

再把 *ABDE* 看作一个刚片，在其上增加二元体 *DEF*、*DEG* 后，体系是几何不变的，*FG* 为多余的一根链杆。因此，整个体系是具有一个多余约束的几何不变体系。

第五节　体系的几何构造与静定性

所谓体系的静定性，是指体系在任意荷载作用下的全部反力和内力是否可以根据静力平衡条件确定。体系的静定性与几何构造之间有着必然的联系，以下就此分别进行讨论。

图 2.18（a）、（b）、（c）所示体系分别为几何不变无多余约束、几何不变有多余约束和几何常变体系。由理论力学可知，在任意荷载 F_P 作用下，处于平衡状态的任一平面体在其平面内可建立三个独立的静力平衡方程，这三个方程可表达为 $\sum F_x = 0$、$\sum F_y = 0$ 和 $\sum M = 0$。

图 2.18（a）所示体系是几何不变的，而且三根支杆均为必要约束，其约束反力可以由上述三个静力平衡方程联立求解确定。于是，体系的内力也就可以确定。所以，无多余约束的几何不变体系是静定结构。

图 2.18（b）所示体系是几何不变的，但四根支杆中有一根（任意一根）为多余约束。由于约束反力的个数多于静力平衡方程的个数，因而不能求得确定的解。实际上，只要任意设定某一支杆的约束反力后，就可以根据三个静力平衡方程求得其余三根支杆的约束反力。这说明该体系满足平衡条件的反力和内力有无穷多组，或者说是不确定的。所以，有多余约束的几何不变体系是超静定结构。超静定结构的反力和内力必须结合体系的变形条件才能确定。

图 2.18（c）所示体系只有两根支杆，因为缺少一个必要约束，所以是几何常变的。这样，未知约束反力的个数就少于静力平衡方程的个数。除特殊情况外，要求两个未知约束反力同时满足三个静力平衡方程一般来说是不可能的。如图中荷载 F_P 未通过两支杆延长线的交点 O，体系就不可能达到平衡。可见，几何常变体系一般无静力学解答，也不可能在任意荷载作用下达到平衡，所以不能用作结构。

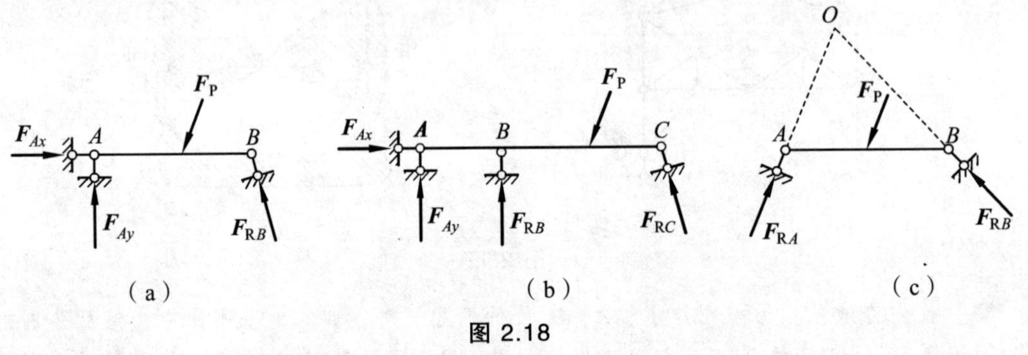

图 2.18

最后需要指出，我们所遇到的多数工程结构，其几何构造性质可按第三节所述基本组成规则即可进行分析。但也有一些体系，用基本组成规则尚无法进行分析，此时需用其他方法（如零载法、计算机方法等）进行分析。

习 题

2.2 ~ 24　试对图示体系作几何构造的分析。

题 2.1 图　　　　· 题 2.2 图

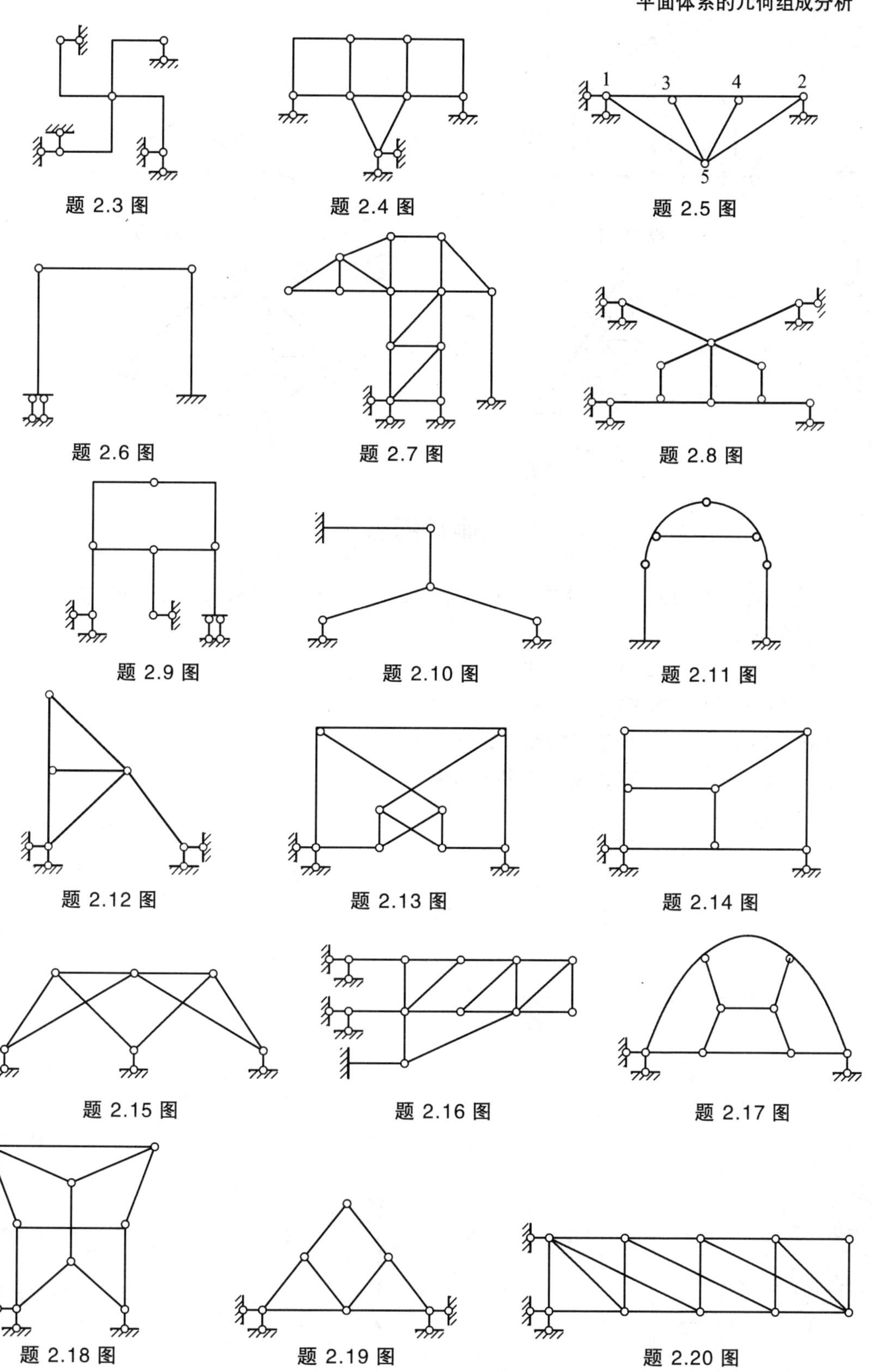

题 2.3 图　题 2.4 图　题 2.5 图

题 2.6 图　题 2.7 图　题 2.8 图

题 2.9 图　题 2.10 图　题 2.11 图

题 2.12 图　题 2.13 图　题 2.14 图

题 2.15 图　题 2.16 图　题 2.17 图

题 2.18 图　题 2.19 图　题 2.20 图

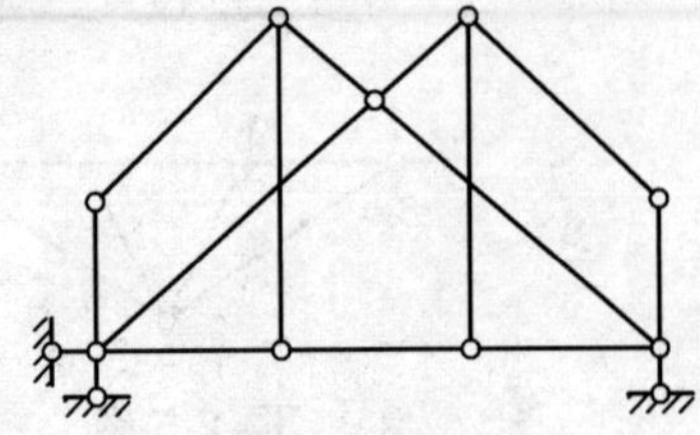

题 2.21 图

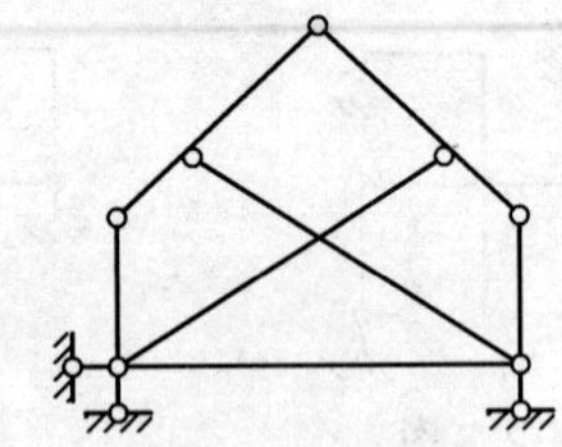

题 2.22 图

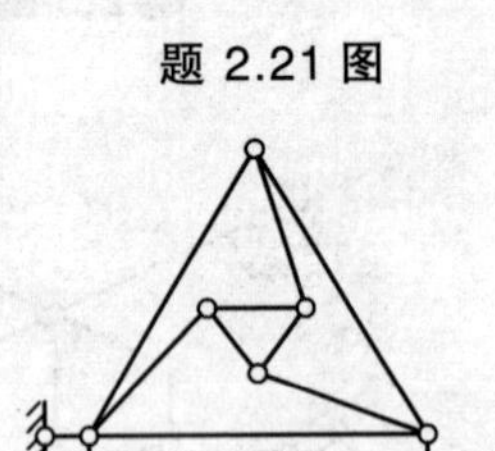

题 2.23 图

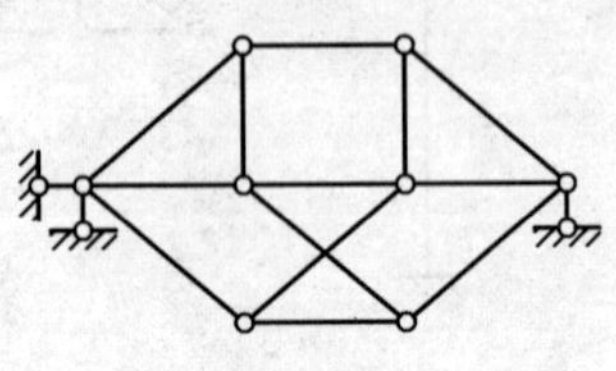

题 2.24 图

习题参考答案

2.1、2.2、2.3、2.6、2.7、2.8、2.9、2.11、2.13、2.14、2.15、2.16、2.22、2.23　几何不变且无多余约束

2.4、2.17、2.18、2.19　瞬变体系

2.5　几何不变，有两个多余约束

2.10、2.21　体系缺少足够的联系，常变体系

2.12、2.20　几何不变，有一个多余约束

2.24　常变体系

第三章　静定结构的受力分析

【学习目的和基本要求】

静定结构在工程中有着广泛的应用，它的受力分析是结构位移计算和超静定结构内力计算的基础。因此，掌握静定结构的计算方法是结构力学的基本任务之一。

对本章学习的基本要求如下：

了解：（1）静定结构的基本性质和派生性质；

（2）各种结构的受力特点，为位移计算和力法等的学习奠定基础。

熟悉与理解：（1）各种结构的受力特点；

（2）区段叠加法绘制直杆的弯矩图；

（3）荷载与内力的微分关系，由弯矩图利用荷载与内力的微分关系绘制剪力图；

（4）由几何组成确定静定结构的内力计算途径；

（5）内力图的特征。

掌握与应用：（1）用截面法计算梁和刚架指定截面的内力；

（2）用区段叠加法绘制直杆的弯矩图；

（3）由弯矩图利用荷载与内力的微分关系绘制剪力图；

（4）多跨静定梁和静定平面刚架的内力计算方法及内力图绘制；

（5）三铰拱的受力特点，三铰拱支座反力及指定截面内力的计算方法和合理拱轴的概念；

（6）桁架的受力特点，用结点法和截面法计算桁架杆件内力，利用结点平衡的特殊情况判定零杆；

（7）静定组合结构的内力计算。

第一节 静定梁

静定结构是工程中常用的结构，其受力分析是结构分析的基础。从几何组成上看，静定结构是没有多余约束的几何不变体系；从受力分析上看，在任意荷载作用下，其反力和内力可以由静力平衡条件求得，而且满足静力平衡条件的解答是唯一的。静定梁是组成各种结构的基本构件之一，其受力分析是各种结构受力分析的基础。因此，读者应对本节内容熟练掌握。

一、单跨静定梁

工程中最为常见的单跨静定梁如图 3.1（a）、（b）、（c）所示，分别称为简支梁、伸臂梁和悬臂梁；而图 3.1（d）所示梁为一端滑动支座、另一端铰支的简支梁，往往在利用对称性时常用到。

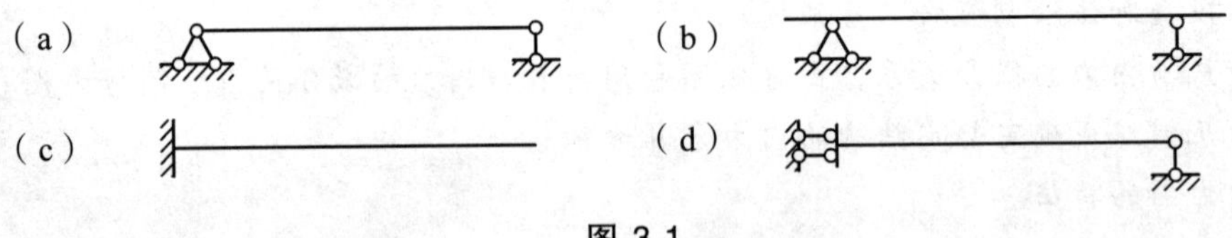

图 3.1

单跨静定梁的计算在材料力学中已作过详细讨论，现对其内力概念以及计算方法进行一下回顾：

平面结构在任意荷载作用下[见图 3.2（a）]，其杆件横截面（如截面 K）上一般有三个内力分量，即轴力 F_N、剪力 F_Q 和弯矩 M。内力的符号通常规定如下：**轴力以拉力为正；剪力以绕隔离体顺时针方向转动者为正；弯矩以使梁的下侧纤维受拉者为正**[见图 3.2（b）]。

计算内力的基本方法是截面法。首先在所求内力的截面处截开，取截面任一侧为隔离体；然后用相应内力代替该截面的应力之和[见图 3.2（b）]；再利用隔离体的平衡条件，确定该截面的内力。

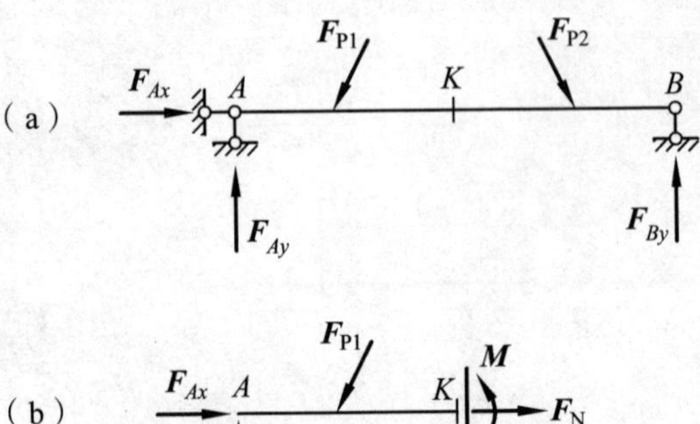

图 3.2

用截面法求截面内力时，选取隔离体应注意两点：① 宜选取外力较少的部分为隔离体，不能遗漏外力和约束力；② 隔离体上的已知力按实际方向示出，未知力设为正号方向。计算结果为正时，表明实际内力与假设为相同方向；计算结果为负时，表明实际内力与假设反向。

例 3.1 求图 3.3（a）所示结构 C 截面的内力。

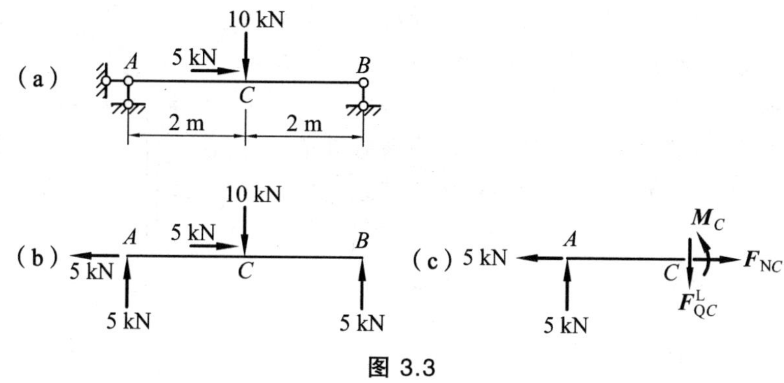

图 3.3

解 （1）求支座反力。

由整体平衡条件，求得 A、B 支座的支座反力，如图 3.3（b）所示。

（2）取隔离体，求截面内力。

在 C 截面处截开，取截面以左部分作为隔离体，用相应内力代替该截面的应力之和，如图 3.3（c）所示。利用隔离体的平衡条件确定该截面的内力，即

由 $\sum F_x = 0$，有 $F_{NC} - 5 = 0$，求得

$$F_{NC} = 5\ \text{kN}$$

轴力 F_{NC} 等于 C 截面左侧所有的外力沿 x 方向的投影代数和。（注意 C 截面左侧和右侧的剪力是不同的）

由 $\sum F_y = 0$，有

$$5 - F_{QC}^{L} = 0$$

$$F_{QC} = 5\ \text{kN}$$

剪力 F_{QC}^{L} 等于 C 截面左侧所有外力沿 y 方向的投影代数和。

由 $\sum M_C = 0$，有

$$5 \times 2 - M_C = 0$$

$$M_C = 10\ \text{kN·m}$$

弯矩 M_C 等于 C 截面左侧所有外力对截面形心的力矩的代数和。

计算结果为正，表明 C 截面内力与假设方向相同，均为正内力。

表示结构上各截面内力数值的图形称为内力图。内力图通常是以杆轴线作为基线，在垂直于杆轴线的方向上量取纵距而绘出的。**弯矩图习惯上绘在杆件受拉纤维的一侧，正值的纵距画在基线的下侧，但图上不标正负号；剪力图和轴力图则将正值的纵距绘在基线上方，同**

时要标明正负号。

二、内力与荷载的关系

按照材料力学的原理，梁的内力之间以及内力与荷载集度之间存在某些确定的关系。图3.4所示为从荷载连续分布的直梁上截取的微段隔离体，微段上垂直杆件轴线方向的均布荷载记为 q_y。图中的截面内力都是按正向画出的。应用静力平衡条件，并略去高阶微量，可导出在图示坐标下内力之间以及内力与荷载集度之间的微分关系：

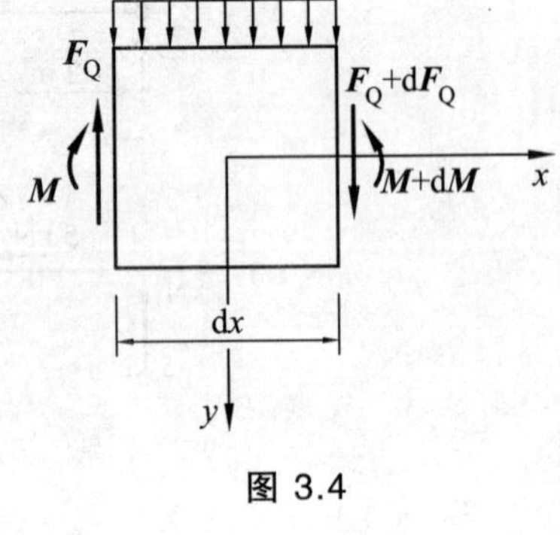

图 3.4

$$\begin{cases} \dfrac{dF_Q}{dx} = -q_y \\ \dfrac{dM}{dx} = F_Q \\ \dfrac{d^2 M}{dx^2} = -q_y \end{cases} \tag{3-1}$$

式（3-1）的几何意义是：剪力图上某点处的切线斜率等于该点处的横向荷载集度 q_y，但符号相反；弯矩图上某点处的切线斜率等于该点处的剪力。由上述微分关系可知：

（1）在无均布荷载区段（$q_y=0$），剪力为一常值，对应的剪力图为与杆件轴线平行的直线；而弯矩图则为倾斜的直线，其斜率大小就等于杆中的剪力值。

（2）在有均布荷载区段，剪力图为倾斜的直线，而弯矩图则为二次抛物线，抛物线的凸向与 q_y 指向一致；剪力为零处，弯矩图为极值点。

（3）在横向集中力 F_P 作用处，剪力图有突变，突变值为 F_P 值；而弯矩图有尖角，尖角方向与 F_P 方向相同。

（4）集中力偶 M 作用处，剪力图无变化；而弯矩图有突变，突变值为 M 值。

三、分段叠加法画内力图

1. 简支梁内力图叠加法

由叠加原理可知，几个力对杆件的作用效果，等于每一个力单独作用效果的总和。由此可作出以下简支梁的弯矩图，其作图过程如图3.5所示：首先，作出图3.5（b）所示简支梁的弯矩图。该图两端的纵距分别为 M_A 和 M_B，将两点纵距以直线相连得到如图3.5（d）所示直线弯矩图。其次作出均布荷载 q 作用下的弯矩图，该图为一个抛物线，如图3.5（e）所示。再次将两个图中相应纵距叠加。叠加时先作出图3.5（d）所示的直线弯矩图，即图3.5（f）中的虚线部分。再次以虚线为基线，叠加图3.5（e）所示的抛物线，此曲线与基线所围成的图形即为叠加后杆段 AB 的弯矩图，见图3.5（f）。图3.5（f）中也示出了弯矩图的坐标，弯矩的正值绘在基线的下侧。

叠加法求弯矩可用如下公式：

$$M = M_1 + M_0 \tag{3-2}$$

AB 段中点的弯矩值：

$$M = \frac{M_A + M_B}{2} + \frac{ql^2}{8} \tag{3-3}$$

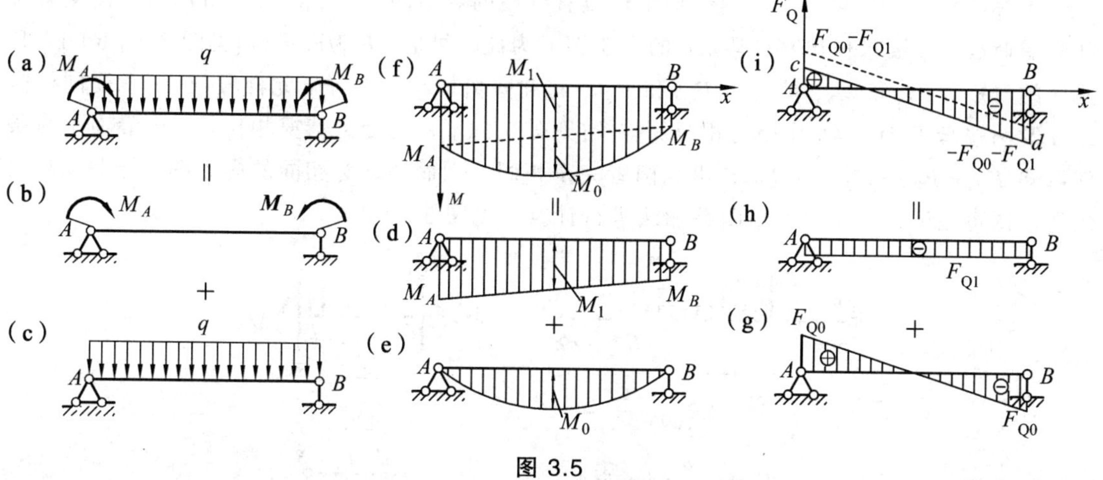

图 3.5

用叠加法作弯矩图应该注意的是：**弯矩图的叠加是指各个截面对应的弯矩纵距的代数和，而不是弯矩图的简单拼合，纵距应垂直于杆轴（而不是垂直于 M_A、M_B 连线的方向）；凸向与荷载指向一致。**

同样，我们也可用叠加法作图 3.5（a）所示简支梁的剪力图。首先，作出图 3.5（c）所示均布荷载作用下的剪力图[见图 3.5（g）]，左、右两端的纵距值分别为 $\pm F_{Q0} = \pm\frac{ql}{2}$；其次，由 $F_Q = \frac{dM}{dx}$ 作出图 3.5（d）相应的剪力图，该剪力图纵距为一常数[见图 3.5（h）]，其值等于图 3.5（d）所示 M 图的斜率，即

$$F_Q = \frac{dM}{dx} = -\frac{M_A - M_B}{l} = -F_{Q1}$$

再次，将图 3.5（g）和图 3.5（h）两图中相应纵距叠加。叠加时先作图 3.5（g）所示的斜线剪力图，即图 3.5（i）中的虚线部分，再以虚线为基线，叠加图 3.5（h）所示的直线剪力图，该剪力图纵距为常数 $-F_{Q1}$。由此，在图 3.5（i）中虚线的左、右两端分别往下叠加一个 F_{Q1} 纵距，从而得到 c、d 两点，然后连接 c、d 两点作虚线的平行线，由 AB 与 cd 构成的图形，即为 AB 杆件的总剪力图[见图 3.5（i）竖直阴影部分]。A、B 两端的剪力值为

$$F_{QA} = F_{Q0} - F_{Q1} = \frac{ql}{2} - \frac{M_A - M_B}{l}$$

$$F_{QB}=-F_{Q0}-F_{Q1}=-\frac{ql}{2}-\frac{M_A-M_B}{l}$$

这个结果与按静力平衡条件求得的两端剪力是一致的。

图 3.5（i）中示出了剪力图的坐标，剪力的正值绘在基线的上侧。

2. 直杆段弯矩图叠加法

上述叠加法同样可用于绘制结构中任意直杆段的弯矩图。图 3.6（a）所示为一简支梁及其所受荷载。设要求作出直杆段 AB 的弯矩图。为此，可取 AB 为隔离体[见图 3.6（b）]，其两端的弯矩为 M_A 和 M_B，剪力为 F_{QA} 和 F_{QB}。将此隔离体与跨度等于此杆段长 a，承受同样荷载 q 及两端弯矩 M_A、M_B 作用的相应简支梁[见图 3.6（c）]的受力情况相比较。由静力平衡条件可知 $F_{QA}=F_{RA}$、$F_{QB}=-F_{RB}$，可见两者完全相同，因而亦具有相同的内力图。于是 AB 段的弯矩图可以采用简支梁弯矩图叠加法进行计算，见图 3.6（d）。

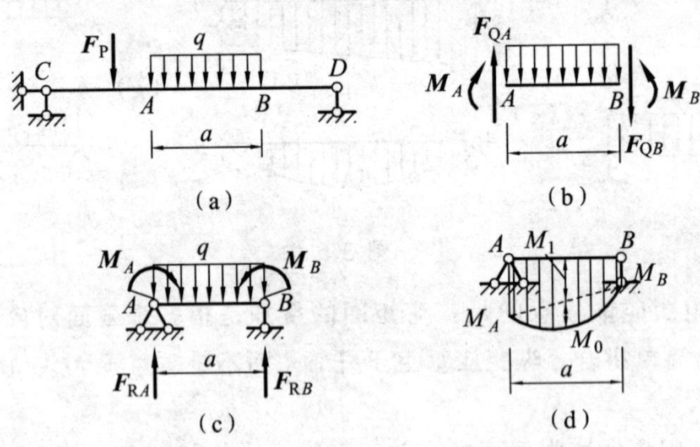

图 3.6

综上所述，用叠加法绘结构中任意直杆段弯矩图的作图步骤可归结如下：

（1）欲作某直杆段 AB 的弯矩图，先用截面法求出两杆端截面的弯矩 M_A、M_B，然后将其纵距顶点连一虚线，见图 3.6（d）。

（2）以此虚线作为基线，在此基线上叠加相应简支梁荷载作用下的弯矩图。

（3）取最后图线与杆轴之间所包含的图形，得实际弯矩图。

例 3.2 试用叠加法作图 3.7（a）所示梁的 M、F_Q 图。

解 （1）求出 A、B 支座的支座反力，如图 3.7（b）所示。

（2）将该梁拆成若干个杆段，各杆端截面为控制截面。根据各段梁外力作用状况，一般选定外力的不连续点作为控制截面，然后由截面法求出控制截面的弯矩。本例中，将该梁拆成 AD 杆段、DB 杆段，由截面法求出 A、D、B 三控制截面的弯矩。其中，$M_A=0$，$M_B=0$，故只需求出 D 截面弯矩。

在 D 截面处截开，取截面以左部分作为隔离体，由 $\sum M_D=0$，求得

$$M_D=qa^2-qa^2/2=qa^2/2 \quad（下缘受拉）$$

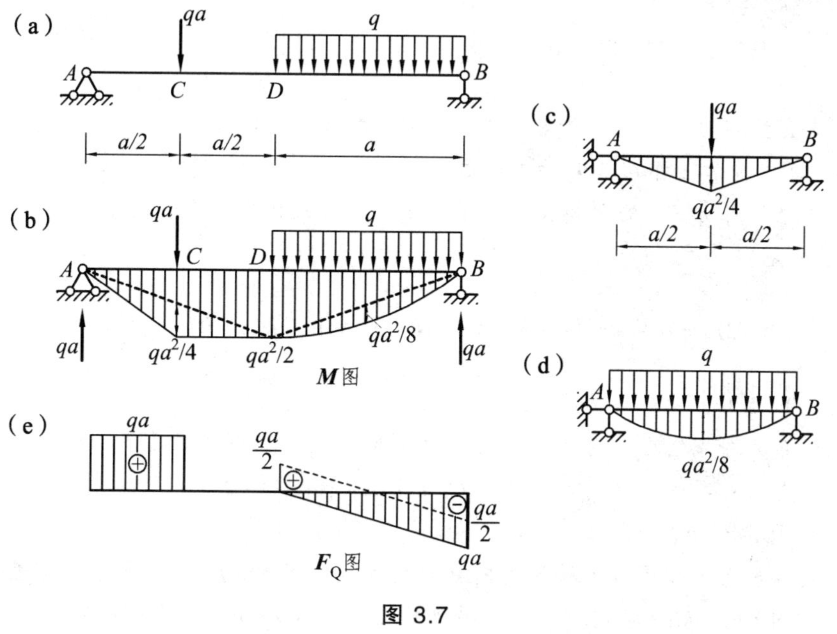

图 3.7

（3）将 A、D 两截面弯矩纵距顶点连一虚线，以该虚线为基线叠加图 3.7（c）所示简支梁的弯矩图；再将 D、B 两截面弯矩纵距顶点连一虚线，以该虚线为基线叠加上图 3.7（d）所示简支梁的弯矩图；最后取图线与杆轴之间所包含的图形，即得实际弯矩图，如图 3.7（b）所示。

（4）利用微分关系 $F_Q = dM/dx$，由弯矩图上某点的斜率求该点的剪力。剪力图可由左端 A 开始逐段画出。弯矩图斜率的正、负号按图 3.8 所示的坐标规定判定。

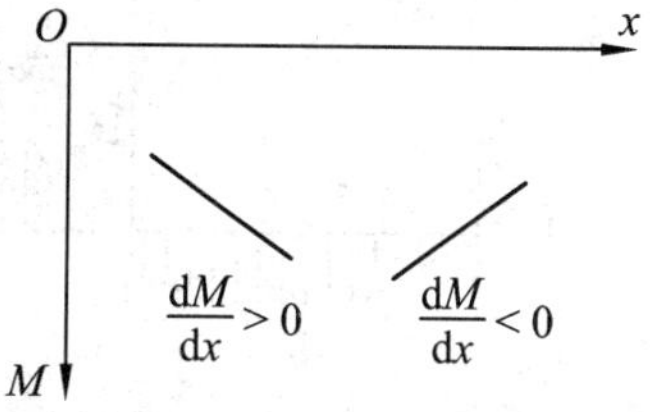

O　x　M　$\frac{dM}{dx}>0$　$\frac{dM}{dx}<0$

图 3.8

AC 段：

$$F_{QAC} = \frac{dM}{dx} = \frac{\frac{qa^2}{4} + \frac{qa^2}{4}}{\frac{a}{2}} = qa$$

按图 3.8 所示的坐标规定，在该段中 M 图的斜率为正，剪力即为正常值 qa，即剪力图为一水平线。

CD 段：

$$F_{QCD} = \frac{dM}{dx} = 0$$

在该段中 M 为常值（M 图水平线），M 图的斜率为零，即剪力为零。

DB 段：先作出图 3.7（d）所示简支梁在均布荷载作用下的剪力图并以虚线表示[见图 3.7（e）]，左、右两端剪力值分别为 $\frac{qa}{2}$、$-\frac{qa}{2}$。再以虚线为基线，在竖直方向叠加一个由杆端弯矩 M_D 作用下的剪力图，即 M 图中虚线的斜率，其值为

$$-\frac{qa^2/2}{a} = -\frac{qa}{2}$$

由此可得 D、B 两端点剪力值分别为

$$F_{QD}=\frac{qa}{2}-\frac{qa}{2}=0\,,\quad F_{QB}=-\frac{qa}{2}-\frac{qa}{2}=-qa$$

然后将其连成直线即为 DB 段剪力图。全梁剪力图如图 3.7（e）所示。

例 3.3 试用叠加法作图 3.9（a）所示伸臂梁的 M、F_Q 图。

解 先作悬臂部分 BC 的弯矩图，该部分受均布荷载作用，弯矩图为下凸的二次抛物线，B、C 端截面弯矩为

$$M_B=-\frac{ql^2}{2}=-\frac{1}{2}\times 4\times 3^2=-18\ (\text{kN}\cdot\text{m})\,,\quad M_C=0$$

于是绘得图 3.9（b）中的二次曲线 bc。

再作 AB 部分的弯矩图，为了减少控制截面弯矩值的计算，可在两控制截面之间以虚线为基线叠加相应简支梁受任意荷载作用下的弯矩图。现选定 A、B 两点为控制截面。A 端铰处 $M_A=0$。在图 3.9（b）上连虚线 ab，并以它为基线，向下叠加一个图 3.9（c）所示的相应简支梁的荷载弯矩图（该图 1/3 跨度处的弯矩均为 16 kN · m)，消去正、负重叠部分，最后结果 $M_D=10$ kN · m，$M_E=4$ kN · m。全梁弯矩图如图 3.9（b）中竖直阴影线部分所示。

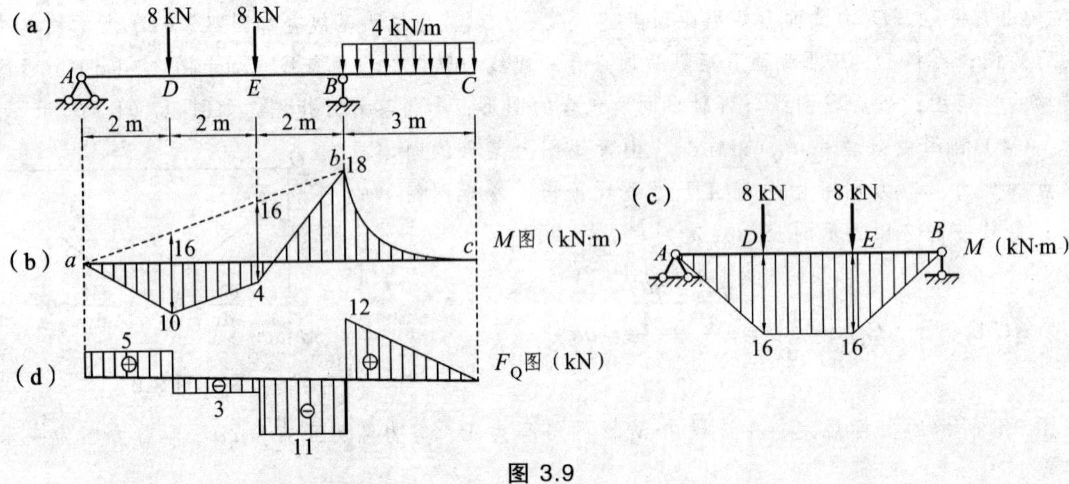

图 3.9

剪力图可由左端 A 开始逐段画出。利用微分关系 $F_Q=\mathrm{d}M/\mathrm{d}x$，由弯矩图上某点的斜率求该点的剪力，无须计算支座反力。

AD 段：$$F_{QAD}=\frac{\mathrm{d}M}{\mathrm{d}x}=\frac{10}{2}=5\ (\text{kN})$$

DE 段：$$F_{QDE}=\frac{\mathrm{d}M}{\mathrm{d}x}=-\frac{10-4}{2}=-3\ (\text{kN})$$

EB 段：$$F_{QEB}=\frac{\mathrm{d}M}{\mathrm{d}x}=-\frac{18+4}{2}=-11\ (\text{kN})$$

BC 段为悬臂梁部分，其剪力图为在自由端处 $F_Q=0$，在悬臂梁端部 B 处，$F_{QB}=ql=4\times 3=12$ kN。全梁的剪力图如图 3.9（d）所示。

第二节　多跨静定梁

多跨静定梁是工程实际中比较常见的结构，它的基本组成形式为图 3.10 所示的两种类型。图 3.10（a）所示的是在伸臂梁 *AC* 上依次加上 *CE*、*EF* 两根梁；图 3.10（c）所示的是在 *AC* 和 *DF* 两根伸臂梁上再加上一小悬跨 *CD* 梁。通过几何组成分析可知，它们都是几何不变且无多余约束的体系，所以均为静定结构。

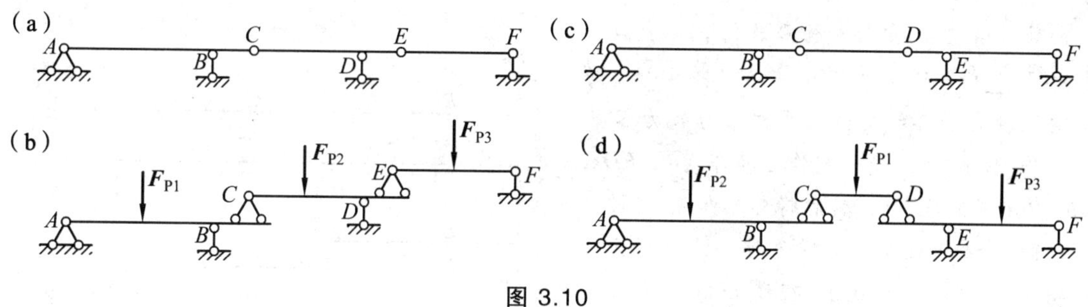

图 3.10

根据多跨静定梁的几何组成规律，可以将它的各部分区分为基本部分和附属部分。例如图 3.10（a）所示的梁中，*AC* 是通过三根既不全平行也不全相交于一点的链杆与基础联结，所以它是几何不变的；*CE* 梁通过铰 *C* 和支座链杆 *D* 联结在 *AC* 梁和基础上；*EF* 梁又是通过铰 *E* 和支座链杆 *F* 联结在 *CE* 梁和基础上。由此可知，*AC* 梁直接与基础组成几何不变部分，它的几何不变性不受 *CE* 和 *EF* 影响，故称 *AC* 梁为该多跨静定梁中的基本部分。而 *CE* 梁要依靠 *AC* 梁才能保证其几何不变性，故称 *CE* 梁为 *AC* 梁的附属部分。同理，*EF* 梁相对于 *AC* 和 *CE* 组成的部分来说，也是附属部分；而 *AC* 和 *CE* 组成的部分相对于 *EF* 梁来说，则是基本部分。

上述组成顺序可用图 3.10（b）来表示，这种图形称为层叠图。通过层叠图可以看出力的传递过程。例如：作用在最上面的附属部分 *EF* 上的荷载 F_{P3}，不但会使 *EF* 梁受力，而且还通过 *E* 结点将力传给 *CE* 梁，再通过 *C* 结点传给 *AC* 梁。同样，荷载 F_{P2} 能使 *CE* 梁和 *AC* 梁受力，但它不会传给 *EF* 梁。因此，F_{P2} 的作用对 *EF* 梁的内力无影响。同理，作用在基本部分 *AC* 梁上的荷载 F_{P1} 只在 *AC* 梁上引起内力和反力，而对附属部分 *CE* 和 *EF* 都不会产生影响。总之，**作用在附属部分上的荷载将使支承它的基本部分产生反力和内力，而作用在基本部分上的荷载则对附属部分没有影响**。因此，计算多跨静定梁时，应先从附属部分开始，按组成顺序逆向进行。例如：对图 3.10（a）所示多跨静定梁，应先取 *EF* 梁计算，再依次考虑 *CE* 梁和 *AC* 梁。这样，每一步都是单跨静定梁的计算问题，用前述方法即可解决。

如图 3.10（c）所示的梁，如果仅承受竖向荷载作用，则不但 *AC* 梁能独立承受荷载维持平衡，*DF* 梁也能独立承受荷载维持平衡。这时，*AC* 梁和 *DF* 梁都可分别视为基本部分，其层叠图如图 3.10（d）所示。由层叠图可知，对该梁的计算应从附属部分 *CD* 梁开始，然后再计算 *AC* 梁与 *DF* 梁。

上述先附属部分后基本部分的计算原则，反映出结构几何组成分析和内力计算之间的内在联系。作为普遍规律，它也适用于由基本部分和附属部分组成的其他类型的结构。特别在多跨、多层和复杂情况下，从几何组成入手，找到受力分析的正确途径是非常必要的。

例 3.4 试作出图 3.11（a）所示多跨静定梁的内力图。

解 由层叠图 3.11（b）可知，*AB* 梁是基本部分，*BD*、*DF* 梁则依次分别为其右边部分的附属部分。计算内力时，应从最上层的附属部分开始，依次计算下来，最后才计算基本部分。即先算 *FD* 梁，再算 *DB* 梁，最后算 *BA* 梁，其计算顺序如图 3.11（c）所示。

由于梁上只受竖直荷载作用，由整体平衡条件 $\sum F_x = 0$ 得 *A* 端水平反力等于零，故全梁无轴力，各铰处的水平约束力也为零。

作 *M* 图时，先分别作出各单跨梁 *FD*、*DB*、*BA* 梁的 *M* 图，然后将各单跨梁 *M* 图拼合在同一水平基线上（拼合时，注意梁上无荷载区段 *M* 图为直线）。在铰 *D* 和铰 *B* 处弯矩为零且都不出现尖角，因而 *EC* 段、*CA* 段的 *M* 图均为无斜率变化的斜直线。最后的 *M* 图如图 3.11（d）所示。

F_Q 图可利用微分关系式 $F_Q = \mathrm{d}M/\mathrm{d}x$，由弯矩图的坡度（即斜率）求剪力的方法作。在图 3.11（d）中，*M* 图为一斜直线，剪力为常值，剪力图为一水平线，由此可知 F_Q 图由三段水平线 *FE*、*EC*、*CA* 组成，其值分别为

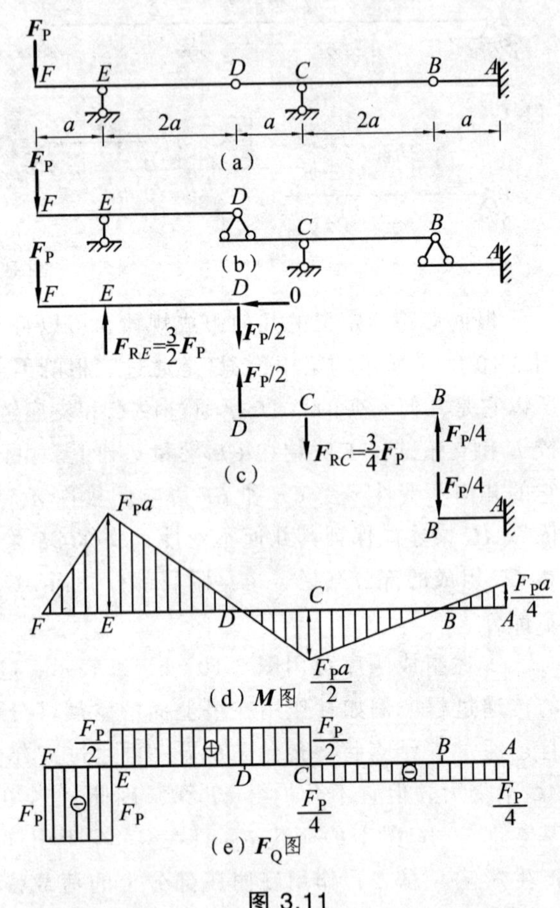

图 3.11

FE 段：$F_{QFE} = -\frac{F_P a}{a} = -F_P$

EC 段：$F_{QEC} = \frac{F_P a}{2a} = \frac{F_P}{2}$

CA 段：$F_{QCA} = -\frac{\frac{F_P a}{2}}{2a} = -\frac{F_P}{4}$

最后，F_Q 图如图 3.11（e）所示。

例 3.5 试作出图 3.12（a）所示多跨静定梁的内力图。

解 本题的计算顺序应该是先算附属部分 *FG*，然后分别计算基本部分 *EF* 与 *GH*。

（1）求支座反力和联结处的约束力。

求出 *FG* 附属梁上的两竖直反力 8 kN（↑），并将其反向传于基本部分 *EF*、*GH* 两个伸臂梁上。这时基本部分 *EF*、*GH* 梁上，除了其本身承受的荷载外，还应包括铰 *F* 和铰 *G* 处的竖直约束力 8 kN（↓），铰 *F* 和铰 *G* 处的水平约束力由 *GH* 梁的平衡条件可知其值为零，各梁段的受力如图 3.12（b）所示。

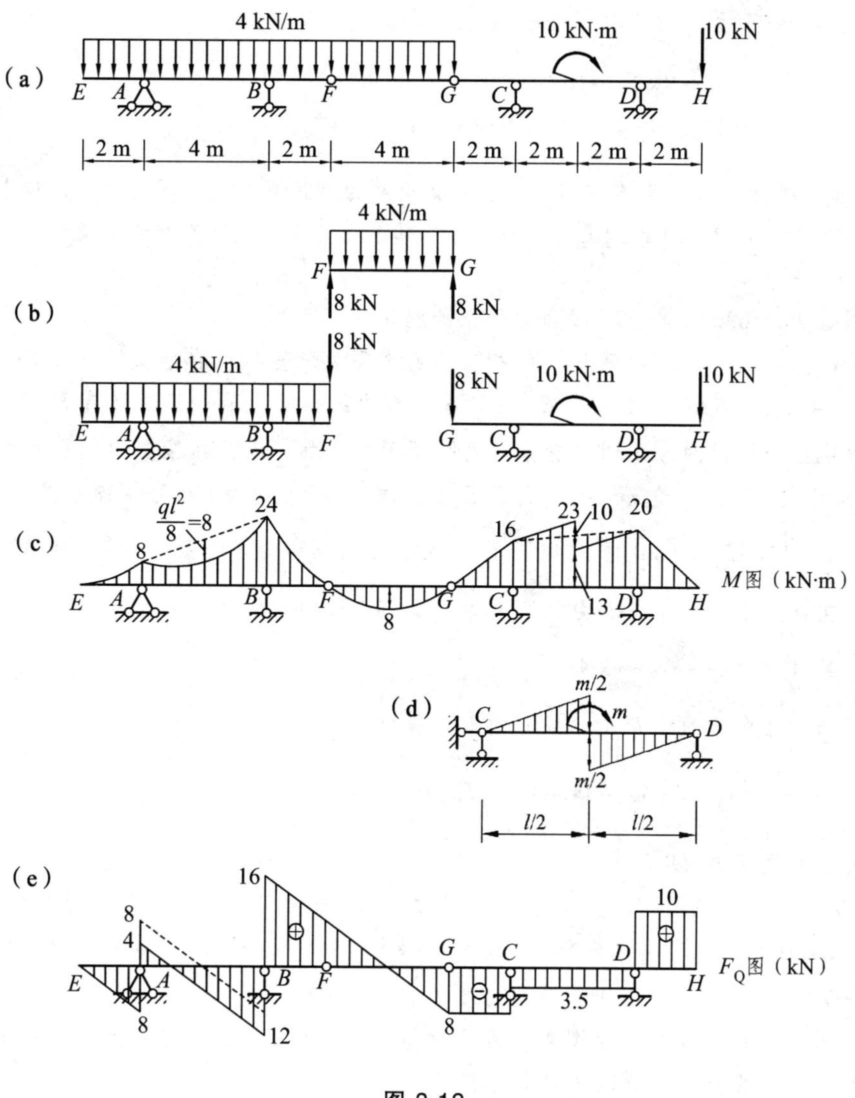

图 3.12

（2）用上述叠加法作各梁段的 M 图。

① 附属梁 FG 受满布均布荷载作用，M 图为一抛物线，如图 3.12（c）所示。

② 基本梁 EF，先用截面法求出控制截面即支座 A、B 截面的弯矩：

$$M_A=-\frac{4\times2\times2}{2}=-8\ (\text{kN}\cdot\text{m})\text{（上侧受拉）}$$

$$M_B=-\frac{4\times2\times2}{2}-8\times2=-24\ (\text{kN}\cdot\text{m})\text{（上侧受拉）}$$

将 A、B 两截面弯矩纵标顶点连一虚线，再以该虚线为基线叠加简支梁 AB 在满布均布荷载作用下的抛物线上去。两个伸臂部分即为受满布匀布荷载作用的悬臂梁，直接绘出其抛物线。EF 梁 M 图如图 3.12（c）所示。

③ 基本梁 GH，先用截面法求出支座 C、D 截面的弯矩，即

$$M_C=-8\times 2=-16\ (\text{kN}\cdot\text{m})\text{（上侧受拉）}$$
$$M_D=-10\times 2=-20\ (\text{kN}\cdot\text{m})\text{（上侧受拉）}$$

将 C、D 两截面弯矩纵标顶点连一虚线，再以该虚线为基线叠加简支梁 CD 中部集中外力偶矩作用下的弯矩图[见图 3.12（d）]上去；两个伸臂部分无荷载作用，直接连一直线，GH 梁 M 图如图 3.12（c）所示。

（3）根据 $F_Q=\mathrm{d}M/\mathrm{d}x$ 的关系，由弯矩图的斜率作剪力图。

① EA 段。M 图为二次抛物线，故相应的剪力图为斜直线。在 E 处，$F_Q=0$；在 A 左侧处，$F_{QA}^{L}=-4\times 2=-8$ kN。然后将 E、A 两截面剪力纵标顶点连一直线即得 EA 段剪力图。

② AB 段。因该段的弯矩图可看做是两个图形的叠加，因此该段剪力图也可由相应的两个 F_Q 图叠加而得。先作出简支梁均布荷载作用下的剪力图，即 AB 段弯矩图中抛物线的斜率，并以虚线表示[见图 3.12（e）中虚线所示]，左、右两端剪力值分别为 $\pm\dfrac{ql}{2}=\pm 8$ kN；再以虚线为基线，在竖直方向叠加一个由杆端弯矩 M_A、M_B 作用下的剪力图，即 AB 段弯矩图中虚线的斜率，其值为 $-\dfrac{24-8}{4}=-4$ kN。

由此可得 A 右侧截面、B 左侧截面的剪力值分别为

$$F_{QA}^{R}=8-4=4\ (\text{kN}),\qquad F_{QB}^{L}=-8-4=-12\ (\text{kN})$$

然后将其连成直线即得 AB 段剪力图。

③ BG 段。M 图为二次抛物线，故相应的剪力图为斜直线。在 B 右侧处，$F_{QB}^{R}=8+4\times 2=16$ kN；在 G 左侧处，$F_{QG}=-8$ kN。然后将 B、G 两截面剪力纵标顶点连一直线即得 BG 段剪力图。GC 段剪力为常值，$F_{QGC}=-8$ kN。

④ CD 段。虽然该段的弯矩图在外力偶矩作用点处有突变，但该段除中点作用有外力偶矩外，没有其他荷载作用，所以该段剪力仍保持为常数，即

$$F_{QCD}=-\frac{23-16}{2}=-3.5\ (\text{kN})$$

全梁的剪力图如图 3.12（e）所示。

第三节　静定平面刚架

刚架是由直杆组成的具有刚性结点的结构。当各杆轴线与荷载均在同一平面时，称为平面刚架。平面刚架的特点如下：

（1）杆件少，内部空间大，便于利用。

（2）刚结点处各杆不能发生相对转动，因而各杆件的夹角始终保持不变。

（3）刚结点处可以承受和传递弯矩，因而在刚架中弯矩是主要内力。

（4）刚架中的各杆通常情况下为直杆，制作加工较方便。

正是以上特点，刚架在工程中得到广泛的应用。静定平面刚架常见的形式有：悬臂刚架[见图 3.13（a）]、简支刚架[见图 3.13（b）]、三铰刚架[见图 3.13（c）]、复合刚架[见图 3.13（d）]等。

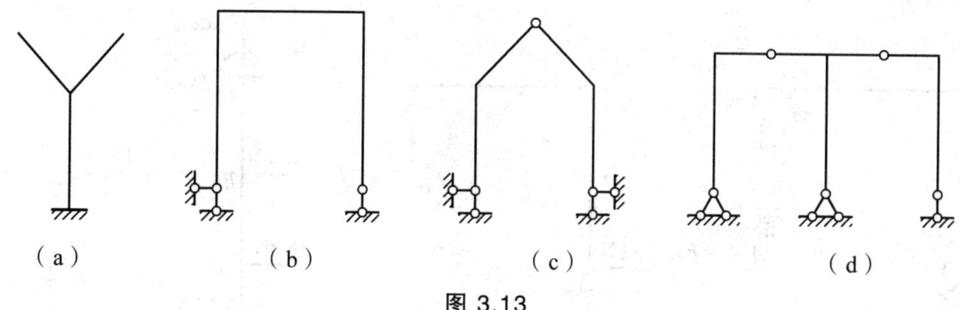

图 3.13

一、刚架的内力计算

刚架中的杆件多为梁式杆，杆截面中同时存在弯矩、剪力和轴力。计算的方法与梁完全相同，只需将刚架的每一根杆看做是梁，逐杆用截面法计算控制截面的内力，然后逐杆绘制内力图。

在刚架中，通常规定使刚架内侧受拉的弯矩为正（不便区分内外侧时，可假设任一侧受拉为正），弯矩图绘在杆件受拉边而不注正负号。其剪力和轴力正负号规定与梁相同，剪力图和轴力图可绘在杆件的任一侧，但必须注明正负号。

为了明确地表示刚架上不同截面的内力，尤其是为区分汇交于同一结点的各杆端截面的内力，使之不致混淆，我们在内力符号后面引用两个脚标：第一个表示内力所属截面；第二个表示该截面所属杆件的另一端。例如：M_{AB} 表示 AB 杆 A 端截面的弯矩，F_{QAC} 则表示 AC 杆 A 端截面的剪力，等等。

以下通过例题介绍具体计算方法：

图 3.14（a）为静定简支刚架，由横梁 CD 和立柱 AC 组成，其中结点 C 为刚结点。可以看出，由于刚结点的存在，使结构较易形成几何不变体系，并具有较大的内部空间，便于使用。

（1）计算支座反力。此结构为一简支刚架，反力只有三个，考虑刚架的整体平衡，求各支座反力。

由 $\sum F_x = 0$，得

$$F_{Ax} = 15\ \text{kN}\ (\leftarrow)$$

由 $M_A = 0$，有

$$15\text{ kN}\times 2\text{ m}-F_{Dy}\times 4\text{ m}=0,$$

得 $$F_{Dy}=7.5\text{ kN}\ (\uparrow)$$

由 $\sum F_y=0$，得

$$F_{Ay}=7.5\text{ kN}\ (\downarrow)$$

各支座反力如图 3.14（b）所示。

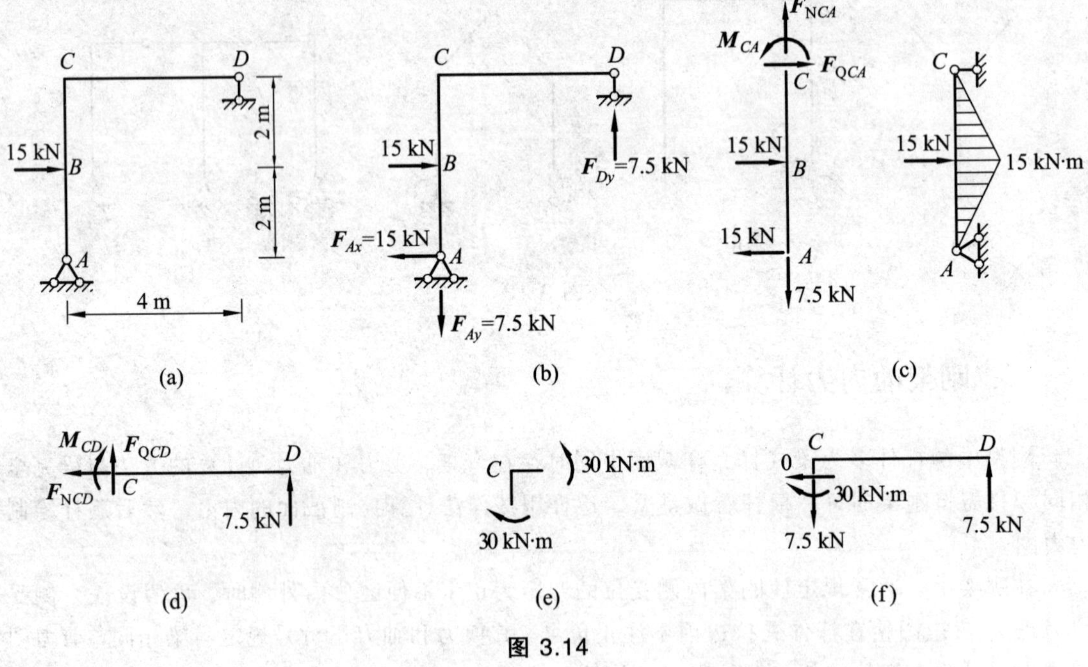

图 3.14

（2）绘制弯矩图。首先逐杆分段计算控制截面的弯矩，然后再利用作图规律和叠加法作弯矩图。

该刚架可分为 AC 和 CD 两杆段，对每一个杆段用静力平衡方程求得杆端截面的弯矩值。然后根据各杆的荷载情况再分别绘图：对于无荷载杆段，只需定出两杆端（控制）截面的弯矩值，即可连成直线图形；对于承受荷载的杆段，则可利用相应简支梁的弯矩图进行叠加。

CD 杆段：该杆段上无荷载，弯矩图为直线。先求出该杆两端截面的弯矩值，再连成直线图形。D 端铰处截面无外力偶作用，故

$$M_{DC}=0$$

C 端截面的弯矩可用截面法取截面 C 右边部分为隔离体，如图 3.14（d）所示，由 $\sum M_C=0$，算得

$$M_{CD}=7.5\times 4=30\ (\text{kN}\cdot\text{m})\text{（下侧受拉）}$$

将 CD 杆段两端截面的弯矩值定出并连成直线图形，如图 3.15（a）所示。

AC 杆段：该杆段中点作用一集中荷载，可用叠加法来绘其弯矩图。为此，先求出该杆两端截面的弯矩，A 端铰处截面无外力偶作用，故

$$M_{AC}=0$$

C 端截面的弯矩可用截面法取截面 C 下边部分为隔离体，如图 3.14（c）所示，由 $\sum M_C=0$，有

$$15\times4-15\times2-M_{CA}=0$$

算得 $$M_{CA}=30\ \text{kN}\cdot\text{m}\ (\text{右侧受拉})$$

将两端截面的弯矩值定出并连以虚线，再以此虚线为基线，叠加如图 3.14（c）所示相应简支梁中点集中荷载作用的弯矩图。在跨中 B 截面的弯矩值为

$$M_B=\frac{1}{2}M_{CA}+\frac{F_Pl}{4}=\frac{1}{2}\times30+\frac{15\times4}{4}=30\ (\text{kN}\cdot\text{m})$$

整个刚架的弯矩图如图 3.15（a）所示。

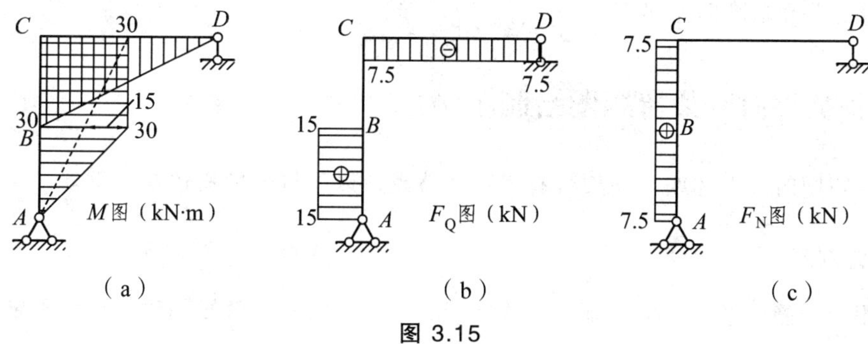

（a）　　（b）　　（c）

图 3.15

此外，注意到在刚结点 C 处，根据刚结点 C 的力矩平衡条件 $M_{CA}=M_{CD}=30\ \text{kN}\cdot\text{m}$。于是，计算上述杆端弯矩 M_{CA} 值时，可以截取刚结点作为隔离体，如图 3.14（e）所示，当已知 M_{CD} 后由刚结点 C 的力矩平衡条件，即可求得 M_{CA}。由此得出如下结论：**在两杆相交的刚结点上无外力偶作用时，两杆杆端弯矩等值、同侧受拉，即这两杆的杆端弯矩大小相等、方向相反，弯矩图同侧。**

（3）绘制剪力图和轴力图。作剪力图时同样逐杆考虑。根据荷载和已求出的反力，利用截面法和反力不难求得各控制截面的剪力。

本例中 CD 杆段为无荷载区段，故剪力为一常数，只需求出该区段中任一截面的剪力值便可作出剪力图。由图 3.14（d）所示的隔离体，可求得

$$F_{QDC}=F_{QCD}=-7.5\ \text{kN}$$

CA 杆有荷载作用，故分为 CB、BA 两个区段，该两区段中任一截面的剪力值由图 3.14（c）所示的隔离体，可分别求得

$$F_{QCB}=15-15=0,\ F_{QAC}=15\ \text{kN}$$

绘出轴力图如图 3.15（b）所示。

用同样方法可绘出轴力图。本例中两杆的轴力都为常数，由图 3.14（c）、（d）所示的隔

离体，可分别求得

$$F_{NCD}=0\text{，}\ F_{NCA}=7.5\ \text{kN}$$

绘出剪力图如图 3.15（c）所示。

（4）校核。内力图作出后应进行校核。对于弯矩图，通常是检查刚结点处是否满足力矩平衡条件。

校核剪力图和轴力图的正确性，可取刚架的任何部分为隔离体检查 $\sum F_x=0$ 和 $\sum F_x=0$ 的平衡条件是否得到满足。例如：可截取如图 3.14（f）所示隔离体，由

$$\begin{aligned}&\sum F_x=0,\quad 0=0\\&\sum F_y=0,\quad -7.5\ \text{kN}+7.5\ \text{kN}=0\\&\sum M_C=0,\quad 7.5\ \text{kN}\times 4\ \text{m}-30\ \text{kN}\cdot\text{m}=0\end{aligned}$$

、

可知所得剪力图和轴力图无误。

二、各类平面刚架弯矩图绘制示例

绘制弯矩图时，上述四类刚架将有各自的特点，以下将分别概述及示例。

1. 悬臂刚架

悬臂刚架是静定平面刚架的基本形式之一，**绘制悬臂刚架弯矩图时，可以不求反力，而由自由端开始逐杆绘制。**

例 3.6 试作出图 3.16（a）所示悬臂刚架弯矩图。

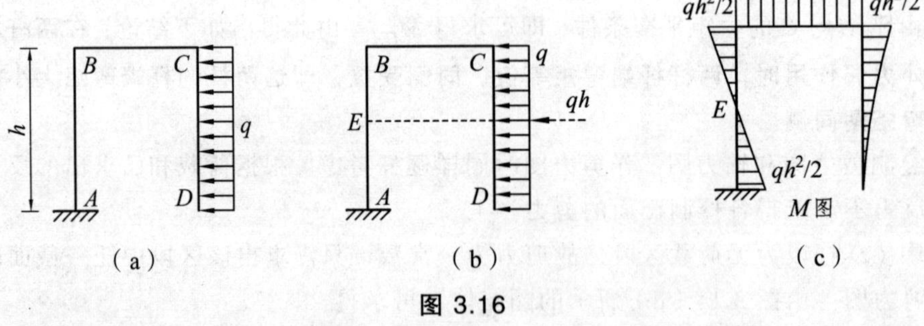

（a）　（b）　（c）

图 3.16

解 该悬臂刚架，可不求支座反力，根据荷载直接画弯矩图。

（1）对于 CD 杆件，弯矩图与悬臂梁类似，D 为自由端，弯矩为零；根据悬臂梁在均布荷载作用下的弯矩，可知 $M_{CD}=qh^2/2$（右侧受拉），由此作出抛物线，如图 3.16（c）所示。

（2）对于 BC 杆件，根据刚结点 C 的力矩平衡条件，可知 $M_{CB}=M_{CD}=qh^2/2$（外侧受拉）；同时该段剪力为零，因此弯矩为常数，其值等于 $qh^2/2$（外侧受拉），弯矩图为与杆轴线平行的直线。

（3）对于 AB 杆件，根据刚结点 B 的力矩平衡条件，可知 $M_{BA}=M_{BC}=qh^2/2$（外侧受拉）；

荷载合力的作用线通过 E 点，如图 3.16（b）所示，E 点弯矩为零。而 AB 杆件上无外力作用，弯矩图为一直线，因此可求出 $M_{AB}=qh^2/2$（右侧受拉），将 M_{BA} 与 M_{AB} 两纵距直线相连，即得最后的弯矩图，如图 3.16（c）所示。

综上所述，绘制悬臂刚架弯矩图时要注意判断杆件有无剪力，若剪力为零，弯矩为常值（BC 段），剪力为常值，弯矩图一斜直线（BA 段）；另外，在集中力的延长线所对应的截面（E 截面），弯矩为零。

2. 简支型刚架

简支刚架是静定平面刚架的基本形式之一，**绘制简支型刚架弯矩图时，往往只需求出一个作用于杆件垂直方向的反力，然后由支座端开始逐杆绘制。**

例 3.7 试作图 3.17（a）所示简支型刚架弯矩图。

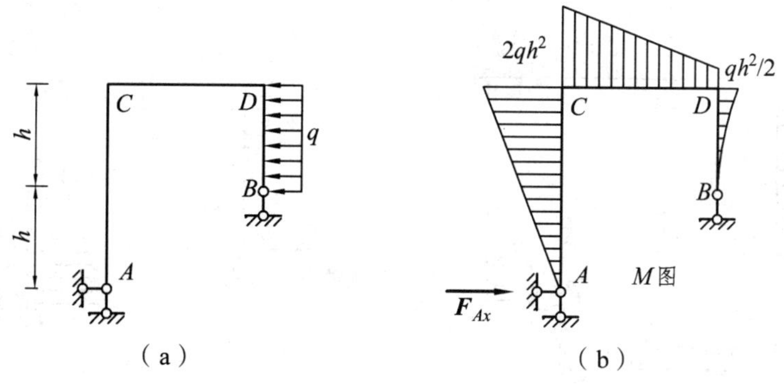

图 3.17

解 先分析刚架中各杆件的受力。显然 DB 杆件的弯矩只与外荷载有关，而与 B 处的支座反力无关；AC 杆件的弯矩与 A 点的水平支座反力 F_{Ax} 有关，与竖向支座反力无关；CD 杆件没有荷载，根据刚结点的特点，只要知道 M_{CA} 和 M_{DB}，即可直接画出 CD 段的弯矩图。

（1）在所有支座反力中，只有 A 点的水平支座反力 F_{Ax} 需要求出。由 $\sum F_x=0$，求得

$$F_{Ax}=qh(\rightarrow)$$

（2）求各杆端截面的弯矩。

AC 杆件：C 端弯矩，$M_{CA}=2qh^2$（外侧受拉）；A 端弯矩，$M_{AC}=0$。

DB 杆件：D 端弯矩，$M_{DB}=qh^2/2$（外侧受拉）；B 端弯矩，$M_{BD}=0$。

CD 杆件：根据刚结点的力矩平衡条件，可得 $M_{CA}=M_{CD}$，$M_{DB}=M_{DC}$。

（3）将各杆端弯矩连以直线、曲线，作出最后的弯矩图，如图 3.17（b）所示。

在作静定刚架的内力图时，通常不一定需要画出所有杆件和结点的隔离体图，有时也可以直接利用力学基本概念快捷地进行。例如：在绘制该刚架的弯矩图时，根据 A 支座竖向反力不会使 AC 杆产生弯矩的特征，AC 杆的弯矩图形可一目了然；A 支座的水平反力易求得，乘以杆长即得杆端弯矩 M_{CA}，并有 $M_{CA}=M_{CD}$；同样，B 支座反力不会使 DB 杆产生弯矩，只有均布荷载产生弯矩，D 端弯矩为 $M_{DB}=qh^2/2$，根据 D 结点的力矩平衡的条件可求得杆端

弯矩 M_{DC}，然后将各杆端弯矩连以直线、曲线，则得到刚架的最终弯矩图。

3. 三铰刚架

三铰刚架是静定平面刚架的基本形式之一，其支座反力数为四个，支座反力的求法主要是充分利用平衡条件来进行计算，分析时经常采用**先整体后拆开的方法**。整体有三个平衡方程，为了求解四个反力，还需增补一个方程，为此将结构拆开考虑，取结构的一半作为研究对象，利用铰结点的弯矩为零，就可以全部求解。支座反力求得以后，其弯矩图的绘制与以前所述的方法完全相同。

例 3.8 作图 3.18（a）所示三铰型刚架弯矩图。

解 图中刚架在 B 点处是以滑动支座与大地相连接的，属于三铰刚架中特殊的情况。其计算方法与三铰刚架相同。

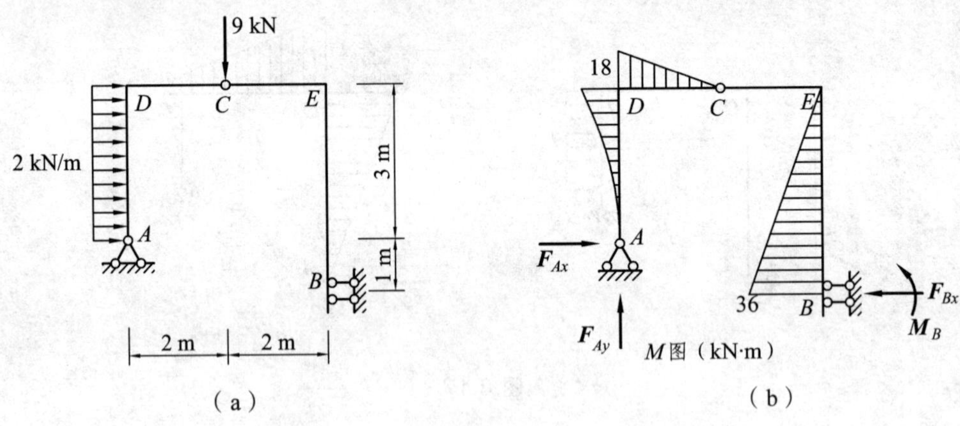

图 3.18

（1）计算支座反力。由整体结构的平衡方程 $\sum F_y = 0$，求得

$$F_{Ay} = 9\ \text{kN}(\uparrow)$$

将三铰刚架拆开，取结构的左半部分为隔离体，由 $\sum M_C = 0$，求得

$$F_{Ax} = 3\ \text{kN}(\rightarrow)$$

再由整体结构的平衡方程 $\sum F_x = 0$，求得

$$F_{Bx} = 9\ \text{kN}(\leftarrow)$$

由整体结构的平衡方程 $\sum M_A = 0$，求得

$$M_B = 36\ \text{kN}\cdot\text{m}\ (\circlearrowleft)$$

（2）支座反力求得以后，M 图的绘制与以前所述的方法完全相同。由此可画出结构的 M 图，如图 3.18（b）所示。注意到 CE 段剪力为零，弯矩应为常数，而铰 C 处弯矩应为零，因此 CE 段的弯矩都应为零。

4. 复合刚架

由基本部分与附属部分组成的刚架为复合刚架。复合刚架的计算原则与多跨静定梁完全相同，即**先算附属部分，后算基本部分**。

例 3.9 作图 3.19（a）所示复合刚架的弯矩图。

解 对于复合刚架，首先要分清其基本部分和附属部分。观察图示刚架，右边为三铰刚架，属于基本部分，左边 AD 为附属部分。计算从附属部分开始。

（1）取 AD 部分为隔离体，如图 3.19（b）所示。

由 $\sum M_D=0$，得 $F_{Ay}=1\text{ kN}(\uparrow)$；

由 $\sum F_x=0$，得 $F_{Dx}=1\text{ kN}(\leftarrow)$；

由 $\sum F_y=0$，得 $F_{Dy}=1\text{ kN}(\downarrow)$。

F_{Dx}、F_{Dy} 求出以后，将其反向传于右边的三铰刚架上，如图 3.19（b）所示。

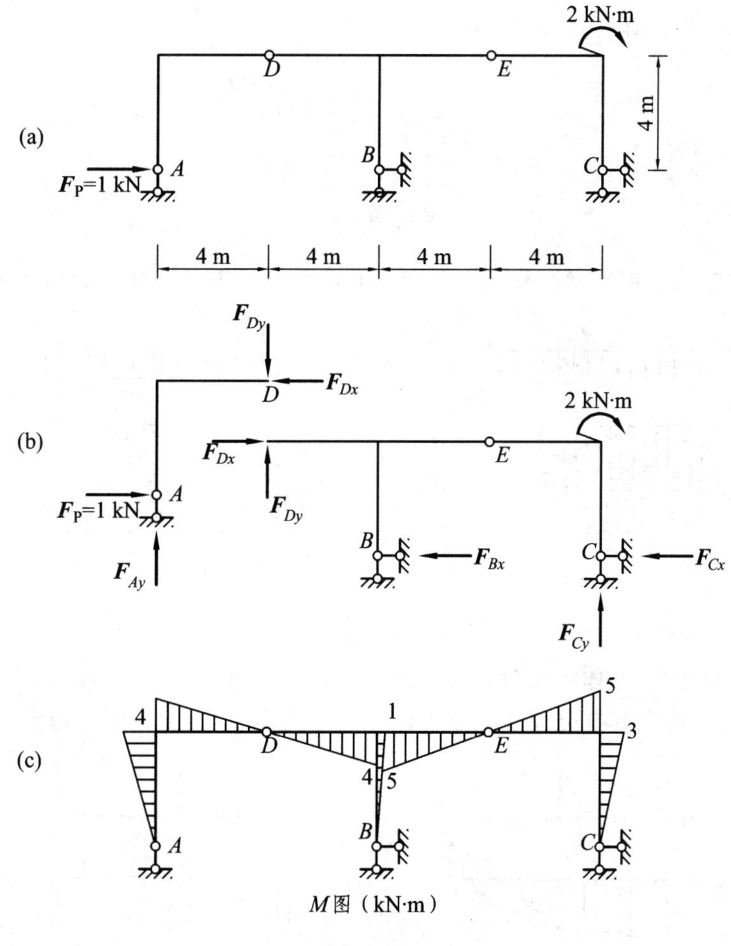

图 3.19

（2）取右边三铰刚架部分为研究对象，由三铰刚架整体的平衡方程 $\sum M_B=0$，得

$$F_{Cy}=1.25\ \text{kN}(\uparrow)$$

再将三铰刚架拆开，取结构的右半部分 EC 为隔离体，由 $\sum M_E=0$，得

$$F_{Cx}=0.75\ \text{kN}(\leftarrow)$$

由三铰刚架整体的平衡方程 $\sum F_x=0$，得

$$F_{Bx}=0.25\ \text{kN}(\leftarrow)$$

支座反力求出后，用截面法计算各杆端弯矩，作出刚架的弯矩图，如图 3.19（c）所示。

三、内力图的形状特征小结

由弯矩、剪力与荷载的微分关系可知，内力图的形状特征主要有以下几点：

（1）无荷载区段，M 为直线，如图 3.20 所示。

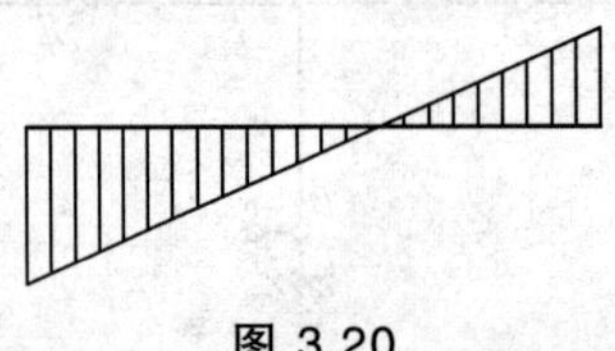

图 3.20

（2）受均布荷载 q 作用时，M 为抛物线，且凸向与 q 方向一致，如图 3.21 所示。

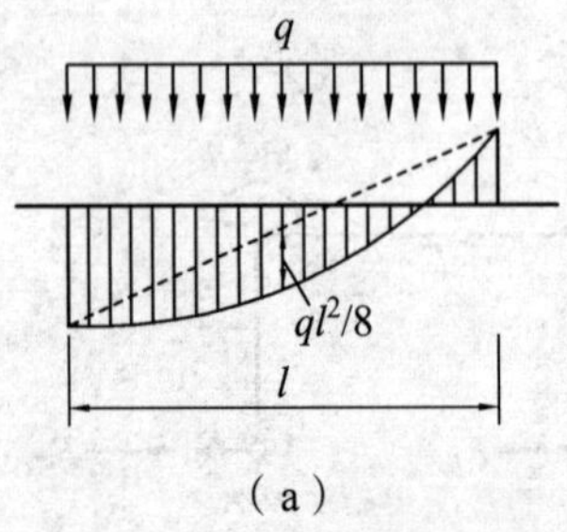

（a）

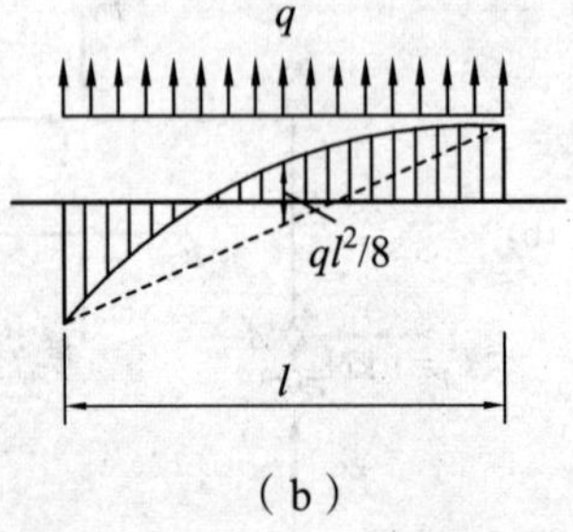

（b）

图 3.21

（3）在横向集中力 F_P 作用点处，弯矩图有尖角，尖角方向与 F_P 方向相同，如图 3.22 所示。在 F_P 作用点处剪力图有突变（在该点的左、右截面有增量），突变值为 F_P。

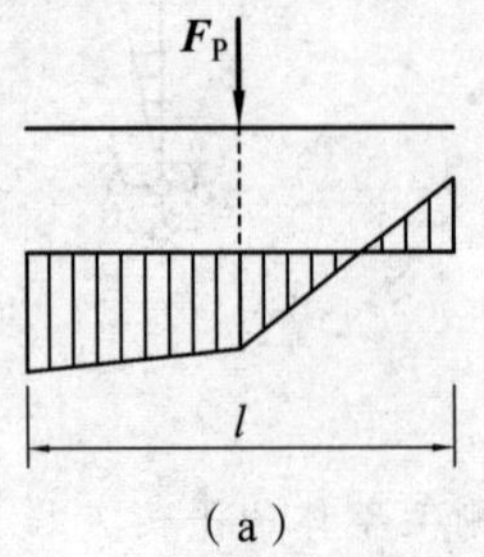

（a）

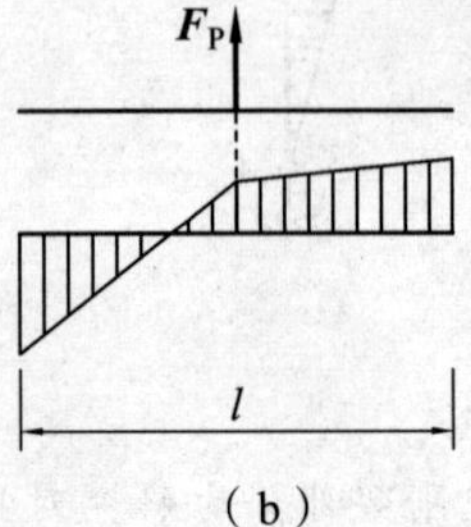

（b）

图 3.22

（4）集中力偶 m 作用点处，弯矩图有突变（在该点的左、右截面有增量），突变值为 m，且左右两直线相互平行，没有斜率的变化，故剪力图无变化，其弯矩图如图 3.23 所示。

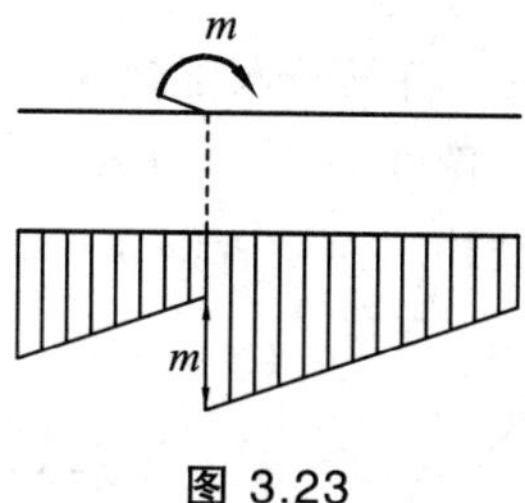

图 3.23

（5）在自由端、铰结点、铰支座处的截面上无集中力偶作用时，该截面弯矩等于零，如图 3.24 所示。

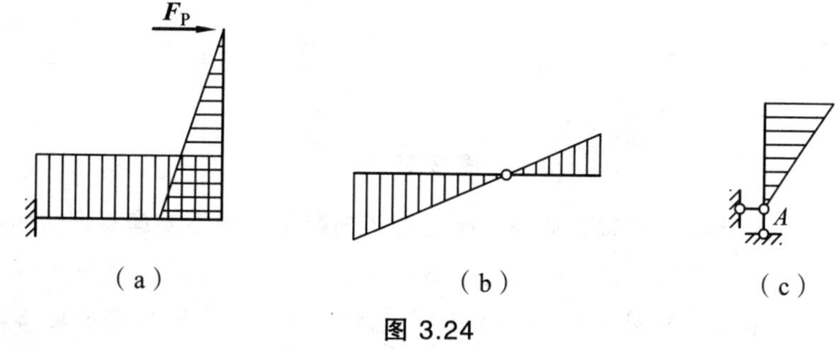

图 3.24

（6）集中力 F_P 与某杆轴线重合时，弯矩为零，如图 3.25 所示。

（7）剪力 F_Q 为常值时，M 图为斜线；剪力 F_Q 为零时，M 为常值，M 图为与杆轴线平行的直线。图 3.26 所示刚架，AB 段剪力 F_Q 为常值时，M 图为斜线；BC 段剪力 F_Q 为零时，M 图为没有斜率变化的常直线。

（8）当由平衡力系组成的荷载作用在静定结构的某一本身为几何不变的部分上时，则只有此部分受力，其余部分的反力内力皆为零。图 3.27 所示结构，平衡力系作用在几何不变部分 $BCDE$ 上则只有该局部有内力，其余部分内力必为零。

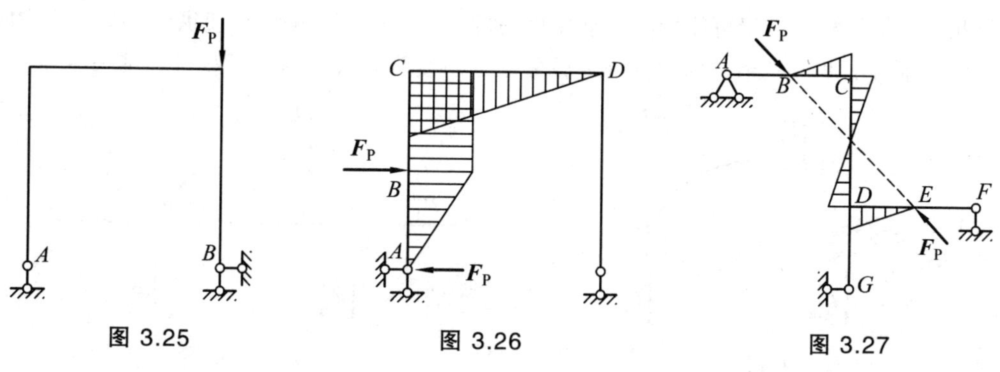

图 3.25　　图 3.26　　图 3.27

第四节　三铰拱

拱式结构在房屋建筑、地下建筑、桥梁及水工建筑中都常采用。从几何构造上讲，拱式结构可以分为无多余约束的三铰拱[见图 3.28（a）、（b）]和有多余约束的两铰拱和无铰拱[见图 3.28（c）、（d）]。前者属于静定结构，而后者则属于超静定结构。

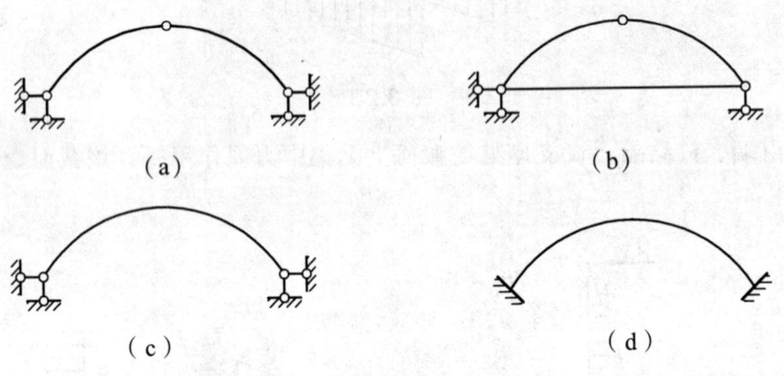

图 3.28

拱式结构的基本特点是：**杆轴为曲线，而且在竖向荷载作用下支座将产生水平反力**。这种水平反力又称为推力。拱结构与梁结构的区别不仅在于外形不同，更重要的还在于受竖向荷载作用时是否产生水平推力。如图 3.29 所示的两个结构，虽然它们的杆轴都是曲线，但图 3.29（a）所示结构在竖向荷载作用下不产生水平推力，其弯矩与相应（同跨度、同荷载）简支梁的弯矩相同，所以这种结构不是拱结构而是曲梁；图 3.29（b）所示结构，由于其两端都有水平支座链杆，在竖向荷载作用下将产生水平推力，所以属于拱式结构。由于水平推力的存在，拱中各截面的弯矩将比相应的曲梁或简支梁的弯矩要小，并且会使整个拱体主要承受压力。因此，拱式结构可用抗压强度较高而抗拉强度较低的砖、石、混凝土等建筑材料来建造。

从建筑学的角度，拱式结构有利于营造曲线美，并能提供较大的净空使用高度。拱式结构的缺点是需要支座提供较大的水平向推力。当支座处地基的水平抗力较弱时，只能采用带有水平拉杆的拉杆拱[见图 3.28（b）]，此时支座水平推力将由拉杆提供，拱体的受力情况仍与一般三铰拱相同，但拉杆的设置可能影响净空使用高度。工程中也有采用连续拱的形式，使中间支座两边的水平推力相互抵消。因拱的外形较复杂、跨度常较大，施工要相对困难一些。

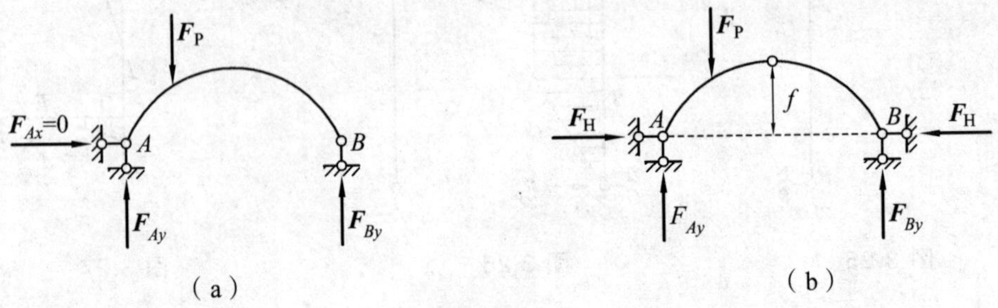

图 3.29

拱体各横截面形心的连线称为拱轴线。拱的两端与支座联结处称为拱趾，拱趾位于同一标高的拱称为平拱，位于不同标高的拱称为斜拱。拱轴的最高点称为拱顶，三铰拱的中间铰一般设在拱顶处。两拱趾的水平距离 l 称为跨度，由拱顶至两拱趾连线的竖向距离 f 称为拱高或矢高。拱高与跨度之比 f/l 称为拱的高跨比（矢跨比），它对拱的内力有重要影响。在实际工程中，拱的高跨比通常在 1/10 ~ 1。

一、三铰拱的计算

现以土建结构中最为常见的承受竖向荷载作用且两拱趾位于同一水平线上的三铰拱[见图 3.30(a)]为例，介绍三铰拱的受力分析方法和受力特性，并与相应的简支梁[见图 3.30(b)]加以比较。

1. 支座反力的计算公式

首先，分析三铰拱的支座反力。三铰拱共有四个支座反力，可以利用三个整体平衡方程，再加上顶铰处弯矩为零的条件，即取左（或右）半拱为隔离体，根据中间铰处力矩平衡方程，建立一个补充方程，从而求出所有的反力。

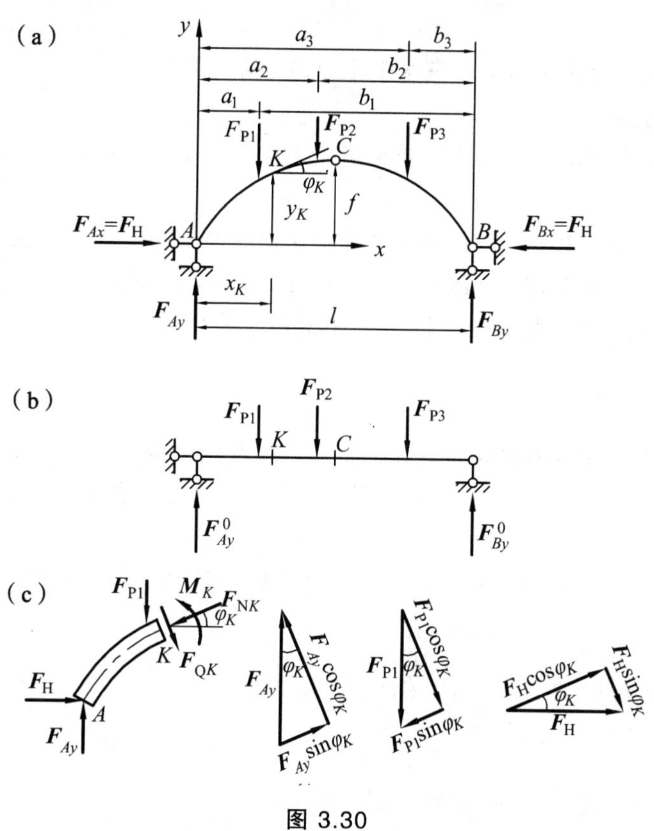

图 3.30

当仅有竖向荷载作用时，由整体平衡条件 $\sum F_x = 0$，可得

$$F_{Ax} = F_{Bx} = F_H$$

F_H表示支座水平推力的数值。若两拱趾位于同一水平线上，支座水平推力沿支座连线作用。于是，利用整体平衡方程$\sum M_B = 0$和$\sum M_A = 0$即可直接解得两支座的竖向反力F_{Ay}和F_{By}。可见，此时三铰拱支座竖向反力的计算与相应简支梁支座反力F_{Ay}^0和F_{By}^0的计算完全相同，即

$$F_{Ay} = F_{Ay}^0 \tag{3-4}$$

$$F_{By} = F_{By}^0 \tag{3-5}$$

现记图 3.30（b）简支梁相应三铰拱顶铰位置的 C 截面弯矩为M_C^0，代表了 C 点一侧支座反力和竖向荷载对 C 点力矩的代数和。由于图 3.30（a）的三铰拱与上述简支梁的荷载和竖向反力均相同，所以当取拱顶铰 C 一侧，即取左（或右）半拱为隔离体时，由$\sum M_C = 0$可得

$$M_C^0 - F_H f = 0$$

于是有

$$F_H = \frac{M_C^0}{f} \tag{3-6}$$

这就是三铰平拱在竖向荷载作用下支座水平推力的计算公式。

由以上的分析可知：

（1）在给定的荷载作用下，三铰拱的支座反力仅与三个铰的位置有关，而与拱轴的形状无关。

（2）在竖向荷载的作用下，三铰平拱的支座竖向反力与相应简支梁反力相同，而水平推力 F_H 与拱高（矢高）f 成反比。f 越大即拱越陡时 F_H 越小；反之，f 越小即拱越平坦时 F_H 越大。若 $f = 0$，则 $F_H = \infty$，此时三个铰在一直线上，属于瞬变体系。

2. 内力的计算公式

计算内力时，应注意到拱轴为曲线这一特点，所取截面应与拱轴正交，即与拱轴的切线相垂直，见图 3.30（c）。任一截面 K 的位置取决于该截面形心的坐标(x_K, y_K)以及该处拱轴切线的倾角 φ_K。

弯矩是以使拱体的内侧受拉为正，反之为负。取 AK 段为隔离体[见图 3.30（c）]，由$\sum M_K = 0$，有

$$F_{Ay} x_K - F_{P1}(x_K - a_1) - F_H y_K - M_K = 0$$

得截面 K 的弯矩：

$$M_K = [F_{Ay} x_K - F_{P1}(x_K - a_1)] - F_H y_K$$

根据$F_{Ay} = F_{Ay}^0$，可见式中方括号内之值等于相应简支梁[见图 3.30（b）]截面 K 的弯矩

M_K^0，所以上式可改写为

$$M_K = M_K^0 - F_{\mathrm{H}} y_K \tag{3-7}$$

即拱内任一截面的弯矩，等于相应简支梁对应截面的弯矩减去由于拱的水平推力 F_{H} 所引起的弯矩 $F_{\mathrm{H}} y_K$。由此可知，因推力的存在，三铰拱中的弯矩比相应简支梁的弯矩小得多。

在计算 K 截面的剪力 $F_{\mathrm{Q}K}$ 和轴力 $F_{\mathrm{N}K}$ 时，取 AK 段为隔离体[见图 3.30（c）]，可将 A 支座反力和作用于隔离体上的外荷载沿 K 点拱轴线的切线和法线方向进行分解[见图 3.30(c)]，再分别由这两个方向上力的平衡条件求得截面上的剪力和轴力：

$$F_{\mathrm{Q}K} + F_{\mathrm{P1}} \cos\varphi_K + F_{\mathrm{H}} \sin\varphi_K - F_{Ay} \cos\varphi_K = 0$$
$$F_{\mathrm{N}K} + F_{\mathrm{P1}} \sin\varphi_K - F_{Ay} \sin\varphi_K - F_{\mathrm{H}} \cos\varphi_K = 0$$

得

$$F_{\mathrm{Q}K} = (F_{Ay} - F_{\mathrm{P1}}) \cos\varphi_K - F_{\mathrm{H}} \sin\varphi_K$$
$$F_{\mathrm{N}K} = (F_{Ay} - F_{\mathrm{P1}}) \sin\varphi_K + F_{\mathrm{H}} \cos\varphi_K$$

式中 $(F_{Ay} - F_{\mathrm{P1}})$ 等于相应简支梁在截面 K 处的剪力 $F_{\mathrm{Q}K}^0$，于是上式可改写为

$$F_{\mathrm{Q}K} = F_{\mathrm{Q}K}^0 \cos\varphi_K - F_{\mathrm{H}} \sin\varphi_K \tag{3-8}$$

$$F_{\mathrm{N}K} = F_{\mathrm{Q}K}^0 \sin\varphi_K + F_{\mathrm{H}} \cos\varphi_K \tag{3-9}$$

由式（3-7、（3-8）、（3-9）可知，三铰拱的内力不但与荷载及三个铰的位置有关，而且与各铰间拱轴线的形状有关。

有了上述公式，则不难求得竖向荷载作用下任一截面的内力，从而作出三铰拱的内力图。若荷载不是竖向作用或三铰拱为斜拱，则式（3-5）~式（3-10）并不适用，此时应根据平衡条件直接计算三铰拱的反力和内力。

3. 三铰拱的合理拱轴线

对于三铰拱来说，在一般情况下截面上因有弯矩、剪力和轴力作用而处于偏心受压状态，其正应力分布不均匀。但是，若在给定荷载作用下，可以选取一根适当的拱轴线，使拱上各截面只承受轴力，而弯矩为零（剪力也为零）。这时，任一截面上的正应力分布将是均匀的，因而拱体材料能够得到充分地利用，这样的拱轴线称为**合理拱轴线**。

拱内任一截面的弯矩计算式（3-7）表明，当拱的跨度和荷载为已知时，M_K^0 虽不随拱轴线改变而变化，而 $-F_{\mathrm{H}} y_K$ 则与拱的轴线有关（注意：前已指出推力 F_{H} 的数值与三个铰的位置有关，而与各铰间的轴线形状无关）。因此，可以在三个铰之间恰当地选择拱的轴线形式 $y = y(x)$，使拱中各截面的弯矩 M 都为零。为了求出合理轴线方程，由式（3-7）根据各截面弯矩都为零的条件应有

$$M = M^0 - F_{\mathrm{H}} y = 0$$

由此得

$$y=\frac{M^0}{F_{\rm H}} \tag{3-10}$$

上式表明，在竖向荷载作用下，三铰拱合理拱轴线的纵坐标 y 与相应简支梁弯矩图的竖标成正比。当荷载已知时，只需求出相应简支梁的弯矩方程，然后除以常数 $F_{\rm H}$，便得到合理拱轴线方程。

例 3.10 试求图 3.31（a）所示对称三铰拱在图示满跨竖向均布荷载作用下的合理拱轴线。

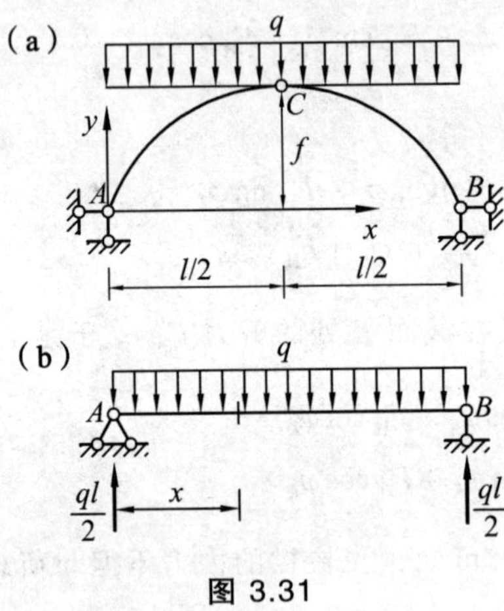

图 3.31

解 作出图 3.31（b）所示相应简支梁的弯矩方程：

$$M^0=\frac{ql}{2}x-\frac{qx^2}{2}=\frac{1}{2}qx(l-x)$$

由式（3-6）求得水平推力为

$$F_{\rm H}=\frac{M_C^0}{f}=\frac{ql^2}{8f}$$

由式（3-10）得到合理拱轴线方程为

$$y=\frac{M^0}{F_{\rm H}}=\frac{4f}{l^2}x(l-x)$$

由此可见，**在满跨竖向均布荷载作用下，三铰拱的合理拱轴线是抛物线**。对于非竖向荷载作用，式（3-10）不再适用，可由平衡条件直接解算合理轴线。工程中常以主要荷载作用下的合理轴线作为拱轴线，在其他荷载作用下仍会有弯矩产生。

如图 3.32 所示，对称三铰拱**在拱上填料重量作用下的合理拱轴线为列格氏悬链线**。

图 3.33 所示三铰拱**在垂直于拱轴线的均布荷载（例如水压力）作用下的合理拱轴线为圆弧线**。拱上各截面的轴力 $F_{\rm N}$ 为常数，其值为荷载 q 乘以半径 R。

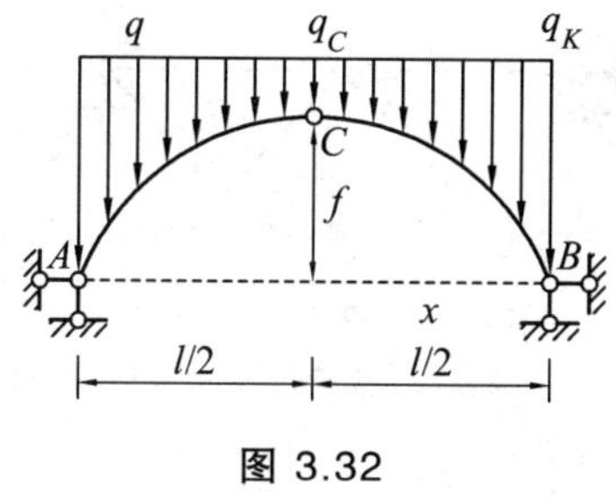

图 3.32

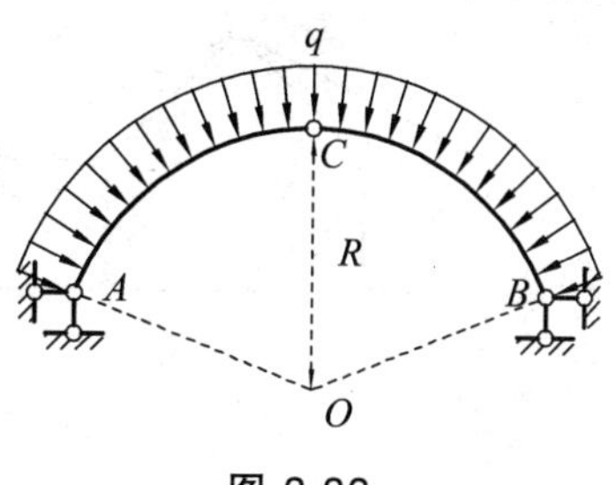

图 3.33

第五节　静定平面桁架

静定平面桁架是由若干直杆构成，且所有杆件的两端均用铰连接组成的静定结构。对实际桁架进行分析计算时，常需要简化成理想桁架，即对桁架的计算简图引入下列假定：

（1）所有结点都是无摩擦的理想铰。

（2）各杆的轴线都是直线，并通过铰的几何中心。

（3）荷载和支座反力都作用在结点上，并且在桁架的同一平面内。

理想桁架的各杆件只承受轴向力，因此，这类杆件也称为**二力杆**。在轴向受拉或受压的杆件中，由于轴力沿杆长不变，而截面上的应力均匀分布且同时达到极限值，故材料能得到充分的利用。

实际的桁架通常不能完全符合上述理想情况。例如：桁架的结点具有一定的刚性，各杆之间的夹角几乎不可能变动；另外，各杆轴无法绝对平直，结点上各杆的轴线也不一定全交于一点，荷载并非都作用在结点上等。因此，在荷载作用下，桁架中某些杆件必将发生弯曲而产生弯矩和剪力，并不能如理想情况只产生轴力。通常把按桁架理想情况计算出来的内力称为主内力，由于理想情况不能完全实现而产生的附加内力称为次内力（对应的应力称为次应力）。一般次内力较小，影响可忽略不计，本节只限于讨论桁架理想情况下的主内力。

按几何构造方面的特点，常见的桁架一般可分为以下三类：

简单桁架：由基础或一个基本铰接三角形开始，逐次增加二元体所组成的桁架，见图 3.34（a）、（b）。

联合桁架：由几个简单桁架，按两刚片规则或三刚片规则所组成的桁架，见图 3.34（c）。

复杂桁架：不属于前两种的桁架，见图 3.34（d）。

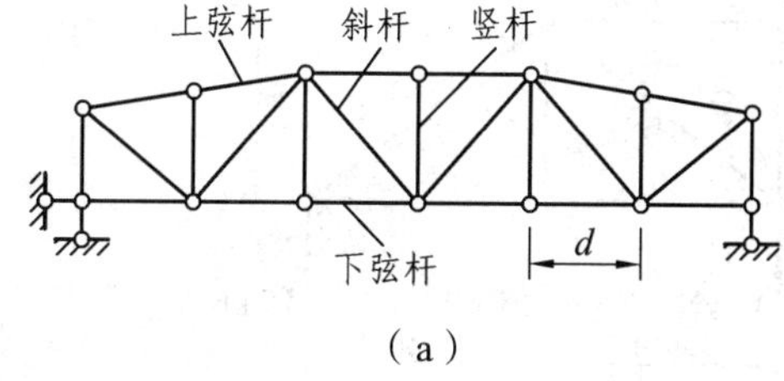

（a）

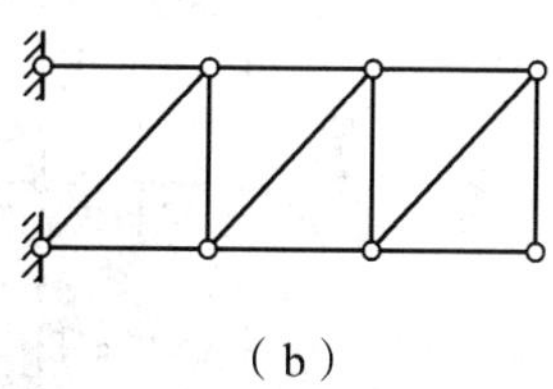

（b）

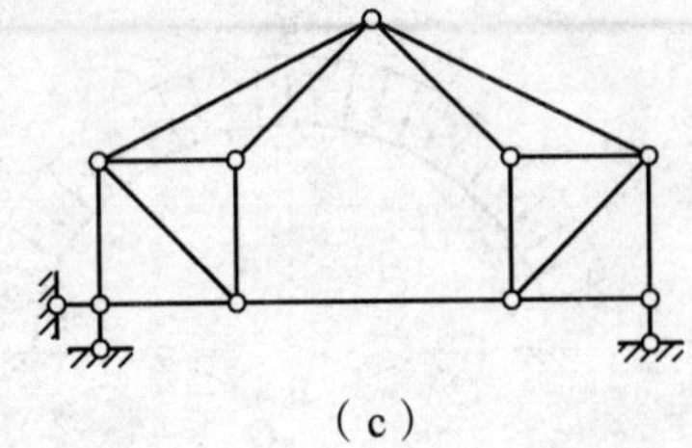

(c)

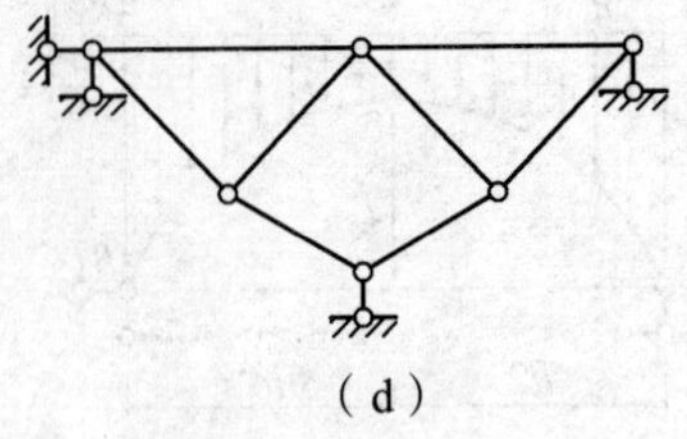

(d)

图 3.34

桁架的杆件，依其所在位置不同而分为弦杆与腹杆两类。弦杆有上弦杆和下弦杆之分，腹杆又分为竖杆和斜杆，见图 3.34（a）。弦杆上相邻两结点间的区间称为节间，其间距 d 称为节间长度。

解算桁架内力计算的方法有：结点法、截面法、联合法。

一、结点法

所谓结点法，就是取桁架的结点为隔离体，利用结点的静力平衡条件来计算杆件内力的方法。因为桁架的各杆只承受轴力，作用于任一结点的各力组成一个平面汇交力系，所以可就每一个结点列出两个平衡方程 $\sum F_x = 0$ 和 $\sum F_y = 0$ 来计算各杆内力。

在实际计算中，为了简便起见，取结点计算时，应力求作用于该结点的未知力不超过两个。在简单桁架中，实现这一点并不困难，因为简单桁架是从基础或一个基本铰接三角形开始，依增加二元体所组成，其最后一个结点只包含两根杆件。分析这类桁架时，可先由整体平衡条件求出反力，然后再从最后一个结点开始，按照几何组成的相反方向，依次考虑各结点的平衡，可在每个结点出现的未知内力不超过两个的情况下，直接求出各杆的内力。

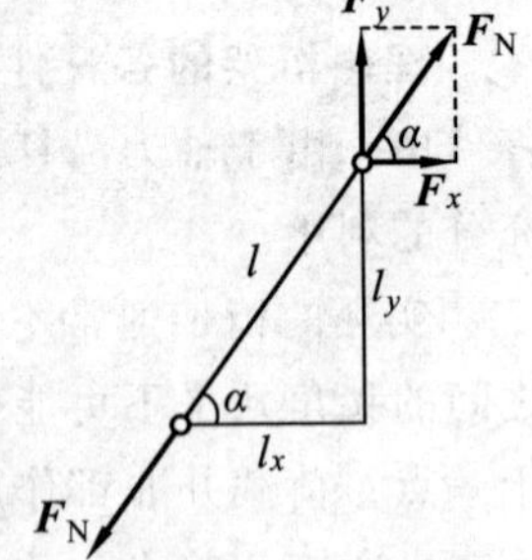

图 3.35

在建立结点平衡方程式时，经常需要把斜杆的轴力 F_N 分解为水平分力 F_x 和竖直分力 F_y，此三个力与杆长 l 及其水平投影 l_x 和竖向投影 l_y 存在以下比例关系（见图 3.35）：

$$\frac{F_N}{l} = \frac{F_x}{l_x} = \frac{F_y}{l_y} \tag{3-11}$$

由此，在 F_N、F_x 和 F_y 三者中，任知其中一个便可推算出其余两个，而无需应用三角函数计算。

例 3.11 试用结点法求图 3.36（a）所示桁架的各杆内力。

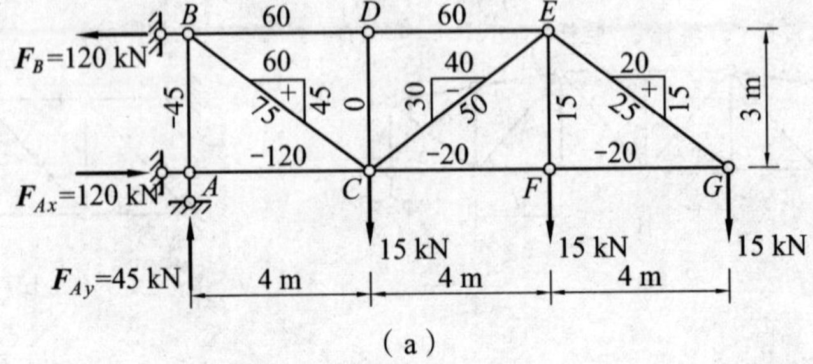

(a)

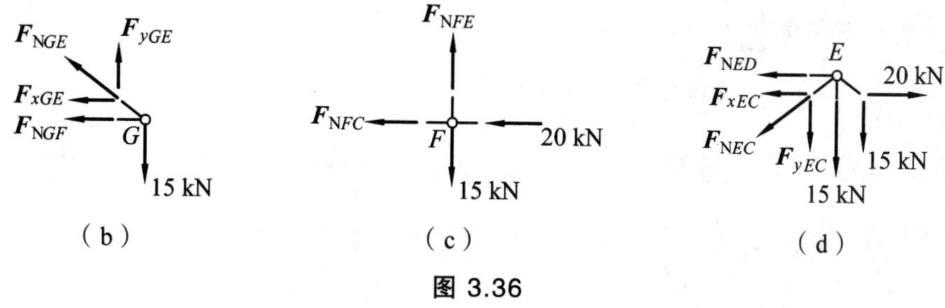

图 3.36

解 （1）求支座反力。以桁架的整体为隔离体，由 $\sum M_A = 0$，得

$$15\times4+15\times8+15\times12-F_B\times3=0$$
$$F_B = 120\ \text{kN}(\leftarrow)$$

由 $\sum F_y = 0$，得

$$F_{Ay} = 45\ \text{kN}(\uparrow)$$

由 $\sum F_x = 0$，得

$$F_{Ax} = 120\ \text{kN}(\rightarrow)$$

（2）计算各杆内力。反力求出后，可截取结点计算各杆的内力。最初寻找只包含两个未知力的结点，然后依次进行。现从结点 G 开始，其隔离体图如图 3.36（b）所示。计算时，通常假定杆件的未知内力为拉力，若所得结果为负，则表明为压力。为了计算方便，将斜杆内力 F_{NGE} 的水平和竖向分力 F_{xGE} 和 F_{yGE} 作为未知力考虑。由 $\sum F_y = 0$ 可得

$$F_{yGE} = 15\ \text{kN}$$

并可由比例关系式（3-11）求得

$$F_{xGE} = 15\times\frac{4}{3} = 20\ (\text{kN}),\quad F_{NGE} = 15\times\frac{5}{3} = 25\ (\text{kN})\ （拉力）$$

再由 $\sum F_x = 0$，可得

$$F_{NGF} = -F_{xGE} = -20\ \text{kN}\ （压力）$$

然后，取结点 F 计算，此时 $F_{NGF} = -20$ kN 作为已知力作用于结点 F 上，其隔离体如图 3.36（c）所示，列平衡方程 $\sum F_y = 0$，得

$$F_{NFE} = 15\ \text{kN}\ （拉力）$$

由 $\sum F_x = 0$，得

$$F_{NFC} = -20\ \text{kN}\ （压力）$$

然后，再取结点 E 计算，此时 $F_{xGE} = 20$ (kN)、$F_{yGE} = 15$ kN、$F_{NEF} = 15$ kN 作为已知力作用于结点 E 上，隔离体如图 3.36（d）所示，斜杆内力 F_{NEC} 的水平和竖向分力 F_{xEC} 和 F_{yEC} 作为未

知力考虑。列平衡方程$\sum F_y=0$，得

$$F_{yEC}=-30\text{ kN}$$

并可由比例关系式（3-11）求得

$$F_{xEC}=-30\times\frac{4}{3}=-40\text{ (kN)},\quad F_{NEC}=-30\times\frac{5}{3}=-50\text{ (kN)}\text{（压力）}$$

再由$\sum F_x=0$，得

$$F_{NED}=-60\text{ kN}\text{（压力）}$$

然后，依次取结点 D、C 计算，每次都只有两个未知力，故不难求解。到结点 B 时只有一个未知力 F_{NBA}，最后到结点 A 时，各力都已求出，故此结点的平衡条件是否都满足可作为校核。

为了清晰起见，将此桁架各杆内力的大小和性质标注在图 3.36（a）中。若同时将各杆的分力一并标注，则平衡关系更为清晰。读者也可尝试从图上逐点推算各杆内力，以简化计算。

桁架中内力为零的杆件称为零杆。如例 3.11 中的 DC 杆件就是零杆，出现零杆的情况可归结如下：

（1）两杆结点上无荷载作用时[见图 3.37（a）]，则该两杆的内力都等于零。

（2）三杆结点上无荷载作用时[见图 3.37（b）]，其中有两杆在一直线上，则另一杆必为零杆。在同一直线上的两杆，内力相等、符号相同。

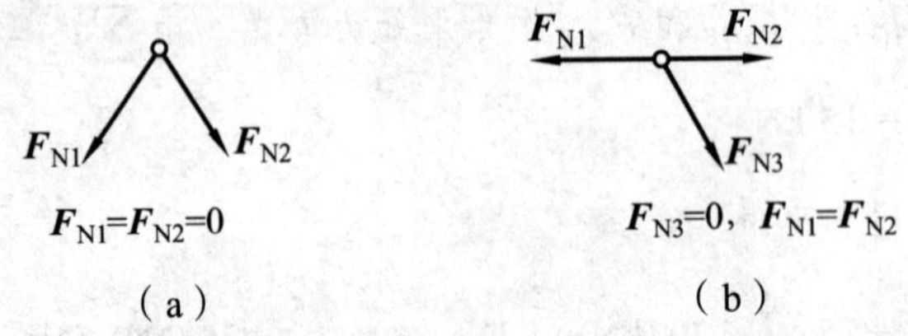

图 3.37

在分析桁架时，可先利用上述原则找出零杆，这样可使计算简化。但应注意，零杆与荷载是对应的。

应用以上结论，不难判断图 3.38（a）、（b）所示桁架中，以虚线表示的各杆均为零杆。

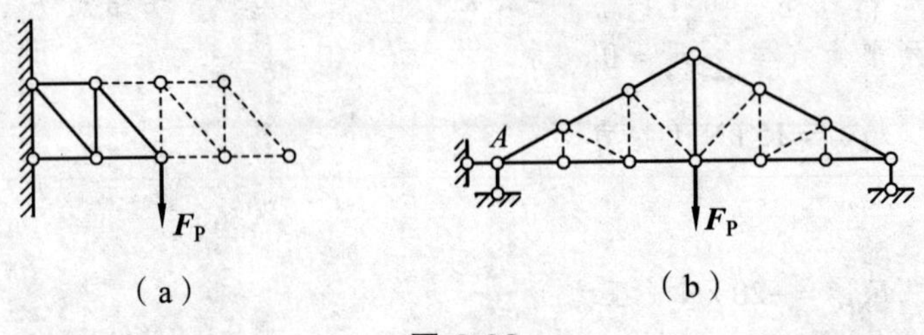

图 3.38

若桁架处于对称或反对称的受力状态，在分析时只需计算半边桁架杆件的内力，另外

半边杆件的内力可以根据对称或反对称的性质得到。此外，利用受力状态对称或反对称的特点也常可使计算进一步简化。例如：图 3.39（a）所示的桁架，受对称荷载作用，处于对称受力状态（杆 45 是零杆），故杆 43 与 47 的轴力应大小相等，且性质相同，但由结点 4 的平衡条件 $\sum F_y=0$，又要求两斜杆的轴力性质相反，则处于对称位置上的这两根斜杆既要满足对称受力性质，又要满足平衡条件，因而可以判定 $F_{N43}=F_{N47}=0$。如果结点 4 上也作用有竖向荷载[见图 3.39（b）]，则可以利用两斜杆内力相等的特点，由结点 4 的平衡条件 $\sum F_y=0$，求出两杆轴力的竖向分力均为 40 kN，故 $F_{N43}=F_{N47}=50$ kN；如果将作用于结点 6 上的荷载改为竖直向上，且大小不变[见图 3.39（c）]，则桁架处于反对称的受力状态，应有 $F_{N35}=-F_{N57}$（轴力大小相等，性质相反）。但由结点 5 的平衡条件 $\sum F_x=0$，又要求两杆的轴力性质相同，则这两杆既要满足反对称受力性质，又要满足平衡条件，因而可以判定 $F_{N35}=-F_{N57}=0$。

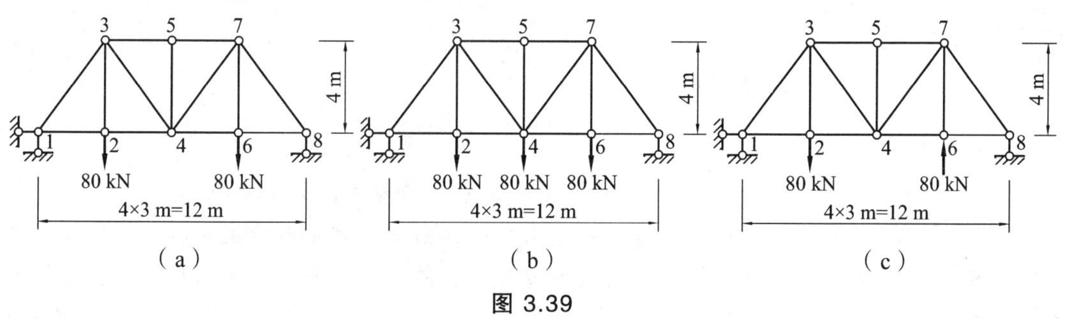

图 3.39

二、截面法

在桁架分析中，有时仅需或者是先需求出某一（或某些）指定杆件的内力，这时一般用截面法比较方便。**截面法指用适当的截面，截取桁架中包含两个以上结点的部分为隔离体，此时作用在隔离体上的各力通常构成平面一般力系，可以建立三个平衡方程。**因此，只要隔离体上的未知力不超过三个，一般都可以利用这三个平衡方程解得。

为简化内力计算，在应用截面法分析静定桁架时应注意以下两点：

（1）选择恰当的截面和适宜的平衡方程，尽量避免方程的联立求解。

（2）利用刚体力学中力可沿其作用线移动的特点，按照解题需要可将杆件的未知轴力移至恰当的位置进行分解，以简化计算。

例 3.12 求出图 3.40（a）所示桁架杆件 a、b、c 三杆的内力。

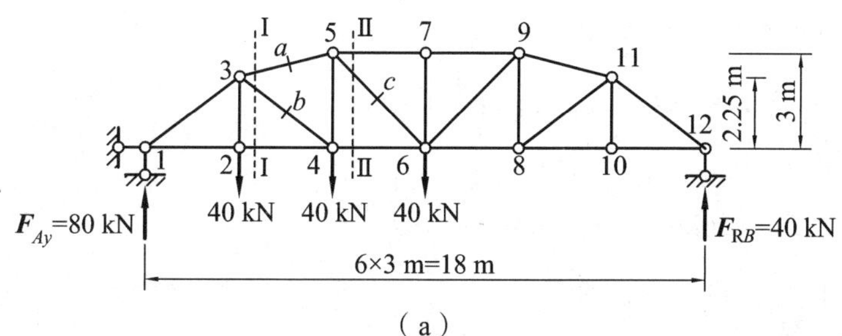

（a）

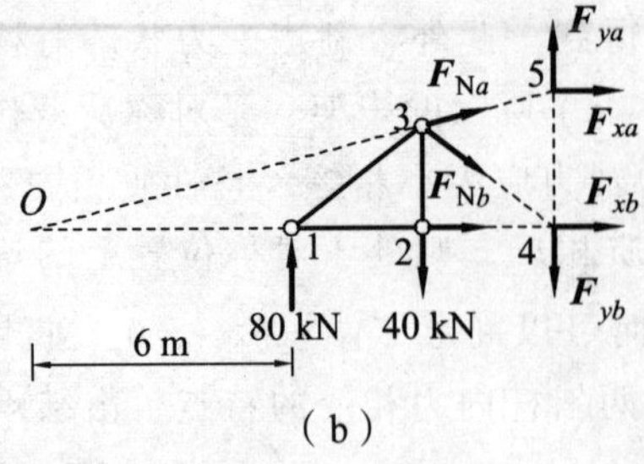

（b）

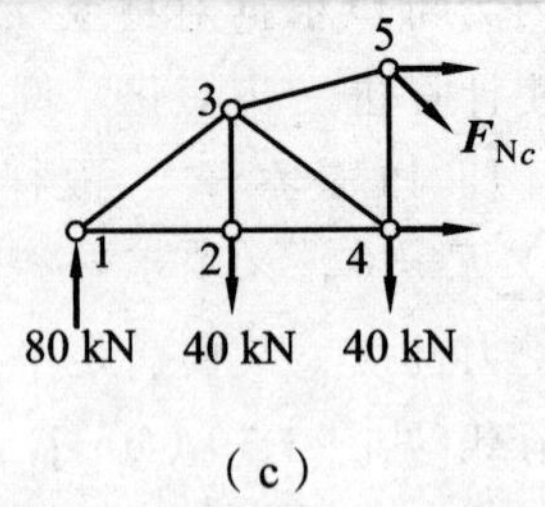

（c）

图 3.40

解 （1）求支座反力。以桁架的整体为隔离体，由 $\sum M_A = 0$，得

$$40\times3+40\times6+40\times9-F_{RB}\times18=0$$

$$F_{RB}=40\ \text{kN}(\uparrow)$$

由 $\sum F_y = 0$，得

$$F_{Ay}=80\text{kN}(\uparrow)$$

（2）计算各杆内力。

为求 a、b 杆内力，作截面Ⅰ—Ⅰ并取左边部分为隔离体，见图 3.40（b）。求杆 a 的内力 F_{Na} 时，对 b 杆与 24 杆的交点 4 取力矩平衡方程，则该方程中只含有 F_{Na} 一个未知轴力，可以求解 F_{Na}。但此时未知力 F_{Na} 对 4 点的力臂计算比较麻烦，为此可如图将 F_{Na} 在结点 5 处分解为水平和竖直方向两个分力 F_{xa} 和 F_{ya}，其竖向分量 F_{ya} 对 4 点无力矩产生，而水平分量 F_{xa} 对 4 点的力臂容易按照几何关系确定。由力矩平衡方程 $\sum M_4 = 0$，有

$$80\times6-40\times3+F_{xa}\times3=0$$

得

$$F_{xa}=-120\ \text{kN}$$

再由 F_{Na} 与 F_{xa} 之间的比例关系，求得

$$F_{Na}=\frac{\sqrt{3^2+(3-2.25)^2}}{3}F_{xa}=\frac{3.092\,3}{3}\times(-120)=-123.69\ (\text{kN})\ \text{（压力）}$$

求杆 b 内力 F_{Nb} 时，取 a 杆与 24 杆的交点 O 取力矩平衡方程。先由几何关系确定 O 点的位置如图 3.40（b）所示，并将 F_{Nb} 在结点 4 分解为水平和竖直方向两个分力 F_{xb} 和 F_{yb}[见图 3.40（b）]，其水平分量 F_{xb} 对 4 点无力矩产生，而竖向分量 F_{yb} 对 O 点的力臂容易按照几何关系确定。由力矩平衡方程 $\sum M_O = 0$，有

$$-80\times6+40\times9+F_{yb}\times12=0$$

得

$$F_{yb}=10\text{kN}$$

再由 F_{Nb} 与 F_{yb} 之间的比例关系，求得

$$F_{Nb}=\frac{\sqrt{3^2+2.25^2}}{2.25}F_{yb}=\frac{3.75}{2.25}\times10=16.67\ (\text{kN})\ (拉力)$$

为求 c 杆内力 F_{Nc}，作截面Ⅱ—Ⅱ并取左边部分为隔离体[见图 3.40（c）]。因 46 杆和 57 杆都位于水平方向，两杆内力均无竖向分力，由竖向力平衡方程 $\sum F_y=0$，有

$$80-2\times40+F_{yc}=0$$

得

$$F_{yc}=F_{Nc}=0$$

在用截面法求桁架内力时，在其他比较复杂的桁架中，所作截面常切断四根或四根以上的杆件，在此情形下，只要被切断的各杆中，除一根欲求杆外，其余各杆均汇交于一点，则取该点为力矩中心，即可由力矩平衡方程求出不交于力矩中心那根欲求杆的内力。另外，根据计算需要，所作截面可为任何形状，直的或弯曲的。图 3.41（a）所示的桁架，欲求 1 杆内力 F_{N1}，可作Ⅰ—Ⅰ截面，以左部为隔离体[见图 3.41（b）]，由 $\sum M_{K_1}=0$，即得 F_{N1}。欲求 2 杆内力 F_{N2}，可作Ⅱ—Ⅱ截面，以下部为隔离体[见图 3.41（c）]，将 F_{N2} 移至 K_1，并将其分解为水平和竖直两个分力，由 $\sum M_{K_2}=0$，水平分力 F_{x2} 通过力矩中心 K_2，由此可求得竖直分力 F_{y2}，进而求得 F_{N2}。

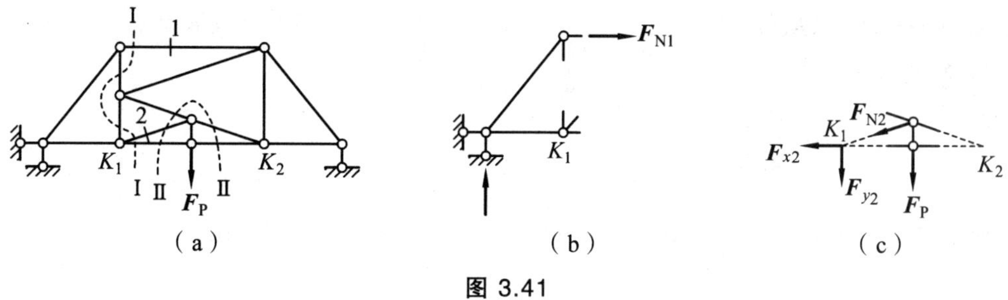

图 3.41

同样，在用截面法求桁架内力时，所作截面切断四根或四根以上的杆件，若只要被切断的各杆中，除一根欲求杆件以外，其他各杆均互相平行，则欲求杆件的内力就可以用投影平衡方程求出。如图 3.42 所示桁架，欲求斜杆 a 的内力，取截面Ⅰ—Ⅰ以上部分为隔离体，并用 $\sum F_x=0$，即可求得 a 杆的水平分力，进而求得 F_{Na}。

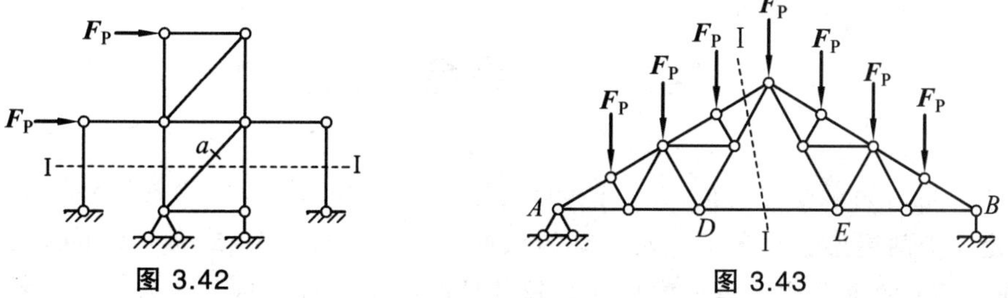

图 3.42　　图 3.43

上面分别介绍了结点法和截面法。对于简单桁架，当要求全部杆件内力时，用结点法是适宜的；若只求个别杆件的内力，则往往用截面法较方便。对于联合桁架，若只用结点法将会遇到未知力超过两个的结点，故宜先用截面法将联合杆件的内力求出。例如图 3.43 所示桁

架，先由截面Ⅰ—Ⅰ求出联合杆件 DE 的内力，然后再对各简单桁架进行分析，较为简便。

例 3.13 试求图 3.44（a）所示桁架中 a、b、c、d 杆件的内力。

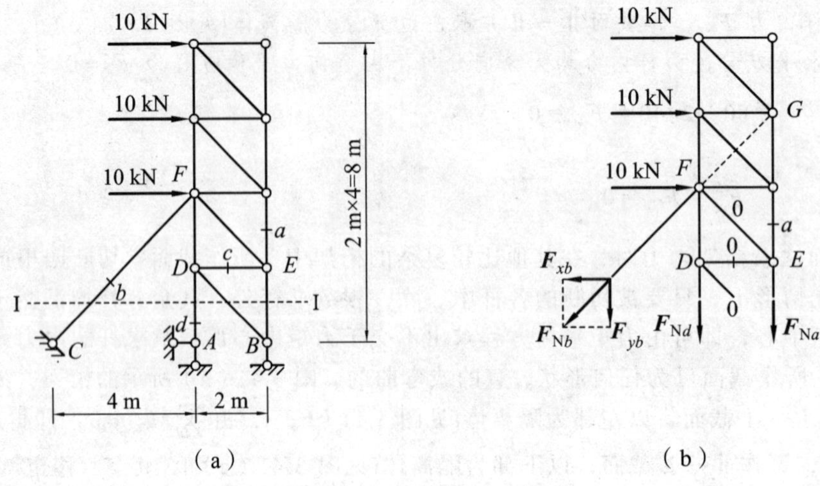

图 3.44

解 首先，按结点法观察支承点 B，知 BD 杆为零杆；再由结点 D 可得 $F_{Nc}=0$，且 EF 杆也为零杆。为求 a、b、d 杆内力，作Ⅰ—Ⅰ截面，并取以上部分为隔离体，如图 3.44（b）所示。由 $\sum F_x=0$，得

$$F_{xb}=30\ \text{kN}$$

所以

$$F_{Nb}=30\sqrt{2}=42.4\ (\text{kN})\ \text{（拉力）}$$

为求 d 杆内力，将 b 杆和 a 杆的交点 G 点作为力矩中心，由 $\sum M_G=0$，得

$$F_{Nd}=0$$

为求 a 杆内力，将 b 杆和 d 杆的交点 F 点作为力矩中心，由 $\sum M_F=0$，得

$$F_{Na}=-\frac{10\times2+10\times4}{2}=-30\ (\text{kN})\ \text{（压力）}$$

第六节 组合结构

组合结构是由只承受轴力的二力杆和承受弯矩、剪力、轴力的梁式杆件所组成的，常用于房屋建筑中的屋架、吊车梁以及桥梁的承重结构。例如图 3.45（a）所示的三铰屋架和图 3.45（b）所示的下撑式五角形屋架就是较常见的静定组合结构，称为组合式屋架。其上弦杆都是由钢筋混凝土制成，主要承受弯矩和剪力；下弦及腹杆则用型钢制成，主要承受轴力。

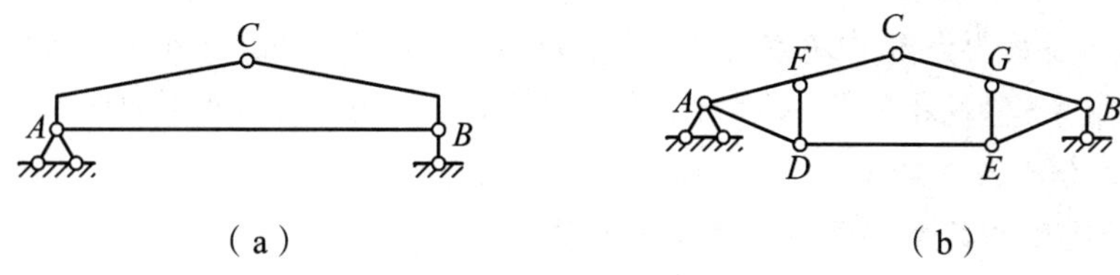

图 3.45

组合结构中的二力杆为直杆，如图 3.46（a）所示，两端铰结、无横向荷载作用；梁式杆（受弯杆）为承受横向荷载作用的直杆或折杆[见图 3.46（b）、（c）]以及带有不完全铰的两端铰结杆件[见图 3.46（d）]等。由于组合结构充分发挥了二力杆（桁架）与梁式杆（受弯杆）各自的优点，故常能承受较大的荷载。

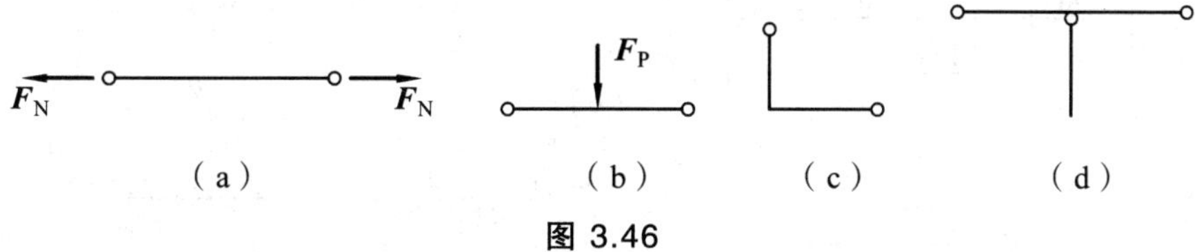

图 3.46

计算组合结构的关键问题是区分两类杆件。使用结点法和截面法时一定要注意所截断的杆件是梁式杆还是二力杆。若截断的是二力杆，则桁架的所有计算方法和结论全可以应用；但如果所截断的杆件中有梁式杆，则不能使用桁架的计算结论。因此，为不使隔离体上的未知力过多，应尽可能避免截断梁式杆。分析这类结构的步骤一般是先求出反力，然后计算各二力杆（链杆）的轴力，再将其轴力作用于梁式杆上计算梁式杆内力。当然，如梁式杆件的弯矩图很容易先行绘出时，则不必拘泥于上述步骤。

例 3.14 试对图 3.47（a）所示组合结构进行内力分析，作出 M 图，并求二力杆轴力。

解 分析整体结构，显然 AC 柱是基本部分，DB 杆件为附属部分，CD 为链杆。计算从附属部分开始。

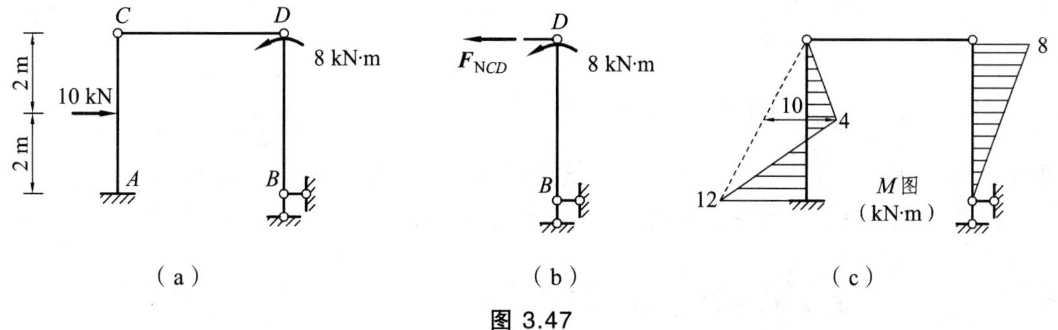

图 3.47

（1）计算链杆轴力。先将 CD 杆截断，取 DB 杆件为隔离体，如图 3.47（b）所示。由 $\sum M_B = 0$，可得二力杆 CD 杆的轴力为

$$F_{NCD} = -2\ \text{kN}\ （压力）$$

（2）作梁式杆件的内力图。DB 杆为梁式杆，D 端作用一外力矩，可直接作出其弯矩图。再将 CD 杆的轴力 $F_{NCD}=-2\ \text{kN}$ 作用于 AC 部分，作出其弯矩图。最后的弯矩图如图 3.47（c）所示。

例 3.15 试分析图 3.48（a）所示组合结构的内力。

解 （1）先由结构的整体平衡求得支座反力：

$$F_{Ay}=90\ \text{kN}(\uparrow),\qquad F_{RB}=30\ \text{kN}(\uparrow)$$

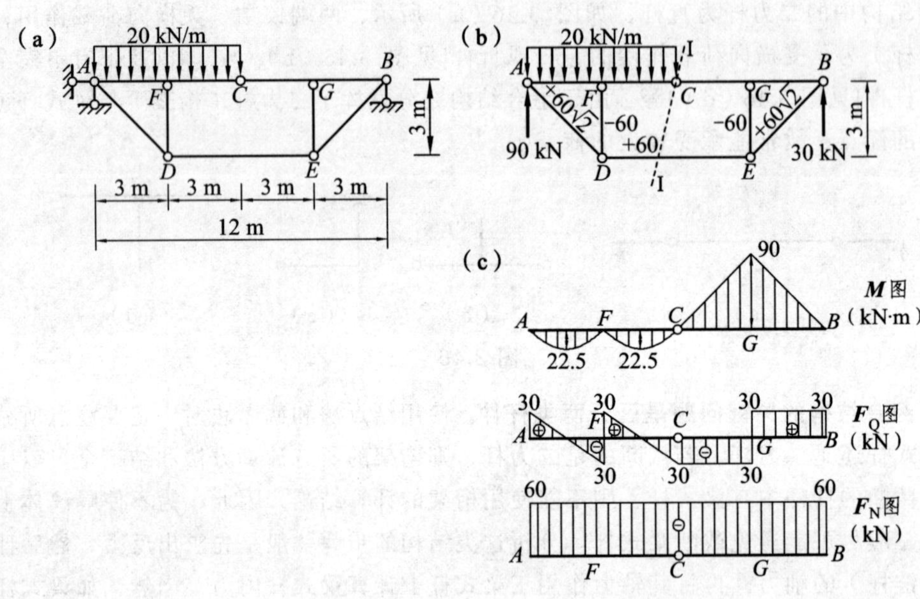

图 3.48

（2）计算链杆轴力。作截面 Ⅰ—Ⅰ，截开铰 C 和链杆 DE[见图 3.48（b）]，取其右半部分为隔离体，由 $\sum M_C=0$，得

$$F_{NDE}\times3-30\times6=0$$

故

$$F_{NDE}=60\text{kN}\text{（拉力）}$$

再由结点 D 及 E 的平衡条件，可求得其余链杆的内力，如图 3.48（b）所示。

（3）作梁式杆件的内力图。梁式杆 F、G 点的弯矩分别为

$$M_F=90\times3-F_{yAD}\times3-\frac{20\times3\times3}{2}=0$$

$$M_G=30\times3-F_{yBE}\times3=-90\ (\text{kN}\cdot\text{m})\text{（上侧受拉）}$$

于是根据叠加法作出梁式杆的 M 图，并由弯矩图的斜率作剪力图，根据隔离体的平衡条件作轴力图，如图 3.48（c）所示。

第七节　静定结构的一般性质

（1）在几何组成方面，静定结构是没有多余约束的几何不变体系。在静力学方面，静定结构的全部反力和内力均可由静力平衡条件求得，且其解答是唯一的确定值。

（2）由于只用静力平衡条件即可确定静定结构的反力和内力，因此其反力和内力只与荷载以及结构的几何形状、尺寸有关，而与构件所用材料及其截面形状和尺寸无关，即与截面刚度无关。

（3）温度变化、支座位移、材料收缩和制造误差等非荷载因素均不引起静定结构的反力和内力。

例如：图 3.49（a）、（b）分别表示三铰刚架在支座位移和温度变化作用时的情况，图中虚线表示刚架受上述非荷载因素作用后的位移。从直观的角度分析，如图 3.49（a）所示三铰刚架，当支座 B 支座位移时，整个刚架将随之发生虚线所示的刚体位移，而不产生反力和内力。又如图 3.49（b）所示温度变化作用，当两侧温度变化不同时，杆件可自由伸长和弯曲而发生如图中虚线所示的变形，也不会产生反力和内力。

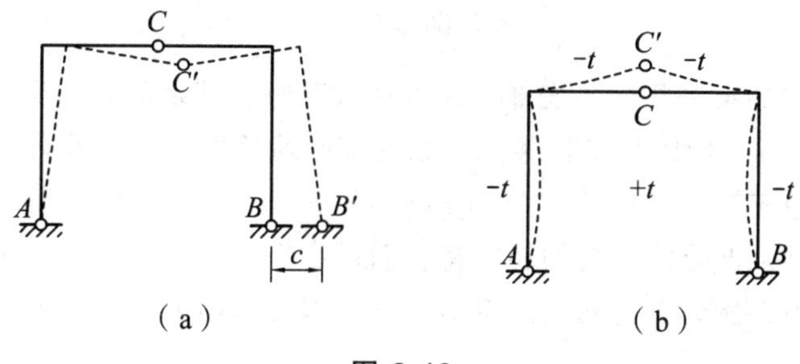

图 3.49

（4）平衡力系作用于静定结构中某一几何不变或可独立承受该平衡力系的部分上时，则只有该部分受力，而其余部分的反力和内力均为零。

例如：图 3.50（a）、（b）所示的静定刚架，各有一组平衡力系作用于几何不变部分 CD 上，因而仅在 CD 部分上有内力存在，图中绘出了刚架的弯矩图形。图 3.50（c）中，荷载与刚架 A 支座的竖向反力构成了平衡力系，所以仅 AC 杆中有轴力存在，其余部分反力和内力均为零。

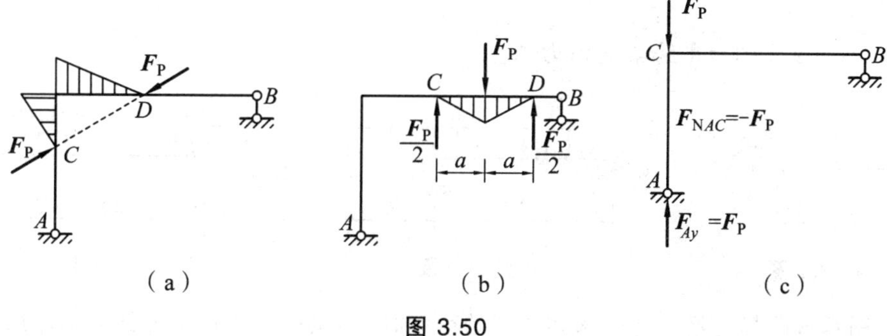

图 3.50

（5）当作用于静定结构中某一几何不变部分上的荷载作等效变换时，则只有该部分的内力发生变化，而其余部分的反力和内力均不变。

例如：将图 3.51（a）中静定梁 *CD* 杆上的均布荷载用等效集中荷载代替，如图 3.51（b）所示，由两者的弯矩图形的对比可以看出，仅 *CD* 杆的弯矩发生了变化，其余部分的弯矩不变。

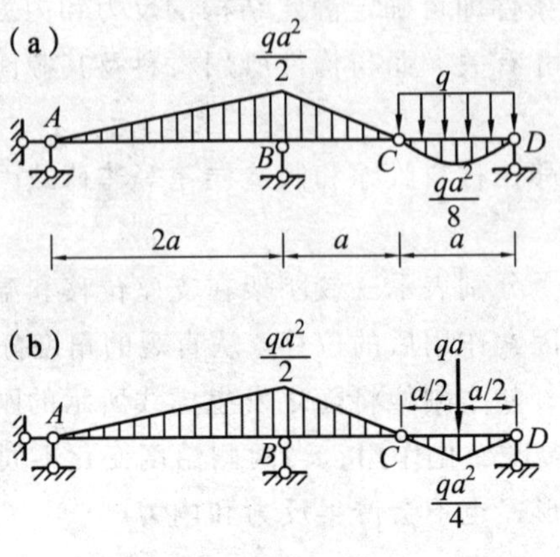

图 3.51

（6）静定结构中的某一几何不变部分作构造改变时，其余部分的反力和内力均不变。

例如：图 3.52（a）中的静定桁架，下弦受节间荷载作用，为改善下弦的受力状况，可用两个小桁架代替原桁架下弦杆，如图 3.52（b）所示。此时桁架的反力和其余杆件的内力均不变。因为此时其余部分的平衡均能维持，而两小桁架在原荷载和约束力构成的平衡力系作用下也能保持平衡，所以上述构造改变后，其余部分的内力状态不变。

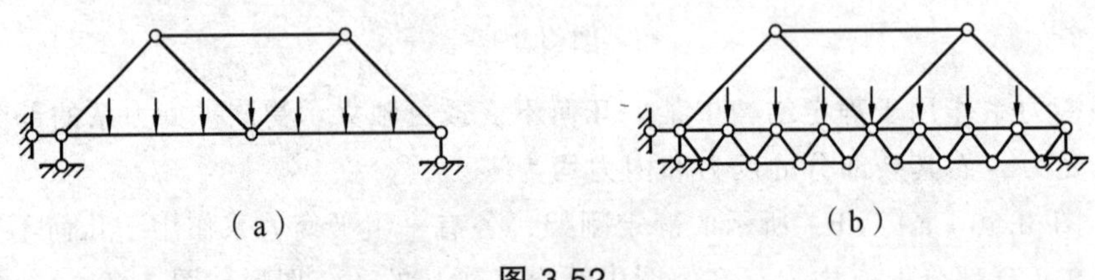

图 3.52

习　题

3.1～3.3　试作图示单跨梁的内力图。

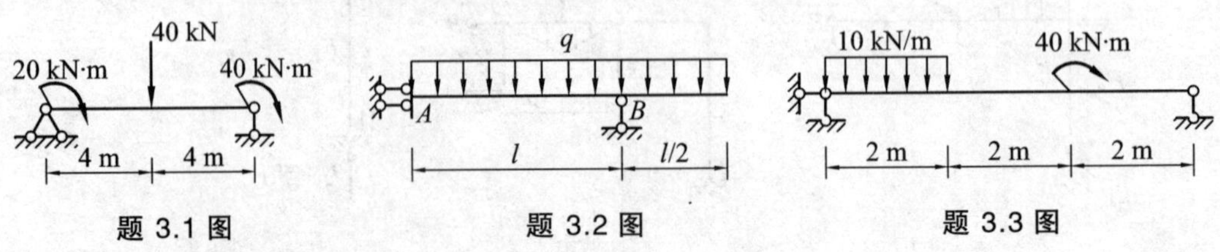

题 3.1 图　　题 3.2 图　　题 3.3 图

3.4　图示多跨静定梁承受左图和右图的荷载时（即集中力或集中力偶分别作用在铰左侧

和右侧）弯矩图是否相同？试绘出各弯矩图的形状。

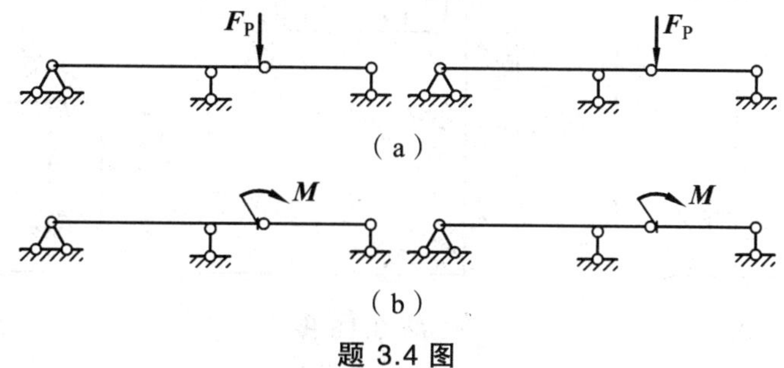

题 3.4 图

3.5～3.8　试作图示多跨静定梁的内力图。

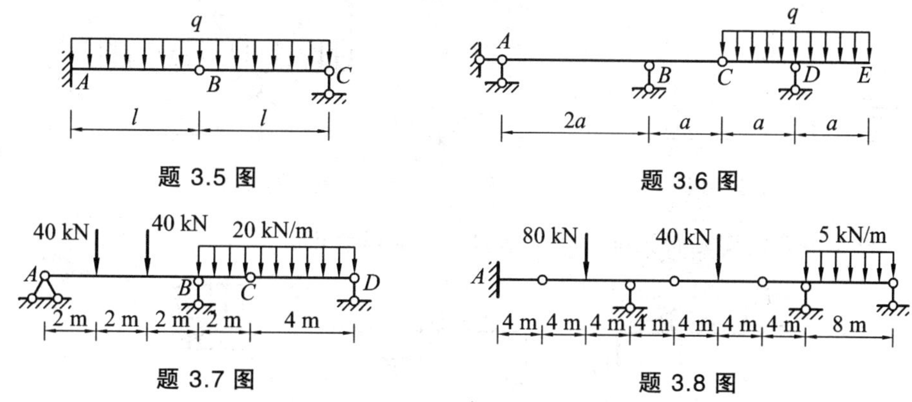

3.9～3.11　试作图示刚架的 M、F_Q 及 F_N 图。

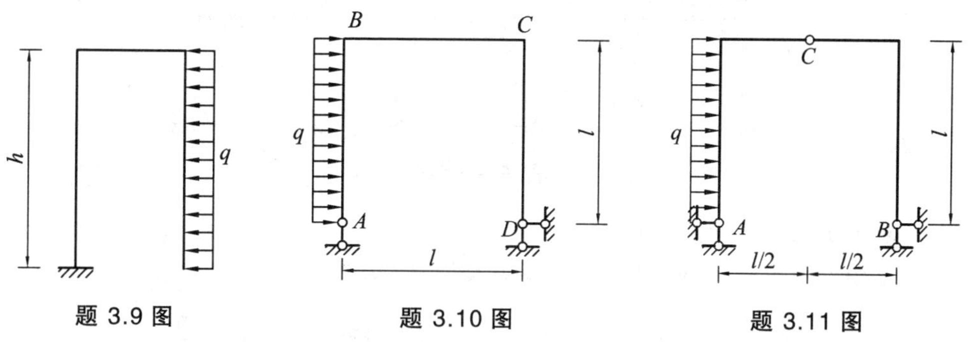

3.12～3.19　试作图示刚架的 M 图。

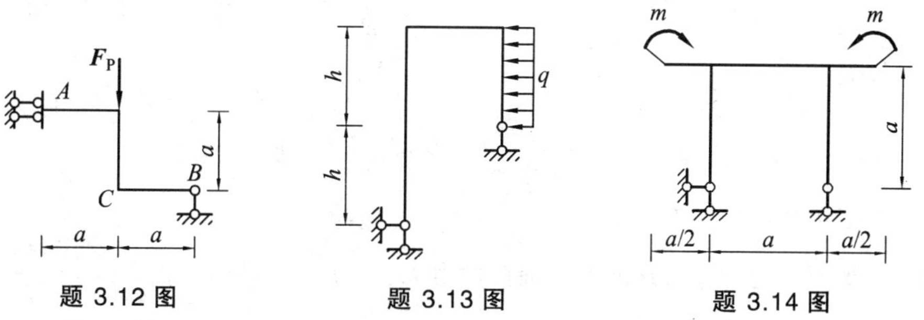

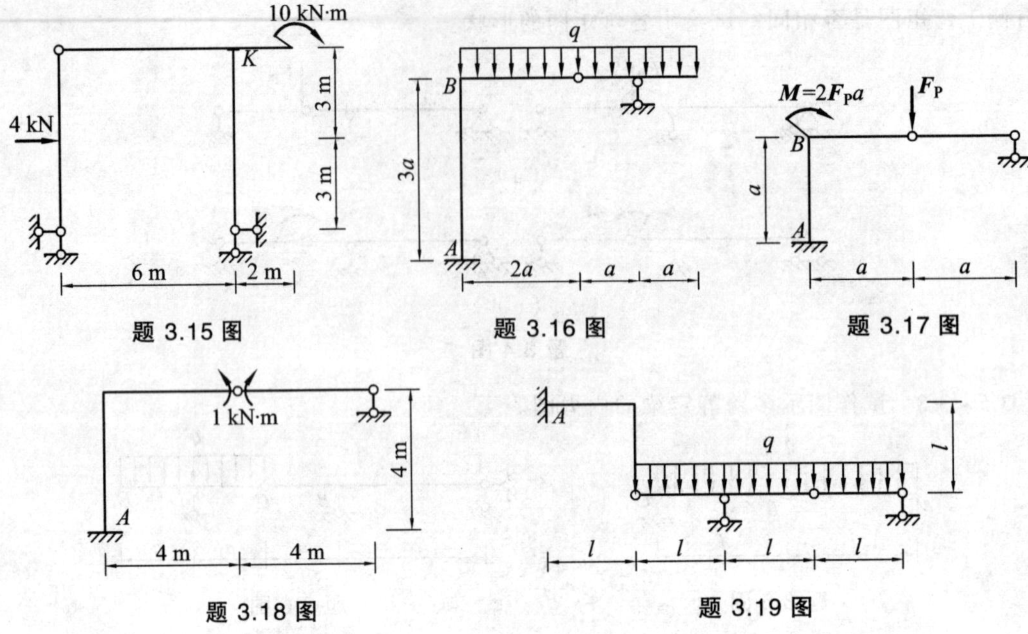

题 3.15 图　　题 3.16 图　　题 3.17 图

题 3.18 图　　题 3.19 图

3.20　图示各弯矩图是否正确？如有错误，试加以改正。

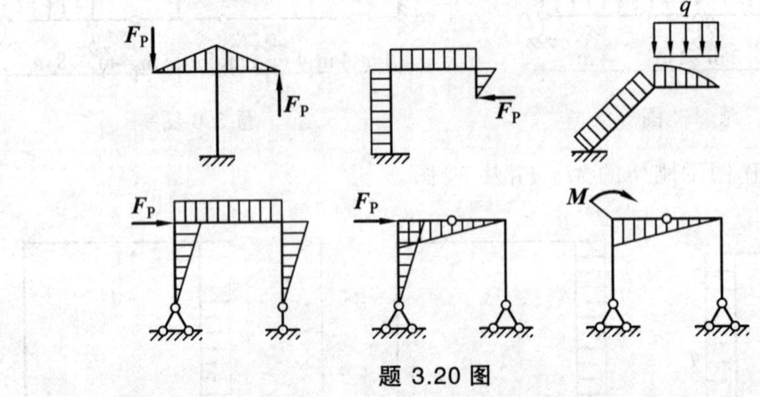

题 3.20 图

3.21　求图示三铰拱的支座反力。

3.22　求图示带拉杆的静定拱的支座反力及拉杆 DE 的内力。

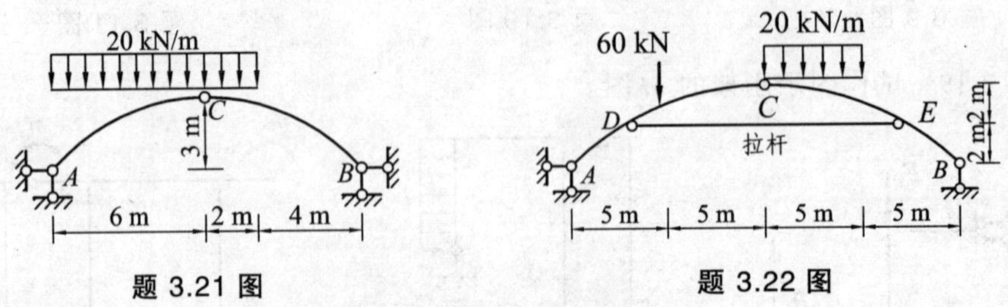

题 3.21 图　　题 3.22 图

3.23　求图示结构拉杆 DE 的内力。

3.24　计算图示抛物线三铰拱 K 截面的内力 M_K 、 F_{NK}，拱轴方程为： $y=\dfrac{4f}{l^2}x(l-x)$ 。

已知：$q=10\ \text{kN/m}$，$f=8\ \text{m}$，$M=32\ \text{kN·m}$。

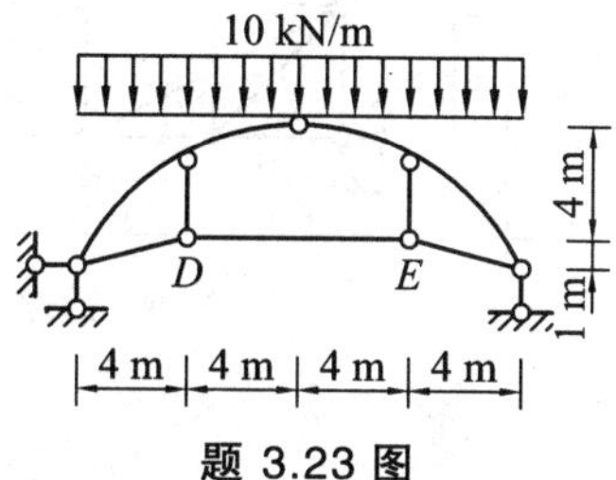

题 3.23 图

题 3.24 图

3.25 ~ 3.28　试指出图示桁架中的零杆。

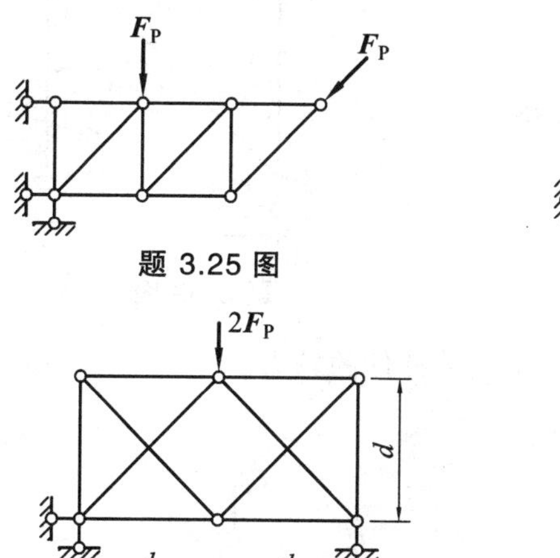

题 3.25 图

题 3.27 图

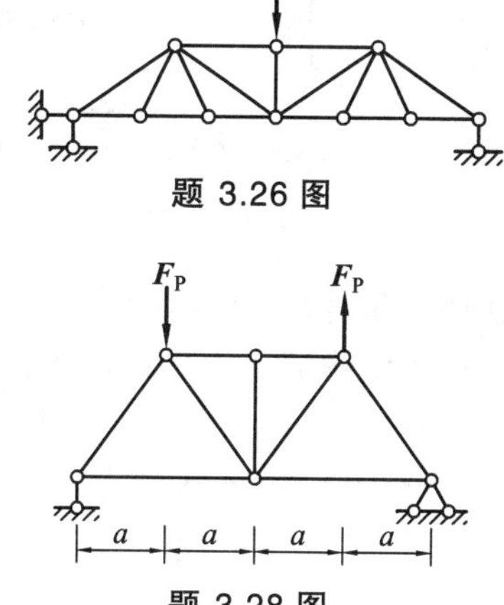

题 3.26 图

题 3.28 图

3.29 ~ 3.37　用截面法计算图示桁架中指定杆件的内力。

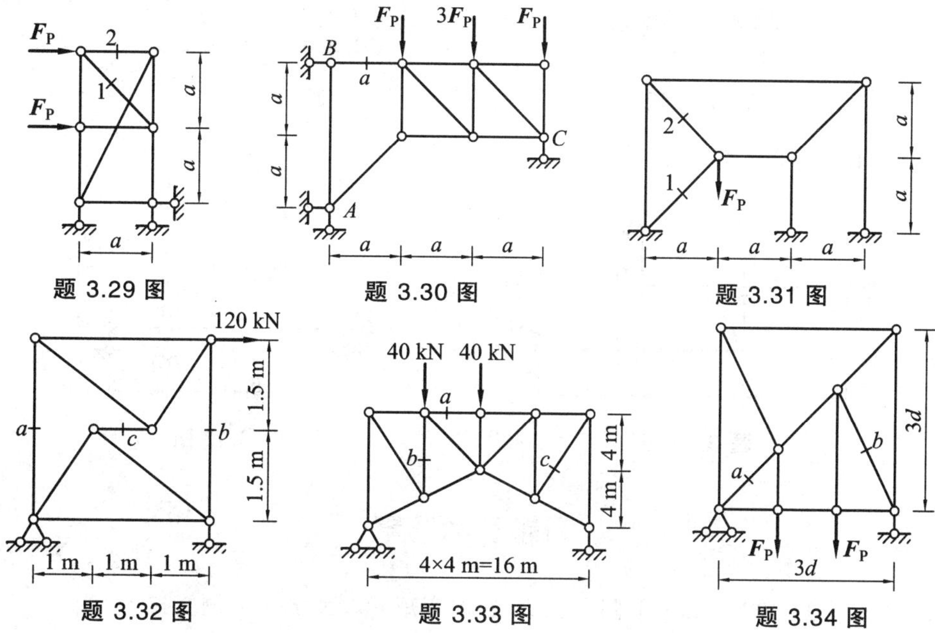

题 3.29 图

题 3.30 图

题 3.31 图

题 3.32 图

题 3.33 图

题 3.34 图

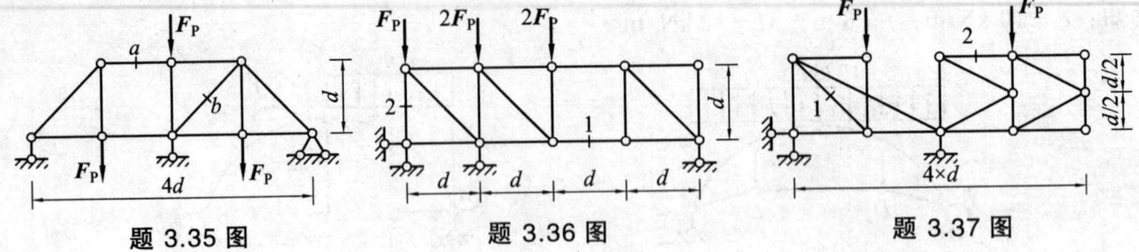

题 3.35 图　　题 3.36 图　　题 3.37 图

3.38 ~ 3.39　试求图示组合结构中指定杆件的轴力。

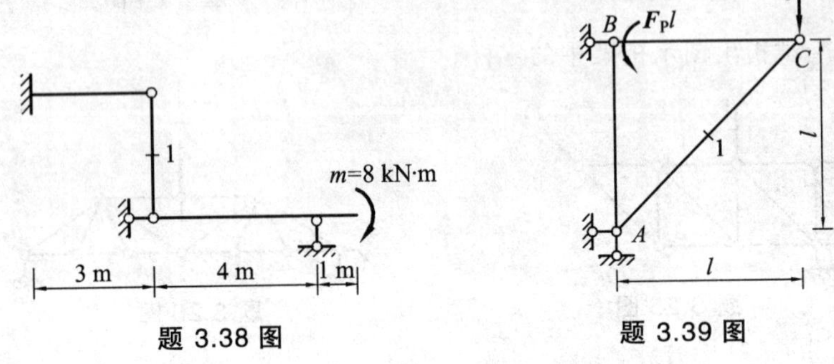

题 3.38 图　　题 3.39 图

3.40　试作图示组合结构的弯矩图，并求二力杆件的轴力。

3.41　试求图示结构 K 截面的弯矩 M_K。

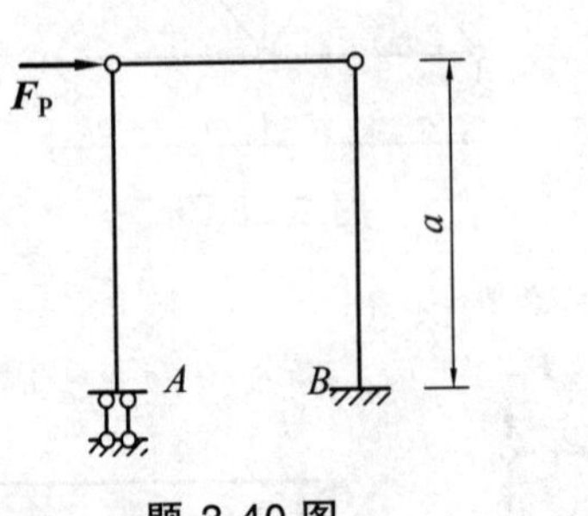

题 3.40 图

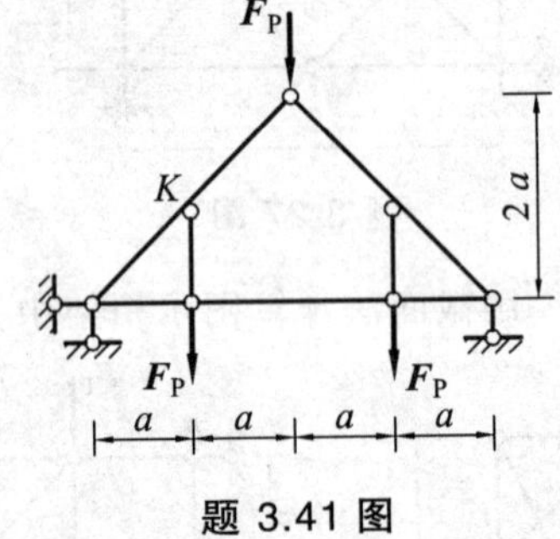

题 3.41 图

3.42 ~ 3.43　作图示结构的 M 图。

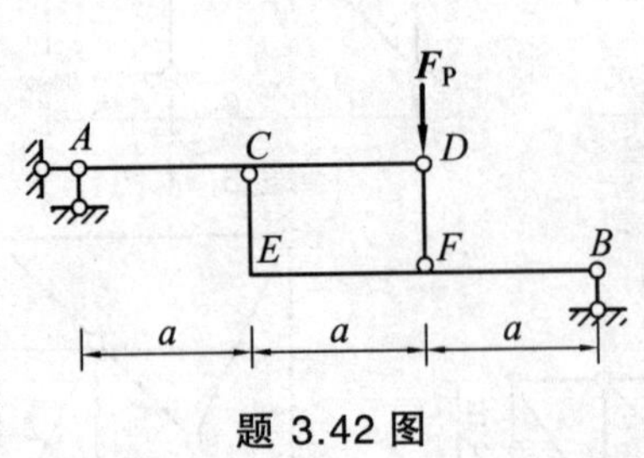

题 3.42 图

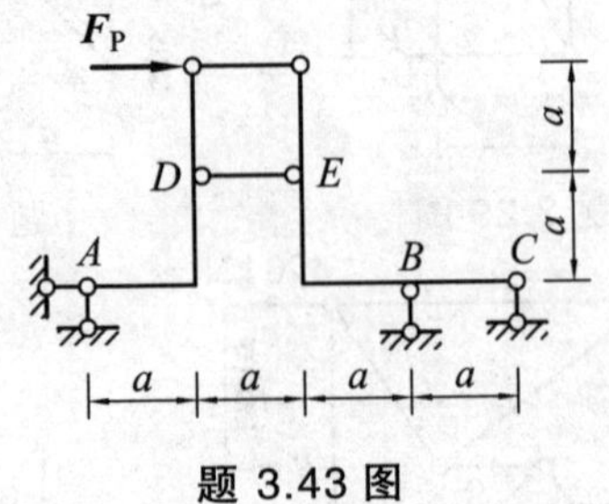

题 3.43 图

习题参考答案

3.1　左端弯矩 20 kN · m（下侧受拉），右端弯矩 40 kN · m（上侧受拉）

3.2　$M_A=\frac{3ql^2}{8}$（下侧受拉）

3.3　距左端 2 m 处弯矩为 0

3.4　（a）相同；（b）不同

（a）左、右图附属部分 M 图为 0，基本部分上侧受拉，M 图在上侧

（b）左图附属部分 M 图为 0，基本部分上侧受拉，M 图在上侧；右图附属部分、基本部分均下侧受拉，M 图在下侧

3.5　$M_{AB}=ql^2$（上侧受拉）

3.6　由铰 C 传递的竖向力为 0，ABC 上无荷载，内力为 0；$M_D=-\frac{qa^2}{2}$（上侧受拉）

3.7　$M_B=-120\ \text{kN}\cdot\text{m}$（上侧受拉）

3.8　$M_A=-120\ \text{kN}\cdot\text{m}$（上侧受拉）

3.9　横梁弯矩 $\frac{qh^2}{2}$（上侧受拉）

3.10　$M_{CB}=ql^2$（外侧受拉），$M_{BC}=\frac{ql^2}{2}$（外侧受拉）

3.11　$F_{Ax}=\frac{3ql}{4}$（←），$F_{Bx}=\frac{ql}{4}$（←）

3.12　$M_{CB}=F_{\text{P}}a$（下侧受拉）

3.13　横梁左端弯矩 $\frac{qh^2}{2}$（上侧受拉），横梁右端弯矩 $2qh^2$（上侧受拉）

3.14　横梁各处弯矩为 m（下侧受拉），两竖柱弯矩为 0

3.15　右柱上端 $M_K=12\ \text{kN}\cdot\text{m}$（右侧受拉）

3.16　$M_{AB}=2qa^2$（左侧受拉）

3.17　$M_{BA}=3F_{\text{P}}a$（左侧受拉）

3.18　$M_A=2\ \text{kN}\cdot\text{m}$（右侧受拉）

3.19　$M_A=\frac{ql^2}{2}$（下侧受拉）

3.20　略

3.21　$F_{Ax}=93.33\ \text{kN}$（→），$F_{Ay}=106.67\ \text{kN}$（↑）

3.22　$F_{Ay}=82.5\ \text{kN}$（↑），$F_{\text{N}DE}=262.5\ \text{kN}$（拉）

3.23　$F_{\text{N}DE}=80\ \text{kN}$（拉）

3.24　$M_K=36\ \text{kN}\cdot\text{m}$（内侧受拉），$F_{\text{Q}K}=0$

3.25　2 根

3.26　4 根

3.27　6 根

3.28　3 根

3.29　$F_{\text{N}1}=\sqrt{2}F_{\text{P}}$（拉），$F_{\text{N}2}=-2F_{\text{P}}$（压）

3.30　$F_{\text{N}a}=5F_{\text{P}}$（拉）

3.31　$F_{N1}=0$，$F_{N2}=\sqrt{2}F_P$（拉）

3.32　$F_{Na}=60\,\text{kN}$（拉），$F_{Nb}=-60\,\text{kN}$（压），$F_{Nc}=120\,\text{kN}$（拉）

3.33　$F_{Na}=-60\,\text{kN}$（拉），$F_{Nb}=-66.67\,\text{kN}$（压），$F_{Nc}=36.06\,\text{kN}$（拉）

3.34　$F_{Na}=-\dfrac{\sqrt{2}}{3}F_P$（拉），$F_{Nb}=-\dfrac{\sqrt{5}}{3}F_P$（压）

3.35　$F_{Na}=-F_P$（压），$F_{Nb}=0$

3.36　$F_{N1}=0$，$F_{N2}=F_P$（拉）

3.37　$F_{N1}=\sqrt{2}F_P$（拉），$F_{N2}=-\dfrac{F_P}{2}$（压）

3.38　$F_{N1}=-2\,\text{kN}$（拉）

3.39　$F_{N1}=0$

3.40　$M_A=0,\ M_B=F_Pa$（内侧受拉），二力杆 $F_N=-F_P$（压）

3.41　$M_K=\dfrac{1}{2}F_Pa$（下侧受拉）

3.42　$M_C=\dfrac{1}{3}F_Pa$（下侧受拉），$M_F=\dfrac{2}{3}F_Pa$（下侧受拉）

3.43　$M_B=2F_Pa$（下侧受拉），$M_D=F_Pa$（右侧受拉），$F_{NDE}=2F_P$（拉）

第四章　静定结构位移计算

【学习目的和基本要求】

静定结构位移计算是演算结构刚度和计算超静定结构所必需的知识部分。本章的理论基础是虚功原理，应在理解虚力原理的基础上掌握静定结构的位移计算方法，重点是单位荷载法和图乘法的应用，为今后的超静定结构学习打下良好的基础。

对本章学习的基本要求如下：

了解：（1）变形体系的虚功原理；

（2）计算结构位移的单位荷载法；

（3）各类结构的位移计算式；

（4）线弹性结构的三个互等定理。

熟悉与理解：（1）变形体系虚功原理的内容及其两种应用，计算结构位移的单位荷载法；

（2）单位力设置方法；

（3）静定结构在荷载作用下的位移计算方法；

（4）图乘法的适用条件及图形相乘方法；

（5）常用图形面积及形心位置；

（6）复杂图形的分解方法；

（7）静定结构在支座位移和温度变化时的位移计算方法。

掌握与应用：（1）静定平面桁架在荷载作用下的位移计算；

（2）图乘法计算梁和刚架在荷载作用下的位移；

（3）各类图形的互乘；

（4）复杂图形的分解方法；

（5）静定结构在支座位移下的位移计算。

第一节 概 述

工程结构在荷载作用下，结构的原有形状将发生改变，结构上各点的位置也将发生相应的移动。杆件的截面除移动外还会有转动。这些移动和转动称为位移。此外，结构在其他因素作用下，如温度改变、支座移动、制造误差与材料收缩等，也会产生位移。位移又分为线位移和角位移。截面移动的距离称为该截面的线位移，截面转动的角度称为该截面的角位移。

例如：图 4.1 所示简支梁在荷载作用下，其杆轴的形状由原来的直线改变为曲线，梁发生了变形；而梁上截面 K 的形心由原有位置 K 移动到新的位置 K'，线段 KK' 称为 K 点的线位移，记为 Δ_K；同时，截面 K 还转动了一个角度，称为截面 K 的角位移，用 θ_K 表示。

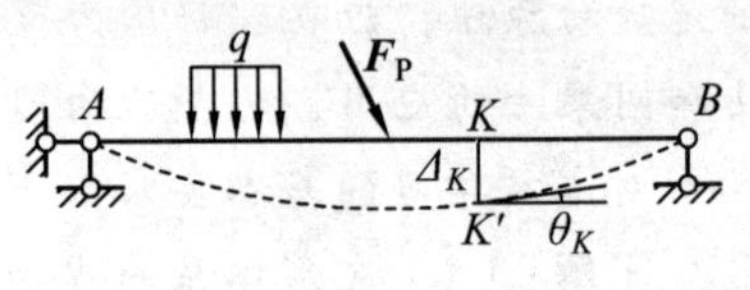

图 4.1

使结构产生位移的外界因素，主要有以下三个：

（1）荷载 ——结构在荷载作用下产生内力，由此材料发生应变，从而使结构产生位移。

（2）温度变化 ——材料有热胀冷缩的物理性质，当结构受到温度变化的影响时，就会产生位移。

（3）支座位移 —— 当地基发生沉降时，结构的支座会产生移动及转动，由此使结构产生位移。

其他如材料的收缩及结构构件尺寸的制造误差也会使结构产生位移。

结构位移计算的一个重要目的是为校核结构的刚度。在结构设计时，不仅要保证结构具有足够的强度，并且应满足一定的刚度。而结构刚度的大小是以其变形或位移来量度的，因此，为了验算结构的刚度，需要计算结构的位移。

有时，为了满足设计对结构外形的要求，需要预先计算并考虑结构的外形，为结构施工提供位移数据。例如：在跨度较大的结构中，为了避免建成后产生显著下垂，可预置拱度，先将结构做成与挠度相反的拱形（称为起拱，起拱高度须根据结构位移计算确定）。

结构位移计算的另一个重要目的，是为分析超静定结构打好基础。计算超静定结构内力时，除应用静力平衡条件外，还必须考虑结构的变形条件，而建立结构的变形条件，就必须计算结构的位移。此外，在结构的动力及稳定等计算中，也要涉及结构的位移计算。

计算结构的位移必须涉及材料的性质，在今后的分析中，若无特殊指明，一律将结构作为是由线性弹性材料所组成，即假定结构工作时的最大应力不超过材料的弹性比例极限，并且在应用静力平衡条件时，不考虑结构变形的影响。因此，可以将结构看作线性弹性体系，或称为线性变形体系。线性弹性体系的主要特性为：结构的变形或位移与其作用力成正比且服从叠加原理。

第二节 虚功原理及其在位移计算中的应用

一、实功与虚功

当力作用在弹性物体上时，力在其本身引起的位移上所做的功称为**实功**。

如果位移与做功的力无关，位移是由别的力或其他因数（温度改变、支座移动等）所引起的，则力在此位移上所做的功称为**虚功**，即做虚功的力与位移是彼此独立的。

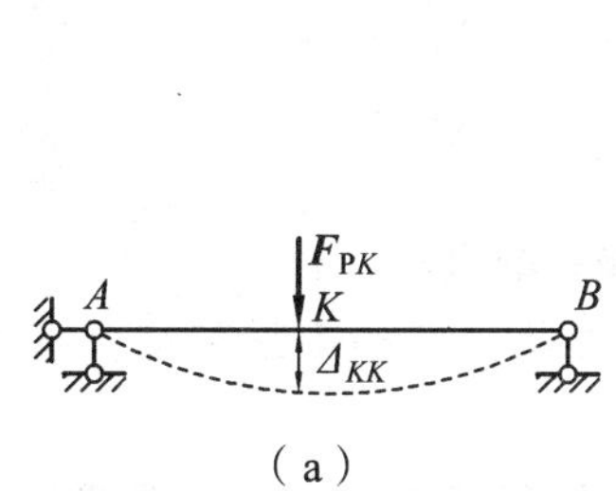

（a）

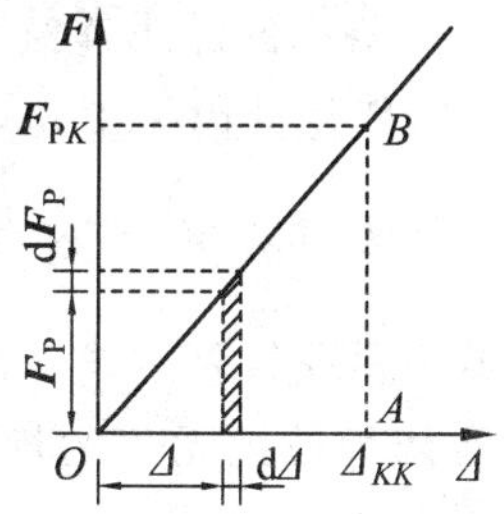

（b）

图 4.2

如图 4.2（a）所示简支梁，在梁上平稳、缓慢地作静力加载，荷载由零逐渐增至最终值 F_{PK}；同时，力作用点的位移也逐渐增大，最后达到 Δ_{KK}。若结构材料遵循胡克定律，且结构变形不大时，静力加载过程中力与位移间的关系如图 4.2（b）所示，当荷载达到中间值 F_P 后再给予一微小增量 dF_P，相应的位移也产生增量 $d\Delta$，在这小过程中，荷载 F_P 所做的功为图中的阴影微面积，即

$$dW = F_P d\Delta$$

因此，当荷载从零增加到 F_{PK} 的全过程中，荷载所做的功为

$$W = \int_0^{\Delta_{KK}} F_P d\Delta = \frac{1}{2} F_{PK} \Delta_{KK} \qquad (4\text{-}1)$$

式中的系数 $\frac{1}{2}$ 是荷载是从零逐渐增大到 F_{PK} 时，相应的位移也从零逐渐增大到 Δ_{KK}，力与位移成线性函数关系。W 值即等于图 4.2（b）中三角形 OAB 的面积。由此可知，**线性变形体系的外力实功等于外力的最后数值与其相应位移乘积的一半**。

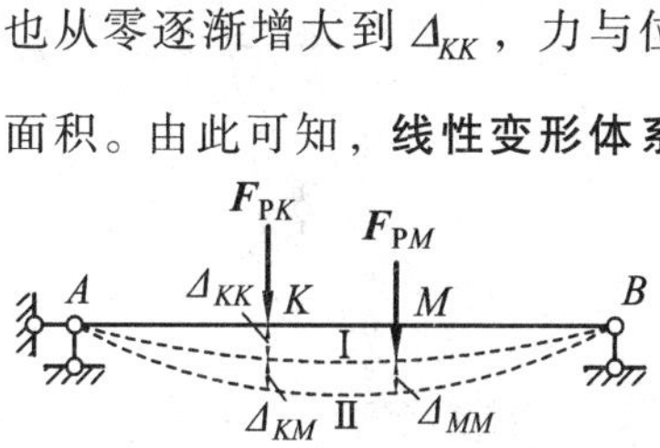

图 4.3

图 4.3 所示简支梁，在荷载 F_{PK} 作用下处于平衡状态，变形曲线为图中的Ⅰ线；在此基础上另一荷载 F_{PM} 作用于结构上，变形曲线为图中的Ⅱ线。此时，外力 F_{PM} 在其本身引起的位移 Δ_{MM} 上所做的功为实功，而外力 F_{PK} 在 F_{PM} 引起的位移 Δ_{KM} 上所做的功为虚功，即

$$W_{KM} = F_{PK} \Delta_{KM} \qquad (4\text{-}2)$$

式中，荷载 F_{PK} 为常力，常力所做的功则不含系数；位移 Δ 的第一个下标表示位移发生的地点，第二个下标表示引起位移的原因。

对于实功，由于力本身所引起的相应位移总是与力的作用方向相一致，故实功总是正值。对于虚功，当其他因素引起的位移与力的方向一致时为正，反之为负。

二、变形体虚功原理

变形体的虚功原理可表述为：设变形体在力系作用下处于平衡状态，又设变形体由于其他原因产生符合约束条件的微小连续变形，则外力在位移上所做的虚功 $W_{外}$ 恒等于各个微段的应力合力在变形上所做的内力虚功 $W_{内}$，可简单写成：

$$外力虚功\ W_{外} = 内力虚功\ W_{内} \tag{4-3}$$

这就是变形体系虚功原理的表达式，又称为变形体系的虚功方程。

虚功原理涉及两组彼此无关的量 —— 作用于结构的平衡力系和符合结构约束条件的微小连续变形系。

变形体虚功原理的应用条件是：力系应当满足平衡条件 —— 力系是平衡的；位移应当符合支承情况并保持结构的连续性 —— 变形符合约束条件，且是微小、连续的。

虚功原理可用于不同材料、不同结构，应用范围很广。

在虚功原理中，由于力与位移是彼此独立无关的两个因素，因此，可将二者看成是分别属于同一结构的两种彼此无关的状态。图 4.4（a）表示一平面杆系结构在力系作用下处于平衡状态，图 4.4（b）表示同一结构由于其他外界因素产生的位移状态（以 m 表示引起位移的原因，它可以为荷载 F_P、温度改变 t、支座移动 c…），分别称这两个状态为结构的力状态和位移状态。这里，位移状态的位移是与力状态无关的其他任何原因引起的并为支承约束条件和变形连续条件所允许的微小位移，即虚位移。因此上述两种状态所构成的功即为虚功。

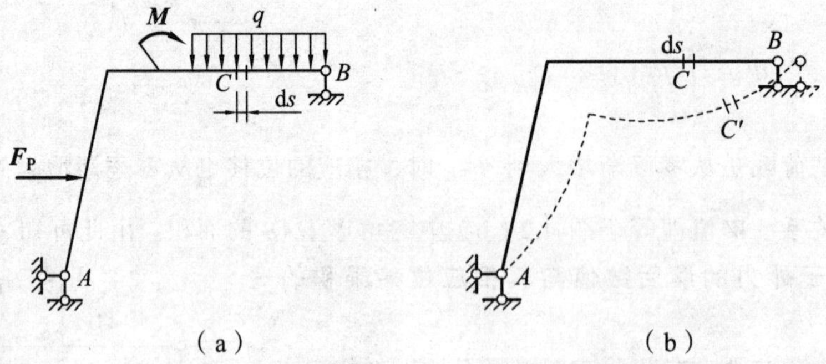

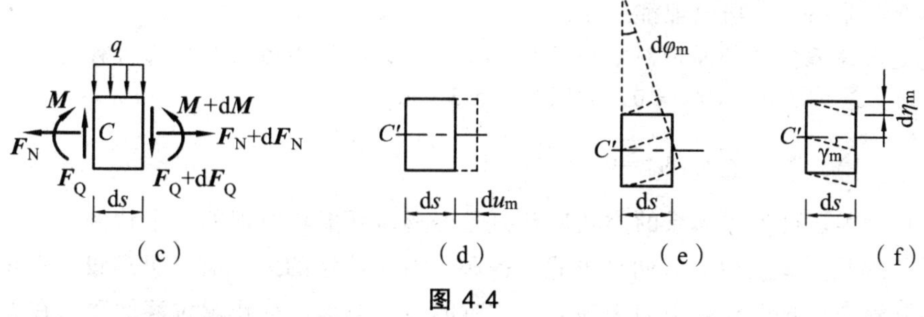

图 4.4

设力状态[见图 4.4（a）]中结构的全部外力（包括荷载和支座反力）在其相应的虚位移[见图 4.4（b）]上所作的外力虚功的总和 $W_{外}$ 为

$$W_{外}=\sum F_{PK}\Delta_{Km} \tag{4-4}$$

式中，F_{PK} 表示力状态下第 K 个广义力，它可以是一个集中力、一个力偶、一对集中力、一对力偶等；Δ_{Km} 表示位移状态下由 m 原因所产生的与上述广义力对应的广义位移，如与集中力对应的位移是线位移、与力偶对应的是角位移等。

在外力作虚功的同时，力状态下结构的内力将在其相应虚变形上作内力虚功。为了计算结构内力在其相应的虚变形上所做的内力虚功，我们从图 4.4（a）所示的力状态中任取一过 C 点的微段 ds[见图 4.4（c）]，此微段上除有外荷载 q 作用外，其两侧横截面上还作用着结构的内力，即弯矩、轴力和剪力，这些对于微段而言，都应看做是外力。从图 4.4（b）所示位移状态中取对应的微段 ds，此微段上总位移可分解为两个阶段：首先假定微段只发生刚体位移而无变形，即此微段从 C 点经平移和转动到 C'点位置；然后微段本身发生变形，即微段的轴向变形、弯曲变形和剪切变形，分别由图 4.4（d）、（e）、（f）中 $\mathrm{d}u_m$ 、$\mathrm{d}\varphi_m$ 及 $\mathrm{d}\eta_m=\gamma_m\mathrm{d}s$ 表示。由于该微段在上述外力作用下处于平衡状态，根据虚功原理可知，所有外力在微段的刚体虚位移上所做的虚功总和必为零。因此，微段上的外力虚功将只是外力在微段虚变形上所做的虚功。微段上弯矩、轴力和剪力的增量 dM、dF_N 和 dF_Q 以及荷载在微段变形上所作的虚功为高阶微量，可略去不计，故可得微段上的外力虚功为

$$\mathrm{d}W_{外}=M\mathrm{d}\varphi_m+F_N\mathrm{d}u_m+F_Q\mathrm{d}\eta_m$$

若微段的内力虚功为 d$W_{内}$，根据变形体系的虚功原理，由式（4-3）可求得微段的内力虚功为

$$\mathrm{d}W_{内}=\mathrm{d}W_{外}=M\mathrm{d}\varphi_m+F_N\mathrm{d}u_m+F_Q\mathrm{d}\eta_m$$

将其沿杆段积分并将各杆段积分求总和，得整个结构的内力虚功为

$$W_{内}=\sum\int\mathrm{d}W_{内}=\sum\int M\mathrm{d}\varphi_m+\sum\int F_N\mathrm{d}u_m+\sum\int F_Q\mathrm{d}\eta_m \tag{4-5}$$

将式（4-4）和式（4-5）代入式（4-3）中，即得

$$\sum F_{PK}\Delta_{Km}=\sum\int M\mathrm{d}\varphi_m+\sum\int F_N\mathrm{d}u_m+\sum\int F_Q\mathrm{d}\eta_m \tag{4-6}$$

式（4-6）为平面杆系结构的虚功方程。

在上面的讨论过程中，并没有涉及材料的物理性质，因此无论对于弹性、非弹性、线性、

非线性的变形体系，虚功原理都适用。

上述变形体系的虚功原理对刚体系自然也适用，由于刚体系发生虚位移时，各微段不产生任何变形，故内力虚功 $W_{内}=0$，此时式（4-3）成为

$$W_{外}=\sum F_{PK}\Delta_{Km}=0 \tag{4-7}$$

即外力虚功为零。可见刚体系的虚功原理只是变形体系虚功原理的一个特例。

虚功原理在具体应用时有两种方式：一种是对于给定的力状态，另虚设一个位移状态，利用虚功方程来求解力状态中的未知力，这时的虚功原理可称作**虚位移原理**。在理论力学中曾详细讨论过这种应用方式。另一种应用方式是对于给定的位移状态，另虚设一个力状态，利用虚功方程来求位移状态中的位移，这时的虚功原理又可称作**虚力原理**。本章就是讨论用后一种方式来求结构的位移。

第三节　荷载作用下结构的位移计算

图 4.5（a）所示结构在给定荷载 F_P 作用下，发生了虚线所示的变形，现要求结构上任一指定点 K 沿指定方向上的位移 Δ_{KP}。位移Δ的两个脚标中，第一个脚标 K 表示该位移的地点和方向；第二个脚标 P 表示引起该位移的原因。故Δ_{KP} 表示由于荷载 F_P 所引起的在 K 点指定方向的位移。

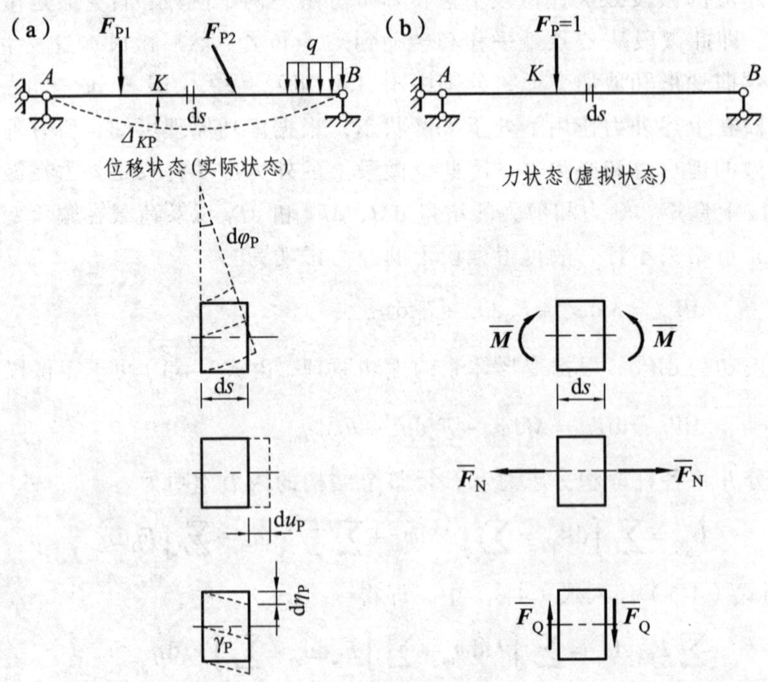

图 4.5

利用虚功方程求解，就需要有两个状态：力状态和位移状态。我们把在给定荷载作用下产生位移的结构作为位移状态，并称为实际状态。此外，还需要建立一个力状态。由于力状态与位移状态是彼此独立无关的，因此完全可以根据计算的需要来假设。为了使力状态中的外力能在位移状态中的所求位移Δ_{KP}上作虚功，我们就在 K 点沿所求位移方向上加一个集中荷载 F_P，其指向则可随意假设。为了计算方便，令 $F_P=1$，如图 4.5（b）所示，以此作为结构的力状态。这个力状态并不是实际存在的，是虚设的，故称为虚拟状态。

设虚拟状态中由单位荷载 $F_P=1$ 作用而引起的某微段上的内力为 $\overline{M}$、$\overline{F}_N$、$\overline{F}_Q$[见图 4.5（b）]，实际状态中微段相应的变形为 $d\varphi_P$、du_P、$d\eta_P=\gamma_P ds$ [见图 4.5（a）]。计算上述虚拟状态的外力和内力在实际状态相应的位移和变形上所作的虚功，根据虚功方程式（4-6）得

$$1\cdot\Delta_{KP}=\sum\int\overline{M}d\varphi_P+\sum\int\overline{F}_N du_P+\sum\int\overline{F}_Q d\eta_P \tag{4-8}$$

若实际状态在荷载作用下的内力为 M_P、F_{NP}、F_{QP}，则由材料力学可知，由 M_P、F_{NP} 和 F_{QP} 分别引起微段的弯曲变形、轴向变形和剪切变形为

$$\left.\begin{aligned} d\varphi_P&=\frac{M_P ds}{EI}\\ du_P&=\frac{F_{NP}ds}{EA}\\ d\eta_P&=\frac{kF_{QP}ds}{GA}\end{aligned}\right\} \tag{4-9}$$

式中，E 为材料的弹性模量；I 和 A 分别为杆件截面的惯性矩和面积；G 为材料的剪切模量；k 为截面剪力修正系数，对于矩形截面 $k=\frac{6}{5}$，圆形截面 $k=\frac{10}{9}$，工字形截面 $k\approx\frac{A_f}{A}$（A_f 为腹板截面积）。关于系数 k 的推导，可参考其他文献。

应该指出，上述微段变形的计算，只是对于直杆才正确的，对于曲杆则还需考虑曲率对变形的影响，一般当截面高度与曲率半径相比很小时，曲率的影响不大，可以略去不计。

将式（4-9）代入式（4-8），得

$$1\cdot\Delta_{KP}=\sum\int\frac{\overline{M}M_P ds}{EI}+\sum\int\frac{\overline{F}_N F_{NP}ds}{EA}+\sum\int\frac{k\overline{F}_Q F_{QP}ds}{GA} \tag{4-10}$$

式（4-10）为平面杆系结构在荷载作用下的位移计算公式。该式适用于直杆及曲率不大的曲杆组成的结构。

由上可以看出，**利用虚功原理来求结构的位移，关键在于虚设恰当的力状态**。在虚拟的力状态中，只需在所求位移地点沿所求位移方向加一个单位荷载，以使荷载虚功恰好等于所求位移。这种计算位移的方法称为单位荷载法。计算时，虚拟的单位荷载的指向可以任意假设，当计算结果为正值，就表示实际位移方向与虚拟力的指向相同，否则相反。

在实际问题中，除了计算线位移外，还常需要计算角位移、相对位移等。在用单位荷载

法建立虚拟状态时，需注意单位荷载应是与所求广义位移相应的广义力。而所谓的相应，是指力和位移在做功的关系上的对应，例如与线性移相对应的是集中力、与角位移相对应的是力偶等。

现以图 4.6（a）所示刚架为例，如欲求 A 点的竖向位移及水平位移分量，则在虚拟状态中，分别于 A 点施加一个竖向及水平单位力 $F_P=1$，如图 4.6（b）、（c）所示。如欲求 A 截面的角位移，则在虚拟状态中，于 A 截面施加一个单位集中力矩[见图 4.6（d）]。

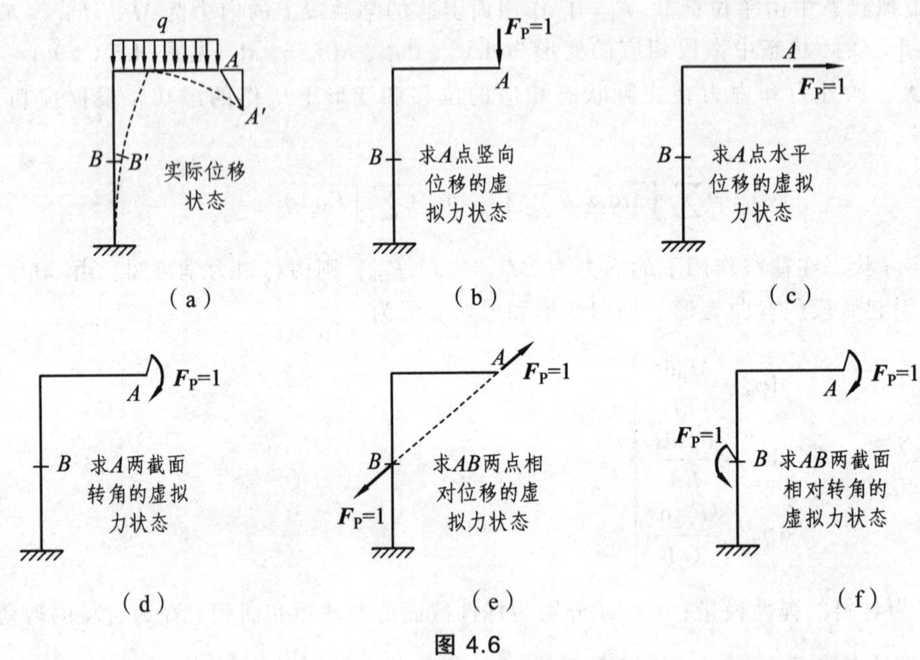

图 4.6

如欲求 A、B 两点之间沿 AB 方向距离的变化，也就是求 AB 两点沿连线方向上的相对线位移，此时在虚拟状态中，应在 A、B 两点且沿该两点连线方向施加一对方向相反的单位集中力，如图 4.6（e）所示，此时实际状态中 A 点沿 AB 方向的位移为Δ_A，B 点沿 BA 方向的位移为Δ_B，则两点在其连线方向上的相对线位移为 $\Delta_{AB}=\Delta_A+\Delta_B$，图 4.6（e）所示的虚拟状态中的荷载所做的虚功恰好等于所求的相对线位移 Δ_{AB}。如欲求 A、B 两个截面的相对角位移，则在虚拟状态中，于 A、B 两个截面上施加一对方向相反的单位集中力偶，如图 4.6（f）所示。

求桁架结点的线位移时，建立虚拟状态的方法与上述方法相同。以图 4.7（a）所示桁架为例，求结点 C 的竖向线位移及结点 D、E 沿 DE 方向的相对线位移时，其相应的虚拟状态分别如图 4.7（b）、（c）所示。当求桁架某杆 CF 的转角时，因桁架杆件只承受轴力，故在虚拟状态中，应将单位力偶转化为等效的结点集中力构成的单位力偶，即在该杆两端施加一对大小等于杆长的倒数、垂直于杆件且指向相反的集中力，如图 4.7（d）所示，图中 d 为杆件长度。若求杆件 CD 和 CF 之间的相对角位移时，则应在 CD 和 CF 杆件两端施加两个方向相反的**等效单位力偶**，如图 4.7（e）所示。

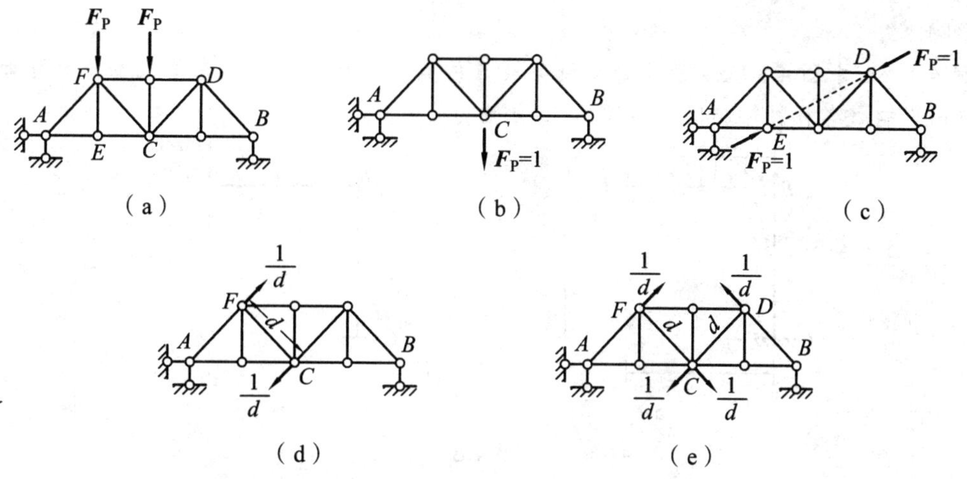

图 4.7

综上所述，平面杆系结构在荷载作用下的位移计算，只要分别求得结构在虚拟状态单位荷载作用下的内力和在实际状态荷载作用下的内力，就可以利用式（4-10）计算任意的指定位移。式（4-10）等号右边的三项分别代表了杆件的轴向变形、剪切变形和弯曲变形对结构位移的影响。在实际计算中，根据结构杆件的受力性质以及上述三种变形对结构位移影响的大小，通常只需考虑其中的一项（或两项）。由此，式（4-10）可简化如下：

1. 桁架

桁架在结点荷载作用下，各杆只产生轴向力，且每根杆件的轴向力 F_{NP}、$\overline{F}_{NP}$ 及杆件的横截面面积 A 沿杆长是不变的，故位移计算式可简化为

$$1\cdot\Delta_{KP}=\sum\frac{\overline{F}_{N}F_{NP}l}{EA} \tag{4-11}$$

2. 梁和刚架

在梁和刚架中，杆件的轴向变形和剪切变形对位移的影响比较小，通常可将它们略去，而只考虑弯曲变形的影响，于是位移计算式可简化为

$$1\cdot\Delta_{KP}=\sum\int\frac{\overline{M}M_{P}\mathrm{d}s}{EI} \tag{4-12}$$

3. 组合结构

在组合结构中，有两类不同性质的受力杆件：一类是以受弯为主的受弯杆件；另一类是只有轴向变形的轴力杆件。故位移计算式可简化为

$$1\cdot\Delta_{KP}=\sum\int\frac{\overline{M}M_{P}\mathrm{d}s}{EI}+\sum\frac{\overline{F}_{N}F_{NP}l}{EA} \tag{4-13}$$

需要注意，上式等号右边第二项只是对仅受轴力的杆件而言，它不包含受弯杆件中的轴向变

形的影响。

例 4.1 试求图 4.8（a）所示悬臂刚架 A 点的竖向位移 Δ_{Ay}，并比较剪切变形和弯曲变形对位移的影响。各杆材料相同，截面的 I、A 均为常数。

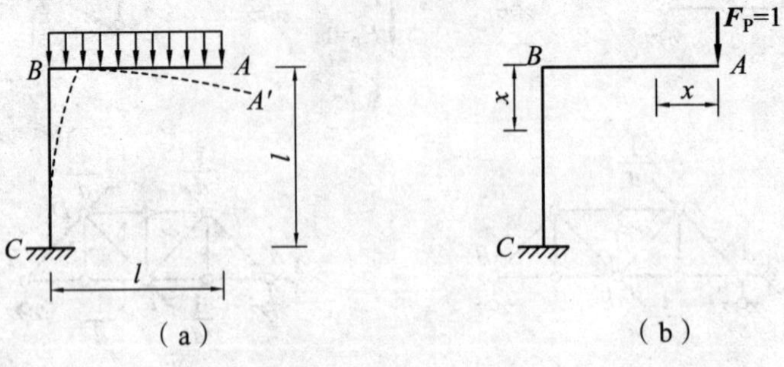

图 4.8

解 （1）在 A 点加一竖向单位荷载作为虚拟状态[见图 4.8（b）]，并分别设各杆的 x 坐标如图所示，则各杆内力方程为（以下假设弯矩使刚架内侧受拉者为正）：

AB 段： $\overline{M}=-x,\quad \overline{F}_N=0,\quad \overline{F}_Q=1$

BC 段： $\overline{M}=-l,\quad \overline{F}_N=-1,\quad \overline{F}_Q=0$

（2）在实际状态[见图 4.8（a）]中，刚架各杆内力方程为（各杆 x 坐标应与虚拟状态时相同）

AB 段： $M_P=-\dfrac{qx^2}{2},\quad F_{NP}=0,\quad F_{QP}=qx$

BC 段： $M_P=-\dfrac{ql^2}{2},\quad F_{NP}=-ql,\quad F_{QP}=0$

（3）按式（4-10）计算所求位移，有

$$1\cdot\Delta_{Ay}=\sum\int\frac{\overline{M}M_P\mathrm{d}s}{EI}+\sum\int\frac{\overline{F}_NF_{NP}\mathrm{d}s}{EA}+\sum\int\frac{k\overline{F}_QF_{QP}\mathrm{d}s}{GA}$$
$$=\int_0^l(-x)\left(-\frac{qx^2}{2}\right)\frac{\mathrm{d}x}{EI}+\int_0^l(-l)\left(-\frac{ql^2}{2}\right)\frac{\mathrm{d}x}{EI}+\int_0^l(-1)(-ql)\frac{\mathrm{d}x}{EA}+\int_0^l kqx\frac{\mathrm{d}x}{GA}$$
$$=\frac{5}{8}\cdot\frac{ql^4}{EI}+\frac{ql^2}{EA}+\frac{kql^2}{2GA}=\frac{5}{8}\frac{ql^4}{EI}\left[1+\frac{8}{5}\frac{I}{Al^2}+\frac{4}{5}\frac{kEI}{GAl^2}\right]$$

所得结果为正，表明 Δ_{Ay} 与所设单位力指向一致，即向下。

（4）讨论。

以上计算结果的第一项为弯矩的影响，第二、三项分别为轴力和剪力的影响。若设杆件的截面为矩形，其宽度为 b、高度为 h，则有 $A=bh$、$I=\dfrac{bh^3}{12}$、$k=\dfrac{6}{5}$，代入上式得

$$\Delta_{Ay}=\frac{5}{8}\cdot\frac{ql^4}{EI}\left[1+\frac{2}{15}\cdot\left(\frac{h}{l}\right)^2+\frac{2}{25}\cdot\frac{E}{G}\cdot\left(\frac{h}{l}\right)^2\right]$$

可以看出，杆件截面高度与杆长之比 h/l 越小，则轴力和剪力的影响所占的比例越小，如

$h/l=1/10$，并取 $G=0.4E$，可算得

$$\Delta_{Ay}=\frac{5}{8}\frac{ql^4}{EI}\left[1+\frac{1}{750}+\frac{1}{500}\right]$$

可见，此时轴力和剪力的影响很小，通常可以略去。

例 4.2 试求图 4.9（a）所示等截面圆弧曲梁 B 点的竖向位移 Δ_{By}。设梁的截面高度远较其半径 R 为小。要求同时考虑弯曲变形、轴向变形和剪切变形对位移的影响，但不考虑曲率的影响。

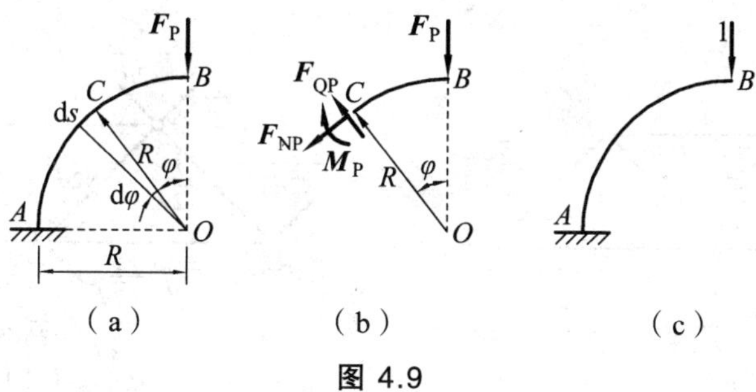

图 4.9

解 （1）在 B 点竖向位移方向上施加单位力，建立虚拟状态如图 5.11（c）所示。

（2）列出实际状态和虚拟状态的内力方程。实际状态中曲杆上任一截面 C 处的内力可借助于隔离体图[见图 4.9（b）]，内力为

$$M_{\mathrm{P}}=-F_{\mathrm{P}}R\sin\varphi,\qquad F_{\mathrm{NP}}=-F_{\mathrm{P}}\sin\varphi,\qquad F_{\mathrm{QP}}=F_{\mathrm{P}}\cos\varphi$$

同理，虚拟状态下任一截面的内力为

$$\overline{M}=-R\sin\varphi,\qquad \overline{F}_{\mathrm{N}}=-\sin\varphi,\qquad \overline{F}_{\mathrm{Q}}=\cos\varphi$$

（3）将以上各项及 $\mathrm{d}s=R\mathrm{d}\varphi$ 代入式（4-10）可得

$$\begin{aligned}1\cdot\Delta_{By}&=\sum\int\frac{\overline{M}M_{\mathrm{P}}\mathrm{d}s}{EI}+\sum\int\frac{\overline{F}_{\mathrm{N}}F_{\mathrm{NP}}\mathrm{d}s}{EA}+\sum\int\frac{k\overline{F}_{\mathrm{Q}}F_{\mathrm{QP}}\mathrm{d}s}{GA}\\&=\int_0^{\frac{\pi}{2}}\frac{F_{\mathrm{P}}R^3}{EI}\sin^2\varphi\mathrm{d}\varphi+\int_0^{\frac{\pi}{2}}\frac{F_{\mathrm{P}}R}{EA}\sin^2\varphi\mathrm{d}\varphi+\int_0^{\frac{\pi}{2}}k\frac{F_{\mathrm{P}}R}{GA}\cos^2\varphi\mathrm{d}\varphi\\&=\frac{\pi F_{\mathrm{P}}R^3}{4EI}+\frac{\pi F_{\mathrm{P}}R}{4EA}+\frac{k\pi F_{\mathrm{P}}R}{4GA}=\frac{\pi F_{\mathrm{P}}R^3}{4EI}\left[1+\left(\frac{r}{R}\right)^2+\frac{kE}{G}\left(\frac{r}{R}\right)^2\right]\end{aligned}$$

式中 $r=\sqrt{\dfrac{I}{A}}$ 为杆件截面的惯性半径。方括号中第一项为弯曲变形，第二、三项分别为轴向变形和剪切变形对位移的影响。当截面高度与半径 R 相比甚小时，则 $\left(\dfrac{r}{R}\right)^2$ 很小，因而可以略去。故有

$$\Delta_{By}=\frac{\pi}{4}\cdot\frac{F_{\mathrm{P}}R^3}{EI}\qquad(\downarrow)$$

式中，括号内箭头表示位移的实际方向。

例 4.3 图 4.10（a）所示桁架各杆的 EA 都相同，试求：（1）结点 C 的竖向位移；（2）

∠ADC 的改变量。

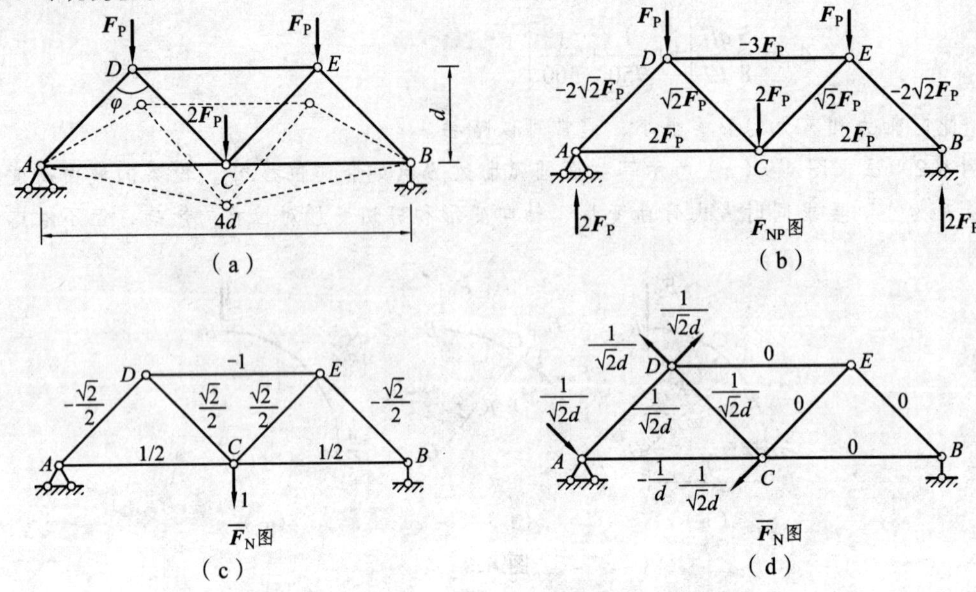

图 4.10

解 （1）求结点 C 的竖向位移。

建立虚拟状态如图 4.10(c)所示。求出实际状态和虚拟状态各杆内力分别如图 4.11(b)、(c)所示。由式（4-11）可得

$$\Delta_{Cy}=\sum\frac{\overline{F}_N F_{NP} l}{EA}$$

$$=\frac{1}{EA}\left[(-1)\cdot(-3F_P)\cdot 2d+2\cdot\left(\frac{1}{2}\right)\cdot(2F_P)\cdot 2d+2\left(-\frac{\sqrt{2}}{2}\right)\cdot(-2\sqrt{2}F_P)\cdot\sqrt{2}d+2\left(\frac{\sqrt{2}}{2}\right)\cdot(\sqrt{2}F_P)\cdot\sqrt{2}d\right]$$

$$=(10+6\sqrt{2})\ \frac{F_P d}{EA}\qquad(\downarrow)$$

计算结果为正值，表示结点 C 的位移与单位力指向一致，括号内箭头表示位移的实际方向。

（2）求∠ADC 的改变量。

求桁架∠ADC 的改变量，即为求杆架 DA 杆与 DC 杆之间的相对角位移时，因桁架杆件只受轴力，故在此虚拟状态中，在 AD 杆和 DC 杆的两端施加一对大小等于杆长的倒数、垂直于杆件且指向相反的集中力，形成两个方向相反的等效单位力偶，求出此虚拟状态中各杆内力如图 4.10（d）所示。由式（4-11）可得

$$\Delta\varphi=\sum\frac{\overline{F}_N F_{NP} l}{EA}=\frac{1}{EA}\left[\left(-\frac{1}{d}\right)\cdot(2F_P)\cdot 2d+\frac{1}{\sqrt{2}d}\cdot(-2\sqrt{2}F_P)\cdot\sqrt{2}d+\frac{1}{\sqrt{2}d}\cdot(\sqrt{2}F_P)\cdot\sqrt{2}d\right]$$

$$=-(4+\sqrt{2})\ \frac{F_P}{EA}$$

计算结果为负值，表示∠ADC 扩大了 $\Delta\varphi$。

第四节　图乘法

由上节可知，计算梁和刚架在荷载作用下的位移时，先要写出 $\overline{M}$ 、M_P 的内力方程式，然后代入公式

$$1\cdot\Delta_{KP}=\sum\int\frac{\overline{M}M_P\mathrm{d}s}{EI}$$

进行积分运算。当杆件多、荷载较复杂的情况下，上述积分的计算工作是比较麻烦的。但是，当结构的各杆段符合下列条件时：① 杆轴为直线；② EI= 常数；③ $\overline{M}$ 和 M_P 两个弯矩图中至少有一个是直线图形，则可用下述图乘法来代替积分运算，从而简化计算工作。

如图 4.11 所示，设等截面直杆 AB 段上的两个弯矩图中，$\overline{M}$ 图为一直线，而 M_P 图为任意形状。对于图示坐标系，有 $\overline{M}=x\tan\alpha$ ，且 EI、$\tan\alpha$ 沿 AB 杆段为常数，故有积分式：

$$\int_A^B\frac{\overline{M}M_P\mathrm{d}s}{EI}=\frac{1}{EI}\int_A^B\overline{M}M_P\mathrm{d}x=\frac{\tan\alpha}{EI}\int_A^B xM_P\mathrm{d}x=\frac{\tan\alpha}{EI}\int_A^B x\mathrm{d}A \tag{a}$$

式中，$\mathrm{d}A=M_P\mathrm{d}x$ 为 M_P 图中有阴影线的微面积，故 $x\mathrm{d}A$ 为微面积对 y 轴的面积矩。而积分 $\int x\mathrm{d}A$ 即为整个 M_P 图的面积 A 对 y 轴的面积矩。用 x_C 表示 M_P 图的形心 C 至 y 轴的距离，则有

$$\int_A^B x\mathrm{d}A=Ax_C \tag{b}$$

将式（b）代入式（a），并考虑到 $x_C\tan\alpha=y_C$ 的关系，有

$$\int\frac{\overline{M}M_P\mathrm{d}s}{EI}=\frac{Ay_C}{EI} \tag{4-14}$$

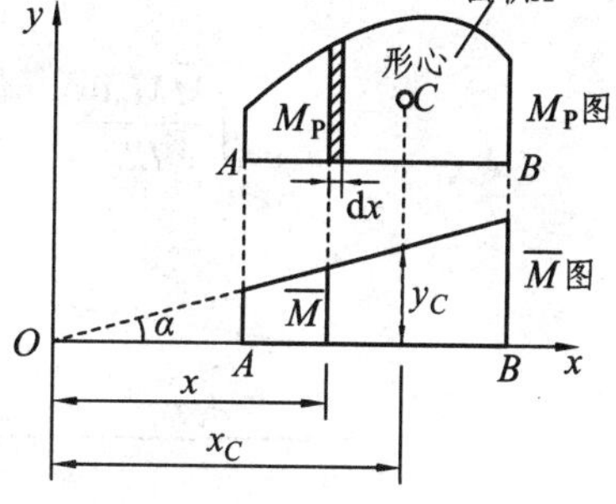

图 4.11

式中，y_C 为 M_P 图的形心位置 C 所对应的 $\overline{M}$ 图中的竖标。

由式（4-14）可知，在计算由弯曲变形引起的位移时，可以用荷载弯矩图（M_P 图）的面积 A 乘以其形心位置对应的单位弯矩图（$\overline{M}$ 图）中的竖标 y_C，再除以杆件截面的弯曲刚度 EI。当面积 A 与竖标 y_C 在基线的同侧时应取正号，在异侧时应取负号。这种**按图形计算代替积分运算的位移计算方法就称为图形相乘法，简称为图乘法。**

根据以上的推导过程可知，图形相乘法只适用于等截面直杆段的情况，而且杆段的两个弯矩图中至少应有一个为直线。当杆件或其弯矩的图形在分段后才能满足上述适用条件时，可以按照积分运算的规则分段图乘，然后将分段图乘的结果相加。应当注意的是，y_C 只能取自直线图形，而 A 应取自另一图形。

现将几种常见的简单图形的面积与形心位置列于图 4.12 中，图（b）、（c）分别为简支梁、悬臂梁在满布均布荷载作用下的弯矩图，二者均为标准的二次抛物线。值得注意的是，抛物线的顶点处的切线均与基线平行，（b）图的顶点在中点，（c）图的顶点在端点。

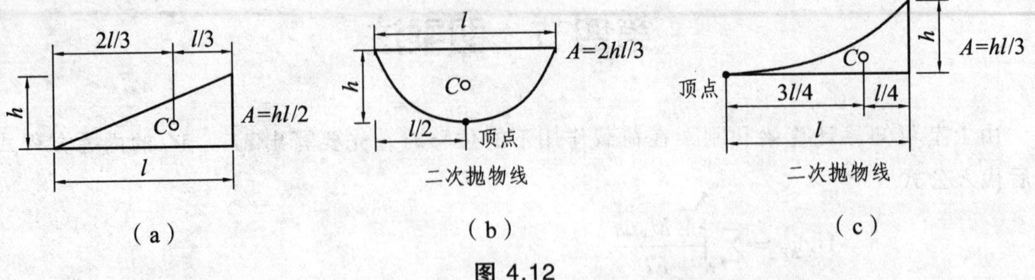

图 4.12

当弯矩图形较复杂，其面积或形心位置不易确定时，可以按照积分运算的规则，将其分解为几个简单的图形，分别与另一图形相乘，其代数和即为两图相乘的结果。例如：图 4.13（a）所示的两个梯形相乘时，为了避免确定梯形面积形心位置的麻烦，可将梯形分解成两个三角形，然后分别与另一图形相乘后叠加。其图乘结果为

$$\int\frac{\overline{M}M_{\mathrm{P}}\mathrm{d}s}{EI}=\frac{Ay_C}{EI}=\frac{1}{EI}(A_1y_1+A_2y_2)=\frac{1}{EI}\left[\frac{al}{2}\left(\frac{2}{3}c+\frac{1}{3}d\right)+\frac{bl}{2}\left(\frac{1}{3}c+\frac{2}{3}d\right)\right]$$

上式也适用于图 4.13（b）所示弯矩图形的纵距 a、b 或 c、d 位于基线两侧时的情况。此时，处理原则也和上面一样，可分解为位于基线两侧的两个三角形，然后分别与另一图形相乘后叠加。其图乘结果为

$$\int\frac{\overline{M}M_{\mathrm{P}}\mathrm{d}s}{EI}=\frac{Ay_C}{EI}=\frac{1}{EI}(A_1y_1+A_2y_2)=\frac{1}{EI}\left[\frac{al}{2}\left(-\frac{2}{3}c+\frac{1}{3}d\right)+\frac{bl}{2}\left(\frac{1}{3}c-\frac{2}{3}d\right)\right]$$

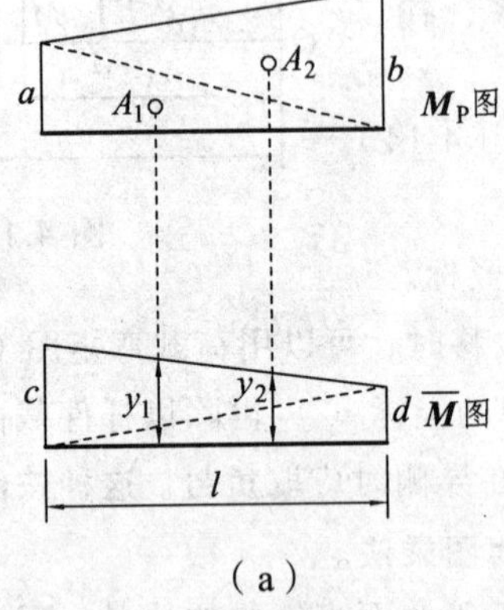

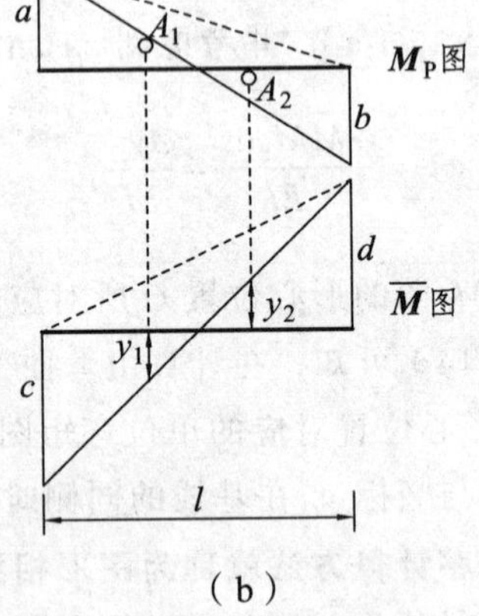

图 4.13

上述计算式也适用于一端竖标为零，即图形为三角形时的情况。

对于在均布荷载作用下的任何一直杆段 AB，其弯矩图均可看成一个梯形与一个标准抛物线图形（顶点在中点或端点的抛物线图形）的叠加。因为这段直杆的弯矩图，与相应简支梁在两端弯矩 M_A、M_B 和均布荷载 q 作用下的弯矩图相同。

图 4.14（a）所示为某一均布荷载作用下的任何一直杆 AB 段的 M_{P} 图。在采用图乘法计

算时，可以将此 M_P 图视为杆端弯矩作用下的梯形弯矩图[见图 4.14（c）]与相应简支梁在均布荷载作用下标准抛物线形的弯矩图[见图 4.14（d）]叠加而成。因为这段直杆的弯矩图，与第三章中所述的相应简支梁在两端弯矩 M_A、M_B 和均布荷载 q 作用下的弯矩图相同。将上述图 4.14（c）、（d）所示两个图形分别与 $\overline{M}$ 图[见图 4.14（b）]相乘，其代数和即为所求结果。

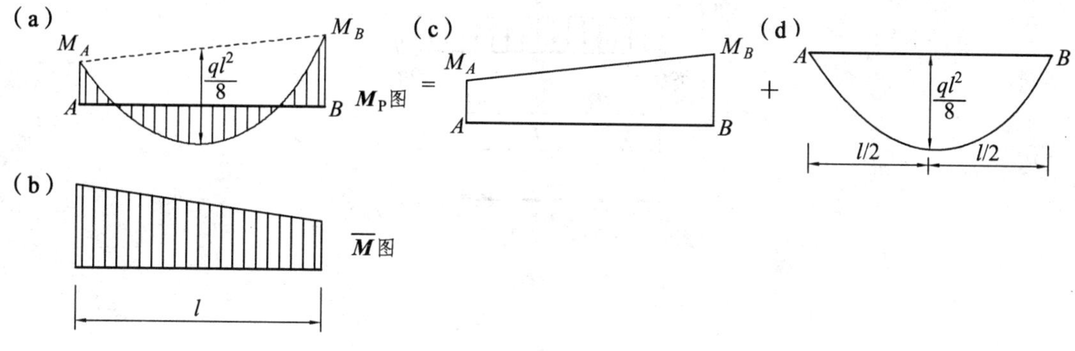

图 4.14

此外，在应用图乘法时，当 y_C 所属图形不是一段直线而是由若干段直线组成时，或当各杆段的截面不相等时，都应分段图乘，再进行叠加。例如，对于图 4.15（a）所示的情况，分段图乘为

$$\int\frac{\overline{M}M_P\mathrm{d}s}{EI}=\frac{Ay_C}{EI}=\frac{1}{EI}(A_1y_1+A_2y_2+A_3y_3)$$

对于图 4.15（b）所示的情况，分段图乘为

$$\int\frac{\overline{M}M_P\mathrm{d}s}{EI}=\frac{Ay_C}{EI}=\frac{A_1y_1}{EI_1}+\frac{A_2y_2}{EI_2}+\frac{A_3y_3}{EI_3}$$

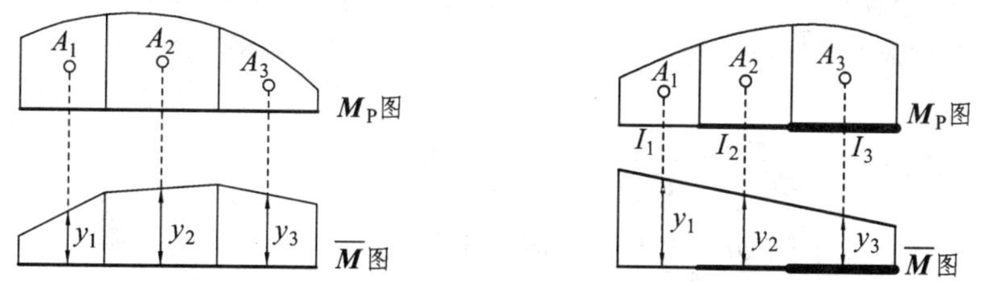

（a）　　　　（b）

图 4.15

例 4.4　试求图 4.16（a）所示简支梁 A 端的角位移 φ_A 和中点 C 的竖向位移 Δ_{Cy}，EI 为常数。

解　（1）为求 A 端的角位移 φ_A 和中点 C 的竖向位移 Δ_{Cy}，分别建立虚拟状态如图 4.16（c）、（d）所示。

（2）分别绘出荷载作用下的弯矩图和两个虚拟状态的单位弯矩图，如图 4.16（b）、（c）、（d）所示。

（3）将图 4.16（b）与图 4.16（c）相乘，即一个标准抛物线[见图 4.16（b）]的面积 A 乘

以其形心位置对应的 $\overline{M}_1$ 图竖标 y_C[见图 4.16（c）]，则得

$$\varphi_A=\int\frac{\overline{M}_1 M_P \mathrm{d}s}{EI}=\frac{Ay_C}{EI}=\frac{1}{EI}\left(\frac{2}{3}l\times\frac{ql^2}{8}\right)\times\frac{1}{2}=\frac{ql^3}{24EI}\quad(\curvearrowright)$$

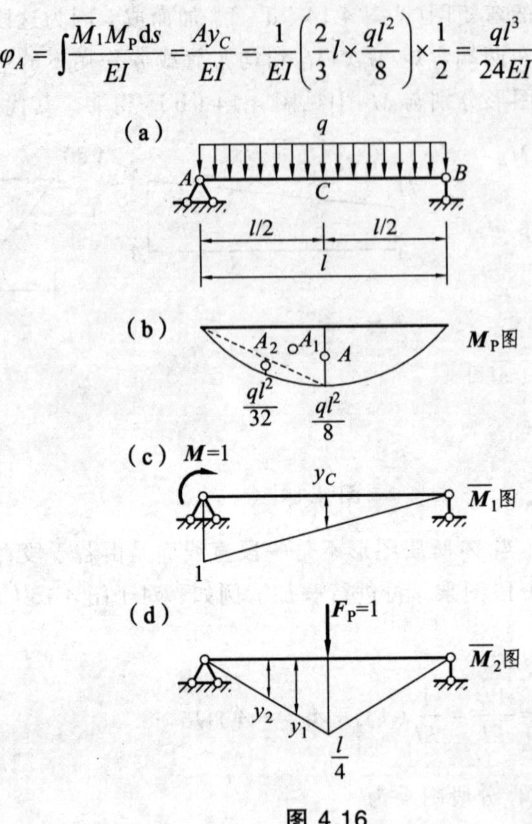

图 4.16

（4）将图 4.16（b）与图 4.16（d）相乘，由于两个弯矩图均为对称图形，故只需图乘一半。现将左半 M_P 图分成一个三角形和一个标准抛物线[见图 4.16（b）]，其面积 A_1、A_2 分别乘以其形心位置对应的 $\overline{M}_2$ 图竖标 y_1、y_2[见图 4.16（d）]，则得

$$\begin{aligned}\Delta_{Cy}&=\int\frac{\overline{M}_2 M_P \mathrm{d}s}{EI}=\frac{Ay_C}{EI}=\frac{2}{EI}(A_1y_1+A_2y_2)\\&=\frac{2}{EI}\left(\frac{1}{2}\frac{l}{2}\frac{ql^2}{8}\times\frac{2}{3}\frac{l}{4}+\frac{2}{3}\frac{l}{2}\frac{ql^2}{32}\times\frac{1}{2}\frac{l}{4}\right)\\&=\frac{5ql^4}{384EI}\quad(\downarrow)\end{aligned}$$

以上的竖标与相应面积同位于基线上方，图乘结果均应取正号。

例 4.5 试求图 4.17（a）所示悬臂梁 C 点的竖向位移 Δ_{Cy}。设 EI = 常数。

解 （1）为求 C 点的竖向位移 Δ_{Cy}，建立虚拟状态，如图 4.17（d）所示。

（2）分别绘出荷载作用下的弯矩图和虚拟状态的单位弯矩图，如图 4.17（b）、（d）所示。

（3）将 M_P 图与 $\overline{M}$ 图相乘，求得 Δ_{Cy}。

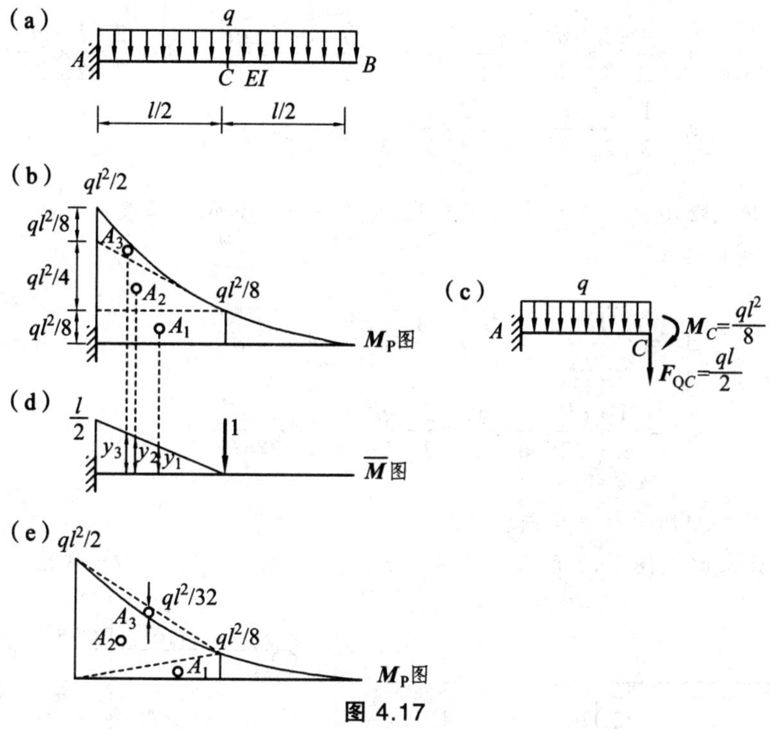

图 4.17

方法一：由于 $\overline{M}$ 图是折线，需分段图乘。因 CB 段 $\overline{M}=0$，所以只需将 M_{P} 图在 AC 段的图形分解为一个矩形、一个三角形和一个标准抛物线形[见图 4.17（b）]，其面积以及形心位置对应的 $\overline{M}$ 图竖标分别为

$$A_1=\frac{l}{2}\times\frac{ql^2}{8}=\frac{ql^3}{16},\quad A_2=\frac{1}{2}\times\frac{l}{2}\times\frac{ql^2}{4}=\frac{ql^3}{16},\quad A_3=\frac{1}{3}\times\frac{l}{2}\times\frac{ql^2}{8}=\frac{ql^3}{48}$$

$$y_1=\frac{1}{2}\times\frac{l}{2}=\frac{l}{4},\quad y_2=\frac{2}{3}\times\frac{l}{2}=\frac{l}{3},\quad y_3=\frac{3}{4}\times\frac{l}{2}=\frac{3l}{8}$$

以上的竖标与相应面积同位于基线上方，图乘结果均应取正号。于是，C 点的竖向位移为

$$\Delta_{Cy}=\int\frac{\overline{M}M_{\mathrm{P}}\mathrm{d}s}{EI}=\frac{Ay_C}{EI}=\frac{1}{EI}(A_1y_1+A_2y_2+A_3y_3)$$

$$\frac{1}{EI}\left[\frac{ql^3}{16}\times\frac{l}{4}+\frac{ql^3}{16}\times\frac{l}{3}+\frac{ql^3}{48}\times\frac{3l}{8}\right]=\frac{17ql^4}{384EI}\quad(\downarrow)$$

实际上 M_{P} 图在 AC 段的上述三个弯矩图形，是由图 4.17（c）所示隔离体中作用 C 点的弯矩、剪力以及 AC 段上的均布荷载分别引起的。

方法二：AC 段上的 M_{P} 图也可以如图 4.17（e）所示，看作是从一个梯形上减去一个标准抛物线图形。即分解为两个三角形和一个标准抛物线形，见图 4.17（d），这种图形分解与第三章中所述的相应简支梁在两端弯矩 M_A、M_C 和均布荷载 q 作用下的弯矩图相同，其面积以及形心位置对应的 $\overline{M}$ 图竖标分别为

$$A_1=\frac{1}{2}\times\frac{l}{2}\times\frac{ql^2}{8}=\frac{ql^3}{32},\quad A_2=\frac{1}{2}\times\frac{l}{2}\times\frac{ql^2}{2}=\frac{ql^3}{8},\quad A_3=\frac{2}{3}\times\frac{l}{2}\times\frac{ql^2}{32}=\frac{ql^3}{96}$$

$$y_1=\frac{1}{3}\times\frac{l}{2}=\frac{l}{6},\quad y_2=\frac{2}{3}\times\frac{l}{2}=\frac{l}{3},\quad y_3=\frac{1}{2}\times\frac{l}{2}=\frac{l}{4}$$

注意到标准抛物线图形 A_3 与其形心位置对应的 $\overline{M}$ 图竖标 y_3 位于基线的异侧，图乘应取负号，于是 C 点的竖向位移为

$$\Delta_{Cy}=\int\frac{\overline{M}M_{\mathrm{P}}\mathrm{d}s}{EI}=\frac{Ay_C}{EI}=\frac{1}{EI}(A_1y_1+A_2y_2+A_3y_3)$$

$$=\frac{1}{EI}\left(\frac{ql^3}{32}\times\frac{l}{6}+\frac{ql^3}{8}\times\frac{l}{3}-\frac{ql^3}{96}\times\frac{l}{4}\right)=\frac{17ql^4}{384EI}\qquad(\downarrow)$$

以上结果与方法一中所得结果相同。

例 4.6 试求图 4.18（a）所示刚架截面 D 的水平位移。已知 $EI=$ 常数。

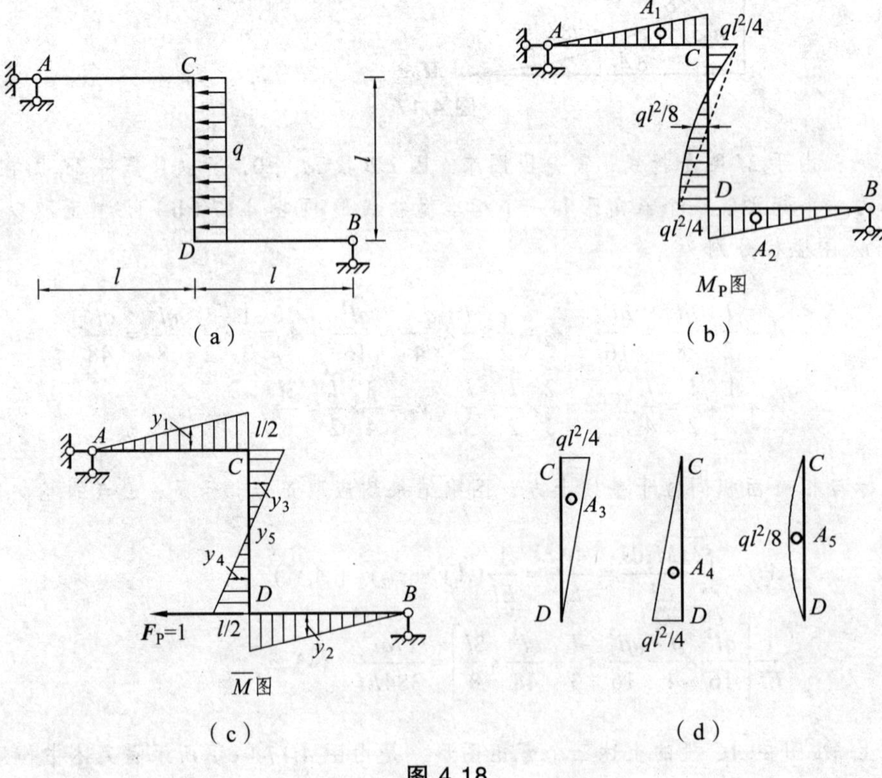

图 4.18

解 （1）为求 D 点的水平位移 Δ_{DH}。在截面 D 的水平位移方向上施加单位荷载，建立虚拟状态，如图 4.18（c）所示。

（2）作出实际状态的荷载弯矩图，如图 4.18（b）所示。作出虚拟状态的单位弯矩图，如图 4.18（c）所示。

（3）由图乘法求截面 D 的水平位移。图乘时竖柱 CD 的 M_P 图划分为两个三角形 A_3、A_4 和一个抛物线 A_5，如图 4.18（d）所示，由此可得

$$\Delta_{DH}=\frac{1}{EI}\left[A_1y_1+A_2y_2+A_3y_3+A_4y_4+A_5y_5\right]$$
$$=\frac{1}{EI}\left[2\times\left(\frac{1}{2}\times\frac{ql^2}{4}\times l\right)\times\left(\frac{2}{3}\times\frac{l}{2}\right)+2\times\left(\frac{1}{2}\times\frac{ql^2}{4}\times l\right)\times\frac{l}{6}+0\right]=\frac{3ql^4}{24EI}(\leftarrow)$$

例 4.7 试求图 4.19（a）所示组合结构 K 点处的竖向位移 Δ_{Ky}。已知 $E=2.1\times10^5$ MPa，$I=1.6\times10^{-4}$ m^4，CD 杆 $A=5.0\times10^{-4}$m^2。

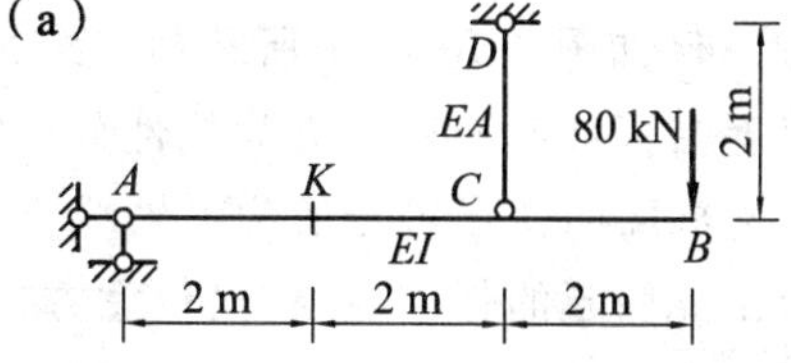

解 此结构为一组合结构，其位移计算应采用式（4-13）。

（1）为求 K 点的竖向位移 Δ_{Ky}，建立虚拟状态，如图 4.19（c）所示。

（2）分别绘出荷载作用下的弯矩图 M_P 和 CD 杆的轴力 F_{NP}，虚拟状态中单位力作用下的单位弯矩图 $\overline{M}$ 和 CD 杆的轴力 $\overline{F}_N$，如图 4.19（b）、（c）所示。

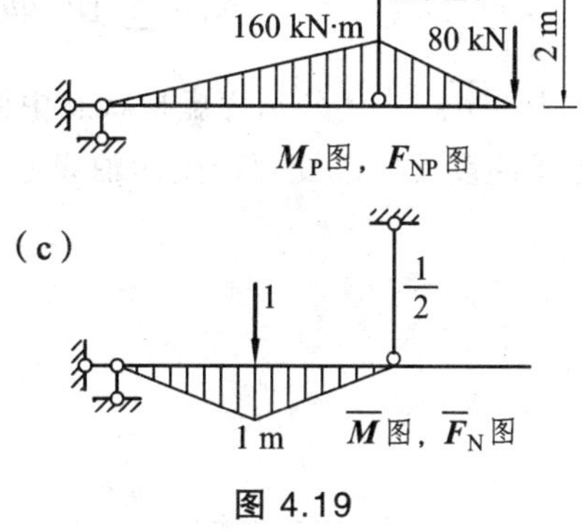

图 4.19

（3）由式（4-13）求得 Δ_{Ky}。由于 CB 段 $\overline{M}=0$，仅 AC 段需作图乘运算。又因为 AC 段中 M_P 图为直线，而 $\overline{M}$ 图却是折线，所以图乘时为避免分段计算，可以取 $\overline{M}$ 图的面积乘以其相应的 M_P 图中的竖标更为方便。注意，$\overline{M}$ 图和 M_P 图位于基线异侧，而两种状态下 CD 杆轴力均为拉力，有

$$\Delta_{Ky}=-\frac{1}{EI}\times\frac{1}{2}\times4\ \text{m}\times1\ \text{m}\times\frac{1}{2}\times160\times10^3\ \text{N}\cdot\text{m}+\frac{1}{EA}\times\frac{1}{2}\times120\times10^3\ \text{N}\times2\ \text{m}$$
$$=-\frac{160\times10^3\ \text{N}\cdot\text{m}}{2.1\times10^5\ \text{MPa}\times1.6\times10^{-4}\ \text{m}^4}+\frac{120\times10^3\ \text{N}\cdot\text{m}}{2.1\times10^5\ \text{MPa}\times5.0\times10^{-4}\ \text{m}^2}$$
$$=-4.76\times10^{-3}\ \text{m}+1.14\times10^{-3}\ \text{m}=-3.62\times10^{-3}\ \text{m}\ \ (\uparrow)$$

由此可见，由横梁弯曲变形引起的 K 点的竖向位移是向上的，即与所设单位荷载的方向相反；而由 CD 杆受拉伸长引起的 K 点的竖向位移是向下的，其数值就等于该杆伸长量的 1/2。K 点的实际位移即为上述两项位移的代数和。

第五节　静定结构在非荷载因素作用下的位移计算

静定结构受到温度变化、支座位移、材料收缩和制造误差等非荷载因素的作用时，虽然

不产生内力，但会产生位移。这种位移仍然可以利用单位荷载法计算，所不同的是，实际状态的位移并不是由荷载产生，而是由上述非荷载因素所引起的。

一、由于温度变化、制作误差等引起的位移

静定结构受温度变化作用时，各杆件均能自由变形而不会产生内力。只要能求得杆件各微段因材料热胀冷缩所引起变形的表达式，即可利用单位荷载法求得结构的位移。

例如图 4.20（a）所示静定结构，设杆件上边缘温度上升 t_1 °C，下边缘温度上升 t_2 °C，温度沿杆件截面厚度 h 为线性分布[见图 4.20（b）]，即在发生温度变形后，截面仍保持为平面。截面的变形可分解为沿轴线方向的拉伸变形 $\mathrm{d}u_t$ 和截面的转角 $\mathrm{d}\theta_t$，不产生剪切变形。欲求由此引起的任一点 K 沿任意方向的位移 Δ_{Kt}，与求荷载作用下结构的位移一样，建立虚拟状态，于是由变形体系虚功方程可得

$$1\cdot\Delta_{Kt}=\sum\int\overline{F}_{\mathrm{N}}\mathrm{d}u_t+\sum\int\overline{M}\mathrm{d}\theta_t \tag{a}$$

式中，$\overline{F}_{\mathrm{N}}$、$\overline{M}$ 分别为虚拟状态中微段 $\mathrm{d}s$ 两侧截面上的轴力、弯矩；$\mathrm{d}u_t$ 和 $\mathrm{d}\theta_t$ 为位移状态中由于温度发生改变而产生的轴线方向的拉伸变形和截面的转角，见图 4.20（b）。其计算如下：

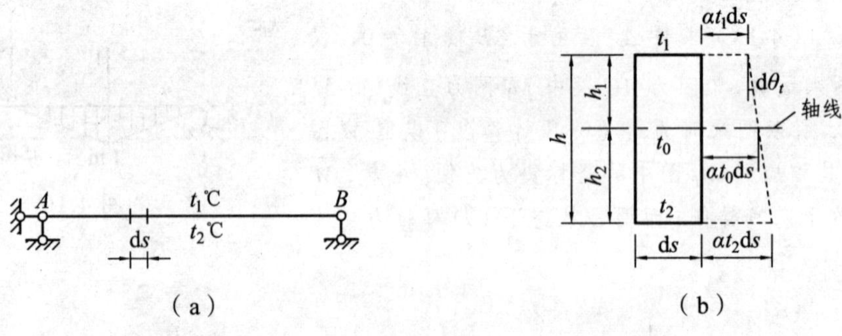

图 4.20

设截面中性轴至微段上、下侧表面的距离分别为 h_1、h_2，中性轴处温度的变化为 t_0，按几何关系可得

$$t_0=\frac{t_1h_2+t_2h_1}{h}$$

若杆件的截面对称于中性轴，即 $h_1=h_2=h/2$，则上式为

$$t_0=\frac{1}{2}(t_1+t_2)$$

设材料的线膨胀系数为 α，微段 $\mathrm{d}s$ 轴线方向的拉伸变形

$$\mathrm{d}u_t=\alpha t_0\mathrm{d}s \tag{b}$$

因微段上侧纤维伸长为 $\alpha t_1\mathrm{d}s$，下侧纤维伸长为 $\alpha t_2\mathrm{d}s$，而温度变化时横截面又保持为平面，

故微段两端截面的相对转角为

$$d\theta_t = \frac{|\alpha t_2 ds - \alpha t_1 ds|}{h} = \frac{\alpha|t_2 - t_1| ds}{h} = \frac{\alpha \Delta t ds}{h} \tag{c}$$

上式中的Δt为杆件上、下侧温度差的绝对值，即

$$\Delta t = |t_2 - t_1|$$

将式（b）和式（c）代入式（a）可得

$$\varDelta_{Kt} = \sum \int \overline{F}_{\mathrm{N}} \alpha t_0 ds + \sum \int \overline{M} \frac{\alpha \Delta t}{h} ds \tag{4-15}$$

上式等号右边的第一项表示平均温度变化引起的位移；第二项则表示杆件上、下侧温度变化之差引起的位移。式（4-15）为计算静定结构由于温度变化引起位移的计算公式。若杆件沿长度温度变化相同并且截面高度不变，则上式可改写为

$$\begin{aligned} \varDelta_{Kt} &= \sum \alpha t_0 \int \overline{F}_{\mathrm{N}} ds + \sum \frac{\alpha \Delta t}{h} \int \overline{M} ds \\ &= \sum \alpha t_0 A_{\overline{\mathrm{N}}} + \sum \frac{\alpha \Delta t}{h} A_{\overline{M}} \end{aligned} \tag{4-16}$$

式中，$A_{\overline{\mathrm{N}}} = \int \overline{F}_{\mathrm{N}} ds$ 为 $\overline{F}_{\mathrm{N}}$ 图的面积，$A_{\overline{M}} = \int \overline{M} ds$ 为 $\overline{M}$ 图的面积。

在应用式（4-15）和式（4-16）时，等号右边各项的正负号应按功的取值原则确定：当由实际状态温度变化引起的变形与虚拟状态内力相应方向一致时，所作虚功为正，应取正号；方向相反时，所作虚功为负，应取负号。由此，在第一项中，轴力 $\overline{F}_{\mathrm{N}}$ 以拉力为正，t_0 以温度升高为正，二者乘积同号取正值；反之取负值。在第二项中，当弯矩 $\overline{M}$ 和温差Δt 引起的弯曲为同一方向时（即当 $\overline{M}$ 和Δt 使杆件的同一边产生拉伸变形时），其乘积取正值；反之取负值。

由式（4-15）或式（4-16）可以看出，温度变化时，杆件的轴向变形与其截面大小无关，即使截面很大的杆件，同样可能产生显著的轴向变形。因此，**当计算梁和刚架由温度变化引起的位移时，一般不能忽略受弯杆件的轴向变形的影响。**

由式（4-16）可得温度变化时桁架的结点位移计算式为

$$\varDelta_{Kt} = \sum \int \overline{F}_{\mathrm{N}} \alpha t_0 ds = \sum \overline{F}_{\mathrm{N}} \alpha t_0 l \tag{4-17a}$$

静定结构由于材料收缩或制造误差引起位移的计算，其原理与计算温度变化引起的位移时相同。当杆件在长度上产生误差 Δl 时，相当于杆件由于温度变化引起的长度改变 $\alpha t_0 l$，二者的物理概念是相同的。由此可得制造误差引起的位移计算式，即

$$\varDelta_K = \sum \int \overline{F}_{\mathrm{N}} \alpha t_0 ds = \sum \overline{F}_{\mathrm{N}} \Delta l \tag{4-17b}$$

例 4.8 求图 4.21（a）所示刚架 C 点的竖向位移。刚架内侧（梁下侧和柱右侧）温度升高 15 °C，外侧（梁上侧和柱左侧）温度无改变。$a = 4$ m，$\alpha = 10^{-5}$ °C^{-1}，各杆截面为矩形，

截面高度 $h=0.4$ cm。

解 （1）在 C 点加单位竖向荷载 $F_P=1$，建立虚拟状态，作出 $\overline{M}$ 图及 $\overline{F}_N$ 图，如图 4.21（b）、（c）所示。

（2）计算杆件上、下（及左、右）边缘温差 Δt 及轴线处温度变化 t_0：

$$\Delta t=|t_2-t_1|=15-0=15\ (^\circ\text{C})$$

$$t_0=\frac{0+15}{2}=7.5\ (^\circ\text{C})$$

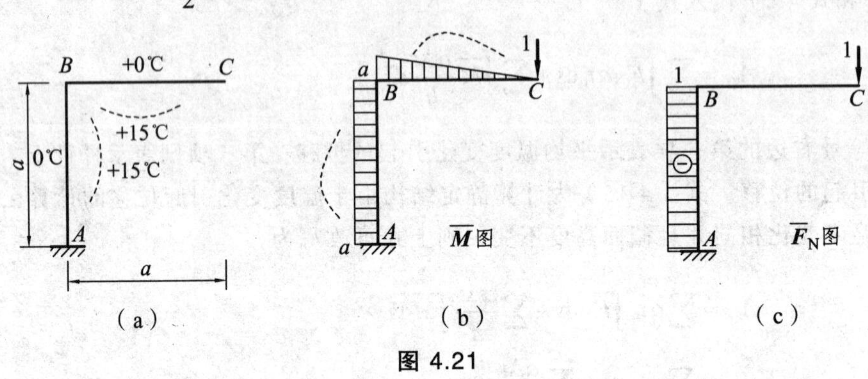

图 4.21

（3）代入式（4-16）计算，得

$$\Delta_{Cy}=\sum\alpha t_0 A_{\overline{N}}+\sum\frac{\alpha\Delta t}{h}A_{\overline{M}}=7.5\alpha(-a)-\frac{15\alpha}{h}\left(\frac{1}{2}a\times a+a\times a\right)$$

$$=-7.5a\alpha\left(\frac{3a}{h}+1\right)$$

因轴力为压力，轴线温度升高，所以上式第一项为负号；因各杆实际的弯曲方向与 $\overline{M}$ 所产生的弯曲方向相反，所以第二项取负号。将 $\alpha=10^{-5}\,^\circ\text{C}^{-1}$，$a=4$ m，$h=0.4$ m 代入，得

$$\Delta_{Cy}=-0.93\text{ cm}\quad(\uparrow)$$

计算结果为负，表示 C 点的实际竖向位移方向向上。

例 4.9 图 4.22（a）所示桁架的六根下弦杆在制造时比设计长度均缩短了 2 cm，试求桁架在拼装后结点 C 的竖向位移 Δ_{Cy}。

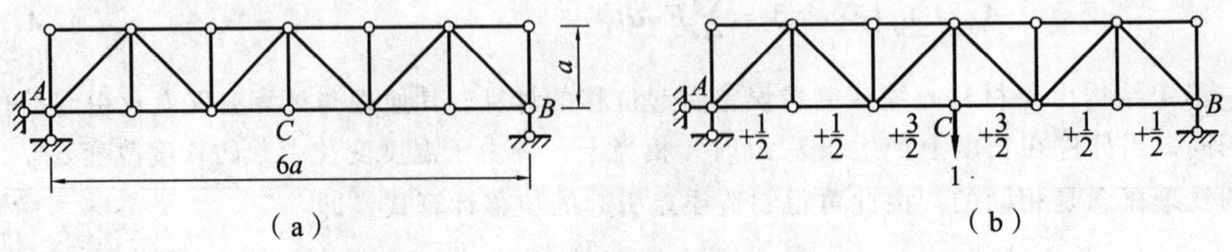

图 4.22

解 为了求结点 C 的竖向位移，建立图 4.22（b）所示的虚拟状态，求出有制造误差的各下弦杆的轴力 $\overline{F}_N$，示于图 4.22（b）中（其他各杆的轴力不必求出），按式（4-17b）计算可得

$$\Delta_{Cy}=\sum\overline{F}_{N}\Delta l=\frac{1}{2}(-2)\times4+\frac{3}{2}(-2)\times2=-10\ (\text{cm})\qquad(\uparrow)$$

由于各下弦杆的制造误差均为缩短，而虚拟状态中各下弦杆均为受拉，两者方向相反，故计算结果为负号，表示 C 点的竖向位移的实际方向为向上，即 C 点向上的起拱度为 10 cm。

二、由于支座移动引起的位移

静定结构在支座位移作用下因杆件无变形，故只发生刚体位移。这种位移通常可以直接由几何关系求得，当涉及的几何关系比较复杂时，也可以利用单位荷载法进行计算。

图 4.23（a）所示多跨梁静定，支座 B 向下移动 c_B，AC 杆将绕 A 点转动，CD 杆将绕 D 点转动，这时各杆只发生刚体位移，如图 4.23（a）中虚线所示。因此，静定结构支座移动时的位移计算，属于**刚体体系的位移**计算问题，可用刚体体系的虚功原理求解。

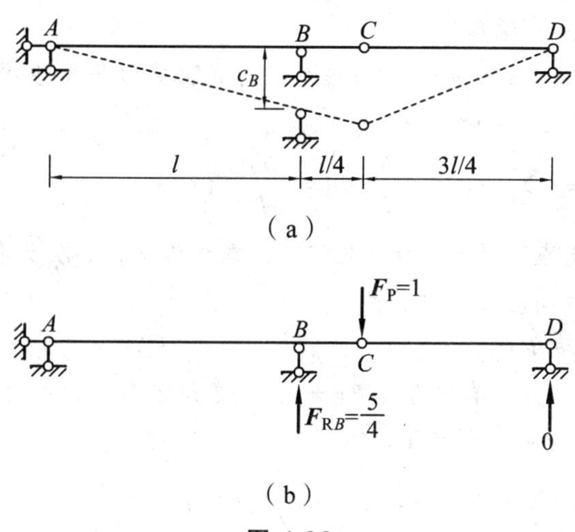

图 4.23

如欲求 C 点的竖向位移，则在 C 点加一竖向单位力，建立图 4.23（b）所示的虚拟状态。设虚拟状态中支座反力为 $\overline{F}_R$，实际的支座位移为 c，由式（4-7）可得支座移动时的位移计算公式，即

$$\Delta_{C\Delta}=-\sum\overline{F}_{R}c \tag{4-18}$$

式中，$\overline{F}_{R}c$ 为虚拟状态中的支座反力 $\overline{F}_R$ 在相应的支座移动 c 上做的虚功；两者方向一致，乘积为正，反之为负。

求出图 4.23（b）所示虚拟状态中的支座反力 $\overline{F}_{RB}$，由式（4-18）得

$$\Delta_{Cy\Delta}=-\left(-\frac{5}{4}\times c_B\right)=\frac{5}{4}c_B\quad(\downarrow)$$

这里只有支座 B 移动，其他支座位移为零。因此只有 B 支座反力做功，支座 A 和 D 的反力都不做功。因支座反力 $\overline{F}_{RB}$ 与支座移动 c_B 方向相反，$\overline{F}_{RB}$ 在 c_B 上作负功，所以 $\overline{F}_{RB}$ 与 c_B 的乘积为负。

例 4.10 图 4.24（a）所示简支刚架，支座 A 下沉 a，求 B 点的水平位移和 B 端截面的转角。

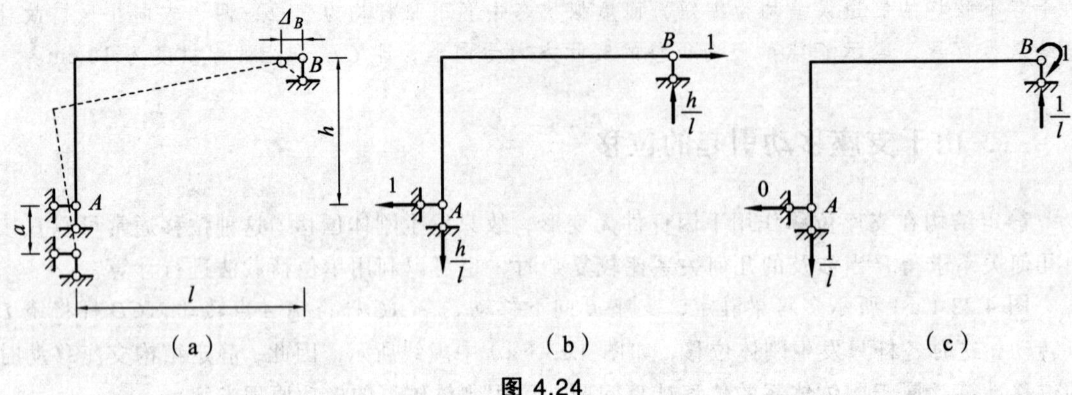

图 4.24

解 （1）求 B 点的水平位移。

在 B 点施加水平单位荷载 $\overline{F}_P=1$ 作为虚拟状态，由静力平衡条件，求出支座反力 $\overline{F}_{RA}$，如图 4.24（b）所示。由式（4-18）得

$$\Delta_{Bx\Delta}=-\sum\overline{F}_R c=-\left(\frac{h}{l}\times a\right)=-\frac{ha}{l}\quad(\leftarrow)$$

这里，支座反力 $\overline{F}_{Ay}$ 与支座移动 $c_A=a$ 方向相同，乘积为正；$\Delta_{Bx\Delta}$ 为负值，说明 B 点的实际水平位移与所设 $\overline{F}_P=1$ 方向相反，即向左。

（2）求 B 端截面的转角 $\theta_{B\Delta}$。

在 B 端施加相应于 $\theta_{B\Delta}$ 的单位力偶 $\overline{F}_P=1$ 作为虚拟状态，由静力平衡条件，求出支座反力 $\overline{F}_{RA}$，如图 4.24（c）所示，由式（4-18）得

$$\theta_{B\Delta}=-\sum\overline{F}_R c=-\left(\frac{1}{l}\times a\right)=-\frac{a}{l}\quad(\circlearrowleft)$$

这里，支座反力 $\overline{F}_{Ay}$ 与支座移动 c_A 方向相同，乘积为正；$\theta_{B\Delta}$ 为负值，说明 B 端截面的实际转动方向与所设单位力偶转动方向相反，即为逆时针。

例 4.11 图 4.25（a）所示桁架的支座 B 向下移动 c，试求 BD 杆件的角位移 $\theta_{DB\Delta}$。

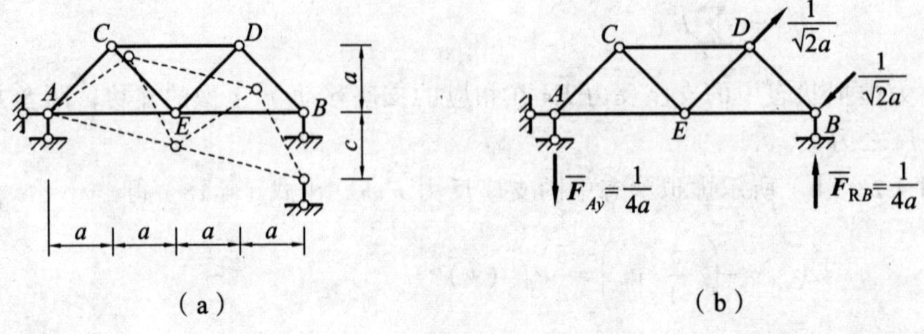

图 4.25

解 在 BD 杆件的两端施加相应于 $\theta_{DB\Delta}$ 的一对大小等于杆长的倒数、垂直于杆件且指向

相反的集中力作为虚拟状态，由静力平衡条件，求支座反力 $\overline{F}_{RB}$，如图 4.25（b）所示，由式（4-18）得

$$\theta_{DB\Delta}=-\sum\overline{F}_{R}c=-\left(-\frac{1}{4a}\times c\right)=\frac{c}{4a}$$

这里，支座反力 $\overline{F}_{RB}$ 与支座移动 $c_B=c$ 方向相反，$\overline{F}_{RB}$ 在 $c_B=c$ 上作负功，所以 $\overline{F}_{RB}$ 与 c_B 的乘积为负。$\theta_{DB\Delta}$ 为正值，说明 BD 杆件实际转动方向与所设的等效单位力偶转动方向相同，即为顺时针。

第六节　弹性体系的互等定理

一、功的互等定理

设有两组广义力 F_{P1} 和 F_{P2} 分别作用于同一线性弹性结构上，如图 4.26（a）、（b）所示，分别称为结构的第一状态和第二状态。图（a）中的位移Δ_{21} 表示由广义力 F_{P1} 引起的与广义力 F_{P2} 相应的广义的位移；图（b）中的位移Δ_{12} 表示由广义力 F_{P2} 引起的与广义力 F_{P1} 相应的广义的位移。两个脚标含义与前面的规定相同。例如：位移Δ_{12} 的第一个脚标“1”表示位移的地点和方向，即该位移是对应于 F_{P1} 作用点沿 F_{P1} 方向上的位移；第二个脚标“2”表示产生位移的原因，即该位移是由于 F_{P2} 所引起的。

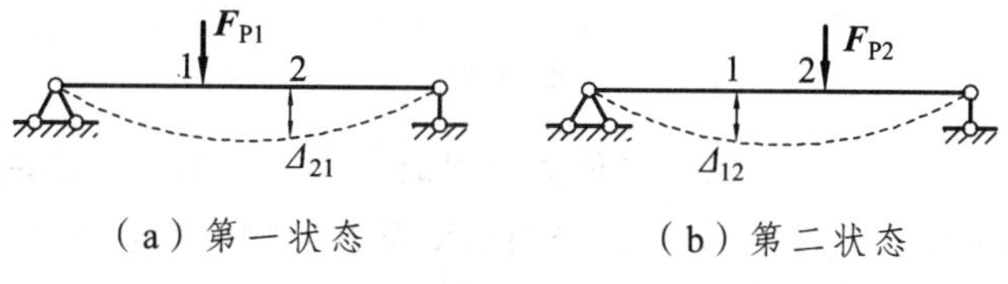

（a）第一状态　　（b）第二状态

图 4.26

如令上述第一状态作为结构的力状态，而第二状态作为结构的位移状态，第一状态的外力 F_{P1} 以及内力 M_1、F_{N1}、F_{Q1} 在第二状态相应的位移及变形上所做的外力虚功及内力虚功，根据变形体虚功方程式（4-3），则有

$$F_{P1}\Delta_{12}=\sum\int M_1\frac{M_2\mathrm{d}s}{EI}+\sum\int F_{N1}\frac{F_{N2}\mathrm{d}s}{EA}+\sum\int F_{Q1}\frac{kF_{Q2}\mathrm{d}s}{GA} \tag{a}$$

反过来，如果令上述第一状态作为结构的位移状态，而第二状态作为结构的力状态，第二状态的外力 F_{P2} 以及内力 M_2、F_{N2}、F_{Q2} 在第一状态相应的位移及变形上所做的外力虚功及内力虚功，根据变形体虚功方程式（4-3），则有

$$F_{P2}\Delta_{21}=\sum\int M_2\frac{M_1\mathrm{d}s}{EI}+\sum\int F_{N2}\frac{F_{N1}\mathrm{d}s}{EA}+\sum\int F_{Q2}\frac{kF_{Q1}\mathrm{d}s}{GA} \tag{b}$$

比较上面（a）、（b）两式，显然两式等号右边两部分是彼此相等的，于是可得

$$F_{P1}\Delta_{12} = F_{P2}\Delta_{21} \tag{4-19}$$

或写为

$$W_{12} = W_{21}$$

这表明：**第一状态的外力在第二状态的位移上所做的虚功，等于第二状态的外力在第一状态的位移上所做的虚功。这就是功的互等定理。**

值得注意的是，以上的推理过程实际上已运用了叠加原理，这说明功的互等定理只适用于线弹性体系。利用功的互等定理，可以导出以下的位移互等定理、反力互等定理。所以，功的互等定理是最基本的互等定理。

二、位移互等定理

如果作用在体系上的力是一个单位力，即 $F_{P1} = F_{P2} = 1$，并用 δ 表示由单位力所引起的位移，如图 4.27 所示，则由式（4-19）可得

$$1\cdot\delta_{12} = 1\cdot\delta_{21}$$

即

$$\delta_{12} = \delta_{21} \tag{4-20}$$

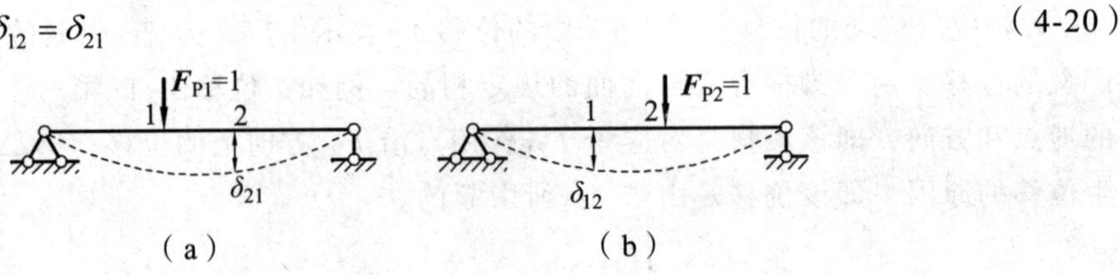

图 4.27

这就是位移互等定理。它表明：**第二个单位力所引起的第一个单位力作用点沿其方向的位移，等于第一个单位力所引起的第二个单位力作用点沿其方向的位移。**由此可见；位移互等定理只是功的互等定理在 $F_{P1} = F_{P2} = 1$ 时的一种特殊形式。

三、反力互等定理

反力互等定理是功的互等定理的另一种特殊形式。它可以用以表明超静定结构在发生单位支座位移时反力的互等关系。设图 4.28（a）、（b）为同一超静定梁的两种状态：图（a）中由于支座 1 发生单位位移 $\Delta_1 = 1$ 时，使支座 2 产生的反力为 r_{21}；图（b）中由于支座 2 发生单位位移 $\Delta_2 = 1$ 时，使支座 1 产生的反力为 r_{12}。以上反力 r 的第一个下标表示反力的序号，第二个下标表示其产生的原因。由功的互等定理有

图 4.28

$$r_{12} \cdot 1 = r_{21} \cdot 1$$

即

$$r_{12} = r_{21} \tag{4-21}$$

这就是反力互等定理。它表明：**支座 2 发生单位位移所引起的支座 1 的反力 r_{12}，等于支座 1 发生单位位移所引起的支座 2 的反力 r_{21}。**

习　题

4.1　试用积分法求图示等截面梁中点的挠度（EI = 常数）。

4.2　图示曲梁为圆弧形，EI = 常数。试用积分法求 B 点的水平位移。

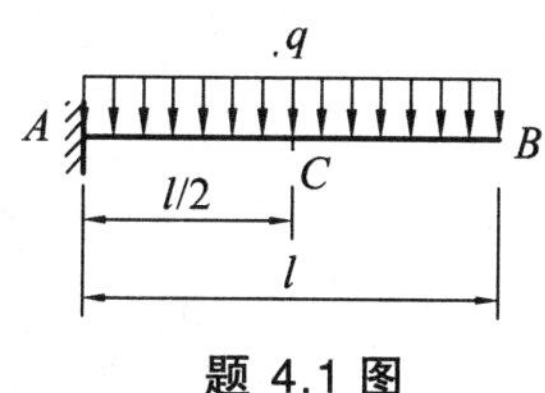

题 4.1 图

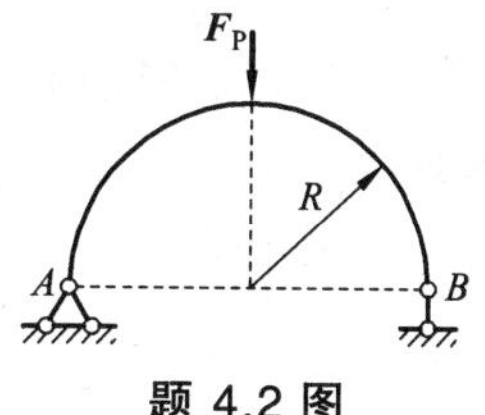

题 4.2 图

4.3　求图示桁架中 C 点的竖向位移，各杆 EA 相同。

4.4　求图示桁架杆 BC 杆的转角，各杆 EA 相同。

4.5　求图示桁架 A 点水平位移，各杆 EA 相同。

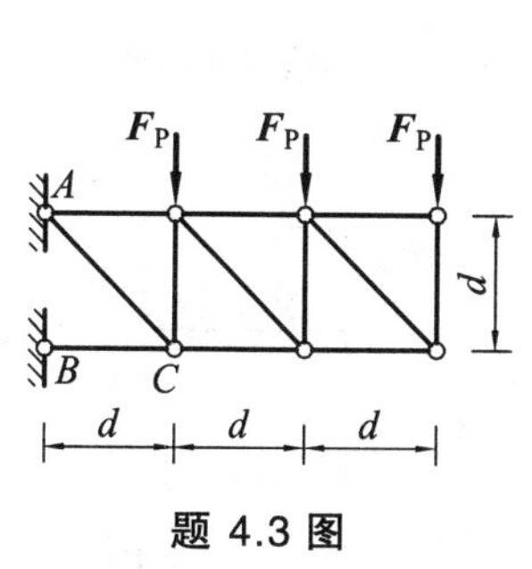

题 4.3 图

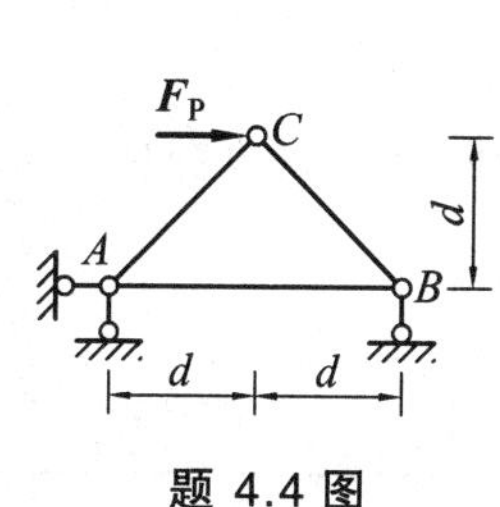

题 4.4 图

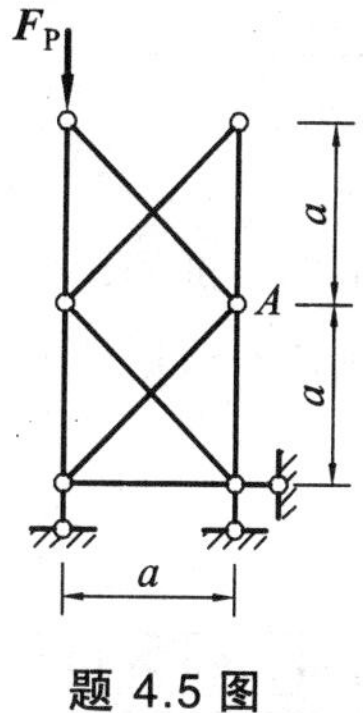

题 4.5 图

4.6　试分析图示桁架中腹杆截面的大小对 C 点的竖向位移的影响，若各杆 EA，试求 C 点的竖向位移。

4.7　求图示梁 AB 在所示荷载作用下的 M 图面积。

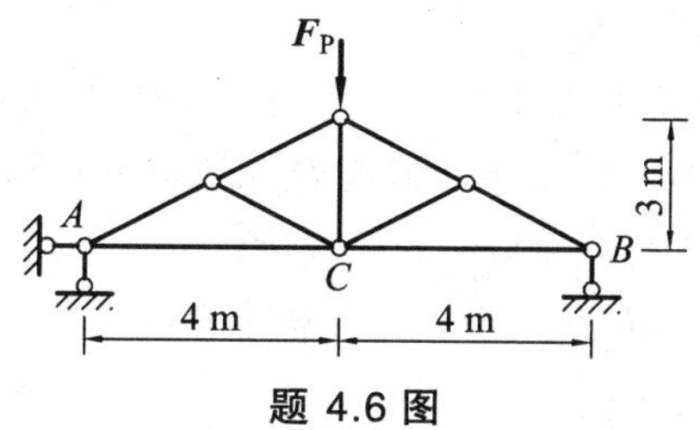

题 4.6 图

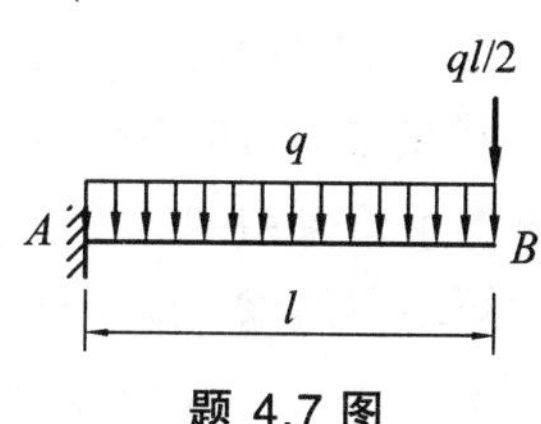

题 4.7 图

4.8 下列各图乘是否正确？如不正确应如何改正？

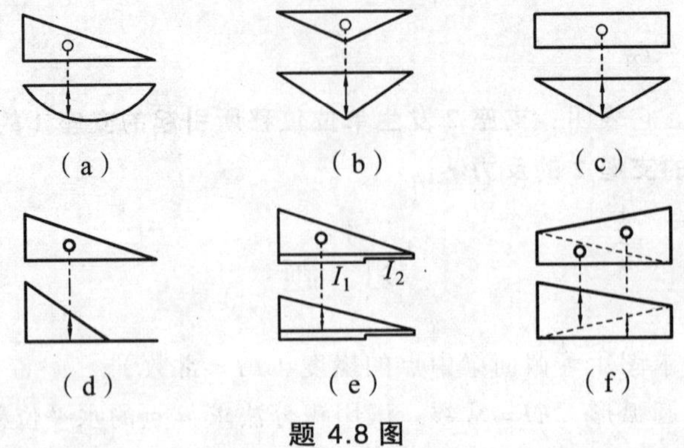

题 4.8 图

4.9 试用图乘法求 A 点的竖向位移。EI = 常数。

4.10 试用图乘法求 C 点的竖向位移。EI = 常数。

4.11 试用图乘法求 C 点的竖向位移。各杆 EI = 常数。

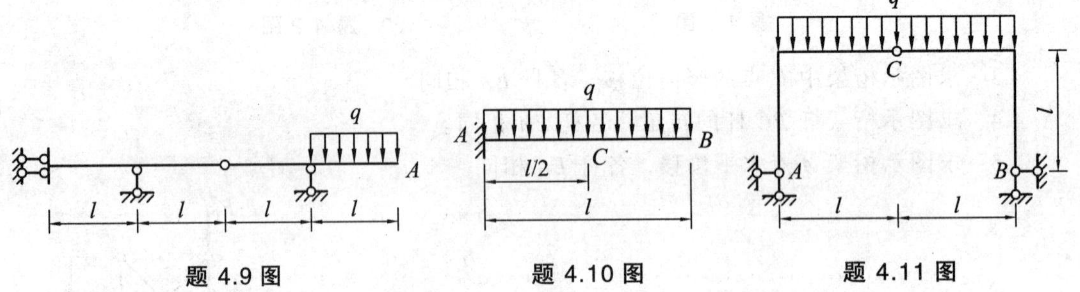

题 4.9 图　　题 4.10 图　　题 4.11 图

4.12 试用图乘法求 B 点的转角 φ_B。

4.13 试用图乘法求 C、D 两点距离改变量。

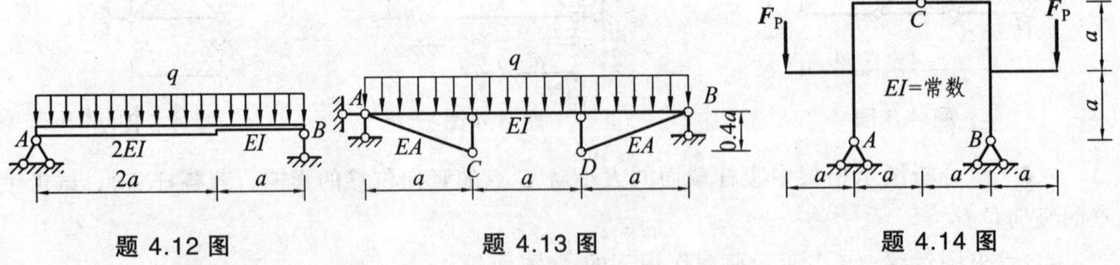

题 4.12 图　　题 4.13 图　　题 4.14 图

4.14 试用图乘法求铰 C 左右两截面相对转角。

4.15 图示组合结构横梁 AD 为 20b 工字钢，$I = 2\,500\ \text{cm}^4$，拉杆 BC 为直径 20 mm 的圆钢，材料的弹性模量 $E = 210$ GPa，$q = 5$ kN/m，$a = 2$ m。试求 D 点竖向的位移。

4.16 试求图示组合结构 A 点水平位移。EI = 常数，EA = 常数。

4.17 图示矩形截面梁，截面高 $h_1 = l/16$，$h_2 = l/20$。上边温度降低 $2t$，下边温度升高 t，材料的线膨胀系数为 α，求梁中点 C 的竖向位移。

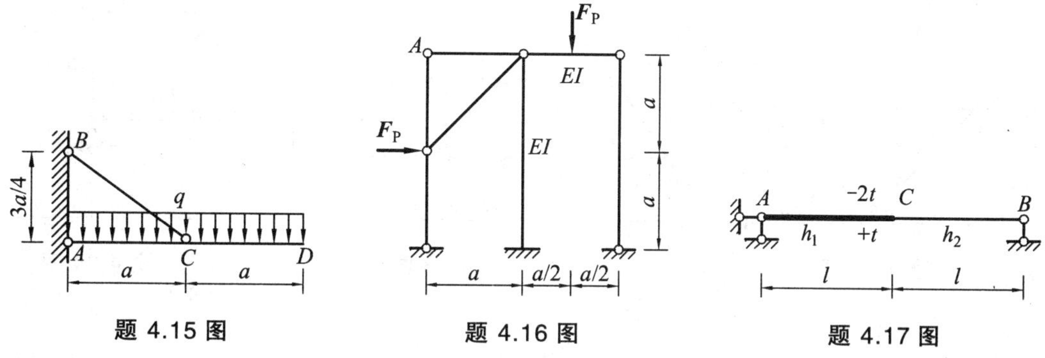

题 4.15 图　　题 4.16 图　　题 4.17 图

4.18　结构的温度改变如图所示，试求 C 点的竖向位移。各杆截面相同且对称于形心轴，其厚度为 $h=l/10$，材料的线膨胀系数为 α。

4.19　图示刚架，支座 A 下沉 Δ，试求 D 点的竖向位移。

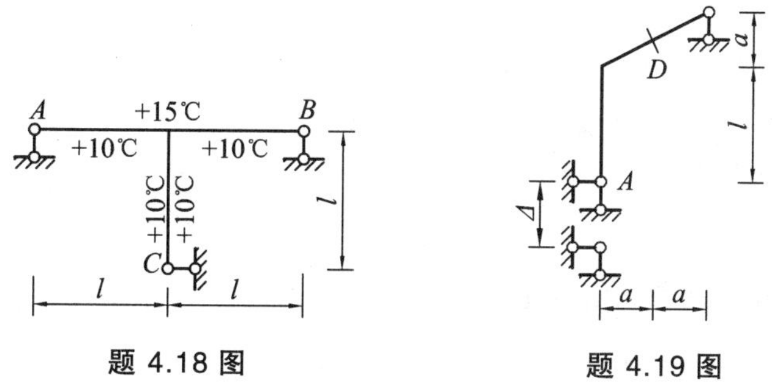

题 4.18 图　　题 4.19 图

4.20　图示刚架支座 A、B 分别产生支座移动，试求 D 点的水平位移，并讨论其方向与 a、b 的关系。

4.21　图示两跨简支梁 $l=16$ m，支座 A、B、C 的沉降分别为 $a=40$ mm，$b=100$ mm，$c=80$ mm。试求 B 铰左右两侧截面的相对角位移。

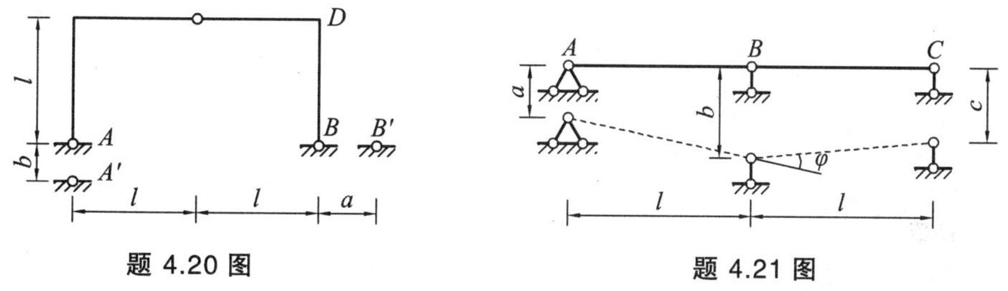

题 4.20 图　　题 4.21 图

4.22　图示组合结构，若 CD 杆（$EA=$ 常数）制造时做短了 Δ，试求 E 点的竖向位移。

4.23　图为 48 m 下承式铁路桁架桥简图。为了设置上拱度，在制造时将上弦杆每 16 m 加长 16 mm，试求由此引起的结点 E_3 的竖向位移。（注：实际制作时，为了制造安装方便，各上弦杆长度仍保持不变，而是在结点 A_1、A_3、A_1' 处，将结点板上与上弦杆相联的钉孔位置外移 8 mm 来达到上述目的）

4.24 试求图示结构 A 点竖向位移。

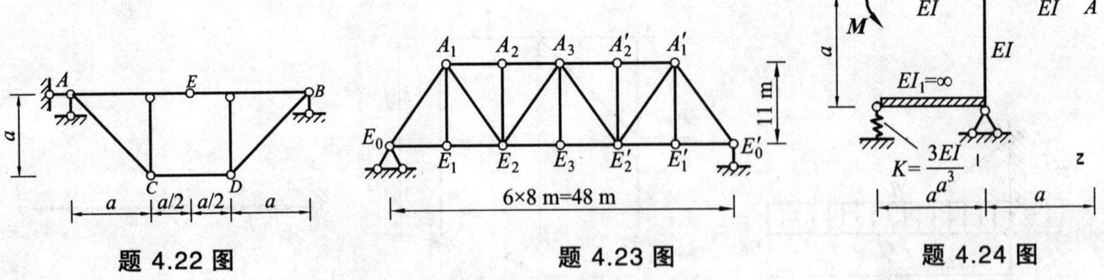

题 4.22 图　　题 4.23 图　　题 4.24 图

习题参考答案

4.1 $\frac{17ql^4}{384EI}$（↓）

4.2 $\frac{F_PR}{2EI}$（→）

4.3 $\frac{6F_Pd}{EA}(\sqrt{2}+1)$（↓）

4.4 $\frac{F_P}{2EA}(\sqrt{2}-1)$（↷）

4.5 0

4.6 腹杆为零杆，腹杆截面变化对 C 点竖向位移没影响。$y_C=\frac{189F_P}{18EA}$（↓）

4.7 $A=\frac{5ql^3}{12}$

4.8 略

4.9 $\frac{23ql^4}{24EI}$（↓）

4.10 $\frac{17ql^4}{384EI}$（↓）

4.11 $\frac{7ql^4}{24EI}$（↓）

4.12 $\frac{19qa^3}{24EI}$（↶）

4.13 $\frac{11qa^4}{15EI}$（伸长）

4.14 $\frac{F_Pa^3}{6EI}$（下边角度增大）

4.15 8.02 mm（↓）

4.16 $\frac{8F_Pa^3}{3EI}$（→）

4.17 $27\alpha t$（↓）

4.18 $15\alpha l$（↑）

4.19　$\frac{\Delta}{2}$（↓）

4.20　$0.5a-0.5b=0.5(a-b)$（→）

$a>b$时，Δ_{DH}方向向右；$a<b$时，Δ_{DH}方向向左。

4.21　上边角度减小 0.005 rad

4.22　$\frac{3}{4}\Delta$（↑）

4.23　23.3 mm（↑）

4.24　$\frac{4}{3}Ma^2$（↑）

第五章　力　法

【学习目的和基本要求】

超静定结构是土木工程中使用的较为广泛的结构形式，力法是超静定结构计算的基本方法之一，也是学习其他方法的基础。

对本章学习的基本要求如下：

了解：（1）超静定结构的基本特性和一般特性；

（2）用力法计算超静定结构温度变化时的内力；

（3）超静定结构的位移计算及力法计算结果的校核。

熟悉与理解：（1）理解力法将超静定问题转化为静定问题解决的思想；

（2）确定超静定次数的方法；

（3）力法基本未知量、基本结构的确定；

（4）在荷载及支座移动作用下力法基本方程的建立及其物理意义；

（5）力法方程中的系数和自由项的物理意义及其计算；

（6）利用对称性将结构简化为半结构的原理和方法。

掌握与应用：（1）用力法计算超静定刚架、排架、桁架、组合结构在荷载、支座移动作用下的内力；

（2）力法的简化计算。

第一节 超静定结构的概念和超静定次数

一、超静定结构的概念

前面各章我们详细地讨论了各种静定结构的计算方法，但在实际工程中应用更为广泛的是超静定结构，力法就是一种适用于超静定结构受力分析的基本方法。

静定结构的反力和各截面的内力都可以用静力平衡条件唯一确定，见图 5.1（a）。但超静定结构的反力和各截面的内力不能完全由静力平衡条件唯一确定。例如图 5.1（b）所示梁，在图示竖向荷载作用下，由平衡条件 $\sum F_x = 0$，可知 A 支座的水平反力为零，但是，三个支座竖向反力却无法由 $\sum F_y = 0$ 和 $\sum M = 0$ 两个独立平衡条件唯一确定，因而也就无法确定其内力。因此，这个梁为超静定结构。

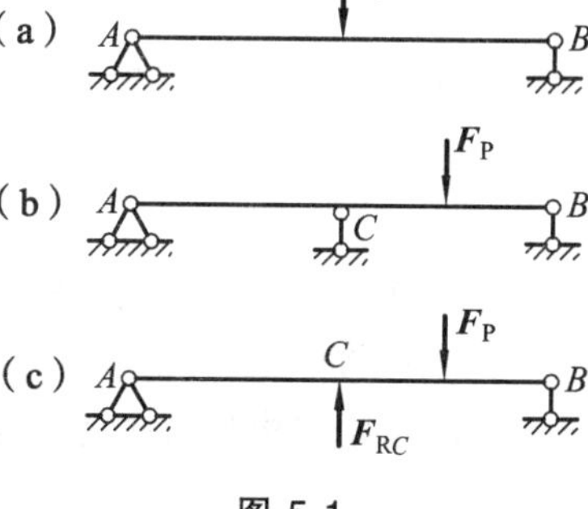

图 5.1

从几何组成分析中可知，静定结构和超静定结构都是几何不变体体系，而静定结构没有多余的约束，超静定结构存在多余约束。例如，图 5.1（b）中去掉支座 C 的结构仍为几何不变体系，见图 5.1（c）。

由此可见，**满足平衡方程的内力解不唯一，几何构造上有多余约束，这就是超静定结构区别于静定结构的基本特点。**

二、超静定次数

在超静定结构中存在多余约束，多余约束中的内力（或反力），简称多余未知力。由于具有多余未知力，使平衡方程的数目少于未知力的数目，故单靠平衡条件无法确定其全部反力和内力，还必须考虑位移条件以建立补充方程。一个超静定结构有多少个多余约束，相应地便有多少个多余未知力，也就需要建立同样数目的补充方程，才能求解。因此，用力法计算超静定结构时，首先必须确定多余约束或多余未知力的数目。多余约束或多余未知力的数目，称为超静定结构的**超静定次数**。

在几何构造上，超静定结构可以看作是在静定结构的基础上增加若干多余约束而构成。因此，确定超静定次数最直接的方法，就是解除多余约束，使原结构变成一个静定结构，而所去多余约束的数目，就是原结构的超静定次数。

从超静定结构上去除多余约束（联系）的方法很多，归纳起来主要有以下几种：

（1）撤除支座处的一根支杆或切断一根链杆，相当于去除一个约束。

例如：图 5.2（a）所示的超静定梁，撤除中间支座支杆后得到图 5.2（b）所示静定简支梁，故知原结构为一次超静定。又如图 5.2（c）所示的超静定桁架，切断两根链杆后得到图

5.2（d）所示静定桁架，所以该桁架为两次超静定。

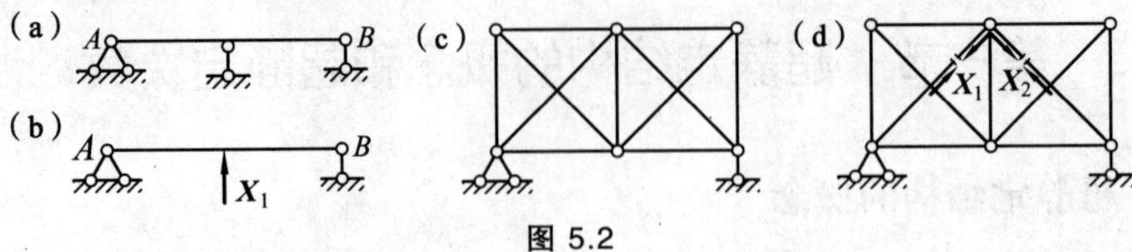

图 5.2

（2）撤除一个固定铰支座或撤除一个单铰，相当于撤除两个约束。

例如：将图 5.3（a）所示刚架横梁上的铰联结撤除，得到静定的两个悬臂刚架，如图 5.3（b）所示，故知原结构为两次超静定。

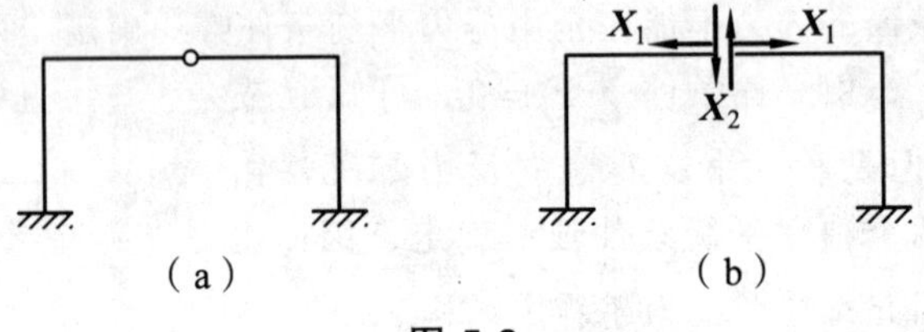

图 5.3

（3）撤除一个固定端支座或切断一根梁式（刚架）杆件，相当于撤除三个约束。

例如：将图 5.4（a）所示刚架的横梁切断后，得到静定的两个悬臂刚架，如图 5.4（b）所示，故知原结构为三次超静定。

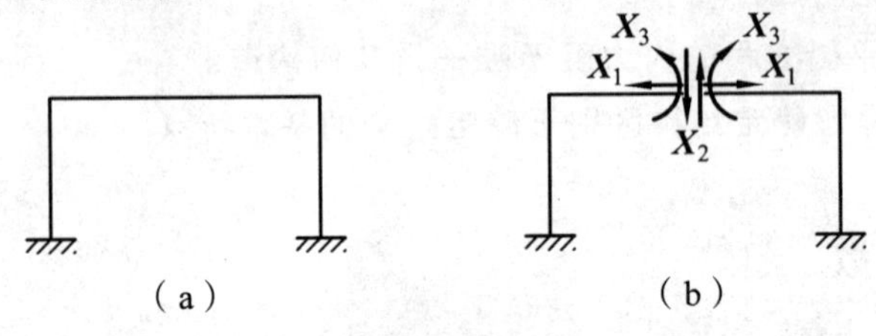

图 5.4

（4）将固定端支座改为固定铰支座、在梁式（刚架）杆件上插入一个单铰或是将固定铰支座改为单支杆支座（活动铰支座），均相当于撤除一个约束。

例如：将图 5.5（a）所示刚架的支座均改为固定铰支座，得到静定的三铰刚架，如图 5.5（b）所示；或者仅将其右边支座改为单支杆支座（活动铰支座），得到图 5.5（c）所示的静定复合刚架。故知原结构为两次超静定。

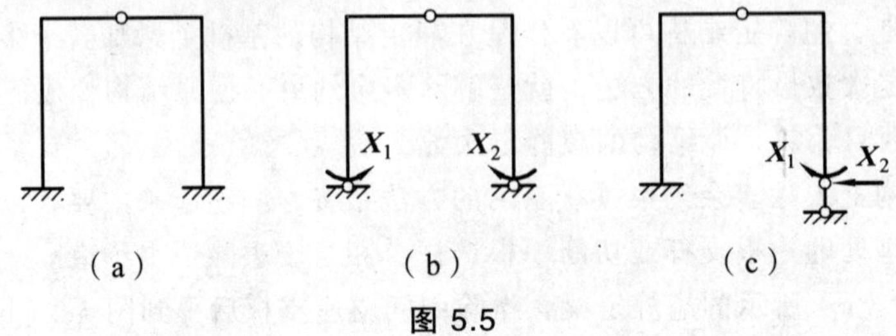

图 5.5

应用上述方法，不难确定任何超静定结构的超静定次数。例如图 5.6（a）所示结构，在撤除单铰、切断链杆后，将得到图 5.6（b）所示的静定结构，故知原结构为 3 次超静定。对于同一个超静定结构，可以采取不同的方式去掉多余联系，而得到不同的静定结构，但是所去多余联系的数目总是相同的。例如对于上述结构，还可以按图 5.6（c）、（d）等方式去掉多余联系，但都将表明原结构是 3 次超静定的。

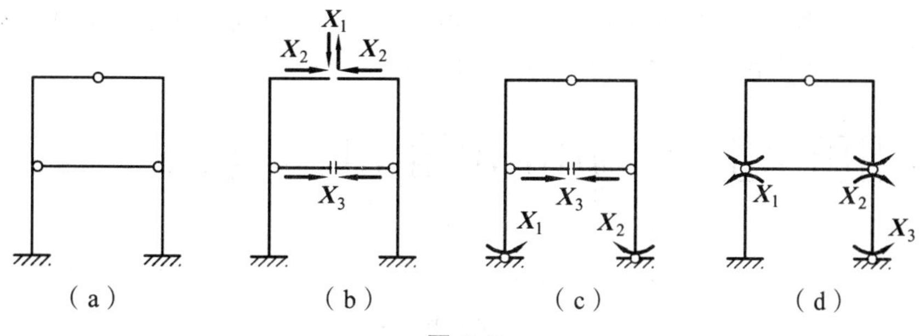

图 5.6

对于具有较多框格的结构，可按下面的计算式来确定超静定次数，即

无铰闭合框结构：超静定次数 = 3×闭合框数

对于带铰闭合框结构：超静定次数 = 3×闭合框数 − 单铰数

在确定单铰数时，对于复铰应折算成单铰；在应用上式时，应先将框格结构中每个框格都看做是无铰的，存在一个单铰就减少 1 次超静定。

例如图 5.7（a）所示结构的超静定次数：$n = 3 \times 6 = 18$；图 5.7（b）所示结构，超静定次数：$n = 3 \times 6 - 6 = 12$。

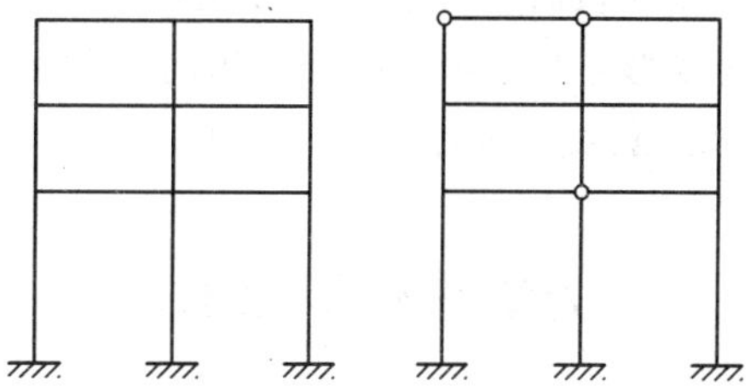

对于一个超静定结构，去掉多余约束时需注意以下几点：

（1）结构的超静定次数是确定不变的，但去掉多余约束的方式是多种多样的。

（2）在确定超静定次数时，要将内外多余约束全部去掉。

（3）在支座处解除一个多余约束，就用一个相应的约束反力来代替；在结构内部解除多余约束时，用一对作用力和反作用力来代替。

（4）只能去掉多余约束，不能去掉必要约束，不能将原结构变成瞬变体系或可变体系。即原结构去掉多余约束后，一定是几何不变的。

（a）　（b）

图 5.7

第二节　力法的基本原理

一、力法计算的基本思路

力法是计算超静定结构的最基本方法。**力法的基本思路是将超静定结构的计算问题转化为**

静定结构的计算问题，即利用已经熟悉的静定结构的计算方法来达到计算超静定结构的目的。

下面结合实例说明力法的基本思路和原理。

图 5.8（a）为一次超静定结构，如果撤去 B 处的支座链杆并用未知力 X_1 代替，这样就得到了如图 5.8（b）所示的含有多余未知力的静定结构，此静定结构在原荷载和多余未知力共同作用下的体系称为力法的基本体系。相应地把原超静定结构中多余约束和荷载都去掉后得到的静定结构称为力法的基本结构，如图 5.8（c）所示。

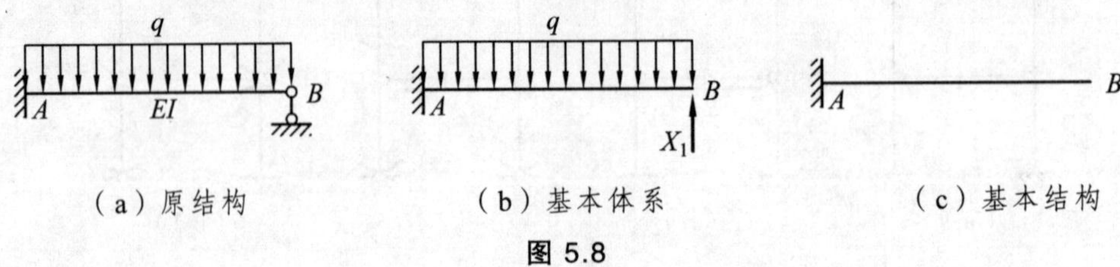

（a）原结构　　（b）基本体系　　（c）基本结构

图 5.8

这样通过把多余约束去掉用多余未知力来代替，将超静定结构变为静定结构，解题的关键就是多余未知力的求解问题。

求解多余的未知力，单靠静力平衡方程式是不能求出其唯一答案的，为此，必须建立新的补充方程。图 5.8（a）所示的超静定结构，从受力方面看，当基本未知量 X_1 为任意有限值时，基本体系和原结构都满足的平衡方程。从变形方面看，原结构由于支座 B 的支承，因此不会发生竖向位移。而基本体系 B 处的竖向位移与基本未知量 X_1 有关，只有当基本未知量 X_1 为某一值时，基本体系 B 处的竖向位移 $\varDelta_1$ 恰好等于零（即不发生竖向位移），这时基本体系的变形才与原结构的变形相同。因此，可以根据 $\varDelta_1=0$ 的条件来确定基本未知量 X_1 的大小，所求的 X_1 就是原结构多余约束的反力。

二、力法基本方程的建立

根据以上分析，图 5.8（b）所示的基本体系应满足的变形条件是：沿多余未知力 X_1 方向的位移 $\varDelta_1$ 为零，即

$$\varDelta_1=0$$

利用叠加原理计算基本体系的位移 $\varDelta_1$ 并用基本未知量表示。

图 5.9（a）所示为基本结构受荷载和多余未知力 X_1 共同作用，图（b）、（c）则分别是两者单独作用的状态，图（d）、（e）、（f）则是相应的变形图。

利用叠加原理，上述变形条件可表述为

$$\varDelta_1=\varDelta_{1P}+\varDelta_{11}=0$$

这里的 $\varDelta_1$ 是基本体系上多余未知力 X_1 方向的位移，见图 5.9（d）；$\varDelta_{1P}$ 是基本结构在实际荷载作用下沿多余未知力 X_1 方向的位移，见图 5.9（e）；$\varDelta_{11}$ 是基本结构在多余未知力 X_1 单独作用下沿多余未知力 X_1 方向的位移，见图 5.9（f），该位移与多余未知力方向一致时为正。

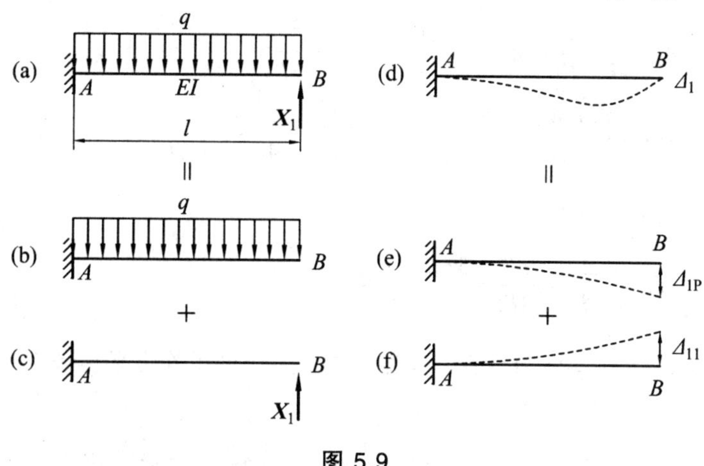

图 5.9

由于位移 Δ_{11} 与多余未知力 X_1 成正比，可以写成

$$\Delta_{11}=\delta_{11}X_1$$

δ_{11}表示在单位未知力 $X_1=1$ 的作用下，使基本结构在多余未知力 X_1 方向产生的位移，于是变形条件可写成

$$\delta_{11}X_1+\Delta_{1P}=0 \tag{5-1}$$

式（5-1）为一次超静定结构的力法基本方程，它体现了基本体系恢复到原超静定结构的转化条件。式中的系数 δ_{11} 和自由项 Δ_{1P} 都是静定结构的位移，可由单位荷载法进行计算。求得 δ_{11}、Δ_{1P} 后，即可根据式（5-1）求得基本未知量 X_1。

综上所述，力法基本方程的物理含义可概括为：基本结构在外部因素和多余未知力共同作用下产生的多余未知力方向上的位移，应等于原结构相应的位移。**力法基本方程实质是位移协调条件。**

为了计算力法方程中的系数 δ_{11} 和自由项 Δ_{1P} [见图 5.10（a）、（b）]，可分别绘出基本结构在单位力 $X_1=1$ 和荷载 F_P 作用下 $\overline{M}_1$ 图和 M_P 图，如图 5.10（c）、（d）所示，然后由图乘法求得 δ_{11}、Δ_{1P}。

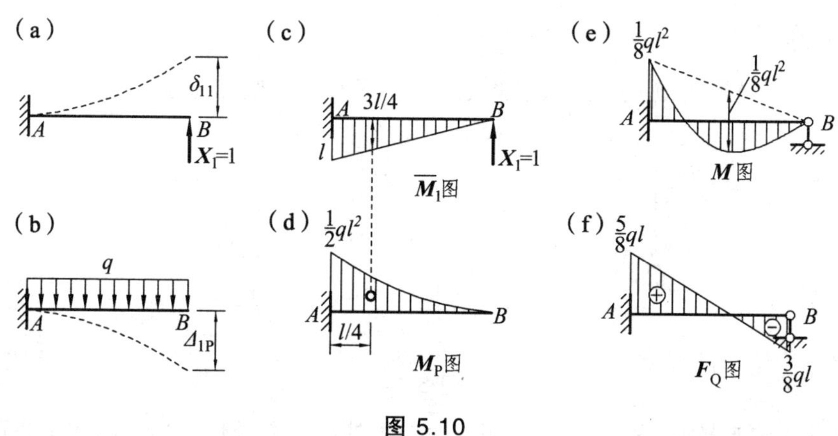

图 5.10

$$\delta_{11}=\int\frac{\overline{M}_1\overline{M}_1}{EI}\mathrm{d}x=\frac{1}{EI}\times\frac{l^2}{2}\times\frac{2l}{3}=\frac{l^3}{3EI}$$

$$\Delta_{1\mathrm{P}}=\int\frac{\overline{M}_1M_{\mathrm{P}}}{EI}\mathrm{d}x=-\frac{1}{EI}\left(\frac{1}{3}l\times\frac{ql^2}{2}\right)\times\frac{3}{4}l=-\frac{ql^4}{8EI}$$

将 δ_{11}、$\Delta_{1\mathrm{P}}$ 代入力法方程式（5-1），求得

$$X_1=-\frac{\Delta_{1\mathrm{P}}}{\delta_{11}}=\frac{ql^4}{8EI}\times\frac{3EI}{l^3}=\frac{3}{8}ql$$

多余未知力 X_1 求出后，就与计算悬臂梁一样，完全可用静力平衡条件来确定其反力和内力。例如 A 端的弯矩为

$$M_{AB}=X_1l-ql\times\frac{l}{2}=\frac{3}{8}ql^2-\frac{1}{2}ql^2=-\frac{1}{8}ql^2\text{（上边受拉）}$$

在绘制最后弯矩图 M 时，可利用已绘出的 $\overline{M}_1$ 图和 M_{P} 图用叠加法绘出，即

$$M=\overline{M}_1X_1+M_{\mathrm{P}} \tag{5-2}$$

也就是将 $\overline{M}_1$ 图的竖标乘以 X_1 倍，再与 M_{P} 图的对应竖标相加，于是可绘出最后弯矩图，如图 5.10（e）所示。此弯矩图既是基本体系[见图 5.9（a）]的弯矩图，同时也是原结构[见图 5.8（a）]的弯矩图，因为此时基本体系与原结构的受力、变形和位移已完全相同，二者是等价的。最后剪力图如图 5.10（f）所示。

通过以上分析，力法的基本思路可概述为：**将超静定结构的计算转化为静定结构的计算，首先选择基本结构和基本体系，然后利用基本体系与原结构之间在多余约束方向的位移一致性和变形叠加建立力法基本方程，最后求出多余未知力和原结构的内力。**

三、多次超静定结构的计算

图 5.11（a）所示刚架为两次超静定结构，分析此结构时，必须去掉两个多余约束，若撤除铰支座 A，并以相应的多余未知力 X_1 和 X_2 代替所去约束的作用，则得图 5.11（b）所示的基本体系。而 X_1 和 X_2 即为基本未知量。

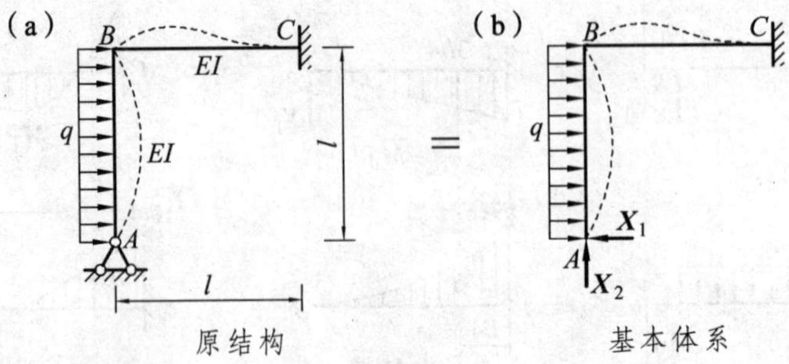

图 5.11

为确定基本未知量 X_1 和 X_2，可利用多余约束处的位移条件，即基本体系在荷载和多余

未知力 X_1、X_2 共同作用下在 A 点沿 X_1、X_2 方向的位移 Δ_1 和 Δ_2 与原结构在 A 点的位移相同，即都等于零。因此，位移条件可写为

$$\begin{cases}\Delta_1 = 0 \\ \Delta_2 = 0\end{cases}$$

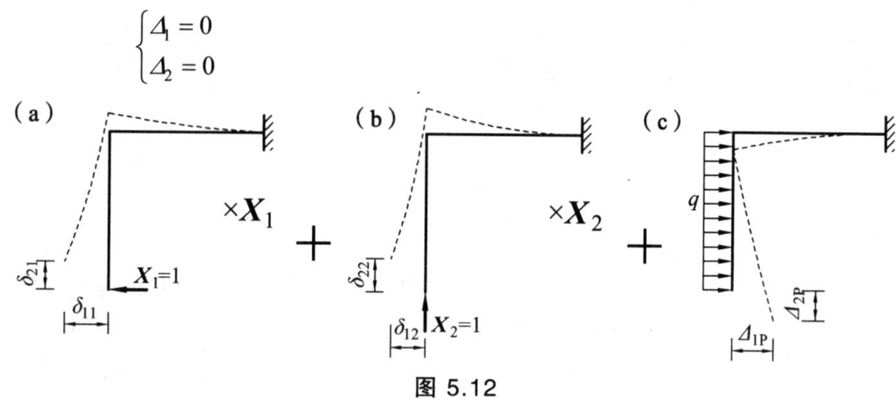

图 5.12

下面应用叠加原理把位移条件展开，分别计算 X_1、X_2 和荷载单独作用时在 X_1 和 X_2 方向的位移。位移的表示采用双下标：第一个下标表示位移的位置和方向，第二个下标表示产生的原因。现将 $X_1=1$、$X_2=1$ 分别作用于基本结构时，A 点沿 X_1 方向的位移分别记为 δ_{11}、δ_{12}，沿 X_2 方向的位移分别记为 δ_{21}、δ_{22}，将荷载作用于基本结构时上述位移记为 Δ_{1P}、Δ_{2P}，根据叠加原理，由图 5.12（a)、(b)、(c)，上述位移条件可写为

$$\left.\begin{aligned}\Delta_1 = \delta_{11}X_1 + \delta_{12}X_2 + \Delta_{1P} = 0 \\ \Delta_2 = \delta_{21}X_1 + \delta_{22}X_2 + \Delta_{2P} = 0\end{aligned}\right\} \tag{5-3}$$

这就是两次超静定结构在荷载作用下的力法基本方程，求解这一方程组可求得余未知力 X_1 和 X_2。多余未知力 X_1 和 X_2 求出后，利用叠加原理可绘制弯矩图，具体计算为

$$M = \bar{M}_1X_1 + \bar{M}_2X_2 + M_P \tag{5-4}$$

同一结构可以按不同的方式选取基本结构和基本未知量。如图 5.13（a）所示结构，可用图 5.13（b）或图 5.13（c)、(d）所示的静定结构作为基本结构。这时，与所撤去的多余约束相应的多余未知力是不同的。力法方程在形式上仍与式（5-3）相同，但因 X_1 的 X_2 含义不同，位移条件的含义也不同。如图 5.13（c）中，X_2 为支座 A 的反力矩，$\Delta_2=0$ 为原结构支座 A 的转角等于零。而在图 5.13（d）中，X_2 为梁中点左右两截面的内力矩，所以 $\Delta_2=0$ 为原结构在点 E 左右两截面的相对转角等于零。此外还应注意，不能将瞬变体系作为基本结构，如图 5.13（e）所示的体系是瞬变体系，不能作为基本结构。另外，由于**力法的全部计算均在基本结构上进行，因而所选的基本结构应尽可能地使计算简便。**

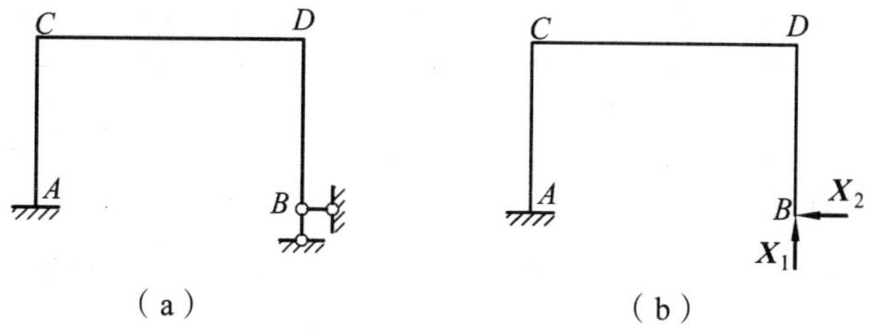

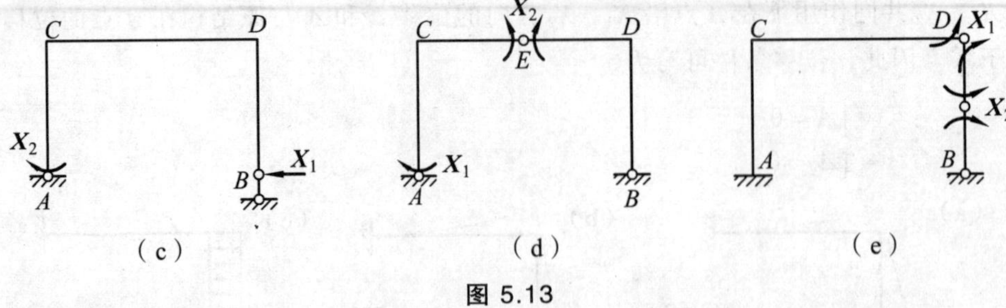

图 5.13

对于 n 次超静定结构，力法的基本未知量是 n 个多余未知力 X_1，X_2，…，X_n，力法的基本体系是从原结构中去掉 n 个多余约束后所得到的一个静定结构。力法的基本方程是由 n 个多余约束处的 n 个位移条件组成的，即基本结构在 X_1，X_2，…，X_n 和荷载共同作用下沿 n 个多余未知力方向的位移应与原结构相应的位移相等。在线性变形体系中，根据叠加原理，n 个位移条件可写为

$$\begin{cases}\delta_{11}X_1+\delta_{12}X_2+\cdots+\delta_{1n}X_n+\Delta_{1\mathrm{P}}=0\\ \delta_{21}X_1+\delta_{22}X_2+\cdots+\delta_{2n}X_n+\Delta_{2\mathrm{P}}=0\\ \cdots\cdots\cdots\\ \delta_{n1}X_1+\delta_{n2}X_2+\cdots+\delta_{nn}X_n+\Delta_{n\mathrm{P}}=0\end{cases}\tag{5-5}$$

这就是 n 次超静定结构在荷载作用下的力法基本方程的一般形式，称为力法方程的典型形式。

在式（5-5）中，系数 δ_{ij} 和自由项 $\Delta_{i\mathrm{P}}$ 分别表示基本结构在单位多余未知力 $X_j=1$ 和荷载 F_P 单独作用下产生的沿 X_i 方向的位移。位移正负号规则为：当位移 δ_{ij} 或 $\Delta_{i\mathrm{P}}$ 的方向与相应力 X_i 所设正方向相同时，则位移为正；反之为负。

在式（5-5）中，δ_{ii} 称为主系数，主系数均为正值且不为零。$\delta_{ij}\,(i\neq j)$称为副系数。副系数可以是正值，也可以是负值，或为零。根据位移互等定理，有

$$\delta_{ij}=\delta_{ji}\tag{5-6}$$

上述所有系数和自由项可用第四章中计算位移的公式求得，对于平面结构，其位移计算式为

$$\begin{cases}\delta_{ii}=\sum\int\dfrac{\overline{M}_i^2}{EI}\mathrm{d}s+\sum\int\dfrac{\overline{F}_{\mathrm{N}i}^2}{EA}\mathrm{d}s+\sum\int\dfrac{k\overline{F}_{\mathrm{Q}i}^2}{GA}\mathrm{d}s\\ \delta_{ij}=\delta_{ji}=\sum\int\dfrac{\overline{M}_i\overline{M}_j}{EI}\mathrm{d}s+\sum\int\dfrac{\overline{F}_{\mathrm{N}i}\overline{F}_{\mathrm{N}j}}{EA}\mathrm{d}s+\sum\int\dfrac{k\overline{F}_{\mathrm{Q}i}\overline{F}_{\mathrm{Q}j}}{GA}\mathrm{d}s\\ \Delta_{i\mathrm{P}}=\sum\int\dfrac{\overline{M}_iM_\mathrm{P}}{EI}\mathrm{d}s+\sum\int\dfrac{\overline{F}_{\mathrm{N}i}F_{\mathrm{NP}}}{EA}\mathrm{d}s+\sum\int\dfrac{k\overline{F}_{\mathrm{Q}i}F_{\mathrm{QP}}}{GA}\mathrm{d}s\end{cases}\tag{5-7}$$

对于各种具体结构，常只需计算其中的一项或两项。

系数和自由项求得后，解力法方程组，即可求得多余未知力 X_1，X_2，…，X_n，然后根据静力平衡条件或叠加原理，计算各截面内力和反力，绘制内力图。如按叠加原理计算原结构

弯矩的公式为

$$M=\overline{M}_1X_1+\overline{M}_2X_2+\cdots+\overline{M}_nX_n+M_P=\sum\overline{M}_iX_i+M_P \tag{5-8}$$

式中，$\overline{M_i}$ 为基本结构由于 $X_i=1$ 单独作用所产生的弯矩；M_P 为基本结构由于荷载单独作用所产生的弯矩。

在应用式（5-8）求出超静定结构的弯矩后，可利用静力平衡条件进一步计算各截面的剪力 F_Q 和轴向力 F_N，并画出 F_Q 和 F_N 图。

第三节　荷载作用下各类超静定结构的计算

根据力法的基本原理，超静定结构的受力分析可按以下步骤进行：

（1）确定超静定次数，选取合理的基本结构，并将荷载和作为力法基本未知量的多余约束力作用于基本结构。

（2）根据原结构已知位移条件建立力法基本方程。

（3）求各系数 δ_{ij} 和自由项 Δ_{iP}。为此，需要分别作出各单位未知力以及荷载单独作用于基本结构时的单位内力图和荷载内力图，再按照静定结构位移计算的方法求出系数和自由项。

（4）求解力法方程，求得基本未知量，即多余约束力。

（5）作出外荷载和多余约束力共同作用下基本结构的内力图。这实际上就是原结构的内力图。也可以利用式（5-8）根据叠加法求得弯矩图，继而求得剪力图和轴力图。

基本结构的选取不同时，超静定结构的求解步骤和最终结果虽然相同，但计算工作量有时差异很大。因此，基本结构的合理选取在力法中常具有重要意义。合理选取基本结构总的原则是使计算简单。例如，对于梁和刚架结构来说，应该使单位弯矩图和荷载弯矩图的图形比较简单，甚至仅发生于局部，以便于图乘法的运用，或是使方程的某些副系数或自由项等于零。

例 5.1　图 5.14（a）所示连续梁，各跨 EI 为常数，试绘制其 M 图。

解　（1）确定超静定次数，选取基本结构。此梁是一次超静定连续梁，在基本结构的诸多方案中，以图 5.14（b）所示简支梁式基本结构最便于计算，即去出支点 B 截面的转动约束而成铰结点，X_1 表示截面 B 的弯矩。

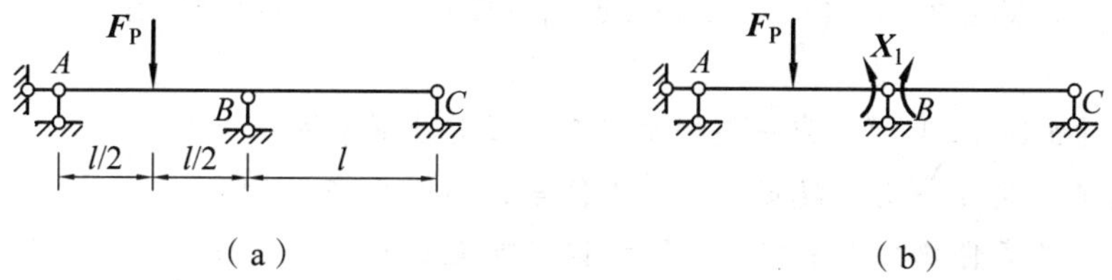

（a）　　（b）

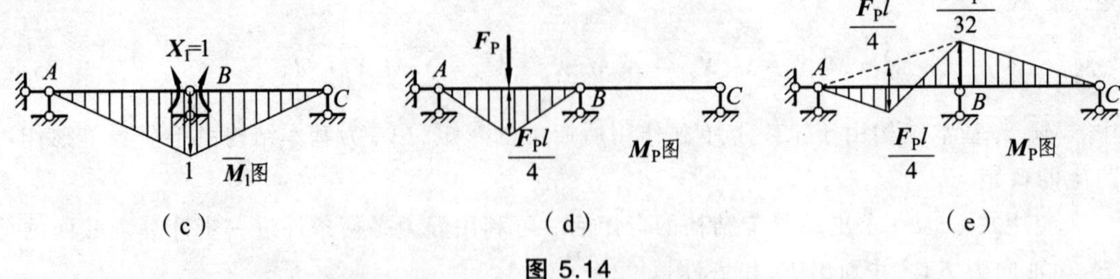

图 5.14

（2）根据原结构已知变形条件建立力法基本方程。

原连续梁受力变形时，在结点 B 处是连续的，B 铰左、右两侧截面的相对转角为零，则力法基本方程为

$$\delta_{11}X_1 + \Delta_{1P} = 0$$

（3）求系数和自由项。

分别绘出基本结构在单位力 $X_1 = 1$ 和荷载 F_P 作用下的 $\overline{M}_1$ 图、M_P 图，如图 5.14（c）、（d）所示。然后由图乘法计算系数数和自由项，即

$$\delta_{11} = \int \frac{\overline{M}_1 \overline{M}_1}{EI} dx = \frac{2}{EI}\left(\frac{1}{2} \times l \times 1 \times \frac{2}{3}\right) = \frac{2l}{3EI}$$

$$\Delta_{1P} = \int \frac{\overline{M}_1 M_P}{EI} dx = \frac{1}{EI}\left(\frac{1}{2} \times l \times \frac{F_P l}{4} \times \frac{1}{2}\right) = \frac{F_P l^2}{16EI}$$

（4）求解力法方程，求得多余约束力。

将 δ_{11}、Δ_{1P} 代入力法方程中，有

$$X_1 = -\frac{\Delta_{1P}}{\delta_{11}} = -\frac{3F_P l}{32}$$

求得的 X_1 是负号，表示支座 B 截面的弯矩 X_1 的方向与所设的方向相反。

（5）绘制最终弯矩图。

多余未知力 X_1 求出后，在绘制最后弯矩图 M 时，可利用已绘出的 $\overline{M}_1$ 图和 M_P 图用叠加法绘出，即

$$M = \overline{M}_1 X_1 + M_P$$

也就是将 $\overline{M}_1$ 图的竖标乘以 X_1，再与 M_P 图的对应竖标相加，于是可绘出 M 图，如图 5.14（e）所示。此弯矩图既是基本体系[见图 5.14（b）]的弯矩图，同时也是原结构[见图 5.14（a）]的弯矩图。

例 5.2 图 5.15（a）所示为一超静定刚架，试作出结构的弯矩图。

解 （1）此结构为一次超静定，取基本体系，如图 5.15（b）所示。

（2）通过位移条件建立力法方程。原结构在支座 B 处水平位移为零，则力法基本方程为

$$\delta_{11}X_1 + \Delta_{1P} = 0$$

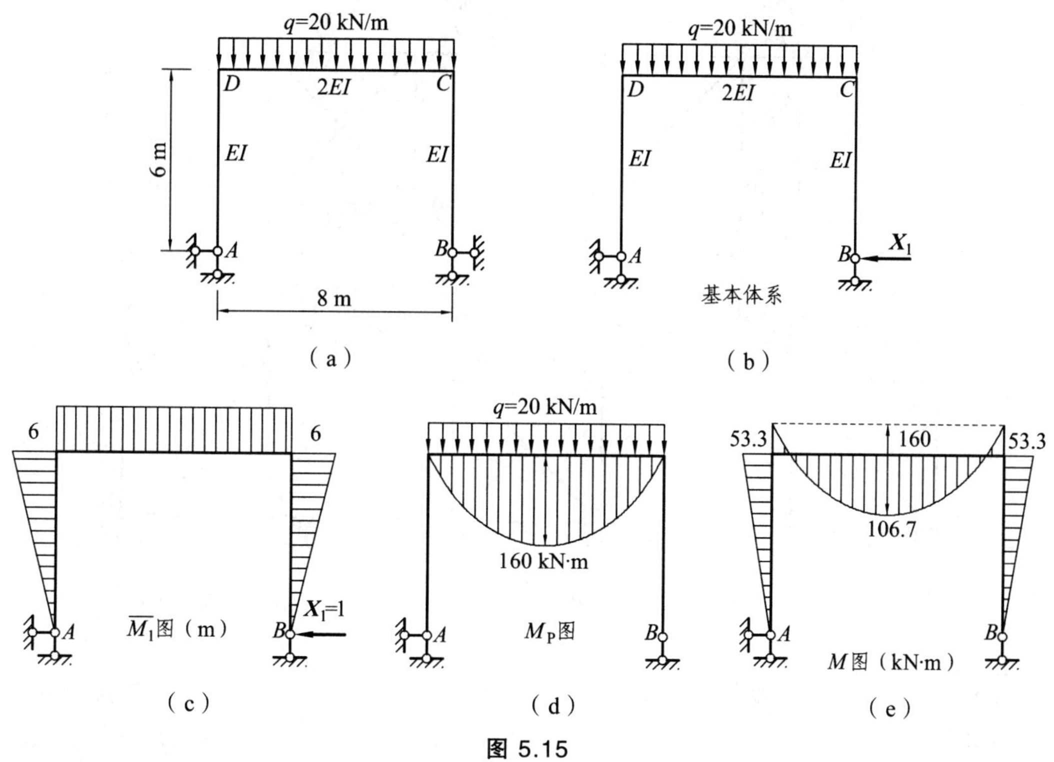

图 5.15

（3）绘制基本结构在 $X_1=1$ 作用的单位弯矩图，实际荷载作用的弯矩图，如图 5.15（c）、（d）所示。

（4）求系数和自由项，解力法方程求多余未知力。

利用图乘法计算系数、自由项，得

$$\delta_{11}=\sum\int\frac{\overline{M}_1\overline{M}_1}{EI}ds=\frac{1}{2EI}(6\times8)\times6+\frac{2}{EI}\left(\frac{1}{2}\times6\times6\right)\times\left(\frac{2}{3}\times6\right)=\frac{288}{EI}$$

$$\Delta_{1P}=\sum\int\frac{M_P\overline{M}_1}{EI}ds=-\frac{1}{2EI}\left(\frac{2}{3}\times8\times160\right)\times6=-\frac{2\ 560}{EI}$$

求得多余未知力为

$$X_1=\frac{80}{9}\text{kN}$$

（5）由叠加原理 $M=\overline{M}_1X_1+M_P$ 作弯矩图，如图 5.15（e）所示。

由此题的力法计算可以看出：超静定结构在荷载作用时，内力分布与绝对刚度大小无关，与各杆刚度比值有关；在某固定荷载作用下，调整各杆刚度比可使内力重分布。

例 5.3 试计算图 5.16（a）所示超静定桁架的内力。设各杆 EA 相同。

（1）选取基本体系。该桁架为一次超静定结构。切断上弦杆并代以相应的多余未知力 X_1，得到图 5.16（b）所示的基本体系。

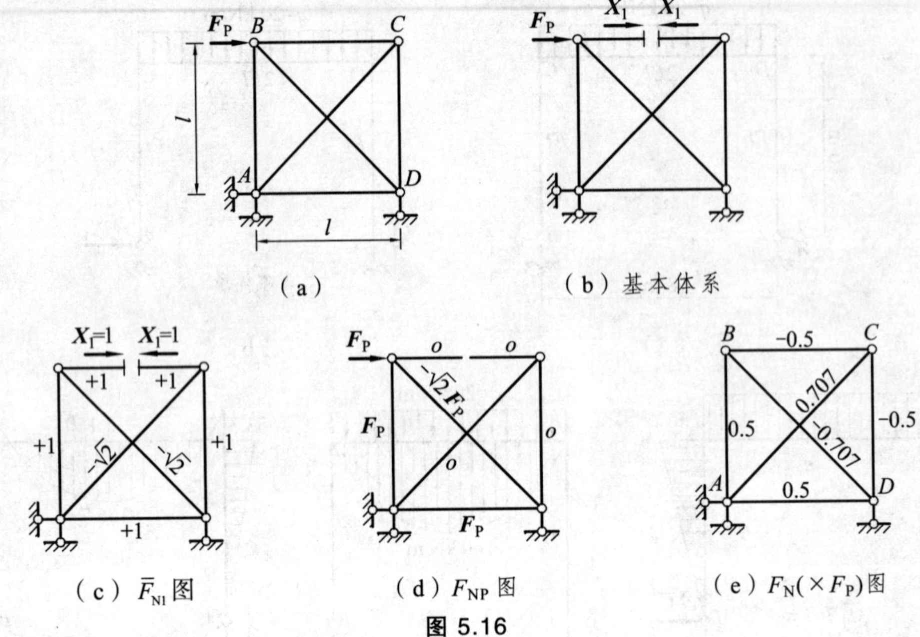

图 5.16

（2）建立力法基本方程。基本体系在荷载和多余未知力共同作用下，应满足的位移条件是切口两侧截面沿 X_1 方向的相对轴向线位移为零，即切口处两侧截面沿轴向应保持连续。根据该位移条件，建立力法基本方程：

$$\delta_{11}X_1+\Delta_{1P}=0$$

（3）求系数和自由项。

桁架是由两端为铰的链杆组成，杆件内力只有轴力。因而系数和自由项按静定桁架位移计算，为此，应分别求出基本结构在单位多余未知力 $X_1=1$ 和荷载作用下各杆的轴力 $\overline{F}_{N1}$ 和 F_{NP}，如图 5.16（c）、（d）所示。按静定桁架位移计算式，有

$$\delta_{11}=\sum\frac{\overline{F}_{N1}^2 l}{EA}=\frac{l}{EA}(1\times1\times4)+\frac{\sqrt{2}l}{EA}\left((-\sqrt{2})^2\times2\right)=\frac{l}{EA}(4+4\sqrt{2})$$

$$\Delta_{1P}=\sum\frac{\overline{F}_{N1}F_{NP}l}{EA}=\frac{l}{EA}(1\times F_P\times2)+\frac{\sqrt{2}l}{EA}\left((-\sqrt{2})\times(-\sqrt{2}F_P)\right)=(2+2\sqrt{2})\frac{F_P l}{EA}$$

（4）解力法方程，求得多余未知力。

将 δ_{11}、Δ_{1P} 代入力法方程中，解出多余未知力为

$$X_1=-\frac{\Delta_{1P}}{\delta_{11}}=-\frac{(2+2\sqrt{2})F_P}{4+4\sqrt{2}}=-\frac{F_P}{2}$$

（5）计算出各杆内力。

按式 $F_N=\overline{F}_{N1}X_1+F_{NP}$ 计算各杆内力值，计算结果如图 5.16（e）所示。

例 5.4 用力法计算图 5.17（a）所示超静定组合结构的内力。已知 $A=10I/l^2$，试按切

断 CD 和去掉 CD 杆杆两种不同的基本体系建立力法基本方程进行计算，并讨论 CD 杆的面积趋于零和 CD 杆的面积趋于无穷大的情况。

解　（1）选取基本体系 1。

切断竖向链杆 CD 并代以多余未知力 X_1，可得图 5.17（b）所示基本体系。由于链杆 CD 的 EA 为有限值，因此需考虑 CD 杆件的轴向变形。

（2）建立力法基本方程。

根据切口处相对轴向位移为零的条件，建立力法基本方程为

$$\delta_{11}X_1+\Delta_{1P}=0$$

（3）求系数和自由项。

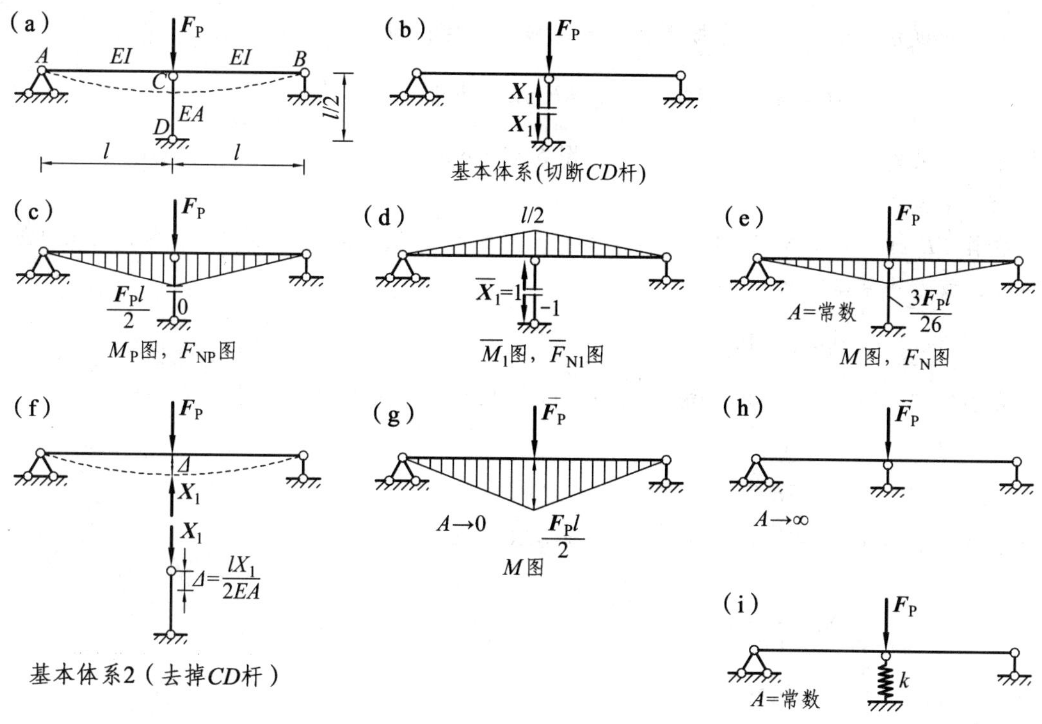

图 5.17

组合结构是由梁式杆和链杆组成的结构。在组合结构的位移计算中，对链杆只考虑轴力项的影响，对梁式杆通常忽略轴力和剪力项的影响，只考虑弯矩项的影响。因而力法方程的系数和自由项按组合结构位移计算，由此，分别绘出基本结构梁式杆的 $\overline{M}_1$ 及 M_P 图，并求出各链杆的 $\overline{F}_{N1}$ 及 F_{NP}，如图 5.17（c）、（d）所示。由组合结构位移计算式，可求得

$$\delta_{11}=\sum\int\frac{\overline{M}_1^2\mathrm{d}s}{EI}+\sum\frac{\overline{F}_{N1}^2l}{EA}=\frac{l^3}{6EI}+\frac{l}{2EA}$$

$$\Delta_{1P}=\sum\int\frac{\overline{M}_1M_P\mathrm{d}s}{EI}+\sum\frac{\overline{F}_{N1}F_{NP}l}{EA}=-\frac{F_Pl^3}{6EI}$$

（4）解力法方程，求得多余未知力。

将 δ_{11}、Δ_{1P} 代入力法方程中，有

$$\left(\frac{l^3}{6EI}+\frac{l}{2EA}\right)X_1-\frac{F_P l^3}{6EI}=0$$

解出多余未知力为

$$X_1=\frac{\dfrac{F_P l^3}{6EI}}{\dfrac{l^3}{6EI}+\dfrac{l}{2EA}}=\frac{10F_P}{13}$$

解出多余未知力 X_1，最后内力按下式计算各杆内力值，即

$$M=\overline{M}_1 X_1+M_P,\quad F_N=\overline{F}_{N1}X_1+F_{NP}$$

据此可绘出梁的弯矩图并求出链杆轴力如图 5.17（e）所示。

（5）取基本体系 2：

去掉 CD 杆，如图 5.17（f）所示，力法方程的右端为 C 点的实际位移，即链杆 CD 的轴向位移，故力法基本方程为

$$\delta_{11}X_1+\Delta_{1P}=-\Delta$$

方程右端的“$-$”，表示基本结构 X_1 方向与实际位移的方向相反。式中

$$\Delta=\frac{X_1 l}{2EA}$$

而在计算系数时不必考虑链杆 CD 的变形产生的位移，系数和自由项为

$$\delta_{11}=\frac{l^3}{6EI},\quad \Delta_{1P}=\frac{F_P l^3}{6EI}$$

将 δ_{11}、Δ_{1P} 代入力法方程中，有

$$\frac{l^3}{6EI}X_1-\frac{F_P l^3}{6EI}=-\frac{X_1 l}{2EA}$$

（6）讨论改变链杆截面 A 时内力的变化情况。

当链杆 CD 截面面积 A 趋于零，得

$$X_1=\frac{\dfrac{F_P l^3}{6EI}}{\dfrac{l^3}{6EI}+\dfrac{l}{2EA}}=0$$

此时，梁的弯矩图将成为简支梁的弯矩图，如图 5.17（g）所示。

当链杆 CD 截面面积 A 趋于无穷大时，得

$$X_1=\frac{\dfrac{F_Pl^3}{6EI}}{\dfrac{l^3}{6EI}+\dfrac{l}{2EA}}=F_P$$

此时，梁的中点相当于有一刚性支座，此结构为两跨连续梁，如图 5.17（h）所示。

当链杆 CD 截面面积 A 为常值时，对 AB 梁而言相当于在 C 点有一弹性支承的情况[见图 5.17（i）]，弯矩图如图 5.17（e）所示。

由以上讨论可以看出，如果改变链杆截面 A 的大小，结构的内力分布将随之改变。当梁上两跨都承载时，链杆截面 A 减小，δ_{11} 将增大，X_1 的绝对值将减小，于是梁的正弯矩值将增大而负弯矩值将减小。

第四节　对称性的利用

在实际工程中，许多结构是对称的。利用对称性常可以使结构的受力分析得以简化。

用力法计算超静定结构，结构的超静定次数越高，计算工作量越大。而其中主要的工作量在于求解力法方程，即需要计算大量的系数、自由项并解线性方程组。若要使计算简化，则须从简化力法方程入手。在力法的基本方程中，若能使一些系数和自由项为零，则可使计算简化。我们知道，主系数是恒为正且不等于零的，因此，力法的简化原则是使尽可能多的副系数及自由项等于零。达到此目标的关键是选择合理的基本体系和基本未知量。本节讨论利用结构的对称性质使计算得到简化。

对于平面结构来说，所谓对称，是指结构的全部构成对称于某一几何轴线。也就是说，若将结构绕该几何轴线对折后，结构轴线两侧应彼此完全重合。结构的对称包括几何形状、联结和支座情况以及杆件的截面尺寸和材料性质等诸方面。

图 5.18（a）所示单跨刚架，有一根竖向对称轴；图 5.18（b）所示涵管则有两根对称轴。

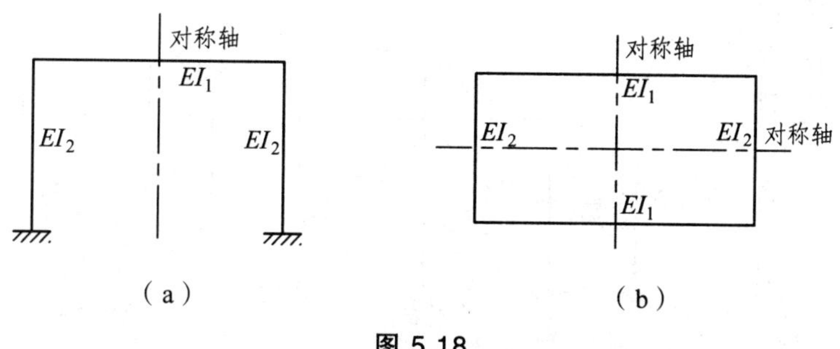

图 5.18

对称结构的基本受力特点是：**在对称荷载作用下，结构的变形和内力都是对称的；在反对称荷载作用下，结构的变形和内力则都是反对称的**。这里，对称荷载是指绕对称轴对折后，对称轴线两侧荷载的作用点、大小和方向能完全重合；反对称荷载则是指绕对称轴对折后，对称轴线两侧荷载的作用点和大小重合，但方向却相反。结构变形和内力的对称或反对称也是按上述原则定义的。图 5.19 所示为一对称刚架，分别受对称和反对称荷载作用时的变形和弯矩图形。

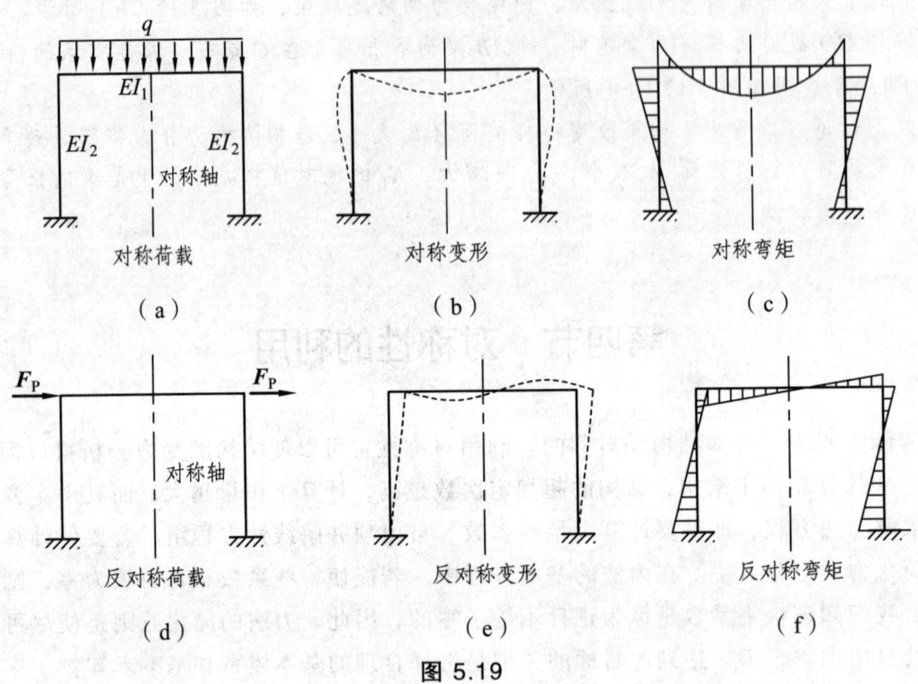

图 5.19

作用于对称结构上的任意荷载，都可以分解为一组对称荷载和一组反对称荷载。例如：图 5.20（a）所示为一对称刚架，受到任意集中荷载作用，可将荷载分解为对称和反对称荷载的情况。图 5.20（b）、（c）所示荷载叠加后即得原结构所承受的荷载。根据叠加原理，原结构的变形和内力就等于上述两组荷载分别作用的效果之和。由此可见，只要结构是对称的，对称性的利用就成为可能。求解时应充分利用对称结构在对称和反对称荷载作用下的基本受力特点，简化计算过程。

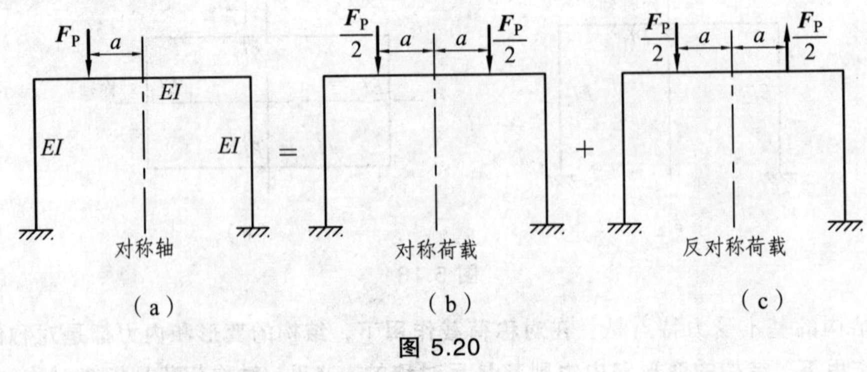

图 5.20

以下来讨论如何利用结构对称性简化力法的分析计算。

一、选取对称的基本结构

计算对称结构时，为简化计算，应选择对称的基本体系，并取对称力和反对称力作为多余未知力。以图 5.20（a）所示的三次超静定刚架为例，可沿对称轴上梁的中间截面切开，所得的基本结构是对称的，如图 5.21（a）所示。梁的中间截面切口两侧有三对相互作用的多余未知力：一对弯矩 X_1、一对轴力 X_2、一对剪力 X_3。根据力的对称性分析，X_1、X_2 是对称力，X_3 是反对称力。

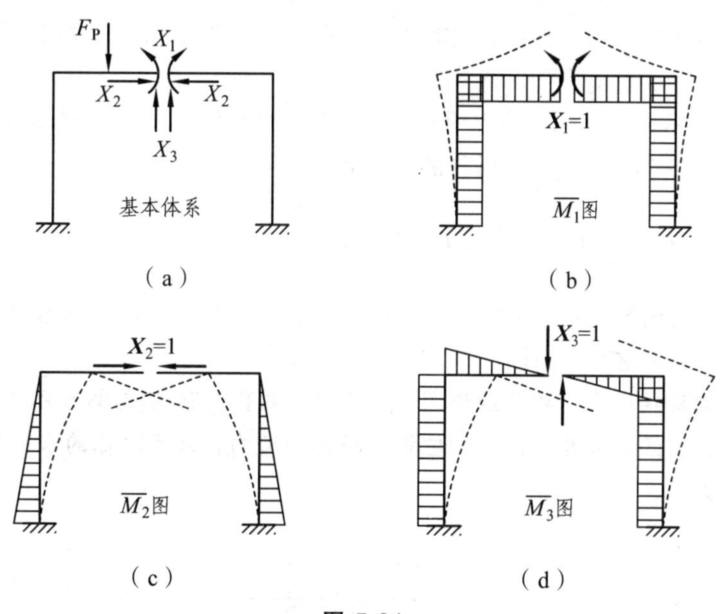

图 5.21

基本体系在荷载与 X_1、X_2、X_3 共同作用下切口两侧截面的相对转角、相对水平线位移和竖向线位移应等于零。力法方程可写为

$$\left.\begin{aligned}\delta_{11}X_1+\delta_{12}X_2+\delta_{13}X_3+\Delta_{1P}=0\\ \delta_{21}X_1+\delta_{22}X_2+\delta_{23}X_3+\Delta_{2P}=0\\ \delta_{31}X_1+\delta_{32}X_2+\delta_{33}X_3+\Delta_{3P}=0\end{aligned}\right\} \qquad (a)$$

图 5.21（b）、（c）、（d）分别为各单位多余未知力作用时的单位弯矩图和变形图。可以看出：对称未知力 X_1 和 X_2 所产生的弯矩图 $\overline{M}_1$ 和 $\overline{M}_2$ 及变形图是对称的；反对称未知力 X_3 所产生的弯矩图 $\overline{M}_3$ 和变形图是反对称的。因此，力法方程的系数为

$$\delta_{13}=\delta_{31}=\sum\int\frac{\overline{M}_1\overline{M}_3\mathrm{d}s}{EI}=0$$

$$\delta_{23}=\delta_{32}=\sum\int\frac{\overline{M}_2\overline{M}_3\mathrm{d}s}{EI}=0$$

于是，力法方程可简化为

$$\left.\begin{aligned}\delta_{11}X_1+\delta_{12}X_2+\Delta_{1P}=0\\\delta_{21}X_1+\delta_{22}X_2+\Delta_{2P}=0\\\delta_{33}X_3+\Delta_{3P}=0\end{aligned}\right\}\tag{b}$$

由此可见，选取对称的基本结构可将力法方程组分解为独立的两组：一组只包含正对称未知力；另一组只包含反对称未知力。这是因为对称未知力不会引起反对称的位移；同样，反对称未知力也不会引起对称的位移，这就使得相关的副系数为零。于是，原力法方程组自然就分解为两个非耦联的低阶方程组，使计算得到简化。

下面对图 5.20（b)、(c）所示的正对称荷载和反对称荷载作用两种情况分别作进一步的讨论。

图 5.20（b）所示的正对称荷载作用，这时基本结构的荷载弯矩图 M_P 是对称的[见图 5.22（a）]，而 $\overline{M}_3$[见图 5.21（d）]是反对称的，因此

$$\Delta_{3P}=\sum\int\frac{\overline{M}_3M_P\mathrm{d}s}{EI}=0$$

代入力法方程式（b）的第三式，可知反对称未知力 $X_3=0$，至于对称未知力 X_1 和 X_2[见图 5.22（b）]，只需用式（b）前两式进行计算。

一般地说，**对称结构在对称荷载作用下，变形是对称分布的[见图 5.22（c）]，支座反力和内力也是对称分布的。因此，对称轴位置上杆件的剪力，即反对称的未知力必等于零，只需计算对称未知力。**

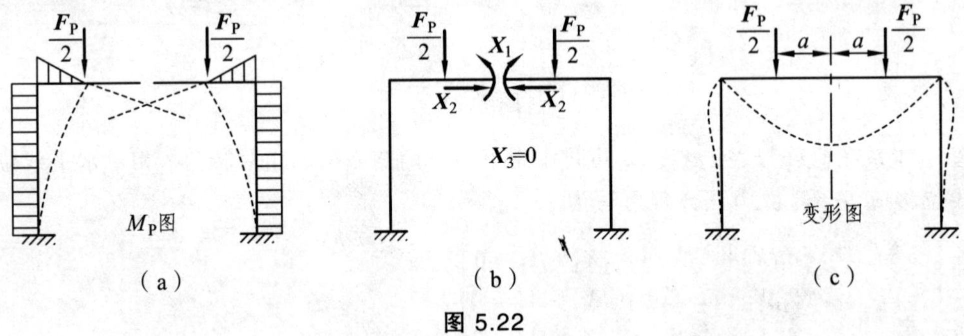

图 5.22

图 5.20（c）所示的反对称荷载作用，这时基本结构的荷载弯矩图 M_P 是反对称的[见图 5.23（a）]，而 $\overline{M}_1$ 和 $\overline{M}_2$ 图[见图 5.21（b)、(c）]是对称的，因此

$$\Delta_{1P}=\sum\int\frac{\overline{M}_1M_P\mathrm{d}s}{EI}=0$$

$$\Delta_{2P}=\sum\int\frac{\overline{M}_2M_P\mathrm{d}s}{EI}=0$$

代入力法方程式（b）的前两式可知，对称未知力 $X_1=X_2=0$；至于反对称未知力 X_3[见图 5.23（b）]，只需用式（b）第三式进行计算。

一般地说，**对称结构在反对称荷载作用下，变形是反对称分布的[见图 5.23（c）]，支座**

反力和内力也是反对称分布的。因此，即对称轴位置上杆件的截面弯矩和轴力，对称的未知力必等于零，只需计算反对称未知力。

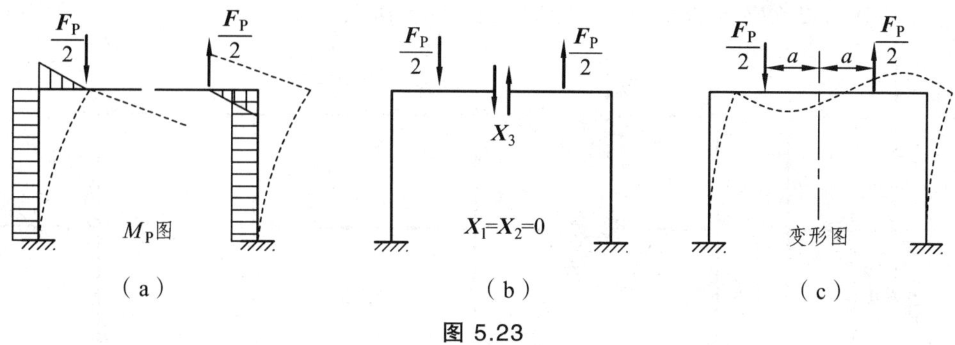

图 5.23

二、选取半边结构

根据上述对称结构的受力与变形特点，为简化结构计算，可以按照变形和内力与原结构等价的原则，先截取半边结构分析计算，然后再根据对称性得到整个结构的内力。一般地说，半边结构的超静定次数常低于原结构，这样就可以使计算得到简化。以下分别以奇数跨和偶数跨的对称刚架为例，说明取半边结构的分析方法。

图 5.24（a）所示为一单跨对称刚架，受对称荷载作用。此时，刚架的变形和内力应是对称的，故位于对称轴上的 K 截面处无水平位移和转角发生，仅可发生竖向位移；同理，K 截面处仅有弯矩和轴力而无剪力。因此，取半边结构计算时，在该截面处应采用滑动支座代替原有的联系，得到如图 5.24（b）所示的半边结构，其变形和内力与原结构中的情况是相同的。

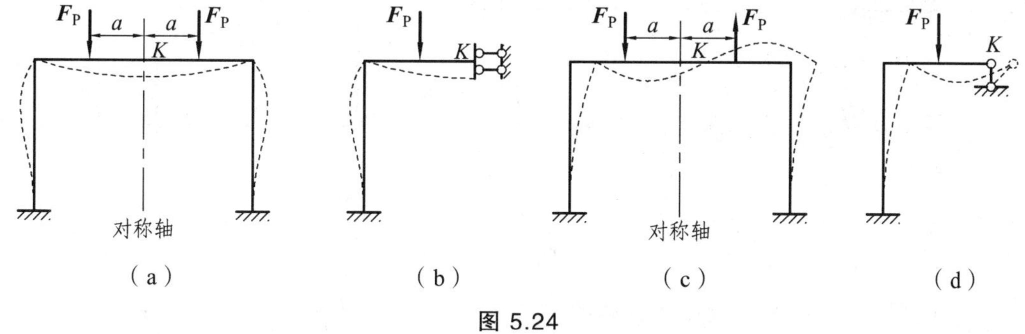

图 5.24

若上述刚架受反对称荷载作用，如图 5.24（c）所示，则变形和内力应是反对称的，此时位于对称轴上的 K 截面处无竖向位移发生，但可以有水平位移和转角；同理，K 截面处仅有剪力而无弯矩和轴力。因此，取半边结构计算时，在该截面处应采用竖向链杆代替原有的联系，得到如图 5.24（d）所示的半边结构。

图 5.25（a）为单跨两层的对称刚架，变形和内力是对称的，此时在对称轴上的结点 B 无水平线位移、截面 A 无转角和水平线位移，故截取半结构计算时，切口 B 处理成竖向可动铰支承，切口 A 处理成定向滑动支承，如图 5.25（b）所示。

图 5.25（c）为单跨两层刚架，变形和内力是反对称的，此时在对称轴上的结点 B、A 均将有反对称的转角和水平线位移，但无竖向位移，且两处均无弯矩和轴力，故截取半结构时切口 B、A 均处理成水平可动铰支承，如图 5.25（d）所示。

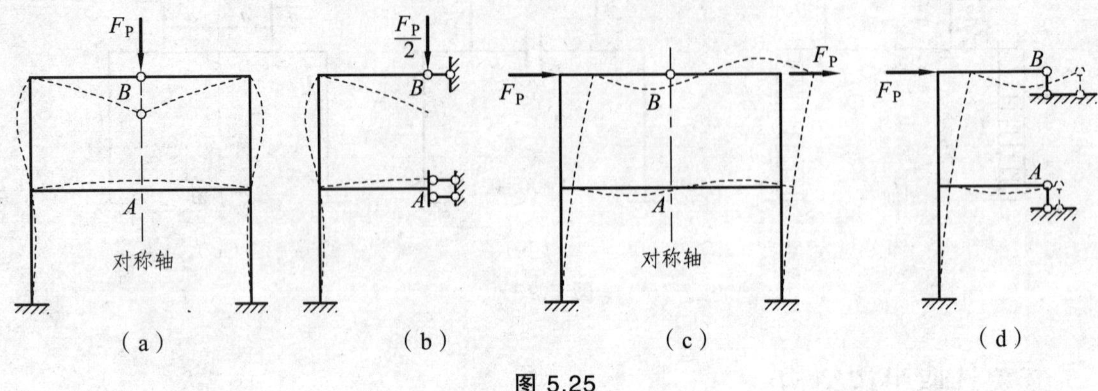

图 5.25

对于奇数跨刚架，均可以按照上述原则取半边结构分析，以简化计算。以下再讨论偶数跨刚架。

图 5.26（a）所示为一两跨对称刚架，受对称荷载作用，因变形是对称的，故位于对称轴上的 K 结点应无水平位移和转角发生，在忽略杆件的轴向变形后也没有竖向位移，但在 K 结点两侧有弯矩、剪力和轴力存在；在取半边结构计算时，可将该处用固定支座代替，得到如图 5.26（b）所示的计算简图。此时，刚架的中柱仅受轴力作用，其数值应等于 K 处固定支座竖向反力的 2 倍。

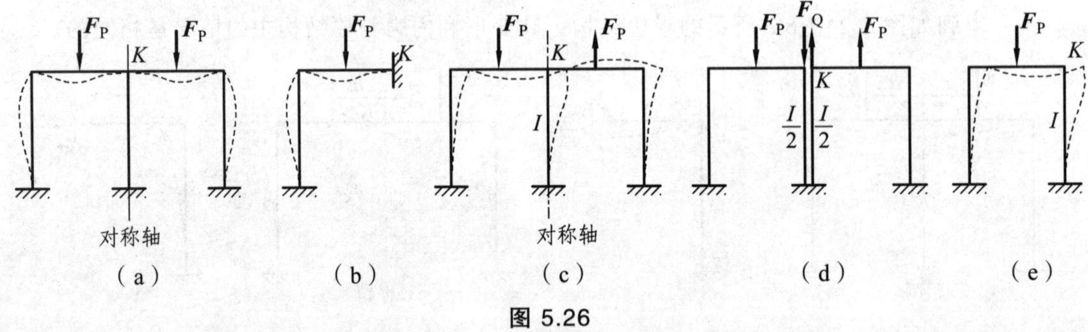

图 5.26

若上述刚架受反对称荷载作用，如图 5.26（c）所示，因变形的反对称性，对称轴上的中柱有弯曲变形，刚结点 K 有转角，K 点的竖向位移为零。在截取半结构分析时，将中柱分解为两根位于对称轴两侧而抗弯刚度为 $I/2$ 的分柱，则此两跨对称刚架分为两个对称的单跨半结构刚架，它们之间的相互作用力只存在一对反对称未知剪力[见图 5.26（d）]，因忽略轴向变形，这对剪力将只使两柱分别产生等值反号的轴力，而不使其他杆件产生内力，故对原结构的内力和变形均无影响，因此，可以将其去掉，相应的半边结构如图 5.26（e）所示。由于两根分柱的弯矩、剪力相同，故总弯矩和总剪力为分柱弯矩和剪力的 2 倍，又由于两根分柱的轴力绝对值相同而正负号相反，故总轴力为零。

无论是奇数跨对称刚架还是偶数跨的对称刚架，若有荷载作用在对称轴位置，则在取半边结构时应取该荷载值的一半，另一半荷载将由另一半边结构承受。

图 5.27（a）为两跨（或偶数跨）对称连续梁受正对称荷载作用，因变形的对称性，在对称轴上的结点 A 不发生反对称的转动和任何线位移，截取半个结构分析时，结点 A 处理成固定端，如图 5.27（b）所示。

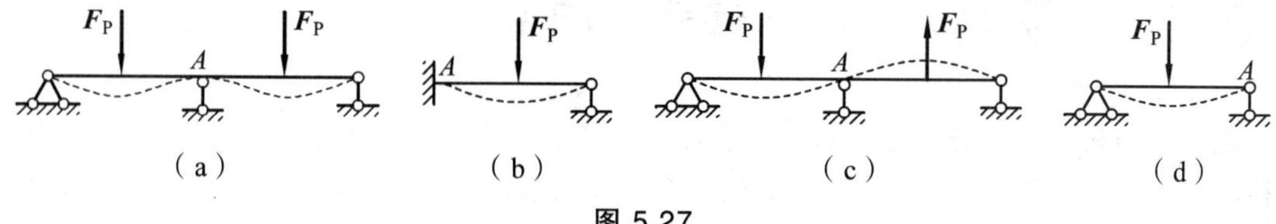

图 5.27

若上述连续梁受反对称荷载作用，如图 5.27（c）所示，因变形的反对称性，在对称轴上的结点 A 不发生对称的竖向位移，截取半个结构分析时，结点 A 处理成活动铰支座，如图 5.27（d）所示。

图 5.28（a）为两跨两层对称刚架受正对称荷载作用，不计梁柱的轴向变形时，在对称轴上的铰结点 B 左、右可发生相对转动，但无线位移；结点 A 则无任何位移，位于对称轴上的中央竖柱仅受轴向力而无任何变形（忽略轴向变形）。因此，截取半个结构分析时，结点 B 可处理成固定铰支承，结点 B 可处理成固定端，而略去中柱，如图 5.28（b）所示。

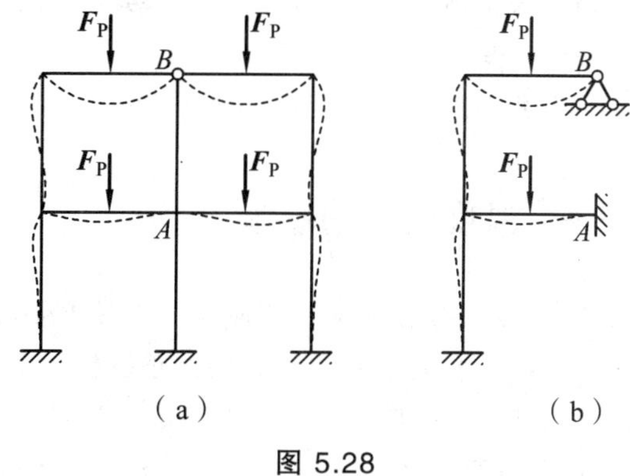

图 5.28

现将对称结构的简化计算小结如下：

（1）采用对称的基本体系，将基本未知量分为对称未知力和反对称未知力两组，则在力法方程中将有 $\delta_{ij}=0$（i 为对称未知力方向，j 为反对称未知力方向）。这样，多元方程组将分解为两组低元方程。对于不同类型的荷载，又可分为三种情形：

① 对称荷载作用，则只需计算对称未知力（反对称未知力为零）。

② 反对称荷载作用，则只需计算反对称未知力（对称未知力为零）。

③ 任意荷载作用，可将其分解为对称和反对称两种情形分别计算，然后进行叠加得最后结果。也可不分解，直接用非对称荷载计算，但要采用对称的基本体系和基本未知力，力法方程自然分为两组。

（2）采用半边结构计算。对称结构可分为奇数跨和偶数跨两种情形，它们在对称荷载和反对称荷载作用时在对称轴上的变形和内力是不同的。此外，采用半边结构简化计算时，荷载必须是对称荷载或反对称荷载。如果是非对称荷载，则须分解为对称荷载和反对称荷载两种情形，分别采用半边结构计算简图进行计算，然后叠加得到最后结果。

当用力法计算出半边结构的多余未知力后，就可绘制出半边结构的内力图，而另一侧半边结构的内力图就可根据内力图图形的对称关系画出。

在对称荷载作用下，对称结构的弯矩图、轴力图是对称的，剪力图是反对称的；在反对称荷载作用下，对称结构的弯矩图、轴力图是反对称的，而剪力图是对称的。

第五节　广义荷载作用下的力法计算

超静定结构区别于静定结构的一个重要特征便是，当结构在周围温度发生改变或支座发生移动、转动，材料收缩、杆件制造误差等各种非荷载因素作用下，超静定结构发生变形，一般都会产生内力。作用于结构上的这些非荷载因素，称为**广义荷载**。

用力法分析广义荷载作用下的超静定结构，其基本原理及步骤与在荷载作用下相同，差别只是力法基本方程中的自由项不再是由荷载所产生，而是由上述非荷载因素产生的基本结构在多余未知力方向的位移。

现分别对两种广义荷载作用下的内力计算方法进行阐述。

一、温度变化的影响

图 5.29（a）所示超静定刚架，设其外侧温度（相对于原始温度）升高 t_1，内侧温度升高 t_2，且 $t_1 > t_2$。现若去除支座 B 的两根链杆，多余约束力为 X_1 和 X_2，基本结构即如图 5.29（b）所示。显然，在温度改变和多余约束力共同作用下，基本结构上支座 B 处沿 X_1 方向的位移 Δ_1 和沿 X_2 方向的位移 Δ_2 应与原结构的已知位移条件一致，由此建立温度变化下的力法基本方程：

$$\left.\begin{aligned}\Delta_1 = \delta_{11}X_1 + \delta_{12}X_2 + \Delta_{1t} = 0\\ \Delta_2 = \delta_{21}X_1 + \delta_{22}X_2 + \Delta_{2t} = 0\end{aligned}\right\} \tag{5-9}$$

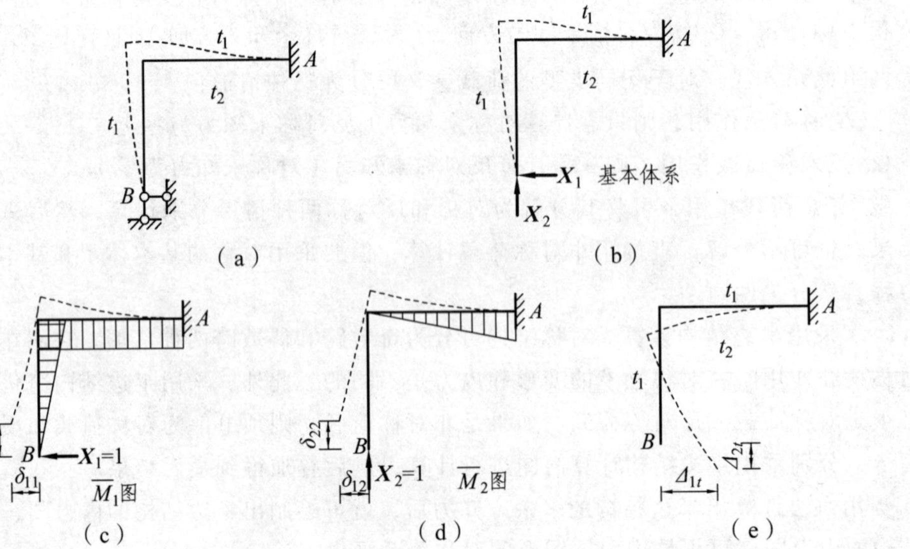

图 5.29

式中所有系数的计算完全和前面所述一样（对于同一基本结构而言，这些系数并不随外界作用因素而变）。自由项 Δ_{1t} 和 Δ_{2t} 分别表示基本结构由于温度改变引起在 X_1 和 X_2 方向的位移，如图 5.29（e）所示，它可按第四章式（4-16）计算，即

$$\Delta_{it}=\sum \alpha t_0 A_{\overline{N}i}+\sum \frac{\alpha \Delta t}{h} A_{\overline{M}i}$$

因为基本结构是静定的，非荷载因素的作用并不使其产生内力，故刚架的最终内力仅由多余约束力所引起。因此，由力法方程解出多余约束力后，刚架最终弯矩的算式为

$$M=\overline{M}_1 X_1+\overline{M}_2 X_2$$

对于 n 次超静定结构，可表达为

$$M=\sum_{i=1}^{n} \overline{M}_i X_i \tag{5-10}$$

例 5.5 图 5.30（a）为两铰刚架，各杆 EI 为常数，其内侧温度升高 25 °C，外侧温度升高 15 °C，材料的线膨胀系数为 α，各杆矩形等截面的高 $h=0.1l$。试用力法求解刚架并绘制其弯矩图。

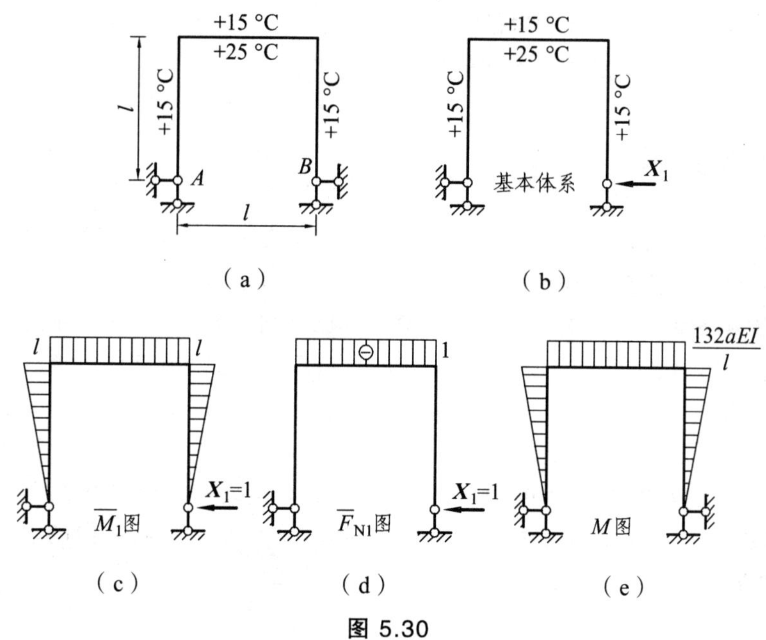

图 5.30

解 此刚架仅有一个多余约束，取图 5.30（b）所示基本体系，力法基本方程为

$$\delta_{11} X_1+\Delta_{1t}=0$$

为求系数和自由项，作出单位弯矩图和轴力图分别如图 5.30（c）、（d）所示，求得

$$\delta_{11}=\sum\int\frac{\overline{M}_1^2\mathrm{d}x}{EI}=\frac{1}{EI}\left(2\frac{l^2}{2}\times\frac{2l}{3}+l^3\right)=\frac{5l^3}{3EI}$$

轴线平均温度变化 $t_0=\frac{1}{2}(25+15)=20\ (^\circ\mathrm{C})$

轴线内外温度差 $\Delta t=25-15=10\ (^\circ\mathrm{C})$

$$\begin{aligned}\Delta_{1t}&=\sum\alpha t_0 A_{\overline{\mathrm{N}}_1}+\sum\frac{\alpha\Delta t}{h}A_{\overline{M}_1}\\&=\alpha\times20(-1\times l)+\alpha\frac{10}{0.1l}\left(-\frac{l^2}{2}\times2-l^2\right)=-220\alpha l\end{aligned}$$

由力法方程解得

$$X_1=220\alpha l\times\frac{3EI}{5l^3}=132\alpha EI/l^2$$

于是最终弯矩图可按 $M=\overline{M}_1X_1$ 绘出，如图 5.30（e）所示。

计算结果表明，**在温度改变影响下，超静定结构的内力（及反力）与各杆弯曲刚度 *EI* 的绝对值有关，杆件刚度越大，弯矩等内力就越大。**所以为改善结构在温度改变影响下的受力状态，加大截面并不是一个有效途径。另外，由图 5.30（e）最终弯矩图所示，杆件将在温度低的一侧受拉，这是与静定结构不同的。

二、支座移动的影响

在静定结构以及外部静定而内部超静定结构中，支座移动只能引起结构的刚体位移而不产生弹性变形和内力；但在超静定结构中，则支座移动将使结构产生内力。

超静定结构在支座移动影响下的内力计算，其原理与荷载作用或温度改变影响下的内力计算非常相似，所不同者仅是力法基本方程中的自由项的计算。如图 5.31（a）所示刚架，设其支座 A 由于某种原因（如地基土质不良，基础有沉陷、滑移及转动等），发生了竖向位移 $\Delta=b$ 和转角位移 φ。

现去除支座 B 的水平链杆约束和竖向链杆约束，并代以多余约束力 X_1 和 X_2，得到基本体系 1 如图 5.31（b）所示。根据原结构的已知位移条件：支座 B 处沿 X_1 方向的水平位移 $\Delta_1=0$，支座 B 处沿 X_2 方向的竖向位移 $\Delta_2=0$，建立如下力法基本方程：

$$\left.\begin{aligned}\Delta_1=\delta_{11}X_1+\delta_{12}X_2+\Delta_{1c}=0\\\Delta_2=\delta_{21}X_1+\delta_{22}X_2+\Delta_{2c}=0\end{aligned}\right\}\tag{5-11}$$

式中的所有系数的计算与前述相同，自由项 Δ_{1c} 和 Δ_{2c} 分别表示支座移动因素在基本结构上引起的 X_1 方向和 X_2 方向的位移，如图 5.31（c）所示。它可按第四章式（4-18）计算，即

$$\Delta_{ic}=-\sum\overline{F}_{\mathrm{R}}c$$

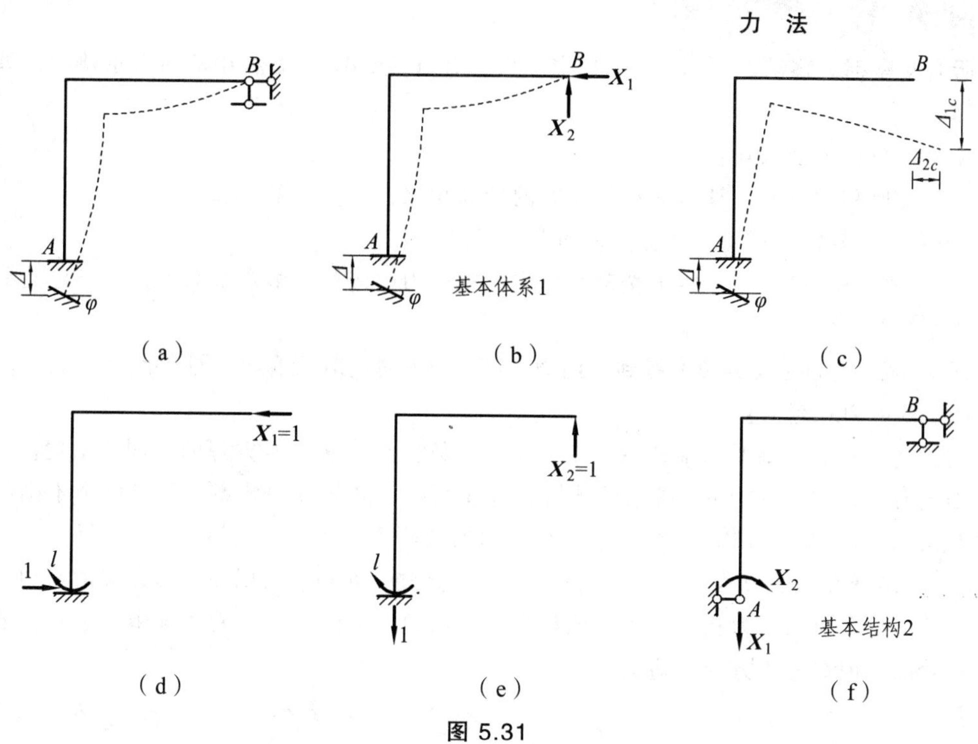

图 5.31

如图 5.31（d）、（e）所示，求出单位未知力在基本结构中产生的虚拟反力 $\overline{F}_{RA}$，于是按上式可求得

$$\Delta_{1c}=-\sum\overline{F}_{R}c=-(l\times\varphi)=-l\varphi$$
$$\Delta_{2c}=-\sum\overline{F}_{R}c=-(1\times b+l\times\varphi)=-b-l\varphi$$

由力法方程（5-11）解出多余未知力 X_1 和 X_2 后，因为基本结构是静定的，支座移动并不使其产生内力，故刚架的最终内力仅由多余约束力所引起。因此，最终弯矩只由多余未知力引起，其算式为

$$M=\overline{M}_1X_1+\overline{M}_2X_2$$

如图 5.31（a）所示刚架，基本结构也可采用另外的形式。若去掉产生支座位移的两个约束，即支座 A 的竖向链杆约束和转动约束，并代以多余约束力 $X_1(F_{Ay})$和 $X_2(M_A)$，得到基本结构 2，如图 5.31（f）所示。

根据原结构的已知位移条件：支座 A 处沿 X_1 方向的竖向位移 $\Delta_1=b$，支座 A 处沿 X_2 方向的角位移 $\Delta_2=\varphi$，建立如下力法基本方程：

$$\left.\begin{aligned}\Delta_1=\delta_{11}X_1+\delta_{12}X_2=b\\ \Delta_2=\delta_{21}X_1+\delta_{22}X_2=\varphi\end{aligned}\right\}\qquad(5\text{-}12)$$

应当注意，式中 Δ_1、Δ_2 并不包含自由项 Δ_{1c}、Δ_{2c}，基本结构的位移 Δ_1、Δ_2 是由 X_1、X_2 引起的。这是由于所取的如图 5.31（f）所示的基本结构不包含发生支座移动的约束，结构中的所有支座都无移动，所以Δ_1、Δ_2中不再含有Δ_{1c}、Δ_{2c}。方程中的所有系数的计算与前述相同。

由上述分析说明两点：

（1）支座移动时的计算与荷载作用时的计算相比，有如下的特点：

① 由式（5-12）看到，力法方程的右边可以不为零。

② 由式（5-10）看到，内力全部是由多余未知力引起的（多余未知力是由于广义荷载作用所产生的）。

③ 由式（5-11）、（5-12）看到，内力与杆件 EI 的绝对值有关。杆件刚度越大，由广义荷载产生的内力就越大。

（2）选取不同的基本体系计算，支座位移参数将在力法基本方程的不同处出现。

如上所述，图 5.31（a）所示的结构，选取两种不同的基本体系，得出两个不同的力法基本方程（5-11）和（5-12）。每个力法方程中都出现两个支座位移参数 b 和 φ。但在式（5-11）中，b 和 φ 出现在力法方程的左边；而在式（5-12）中，b 和 φ 出现在力法方程的右边。一般说来，凡是与多余未知力相应的支座位移参数都出现在力法方程的右边项中，而其他的支座位移参数都出现在力法方程左边的自由项中。

例 5.6 图 5.32（a）所示等截面梁 AB，设支座 B 下沉了 a，支座 A 转动了 θ，试绘制最终弯矩图。

解 此梁为一次超静定，取支座 B 的竖向反力为多余未知力 X_1，基本体系为悬臂梁，如图 5.32（b）所示。根据原结构的已知位移条件：支座 B 处沿 X_1 方向的竖向位移 $\Delta_1=-a$，“$-$”号表示原结构在 B 点的竖向位移方向与 X_1 相反，据此建立力法方程：

$$\Delta_1=\delta_{11}X_1+\Delta_{1c}=-a$$

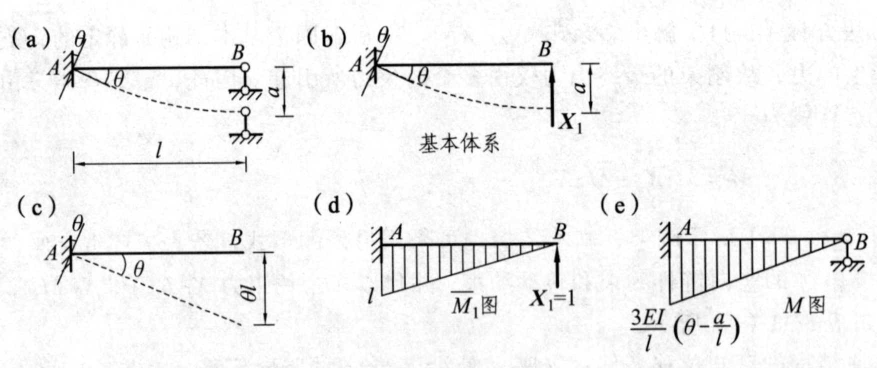

图 5.32

自由项 Δ_{1c} 表示基本结构（悬臂梁）由于支座 A 产生转角 θ，而在 B 点产生的竖向位移。由图 5.32（c）得知

$$\Delta_{1c}=-\theta l$$

系数 δ_{11} 的计算完全和前面所述一样，可由图 5.32（d）中的 $\overline{M}_1$ 图求得

$$\delta_{11}=\frac{l^3}{3EI}$$

由力法基本方程求得

$$X_1=\frac{3EI}{l^2}\left(\theta-\frac{a}{l}\right)$$

因为基本体系是静定结构，支座移动时在基本体系中不引起内力，因此内力全是由多余未知力引起的。最终弯矩图如图 5.32（e）所示。

如果取简支梁作基本体系，取支座 A 的反力偶矩作多余未知力 X_1[见图 5.33（a）]，根据原结构已知位移条件：支座 A 处沿 X_1 方向的转角 $\Delta_1=\theta$，据此建立力法方程：

$$\Delta_1=\delta_{11}X_1+\Delta_{1c}=\theta$$

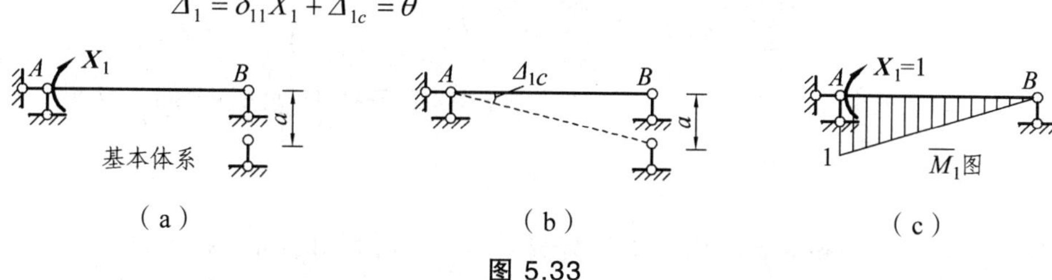

（a）　（b）　（c）

图 5.33

自由项 Δ_{1c} 表示基本结构（简支梁）由于支座 B 下沉 a 而在 A 点产生的转角。由图 5.33（b）得

$$\Delta_{1c}=\frac{a}{l}$$

系数 δ_{11} 可由图 5.33（c）中的 $\overline{M}_1$ 图求得

$$\delta_{11}=\frac{l}{3EI}$$

由力法方程求得

$$X_1=\frac{3EI}{l}\left(\theta-\frac{a}{l}\right)$$

同样可求出 M 图，如图 5.32（e）所示。

第六节　超静定结构在荷载作用下的位移计算

超静定结构位移计算的基本原理，与第四章所讨论的静定结构的位移计算相同，仍然是以虚功原理为基础的单位荷载法。问题是如何使计算得到简化。本节将对超静定结构分析方法进行更深入的介绍。

以图 5.34（a）所示的超静定梁为例，用力法已解算最后弯矩 M 图，如图 5.34（b）所示，这是结构的实际状态。设现在要求中点 C 的竖向位移 Δ_{Cy}。为此，在原结构 C 点加上单位力作为虚拟状态并作出其 $\overline{M}_1$ 图，如图 5.34（c）所示，然后将 M 图与 $\overline{M}_1$ 图相乘即可求得 Δ_{Cy}。但是为了作出 $\overline{M}_1$ 图，又需要用力法解算超静定梁，显然这样作是比较麻烦的。

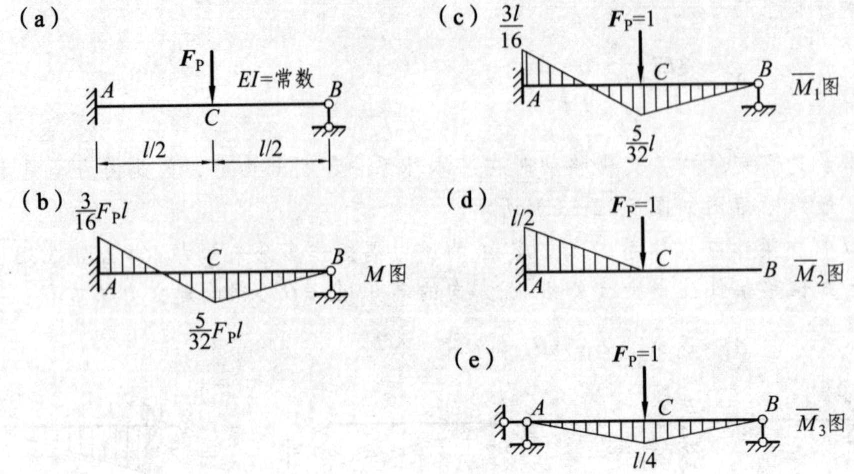

图 5.34

为避免计算时绘制超静定结构在单位荷载作用下的内力图，可以把单位虚设力加在超静定结构的任一基本结构（静定结构）上，这样，单位内力是静定的，计算和绘制内力图都较简便。

我们知道，用力法计算超静定结构，是根据基本结构在荷载和多余未知力共同作用下其位移应与原结构相同这个条件来进行的。这就是说，在荷载及多余未知力共同作用下，基本结构的受力和位移与原结构是完全一致的。因此，求超静定结构的位移，完全可以用求基本结构位移来代替。于是，虚拟状态的单位力就可以加在基本结构上，由于基本结构是静定的，故计算和绘制此内力图仅由平衡条件便可求得，这样就大大简化了计算工作。此外，由于超静定结构的最后内力图并不因所取基本结构的不同而异，也就是说，其实际内力可以看做是选取任何一种基本结构求得的。因此在求位移时，也可以任选一种基本结构来求虚拟状态的内力，通常可选择虚拟内力图较简单的基本结构，以便进一步简化计算。

由此选择如图 5.34（d）所示的悬臂梁为原结构的基本结构，加上单位力并绘出虚拟状态的 $\overline{M}_2$ 图，将其与 M 图相乘可得

$$\Delta_{Cy}=\sum\int\frac{M\overline{M}_2}{EI}\mathrm{d}s=\frac{1}{EI}\left[\left(\frac{1}{2}\times\frac{l}{2}\times\frac{3F_Pl}{16}\times\frac{2}{3}\times\frac{l}{2}\right)-\left(\frac{1}{2}\times\frac{l}{2}\times\frac{5F_Pl}{32}\times\frac{1}{3}\times\frac{l}{2}\right)\right]=\frac{7F_Pl^3}{768EI}\quad(\downarrow)$$

另外，若取图 5.34（e）所示的简支梁为原结构的基本结构，则有

$$\Delta_{Cy}=\sum\int\frac{M\overline{M}_3}{EI}\mathrm{d}s=\frac{1}{EI}\left[-\left(\frac{1}{2}\times\frac{l}{2}\times\frac{3F_Pl}{16}\times\frac{1}{3}\times\frac{l}{4}\right)+\left(\frac{1}{2}\times\frac{l}{2}\times\frac{5F_Pl}{32}\times\frac{2}{3}\times\frac{l}{4}\right)\times2\right]=\frac{7F_Pl^3}{768EI}\quad(\downarrow)$$

二者结果相同。

综上所述，计算超静定杆系结构（包括刚架、拱、梁和桁架等）在荷载作用下的位移，

可归结为如下步骤：

（1）解算超静定结构，求出最后内力，此为实际状态。

（2）任选一种基本结构，加上单位力求出虚拟状态的内力。

（3）按下列位移计算公式（通常略去剪切变形的影响）

$$\Delta_{KP}=\sum\int\frac{\overline{M}M}{EI}\mathrm{d}s+\sum\int\frac{\overline{F}_{\mathrm{N}}F_{\mathrm{N}}}{EA}\mathrm{d}s \tag{5-13}$$

计算所求位移。式中的 M、F_{N} 为超静定结构在荷载作用下的实际状态的内力，$\overline{M}$、$\overline{F}_{\mathrm{N}}$ 为在原结构上去除多余约束后的任一静定结构由虚拟单位荷载产生的内力。

例 5.7 图 5.35（a）所示的超静定刚架，其最后弯矩 M 图已求出，如图 5.35（a）所示，求 CB 杆中点 K 的竖向位移 Δ_{Ky}。

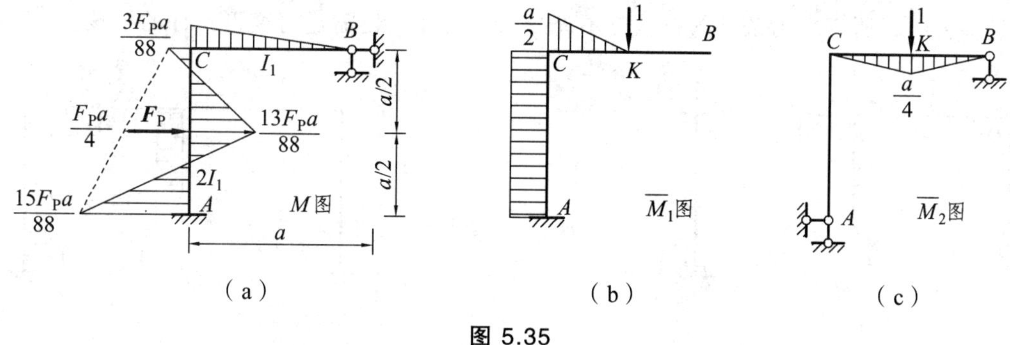

图 5.35

若选取图 5.35（b）或图 5.35（c）所示的结构为原结构的基本结构，施加上单位力并绘出虚拟状态的 $\overline{M}$ 图，将其与 M 图相乘可得 K 的竖向位移 Δ_{Ky}。经比较显然后者计算较简便，由此可得

$$\Delta_{Ky}=\sum\int\frac{M\overline{M}_2}{EI}\mathrm{d}s=-\frac{1}{EI_1}\left(\frac{1}{2}\times\frac{a}{4}\times a\right)\times\frac{1}{2}\times\frac{3}{88}F_{\mathrm{P}}a=-\frac{3F_{\mathrm{P}}a^3}{1\,408EI_1}\quad(\uparrow)$$

第七节 超静定结构最后内力图的校核

为了保证计算结果的正确性，必须对超静定结构的最终内力图进行校核。校核工作可从两个方面进行。

一、平衡条件校核

超静定结构在荷载、温度改变、支座移动等因素作用下，整个结构始终处于平衡状态，若从结构中任意截取出一个部分，这个隔离体上的所有外力（包括切口处暴露的内力）应满

足静力平衡条件 $\sum F_x = 0$、$\sum F_y = 0$、$\sum M = 0$。通常可取刚架结点为隔离体，检查力矩（包括外力矩）平衡条件；取横贯刚架各柱的截面以上部分为隔离体，检查水平投影平衡条件等，也可在桁架中用结点法或截面法作检查。若检查结果不满足某一平衡条件，说明内力计算存在错误。

例如图 5.36（a）所示刚架，其弯矩图已求得，为校核其正确性，可取结点 E 为隔离体[见图 5.36（b）]，应有

$$\sum M_E = M_{ED} + M_{EB} + M_{EF} = 0$$

满足结点力矩平衡条件。至于剪力图和轴力图的校核，可取结点、杆件或结构的某一部分为隔离体，考查是否满足 $\sum F_x = 0$ 和 $\sum F_y = 0$ 的平衡条件，毋需详述。

但是，有时错误的多余未知力也能满足平衡条件，即超静定结构中满足平衡条件的解答可以是多种的，所以平衡条件的校核是不充分的。为此，还需进行变形条件的校核。

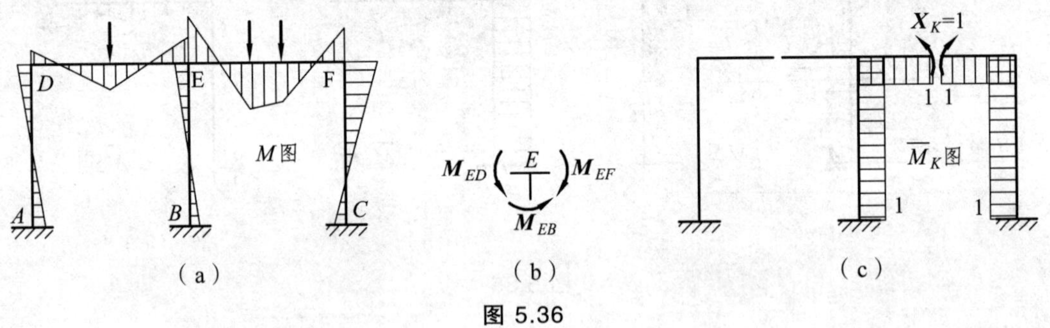

图 5.36

二、变形条件的校核

在超静定结构的符合平衡条件的各种解答中，唯一正确的解答必须满足原结构的变形条件。这本是力法分析的出发点，现在检查一个解答的正确与否，也应校核原结构某几处的位移是否等于已知值。通过变形（位移）条件的校核，超静定结构内力解答的正确性才是充分的。

变形条件校核的一般作法是：任意选择基本结构，任意选取一个多余未知力 X_i，然后根据最后的内力图，进行超静定结构的位移计算，算出沿 X_i 方向的位移 Δ_i，并检查 Δ_i 是否与原结构中的相应位移（给定值）相等，即检查是否满足下式：

$$\Delta_i = \text{零或给定值} \tag{5-14}$$

从理论上讲，一个 n 次超静定结构需要 n 个位移条件才能求出全部多余未知力，故位移条件的校核也应进行 n 次。不过，通常只需抽查少数的位移条件即可，而且也不限于在原来解算时所用的基本结构上进行。

例 5.8 图 5.37（a）为刚架的最后弯矩 M 图。试校核其是否满足变形条件。

为了检查支座 A 处的水平位移 Δ_1 是否为零，可取图 5.37（b）所示基本结构并作其 $\overline{M}_1$ 图，

将它与 M 图相乘得

$$\Delta_1=\frac{1}{EI_1}\left(\frac{a^2}{2}\right)\times\frac{2}{3}\times\frac{3}{88}F_{\rm P}a+\frac{1}{2EI_1}\left[\left(\frac{1}{2}\times\frac{3F_{\rm P}a}{88}a\right)\frac{2a}{3}+\left(\frac{1}{2}\times\frac{15F_{\rm P}a}{88}a\right)\frac{a}{3}-\left(\frac{1}{2}\times\frac{F_{\rm P}a}{4}a\right)\frac{a}{2}\right]=0$$

可见这一位移条件是满足要求的。

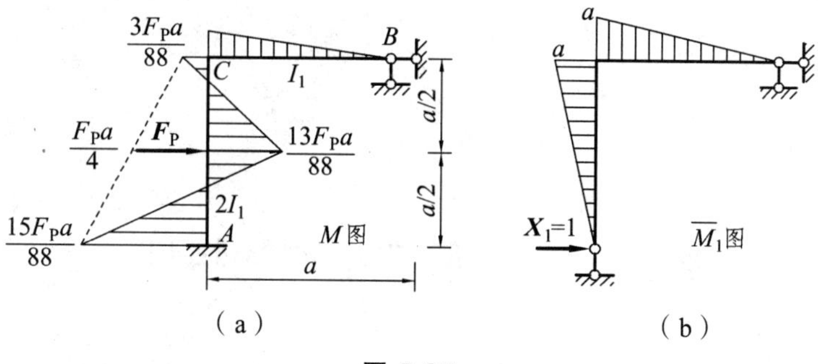

图 5.37

对于具有封闭无铰框格的刚架，利用框格上任一截面处的相对角位移为零的条件来校核弯矩图是很方便的。例如，校核图 5.36（a）所示的封闭框架的 M 图时，可取图 5.36（c）中所示基本结构的单位弯矩图 $\overline{M}_K$ 与 M 图相乘，以检查任一截面处相对转角 φ_K 是否为零。由于 $\overline{M}_K$ 只在这一封闭框格上不为零，且其竖标处处为 1，故利用图乘法计算上述相对角位移时，相当于求同一封闭框格上 M 图的面积除以杆件截面弯曲刚度后的代数和。当仅有荷载作用时，变形条件可写为

$$\varphi_K=\sum\int\frac{\overline{M}_K M\mathrm{d}s}{EI}=\sum\int\frac{M\mathrm{d}s}{EI}=\sum\frac{A_M}{EI}=0 \tag{5-15}$$

式中 A_M 表示 M 图的面积，可以规定它位于框格内侧或外侧时为正。这表明在任一封闭无铰的框格上，最后弯矩图的面积除以相应杆件的截面弯曲刚度后的代数和应等于零。

一个外形闭合的刚架，在荷载作用下，当其最后弯矩图的形状为已知，且其弯矩图坐标只有一个未知值时，亦可利用 M/EI 图的内外面积相等这个方法求出。

例 5.9 作图 5.38（a）所示刚架的最后弯矩图。

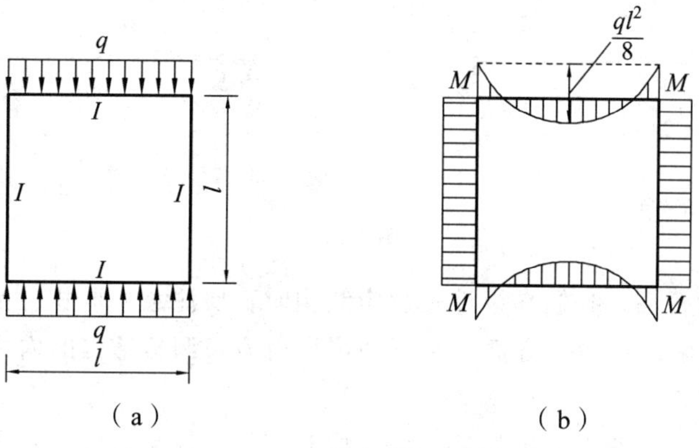

图 5.38

图示的矩形框架，其最后弯矩图形状如图 5.38（b）所示，由于对称且 $EI=$ 常数，其唯一待定的值是四角的 M 值，因此可以利用 M 图内外面积相等的方法来确定，即

$$4Ml = 2\times\frac{2}{3}l\times\frac{ql^2}{8}$$

故四角处的 M 值为

$$M = \frac{ql^2}{24}$$

第八节　超静定结构的特性

超静定结构与静定结构的基本区别在于是否有多余约束和多余未知力存在。这一区别使得超静定结构与静定结构相比较，具有下列重要特性：

（1）静定结构的内力只用静力平衡条件即可唯一确定，其值与结构的材料性质和截面尺寸无关。超静定结构的内力状态仅由静力平衡条件不能唯一确定，还必须同时考虑变形条件。所以，超静定结构的内力与结构的材料性质和截面尺寸有关。在荷载作用下，超静定结构的内力只与各杆刚度的相对比值有关，而与其绝对值无关；在温度变化、支座移动等因素作用下，其内力则与各杆刚度的绝对值有关。因此在设计超静定结构时，需要经过一个试算过程，即须事先假定截面尺寸，求出内力，然后再根据内力来重新选择截面，如此反复进行，直至得出满意结果为止。另一方面，我们也可以利用超静定结构的这一特性，通过改变各杆刚度大小的办法来达到调整内力状态的目的。

（2）在静定结构中，除荷载外，其他任何因素如温度变化、支座移动、制造误差等均不引起内力。但在超静定结构中，这些因素的影响均要引起内力（称为自内力），例如图 5.39（a）、（b）所示的梁，受到支座 B 移动的影响时，由于图 5.39（a）中支座 B 的移动是自由的，所以各支座不产生反力，梁 AB 也不产生内力；而图 5.39（b）中支座 B 的移动受到梁 AB 的制约，所以各支座将产生反力，同时梁 AB 也产生内力。

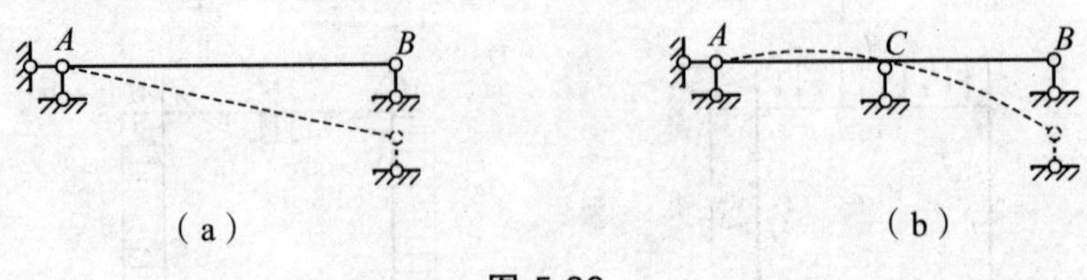

图 5.39

由于这一特性的存在，我们在设计超静定结构时，要注意采取相应措施，防止、消除或减轻自内力的不利影响。但另一方面，又可利用自内力来调整结构的内力，以便得到更合理的内力分布。

（3）静定结构在任一约束被破坏后，即变成几何可变体系，因而丧失承载能力；而超静

定结构在多余约束被破坏后，结构仍为几何不变体系，因而还具有一定的承载能力。

（4）超静定结构由于具有多余约束，所以其刚度一般要比相应的静定结构大，且内力分布也比较均匀，内力的峰值也要小些。由于多余约束的存在，其结构的稳定性也有所提高。

习 题

5.1 试确定图示结构的超静定次数，各选出一种力法基本结构并标上多余未知力。

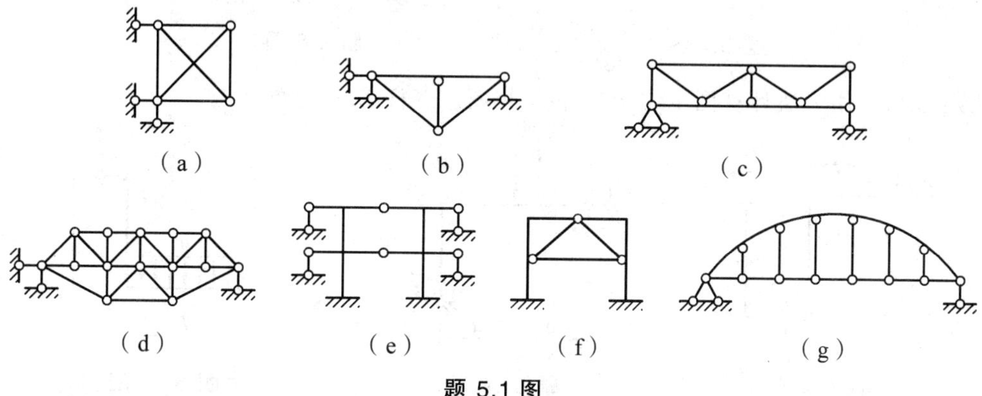

题 5.1 图

5.2 确定图示结构的超静定次数，选出两种力法基本结构并示出多余未知力。

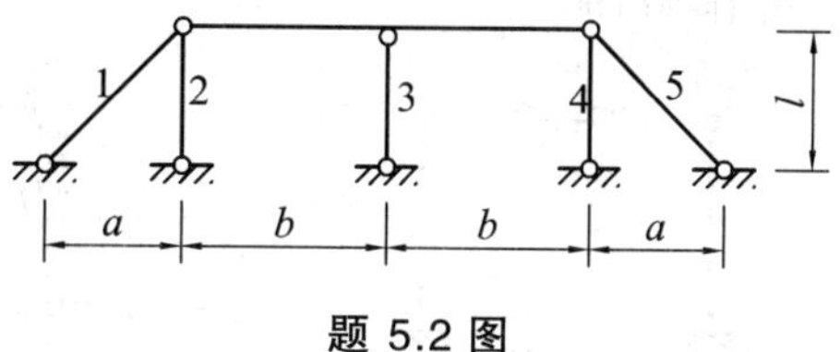

题 5.2 图

5.3 ~ 5.5 试作图示超静定梁和刚架的 M 图。

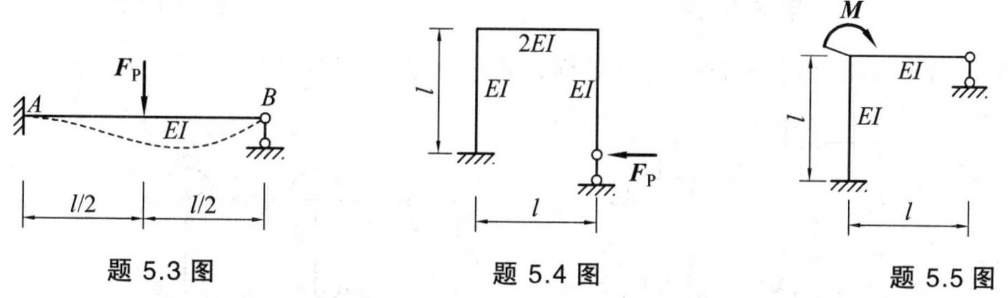

题 5.3 图　题 5.4 图　题 5.5 图

5.6 求图示超静定梁的 A 支座反力。当 I_1 增大时，试分析 A 支座反力的变化情况。

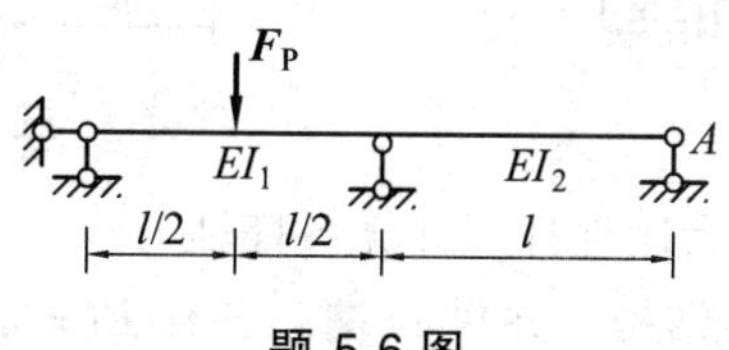

题 5.6 图

5.7　已知各杆的 EA 相同，用力法计算并求图示桁架的内力。

5.8　求图示对称桁架（EA ＝常数）1、2、3 杆的内力。

题 5.7 图　　　　题 5.8 图

5.9～5.11　用力法计算图示结构，并作 M 图。各杆 EI＝常数。

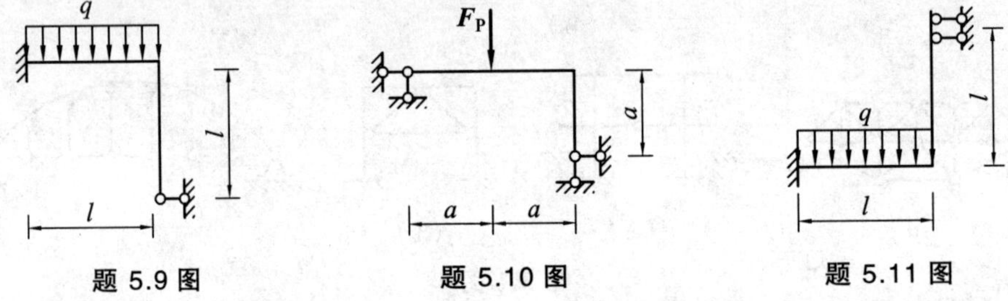

题 5.9 图　　　　题 5.10 图　　　　题 5.11 图

5.12　图（a）所示结构，选取图（b）所示的基本结构，求 δ_{11}。

5.13　试计算图示排架，并作 M 图。

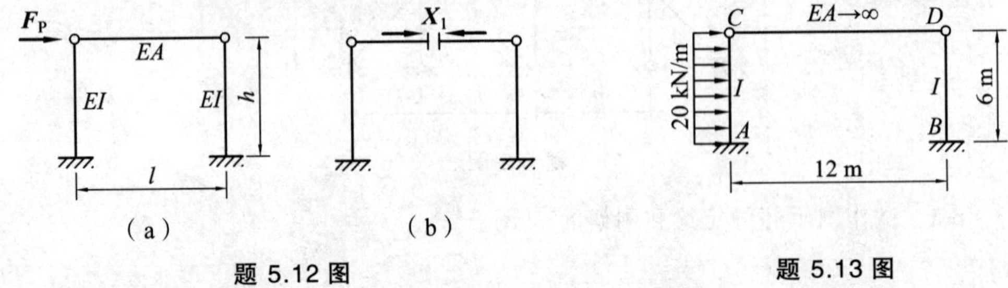

题 5.12 图　　　　题 5.13 图

5.14、5.15　用力法计算图示对称结构，并作 M 图。各杆 EI＝常数。

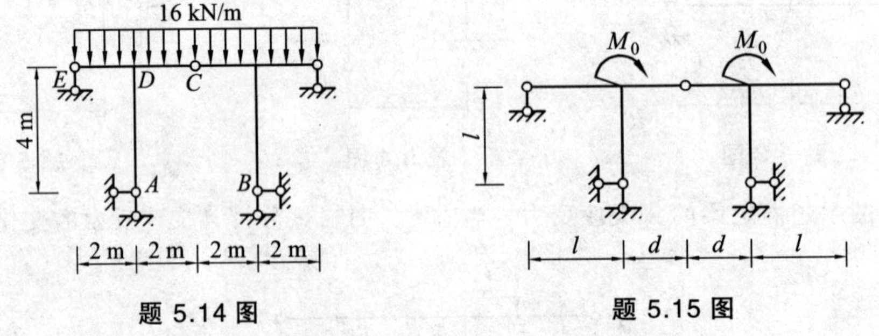

题 5.14 图　　　　题 5.15 图

5.16　图示对称桁架中 AC 为刚性杆，计算各杆轴力。

5.17　用力法计算图示对称结构，并作 M 图。各杆 EI＝常数，I/A＝10。

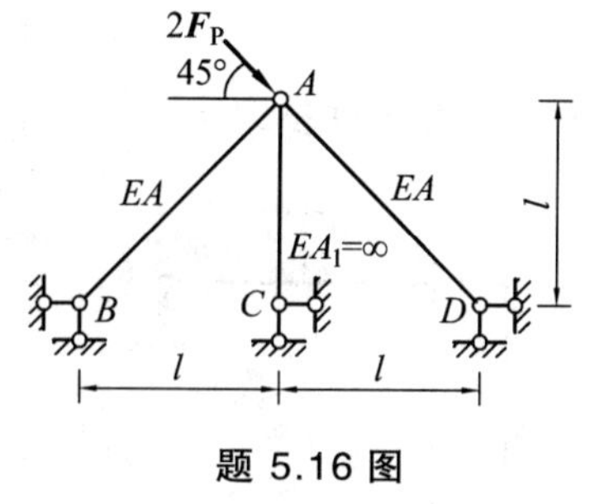

题 5.16 图

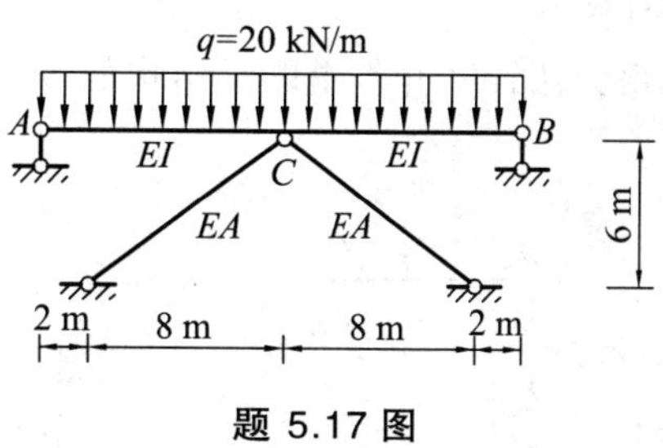

题 5.17 图

5.18 图示结构，支座 A 转角为 θ，试绘出变形曲线，并根据各杆件的受力特征，绘出弯矩图的形状。

5.19 图（a）所示结构，EI = 常数，取图（b）为力法基本体系，试建立力法典型方程。

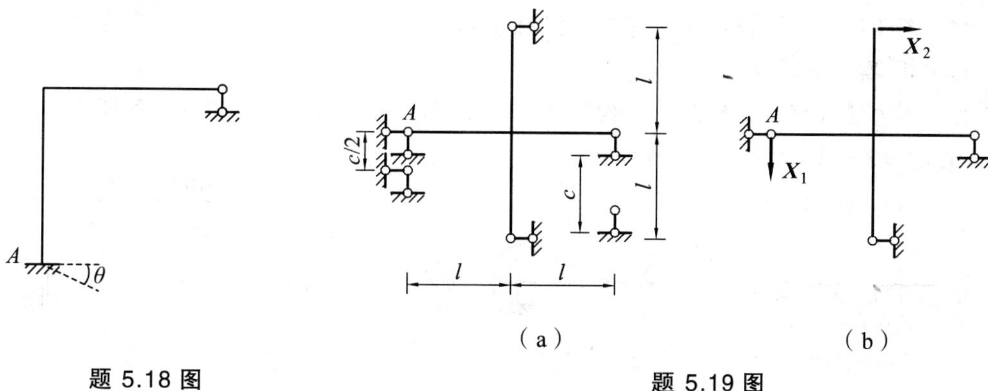

题 5.18 图　　题 5.19 图

5.20 图（a）所示结构，取图（b）为其力法基本体系，试建立力法典型方程，并求 Δ_{1c}。

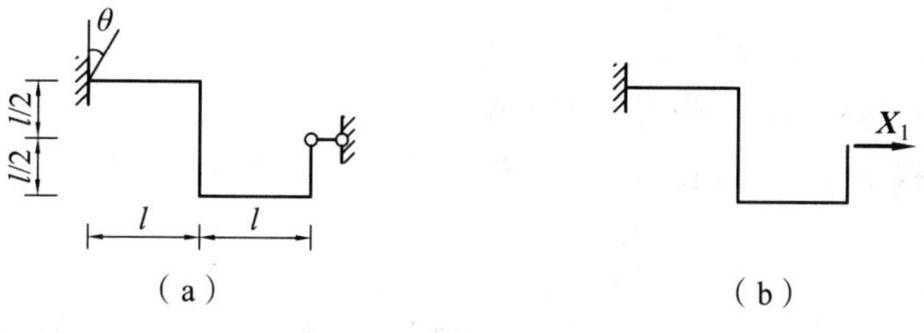

题 5.20 图

5.21 图（a）所示超静定梁发生图（a）、（b）所示的支座位移，试分别绘制 M 图。

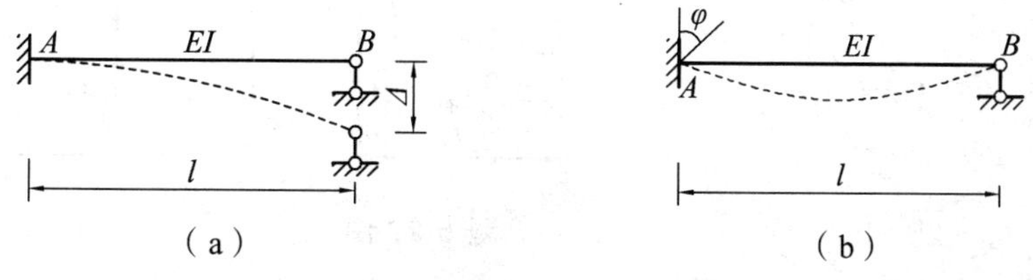

题 5.21 图

5.22 用力法计算图示结构，并作 M 图。已知 A 支座向右移动 $a = 0.5$ cm，$l = 3$ m，

$EI = 1.2\times10^4\,\text{kN}\cdot\text{m}^2$。

5.23　用力法计算并作出图示结构的 M 图。已知 B 支座的柔度系数 $f = l^3/EI$。

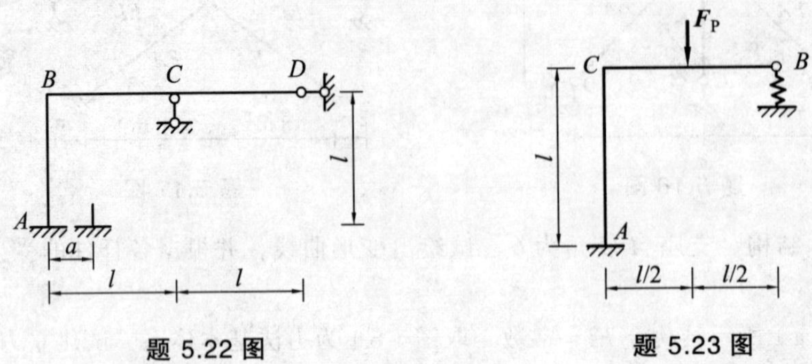

题 5.22 图　　题 5.23 图

5.24　图（a）所示结构，t_1、t_2 为升温且 $t_1 > t_2$，图（b）中 X_1、X_2、X_3 为力法基本未知量，试分析 X_1、X_2 的符号。

5.25　用力法计算，并作图示结构的 M 图。已知：$\alpha = 0.000\ 01\ ^\circ\text{C}^{-1}$，各杆矩形截面高 $h = 0.5$ m, $EI = 200\ 000\ \text{kN}\cdot\text{m}^2$。

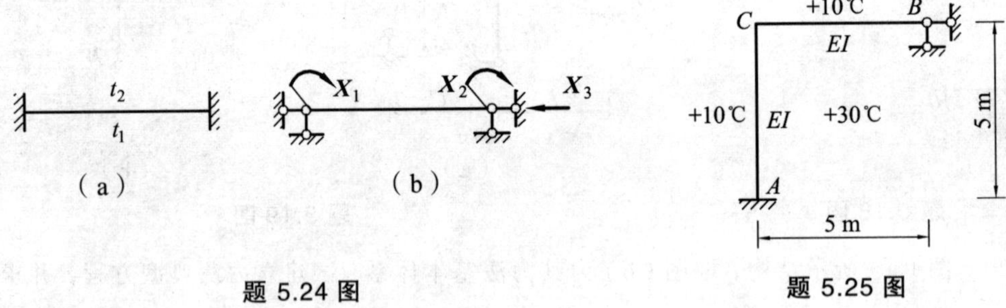

题 5.24 图　　题 5.25 图

5.26　已知图示结构 M 图，求 A 点水平位移。

5.27　判断图示结构所示弯矩图是否正确。

5.28　图示结构 E = 常数，在给定荷载作用下若使 A 支座反力为零，如何调整 I_2 与 I_3 的比例。

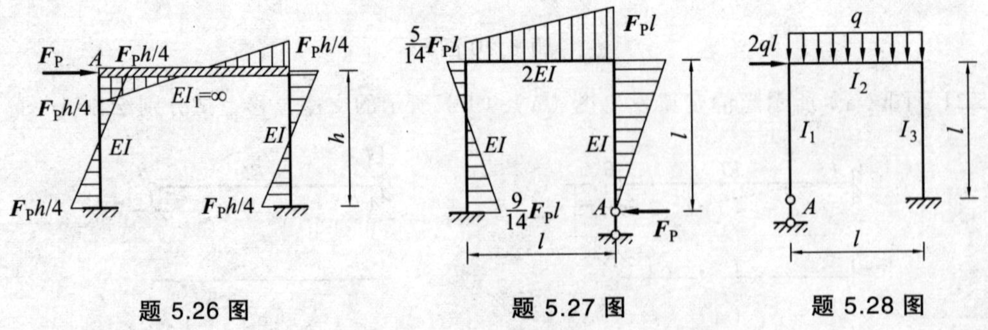

题 5.26 图　　题 5.27 图　　题 5.28 图

5.29　图示连续梁为 28a 号工字钢，$I = 7\ 114\ \text{cm}^4$，$E = 210$ GPa，$l = 10$ m，$F_P = 50$ kN。若欲使梁内最大正、负弯矩的绝对值相等，应将中间支座升高或降低多少？

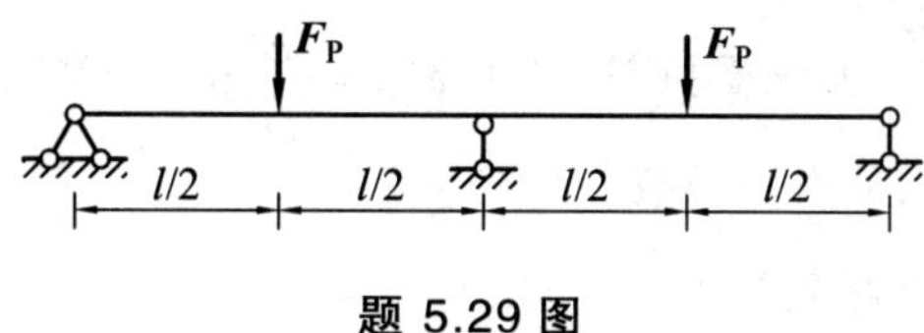

题 5.29 图

习题参考答案

5.1 （a）1；（b）1；（c）4；（d）3；（e）8；（f）5；（g）1

5.2 （1）切断 1、2 杆，以相应的轴力 X_1、X_2 代替；
（2）切断 1、3 杆，以相应的轴力 X_1、X_2 代替。

5.3 $M_A=\dfrac{3F_Pl}{16}$（上侧受拉）

5.4 固端处弯矩 $\dfrac{9F_Pl}{14}$（内侧受拉）

5.5 固端处弯矩 $\dfrac{M}{4}$（外侧受拉）

5.6 $F_{Ay}=\dfrac{3F_PI_2}{16(I_2+I_2)}$（↓），当 I_1 增大时，F_{Ay} 随之变小。

5.7 $F_{NAC}=0.561F_P$（拉力）

5.8 $F_{N1}=F_{N2}=F_{N3}=0$

5.9 固端处弯矩 $\dfrac{3ql^2}{8}$（上侧受拉）

5.10 横梁右端弯矩 $\dfrac{F_Pa}{4}$（上侧受拉）

5.11 固端处弯矩 $\dfrac{11ql^2}{30}$（上侧受拉）

5.12 $\delta_{11}=\dfrac{2h^3}{3EI}+\dfrac{l}{EA}$

5.13 $M_A=225\text{kN}\cdot\text{m}$（左侧受拉）

5.14 $M_{DA}=8\text{kN}\cdot\text{m}$（左侧受拉），$M_{DC}=32\text{kN}\cdot\text{m}$（上侧受拉）

5.15 竖柱弯矩为零，中间铰处剪力 $X_1=-\dfrac{M_0l}{d(l+d)}$

5.16 $F_{NAC}=-\sqrt{2}F_P$，$F_{NAD}=-F_P$

5.17 横梁中央截面 $M_C=318.4\,\text{kN}\cdot\text{m}$（下侧受拉）

5.18 横梁和竖柱内侧受拉，竖柱的 M 为常值。

5.19 $\begin{cases}\delta_{11}X_1+\delta_{12}X_2+c=\dfrac{c}{2}\\ \delta_{21}X_1+\delta_{22}X_2=0\end{cases}$

5.20 $\delta_{11}X_1+\Delta_{1c}=0$，$\Delta_{1c}=-\dfrac{l\theta}{2}$

5.21 （a）$M_{AB}=\frac{3EI}{l^2}\Delta$（上侧受拉）;（b）$M_{AB}=\frac{3EI}{l}\varphi$（下侧受拉）

5.22 $M_{AB}=28.57\ \text{kN}\cdot\text{m}$（内侧受拉）

5.23 $M_{CB}=-\frac{27F_Pl}{112}$（上侧受拉）

5.24 $X_1<0,\ \ X_2>0$

5.25 $M_{AC}=-27.43\ \text{kN}\cdot\text{m}$（外侧受拉）

5.26 $\frac{F_Ph^3}{24EI}$（→）

5.27 用 $y_A=0$ 的位移条件校核，M 图正确。

5.28 $I_3=4I_2$

5.29 $\Delta=2.32\ \text{cm}$（↓）

第六章　位移法

【学习目的和基本要求】

深刻理解先离散、分析单元（三类杆件）；后集成、整体平衡的位移法思想，掌握超静定结构另一种基本解法——位移法，为矩阵位移法（进一步为有限单元法）提供基础。

对本章学习的基本要求如下：

了解：位移法与力法的异同；位移法通过离散、整合解决问题的思想。

熟悉与理解：（1）单跨超静定梁的形常数、截常数以及正负号的规定；

（2）位移法的基本概念；

（3）位移法基本未知量的确定；

（4）位移法基本结构的形成；

（5）位移法基本方程的建立及其物理意义；

（6）位移法基本方程中的系数和自由项的物理意义及其计算；

（7）力矩分配法的基本原理和计算步骤。

掌握与应用：（1）用位移法计算超静定梁和刚架在荷载作用下的内力；

（2）用位移法计算超静定结构在支座移动作用下的内力；

（3）超静定结构的简化计算，对称性的利用；

（4）用力矩分配法计算简单连续梁、简单无侧移刚架。

第一节　位移法的基本思路

力法和位移法是分析超静定结构的两种基本方法。力法是以多余约束中的内力或反力作为基本未知量，一般取静定结构作为基本结构进行计算，利用位移协调条件建立力法基本方程，确定出多余未知力，从而进一步求出原结构的内力。位移法的基本思想与力法相反，它是以结构的结点位移（角位移和线位移）作为基本未知量，以单根杆件作为计算的基本结构。先设法确定出单根杆件的杆端内力用杆端位移来表示，这些杆端位移应与其所在结点的其他杆端位移相协调；然后利用力的平衡条件建立位移法基本方程，确定出未知的结点位移，从而进一步求出整个结构的内力。

现以一简例具体说明位移法的基本原理和计算方法。

图 6.1（a）所示的刚架，若忽略杆件的轴向变形，则在荷载的作用下杆件 AB、BC 在结点 B 处不存在线位移而仅有相同的转角 θ，称为结点 B 的角位移。将整个刚架分解为 AB、BC 杆件，则 AB 杆件相当于两端固定的单跨梁，固定端 B 发生一转角 θ[见图 6.1（b）]，其内力可用力法求得；BC 杆相当于一端固定另一端铰支的单跨梁，受荷载作用，同时在 B 端发生角位移 θ[见图 6.1（c）]，其内力也可用力法求得。实际上，一旦求出角位移 θ，则可计算出杆件的内力，故问题的关键是求结点的角位移 θ。

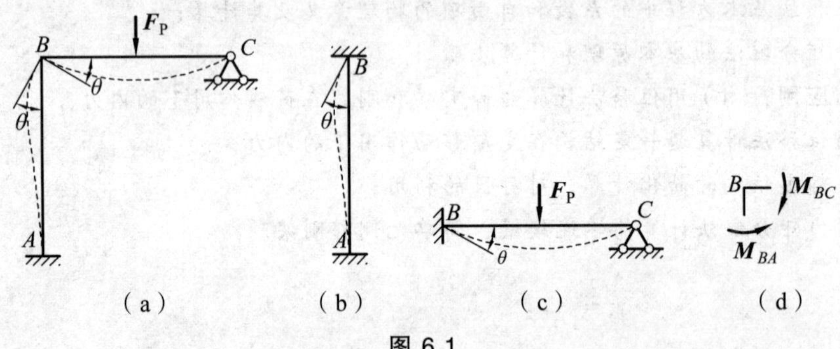

图 6.1

按照图 6.1（d）所示的隔离体，作用于 B 结点上的杆端弯矩必须满足力矩平衡条件，即有

$$M_{BC}=M_{BA}$$

上式中的各杆端弯矩都是 θ 的函数，求解此平衡方程即可以确定出结点角位移 θ。

综上所述，用位移法计算刚架，结点的位移是处于关键地位的未知量。其基本思路如下：

（1）把结构在有位移产生的可动结点处**拆开**成图 6.1（b）、（c）所示的杆件，各杆分别视为相应的单跨超静定梁，这些梁承受原有的荷载，并在杆端发生与实际情况相同的杆端位移。据此，可用力法算出这些单跨超静定梁在杆端发生各种位移时以及荷载等因素作用下的内力。

（2）将各杆**合并**成原结构。此时，考虑结构的变形谐调，各杆的杆端位移应与联结该杆的结点位移相谐调，并利用结点平衡条件建立含有结点位移的位移法方程，由此求出结点位移，进而确定杆件内力。

由以上讨论可知，用位移法分析，应解决如下问题：

（1）确定单跨梁在各种因素作用下的杆端力。

（2）确定结构独立的结点位移。

（3）建立求解结点位移的位移法方程。

下面对上述应解决的问题作分别讨论，对于位移法的基本计算将在后面具体分析。

第二节　单跨超静定梁的杆端力

位移法以结点位移（线位移及角位移）为基本未知量。其基本结构是一组超静定单跨梁（见图 6.2），为了给学习位移法打基础，在本节中讨论单跨超静定梁由荷载、杆端位移（线位移及角位移）产生的杆端力（杆端弯矩及杆端剪力）。

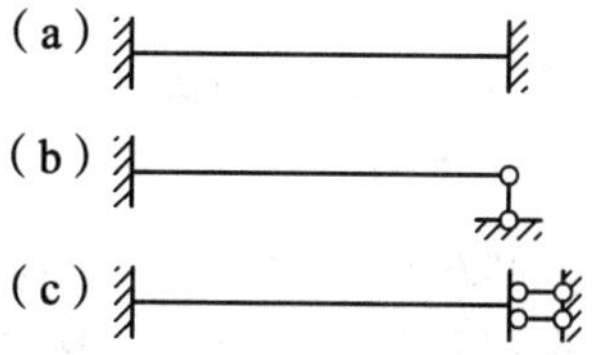

（a）

（b）

（c）

图 6.2

一、杆端力及杆端位移的正、负号规定

现以两端固定梁[见图 6.2（a）]为例说明。把两端固定单跨梁从端部截开，如图 6.3（a）所示。对杆段 AB 来说，杆端弯矩绕杆端顺时针转动为正，逆时针转动为负。与此相应，对结点 A（或 B）来说，绕结点逆时针转动为正，顺时针转动为负。图 6.3（a）所示的杆端弯矩 M_{AB}、M_{BA} 均为正值。对于杆端剪力，规定绕截面顺时针转动为正，逆时针动为负。图 6.3（a）所示的杆端剪力 F_{QAB}、F_{QBA} 均为正值。

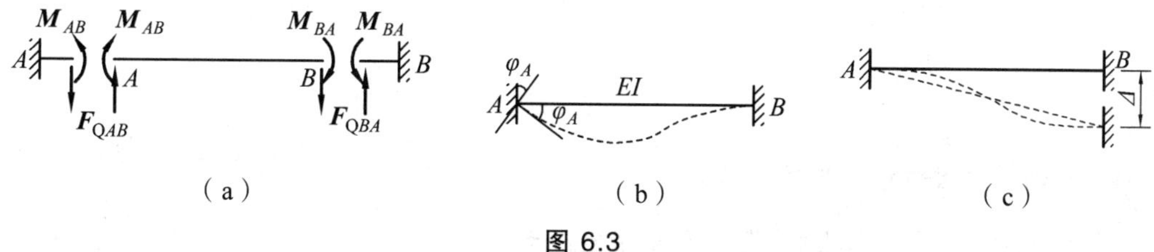

图 6.3

对于杆端转角，规定顺时针转动为正，逆时针转动为负。图 6.3（b）所示杆端转角 φ_A 为正。

对于杆端线位移，规定使杆件两端相对线位移连线[见图 6.3（c）中斜直线]顺时针转动为正，逆时针转动为负，图 6.3（c）所示杆端线位移 Δ 为正。

杆端力及杆端位移的正、负号应当注意如下两点：

（1）本章涉及的杆端弯矩的正、负与以前各章中梁的弯矩正、负号规定不同，以前各章中规定梁的下侧受拉为正。例如：图 6.3（a）中的 M_{BA} 使梁的上侧受拉，以前各章规定为负，而本章则规定为正。尽管正、负号规定不同，其弯矩图都是画在杆件受拉的一侧，剪力在本章中的符号规定与以前相同。

（2）作用在杆端的弯矩与作用在结点上的弯矩是作用、反作用关系，两者大小相等、方向相反。所以，作用在结点上的弯矩的正向应是逆时针方向；剪力无论作用是在杆端还是作用在结点上，总是绕着其所作用隔离体以顺时针转动为正。

二、各种情况下产生的杆端力

1. 杆端单位转角产生的杆端力

以两端固定梁为例说明。设该梁 A 端发生正向单位转角 $\varphi_A=1$，B 端固定不动。变形曲线示于图 6.4（a），由力法求得此超静定梁在支座位移作用下产生的弯矩图（见第五章第五节），如图 6.4（b）所示。

由图 6.4（a）所示变形曲线可见，A 端下侧受拉，故弯矩图画在基线的下方，B 端上侧受拉，故弯矩图画在基线的上方，反弯（变形曲线凹凸变化）点处，弯矩图为零。

由图 6.4（b）所示弯矩图，得到转动端 A 端杆端弯矩值为 $4i$，另一端 B 端的杆端弯矩值为转动端的一半，为 $2i$。如图 6.4（c）所示，A、B 端杆端弯矩都是顺时针方向，均是正值。

如图 6.4（c）所示的杆端弯矩，由平衡条件，可得两端的杆端剪力均为 $-6i/l$。这两个杆端剪力形成一个力偶，用以平衡两端的杆端弯矩之和。

这样，由两端固定梁 AB 的 A 端发生单位转角 $\varphi_A=1$ 产生的杆端力为

$$\left.\begin{aligned} M_{AB} &= 4i \\ M_{BA} &= 2i \\ F_{QAB} = F_{QBA} &= -\frac{6i}{l} \end{aligned}\right\}$$

（a）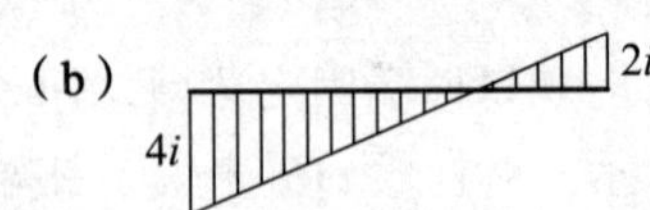

（b）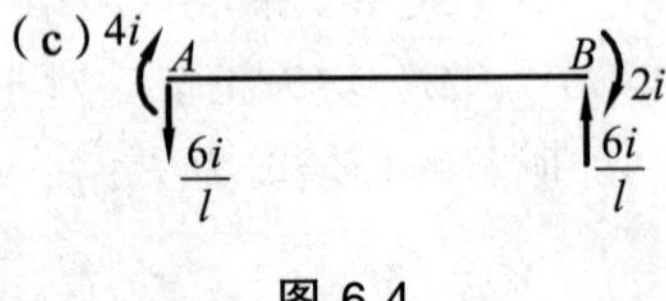

（c）

图 6.4

2. 杆端单位线位移产生的杆端力

仍以两端固定梁为例说明。设该梁 B 端相对于 A 端发生正向单位线位移 $\Delta=1$，变形曲线示于图 6.5（a），由力法求得弯矩图如图 6.5（b）所示。根据此弯矩图，得到杆端弯矩如图 6.5（c）所示，A、B 端杆端弯矩为 $-6i/l$（逆时针方向）。由平衡条件可得两端的杆端剪力均为 $12i/l^2$。这两个杆端剪力形成一个力偶与两端的杆端弯矩之和平衡。

这样，两端固定梁由于发生单位线位移而产生的杆端力为

（a）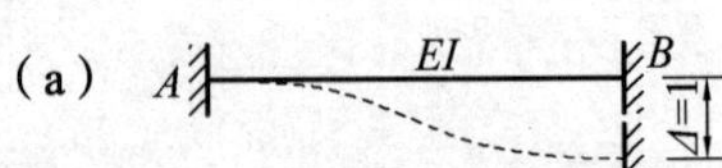

（b）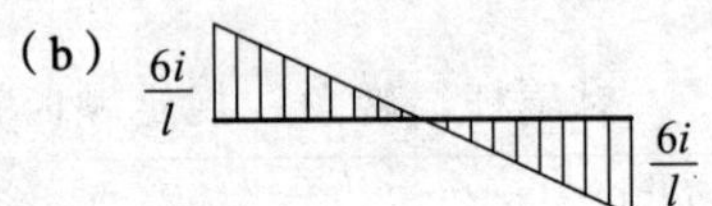

（c）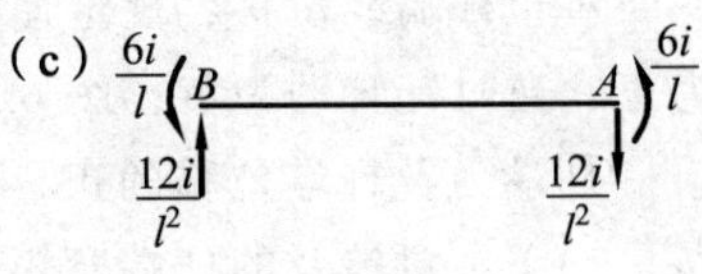

图 6.5

$$\left.\begin{aligned} M_{AB} &= M_{BA} = -\frac{6i}{l} \\ F_{QAB} &= F_{QBA} = \frac{12i}{l^2} \end{aligned}\right\}$$

3. 外荷载引起的杆端力

外荷载引起的杆端弯矩称固端弯矩，杆端剪力称固端剪力。现仍以图 6.6（a）所示的两端固定梁为例说明。该梁在满布匀布荷载作用下，由力法求得弯矩图如图 6.6（b）所示。根据此弯矩图，得到 A、B 端固端弯矩值为 $\mp ql^2/12$，如图 6.6（c）所示。再由平衡条件可得两端的固端剪力为 $\pm ql/2$。

这样，两端固定梁在满布匀布荷载作用下固端力为

$$M_{AB}^{\mathrm{F}} = -\frac{ql^2}{12},\quad M_{BA}^{\mathrm{F}} = \frac{ql^2}{12}$$

$$F_{QAB}^{\mathrm{F}} = \frac{ql}{2},\qquad F_{QBA}^{\mathrm{F}} = -\frac{ql}{2}$$

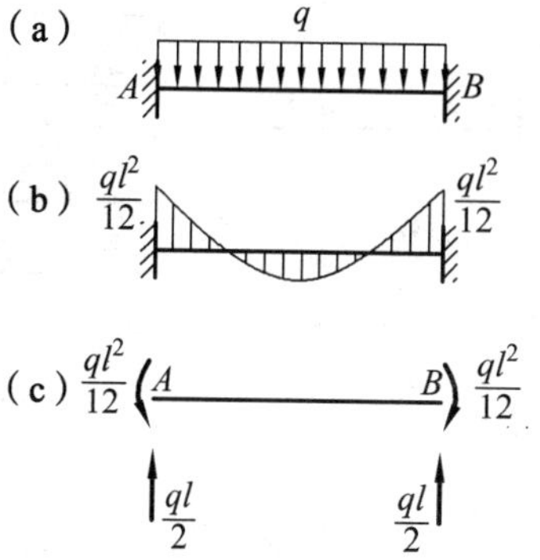

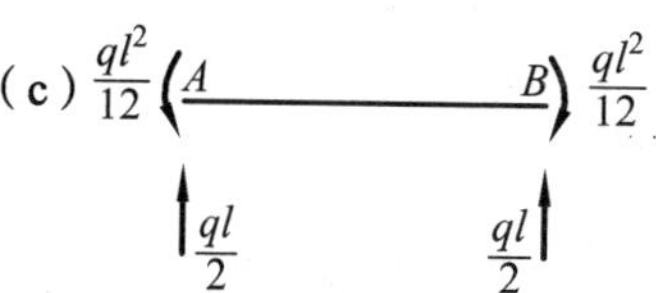

图 6.6

将图 6.2 所示的三种等截面单跨超静定梁在外荷载、杆端单位转角 $\theta_A = 1$ 和杆端单位线位移 $\Delta_{AB} = 1$ 单独作用下的杆端内力值列于表 6.1、6.2 中，以备查用。由杆端支座移动引起的杆端内力，称为形常数，如表 6.1 所示。由常用外荷载引起的杆端内力值通常称为载常数，如表 6.2 所示，其中线刚度 $i = EI/l$。

表 6.1　形常数表

序号	结构简图	弯矩图	杆端剪力	
			F_{QAB}	F_{QBA}
1	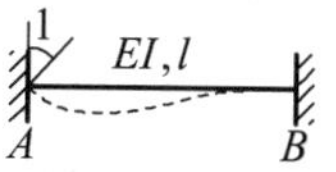	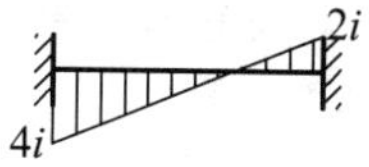	$-\frac{6EI}{l^2}$	$-\frac{6EI}{l^2}$
2	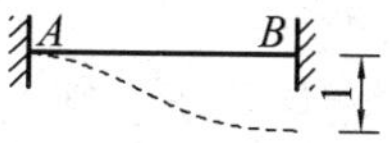	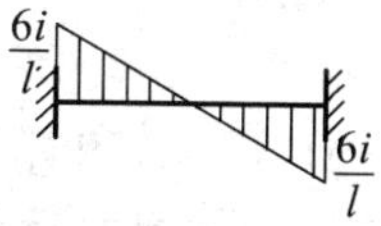	$\frac{12i}{l^2}$	$\frac{12i}{l^2}$
3	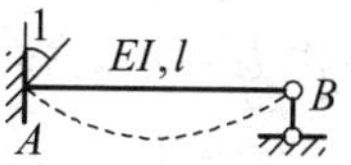	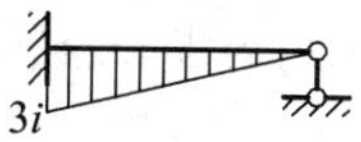	$-\frac{3i}{l}$	$-\frac{3i}{l}$
4	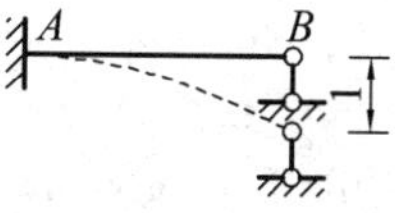	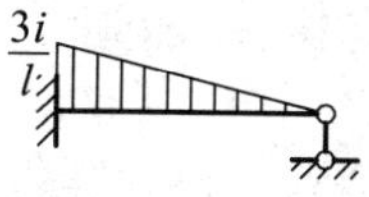	$\frac{3i}{l^2}$	$\frac{3i}{l^2}$
5	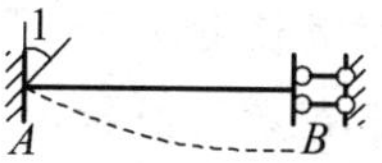	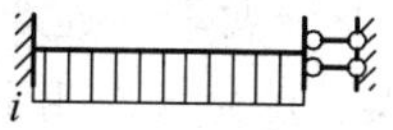	0	0

表 6.2　载常数表

序号	结构简图	弯矩图	杆端剪力 F_{QAB}	杆端剪力 F_{QBA}
1	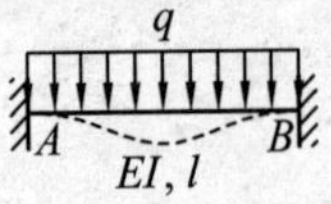 q; A; B; EI, l	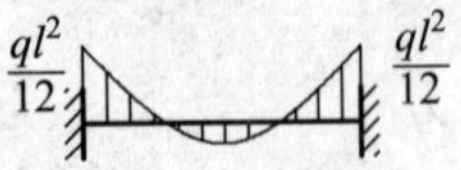 $\frac{ql^2}{12}$; $\frac{ql^2}{12}$	$\frac{ql}{2}$	$-\frac{ql}{2}$
2	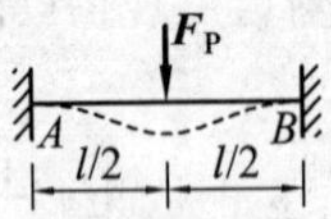 F_P; A; B; l/2; l/2	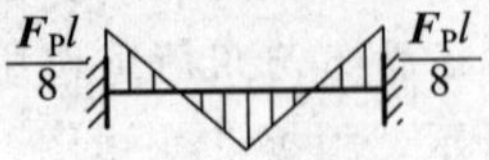 $\frac{F_P l}{8}$; $\frac{F_P l}{8}$	$\frac{F_P}{2}$	$-\frac{F_P}{2}$
3	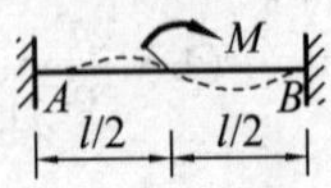 M; A; B; l/2; l/2	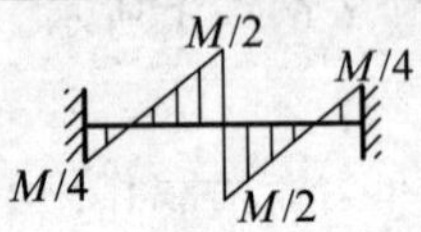 M/2; M/4; M/4; M/2	$-\frac{3M}{2l}$	$-\frac{3M}{2l}$
4	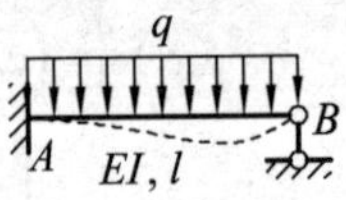 q; A; B; EI, l	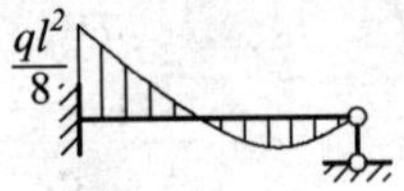 $\frac{ql^2}{8}$	$\frac{5ql}{8}$	$-\frac{3ql}{8}$
5	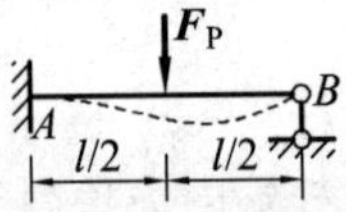 F_P; A; B; l/2; l/2	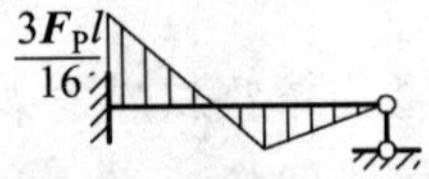 $\frac{3F_P l}{16}$	$\frac{11F_P}{16}$	$-\frac{5F_P}{16}$

第三节　位移法的基本未知量和基本结构

位移法基本未知量为刚结点的角位移和独立的结点线位移。确定位移法基本未知量总的原则是：在原结构的结点上逐渐增加附加约束，直到能将结构拆成具有已知形常数和载常数的单跨超静定梁为止；同时要求未知量个数要尽可能少。

一、刚结点角位移未知量

由于在同一刚结点处，各杆端的转角都是相等的，因此每一个刚结点只有一个独立的结点角位移未知量，故**结点角位移未知量数目就等于刚结点的数目**。

值得注意的是，铰结点处弯矩为零，故铰结点处角位移不作为基本未知量(因为非独立量)。

二、独立的结点线位移未知量

为了减少基本未知量的个数，使计算得到简化，常做以下假设：① 忽略由轴力引起的轴向变形；② 直杆变形后，曲线两端的连线长度等于原直线长度。

如图 6.7 所示的两个刚架，在荷载作用下发生变形（角位移没有标出），结点处都有水平位移，即结点线位移。

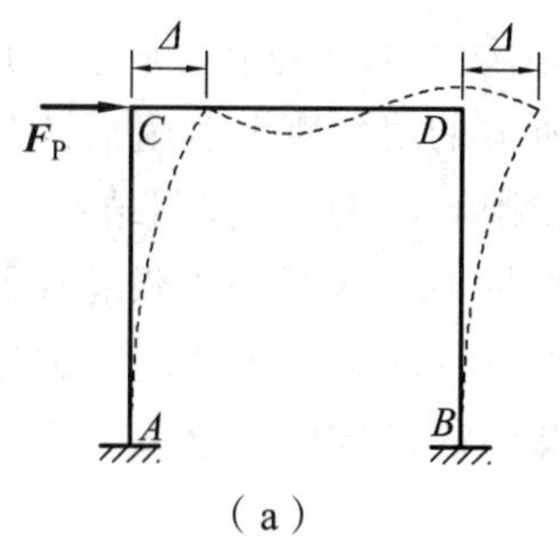

(a)

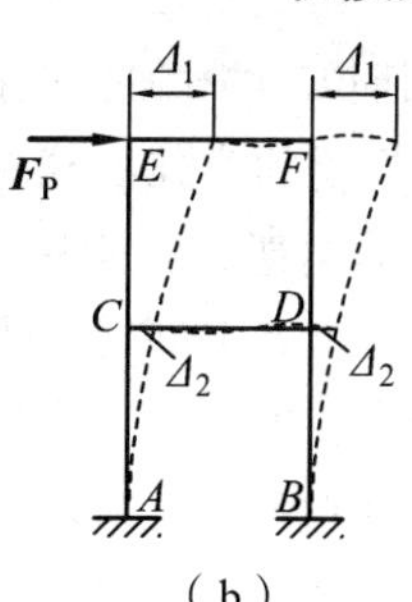

(b)

图 6.7

根据假设，图 6.7（a）结点 C 和 D 的水平位移相等，因此，只有一个独立的结点线位移；同理，图 6.7（b）结点 E 和 F 的水平位移相等，结点 C 和 D 的水平位移相等，故有两个独立的结点线位移。

一般的情况下位移法的基本未知量主要有：

一个刚结点有一个结点角位移，即结点角位移未知量的数目 = 刚结点的数目；

一层有一个独立结点线位移，即独立结点线位移的数目 = 刚架的层数。

对于图 6.7（a）所示的结构共有三个基本未知量：两个结点角位移、一个独立结点线位移；图 6.7（b）所示的结构共有 6 个基本未知量：四个结点角位移、二个独立结点线位移。

对于独立结点线位移，还可以采用铰化法进行判断，即将所有的刚结点（包括固定支座）都改为铰结点，为了使此铰接体系成为几何不变而需添加的链杆数就等于原结构的独立结点线位移的数目。例如图 6.8（a）所示刚架，其相应铰结体系如图 6.8（b）所示，它是几何可变的，必须在某结点处增添一根非竖向的支座链杆才能成为几何不变的，故知原结构独立的结点线位移数目为 1。全部基本未知量有三个，即 θ_1、θ_2 和 Δ。

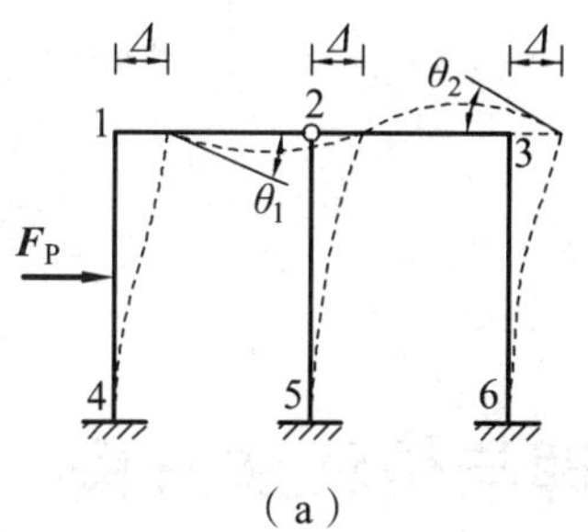

(a)

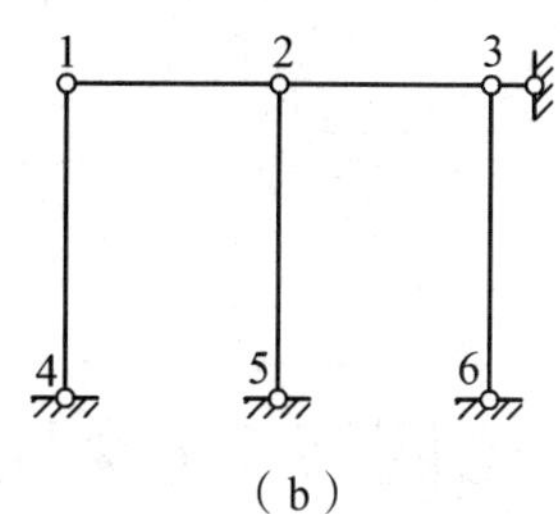

(b)

图 6.8

显然，在上述确定位移法的基本未知量即独立的结点角位移和线位移时，由于考虑了支座和结点及杆件的联结情况，因而满足结构的几何条件即支承约束条件和变形连续条件。

三、位移法的基本结构

位移法的基本结构就是把每一根杆件都暂时变为具有已知形常数和载常数的单跨超静定梁。为此，可以在每个刚结点上假想地加上一个附加刚臂，以阻止刚结点的转动（但不能阻止结点的移动)，同时加上附加支座链杆以阻止结点的线位移。从这个角度上讲，位移法基本未知量的数目，就等于约束住上述结点位移所需的附加刚臂、附加链杆的总数。

图 6.9（a）所示的刚架，在刚结点 C 增加刚臂（约束）控制结点 C 的转角，在结点 D 加水平支座链杆以控制结点 D 的水平位移。与此同时，结点 C 也没有任何方向的移动，如图 6.9（b）所示。这样图 6.9（a）所示刚架的每根杆件就都成为两端固定和一端固定一端铰支的梁，其基本结构如图 6.9（c）所示，它是**单跨超静定梁的组合体**。这个组合体称为位移法的基本结构。

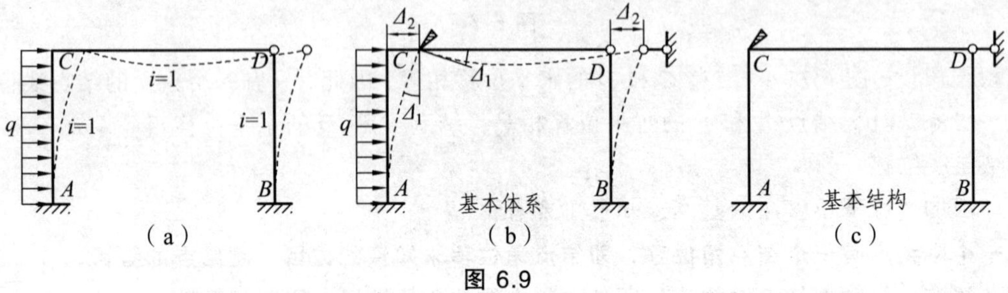

图 6.9

图 6.10（a）所示刚架，横梁 EI 具有无限刚性，在外力作用下只能平移而无转动，所以柱顶结点只作水平移动而转角为零。其独立的结点线位移数目为 1。基本结构如图 6.10（b）所示。

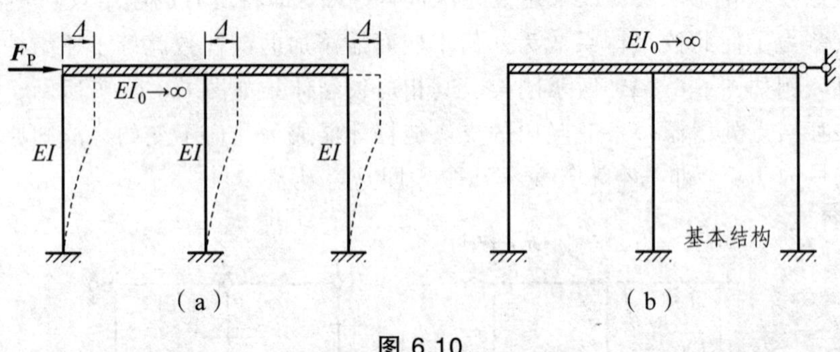

图 6.10

第四节　位移法原理与位移法方程

如前所述，位移法是以结点位移作为基本未知量，根据位移法方程求解结点位移。位移法方程可按两种思路建立：平衡方程法和典型方程法。

第一种思路：把结构分离成单根杆件，建立杆端力与杆端位移和荷载之间的关系式，利用结点或截面的平衡条件，建立位移法方程。这种计算方法称为**平衡方程法**。

第二种思路：先对结点施加约束以阻止结点位移，从而形成基本结构，然后放松结点，消除附加约束，恢复原来的变形状态，通过这一过程，建立位移法方程。这种计算方法称为**典型方程法**。

下面以典型方程法为例，说明位移法原理与位移法方程的建立。

如图 6.11（a）所示刚架，各杆 EI 为常数。在前面所述的假定条件下，荷载作用下产生的变形如图中虚线所示，在结点 1 处只有转角Δ_1，而无线位移，根据变形协调条件可知，汇交于结点 1 的 $1B$、$1A$ 两杆杆端也应有同样的转角Δ_1，整个刚架的变形只要用未知转角Δ_1来描述即可。如果能设法求得转角Δ_1，即可求出刚架的内力。

为了求出Δ_1值，在结点 1 处加上一个附加刚臂约束[见图 6.11（b）]，以限制结点 1 的转动，这样，原结构就被分隔成如图 6.11（c）所示的两根彼此独立的单跨超静定梁，其中 $1B$ 是两端固定梁，$1A$ 是一端固定、另端铰支梁。这两个单跨超静定梁的组合体[见图 6.11（c）]，称为位移法基本结构。

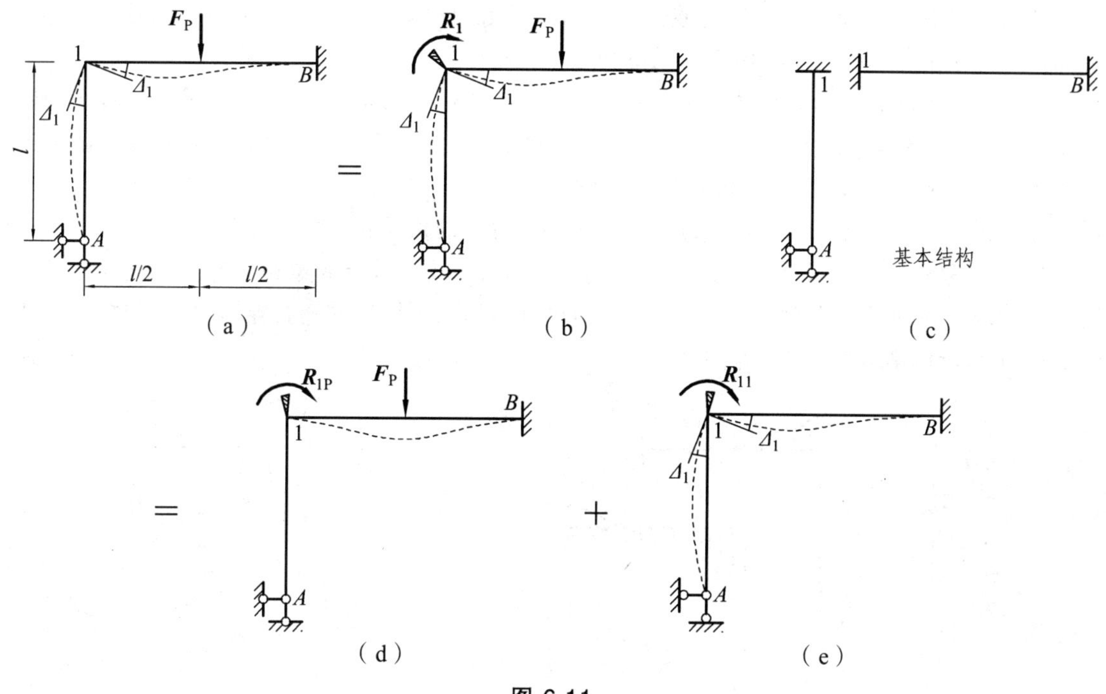

图 6.11

基本结构在原有的荷载 F_P 作用下，由于附加约束不允许结点 1 转动，此时只有梁 $1B$ 发生变形，在附加约束中产生了一个约束力矩 R_{1P}[见图 6.11（d）]，约束力矩规定以顺时针为正。这个约束力矩在原结构中是没有的，于是，基本结构与原结构就有了差别。

为了消除基本结构与原结构的差别，在结点 1 的附加约束处人为地施加一个外力矩 R_{11}[见图 6.11（e）]，迫使结点 1 发生转角，如果发生的转角与原结构相同，则附加刚臂中的约束力矩完全消失，附加刚臂不起作用，基本结构与原结构完全相同。

由此得出基本结构转化为原结构的条件：基本结构在给定荷载以及结点位移Δ_1共同作用下，附加约束处的约束力矩等于零，即

$$R_1 = 0$$

利用叠加原理进行计算：

（1）基本结构在荷载单独作用时，附加约束 1 中的约束反力矩 R_{1P}，见图 6.11（d）。

（2）基本结构在结点 1 处位移Δ_1单独作用时，附加约束 1 中的约束反力矩 R_{11}，见图 6.11（e）。叠加以上结果即可得

$$R_1 = R_{11} + R_{1P} = 0$$

设 r_{11} 表示基本结构在结点 1 处位移 $\Delta_1 = 1$ 单独作用时，产生在附加约束中的约束反力矩，则上式可改写为

$$r_{11}\Delta_1 + R_{1P} = 0 \tag{6-1}$$

式（6-1）为求解基本未知量Δ_1的位移法基本方程，也称为典型方程。它的物理意义是，基本结构在结点 1 处转角Δ_1及外荷载共同作用下，附加约束 1 处所产生的总反力矩等于零。当式中 r_{11} 与 R_{1P} 求出后，可求出未知结点位移Δ_1。

为了计算 r_{11}，先由形常数表 6.1 分别绘出图 6.12（a）所示的单跨超静定梁在杆端 1 处转动$\Delta_1 = 1$ 时产生的弯矩图（图中 $i = EI/l$），再将图 6.12（a）所示的单跨超静定梁弯矩图通过结点 1 拼起来成为图 6.12（b）所示的单位弯矩图 $\overline{M}_1$ 图。此时，结点转角Δ_1的符号规定是：顺时针为正。附加约束处的约束反力矩(r_{11}、R_{1P})的符号规定是：与结点转角的正向一致为正。

同样，为了计算 R_{1P}，由载常数表 6.2 绘出图 6.12（c）所示的单跨超静定梁在外荷载作用下产生的弯矩图，再将图 6.12（c）所示的单跨超静定梁弯矩图通过结点 1 拼起来成为图 6.12（d）所示的荷载弯矩图 M_P 图。

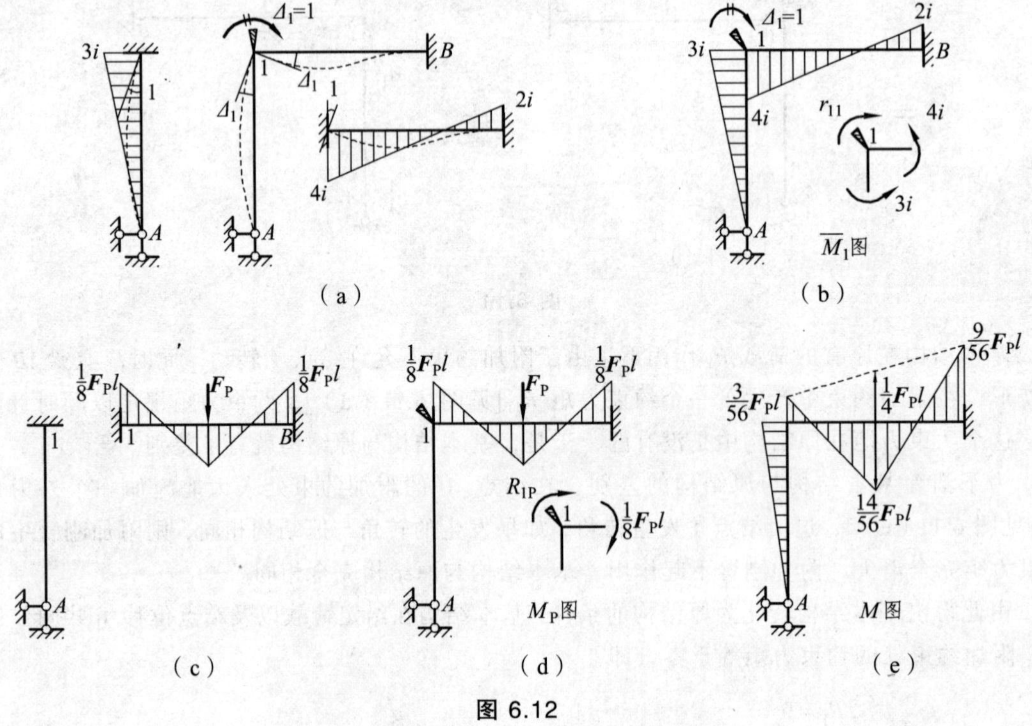

图 6.12

从图 6.12（b）所示的 $\overline{M}_1$ 图上截取结点 1，r_{11} 正向表示，1B 、1A 杆的杆端弯矩成为 1

结点已知的外力，由隔离体[见图 6.12（b）]的力矩平衡方程 $\sum M_1 = 0$，可求出

$$r_{11} = 3i + 4i = 7i$$

从图 6.12（d）所示的 M_P 图上截取结点 1，R_{1P} 正向表示，$1B$ 杆的杆端弯矩使杆端上缘受拉，由隔离体[见图 6.12（d）]的力矩平衡方程 $\sum M_1 = 0$，可求出

$$R_{1P} = -\frac{F_P l}{8} \quad （负号表示逆时针方向）$$

将 r_{11}、R_{1P} 代入方程（6-1）中，解得

$$\varDelta_1 = -\frac{R_{1P}}{r_{11}} = \frac{F_P l}{56i} = \frac{F_P l^2}{56EI}$$

计算结果为正，表明结点 1 的转角 $\varDelta_1$ 与假设的方向相同。

最后，根据叠加原理 $M = \overline{M}_1\varDelta_1 + M_P$，即可求出最后弯矩图，例如 $1B$ 杆 1 端的弯矩为 $M_{1B} = \frac{F_P l}{56i} \times 4i - \frac{F_P l}{8} = -\frac{3F_P l}{56}$（负号表示该弯矩的方向）为绕杆端逆时针转动，即上侧受拉。M 图如图 6.12（e）所示。

综上所述，用位移法计算结构内力的要点如下：

（1）位移法的基本未知量是结构的结点位移[如图 6.11（a）中结点 1 的角位移]。

（2）位移法的基本方程是结点的平衡方程[如式（6-1）为结点 1 的力矩平衡方程]。

（3）建立位移法基本方程求解结点位移和内力的过程分为两步：

第一步，在原结构上，沿各未知结点位移方向添加附加约束，用以阻止各结点位移，即**把结构拆成单根杆件**（单跨超静定梁），从而得到基本结构，见图 6.7（c）。然后，根据力法对基本结构上各单根杆件进行内力分析（此分析结果，已列入形常数表和载常数表中，可查表获得），画出 $\overline{M}_1$ 和 M_P 图。

第二步，**把各单根杆件综合成结构**，进行结构的整体分析，即由原结构的平衡条件得到位移法的基本方程，先求出基本方程中的系数（r_{11}）和自由项（R_{1P}），进而求出基本未知量（如 $\varDelta_1$）。

通过上述两个步骤，使基本结构与原结构的受力和变形完全相同，从而通过基本结构求出原结构的内力。这个过程把整体结构的计算问题转化为各单根杆件的分析和综合的问题，这就是位移法的基本思想。

（4）位移法是以单根杆件作为计算基础的，因而需熟悉各类单跨超静定杆件在杆端位移以及荷载作用下的内力分布情况，熟记三类杆件的形常数（见表 6.1）和载常数（见表 6.2）。

第五节　位移法计算步骤及示例

现在我们以图 6.13（a）所示刚架为例，来说明位移法具体计算步骤。

（1）图示刚架有两个未知量：刚结点 1 的转角Δ_1和横梁 12 的水平线位移Δ_2。在刚结点 1 增加刚臂（约束）控制结点 1 处的转角，在结点 2 处增加水平链杆控制结点 2 的水平位移，Δ_1、Δ_2均作正向表示，即得到位移法基本结构，见图 6.13（b）。由此，原结构被分隔成许多杆件（单跨超静定梁），而这些杆件各自单独变形，互不干扰，结构的整体计算变成许多单个杆件的计算。

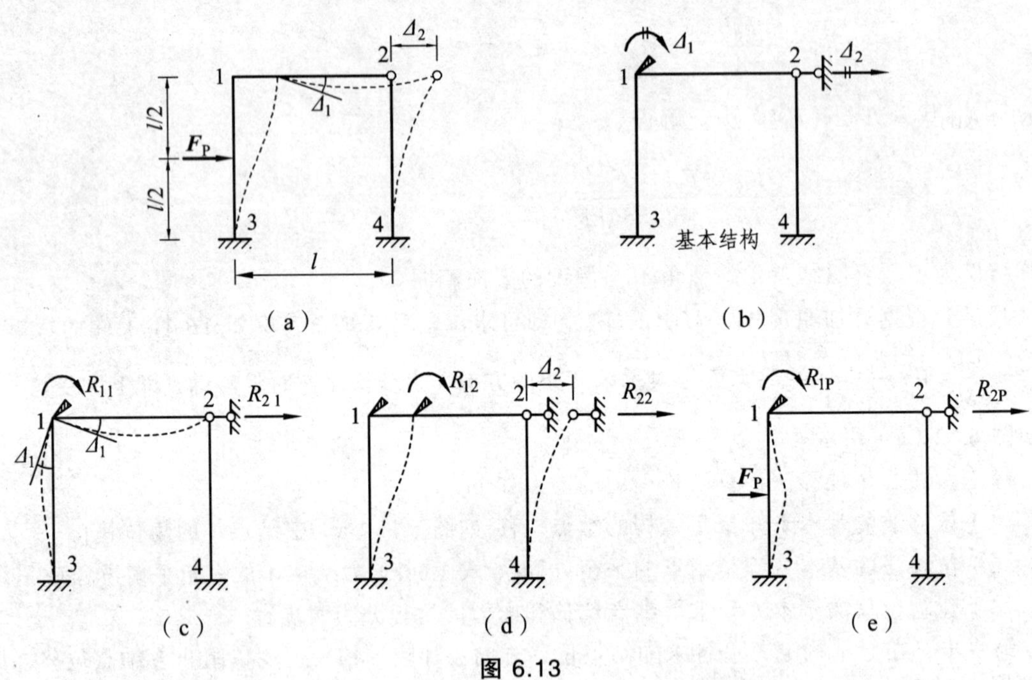

图 6.13

（2）基本结构由于加入了附加刚臂和附加链杆，便阻止了结点 1 的转角和结点 1、2 的线位移，而原结构是有这些结点转角和线位移的。因此，基本结构除了承受荷载 F_P 外，还应令其附加刚臂发生与原结构相同的转角Δ_1 [见图 6.13（c）]，同时令附加链杆发生与原结构相同的线位移Δ_2 [见图 6.13（d）]，这样二者的位移就完全一致了。

从受力方面看，基本结构由于加入了附加刚臂和附加链杆，刚臂上便会产生约束反力矩，链杆上便会产生约束反力，但原结构并没有这些附加联系，当然也就不存在这些约束反力矩和约束反力。基本结构的位移既然与原结构完全一致，其受力也就完全相同。

由此看出，基本结构转化为原结构的条件是：基本结构在给定荷载 F_P 以及结点位移Δ_1、Δ_2共同作用下，在附加刚臂上的约束反力矩 R_1 和附加链杆上的约束反力 R_2 都应等于零。设由Δ_1、Δ_2和荷载 F_P 所引起的刚臂上的约束反力矩分别为 R_{11}、R_{12} 和 R_{1P}，所引起链杆上的约束反力分别为 R_{21}、R_{22} 和 R_{2P}[见图 6.13（c）、（d）和（e）]，则根据叠加原理，上述条件可写为

$$\left.\begin{aligned} R_1 = R_{11} + R_{12} + R_{1P} = 0 \\ R_2 = R_{21} + R_{22} + R_{2P} = 0 \end{aligned}\right\}$$

式中 R_{ij} 的两个下标的含义与以前相似，即第一个表示该反力（力矩）所属的附加联系，第二个表示引起该反力（力矩）的原因。再设以 r_{11}、r_{12} 分别表示由单位位移 $\Delta_1=1$ 和 $\Delta_2=1$ 所引起的刚臂上的约束反力矩；以 r_{21}、r_{22} 分别表示由单位位移 $\Delta_1=1$ 和 $\Delta_2=1$ 所引起的链杆上的约束反力，则上式可写为

$$\left.\begin{aligned} r_{11}\Delta_1+r_{12}\Delta_2+R_{1P}=0 \\ r_{21}\Delta_1+r_{22}\Delta_2+R_{2P}=0 \end{aligned}\right\} \tag{6-2}$$

式（6-2）称为位移法基本方程，也称为位移法的典型方程。它的物理意义是：基本结构在荷载等外因和各结点位移的共同作用下，每一个附加联系中的约束反力矩或约束反力都应等于零。因此，它实质上是反映原结构的静力平衡条件。

在式（6-2）中，主对角线上的系数 r_{11}、r_{22} 称为主系数；不在主对角线上的系数 r_{ij}（$i\neq j$）称为副系数；R_{iP} 称为自由项。

系数和自由项的符号规定是：以与该附加联系所设位移方向一致者为正。**主系数 r_{ii} 的方向总是与所设位移 Δ_i 的方向一致，故恒为正，且不会为零；副系数和自由项则可能为正、负或零。**此外，根据反力互等定理可知，副系数 r_{ij} 与 r_{ji} 的数值是相等的，即

$$r_{ij}=r_{ji} \tag{6-3}$$

由于在位移法基本方程中每个系数都是单位位移所引起的附加约束的反力（或反力矩），显然，结构的刚度越大，这些反力（或反力矩）的数值也越大，故这些系数又称为结构的刚度系数，位移法基本方程又称为结构的刚度方程，位移法也称为刚度法。

（3）为了求出位移法基本方程中的系数和自由项，可借助于表 6.1、表 6.2，绘出基本结构在单位位移 $\Delta_1=1$ 和 $\Delta_2=1$ 以及荷载作用下的弯矩图 $\overline{M}_1$、$\overline{M}_2$ 和 M_P 图，如图 6.14（a）、（b）和（c）所示（$i=EI/l$），然后由平衡条件求出各系数和自由项。

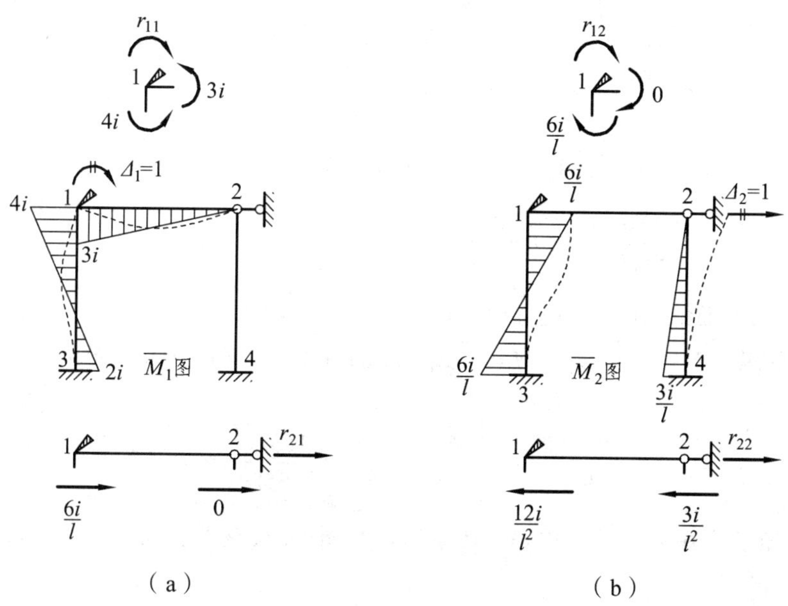

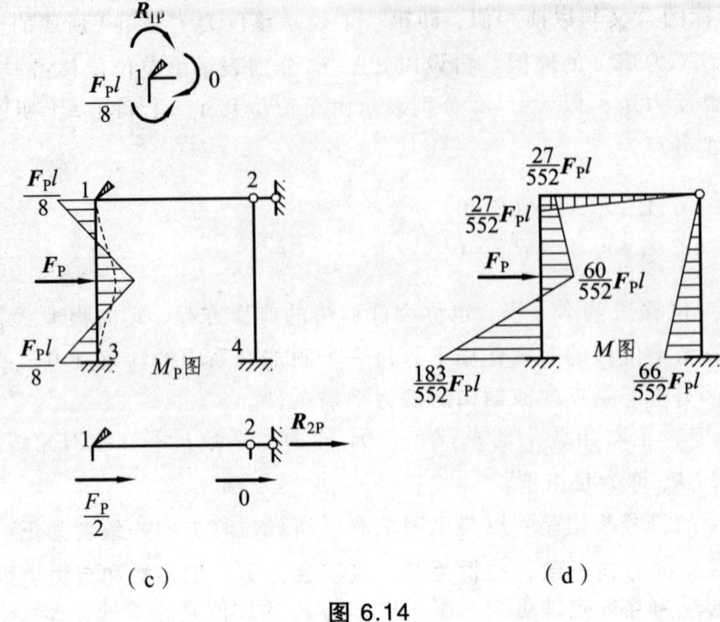

图 6.14

系数和自由项可分为两类：一类是附加刚臂上的反力矩 r_{11}、r_{12} 和 R_{1P}；另一类是附加链杆上的反力 r_{21}、r_{22} 和 R_{2P}。对于刚臂上的反力矩，可分别在图 6.14（a）、（b）、（c）中取结点 1 为隔离体，由力矩平衡方程 $\sum M_1 = 0$ 求得

$$r_{11} = 7i\,,\quad r_{12} = -\frac{6i}{l}\,,\quad R_{1P} = \frac{F_P l}{8}$$

对于附加链杆上的反力，可以分别在图 6.14（a）、（b）、（c）中用截面割断两柱顶端，取柱顶端以上横梁部分为隔离体，并由表 6.1、表 6.2 查出竖柱 13、24 的杆端剪力，然后由投影方程 $\sum F_x = 0$，求得

$$r_{21} = -\frac{6i}{l}\,,\quad r_{22} = \frac{15i}{l^2}\,,\quad R_{2P} = -\frac{F_P}{2}$$

（4）解方程，求出结点位移。将系数和自由项代入位移法基本方程（6-2）中，并解得

$$\Delta_1 = \frac{9F_P l}{552i}\,,\quad \Delta_2 = \frac{22F_P l^2}{552i}$$

所得均为正值，说明 Δ_1、Δ_2 与所设方向相同。

（5）结构的最后弯矩图可按式 $M = \overline{M}_1\Delta_1 + \overline{M}_2\Delta_2 + M_P$ 计算各杆端弯矩值。如杆端弯矩 M_{31} 的值为

$$M_{31} = 2i \times \frac{9F_P l}{552i} - \frac{6i}{l} \times \frac{22F_P l^2}{552i} - \frac{F_P l}{8} = -\frac{183F_P l}{552}\ （左侧受拉）$$

求得各杆端弯矩值后在各杆段内用叠加法绘出弯矩图，并校核平衡条件，最后弯矩图如图 6.13（d）所示。

（6）剪力图、轴力图（从略）。

由上所述，可将位移法的计算步骤归纳如下：

① 确定原结构的基本未知量即独立的结点角位移和线位移数目，加入附加约束而得到基本结构。

② 令各附加约束发生与原结构相同的结点位移，根据基本结构在外荷载（或其他外因）和各结点位移共同作用下各附加约束中的约束反力矩或约束反力均应等于零的条件，建立位移法的基本方程。

③ 绘出基本结构在各单位结点位移作用下的弯矩图和外荷载作用下（或支座位移、温度变化等其他外因作用下）的弯矩图，由平衡条件求出各系数和自由项。

④ 解算位移法基本方程，求出作为基本未知量的各结点位移。

⑤ 按叠加法绘制最后弯矩图。

例 6.1 试用位移法作图 6.15（a）所示结构 M 图，各杆 EI 为常数。

解 （1）此刚架在结点 B 上有一个转角位移$\varDelta_1$，在结点 B 处加入附加约束，$\varDelta_1$ 作正向表示，得到 6.15（b）所示的基本结构。

（2）根据基本结构在荷载和结点转角$\varDelta_1$共同作用下，附加约束中的约束反力矩等于零的平衡条件，建立位移法的基本方程为

$$r_{11}\varDelta_1 + R_{1P} = 0$$

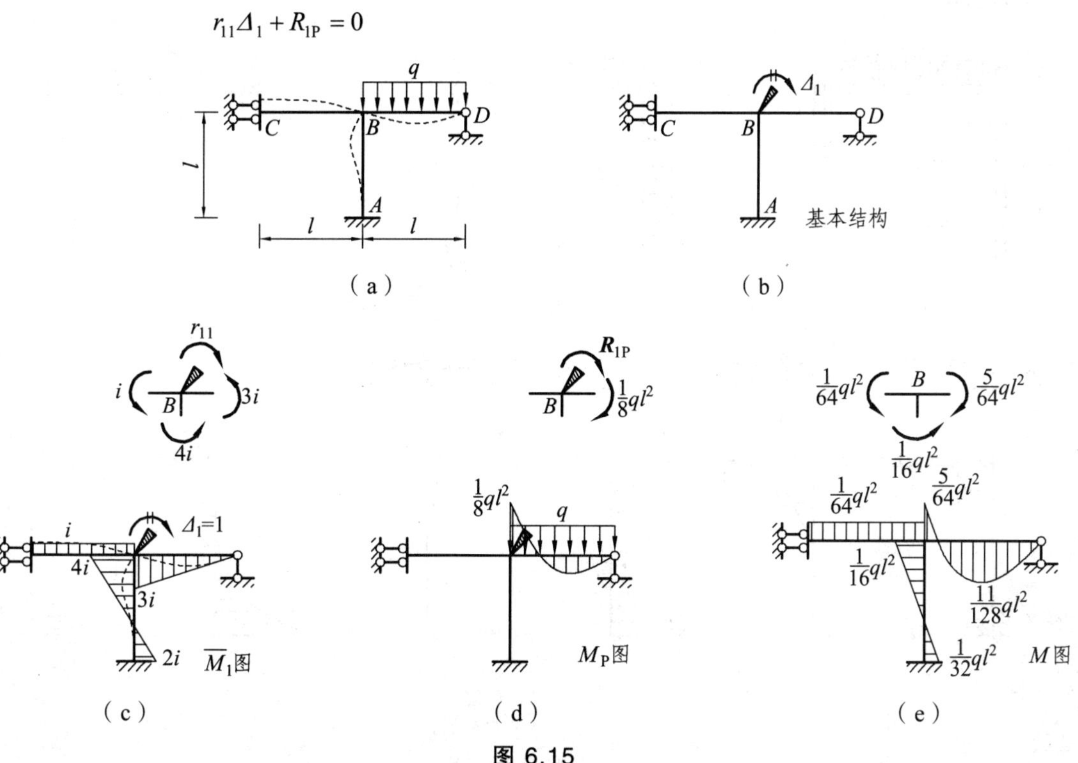

图 6.15

（3）令 $i = EI/l$，利用表 6.1、6.2，分别绘出基本结构上的单位弯矩图 $\overline{M}_1$ 和荷载弯矩图 M_P，如图 6.15（c）、（d）所示。

为了求附加刚臂中的反力矩 r_{11}、R_{1P}，可分别取图 6.15（c）、（d）的结点 B 为隔离体，由 $\sum M_B = 0$，得

$$r_{11} = 4i + i + 3i = 8i$$

$$R_{1P} = -\frac{ql^2}{8}$$

（4）将系数和自由项代入位移法基本方程中，并解得

$$\Delta_1 = \varphi_B = \frac{ql^2}{64i}$$

Δ_1 为正，说明结点 B 实际的转角与所设方向相同。

（5）按叠加法 $M = \overline{M}_1\Delta_1 + M_P$ 绘出弯矩图，如图 6.15（e）所示。

（6）校核。在图 6.15（e）所示的最后弯矩图中截取结点 B 为隔离体，则

$$\sum M_B = \frac{5ql^2}{64} - \frac{ql^2}{64} - \frac{4ql^2}{64} = 0$$

说明该刚架弯矩图在结点 B 处满足力矩平衡条件。

例 6.2 用位移法绘制图 6.16（a）所示单层工业厂房的弯矩图。EI= 常数。

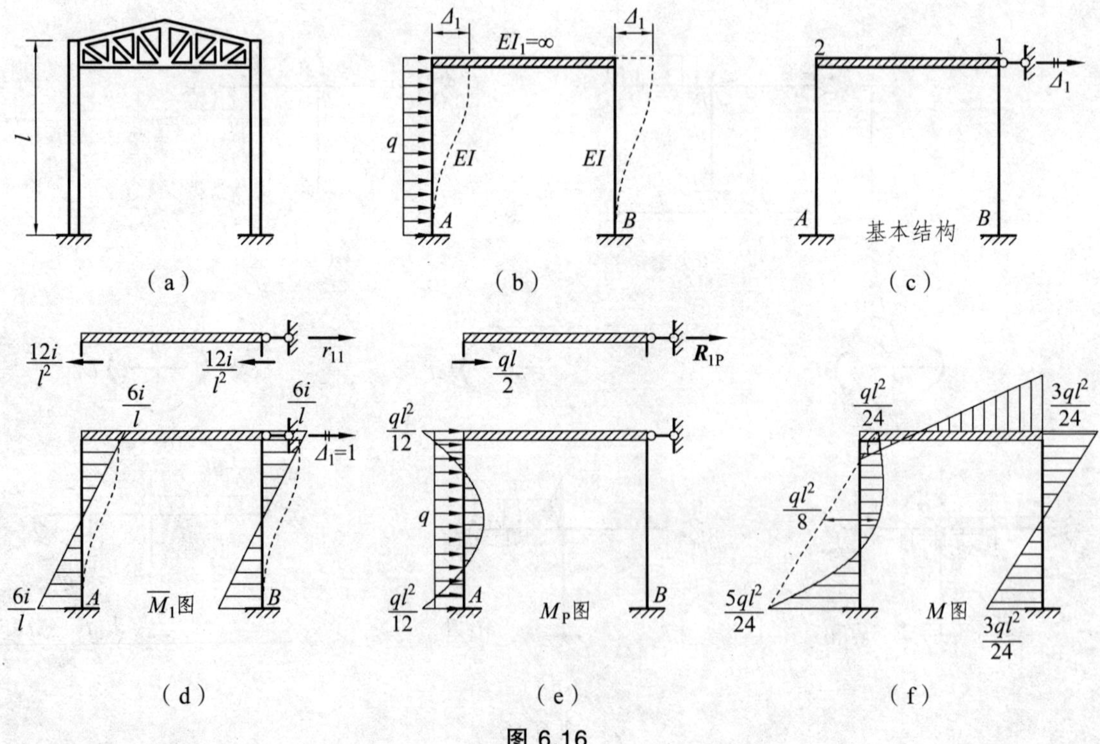

图 6.16

解 （1）图 6.16（a）所示的单层工业厂房，由于屋架上、下弦均与柱焊牢，可以按刚架来计算，屋架的刚度往往比柱子刚度大得多，因此在水平荷载作用下通常把屋架的抗弯刚

度视为无限大，把横梁当成无限刚梁来考虑。其计算简图如图 6.16（b）所示。当柱子平行且承受水平荷载时，横梁不转动且无弯曲变形，只发生刚性平移，由于柱子平行，两柱柱顶线位移相等，这个刚架只有一个柱顶线位移未知量Δ_1，而结点角位移等于零，Δ_1正向表示，基本结构如图 6.16（c）所示。

（2）根据基本结构在荷载和柱顶线位移Δ_1共同作用下，附加约束中的约束反力等于零的平衡条件，建立位移法的基本方程为

$$r_{11}\Delta_1 + R_{1P} = 0$$

（3）令$i = EI/l$，利用表 6.1、表 6.2，分别绘出基本结构上的单位弯矩图$\overline{M}_1$和荷载弯矩M_P，如图 6.16（d）、（e）所示。为求附加链杆中的反力r_{11}、R_{1P}，分别在图 6.16（d）、（e）中截取两柱顶端以上横梁部分为隔离体，由$\sum F_x = 0$，求得

$$r_{11} = 2\times\frac{12i}{l^2} = \frac{24i}{l^2}, \qquad R_{1P} = -\frac{ql}{2}$$

（4）将系数和自由项代入位移法基本方程中，并解得

$$\Delta_1 = \frac{ql^3}{48i}$$

（5）结构的最后弯矩图可按式$M = \overline{M}_1\Delta_1 + M_P$计算各杆端弯矩值，在各杆段内用叠加法绘出弯矩图，如图 6.16（f）所示。当横梁刚度无限大时，横梁不发生弯曲变形，但横梁依然会产生弯矩，否则结点不能平衡。横梁的杆端弯矩由结点平衡条件求得，左、右端杆端弯矩分别为

$$M_{21} = -M_{2A} = \frac{ql^2}{24}, \quad M_{12} = -M_{1B} = \frac{3ql^2}{24}$$

横梁刚度无限大时，基本未知量的数目减少，结构的计算得到简化。

例 6.3 用位移法绘制图 6.17（a）所示刚架的弯矩图。

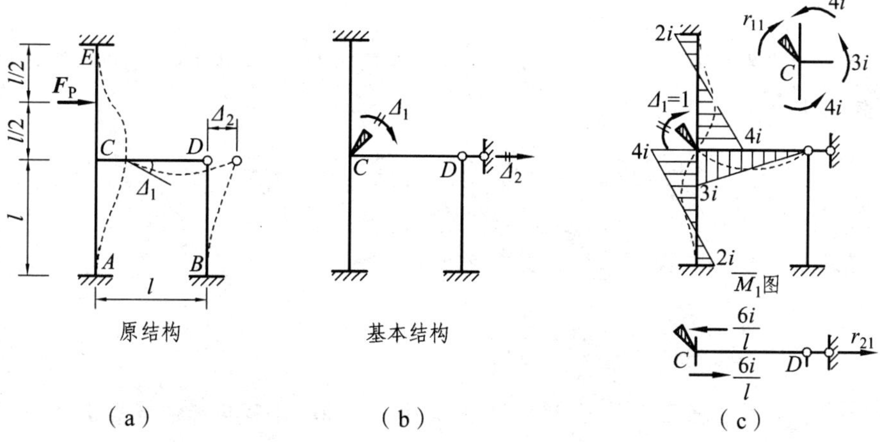

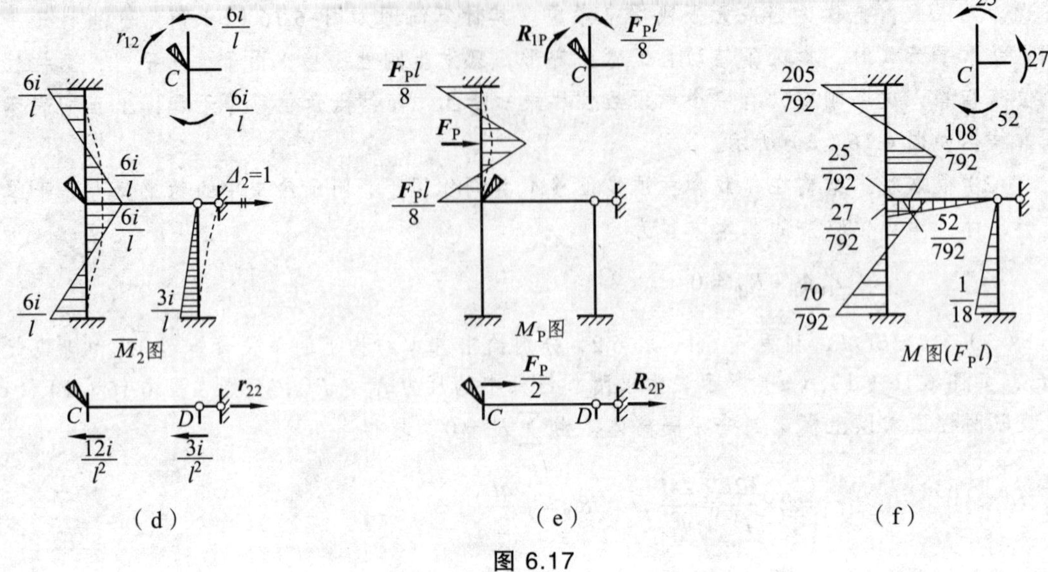

(d) (e) (f)

图 6.17

解 (1)图示刚架有两个未知量：刚结点 C 的转角 Δ_1 和横梁 CD 的水平线位移 Δ_2。Δ_1、Δ_2 正向表示，基本结构如图 6.17(b)所示。

(2)根据基本结构在荷载和转角 Δ_1、柱顶线位移 Δ_2 共同作用下，附加约束中的约束反力矩、反力等于零的平衡条件，建立位移法的基本方程为

$$r_{11}\Delta_1 + r_{12}\Delta_2 + R_{1P} = 0$$
$$r_{21}\Delta_1 + r_{22}\Delta_2 + R_{2P} = 0$$

(3)令 $i = EI/l$，利用表 6.1、表 6.2，分别绘出基本结构的单位弯矩图 $\overline{M}_1$、$\overline{M}_2$ 和荷载弯矩图 M_P，如图 6.17(c)、(d)、(e)所示。为求附加刚臂中的反力矩 r_{11}、r_{12}、R_{1P}，分别在图 6.17(c)、(d)、(e)中取结点 C 为隔离体，由 $\sum M_C = 0$，得

$$r_{11} = 4i + 4i + 3i = 11i, \quad r_{12} = -\frac{6i}{l} + \frac{6i}{l} = 0, \quad R_{1P} = -\frac{F_P l}{8}$$

为求附加链杆中的反力 r_{21}、r_{22}、R_{2P}，分别在图 6.16(c)、(d)、(e)中截取 CD 柱顶部分为隔离体，由 $\sum F_x = 0$，得

$$r_{21} = -\frac{6i}{l} + \frac{6i}{l} = 0, \quad r_{22} = \frac{12i}{l^2} + \frac{12i}{l^2} + \frac{3i}{l^2} = \frac{27i}{l^2}, \quad R_{2P} = -\frac{F_P}{2}$$

(4)将系数和自由项代入位移法基本方程中，得

$$\Delta_1 = \frac{F_P l}{88i}, \quad \Delta_2 = \frac{F_P l^2}{54i}$$

(5)结构的最后弯矩图可按式 $M = \overline{M}_1\Delta_1 + \overline{M}_2\Delta_2 + M_P$ 计算各杆端弯矩值，在各杆段内用叠加法绘出弯矩图，如图 6.17(f)所示。

（6）校核。在图 6.17（f）所示的最后弯矩图中截取结点 C 为隔离体，则 $\sum M_C = 0$ 的平衡条件，有

$$\frac{52}{792} - \frac{27}{792} - \frac{25}{792} = 0$$

说明弯矩图在结点 C 处满足力矩平衡条件。

例 6.4 图 6.17（a）所示刚架的支座 A 产生了水平位移 a、竖向位移 $b=4a$ 及转角 $\varphi = a/l$，试绘其弯矩图。

解 结构在支座位移作用下，采用位移法对基本结构进行分析，其计算原理和计算过程与荷载作用时的情况相同，只是位移法基本方程中的自由项计算有所不同。

（1）此刚架的基本未知量只有结点 C 的角位移 Δ_1，在结点 C 加一刚臂，Δ_1 正向表示，基本结构如图 6.18（b）所示。

（2）根据基本结构在 Δ_1 及支座位移的共同影响下，附加刚臂上的反力矩为零的条件，建立位移法方程为

$$r_{11}\Delta_1 + R_{1c} = 0$$

式中 R_{1c} 表示基本结构在支座 A 移动作用下，在附加刚臂中产生的反力矩。

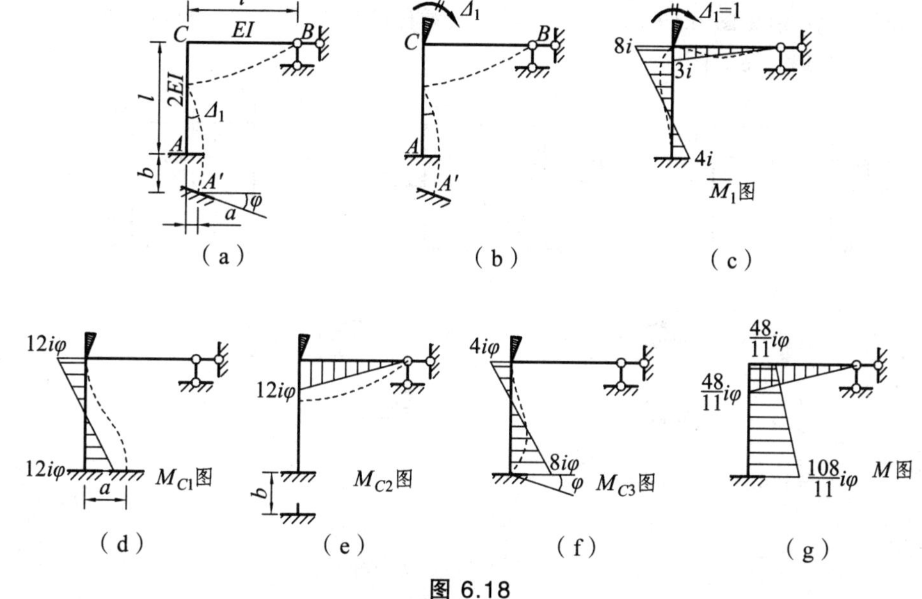

图 6.18

（3）令 $i = EI/l$，利用表 6.1 绘出基本结构的单位弯矩图 $\overline{M}_1$[见图 6.18（c）]，绘制基本结构由支座位移所产生的 M_C 图时，可分别作出基本结构在支座 A 处水平移动了 a、竖向下沉了 b 以及转动了 φ 的弯矩图 M_{C1}、M_{C2}、M_{C3}，见图 6.18（d）、（e）、（f），根据这些图可得系数和自由项如下：

$$r_{11} = 8i + 3i = 11i$$
$$R_{1c} = 12i\varphi + 12i\varphi + 4i\varphi = 28i\varphi$$

（4）将系数和自由项代入基本方程中，得

$$\varDelta_1 = -\frac{28}{11}\varphi$$

（5）此刚架的最后弯矩图按式 $M = \overline{M_1}\varDelta_1 + M_C$ 应用叠加法绘出，如图 6.18（g）所示。

第六节　对称性的利用

在第五章用力法计算超静定结构时，已经讨论过对称性的利用。当时得到一个重要的结论：对称结构在正对称荷载作用下，其变形曲线、弯矩图和轴力图都是正对称的，但剪力图则是反对称的；在反对称荷载作用时则相反。在位移法中，同样可利用这一结论简化计算。当对称结构承受一般非对称荷载作用时，可将荷载分解为正、反对称的两组，分别加于结构上求解，然后再将结果叠加。

例如图 6.19（a）所示的对称刚架，在正对称荷载作用下只有正对称的基本未知量，即两刚结点的一对正对称的转角 $\varDelta_1$[见图 6.19（b）]；同理，在反对称荷载作用下，将只有反对称的基本未知量 $\varDelta_1$ 和 $\varDelta_2$[见图 6.19（c）]。在正、反对称的情况下，均可只取结构的一半来进行计算[见图 6.17（d）、（e）]。

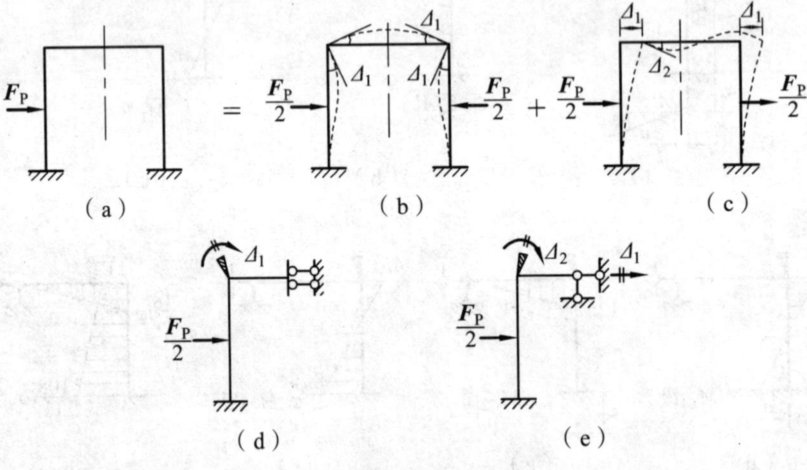

图 6.19

对于图 6.19（d）所示的半结构，用位移法计算只有一个基本未知量；图 6.19（e）所示的半结构，用位移法计算，将有两个基本未知量，基本结构如图所示。

例 6.5　利用对称性简化图 6.20（a）所示的对称结构，取出最简的计算简图、基本结构，并作出 M 图。

解　该结构具有两个对称轴，在竖向对称轴上的结点 A 处不发生反对称的转动和任何线位移，截取半结构分析时，切口应处理成固定端；在水平对称轴上的结点 B 处无竖向线位移，故截取半结构计算时，切口 B 处理成水平可动铰支承，1/4 结构如图 6.20（b）所示。由此可得图 6.20（c）所示的等效结构，由表 6.2 可直接作出该 1/4 结构的 M 图，如图 6.20（d）所示，整个结构的 M 图可由对称性绘出。

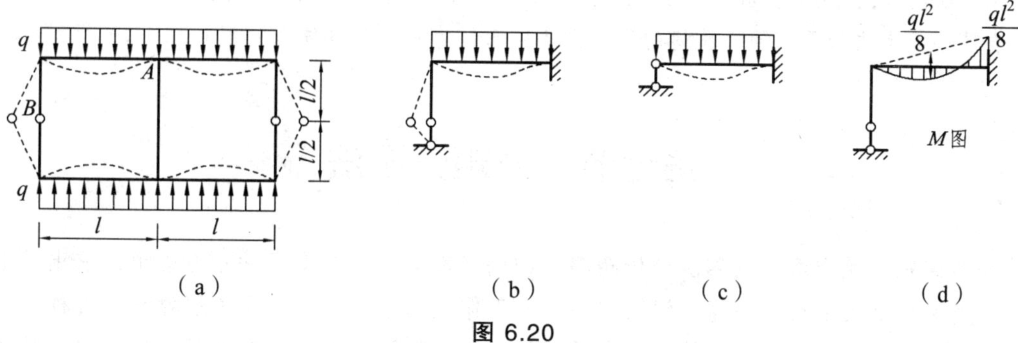

图 6.20

例 6.6 利用对称性简化图 6.21（a）所示的结构，取出最简的计算简图及基本结构。

解 图 6.21（a）所示的对称结构受正对称荷载作用，在对称轴上的结点处不发生任何转动和线位移，截取半个结构分析时，切口应处理成固定端，如图 6.21（b）所示。由于斜杆无荷载作用，故取图 6.21（c）所示的等效结构计算，只有一个结点角位移未知量，基本结构如图 6.21（d）所示。

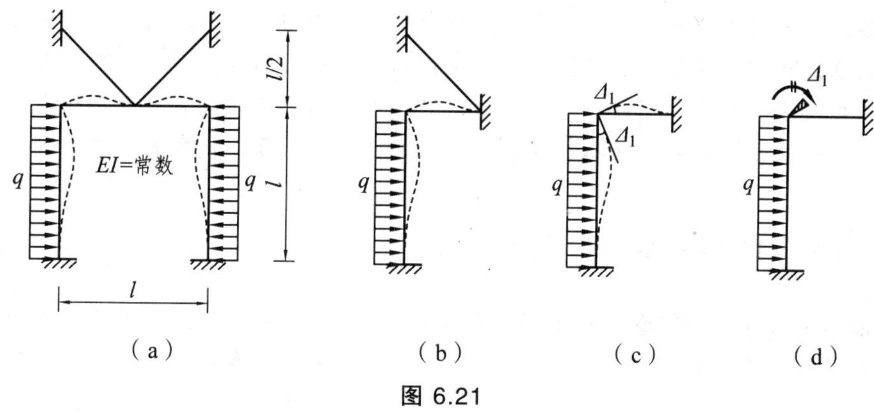

图 6.21

例 6.7 利用对称性简化图 6.22（a）所示的结构，取出最简的计算简图及基本结构。

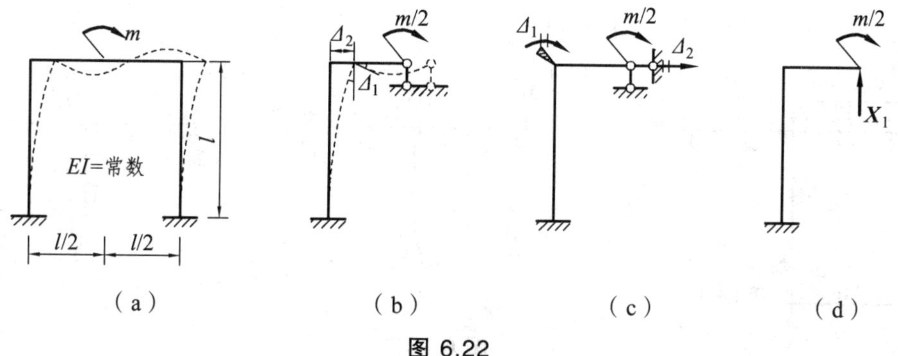

图 6.22

解 图 6.22（a）所示的对称结构受反对称荷载作用，在对称轴上的结点处将有反对称的转角和水平线位移，但无竖向位移，且无弯矩和轴力，故截取半结构时对称轴处将处理成水平可动铰支承，如图 6.22（b）所示。用位移法求解有两个基本未知量，如图 6.22（c）所示。用力法求解只有一个基本未知量，因而最简的计算方法应选择力法，基本体系如图 6.22（d）所示。

第七节　力矩分配法

众所周知，用力法、位移法分析超静定结构，都需要求解多元联立方程组，求出基本未知量。当未知量较多时，手算求解结构内力的工作颇为繁重。为了避免解算联立方程，人们曾提出过多种算法，本节介绍其中最为常用的力矩分配法。这种方法就其本质来说，都属位移法的范畴，其基本原理及符号规定均与位移法相同，只是计算过程表现的形式不相同。**力矩分配法是直接以杆端弯矩为计算对象，采用逐步修正并逼近精确结果的算法，因此也称为渐近法。**

力矩分配法主要**适用于仅有结点角位移，无结点线位移的超静定梁和刚架的计算**。对于这类结构，用位移法求解时为了消除基本结构各个刚结点上的附加约束反力矩，是表达为联立方程的形式，通过解方程而一次完成的。在力矩分配法中，为消除附加约束反力矩，对每个附加约束逐次松弛，反复多次进行，从结点被固定的状态出发，将各个结点逐次恢复转角位移的过程直接表达为各杆端弯矩的逐次修正的过程；当松弛结束时，变形和内力趋于实际的最终状态。此法计算过程的数学表现形式为是松弛法求解联立代数方程的过程。

一、力矩分配法的基本原理及特点

为了说明力矩分配法的概念和步骤，现以图 6.23（a）所示的刚架来说明力矩分配法的概念和基本原理。此刚架用位移法计算时，只有一个基本未知量即结点转角$\varDelta_1$，其位移法基本方程为

$$r_{11}\varDelta_1 + R_{1P} = 0$$

绘出 M_P、$\overline{M}_1$图，如图 6.23（b）、（c）所示。

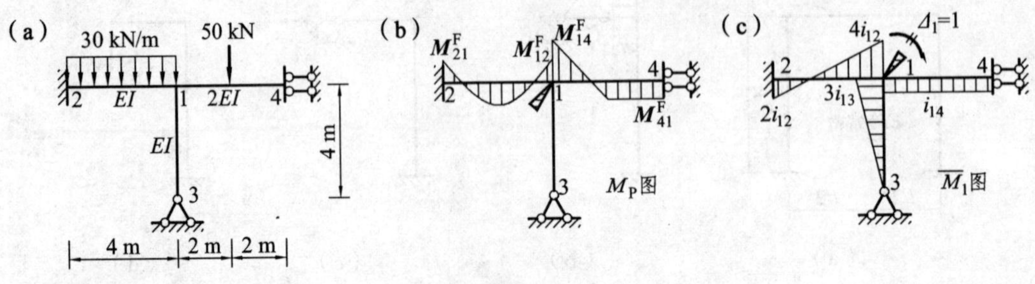

图 6.23

由 M_P 图[见图 6.23（b）]，可求得自由项为

$$R_{1P} = M_1 = M_{12}^F + M_{13}^F + M_{14}^F = \sum M_{1j}^F$$

式中，$M_1 = \sum M_{1j}^F$ 为结点固定时附加刚臂上的约束反力矩，它等于汇交于结点 1 的各杆端固端弯矩的代数和，亦即各固端弯矩所不能平衡的差额，故 M_1 又称为结点 1 上的不平衡力矩。

由 $\overline{M}_1$ 图[见图 6.23（c）]，可求得系数为

$$r_{11} = 4i_{12} + 3i_{13} + i_{14} = S_{12} + S_{13} + S_{14} = \sum S_{1j}$$

式中 S_{1j} 为 $1j$（$j = 2$，3，4）杆的杆端转动刚度系数，它标志着该杆端抵抗转动能力的大小。$\sum S_{1j}$ 代表汇交于结点 1 的各杆端转动刚度系数的总和。

解位移法基本方程得

$$\Delta_1 = -\frac{R_{1P}}{r_{11}} = \frac{-M_1}{\sum S_{1j}}$$

由于结点 1 的转动，各杆端获得的弯矩为 $\overline{M}_1\Delta_1$，即

$$M_{12}^u = S_{12}\Delta_1 = \frac{S_{12}}{\sum S_{1j}}(-R_{1P}) = \frac{S_{12}}{\sum S_{1j}}(-M_1) = \mu_{12}(-M_1)$$
$$M_{13}^u = S_{13}\Delta_1 = \frac{S_{13}}{\sum S_{1j}}(-R_{1P}) = \frac{S_{13}}{\sum S_{1j}}(-M_1) = \mu_{13}(-M_1)$$
$$M_{14}^u = S_{14}\Delta_1 = \frac{S_{14}}{\sum S_{1j}}(-R_{1P}) = \frac{S_{14}}{\sum S_{1j}}(-M_1) = \mu_{14}(-M_1)$$

各杆端获得的这些弯矩称为分配弯矩，用 M_{1j}^u 表示，其正号表示在杆端为顺时针向，这相当于把结点 1 上的不平衡力矩 M_1 反号后按杆端转动刚度系数 S_{1j} 大小的比例分配给各杆端。式中 μ_{12}、μ_{13}、μ_{14} 称为分配系数，即

$$\mu_{12} = \frac{S_{12}}{\sum S_{1j}}, \qquad \mu_{13} = \frac{S_{13}}{\sum S_{1j}}, \qquad \mu_{14} = \frac{S_{14}}{\sum S_{1j}}$$

分配系数表示了结点 1 上各杆端截面承担结点 1 上的不平衡力矩 $M_1 = \sum M_{1j}^F$ 的比例，同一结点上，某一杆端转动刚度系数相对较大，其分配系数就较大，且诸分配系数之和为 1，即

$$\sum \mu_{1j} = \mu_{12} + \mu_{13} + \mu_{14} = 1$$

各杆端获得分配弯矩后，可按叠加法 $M = M_P + \overline{M}_1\Delta_1$ 计算各杆端的最后弯矩。汇交于结点 1 的各杆的 1 端为近端，而另一端为远端。各近端弯矩为

$$M_{12} = M_{12}^F + M_{12}^u = M_{12}^F + \mu_{12}(-M_1)$$
$$M_{13} = M_{13}^F + M_{13}^u = M_{13}^F + \mu_{13}(-M_1)$$
$$M_{14} = M_{14}^F + M_{14}^u = M_{14}^F + \mu_{14}(-M_1)$$

以上各式右边第一项为荷载产生的固端弯矩，第二项为结点转动Δ_1角所产生的分配弯矩，即各近端（转动端）弯矩等于固端弯矩加分配弯矩。

各远端弯矩为

$$M_{21}=M_{21}^{\mathrm{F}}+C_{12}M_{12}^{\mathrm{u}}$$
$$M_{31}=M_{31}^{\mathrm{F}}+C_{13}M_{13}^{\mathrm{u}}$$
$$M_{41}=M_{41}^{\mathrm{F}}+C_{14}M_{14}^{\mathrm{u}}$$

上式中C_{1j}为$1j$杆从1端传至j端的弯矩传递系数。右边第一项仍是固端弯矩；第二项是由结点转动Δ_1角所产生的弯矩，它好比是将各近端的分配弯矩以传递系数的比例传到各远端，故称为传递弯矩。即各远端弯矩等于固端弯矩加传递弯矩。

通过上述的分析，可看出用力矩分配法计算，不必绘M_{P}、$\overline{M}_1$图，也不必列出和求解基本方程，而直接按以上结论计算各杆端弯矩。其过程可形象地归纳为两步：

（1）固定结点即加入刚臂。此时各杆端有固端弯矩，而结点上有不平衡力矩，它暂时由刚臂承担。

（2）放松结点即取消刚臂，让结点转动。这相当于在结点上又加入一个反号的不平衡力矩，于是不平衡力矩被消除而结点获得平衡。此反号的不平衡力矩将按转动刚度系数大小的比例分配给各近端，于是各近端得到分配弯矩，同时各自向其远端进行传递，各远端得到传递弯矩。

现以图6.23（a）所示刚架为例，具体说明力矩分配法的计算步骤。

① 计算各杆端分配系数，令$i=EI/4=1$，有

$$\mu_{12}=\frac{S_{12}}{\sum S_{1j}}=\frac{4\times1}{4\times1+3\times1+2\times1}=\frac{4}{9}=0.445$$
$$\mu_{13}=\frac{S_{13}}{\sum S_{1j}}=\frac{3}{9}=0.333$$
$$\mu_{14}=\frac{S_{14}}{\sum S_{1j}}=\frac{2}{9}=0.222$$

② 计算各固端弯矩，由表6.2，有

$$M_{12}^{\mathrm{F}}=\frac{ql^2}{12}=\frac{30\times4^2}{12}=40\ (\mathrm{kN\cdot m}),\quad M_{21}^{\mathrm{F}}=-\frac{ql^2}{12}=-\frac{30\times4^2}{12}=-40\ (\mathrm{kN\cdot m})$$
$$M_{14}^{\mathrm{F}}=-\frac{3F_{\mathrm{P}}l}{8}=-\frac{3\times50\times4}{8}=-75\ (\mathrm{kN\cdot m}),\quad M_{41}^{\mathrm{F}}=-\frac{F_{\mathrm{P}}l}{8}=-\frac{50\times4}{8}=-25\ (\mathrm{kN\cdot m})$$

③ 计算结点1的不平衡力矩并将其反号进行分配与传递：

$$M_1=\sum M_{1j}^{\mathrm{F}}=M_{12}^{\mathrm{F}}+M_{13}^{\mathrm{F}}+M_{14}^{\mathrm{F}}=40-75=-35\ (\mathrm{kN\cdot m})$$

将$M_1=-35\ \mathrm{kN\cdot m}$反号并乘以分配系数即得到各近端的分配弯矩，再将分配弯矩乘以各自的传递系数即得到各远端的传递弯矩。

用力矩分配法计算时，为了使计算过程表达得更加紧凑、直观，避免罗列大量算式，整个计算可直接在图上书写，如图6.24（a）所示；也可列出表格，在表中直接计算书写。

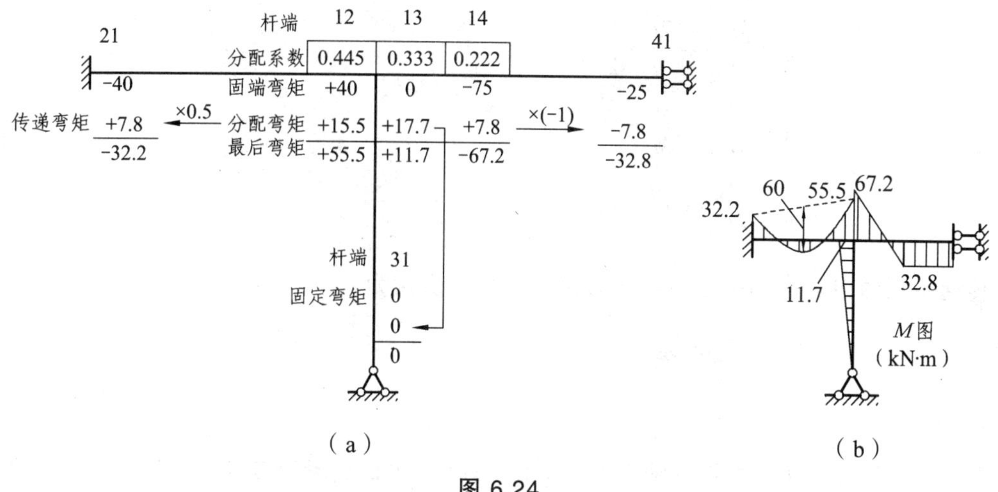

图 6.24

④ 将固端弯矩和分配弯矩、传递弯矩叠加，便得到各杆端的最后弯矩。据此即可绘出刚架的弯矩图，如图 6.24（b）所示。

二、三个重要系数的介绍

1. 转动刚度系数（劲度系数）

转动刚度表示杆端对转动的抵抗能力，不同杆件对于杆端转动的抵抗能力是不同的。杆端转动刚度系数 S_{AB} 的定义是：杆件 AB 的 A 端（或称近端）发生单位转角时，A 端产生的弯矩值。此值不仅与杆件的弯曲线刚度 i（材料的性质、横截面的形状和尺寸、杆长）有关，而且与杆件另一端（或称远端）的支承情况有关。当远端是不同支承时[见图 6.25（a）、（b）、（c）]，等截面直杆的转动刚度 S_{AB} 是不同的。

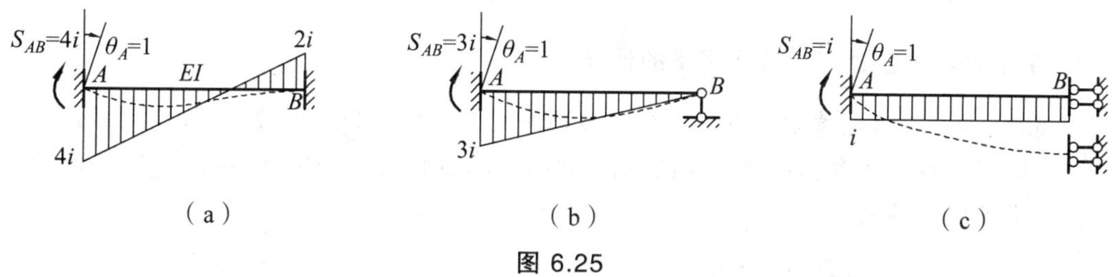

图 6.25

如果把 A 端改成固定铰支座、活动铰支座，转动刚度 S_{AB} 的数值不变。

2. 传递系数

当杆件 AB 仅在 A 端有转角时，B 端的弯矩 M_{BA} 与 A 端弯矩 M_{AB} 之比值，即远端弯矩与近端弯矩之比值，称为该杆从 A 端传至 B 端的弯矩传递系数，用 C_{AB} 表示。因此，图 6.25 所示各杆的传递系数分别为

$$C_{AB}=\frac{M_{BA}}{M_{AB}}=\frac{2l}{4i}=\frac{1}{2}$$

$$C_{AB}=\frac{M_{BA}}{M_{AB}}=\frac{0}{3i}=0$$

$$C_{AB}=\frac{M_{BA}}{M_{AB}}=\frac{-i}{i}=-1$$

利用传递系数的概念，远端弯矩也成为传递弯矩可表达为

$$M_{BA}=C_{AB}M_{AB}^{\mathrm{u}}$$

3. 分配系数

杆件 AB 在结点 A 的力矩分配系数 μ_{AB} 等于杆件 AB 的转动刚度 S_{AB} 与汇交于 A 点的各杆的转动刚度之和 $\sum_{A} S_{ij}$ 的比值，即

$$\mu_{AB}=\frac{S_{AB}}{\sum_{A} S_{Aj}} \tag{6-4}$$

其中，j 可以是汇交于 A 点的 B、C 或 D。分配系数 μ_{AB} 表示结点 A 上各杆端截面承担结点 A 上的不平衡力矩 $\sum M_{Aj}^{\mathrm{F}}$ 的比例。

同一结点各杆分配系数之间存在下列关系：

$$\sum \mu_{Aj}=\mu_{AB}+\mu_{AC}+\mu_{AD}=1 \tag{6-5}$$

此式可作为每一结点力矩分配系数的计算校核条件。

三、用力矩分配法计算连续梁和无侧移刚架

1. 单结点结构在跨间荷载作用下的计算

图 6.26（a）所示连续梁，有一个结点转角而无结点线位移。主要计算过程分两步：

（1）固定结点。在刚结点 B 上施加刚臂以阻止结点转动，如图 6.26（b）所示，求出此固定状态下各杆端的固端弯矩和结点 B 的不平衡力矩 M_B。

$$M_{BA}^{\mathrm{F}}=\frac{F_{\mathrm{P}}l}{8}=\frac{200\times 6}{8}=150\ (\mathrm{kN\cdot m})$$

$$M_{AB}^{\mathrm{F}}=-\frac{F_{\mathrm{P}}l}{8}=-\frac{200\times 6}{8}=-150\ (\mathrm{kN\cdot m})$$

$$M_{BC}^{\mathrm{F}}=-\frac{ql^2}{8}=-\frac{20\times 6\times 6}{8}=-90\ (\mathrm{kN\cdot m})$$

$$M_B=M_{BA}^{\mathrm{F}}+M_{BC}^{\mathrm{F}}=150-90=60\ (\mathrm{kN\cdot m})$$

（2）放松结点。去掉约束，相当于在结点 B 加上负的不平衡力矩 M_B，并将它分给各杆

端及传递到远端。各杆端获得分配弯矩和传递弯矩，如图 6.26（c）所示。

各杆端的分配系数，由式（6-4），有

$$\mu_{BA}=\frac{4\times3}{4\times3+3\times4}=\frac{1}{2},\quad \mu_{BC}=\frac{3\times4}{4\times3+3\times4}=\frac{1}{2}$$

各杆端的分配弯矩、传递弯矩为

$$M_{BA}^{u}=\mu_{BA}(-M_B)=\frac{1}{2}\times(-60)=-30\ (\text{kN}\cdot\text{m})$$

$$M_{AB}=C_{BA}M_{BA}^{u}=\frac{1}{2}(-30)=-15\ (\text{kN}\cdot\text{m})$$

$$M_{BC}^{u}=\mu_{BC}(-M_B)=\frac{1}{2}\times(-60)=-30\ (\text{kN}\cdot\text{m})$$

（3）叠加以上两步的杆端弯矩，得到最后杆端弯矩。整个计算可直接在图上进行，最后弯矩图如图 6.26（d）所示。可见只有一个刚结点的结构，在该结点只能移动时，用力矩分配法计算所得到的是精确解答。

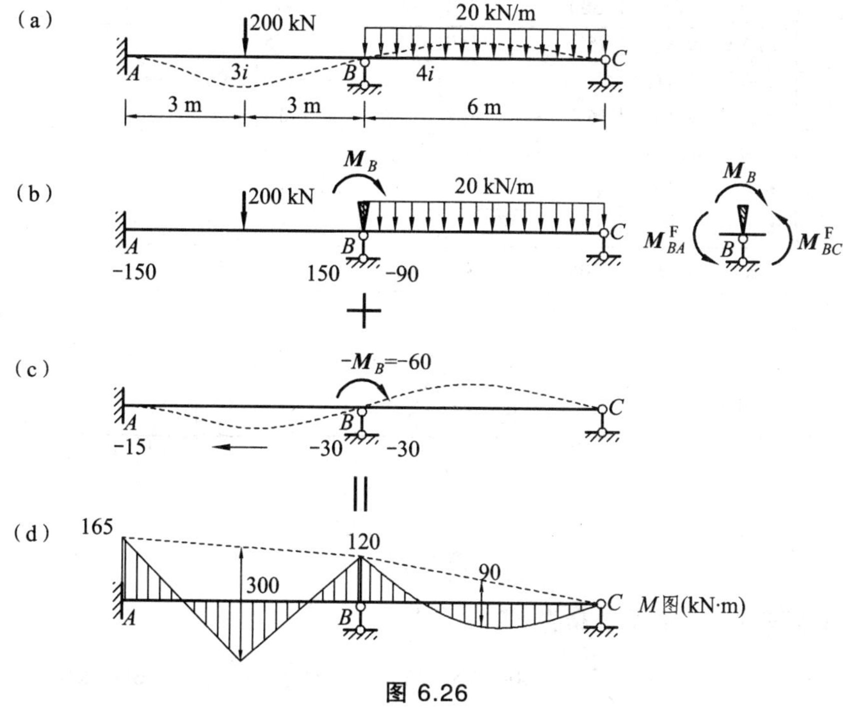

图 6.26

2. 多结点力矩分配法——渐进运算

对于具有多个结点转角但无结点线位移的结构，只需依次对各结点使用上述方法便可求解。作法是：先将所有结点固定，计算各杆固端弯矩；然后将各结点轮流放松，即每次只放松一个结点，其他结点仍暂时固定，这样把各结点的不平衡力矩轮流地进行分配、传递，直到传递弯矩小到可略去时为止，以这样的逐次渐近方法来计算杆端弯矩。下面结合具体例子来说明。

如图 6.27（a）所示连续梁，有两个结点转角而无结点线位移。为了使计算过程的表达更加紧凑、直观，避免罗列大量算式，整个计算可直接在图上书写，如图 6.27（b）所示。

（1）将两个刚结点 1、2 固定起来，并计算各杆端分配系数。由于各跨 EI、l 均相同，故线刚度均为 i，由式（6-4）有

$$\mu_{10}=\frac{4i}{4i+4i}=\frac{1}{2},\qquad \mu_{12}=\frac{4i}{4i+4i}=\frac{1}{2}$$

$$\mu_{21}=\frac{4i}{4i+3i}=\frac{4}{7},\qquad \mu_{23}=\frac{3i}{4i+3i}=\frac{3}{7}$$

将其填入图 6.27（b）分配系数 μ 一栏中。

（a）

（b）

分配系数μ		$\frac{1}{2}$	$\frac{1}{2}$	$\frac{4}{7}$	$\frac{3}{7}$	
固端弯矩M^{F}	-300	+300	-600	+600	-450	0
结点1分配传递	75	+150	+150	+75		
结点2分配传递			-64	-129	-96	0
结点1分配传递	16	+32	+32	+16	+16	
结点2分配传递			-5	-9	-7	
结点1分配传递	1	+2	+3	+1		
结点2分配传递				-1	0	
最后弯矩M	-208	484	-484	+553	-553	0

（c）

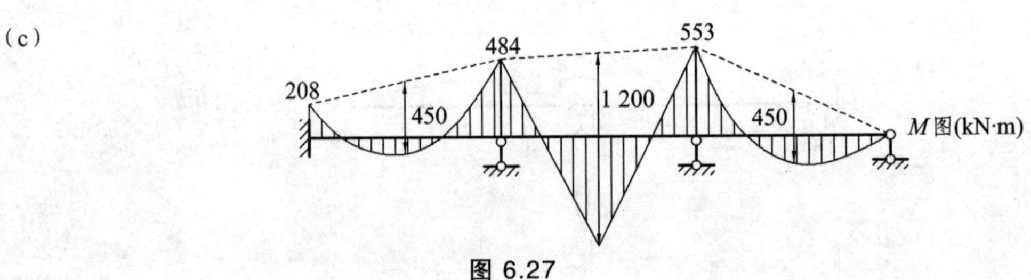

图 6.27

（2）计算各杆的固端弯矩。据表 6.2，可得

$$M_{01}^{F}=-\frac{25\times12^{2}}{12}=-300\ (\text{kN}\cdot\text{m}),\qquad M_{10}^{F}=\frac{25\times12^{2}}{12}=300\ (\text{kN}\cdot\text{m})$$

$$M_{12}^{F}=-\frac{400\times12}{8}=-600\ (\text{kN}\cdot\text{m}),\qquad M_{21}^{F}=\frac{400\times12}{8}=600\ (\text{kN}\cdot\text{m})$$

$$M_{23}^{F}=-\frac{25\times12^{2}}{8}=-450\ (\text{kN}\cdot\text{m}),\qquad M_{32}^{F}=0$$

将上述各值填入图 6.27（b）固端弯矩 M^{F} 一栏中。

（3）进行力矩的分配和传递。此时的结点 1、2 各有不平衡力矩，即

$$M_1 = \sum M_{1j}^{\mathrm{F}} = 300 - 600 = -300\ (\mathrm{kN \cdot m})$$

$$M_2 = \sum M_{2j}^{\mathrm{F}} = 600 - 450 = 150\ (\mathrm{kN \cdot m})$$

为了消除这两个不平衡力矩，在位移法中是令结点 1、2 同时产生与原结构相同的转角，也就是同时放松两个结点，让它们一次性转动到实际的平衡位置。如前所述，这需要建立联立方程并解算它们。在力矩分配法中则不是这样，而是逐次地将各结点轮流放松来达到同样的目的。

首先放松结点 1，此时结点 2 仍固定，故与放松单个结点的情况完全相同，把结点 1 的不平衡力矩 –300 kN·m 反号并乘以各分配系数即得到分配弯矩：

$$M_{10}^{\mathrm{u}} = \mu_{10}(-M_1) = \frac{1}{2} \times [-(-300)] = 150\ (\mathrm{kN \cdot m})$$

$$M_{12}^{\mathrm{u}} = \mu_{12}(-M_1) = \frac{1}{2} \times [-(-300)] = 150\ (\mathrm{kN \cdot m})$$

把它们填入图 6.27（b）结点 1 分配传递一栏中。这样结点 1 便暂时获得了平衡，在分配弯矩下面画一条横线来表示平衡。此时结点 1 也就随之转动了一个角度（但还没有转到最后位置）。同时，各分配弯矩乘以各自的传递系数向远端进行传递，其传递弯矩为

$$M_{01} = C_{10} M_{10}^{\mathrm{u}} = \frac{1}{2} \times (150) = 75\ (\mathrm{kN \cdot m})$$

$$M_{21} = C_{12} M_{12}^{\mathrm{u}} = \frac{1}{2} \times (150) = 75\ (\mathrm{kN \cdot m})$$

在图 6.27（b）中用箭头把它们分别送到各远端。

其次看结点 2，它原有不平衡力矩 150 kN·m，又加上结点 1 传来的传递弯矩 75 kN·m，故共有不平衡力矩 $150 + 75 = 225\ \mathrm{kN \cdot m}$。现在我们把结点 1 在刚才转动后的位置上重新设置刚臂加以固定，然后放松结点 2，于是又与放松单个结点的情况相同。将结点 2 的不平衡力矩 225 kN·m 反号并进行分配：

$$M_{21}^{\mathrm{u}} = \mu_{21}(-225) = \frac{4}{7} \times (-225) = -129\ (\mathrm{kN \cdot m})$$

$$M_{23}^{\mathrm{u}} = \mu_{23}(-225) = \frac{3}{7} \times (-225) = -96\ (\mathrm{kN \cdot m})$$

同时向各远端进行传递：

$$M_{12} = C_{21} M_{21}^{\mathrm{u}} = \frac{1}{2} \times (-129) = -64\ (\mathrm{kN \cdot m})$$

$$M_{32} = C_{23} M_{23}^{\mathrm{u}} = 0 \times (-96) = 0$$

于是结点 2 亦暂告平衡，同时也转动了一个角度（也未转到最后位置），然后将它也在转动后的位置上重新固定起来。

再看结点 1，它又有了新的不平衡力矩 –64 kN·m，于是又将结点 1 放松，按同样方法进行分配和传递，等等。如此反复地将各结点轮流地固定、放松，不断地进行力矩的分配和传递，则不平衡力矩的数值将越来越小（因为分配系数和传递系数均小于 1），直到传递弯矩的数值小到按计算精度的要求可以略去时，便可停止计算。这时各结点经过逐次转动，也就逐

渐逼近了其最后的平衡位置。

（4）计算各杆端的最后弯矩。

将各杆端的固端弯矩和屡次所得到的分配弯矩和传递弯矩总加起来，便得到各杆端的最后弯矩，据此绘出弯矩图，如图 6.27（c）所示。

综上所述，对多结点结构的力矩分配法作以下几点说明：

① 多结点结构的力矩分配法得到的是渐近解。

② 从结点不平衡力矩较大的结点开始，以加速收敛。

③ 不能同时放松相邻的结点（因为两相邻结点同时放松时，它们之间的杆的转动刚度和传递系数定不出来）；但是，可以同时放松所有不相邻的结点，这样可以加速收敛。

④ 每次要将结点不平衡力矩变号分配。

⑤ 结点 i 的不平衡力矩 M_i 总等于附加刚臂上的约束力矩，可由结点平衡求得。

在第一轮第一个分配结点：$M_i=\sum M^F-M$（M 为作用在结点 i 上的结点力偶荷载，顺时针为正）

在第一轮其他分配结点：$M_i=\sum M^F-M+M_{传递}$

以后各轮的各分配结点：$M_i=M_{传递}$

例 6.8 试用力矩分配法计算图 6.28（a）所示连续梁，并绘制弯矩图。

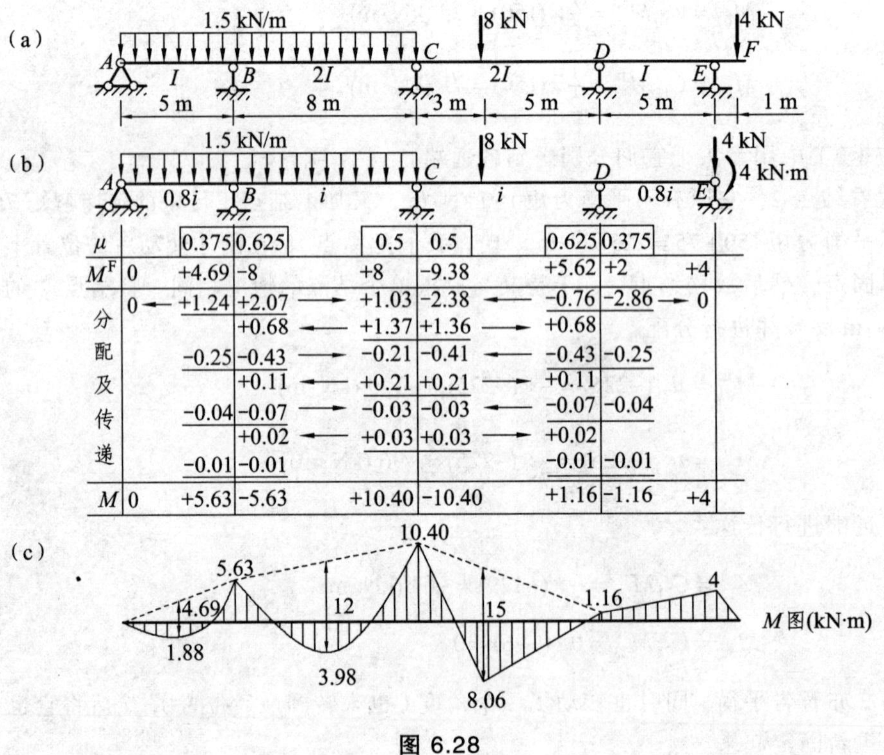

图 6.28

解 （1）右边悬臂部分 EF 的内力是静定的，若将其切去，而以相应的弯矩和剪力作为外力施加于结点 E 处，则结点 E 便简化为铰支端来处理，如图 6.28（b）所示。

（2）计算分配系数。若设 BC、CD 两杆的线刚度为 $i=\dfrac{2EI}{8}$，则 AB、DE 两杆的线刚度

折算为 $\dfrac{EI}{5}=0.8i$，如图 6.28（b）所注。对于结点 D，分配系数为

$$\mu_{DC}=\frac{4i}{4i+3\times0.8i}=\frac{4}{4+2.4}=0.625$$

$$\mu_{DE}=\frac{2.4}{4+2.4}=0.375$$

其余各结点的分配系数可同样算出，见图上所注。

（3）计算固端弯矩。DE 杆相当于一端固定一端铰支的梁，在铰支端处承受一集中力及一力偶荷载，其中集中力 4 kN 将为支座 E 直接承受而不使梁产生弯矩，故可不考虑；而力偶 $M_{ED}=4\ \text{kN}\cdot\text{m}$ 所产生的固端弯矩 M_{DE}^{F} 由表 6.2 可算得

$$M_{DE}^{\text{F}}=\frac{1}{2}M_{ED}=\frac{1}{2}\times4=2\ (\text{kN}\cdot\text{m})$$

至于其余各固端弯矩均可按表 6.2 求得，无须赘述。

（4）轮流放松各结点进行力矩分配和传递。为了使计算时收敛较快，先放松结点 D；此外，由于放松结点 D 时，结点 C 是固定的，故又可同时放松结点 B。并由此可知，凡不相邻的各结点每次均可同时放松，这样便可加快收敛的速度。整个计算详见图 6.28（b）。

（5）计算杆端最后弯矩，并绘 M 图，见图 6.28（c）。

例 6.9 试用力矩分配法计算图 6.29（a）所示刚架。设 $EI=$ 常数，各杆线刚度的相对值如图（a）括号中数值所示。

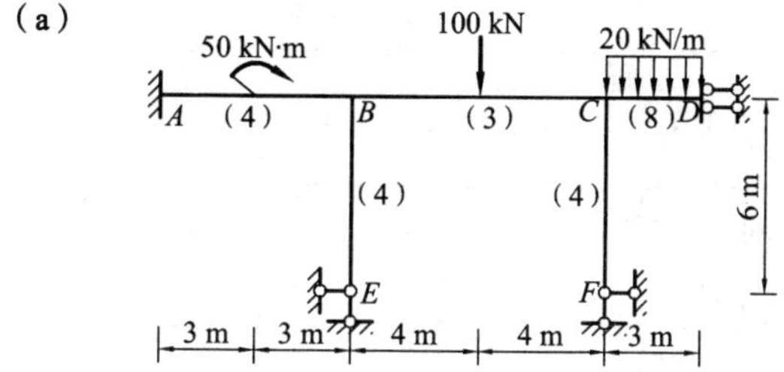

（b）

结点	A	B			C			D
杆端	AB	BA	BE	BC	CB	CF	CD	DC
μ		$\frac{4}{10}$	$\frac{3}{10}$	$\frac{3}{10}$	$\frac{3}{8}$	$\frac{3}{8}$	$\frac{2}{8}$	
M^{F}	12.5	12.5		-100	100		-60	-30
	17.5	35.0	26.3	26.2	13.1			
				-10.0	-19.9	-19.9	-13.3	13.3
	20	4.0	3.0	3.0	1.5			
					-0.6	-0.6	-0.3	0.3
M	32.0	51.5	29.3	-80.8	94.1	-20.5	-73.6	-6.4

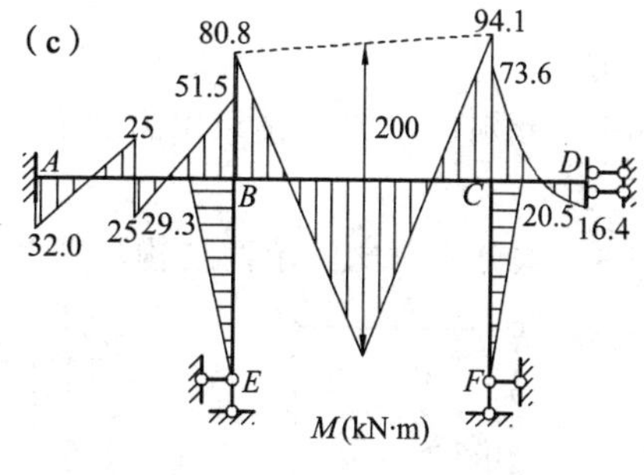

图 6.29

解 由于各杆杆长不等，故应先算各杆线刚度的相对值。设 $EI/24=i=1$，结点 B 与 C 的力矩分配系数及各杆端之固端弯矩如图 6.29（b）中所示。

从结点 B 开始，经过二轮分配与传递，得各杆端最终弯矩，计算过程及最后 M 图如图 6.29（b）、（c）所示。

计算完毕，可校核各结点处的杆端弯矩是否满足平衡条件。

对于结点 B，有

$$\sum M_B = 51.5 + 29.3 - 80.8 = 0$$

对结点 C，有

$$\sum M_C = 94.1 - 20.5 - 73.6 = 0$$

故计算无误。

习　题

6.1　确定下列图示结构用位移法求解时的最少的基本未知量个数。除注明外，EI = 常数。

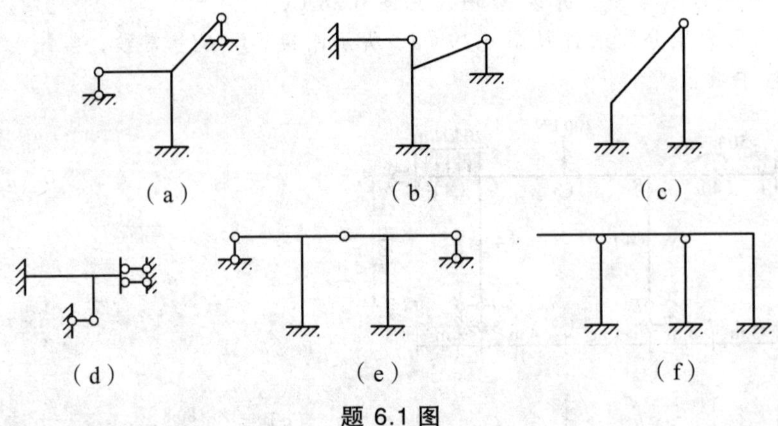

题 6.1 图

6.2　分别确定图示排架用力法和位移法求解时的基本未知量数目，并选择适宜的计算方法。

6.3　试分析对比图示两结构的位移法基本未知量的数目。

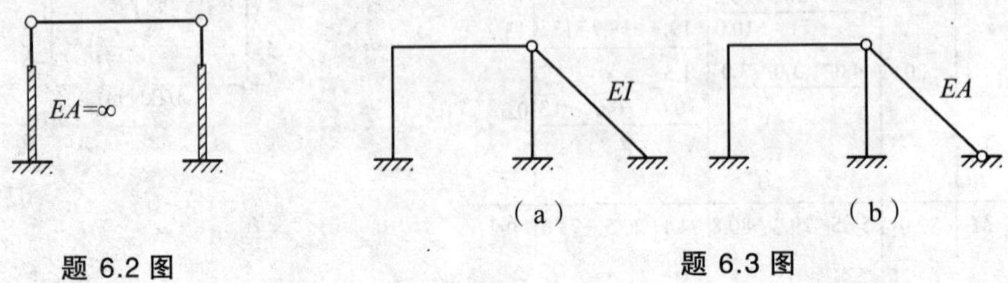

题 6.2 图　　　　**题 6.3 图**

6.4　求图示结构位移法方程中的自由项 R_{1P}。

6.5 欲使图示结构结点 A 的转角为零，应在结点 A 施加的力偶 $M=?$

6.6 欲使图示结构中的 A 点发生向右单位移动，应在 A 点施加的力 $F_P=?$

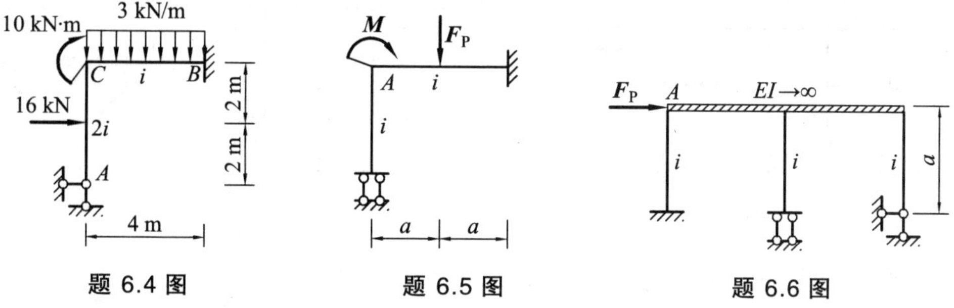

题 6.4 图　　题 6.5 图　　题 6.6 图

6.7～6.12 试用位移法计算图示结构，作弯矩图。除注明外，$EI=$常数。

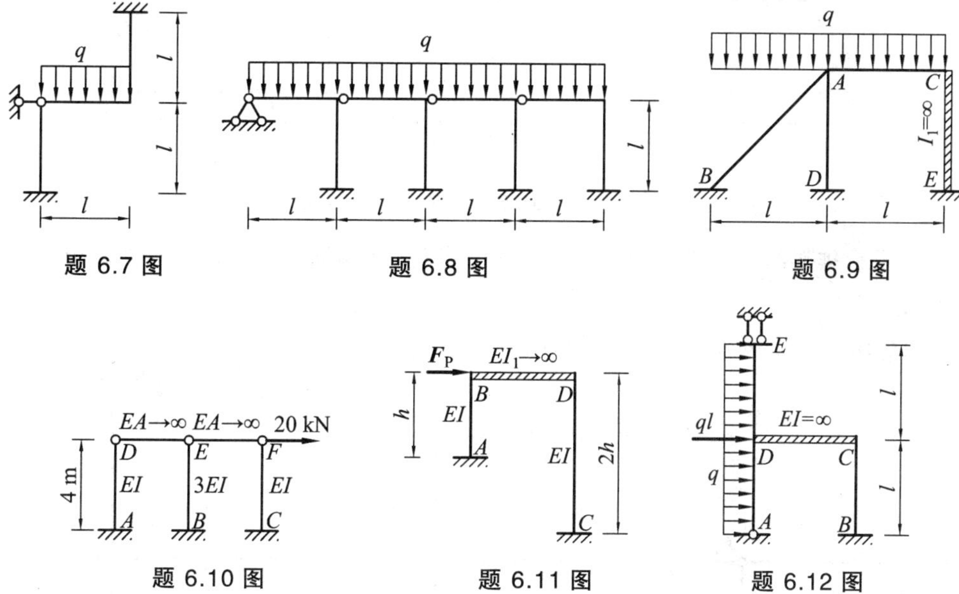

题 6.7 图　　题 6.8 图　　题 6.9 图

题 6.10 图　　题 6.11 图　　题 6.12 图

6.13 图示结构 $EI=$常数，已知结点 C 的水平线位移为 $\Delta_C=7ql^4/184EI(\rightarrow)$，试求结点 C 的角位移 φ_C。提示：注意位移法基本未知量的物理意义。

6.14 试用位移法计算图示结构，作弯矩图。$EI=$常数。

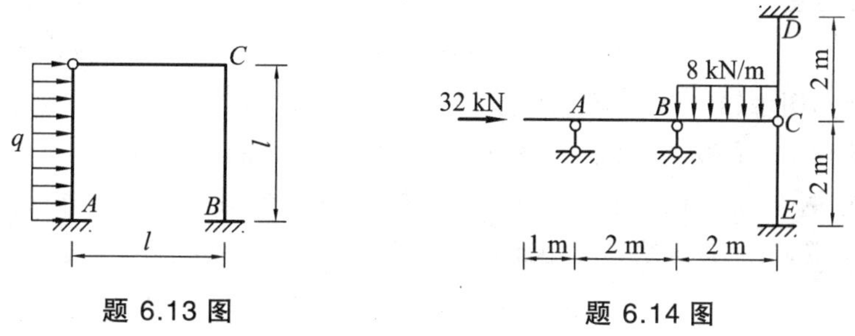

题 6.13 图　　题 6.14 图

6.15 试利用对称性，对图示刚架选取半结构或 1/4 结构，并确定基本未知量。各杆 EI

= 常数。

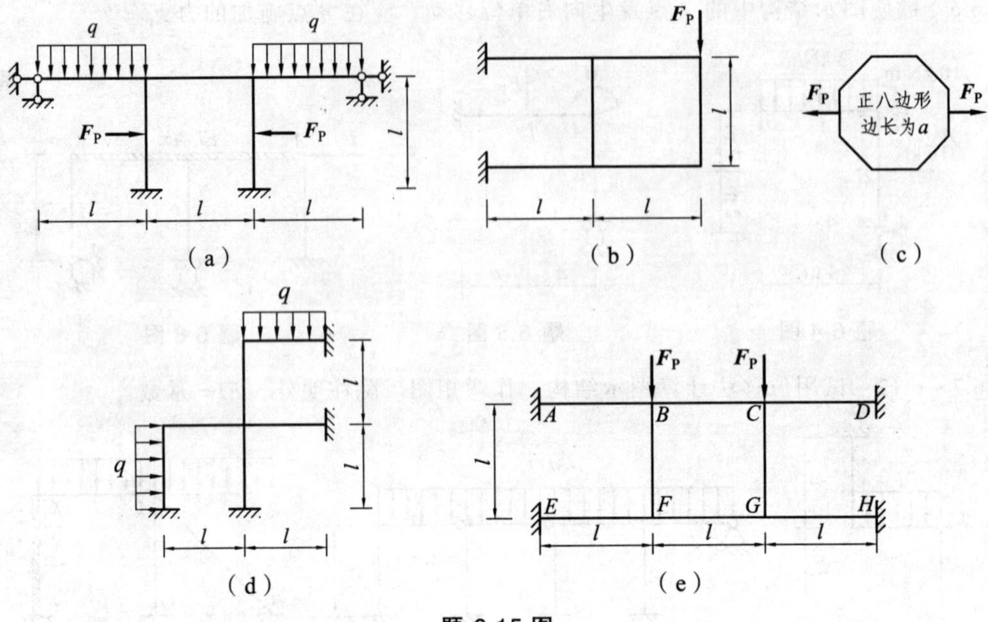

题 6.15 图

6.16 图示排架结构，横梁刚度为无穷大，各柱 EI 相同，试利用对称性确定 1、2 杆轴力 F_{N1}、F_{N2}。

6.17、6.18 用位移法计算图示对称刚架，并绘弯矩图。

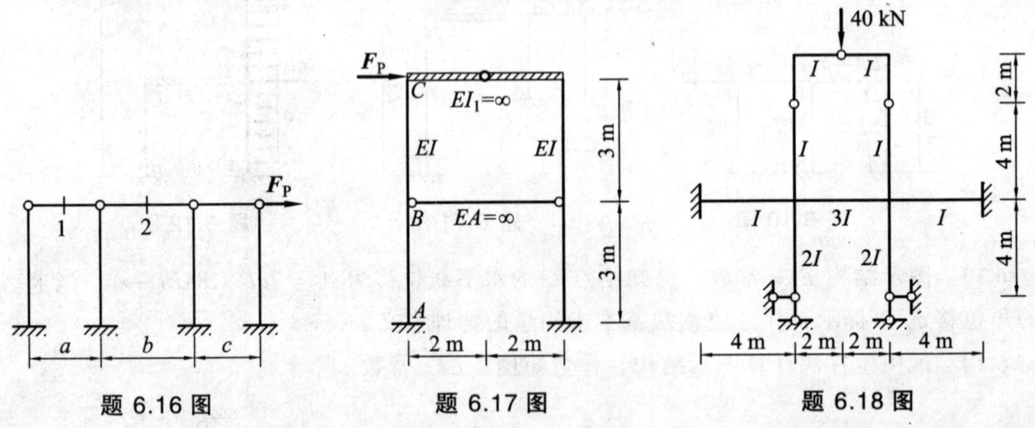

题 6.16 图　　题 6.17 图　　题 6.18 图

提示：注意判断二力杆内力　　提示：注意判断上部三铰刚架的性质

6.19 试计算图示结构杆端弯矩 M_{AB}。

6.20 图示结构，C 支座下沉 Δ，杆长为 l，求结点 B 的转角 θ_B。

6.21 已知图示结构的支座 C 顺时针转动 $\theta = 0.06$ rad，引起结点 D 产生角位移 $\varphi_D = -0.01$ rad（逆时针），试绘其弯矩图。

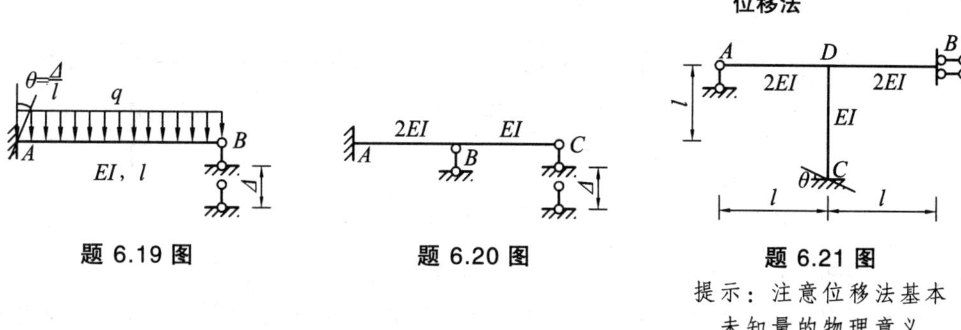

题 6.19 图　　题 6.20 图　　题 6.21 图

提示：注意位移法基本未知量的物理意义

6.22　图示结构，B 支座下沉 2 cm，C 支座下沉 1 cm，已知 $EI=1.4\times10^6\ \text{kN}\cdot\text{m}^2$，试绘其弯矩图。

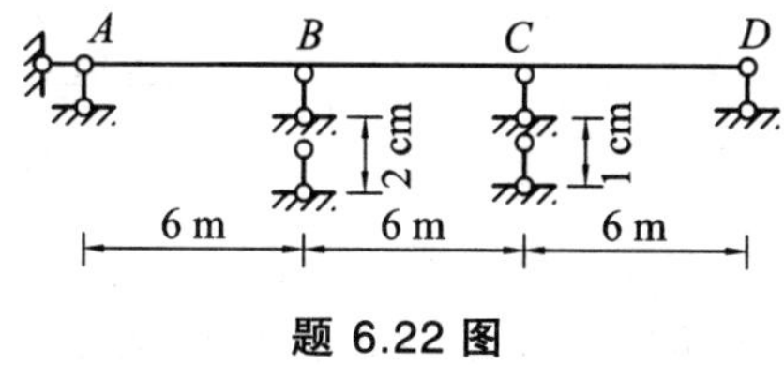

题 6.22 图

6.23　试判断分析图（a）、（b）所示结构能否用力矩分配法求解。

6.24　求图示结构的力矩分配系数和固端弯矩。EI = 常数。

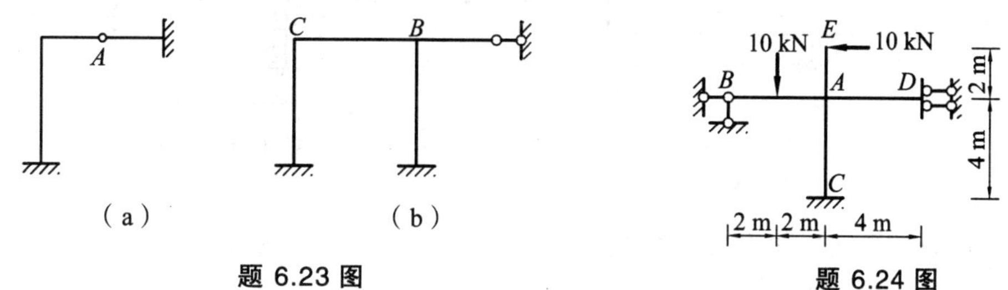

题 6.23 图　　题 6.24 图

6.25　求图示连续梁中结点 B 的不平衡力矩 M_B。

6.26　图示连续梁，试求 AB 杆杆端最后弯矩 M_{BA}。（以顺时针为正）

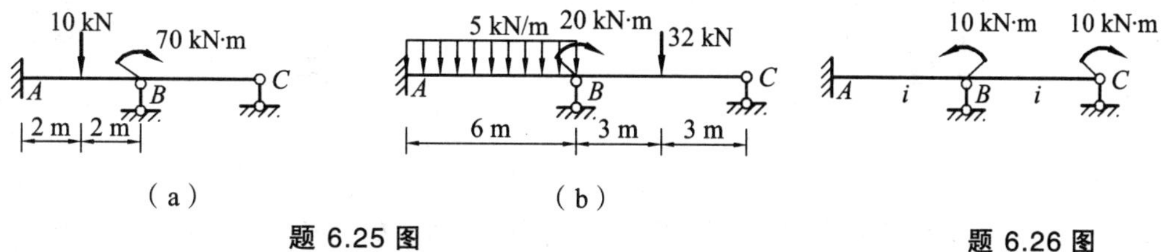

题 6.25 图　　题 6.26 图

6.27　已知图示连续梁固定状态的弯矩图，求各杆端最后弯矩 M_{BA}、M_{AB}。

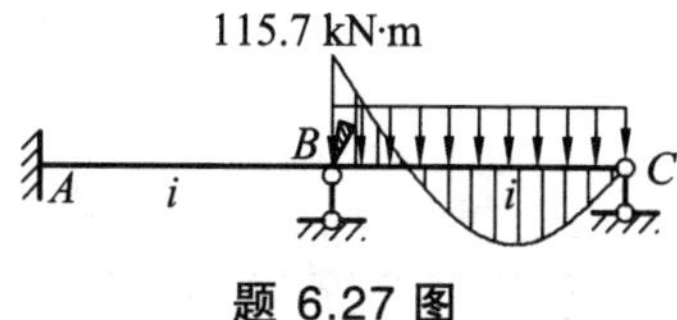

题 6.27 图

6.28　试比较图示三个结构中 M_A 的大小。

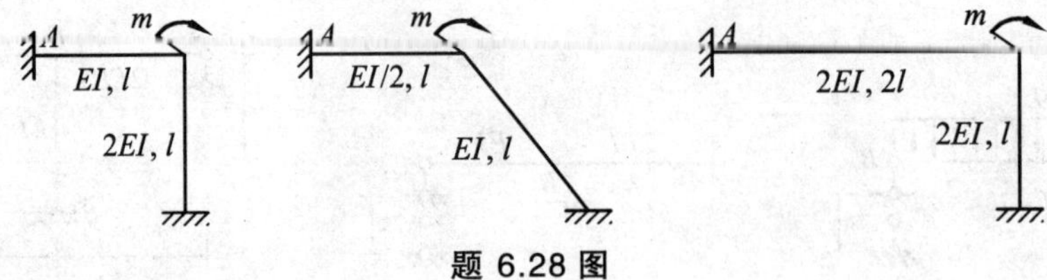

题 6.28 图

6.29 用力矩分配法计算图示连续梁，并绘出弯矩图。

6.30 利用对称性，用力矩分配法计算图示连续梁，作 M 图，并求支座 B 的反力。

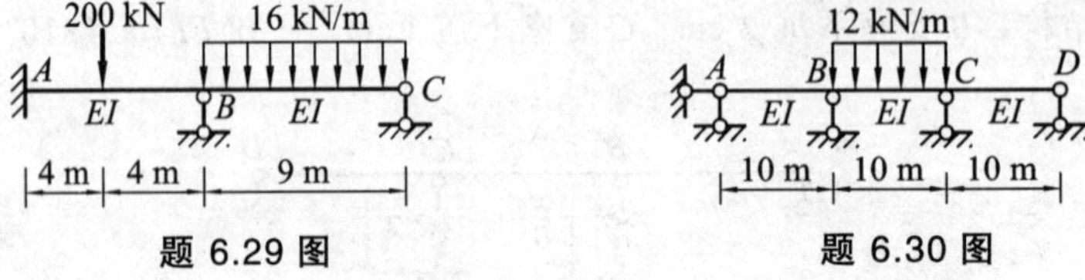

题 6.29 图　　题 6.30 图

6.31 利用对称性，用力矩分配法计算图示连续梁，并作 M 图。

6.32 试用力矩分配法作图示刚架的 M 图（图中 EI 为相对值）。

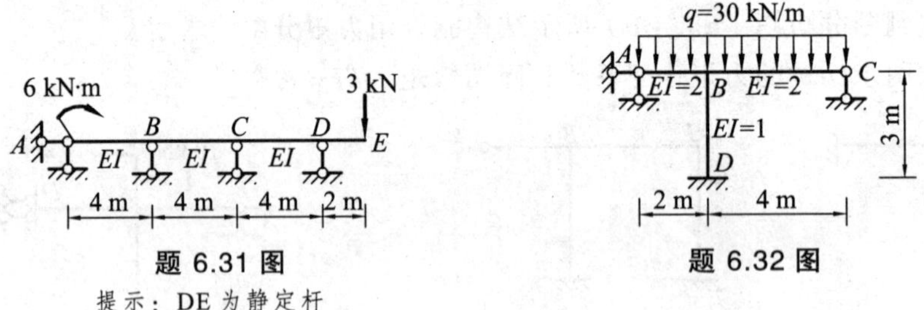

题 6.31 图　　题 6.32 图

提示：DE 为静定杆

6.33 用力矩分配法计算图示连续梁，并绘出弯矩图。EI = 常数。

6.34 用力矩分配法计算图示刚架，并绘制弯矩图。EI = 常数。

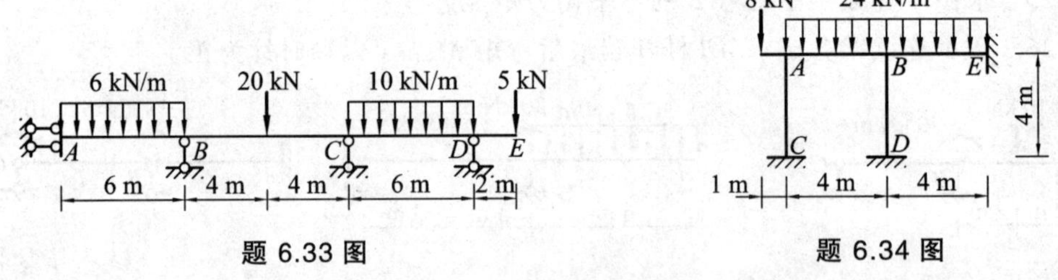

题 6.33 图　　题 6.34 图

6.35 绘出各结构的弯矩图。除注明者外，各杆的 EI、l 均相同。（直接绘在原图上）

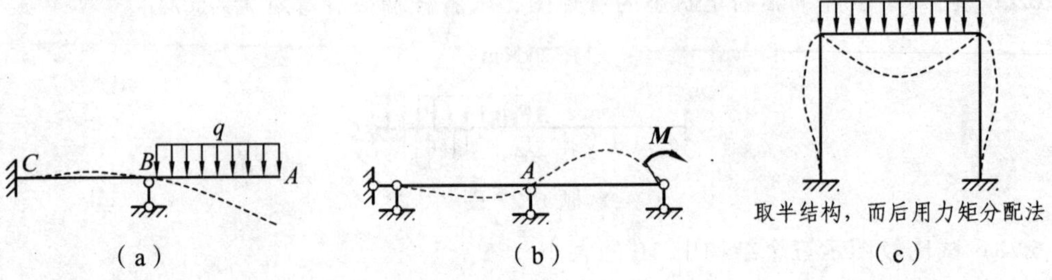

（a）　　（b）　　（c）

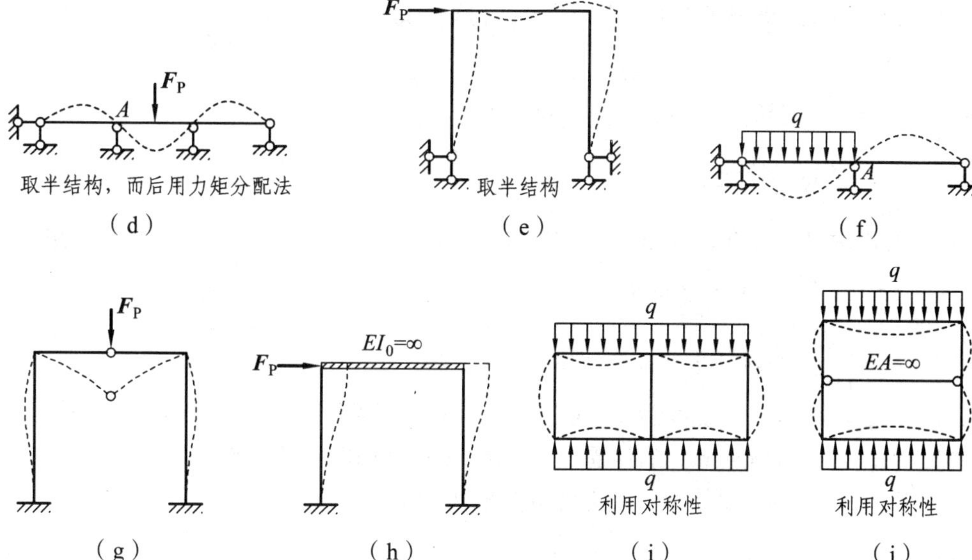

题 6.35 图

习题参考答案

6.1 （a）2；（b）2；（c）2；（d）2；（e）4；（f）3

6.2 力法 1，位移法 5

6.3 （a）1；（b）2

6.4 $R_{1P}=-2\text{kN}\cdot\text{m}$

6.5 $M=-\dfrac{F_P a}{4}$

6.6 $F_P=\dfrac{15i}{a^2}$

6.7 $r_{11}=7i$，$R_{1P}=\dfrac{ql^2}{8}$，$\Delta_1=-\dfrac{ql^2}{56}$，横梁右端刚结点处的弯矩 $\dfrac{ql^2}{14}$（上侧受拉）

6.8 各垮横梁右端刚结点处的弯矩 $\dfrac{ql^2}{14}$（上侧受拉）

6.9 A 点、C 点转角为零，$M_{AB}=\dfrac{ql^2}{12}$（外侧受拉），$M_{AC}=-\dfrac{ql^2}{12}$（上侧受拉）

AD、CE 柱弯矩、剪力为零。

6.10 $M_{AD}=M_{CF}=-16\text{kN}\cdot\text{m}$（左端受拉），$M_{BE}=-48\text{kN}\cdot\text{m}$（左端受拉）

6.11 $M_{AB}=M_{BA}=-\dfrac{4F_P h}{9}$，$M_{CD}=M_{DC}=-\dfrac{F_P h}{9}$

6.12 $M_{CD}=\dfrac{21ql^2}{20}$（上侧受拉），$M_{DA}=-\dfrac{11ql^2}{15}$（右侧受拉）

6.13 $\dfrac{3ql^3}{92EI}$（顺时针）

6.14 $M_{EC}=32\text{ kN}\cdot\text{m}$（左侧受拉），$M_{BA}=2\text{kN}\cdot\text{m}$（上侧受拉）

6.15 略

6.16 $F_{N1}=\dfrac{3F_P}{4}$（拉力），$F_{N2}=\dfrac{F_P}{2}$（拉力）

6.17 $M_{AC}=M_{CA}=-\dfrac{3F_P}{2}$

6.18 右固端处弯矩 10 kN·m（上侧受拉），横梁跨中截面弯矩 30 kN·m（上侧受拉）

6.19 $M_{AB}=-\dfrac{ql^2}{8}$（上侧受拉）

6.20 $\theta_B=\dfrac{3\Delta}{11l}$（顺时针）

6.21 $M_{DA}=-0.08i$（下侧受拉），$M_{DC}=0.061i$（左侧受拉），$M_{DB}=-0.021i$（上侧受拉）

6.22 $M_B=1\,866.67\text{ kN}\cdot\text{m}$（下侧受拉），$M_C=-466.67\text{ kN}\cdot\text{m}$（上侧受拉）

6.23 图（a）不能，图（b）可用力矩分配法求解

6.24 $\mu_{AB}=\dfrac{3}{8}$，$\mu_{AC}=\dfrac{1}{2}$，$\mu_{AD}=\dfrac{1}{8}$，$\mu_{AE}=0$

$M_{AB}^F=7.5\text{ kN}\cdot\text{m}$，$M_{AC}^F=0$，$M_{AC}^F=0$，$M_{AD}^F=0$，$M_{AE}^F=20.0\text{ kN}\cdot\text{m}$

6.25 （a）$M_B=-60\text{ kN}\cdot\text{m}$；（b）$M_B=-41\text{ kN}\cdot\text{m}$

6.26 $M_{BA}=-\dfrac{60}{7}\text{ kN}\cdot\text{m}$（下侧受拉）

6.27 $M_{BA}=66.11\text{ kN}\cdot\text{m}$（上侧受拉），$M_{AB}=33.6\text{ kN}\cdot\text{m}$（下侧受拉）

6.28 三个结构中的 M_A 相同

6.29 $M_{BA}=177.2\text{ kN}\cdot\text{m}$（上侧受拉），$M_{AB}=-211.4\text{ kN}\cdot\text{m}$（下侧受拉）

6.30 $M_{BA}=60\text{ kN}\cdot\text{m}$（上侧受拉）

6.31 $M_{BA}=2\text{ kN}\cdot\text{m}$（上侧受拉），$M_{CB}=-2\text{ kN}\cdot\text{m}$（下侧受拉）

6.32 $M_{BA}=38.1\text{ kN}\cdot\text{m}$（上侧受拉），$M_{BC}=-48.4\text{ kN}\cdot\text{m}$（上侧受拉）

6.33 $M_{BA}=43.37\text{ kN}\cdot\text{m}$（上侧受拉），$M_{AB}=60.63\text{ kN}\cdot\text{m}$（下侧受拉），$M_{CD}=-20.77\text{ kN}\cdot\text{m}$（上侧受拉）

6.34 $M_{AC}=12.52\text{ kN}\cdot\text{m}$（左侧受拉），$M_{CA}=6.26\text{ kN}\cdot\text{m}$（右侧受拉）

6.35 略

第七章　矩阵位移法

【学习目的和基本要求】

矩阵位移法是求解静定、超静定杆系结构计算机计算的统一方法。与普通位移法最主要的不同之处在于，它借助矩阵将位移法分析公式化，从而实现“把繁琐交给计算机”，使大型结构分析计算可以容易、精确地实现。

通过本章学习，进一步巩固位移法的知识，为用计算机进行结构分析奠定基础。对本章学习的基本要求如下：

了解：（1）矩阵位移法与位移法的异同；

（2）结构分析程序设计方法。

熟悉与理解：（1）矩阵位移法的两个基本内容——单元分析、整体分析；

（2）矩阵位移法的分析步骤。

掌握与应用：（1）单元分析中的单元刚度矩阵的形成及单元刚度矩阵元素的物理意义；

（2）坐标变换以及单元等效结点荷载的形成；

（3）整体分析中的整体刚度矩阵的集成过程及整体刚度矩阵元素的物理意义；

（4）支座条件以及结构综合结点荷载的集成过程；

（5）已知结点位移求单元杆端力的求解方法。

第一节 概 述

矩阵位移法是以位移法为理论基础，以结点位移为基本未知量，借助矩阵进行分析，并用计算机解决各种杆系结构受力、变形等计算的方法。与位移法稍有不同的是，在采用矩阵位移法利用计算机进行结构分析时，对于刚架杆件，一般都要考虑轴向变形影响（位移法不考虑），而且构成刚架的所有杆件，包括静定杆件在内，均为两端固定杆件。因此，在矩阵位移法中可以只定义一类两端固定的基本杆件。这样，就可以很容易地确定矩阵位移法基本未知量的数目，分析和计算过程也更加便于规格化。

矩阵位移法的基本原理包含两个最基本环节，即单元分析和整体分析。

单元分析：先将结构离散成有限个单元，按照单元的力学性质（物理关系），建立单元刚度方程，形成单元刚度矩阵。

整体分析：在满足变形条件和平衡条件的前提下，将单元集合成整体，即由单元刚度矩阵集成整体刚度矩阵，建立结构的刚度方程，并据此求出各未知结点位移，进而求出各杆端内力。通过这样一个拆开、合并的过程，使一个复杂结构的计算问题转化为有限个简单单元的分析与集成问题。

由上述的两个最基本环节又可将矩阵位移法的基本思路可概括为**“化整为零”**和**“集零为整”**。

用矩阵位移法进行结构分析的过程可归纳如下：

（1）结构离散化。为计算机识别结构和有关信息做好准备。

（2）单元分析。建立单元刚度方程，形成单元刚度矩阵、单元等效结点荷载矩阵。

（3）整体分析。建立结构总刚度方程，形成结构总刚度矩阵、结构综合结点荷载矩阵。

（4）引入位移边界条件，形成结构刚度矩阵和结构刚度方程。

（5）求解结构刚度方程。采用相应的数学方法求解结构刚度方程，解出结点位移。

（6）求单元内力。由单元刚度方程求解单元杆端内力和支座反力。

第二节 结构离散化

结构的离散化是指将一个在荷载作用下的连续结构分成若干个各自独立的单元，单元之间以结点连接，用此计算模型模拟原结构的受力和变形特性。模型和原结构是有差别的，但这种差别可以通过单元的适当选取给予降低。

一、单元和结点

单元为等截面直杆，杆件结构中的每根杆件可以作为一个或几个单元（桁架杆件只能作为一个单元）。单元之间的连接点称为结点；由结构本身的构造特征而确定的构造结点，如杆件的转折点、汇交点、支承点、截面突变点取为结点。非构造结点，如集中力作用处也可作为结点处理。

1. 单元编码

为了便于描述结构，对用结点所拆成的单元进行有序编号，习惯上用①，②，③…或（1），（2），（3）…标记，此序号称为单元编码。

2. 结点编码

对整个结构上的全部结点进行有序编号，习惯上用 1，2，3…标记，此序号称为结构的结点编码。

属于同一单元的结点，称为相关（或相邻）结点。从程序方面考虑，相关结点编号的最大差值应该尽可能小。

一般把杆件的转折点、汇交点、边界点、截面变化点或集中荷载作用点等列为结点，结点之间的杆件部分作为单元，如图 7.1（a）所示。

为了减少基本未知量的数目，跨间集中荷载作用点可不作为结点，但要计算跨间荷载的等效结点荷载，如图 7.1（b）所示。

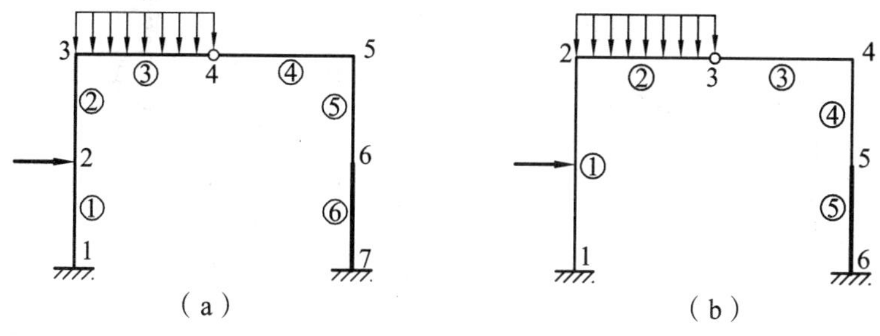

图 7.1

二、单元坐标系、结构坐标系

在矩阵位移法中主要采用两种坐标系：单元（局部）坐标系和结构（整体）坐标系。

1. 单元（局部）坐标系

单元（局部）坐标系是单独考察某一单元时建立的坐标系。各单元均以其轴线作为 $\bar{x}$ 轴，以垂直于轴线的方向作为 $\bar{y}$ 轴（$\bar{y}$ 轴一般不必在图中标示出来）。通常，结构中的各单元坐标系不完全相同。

图 7.2（a）所示为某一单元ⓔ的单元坐标系，坐标原点设置在杆端，此端为单元始端（左结点），记为结点 $\bar{1}$；杆件的另一端为单元的终端（右结点），记为结点 $\bar{2}$。杆端的这一编号称为单元的局部结点码，简称局部码。

单元杆端结点位移称为杆端位移。为了便于区分，在字母上方加一短横线表示单元（局部）坐标系中的量。对于平面刚架结构，由于弯曲变形的存在，单元结点上除沿两个坐标方

向 $\bar{x}$、$\bar{y}$ 的位移 u、v 外，还有截面转角 $\bar{\theta}$，故每个结点有 3 个位移。在单元（局部）坐标系中的杆端位移编码，称为局部位移码。局部位移码的顺序为 $\bar{\delta}_1$（$\bar{u}_1$）、$\bar{\delta}_2$（$\bar{v}_1$）、$\bar{\delta}_3$（$\bar{\theta}_1$）、$\bar{\delta}_4$（$\bar{u}_2$）、$\bar{\delta}_5$（$\bar{v}_2$）、$\bar{\delta}_6$（$\bar{\theta}_2$）。该编码规定：先 $\bar{x}$ 向，后 $\bar{y}$ 向，再转角向，如图 7.2（b）所示。单元（局部）坐标系中单元杆端位移的正方向应与该坐标方向一致。

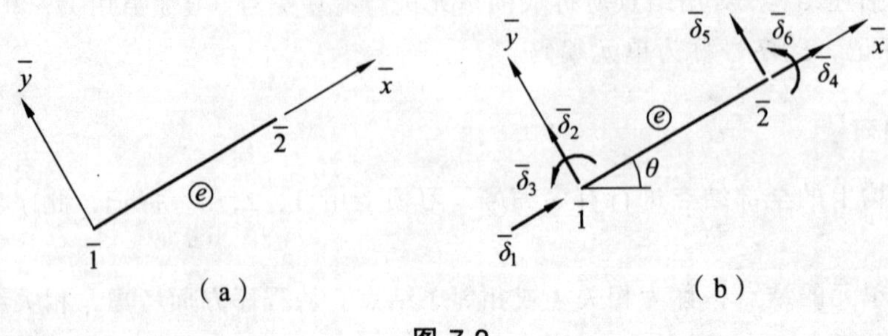

图 7.2

2. 结构（整体）坐标系

结构（整体）坐标系是为研究结构的平衡条件和变形协调条件而选定的统一坐标系。通常将 xOy 直角坐标系作为整体分析时的结构坐标系。

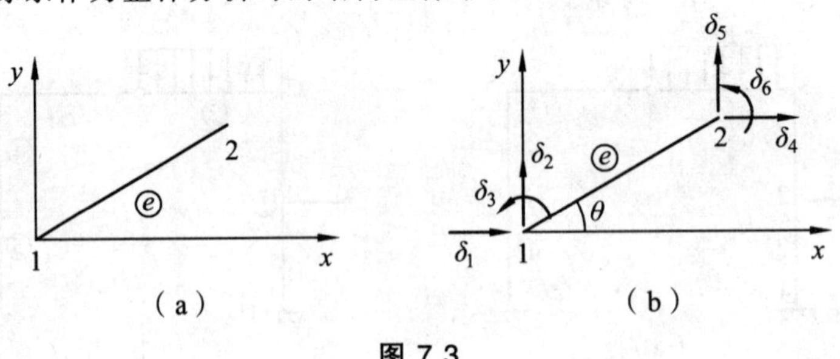

图 7.3

图 7.3（a）所示为某一单元ⓔ的结构坐标系，相对于局部坐标系，结构坐标系中各种量的表示方式是字母上方不加短横线，则单元杆端位移及其顺序为 δ_1、δ_2、δ_3、δ_4、δ_5、δ_6。该编码规定：先 x 向，后 y 向，再转角向，如图 7.3（b）所示。结构坐标系中单元杆端位移的正方向应与结构坐标方向一致。本书中无论是结构坐标系还是局部坐标系均采用右手系。

图 7.4（a）所示刚架，即以 xOy 直角坐标系（右手系）作为结构整体分析时的结构坐标系。

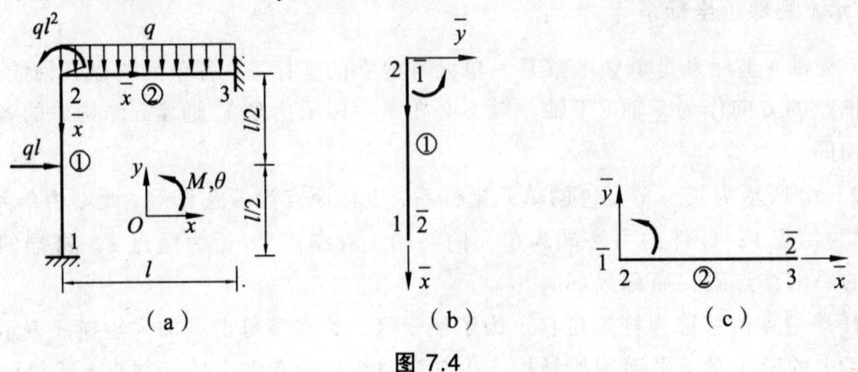

图 7.4

该结构的两个单元在结构（整体）坐标中的方位不全相同，为能对各单元用统一方法进行分析，需要为每一单元确定一个单元（局部）坐标系。图 7.4（a）中①、②单元的局部坐标系 $\bar{x}O\bar{y}$ 是以杆轴线方向作为 $\bar{x}$ 轴正向，$\bar{y}$ 轴不在图中标示出来。①、②单元的坐标原点均在结点 2 处，单元（局部）坐标如图 7.4（b）、（c）所示。

三、单元的分类

按照单元的受力性质，可将单元划分为连续梁单元、平面桁架单元和平面刚架单元。**连续梁单元产生弯矩、剪力，只产生弯曲变形；桁架单元产生轴力，只发生轴向变形；刚架单元产生弯矩、剪力和轴力，以弯曲变形为主，但要考虑剪切变形和轴向变形。**

1. 等截面连续梁单元

图 7.5（a）所示的等截面连续梁，由于不计轴向变形，每个结点既无水平位移，也没有竖向位移。取任意一个单元进行分析，杆端位移只有转角位移，由于杆端位移与杆端力是一一对应的，故单元的杆端力只有弯矩，图 7.5（b）、（c）分别示出了等截面连续梁单元的杆端位移和杆端力。图中 i、j 分别为单元始端、终端的结点编号。

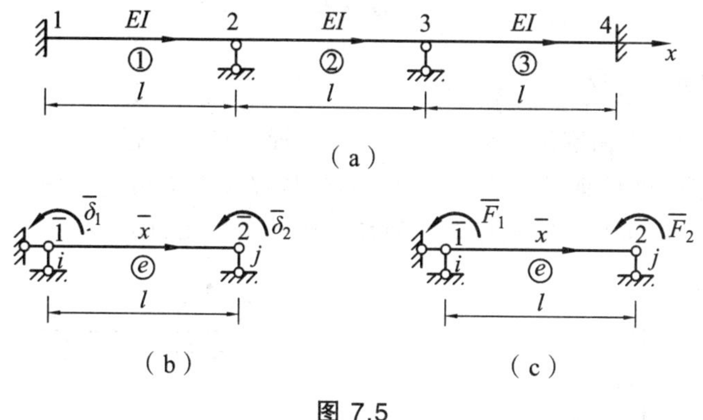

图 7.5

2. 平面桁架单元

图 7.6（a）所示的平面桁架，取任意一个单元进行分析，由于每个杆件只产生拉压变形，只有**轴力**，所以平面桁架单元在局部坐标系下单元的杆端位移只有轴向位移。由于杆端位移与杆端力是一一对应的，故单元的杆端力只有轴向力，图 7.6（b）、（c）分别示出了平面桁架单元在局部坐标系下的杆端位移和杆端力。

对于斜杆单元，其轴力和轴向位移在如图 7.3 所示结构坐标系中沿 x 轴和 y 轴有两个分量，单元两端的杆端位移和杆端力均有四个，而局部坐标系下只有两个。为了便于局部坐标与结构坐标之间的转换，使其具有通用性和规格化，将局部坐标系下单元两端的杆端位移和杆端力分别扩大为四个，图 7.6（d）、（e）分别示出了扩大后的局部坐标系下的杆端位移和杆端力。

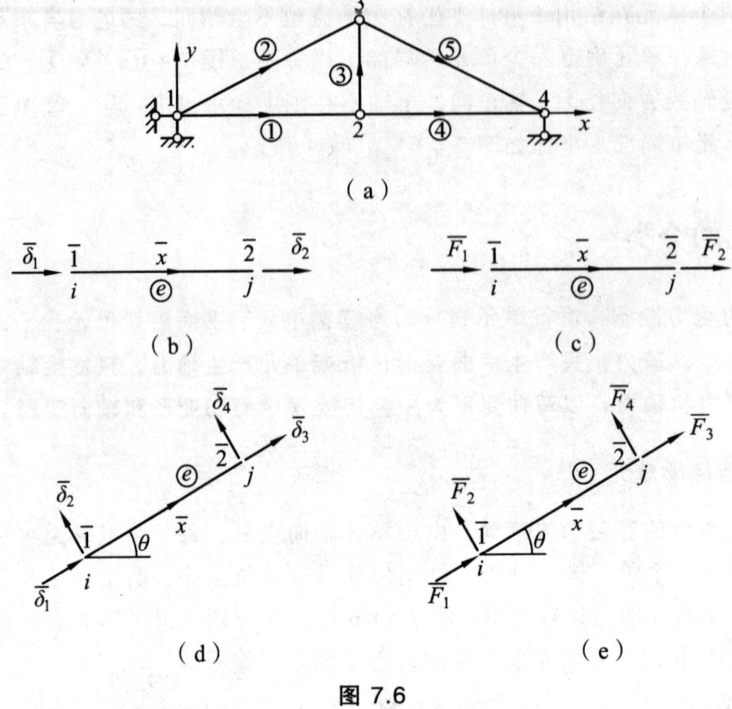

图 7.6

3. 平面刚架单元

图 7.7（a）所示的平面刚架，取任意一个等截面直杆单元进行分析，由于刚架单元产生弯矩、剪力和轴力，所以平面刚架单元有六个杆端位移及六个相应的杆端力。图 7.7（b）、（c）分别示出了平面刚架单元在局部坐标系下的杆端位移和杆端力。

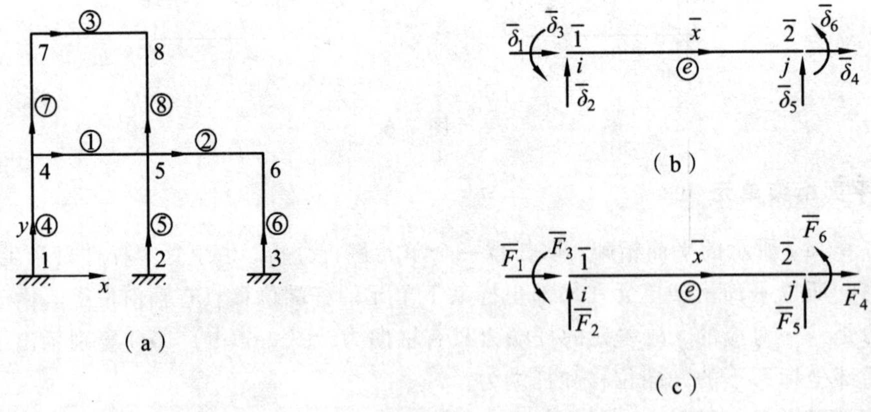

图 7.7

4. 自由式单元和约束单元

按照单元端部的约束情况，可将单元划分为自由式单元和约束单元。

自由式单元在平面内不受任何约束，可做自由运动；约束单元则在端部施加了某些约束，在约束方向不产生任何刚体位移和弹性位移。

桁架单元和刚架单元为自由式单元；连续梁单元为约束单元。

四、结构离散化方法及示例

结构离散化是通过数据化来实现的。所谓数据化，是将离散化的结构用数字进行描述，这是因为计算机是数字计算工具。计算机通过数据化的数字来识别结构和有关信息，并为下一步运算提供信息。将离散化的结构用数字进行描述的主要工作有：

（1）结点编码。

（2）单元编号。

（3）结点位移编码。

在结构坐标系中，根据结点编码顺序对各结点的位移进行统一编号，此编号称为结构的结点位移编码，也称为整体位移码。

① 对于等截面连续梁，每结点有 1 个转角位移；

② 对于平面桁架，每结点有 2 个线位移；

③ 对于平面刚架，每结点有 3 个位移（2 个线位移，1 个角位移）。

各结点位移编号规定：先 x 向，后 y 向，再转角向。

结点位移编码习惯上用（1，2，3），（4，5，6）…或（1，2），（3，4）…标记。

被约束的结点位移编号为 0 的方法称作**先处理法**；被约束的结点位移按上述规定编号的方法称作**后处理法**。

（4）建立结构坐标系（整体坐标系）。

（5）建立单元坐标系（局部坐标系）。

图 7.8 所示为等截面连续梁的结点、单元、坐标、结点位移编码示意图。该梁有 4 个结点，3 个单元。由于不计轴向变形，每个结点既无水平位移，也无竖向位移。结点 1、4 转角位移为零，按先处理法结点位移编码为（0），结点 2 和结点 3 只有转角位移，故结点位移编码分别为（1）和（2）。各杆杆轴线上的箭头方向为局部坐标系 $\bar{x}$ 方向。

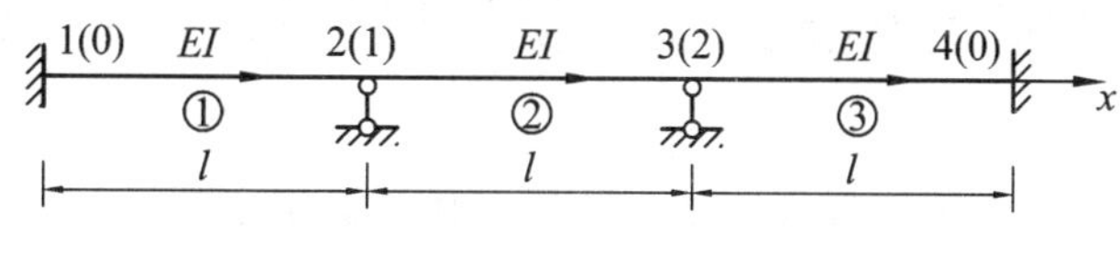

图 7.8

图 7.9 所示为一平面桁架的结点、单元、坐标、结点位移编码示意图。该桁架有 4 个结点，5 个单元。每个结点有 2 个结点线位移，根据结点编码顺序对各结点位移，按结构（整体）坐标系进行统一编码。结点 1 的 x、y 方向的 2 个结点线位移为零，按先处理法编码为（0，0）；结点 4 的 y 方向的线位移为零，按先 x 后 y 的原则，编码为（5，0）。各杆杆轴线上的箭头方向为局部坐标系 $\bar{x}$ 方向。

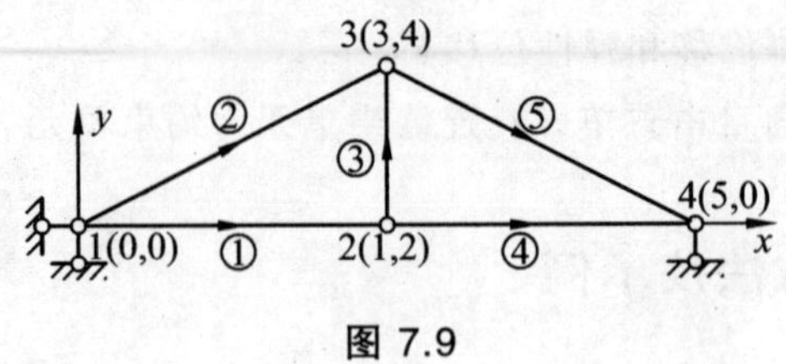

图 7.9

图 7.10 所示为平面刚架的结点、单元、坐标、结点位移编码示意图，该刚架每个结点有 3 个结点位移、2 个结点线位移、1 个结点角位移，各杆杆轴上的箭头方向为局部坐标系 $\bar{x}$ 方向。图 7.10（a）所示为先处理法结点位移编码示意图，图 7.10（b）所示为后处理法结点位移编码示意图。

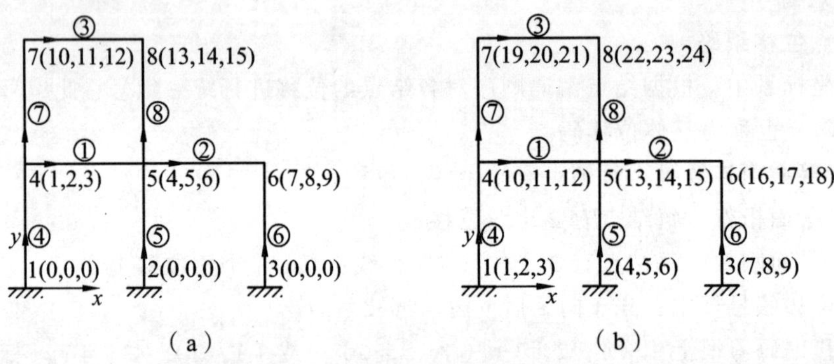

图 7.10

为了减少数据的准备工作和节省计算机存储单元，对单元和结点进行编码时应注意以下两点：

（1）尽可能使单元编号和结点编码有规律可循。

（2）尽可能使单元两端的整体位移码的最大差值（所有单元中）为最小，从而减少对计算机存储的要求。

第三节　局部坐标系下单元刚度方程和单元刚度矩阵

经过结构的离散化，将结构拆成了单元的集合体。为了了解单元的特性，需要进行单元分析。**所谓单元分析，就是建立单元杆端位移与杆端力之间的关系——单元刚度方程，为整体分析工作做准备。**

设在局部坐标系 $\overline{x1y}$ 下，各类单元两端的结点编号分别为 i 和 j，以 i 端为坐标原点，字母上方加一短横线表示局部坐标系下的物理量。

1. 连续梁单元

图 7.5（a）所示的等截面连续梁，任一单元ⓔ杆端位移为单元两端的转角位移，由于杆

端位移与杆端力一一对应，故杆端力为单元两端的杆端弯矩，如图 7.5（b）、（c）所示，杆端位移和杆端力向量分别为

$$\bar{\boldsymbol{\delta}}^{ⓔ} = \begin{pmatrix} \bar{\delta}_1 \\ \hdashline \bar{\delta}_2 \end{pmatrix}^{ⓔ} = \begin{pmatrix} \theta_i \\ \hdashline \theta_j \end{pmatrix}^{ⓔ}, \quad \bar{\boldsymbol{F}}^{ⓔ} = \begin{pmatrix} \bar{F}_1 \\ \hdashline \bar{F}_2 \end{pmatrix}^{ⓔ} = \begin{pmatrix} M_i \\ \hdashline M_j \end{pmatrix}^{ⓔ}$$

式中，有关 $\bar{1}(i)$ 端和 $\bar{2}(j)$ 端的量用虚线分割以示醒目，上标“ⓔ”表示对单元而言的量。

根据位移法的解题思路，首先将结构的可动结点固定，即在结点 2 和结点 3 附加刚臂，限制其转动。取任意一个单元进行分析，根据两端固定梁的形常数和叠加原理（注意正负号规定与形常数表有所不同），可确定仅当某一杆端位移分量为 1（其余杆端位移分量为零）时的各杆端力分量，这就相当于两端固定梁仅发生某一单位支座转角的情况，分别如图 7.11（a）、（b）所示，然后根据叠加原理可得

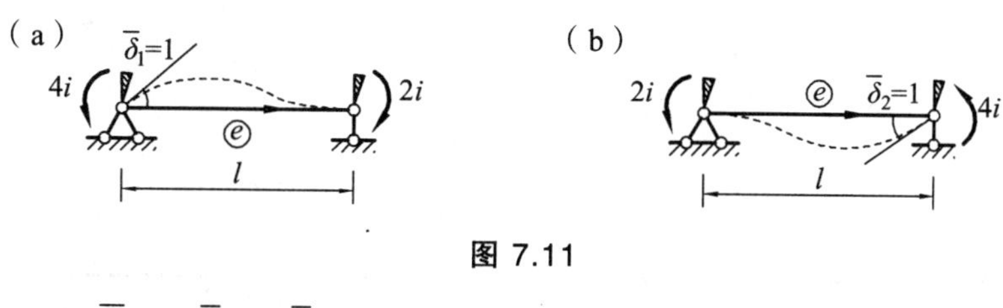

图 7.11

$$\bar{F}_1 = 4i\bar{\delta}_1 + 2i\bar{\delta}_2$$
$$\bar{F}_2 = 2i\bar{\delta}_1 + 4i\bar{\delta}_2$$

式中，i 为单元的线刚度，$i = EI/l$。将上式写成矩阵形式，则有

$$\begin{pmatrix} \bar{F}_1 \\ \hdashline \bar{F}_2 \end{pmatrix}^{ⓔ} = \begin{pmatrix} 4i & 2i \\ 2i & 4i \end{pmatrix}^{ⓔ} \begin{pmatrix} \bar{\delta}_1 \\ \hdashline \bar{\delta}_2 \end{pmatrix}^{ⓔ} = \begin{pmatrix} \bar{k}_{11} & \bar{k}_{12} \\ \bar{k}_{21} & \bar{k}_{22} \end{pmatrix}^{ⓔ} \begin{pmatrix} \bar{\delta}_1 \\ \hdashline \bar{\delta}_2 \end{pmatrix}^{ⓔ} \tag{7-1}$$

式（7-1）为连续梁单元在局部坐标系下杆端弯矩与杆端转角之间的关系方程，即单元刚度方程，可简写为

$$\bar{\boldsymbol{F}}^{ⓔ} = \bar{\boldsymbol{k}}^{ⓔ}\bar{\boldsymbol{\delta}}^{ⓔ}$$

式中，单元两端的杆端弯矩与杆端转角之间的关系矩阵

$$\bar{\boldsymbol{k}}^{ⓔ} = \begin{pmatrix} \bar{k}_{11} & \bar{k}_{12} \\ \bar{k}_{21} & \bar{k}_{22} \end{pmatrix}^{ⓔ} = \begin{pmatrix} \dfrac{4EI}{l} & \dfrac{2EI}{l} \\ \dfrac{2EI}{l} & \dfrac{4EI}{l} \end{pmatrix}^{ⓔ} \tag{7-2}$$

称为等截面连续梁单元的单元刚度矩阵（简称单刚）。注意在单刚中，元数是按局部位移码排列的。

从上述分析可知，等截面连续梁单元单元刚度矩阵 $\bar{\boldsymbol{k}}^{ⓔ}$ 的阶数是 2×2 阶，单元刚度矩阵元素由形常数组成。

2. 平面桁架单元

图 7.6（a）所示的平面桁架，任一单元ⓔ在局部坐标系下的杆端位移只有轴向位移，由于杆端位移与杆端力一一对应，故杆端力只有轴向力，如图 7.6（b）、（c）所示。杆端位移和杆端力向量分别为

$$\overline{\boldsymbol{\delta}}^{ⓔ}=\begin{pmatrix}\bar{\delta}_1\\ \hdashline \bar{\delta}_2\end{pmatrix}^{ⓔ}=\begin{pmatrix}\bar{u}_i\\ \hdashline \bar{u}_j\end{pmatrix}^{ⓔ},\quad \overline{\boldsymbol{F}}^{ⓔ}=\begin{pmatrix}\bar{F}_1\\ \hdashline \bar{F}_2\end{pmatrix}^{ⓔ}=\begin{pmatrix}\bar{F}_{Ni}\\ \hdashline \bar{F}_{Nj}\end{pmatrix}^{ⓔ}$$

单元刚度方程根据位移法中轴力单元的形常数，可确定仅当某一杆端轴向位移分量为 1（另一轴向位移分量为零）时的杆端轴力分量，如图 7.12（a）、（b）所示，然后根据叠加原理可得

$$\bar{F}_1=\frac{EA}{l}\bar{\delta}_1-\frac{EA}{l}\bar{\delta}_2$$

$$\bar{F}_2=-\frac{EA}{l}\bar{\delta}_1+\frac{EA}{l}\bar{\delta}_2$$

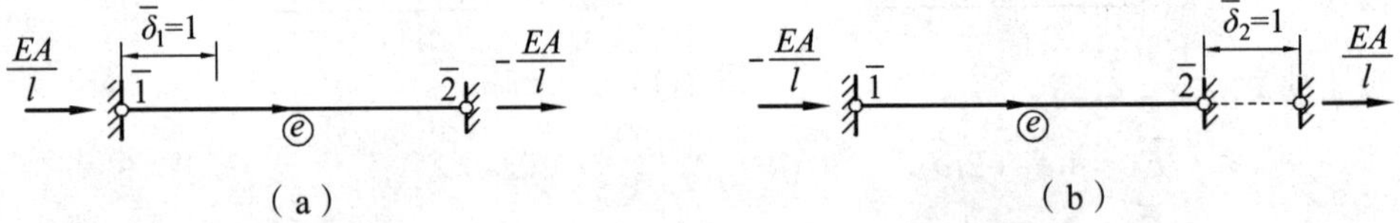

图 7.12

将上式写成矩阵形式，则有

$$\begin{pmatrix}\bar{F}_1\\ \hdashline \bar{F}_2\end{pmatrix}^{ⓔ}=\frac{EA}{l}\left(\begin{array}{c:c}1&-1\\ \hdashline -1&1\end{array}\right)^{ⓔ}\begin{pmatrix}\bar{\delta}_1\\ \hdashline \bar{\delta}_2\end{pmatrix}^{ⓔ}=\left(\begin{array}{c:c}\bar{k}_{11}&\bar{k}_{12}\\ \hdashline \bar{k}_{21}&\bar{k}_{22}\end{array}\right)^{ⓔ}\begin{pmatrix}\bar{\delta}_1\\ \hdashline \bar{\delta}_2\end{pmatrix}^{ⓔ}\qquad(7\text{-}3)$$

式（7-3）为平面桁架单元在局部坐标系 $\bar{x}O\bar{y}$ 中的杆端力和杆端位移之间的关系方程，即单元刚度方程，可简写为

$$\overline{\boldsymbol{F}}^{ⓔ}=\overline{\boldsymbol{k}}^{ⓔ}\,\overline{\boldsymbol{\delta}}^{ⓔ}$$

式中，单元两端的杆端力与杆端位移之间的关系矩阵

$$\overline{\boldsymbol{k}}^{ⓔ}=\left(\begin{array}{c:c}\bar{k}_{11}&\bar{k}_{12}\\ \hdashline \bar{k}_{21}&\bar{k}_{22}\end{array}\right)^{ⓔ}=\frac{EA}{l}\left(\begin{array}{c:c}1&-1\\ \hdashline -1&1\end{array}\right)^{ⓔ}\qquad(7\text{-}4)$$

称为局部坐标系中平面桁架单元的刚度矩阵。

对于斜杆单元，其轴向位移和轴向力在图 2.3（a）所示结构坐标系中将有沿 x 轴和 y 轴的两个分量，单元两端的杆端位移和杆端力均有四个。为了便于两个坐标系之间的转换，使其具有通用性和规格化，将上述二阶形式的杆端位移和杆端力列阵分别扩大为四阶的形式，如图 7.6（d）、（e）所示，由此，式（7-3）也扩大为四阶的形式，即

$$\begin{pmatrix} \overline{F}_1 \\ \overline{F}_2 \\ \hline \overline{F}_3 \\ \overline{F}_4 \end{pmatrix}^{ⓔ} = \left(\begin{array}{cc|cc} \dfrac{EA}{l} & 0 & -\dfrac{EA}{l} & 0 \\ 0 & 0 & 0 & 0 \\ \hline -\dfrac{EA}{l} & 0 & \dfrac{EA}{l} & 0 \\ 0 & 0 & 0 & 0 \end{array}\right)^{ⓔ} \begin{pmatrix} \overline{\delta}_1 \\ \overline{\delta}_2 \\ \hline \overline{\delta}_3 \\ \overline{\delta}_4 \end{pmatrix}^{ⓔ} = \left(\begin{array}{cc|cc} \overline{k}_{11} & \overline{k}_{12} & \overline{k}_{13} & \overline{k}_{14} \\ \overline{k}_{21} & \overline{k}_{22} & \overline{k}_{23} & \overline{k}_{24} \\ \hline \overline{k}_{31} & \overline{k}_{32} & \overline{k}_{33} & \overline{k}_{34} \\ \overline{k}_{41} & \overline{k}_{42} & \overline{k}_{43} & \overline{k}_{44} \end{array}\right)^{ⓔ} \begin{pmatrix} \overline{\delta}_1 \\ \overline{\delta}_2 \\ \hline \overline{\delta}_3 \\ \overline{\delta}_4 \end{pmatrix}^{ⓔ} \tag{7-5}$$

式中，局部坐标系下平面桁架单元四阶形式的单元刚度矩阵为

$$\overline{\boldsymbol{k}}^{ⓔ} = \left(\begin{array}{cc|cc} \overline{k}_{11} & \overline{k}_{12} & \overline{k}_{13} & \overline{k}_{14} \\ \overline{k}_{21} & \overline{k}_{22} & \overline{k}_{23} & \overline{k}_{24} \\ \hline \overline{k}_{31} & \overline{k}_{32} & \overline{k}_{33} & \overline{k}_{34} \\ \overline{k}_{41} & \overline{k}_{42} & \overline{k}_{43} & \overline{k}_{44} \end{array}\right)^{ⓔ} = \frac{EA}{l}\left(\begin{array}{cc|cc} 1 & 0 & -1 & 0 \\ 0 & 0 & 0 & 0 \\ \hline -1 & 0 & 1 & 0 \\ 0 & 0 & 0 & 0 \end{array}\right)^{ⓔ} \tag{7-6}$$

3. 平面刚架单元

图 7.7（a）所示的平面刚架，每个结点有 3 个结点位移、2 个结点线位移、1 个结点角位移。任一单元ⓔ在局部坐标系下的杆端位移为单元两端 $\overline{x}$ 、$\overline{y}$ 方向的两个线位移和一个转角位移，与之对应的杆端力为单元两端的杆端轴力、剪力和弯矩，如图 7.7（b）、（c）所示。杆端位移和杆端力向量分别为

$$\overline{\boldsymbol{\delta}}^{ⓔ} = \begin{pmatrix} \overline{\delta}_1 \\ \overline{\delta}_2 \\ \overline{\delta}_3 \\ \hline \overline{\delta}_4 \\ \overline{\delta}_5 \\ \overline{\delta}_6 \end{pmatrix}^{ⓔ} = \begin{pmatrix} \overline{u}_i \\ \overline{v}_i \\ \overline{\theta}_i \\ \hline \overline{u}_j \\ \overline{v}_j \\ \overline{\theta}_j \end{pmatrix}^{ⓔ}, \quad \overline{\boldsymbol{F}}^{ⓔ} = \begin{pmatrix} \overline{F}_1 \\ \overline{F}_2 \\ \overline{F}_3 \\ \hline \overline{F}_4 \\ \overline{F}_5 \\ \overline{F}_6 \end{pmatrix}^{ⓔ} = \begin{pmatrix} \overline{F}_{Ni} \\ \overline{F}_{Qi} \\ \overline{M}_i \\ \hline \overline{F}_{Nj} \\ \overline{F}_{Qj} \\ \overline{M}_j \end{pmatrix}^{ⓔ}$$

单元刚度方程可由两端固定梁的转角位移方程来建立。根据位移法中两端固定梁的形常数和叠加原理（注意现在的正负号规定与形常数表有所不同），不难确定仅当某一杆端位移分量等于 1（其余各杆端位移分量皆等于零）时的各杆端力分量，这就相当于两端固定的梁仅发生某一单位支座位移时的情况，分别如图 7.13 所示，然后根据叠加原理可得

$$\begin{aligned}
\overline{F}_1^{ⓔ} &= \frac{EA}{l}\overline{\delta}_1^{ⓔ} - \frac{EA}{l}\overline{\delta}_4^{ⓔ} \\
\overline{F}_2^{ⓔ} &= \frac{12EI}{l^3}\overline{\delta}_2^{ⓔ} + \frac{6EI}{l^2}\overline{\delta}_3^{ⓔ} - \frac{12EI}{l^3}\overline{\delta}_5^{ⓔ} + \frac{6EI}{l^2}\overline{\delta}_6^{ⓔ} \\
\overline{F}_3^{ⓔ} &= \frac{6EI}{l^2}\overline{\delta}_2^{ⓔ} + \frac{4EI}{l}\overline{\delta}_3^{ⓔ} - \frac{6EI}{l^2}\overline{\delta}_5^{ⓔ} + \frac{2EI}{l}\overline{\delta}_6^{ⓔ} \\
\overline{F}_4^{ⓔ} &= -\frac{EA}{l}\overline{\delta}_1^{ⓔ} + \frac{EA}{l}\overline{\delta}_4^{ⓔ} \\
\overline{F}_5^{ⓔ} &= -\frac{12EI}{l^3}\overline{\delta}_2^{ⓔ} - \frac{6EI}{l^2}\overline{\delta}_3^{ⓔ} + \frac{12EI}{l^3}\overline{\delta}_5^{ⓔ} - \frac{6EI}{l^2}\overline{\delta}_6^{ⓔ} \\
\overline{F}_6^{ⓔ} &= \frac{6EI}{l^2}\overline{\delta}_2^{ⓔ} + \frac{2EI}{l}\overline{\delta}_3^{ⓔ} - \frac{6EI}{l^2}\overline{\delta}_5^{ⓔ} + \frac{4EI}{l}\overline{\delta}_6^{ⓔ}
\end{aligned}$$

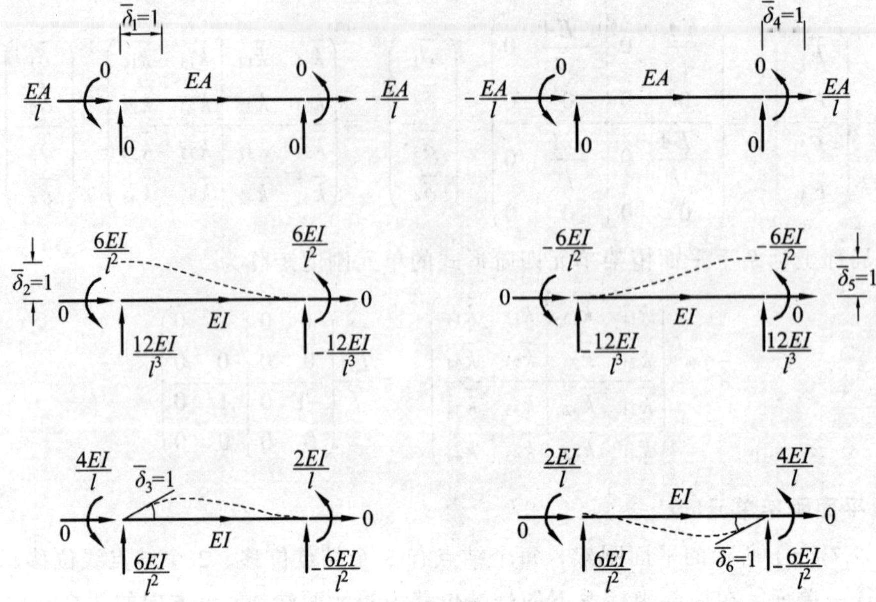

图 7.13

写成矩阵形式则有

$$
\begin{pmatrix}\bar{F}_1\\ \bar{F}_2\\ \bar{F}_3\\ \bar{F}_4\\ \bar{F}_5\\ \bar{F}_6\end{pmatrix}^{ⓔ}=\left(\begin{array}{ccc|ccc}\bar{k}_{11}&\bar{k}_{12}&\bar{k}_{13}&\bar{k}_{14}&\bar{k}_{15}&\bar{k}_{16}\\ \bar{k}_{21}&\bar{k}_{22}&\bar{k}_{23}&\bar{k}_{24}&\bar{k}_{25}&\bar{k}_{26}\\ \bar{k}_{31}&\bar{k}_{32}&\bar{k}_{33}&\bar{k}_{34}&\bar{k}_{35}&\bar{k}_{36}\\ \hline \bar{k}_{41}&\bar{k}_{42}&\bar{k}_{43}&\bar{k}_{44}&\bar{k}_{45}&\bar{k}_{46}\\ \bar{k}_{51}&\bar{k}_{52}&\bar{k}_{53}&\bar{k}_{54}&\bar{k}_{55}&\bar{k}_{56}\\ \bar{k}_{61}&\bar{k}_{62}&\bar{k}_{63}&\bar{k}_{64}&\bar{k}_{65}&\bar{k}_{66}\end{array}\right)^{ⓔ}\begin{pmatrix}\bar{\delta}_1\\ \bar{\delta}_2\\ \bar{\delta}_3\\ \bar{\delta}_4\\ \bar{\delta}_5\\ \bar{\delta}_6\end{pmatrix}^{ⓔ}
$$

$$
=\left(\begin{array}{ccc|ccc}\frac{EA}{l}&0&0&-\frac{EA}{l}&0&0\\ 0&\frac{12EI}{l^3}&\frac{6EI}{l^2}&0&-\frac{12EI}{l^3}&\frac{6EI}{l^2}\\ 0&\frac{6EI}{l^2}&\frac{4EI}{l}&0&-\frac{6EI}{l^2}&\frac{2EI}{l}\\ \hline -\frac{EA}{l}&0&0&\frac{EA}{l}&0&0\\ 0&-\frac{12EI}{l^3}&-\frac{6EI}{l^2}&0&\frac{12EI}{l^3}&-\frac{6EI}{l^2}\\ 0&\frac{6EI}{l^2}&\frac{2EI}{l}&0&-\frac{6EI}{l^2}&\frac{4EI}{l}\end{array}\right)^{ⓔ}\begin{pmatrix}\bar{\delta}_1\\ \bar{\delta}_2\\ \bar{\delta}_3\\ \bar{\delta}_4\\ \bar{\delta}_5\\ \bar{\delta}_6\end{pmatrix}^{ⓔ} \qquad (7\text{-}7)
$$

式（7-7）为平面刚架杆单元在局部坐标系中的单元刚度方程，它可简写为

$$
\bar{\boldsymbol{F}}^{ⓔ}=\bar{\boldsymbol{k}}^{ⓔ}\bar{\boldsymbol{\delta}}^{ⓔ}
$$

式中，局部坐标系下平面架杆单元的单元刚度矩阵（也简称单刚）为

$$
\bar{\boldsymbol{k}}^{ⓔ}=
\begin{array}{c}
\begin{matrix}\quad\bar{\delta}_1 & \quad\bar{\delta}_2 & \quad\bar{\delta}_3 & \quad\bar{\delta}_4 & \quad\bar{\delta}_5 & \quad\bar{\delta}_6\end{matrix}\\
\left(\begin{array}{ccc|ccc}
\frac{EA}{l} & 0 & 0 & -\frac{EA}{l} & 0 & 0\\
0 & \frac{12EI}{l^3} & \frac{6EI}{l^2} & 0 & -\frac{12EI}{l^3} & \frac{6EI}{l^2}\\
0 & \frac{6EI}{l^2} & \frac{4EI}{l} & 0 & -\frac{6EI}{l^2} & \frac{2EI}{l}\\
\hline
-\frac{EA}{l} & 0 & 0 & \frac{EA}{l} & 0 & 0\\
0 & -\frac{12EI}{l^3} & -\frac{6EI}{l^2} & 0 & \frac{12EI}{l^3} & -\frac{6EI}{l^2}\\
0 & \frac{6EI}{l^2} & \frac{2EI}{l} & 0 & -\frac{6EI}{l^2} & \frac{4EI}{l}
\end{array}\right)
\begin{matrix}\bar{F}_1\\ \bar{F}_2\\ \bar{F}_3\\ \bar{F}_4\\ \bar{F}_5\\ \bar{F}_6\end{matrix}
\end{array}
\tag{7-8}
$$

$\bar{\boldsymbol{k}}^{ⓔ}$ 中行数等于杆端力列向量的分量数，而列数等于杆端位移列向量的分量数，由于杆端力和相应的杆端位移的数目总是相等的，所以 $\bar{\boldsymbol{k}}^{ⓔ}$ 是方阵。这里需注意，杆端力 $\bar{\boldsymbol{F}}^{ⓔ}$ 和杆端位移 $\bar{\boldsymbol{\delta}}^{ⓔ}$ 中的各个分量，必须从 1 到 6 按顺序一一对应排列；否则，随着排列顺序的改变，刚度矩阵 $\bar{\boldsymbol{k}}^{ⓔ}$ 中各元素的排列也将随之改变。为了避免混淆，可在 $\bar{\boldsymbol{k}}^{ⓔ}$ 的上方注明杆端位移分量，而在右方注明与之一一对应的杆端力分量。

4. 局部坐标系中的单元刚度矩阵的性质

（1）对称性。

单元刚度矩阵中的元素实际上都是反力系数，因此，根据反力互等定理，单元刚度矩阵是对称矩阵，其元素满足：

$$\bar{k}_{lm}^{ⓔ}=\bar{k}_{ml}^{ⓔ}$$

（2）奇异性。

平面刚架、桁架单元为自由式单元，由于单元没有任何支撑，在给定的平衡外力作用下可以产生惯性运动，单元的位置是不确定的，也就是说在已知平衡外力作用下，由单元刚度方程不可能唯一确定单元的杆端位移。因此，作为杆端位移与杆端力间的联系矩阵 $\bar{\boldsymbol{k}}^{ⓔ}$ 一定是奇异的。

从数学上可见，平面刚架、桁架单元的单元刚度矩阵存在线性相关的行、列（不独立），因此其对应的行列式的值一定为零，逆阵不存在，单元刚度矩阵必然是奇异的。

当已知单元的杆端位移，可由式（7-5）、（7-7）求得单元的杆端力。

由此可见，要使自由式单元变成刚度矩阵非奇异的单元，必须引入足以限制单元产生刚体位移的约束条件。

连续梁单元为约束单元，是无刚体位移的，因此单元刚度矩阵是非奇异的。

5. 局部坐标系下单元刚度系数的物理意义

局部坐标系下单元刚度矩阵中的每个元素称为单元刚度系数，代表由单位杆端位移引起的杆端力。

$\overline{\boldsymbol{k}}^{ⓔ}$ 中第 l 行第 m 列元素 $\overline{k}_{lm}^{ⓔ}$ 的物理意义：当第 m 号杆端位移分量 $\overline{\delta}_m=1$（其他位移分量为零）时引起的第 l 号杆端力分量的数值。因此，$\overline{\boldsymbol{k}}^{ⓔ}$ 中处于第 m 列的全部元素就表示了仅发生第 m 号杆端位移分量 $\overline{\delta}_m=1$时，该单元的全部各项杆端力的数值。

如图 7.14 所示的平面刚架单元 $\overline{\boldsymbol{k}}^{ⓔ}$ 中的元素 $\overline{k}_{25}^{ⓔ}$，代表当第 5 号杆端位移 $\overline{\delta}_5=1$（其他位移分量为零）时，引起的第 2 号杆端力，即第 i 端的剪力的数值，即

$$\overline{F}_2=\overline{F}_{Qi}=-\frac{12EI}{l^3}$$

式中的负号表示 $\overline{F}_2$ 的方向与局部坐标系中的 $\overline{y}$ 方向相反，其物理意义如图 7.14 所示。

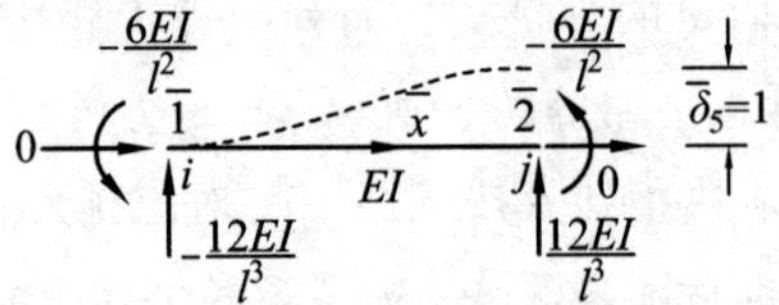

图 7.14

又如平面刚架单元单刚 $\overline{\boldsymbol{k}}^{ⓔ}$ 中第 5 列的六个元素，当 $\overline{\delta}_5=1$（其他位移分量为零）时，引起的各个杆端力分量的值，如图 7.14 所示，将它们按顺序排列就得到 $\overline{\boldsymbol{k}}^{ⓔ}$ 中的第 5 列元素。

例 7.1　图 7.15（a）所示桁架，$l=2$ m，各杆 $EA=1.2\times10^6$ kN，局部坐标、结构坐标如图所示。试求图示①、②单元局部坐标下的单元刚度矩阵。

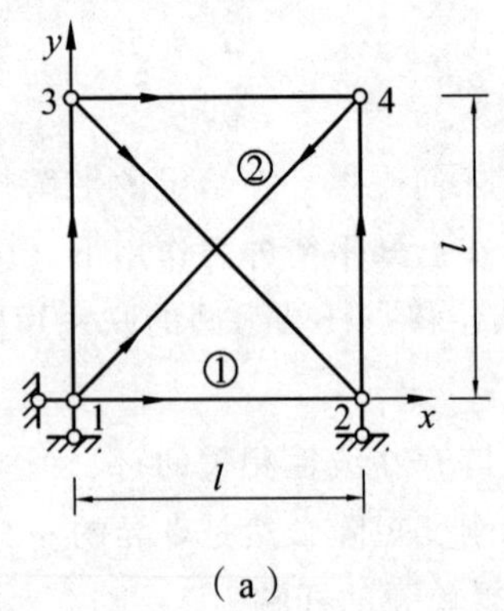

（a）

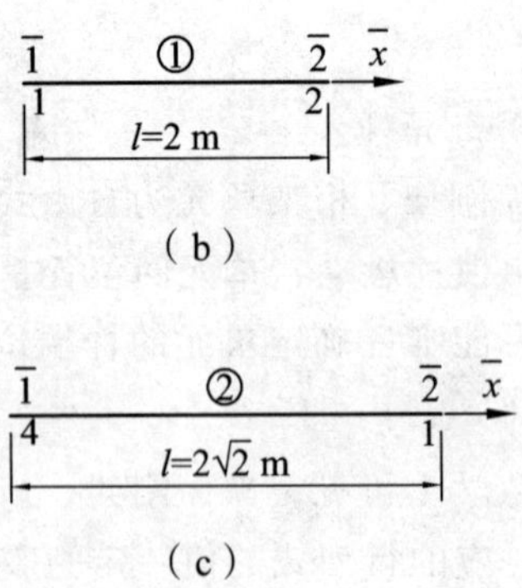

图 7.15

解　（1）取出①单元，如图 7.15（b）所示，单元长度 $l_1=2$ m，$EA/l=6\times10^5$ kN/m，由式（7-6）可得

$$\overline{\boldsymbol{k}}^{①}=\frac{EA}{l}\left(\begin{array}{cc|cc}1&0&-1&0\\0&0&0&0\\\hline -1&0&1&0\\0&0&0&0\end{array}\right)=6\times10^{5}\left(\begin{array}{cc|cc}1&0&-1&0\\0&0&0&0\\\hline -1&0&1&0\\0&0&0&0\end{array}\right)\text{kN/m}$$

（2）取出②单元，如图 7.15（c）所示，单元长度 $l_2=2\sqrt{2}\ \text{m}$，$\dfrac{EA}{\sqrt{2}l}=4.242\ 6\times10^{5}\ \text{kN/m}$，由式（7-6）可得

$$\overline{\boldsymbol{k}}^{②}=\frac{EA}{\sqrt{2}l}\left(\begin{array}{cc|cc}1&0&-1&0\\0&0&0&0\\\hline -1&0&1&0\\0&0&0&0\end{array}\right)=4.242\ 6\times10^{5}\left(\begin{array}{cc|cc}1&0&-1&0\\0&0&0&0\\\hline -1&0&1&0\\0&0&0&0\end{array}\right)\text{kN/m}$$

例 7.2 图 7.16（a）所示平面刚架，考虑轴向变形，局部坐标、结构坐标如图所示。各杆 $EA=7.2\times10^{6}\ \text{kN}$，$EI=2.16\times10^{5}\ \text{kN}\cdot\text{m}^2$。试求图示①、②、③单元在局部坐标下的单元刚度矩阵。

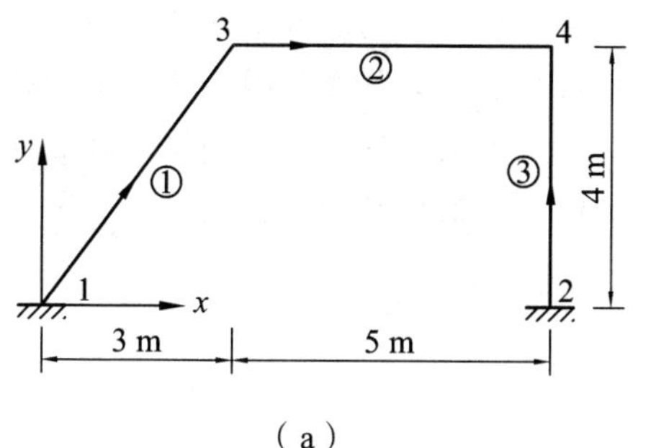

（a）

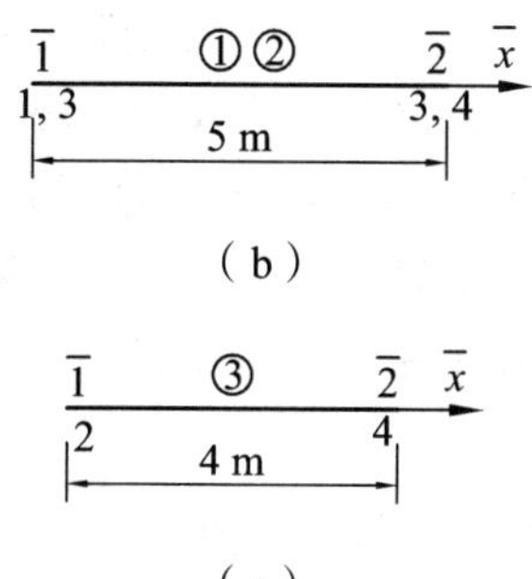

图 7.16

解 （1）取出①、②单元，如图 7.16（b）所示，单元长度 $l=5\ \text{m}$，分别求得单元的各物理量 $\dfrac{EA}{l}=144\times10^4\,\text{kN/m}$, $\dfrac{12EI}{l^3}=2.073\ 6\times10^4\,\text{kN/m}$, $\dfrac{2EI}{l}=8.64\times10^4\,\text{kN}\cdot\text{m}$, $\dfrac{6EI}{l^2}=5.184\times10^4\,\text{kN}$, $\dfrac{4EI}{l}=17.28\times10^4\,\text{kN}\cdot\text{m}$，由式（7-8）可得

$$\overline{\boldsymbol{k}}^{①}=\overline{\boldsymbol{k}}^{②}=\left(\begin{array}{ccc|ccc}144&0&0&-144&0&0\\0&2.0736&5.184&0&-2.0736&5.184\\0&5.184&17.28&0&-5.184&8.64\\\hline -144&0&0&144&0&0\\0&-2.0736&-5.184&0&2.0736&-5.184\\0&5.184&8.64&0&-5.184&17.28\end{array}\right)\times10^4$$

（2）取出③单元，如图 7.16（c）所示，单元长度 $l=4\text{m}$，分别求得单元的各物理量

$\dfrac{EA}{l}=180\times10^4\,\text{kN/m}$，$\dfrac{12EI}{l^3}=4.05\times10^4\,\text{kN/m}$，$\dfrac{2EI}{l}=10.8\times10^4\,\text{kN}\cdot\text{m}$，$\dfrac{6EI}{l^2}=8.1\times10^4\,\text{kN}$，$\dfrac{4EI}{l}=21.6\times10^4\,\text{kN}\cdot\text{m}$，由式（7-8）可得

$$\overline{\boldsymbol{k}}^{③}=\left(\begin{array}{ccc|ccc}180&0&0&-180&0&0\\0&4.05&8.1&0&-4.05&8.1\\0&8.1&21.6&0&-8.1&10.8\\\hline -180&0&0&180&0&0\\0&-4.05&-8.1&0&4.05&-8.1\\0&8.1&10.8&0&-8.1&21.6\end{array}\right)\times10^4$$

第四节　单元刚度矩阵的坐标转换

结构离散化时，可建立两种坐标系，即结构（整体）坐标系和单元（局部）坐标系。单元分析中，杆端位移、杆端力都是对单元（局部）坐标系定义的。而实际结构中，每个单元的方位除连续梁之外各不相同，还要考虑结点位移协调、受力平衡，因此杆端力和杆端位移必须有一个统一的正方向，即结构（整体）坐标系的正方向，这样就需要将局部坐标系中的杆端力、杆端位移以及单元刚度矩阵转换为结构坐标系中的杆端力、杆端位移和单元刚度矩阵。**两种坐标系中的量相互转换称为坐标转换**。

一、坐标转换矩阵

平面刚架单元在两个坐标系中的杆端位移如图 7.17 所示，根据图示几何关系，i 端局部坐标下的位移分量可以用结构坐标下的位移分量表示，根据力的投影关系有

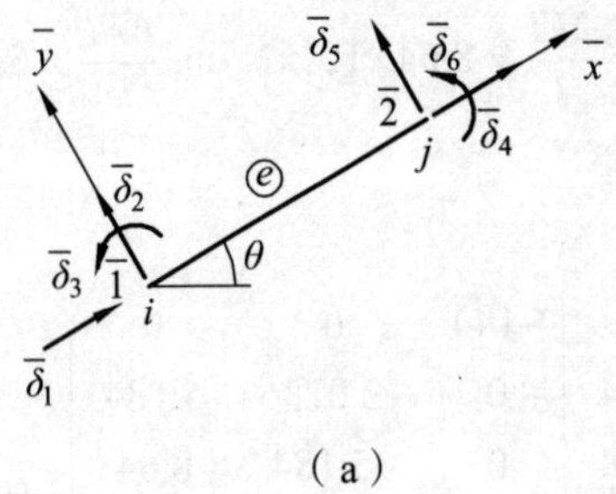

（a）

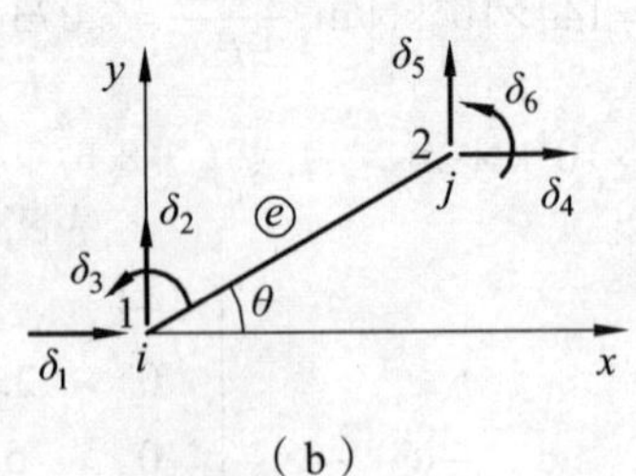

（b）

图 7.17

$$\bar{\delta}_1=\delta_1\cos\theta+\delta_2\sin\theta$$

$$\bar{\delta}_2=-\delta_1\sin\theta+\delta_2\cos\theta$$

$$\bar{\delta}_3=\delta_3$$

将上式写成矩阵的形式，有

$$\overline{\boldsymbol{\delta}}_i^{(e)}=\begin{pmatrix}\overline{\delta}_1\\\overline{\delta}_2\\\overline{\delta}_3\end{pmatrix}=\begin{pmatrix}\cos\theta & \sin\theta & 0\\-\sin\theta & \cos\theta & 0\\0 & 0 & 1\end{pmatrix}\begin{pmatrix}\delta_1\\\delta_2\\\delta_3\end{pmatrix}=\boldsymbol{t}\,\boldsymbol{\delta}_i^{(e)}$$

式中，$\overline{\boldsymbol{\delta}}_i^{(e)}$、$\boldsymbol{\delta}_i^{(e)}$ 称为单元杆端位移结点子向量，分别表示两坐标系中单元 i 端处的杆端位移；θ为两坐标系之间的夹角（图示逆时针转角为正）；$\boldsymbol{t}$ 为单元 i 端杆端位移分量的坐标转换矩阵，即为

$$\boldsymbol{t}=\begin{pmatrix}\cos\theta & \sin\theta & 0\\-\sin\theta & \cos\theta & 0\\0 & 0 & 1\end{pmatrix}$$

同理，单元杆端 j 局部坐标下的位移分量可以用结构坐标下的位移分量表示，其转换关系式为

$$\overline{\boldsymbol{\delta}}_j^{(e)}=\begin{pmatrix}\overline{\delta}_4\\\overline{\delta}_5\\\overline{\delta}_6\end{pmatrix}=\begin{pmatrix}\cos\theta & \sin\theta & 0\\-\sin\theta & \cos\theta & 0\\0 & 0 & 1\end{pmatrix}\begin{pmatrix}\delta_4\\\delta_5\\\delta_6\end{pmatrix}=\boldsymbol{t}\,\boldsymbol{\delta}_j^{(e)}$$

式中，$\overline{\boldsymbol{\delta}}_j^{(e)}$ 、$\boldsymbol{\delta}_j^{(e)}$ 分别表示两坐标系中单元 j 端处的杆端位移。基于这些关系，两坐标系中单元杆端位移之间的转换关系为

$$\overline{\boldsymbol{\delta}}^{(e)}=\begin{pmatrix}\overline{\boldsymbol{\delta}}_i\\\hline\overline{\boldsymbol{\delta}}_j\end{pmatrix}^{(e)}=\left(\begin{array}{c|c}\boldsymbol{t} & \boldsymbol{0}\\\hline\boldsymbol{0} & \boldsymbol{t}\end{array}\right)^{(e)}\begin{pmatrix}\boldsymbol{\delta}_i\\\hline\boldsymbol{\delta}_j\end{pmatrix}^{(e)}=\boldsymbol{T}^{(e)}\boldsymbol{\delta}^{(e)} \tag{7-9}$$

同理，不难写出上述两个坐标系中单元的杆端力之间的转换关系为

$$\overline{\boldsymbol{F}}^{(e)}=\begin{pmatrix}\overline{\boldsymbol{F}}_i\\\hline\overline{\boldsymbol{F}}_j\end{pmatrix}^{(e)}=\left(\begin{array}{c|c}\boldsymbol{t} & \boldsymbol{0}\\\hline\boldsymbol{0} & \boldsymbol{t}\end{array}\right)^{(e)}\begin{pmatrix}\boldsymbol{F}_i\\\hline\boldsymbol{F}_j\end{pmatrix}^{(e)}=\boldsymbol{T}^{(e)}\boldsymbol{F}^{(e)} \tag{7-10}$$

式中，$\overline{\boldsymbol{F}}_i^{(e)}$ 、$\overline{\boldsymbol{F}}_j^{(e)}$ 、$\boldsymbol{F}_i^{(e)}$ 、$\boldsymbol{F}_j^{(e)}$ 称为单元杆端力的结点子向量，分别表示两坐标系中单元 i 端、j 端处的杆端力。$\boldsymbol{T}^{(e)}$ 由 $\boldsymbol{t}$ 子块对角组成，即

$$\boldsymbol{T}^{(e)}=\left(\begin{array}{c|c}\boldsymbol{t} & \boldsymbol{0}\\\hline\boldsymbol{0} & \boldsymbol{t}\end{array}\right)^{(e)}=\left(\begin{array}{ccc|ccc}\cos\theta & \sin\theta & 0 & 0 & 0 & 0\\-\sin\theta & \cos\theta & 0 & 0 & 0 & 0\\0 & 0 & 1 & 0 & 0 & 0\\\hline0 & 0 & 0 & \cos\theta & \sin\theta & 0\\0 & 0 & 0 & -\sin\theta & \cos\theta & 0\\0 & 0 & 0 & 0 & 0 & 1\end{array}\right)^{(e)} \tag{7-11}$$

称为刚架单元的坐标转换矩阵。对于正交坐标系，$t^{-1}=t^{\mathrm{T}}$，因此$T^{-1}=T^{\mathrm{T}}$。故t和T是正交矩阵，其矩阵元素取决于单元的方位角θ。

同理，平面桁架单元坐标转换矩阵为

$$T^{ⓔ}=\left(\begin{array}{c|c}t&0\\\hline 0&t\end{array}\right)^{ⓔ}=\left(\begin{array}{cc|cc}\cos\theta&\sin\theta&0&0\\-\sin\theta&\cos\theta&0&0\\\hline 0&0&\cos\theta&\sin\theta\\0&0&-\sin\theta&\cos\theta\end{array}\right)^{ⓔ}\tag{7-12}$$

等截面梁单元结构坐标系与局部坐标系一致，故无坐标变换问题。

二、结构坐标系下的单元刚度矩阵

在局部坐标系下单元的刚度方程为

$$\overline{F}^{ⓔ}=\overline{k}^{ⓔ}\overline{\delta}^{ⓔ}$$

将式（7-9）、（7-10）代入上式，得

$$T^{ⓔ}F^{ⓔ}=\overline{k}^{ⓔ}T^{ⓔ}\delta^{ⓔ}$$

将上式等号两边左乘$T^{ⓔ-1}$，并注意到$T^{ⓔ}$的性质$T^{-1}=T^{\mathrm{T}}$，可得

$$F^{ⓔ}=T^{ⓔ\mathrm{T}}\overline{k}^{ⓔ}T^{ⓔ}\delta^{ⓔ}$$

记结构坐标系中的单元刚度矩阵为

$$k^{ⓔ}=T^{ⓔ\mathrm{T}}\overline{k}^{ⓔ}T^{ⓔ}\tag{7-13}$$

则结构坐标系中的单元刚度方程为

$$F^{ⓔ}=k^{ⓔ}\delta^{ⓔ}\tag{7-14}$$

例 7.3 求图 7.15（例 1）所示平面桁架①、②单元结构坐标下的单元刚度矩阵。

解 （1）对于①、②单元局部坐标系中的单元刚度矩阵$\overline{k}^{①}$、$\overline{k}^{②}$，见第三节例 1 所示。

（2）对于①单元，局部坐标系与结构坐标系重合，$\theta^{①}=0$，$T^{①}$为单位矩阵，因此两个坐标系中的单元刚度矩阵相同，即

$$k^{①}=\overline{k}^{①}$$

（3）对于②单元，坐标原点在点 4 处，两坐标系之间的夹角即单元的方位角$\theta^{②}=225°$，引入记号$c=\cos\theta^{②}$，$s=\sin\theta^{②}$，由式（7-12）、（7-13）可得

$$\boldsymbol{k}^{②}=\boldsymbol{T}^{②\mathrm{T}}\overline{\boldsymbol{k}}^{②}\boldsymbol{T}^{②}$$

$$=\begin{pmatrix} c & -s & 0 & 0 \\ s & c & 0 & 0 \\ 0 & 0 & c & -s \\ 0 & 0 & s & c \end{pmatrix}^{②} \frac{EA}{\sqrt{2}l}\begin{pmatrix} 1 & 0 & -1 & 0 \\ 0 & 0 & 0 & 0 \\ -1 & 0 & 1 & 0 \\ 0 & 0 & 0 & 0 \end{pmatrix}^{②}\begin{pmatrix} c & s & 0 & 0 \\ -s & c & 0 & 0 \\ 0 & 0 & c & s \\ 0 & 0 & -s & c \end{pmatrix}^{②}$$

$$=\frac{EA}{\sqrt{2}l}\begin{pmatrix} c^2 & cs & -c^2 & -cs \\ cs & s^2 & -cs & -s^2 \\ -c^2 & -cs & c^2 & cs \\ -cs & -s^2 & cs & s^2 \end{pmatrix}=3\times10^5\begin{pmatrix} 1 & 1 & -1 & -1 \\ 1 & 1 & -1 & -1 \\ -1 & -1 & 1 & 1 \\ -1 & -1 & 1 & 1 \end{pmatrix}\text{kN/m}$$

例 7.4 试求图 7.16（例 7.2）所示平面刚架①、②、③单元在结构坐标下的单元刚度矩阵。

解 （1）对于①、②、③单元，局部坐标下的单元刚度矩阵 $\overline{\boldsymbol{k}}^{①}$、$\overline{\boldsymbol{k}}^{②}$、$\overline{\boldsymbol{k}}^{②}$，如第三节例 2 所示。

（2）对于①单元，两坐标系之间的夹角即单元的方位角 $\theta^{①}=53.13°$，$\cos\theta^{①}=0.6$，$\sin\theta^{①}=0.8$，由式（7-11）可得

$$\boldsymbol{T}^{①}=\begin{pmatrix} \boldsymbol{t}^{①} & \boldsymbol{0} \\ \boldsymbol{0} & \boldsymbol{t}^{①} \end{pmatrix},\qquad \boldsymbol{t}^{①}=\begin{pmatrix} 0.6 & 0.8 & 0 \\ -0.8 & 0.6 & 0 \\ 0 & 0 & 1 \end{pmatrix}$$

由式（7-13）可得

$$\boldsymbol{k}^{①}=\boldsymbol{T}^{①\mathrm{T}}\overline{\boldsymbol{k}}^{①}\boldsymbol{T}^{①}$$

$$=\begin{pmatrix} 0.6 & -0.8 & 0 & & & \\ 0.8 & 0.6 & 0 & & \boldsymbol{0} & \\ 0 & 0 & 1 & & & \\ & & & 0.6 & -0.8 & 0 \\ & \boldsymbol{0} & & 0.8 & 0.6 & 0 \\ & & & 0 & 0 & 1 \end{pmatrix}\begin{pmatrix} 144 & 0 & 0 & -144 & 0 & 0 \\ 0 & 2.0736 & 5.184 & 0 & -2.0736 & 5.184 \\ 0 & 5.184 & 17.28 & 0 & -5.184 & 8.64 \\ -144 & 0 & 0 & 144 & 0 & 0 \\ 0 & -2.0736 & -5.184 & 0 & 2.0736 & -5.184 \\ 0 & 5.184 & 8.64 & 0 & -5.184 & 17.28 \end{pmatrix}\times10^4$$

$$\begin{pmatrix} 0.6 & 0.8 & 0 & & & \\ -0.8 & 0.6 & 0 & & \boldsymbol{0} & \\ 0 & 0 & 1 & & & \\ & & & 0.6 & 0.8 & 0 \\ & \boldsymbol{0} & & -0.8 & 0.6 & 0 \\ & & & 0 & 0 & 1 \end{pmatrix}=\begin{pmatrix} 53.17 & 68.12 & -4.15 & -53.17 & -68.12 & -4.15 \\ 68.12 & 92.91 & 3.11 & -68.12 & -92.91 & 3.11 \\ -4.15 & 3.11 & 17.28 & 4.15 & -3.11 & 8.64 \\ -53.17 & -68.12 & 4.15 & 53.17 & 68.12 & 4.15 \\ -68.12 & -92.91 & -3.11 & 68.12 & 92.91 & -3.11 \\ -4.15 & 3.11 & 8.64 & 4.15 & -3.11 & 17.28 \end{pmatrix}\times10^4$$

（3）对于②单元，结构坐标系与局部坐标系一致，$\theta^{②}=0$，$\boldsymbol{T}^{②}$为单位矩阵，因此

$$\boldsymbol{k}^{②}=\overline{\boldsymbol{k}}^{②}$$

（4）对于③单元，两坐标系之间的夹角 $\theta^{③}=90°$，$\cos\theta^{③}=0$，$\sin\theta^{③}=1$，由式（7-11）可得

$$\boldsymbol{T}^{③}=\left(\begin{array}{c|c}\boldsymbol{t}^{③} & \boldsymbol{0}\\ \hline \boldsymbol{0} & \boldsymbol{t}^{③}\end{array}\right),\qquad \boldsymbol{t}^{③}=\begin{pmatrix}0&1&0\\-1&0&0\\0&0&1\end{pmatrix}$$

$$\boldsymbol{k}^{③}=\boldsymbol{T}^{③\mathrm{T}}\overline{\boldsymbol{k}}^{③}\boldsymbol{T}^{③}$$

$$=\left(\begin{array}{ccc|ccc}0&-1&0&&&\\1&0&0&&\boldsymbol{0}&\\0&0&1&&&\\ \hline &&&0&-1&0\\&\boldsymbol{0}&&1&0&0\\&&&0&0&1\end{array}\right)\left(\begin{array}{ccc|ccc}180&0&0&-180&0&0\\0&4.05&8.1&0&-4.05&8.1\\0&8.1&21.6&0&-8.1&10.8\\ \hline -180&0&0&180&0&0\\0&-4.05&-8.1&0&4.05&-8.1\\0&8.1&10.8&0&-8.1&21.6\end{array}\right)\times10^4\left(\begin{array}{ccc|ccc}0&1&0&&&\\-1&0&0&&\boldsymbol{0}&\\0&0&1&&&\\ \hline &&&0&1&0\\&\boldsymbol{0}&&-1&0&0\\&&&0&0&1\end{array}\right)$$

$$=\left(\begin{array}{ccc|ccc}4.05&0&-8.1&-4.05&0&-8.1\\0&180&0&0&-180&0\\-8.1&0&21.6&8.1&0&10.8\\ \hline -4.05&0&8.1&4.05&0&8.1\\0&-180&0&0&180&0\\-8.1&0&10.8&8.1&0&21.6\end{array}\right)\times10^4$$

对照 $\overline{\boldsymbol{k}}^{③}$ 和 $\boldsymbol{k}^{③}$ 可见，当局部坐标与结构坐标成90°时，局部单刚和结构单刚之间仅是单刚元素的位置变化，而数值不变，因此利用该性质可化简而无需进行矩阵相乘运算。

三、结构坐标系中单元刚度矩阵的特性及分块

1. 结构坐标系中单元刚度矩阵的特性

（1）结构坐标系中的单元刚度矩阵与局部坐标系中的单元刚度矩阵具有相同的性质。

（2）局部坐标系中的单元刚度矩阵，只与单元的几何形状、物理常数有关，而与单元的位置和方位无关。结构坐标系中的单元刚度矩阵，与单元的几何形状、物理常数及单元的方位有关。

2. 结构坐标系中单元刚度矩阵的分块

平面刚架单元结构坐标系中单元刚度方程一般表达式为

$$\left(\begin{array}{c}F_1\\F_2\\F_3\\ \hline F_4\\F_5\\F_6\end{array}\right)^{e}=\left(\begin{array}{ccc|ccc}k_{11}&k_{12}&k_{13}&k_{14}&k_{15}&k_{16}\\k_{21}&k_{22}&k_{23}&k_{24}&k_{25}&k_{26}\\k_{31}&k_{32}&k_{33}&k_{34}&k_{35}&k_{36}\\ \hline k_{41}&k_{42}&k_{43}&k_{44}&k_{45}&k_{46}\\k_{51}&k_{52}&k_{53}&k_{54}&k_{55}&k_{56}\\k_{61}&k_{62}&k_{63}&k_{64}&k_{65}&k_{66}\end{array}\right)^{e}\left(\begin{array}{c}\delta_1\\\delta_2\\\delta_3\\ \hline \delta_4\\\delta_5\\\delta_6\end{array}\right)^{e}$$

式中，各元素均是按局部位移码排列的，为了便于建立结点平衡方程，可将上式按图 7.18 所示的单元两端结点号 i、j 进行分块，并用虚线加以分割，分块后的单元刚度方程可表示为

$$\begin{pmatrix} \boldsymbol{F}_i^{ⓔ} \\ \hline \boldsymbol{F}_j^{ⓔ} \end{pmatrix}^{ⓔ} = \left(\begin{array}{c:c} \boldsymbol{k}_{ii}^{ⓔ} & \boldsymbol{k}_{ij}^{ⓔ} \\ \hdashline \boldsymbol{k}_{ji}^{ⓔ} & \boldsymbol{k}_{jj}^{ⓔ} \end{array}\right)^{ⓔ} \begin{pmatrix} \boldsymbol{\delta}_i^{ⓔ} \\ \hline \boldsymbol{\delta}_j^{ⓔ} \end{pmatrix}^{ⓔ} \tag{7-15}$$

图 7.18

式中，$\boldsymbol{F}_i^{ⓔ}$ 、$\boldsymbol{F}_j^{ⓔ}$ 、$\delta_i^{ⓔ}$ 、$\delta_j^{ⓔ}$ 分别表示单元ⓔ在结点 i、j 处的杆端力、杆端位移结点子向量。$\boldsymbol{k}_{ii}^{ⓔ}$ 、$\boldsymbol{k}_{ij}^{ⓔ}$ 、$\boldsymbol{k}_{ji}^{ⓔ}$ 、$\boldsymbol{k}_{jj}^{ⓔ}$ 称为单元刚度矩阵的结点子阵或子块，其中子块 $\boldsymbol{k}_{ii}^{ⓔ}$ 表示单元ⓔ的 i 结点处发生一组单位位移时所引起的 i 结点处的一组杆端力，称为主子块；子块 $\boldsymbol{k}_{ij}^{ⓔ}$ 表示单元的 j 结点处发生一组单位位移时所引起的 i 结点处的一组杆端力，称为副子块。其余子块 $\boldsymbol{k}_{ji}^{ⓔ}$ 、$\boldsymbol{k}_{jj}^{ⓔ}$ 的物理意义与此类同。因为单元刚度矩阵是对称矩阵，因此子矩阵 $\boldsymbol{k}_{ij}^{ⓔ}$ 与 $\boldsymbol{k}_{ji}^{ⓔ}$ 间存在如下关系：

$$\boldsymbol{k}_{ij}^{ⓔ} = \boldsymbol{k}_{ji}^{ⓔ\mathrm{T}}$$

显然，平面刚架单元刚度矩阵中的子矩阵 $\boldsymbol{k}_{ij}^{ⓔ}$ 为 3×3 的对称矩阵；平面桁架单元刚度矩阵中的子矩阵 $\boldsymbol{k}_{ij}^{ⓔ}$ 为 2×2 的对称矩阵。

第五节　结构的整体分析

为了求得结构中所有的结点位移，需要在上述单元分析的基础上，利用结点的平衡条件，在结构坐标系中将各单元组装起来，建立结构的结点力和结点位移间的关系，这种关系式称为结构总刚度方程，即

$$\boldsymbol{F} = \boldsymbol{K\varDelta} \tag{7-16}$$

建立此关系式并对其求解的整个过程称为整体分析。在式（7-16）中，$\boldsymbol{F}$ 、$\varDelta$ 为结构的结点力和结点位移列向量，它们都是以结构坐标系的方向一致为正；$\boldsymbol{K}$ 为结构的总刚度矩阵。

由于结构的支座位移边界条件可在形成结构总刚度方程之前或之后处理，因而整体分析又分为前处理法与后处理法两种。

一、支座约束后处理法和前处理法

结构的支座位移边界条件是在形成结构总刚度矩阵之后引入的方法，称为支座约束后处理法。采用后处理法时，结构中的每个结点位移分量个数以及各单元刚度矩阵的阶数都是相

同的，总刚度矩阵的阶数很容易根据结点总数求得，整个分析过程便于规格化，也便于编制通用程序；但在总刚度方程中包括了支座位移方向的平衡方程，故总刚度矩阵的阶数较高，需占用较大的计算机存储量，也影响线性方程组的求解速度。如果结构的支座约束数量较多时就显得不够经济。另外，实际上对于梁来说一般不存在轴向变形，对于刚架结构也常可以忽略轴向变形的影响。考虑上述因素后，结点位移未知量的数目常可大为减少。为了充分考虑这些因素，便出现了另一种分析方法 —— 支座约束前处理法。

支座约束前处理法就是支座位移边界条件在形成结构总刚度方程之前就进行处理的方法。在计算单元刚度矩阵时就把处于边界的单元处理成约束单元，这样形成的总刚度方程只含未知位移量，减少了计算存储量。该方法使单元刚度矩阵的阶数不同，结点力向量中不含支座约束力，且总刚度矩阵已考虑了边界条件。该方法便于处理多类型单元，但支座约束力的计算会复杂一些。

值得注意的是，支座约束后、前处理法分析结构时，结点位移列阵$\boldsymbol{\Delta}$、结点力列阵 $\boldsymbol{F}$ 以及刚度矩阵 $\boldsymbol{K}$ 的阶数是不同的。按后处理法建立的结构总刚度方程通常称为**原始刚度方程**，形成的总刚度矩阵通常称为**原始刚度矩阵**。所谓“原始”，指尚未进行支承条件处理。

前处理法对结构的结点位移分量只引入独立的未知位移分量，且结点力向量不包括支座反力，因而由此建立的未知结点位移$\boldsymbol{\Delta}$与已知结点力 $\boldsymbol{F}$ 之间的关系式通常称为**结构刚度方程**，相应的刚度矩阵 $\boldsymbol{K}$ 通常称为**结构刚度矩阵**。

显然，前者和后者的区别在于是否考虑了边界支承条件。

例 7.5 图 7.19（a）所示平面刚架，坐标、结点、单元编码如图所示，各杆杆轴上的箭头方向为局部坐标系 $\bar{x}$ 方向，试分别采用支座约束后处理法和前处理法对结点位移分量编码。

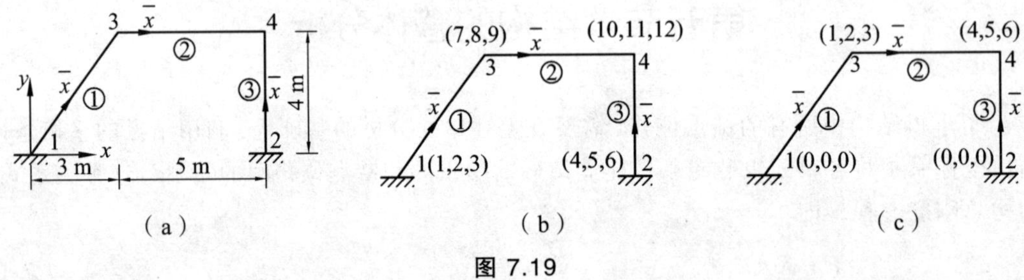

图 7.19

解 （1）支座约束后处理法。

按支座约束后处理的分析方法对结点的位移进行编码，是按结点编码由小到大的顺序对每个结点的位移进行顺序编码，结点位移分量编码示意图如图 7.19（b）所示，此时每个结点的位移分量数和结点力分量数是相同的。对于 i 结点，结点位移和结点力的结点子向量为

$$\boldsymbol{\Delta}_i=\begin{pmatrix}u_i & v_i & \theta_i\end{pmatrix}^{\mathrm{T}}，\quad \boldsymbol{F}_i=\begin{pmatrix}F_{ix} & F_{iy} & M_i\end{pmatrix}^{\mathrm{T}}$$

$\boldsymbol{\Delta}_i$ 中 u_i、v_i、θ_i 为 i 结点的水平、竖向线位移和角位移；$\boldsymbol{F}_i$ 中 F_{ix}、F_{iy}、M_i 为作用于 i 结点的水平、竖向外力和结点外力偶矩。该刚架有 4 个结点，共有 12 个结点位移和结点力，其列向量为

$$\boldsymbol{\Delta}=\begin{pmatrix}\boldsymbol{\Delta}_1\\\boldsymbol{\Delta}_2\\\boldsymbol{\Delta}_3\\\boldsymbol{\Delta}_4\end{pmatrix}_{12\times1},\quad \boldsymbol{F}=\begin{pmatrix}\boldsymbol{F}_1\\\boldsymbol{F}_2\\\boldsymbol{F}_3\\\boldsymbol{F}_4\end{pmatrix}_{12\times1}$$

结构的原始刚度方程 $\boldsymbol{F}=\boldsymbol{K}\boldsymbol{\Delta}$ 中的原始刚度矩阵 $\boldsymbol{K}$ 为12阶方阵。

（2）支座约束前处理法。

按支座约束前处理的分析方法对结点位移进行编码时，对于那些已知位移为零的结点位移，编为零号，其他结点位移再按结点顺序编号。结点位移分量编码示意图如图 7.19（c）所示。此时结点位移分量只引入了独立的未知位移分量，即结点 3、4 的水平、竖向线位移和角位移，因而结点位移为 6 阶列向量，即

$$\boldsymbol{\Delta}=\begin{pmatrix}\Delta_1 & \Delta_2 & \Delta_3 & \Delta_4 & \Delta_5 & \Delta_6\end{pmatrix}^{\mathrm{T}}=\begin{pmatrix}u_3 & v_3 & \theta_3 & \vdots & u_4 & v_4 & \theta_4\end{pmatrix}^{\mathrm{T}}$$

结点力列向量中各分量的排序与结点位移列向量中各分量的排序一一对应，即

$$\boldsymbol{F}=\begin{pmatrix}F_1 & F_2 & F_3 & F_4 & F_5 & F_6\end{pmatrix}^{\mathrm{T}}=\begin{pmatrix}F_{3x} & F_{3y} & M_3 & \vdots & F_{4x} & F_{4y} & M_4\end{pmatrix}^{\mathrm{T}}$$

结构刚度方程的形式仍为 $\boldsymbol{F}=\boldsymbol{K}\boldsymbol{\Delta}$，但此时的结构刚度矩阵 $\boldsymbol{K}$ 为 6 阶方阵。它是由单元刚度矩阵直接形成，且已考虑了边界条件。

二、结点位移分量编码及单元定位向量

整体分析的目的就是利用结点变形连续条件和平衡条件，在结构坐标系中将各单元组装起来，建立结构整体刚度方程，即建立矩阵位移法的基本方程并求解。

形成整体刚度方程一般采用单元集成法，且分别考虑每个单元对结点力的贡献。

结构（原始）刚度矩阵 $\boldsymbol{K}$ 中的元素是由单元刚度矩阵 $\boldsymbol{k}^{ⓔ}$ 中的元素组成的，只要确定了单元刚度矩阵中各元素在结构（原始）刚度矩阵中的位置，就可以由单元刚度矩阵元素直接集成结构（原始）刚度矩阵。而这种集成就是利用单元定位向量来进行的，即将结构坐标系下的单元刚度矩阵按定位向量进行**换码**，然后进行**集成**。

1. 结点位移分量的编码

对于任意单元，按先始端（坐标原点）后终端，将单元杆端位移分量顺序排列的杆端位移序号称为单元局部位移码；而按结点码的顺序将结点位移分量顺序排列的结点位移序号称为整体位移码。

图 7.20 所示平面刚架，按支座约束前处理法对结点位移编码，此时将已知为零的结点位移分量编号均用零表示，该刚架结点、单元、结点位移分量编码、局部坐标、结构坐标如图 7.20（a）所示。

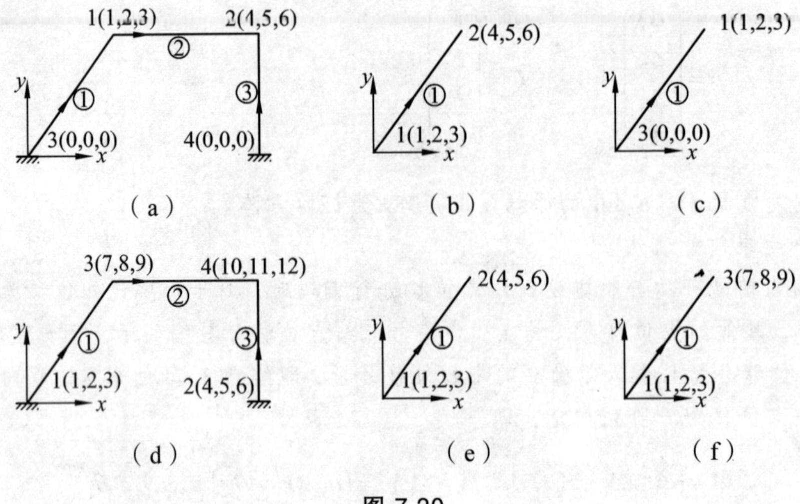

图 7.20

对于①单元，将杆端位移分量按先始端（1 端）后终端（2 端）的顺序排列，其序号也称为局部位移码，如图 7.20（b）所示。注意，在单元刚度矩阵中，元素是按局部位移码排列的。对于整体位移码来说，单元两端的结点码始端为 3，终端为 1，与其相应的结点位移分量序号也称为整体位移码，如图 7.20（c）所示。

按支座约束后处理法对结点位移编码，是按结点编码由小到大的顺序对每个结点的位移进行顺序编码，此时每个结点的位移分量数是相同的。结点位移分量编码示意图如图 7.20（d）所示。

对于①单元，对杆端位移分量排序，始端（坐标原点）为 1，终端为 2，杆端位移分量序号也称为局部位移码如图 7.11（e）所示；对于整体位移码来说，单元两端的结点码始端为 1，终端为 3，与其相应的结点位移分量序号也称为整体位移码，如图 7.20（f）所示。

2. 单元定位向量

由单元杆端位移分量（也称局部位移码）对应的结构结点位移分量（也称整体位移码）序号所组成的向量，称为**单元定位向量**。

图 7.20（a）所示的支座约束前处理法编码系统，各单元定位向量为

$$\boldsymbol{\lambda}^{①}=\begin{pmatrix}0\\0\\0\\1\\2\\3\end{pmatrix}^{①},\quad \boldsymbol{\lambda}^{②}=\begin{pmatrix}1\\2\\3\\4\\5\\6\end{pmatrix}^{②},\quad \boldsymbol{\lambda}^{③}=\begin{pmatrix}0\\0\\0\\4\\5\\6\end{pmatrix}^{③}$$

图 7.20（d）所示的支座约束后处理法编码系统，各单元定位向量为

$$\lambda^{①}=\begin{pmatrix}1\\2\\3\\7\\8\\9\end{pmatrix}^{①},\quad \lambda^{②}=\begin{pmatrix}7\\8\\9\\10\\11\\12\end{pmatrix}^{②},\quad \lambda^{③}=\begin{pmatrix}4\\5\\6\\10\\11\\12\end{pmatrix}^{③}$$

三、利用单元定位向量集成结构（原始）刚度矩阵

形成结构（原始）刚度矩阵的关键，是确定单元刚度矩阵中的元素在整体结构（原始）刚度矩阵中的位置。这首先要知道单元的局部位移码与整体位移码之间的对应关系（即单元定位向量），然后利用单元定位向量集成结构（原始）刚度矩阵，也就是将结构坐标系下的单元刚度矩阵中的元素按定位向量进行换码，最后进行集成。其方法是：

（1）先求出各单元在结构坐标系中的单元刚度矩阵 $\boldsymbol{k}^{ⓔ}$ 。

（2）将各单元的定位向量分别写在单元刚度矩阵 $\boldsymbol{k}^{ⓔ}$ 的上方和右侧（或左侧），这样，$\boldsymbol{k}^{ⓔ}$ 中的元素 $k_{ij}^{ⓔ}$ 所在的行码 i、列码 j 就分别与单元定位向量对应的分量相对应。

如图 7.20（a）所示刚架，各单元刚度矩阵 $\boldsymbol{k}^{ⓔ}$ 和定位向量按如下表示：

$$\boldsymbol{k}^{①}=\begin{array}{c}\begin{matrix}0&0&0&1&2&3\end{matrix}\\ \left(\begin{array}{ccc|ccc}k_{11}^{①}&k_{12}^{①}&k_{13}^{①}&k_{14}^{①}&k_{15}^{①}&k_{16}^{①}\\k_{21}^{①}&k_{22}^{①}&k_{23}^{①}&k_{24}^{①}&k_{25}^{①}&k_{26}^{①}\\k_{31}^{①}&k_{32}^{①}&k_{33}^{①}&k_{34}^{①}&k_{35}^{①}&k_{36}^{①}\\ \hline k_{41}^{①}&k_{42}^{①}&k_{43}^{①}&k_{44}^{①}&k_{45}^{①}&k_{46}^{①}\\k_{51}^{①}&k_{52}^{①}&k_{53}^{①}&k_{54}^{①}&k_{55}^{①}&k_{56}^{①}\\k_{61}^{①}&k_{62}^{①}&k_{63}^{①}&k_{64}^{①}&k_{65}^{①}&k_{66}^{①}\end{array}\right)^{①}\begin{matrix}0\\0\\0\\1\\2\\3\end{matrix}\end{array},\quad \boldsymbol{k}^{②}=\begin{array}{c}\begin{matrix}1&2&3&4&5&6\end{matrix}\\ \left(\begin{array}{ccc|ccc}k_{11}^{②}&k_{12}^{②}&k_{13}^{②}&k_{14}^{②}&k_{15}^{②}&k_{16}^{②}\\k_{21}^{②}&k_{22}^{②}&k_{23}^{②}&k_{24}^{②}&k_{25}^{②}&k_{26}^{②}\\k_{31}^{②}&k_{32}^{②}&k_{33}^{②}&k_{34}^{②}&k_{35}^{②}&k_{36}^{②}\\ \hline k_{41}^{②}&k_{42}^{②}&k_{43}^{②}&k_{44}^{②}&k_{45}^{②}&k_{46}^{②}\\k_{51}^{②}&k_{52}^{②}&k_{53}^{②}&k_{54}^{②}&k_{55}^{②}&k_{56}^{②}\\k_{61}^{②}&k_{62}^{②}&k_{63}^{②}&k_{64}^{②}&k_{65}^{②}&k_{66}^{②}\end{array}\right)^{②}\begin{matrix}1\\2\\3\\4\\5\\6\end{matrix}\end{array}$$

$$\boldsymbol{k}^{③}=\begin{array}{c}\begin{matrix}0&0&0&4&5&6\end{matrix}\\ \left(\begin{array}{ccc|ccc}k_{11}^{③}&k_{12}^{③}&k_{13}^{③}&k_{14}^{③}&k_{15}^{③}&k_{16}^{③}\\k_{21}^{③}&k_{22}^{③}&k_{23}^{③}&k_{24}^{③}&k_{25}^{③}&k_{26}^{③}\\k_{31}^{③}&k_{32}^{③}&k_{33}^{③}&k_{34}^{③}&k_{35}^{③}&k_{36}^{③}\\ \hline k_{41}^{③}&k_{42}^{③}&k_{43}^{③}&k_{44}^{③}&k_{45}^{③}&k_{46}^{③}\\k_{51}^{③}&k_{52}^{③}&k_{53}^{③}&k_{54}^{③}&k_{55}^{③}&k_{56}^{③}\\k_{61}^{③}&k_{62}^{③}&k_{63}^{③}&k_{64}^{③}&k_{65}^{③}&k_{66}^{③}\end{array}\right)^{③}\begin{matrix}0\\0\\0\\4\\5\\6\end{matrix}\end{array}$$

（3）若单元定位向量的某个分量为零，则 $\boldsymbol{k}^{ⓔ}$ 中相应的行和列可以删去，即不送入结构刚度矩阵 $\boldsymbol{K}$ 中。如 $\boldsymbol{k}^{①}$ 中元素 $k_{23}^{①}$ 的行号 2、列号 3 对应单元定位向量的分量为 0，则 $\boldsymbol{k}^{①}$ 中的 2 行和 3 列可以删去，即不送入结构刚度矩阵 $\boldsymbol{K}$ 中，这就是“遇零不送”。

（4）单元定位向量位于 $\boldsymbol{k}^{ⓔ}$ 的上方和右侧中不为零的行、列分量，就是 $\boldsymbol{k}^{ⓔ}$ 中元素 $k_{ij}^{ⓔ}$ 在结构（原始）刚度矩阵 $\boldsymbol{K}$ 中的行码和列码。按照单元定位向量中非零分量给出的行码和列码，就能够将单元刚度矩阵 $\boldsymbol{k}^{ⓔ}$ 的元素正确地累加到结构（原始）刚度矩阵 $\boldsymbol{K}$ 中去。如 $\boldsymbol{k}^{①}$ 中元素

$k_{54}^{①}$的行号 5、列号 4 对应单元定位向量分量为 2 和 1，即它应送入结构（原始）刚度矩阵 $\boldsymbol{K}$ 的 2 行 1 列位置中并累加。

对于图 7.20（a）所示的支座约束前处理法编码系统，利用单元定位向量集成并累加后的结构刚度矩阵为

$$\boldsymbol{K}=\begin{array}{c}\begin{matrix}\quad 1 & \qquad\qquad 2 & \qquad\qquad 3 & \qquad\qquad 4 & \qquad\qquad 5 & \qquad\qquad 6\end{matrix}\\ \begin{pmatrix} k_{44}^{①}+k_{11}^{②} & k_{45}^{①}+k_{12}^{②} & k_{46}^{①}+k_{13}^{②} & k_{14}^{②} & k_{15}^{②} & k_{16}^{②} \\ k_{54}^{①}+k_{21}^{②} & k_{55}^{①}+k_{22}^{②} & k_{56}^{①}+k_{23}^{②} & k_{24}^{②} & k_{25}^{②} & k_{26}^{②} \\ k_{64}^{①}+k_{31}^{②} & k_{65}^{①}+k_{32}^{②} & k_{66}^{①}+k_{33}^{②} & k_{34}^{②} & k_{35}^{②} & k_{36}^{②} \\ k_{41}^{②} & k_{42}^{②} & k_{43}^{②} & k_{44}^{②}+k_{44}^{③} & k_{45}^{②}+k_{45}^{③} & k_{46}^{②}+k_{46}^{③} \\ k_{51}^{②} & k_{52}^{②} & k_{53}^{②} & k_{54}^{②}+k_{54}^{③} & k_{55}^{②}+k_{55}^{③} & k_{56}^{②}+k_{56}^{③} \\ k_{61}^{②} & k_{62}^{②} & k_{63}^{②} & k_{64}^{②}+k_{64}^{③} & k_{65}^{②}+k_{65}^{③} & k_{66}^{②}+k_{66}^{③} \end{pmatrix}\begin{matrix}1\\2\\3\\4\\5\\6\end{matrix}\end{array}$$

上述集成过程表明，主对角线元素是由同一结点相关单元的刚度矩阵主对角线元素叠加而成，因此一定是正值；副对角线元素是由定位向量所对应的单元刚度矩阵副对角线元素累加而成，可为正，可为负，也可为零值。

利用单元定位向量集成结构（原始）刚度矩阵，要注意在单元刚度矩阵中元素按局部码排列，在整体刚度矩阵中元素按整体码排列。

例 7.6 图 7.21 所示平面刚架，按支座约束后、前处理法对结点位移编码如图 7.21（a）、（b）所示，利用单元定位向量集成结构的原始刚度矩阵及结构刚度矩阵。

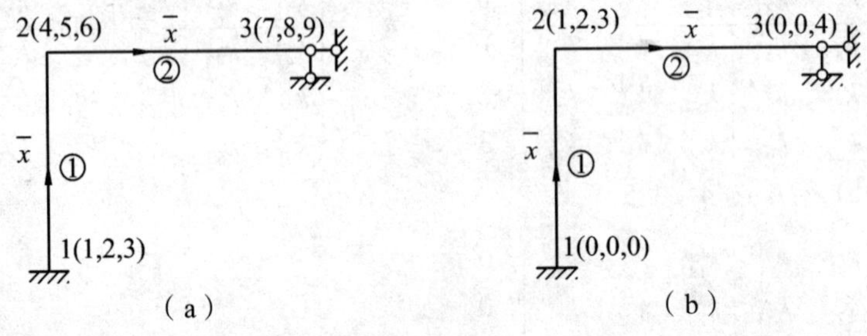

图 7.21

解 （1）利用单元定位向量集成结构的原始刚度矩阵。

图 7.21（a）所示支座约束后处理编码系统，各单元刚度矩阵 $\boldsymbol{k}^{ⓔ}$ 和定位向量如下表示：

$$\boldsymbol{k}^{①}=\begin{array}{c}\begin{matrix}1 & \;\;2 & \;\;3 & \;\;4 & \;\;5 & \;\;6\end{matrix}\\ \left(\begin{array}{ccc|ccc} k_{11}^{①} & k_{12}^{①} & k_{13}^{①} & k_{14}^{①} & k_{15}^{①} & k_{16}^{①} \\ k_{21}^{①} & k_{22}^{①} & k_{23}^{①} & k_{24}^{①} & k_{25}^{①} & k_{26}^{①} \\ k_{31}^{①} & k_{32}^{①} & k_{33}^{①} & k_{34}^{①} & k_{35}^{①} & k_{36}^{①} \\ \hline k_{41}^{①} & k_{42}^{①} & k_{43}^{①} & k_{44}^{①} & k_{45}^{①} & k_{46}^{①} \\ k_{51}^{①} & k_{52}^{①} & k_{53}^{①} & k_{54}^{①} & k_{55}^{①} & k_{56}^{①} \\ k_{61}^{①} & k_{62}^{①} & k_{63}^{①} & k_{64}^{①} & k_{65}^{①} & k_{66}^{①} \end{array}\right)^{①}\begin{matrix}1\\2\\3\\4\\5\\6\end{matrix}\end{array},\quad \boldsymbol{k}^{②}=\begin{array}{c}\begin{matrix}4 & \;\;5 & \;\;6 & \;\;7 & \;\;8 & \;\;9\end{matrix}\\ \left(\begin{array}{ccc|ccc} k_{11}^{②} & k_{12}^{②} & k_{13}^{②} & k_{14}^{②} & k_{15}^{②} & k_{16}^{②} \\ k_{21}^{②} & k_{22}^{②} & k_{23}^{②} & k_{24}^{②} & k_{25}^{②} & k_{26}^{②} \\ k_{31}^{②} & k_{32}^{②} & k_{33}^{②} & k_{34}^{②} & k_{35}^{②} & k_{36}^{②} \\ \hline k_{41}^{②} & k_{42}^{②} & k_{43}^{②} & k_{44}^{②} & k_{45}^{②} & k_{46}^{②} \\ k_{51}^{②} & k_{52}^{②} & k_{53}^{②} & k_{54}^{②} & k_{55}^{②} & k_{56}^{②} \\ k_{61}^{②} & k_{62}^{②} & k_{63}^{②} & k_{64}^{②} & k_{65}^{②} & k_{66}^{②} \end{array}\right)^{②}\begin{matrix}4\\5\\6\\7\\8\\9\end{matrix}\end{array}$$

利用单元定位向量集成并累加后的原始刚度矩阵为

$$
\begin{array}{ccccccccccc}
 & 1 & 2 & 3 & 4 & 5 & 6 & 7 & 8 & 9 & \\
\boldsymbol{K}= & k_{11}^{①} & k_{12}^{①} & k_{13}^{①} & k_{14}^{①} & k_{15}^{①} & k_{16}^{①} & & & & 1\\
 & k_{21}^{①} & k_{22}^{①} & k_{23}^{①} & k_{24}^{①} & k_{25}^{①} & k_{26}^{①} & & \mathbf{0} & & 2\\
 & k_{31}^{①} & k_{32}^{①} & k_{33}^{①} & k_{34}^{①} & k_{35}^{①} & k_{36}^{①} & & & & 3\\
 & k_{41}^{①} & k_{42}^{①} & k_{43}^{①} & k_{44}^{①}+k_{11}^{②} & k_{45}^{①}+k_{12}^{(2)} & k_{46}^{①}+k_{13}^{②} & k_{14}^{②} & k_{15}^{②} & k_{16}^{②} & 4\\
 & k_{51}^{①} & k_{52}^{①} & k_{53}^{①} & k_{54}^{①}+k_{21}^{②} & k_{55}^{①}+k_{22}^{(2)} & k_{56}^{①}+k_{23}^{②} & k_{24}^{②} & k_{25}^{②} & k_{26}^{②} & 5\\
 & k_{61}^{①} & k_{62}^{①} & k_{63}^{①} & k_{64}^{①}+k_{31}^{②} & k_{65}^{①}+k_{32}^{(2)} & k_{66}^{①}+k_{33}^{②} & k_{34}^{②} & k_{35}^{②} & k_{36}^{②} & 6\\
 & & & & k_{41}^{②} & k_{42}^{②} & k_{43}^{②} & k_{44}^{②} & k_{45}^{②} & k_{46}^{②} & 7\\
 & & \mathbf{0} & & k_{51}^{②} & k_{52}^{②} & k_{53}^{②} & k_{54}^{②} & k_{55}^{②} & k_{56}^{②} & 8\\
 & & & & k_{61}^{②} & k_{62}^{②} & k_{63}^{②} & k_{64}^{②} & k_{65}^{②} & k_{66}^{②} & 9
\end{array}
$$

（2）利用单元定位向量集成结构刚度矩阵。

图 7.21（b）所示支座约束前处理编码系统，各单元刚度矩阵 $\boldsymbol{k}^{ⓔ}$ 和定位向量如下表示

$$
\boldsymbol{k}^{①}=\begin{array}{c}
\begin{matrix} 0 & 0 & 0 & 1 & 2 & 3 \end{matrix}\\
\left(\begin{array}{ccc|ccc}
k_{11}^{①} & k_{12}^{①} & k_{13}^{①} & k_{14}^{①} & k_{15}^{①} & k_{16}^{①}\\
k_{21}^{①} & k_{22}^{①} & k_{23}^{①} & k_{24}^{①} & k_{25}^{①} & k_{26}^{①}\\
k_{31}^{①} & k_{32}^{①} & k_{33}^{①} & k_{34}^{①} & k_{35}^{①} & k_{36}^{①}\\ \hline
k_{41}^{①} & k_{42}^{①} & k_{43}^{①} & k_{44}^{①} & k_{45}^{①} & k_{46}^{①}\\
k_{51}^{①} & k_{52}^{①} & k_{53}^{①} & k_{54}^{①} & k_{55}^{①} & k_{56}^{①}\\
k_{61}^{①} & k_{62}^{①} & k_{63}^{①} & k_{64}^{①} & k_{65}^{①} & k_{66}^{①}
\end{array}\right)^{①}\begin{matrix}0\\0\\0\\1\\2\\3\end{matrix}
\end{array},\quad
\boldsymbol{k}^{②}=\begin{array}{c}
\begin{matrix} 1 & 2 & 3 & 0 & 0 & 4 \end{matrix}\\
\left(\begin{array}{ccc|ccc}
k_{11}^{②} & k_{12}^{②} & k_{13}^{②} & k_{14}^{②} & k_{15}^{②} & k_{16}^{②}\\
k_{21}^{②} & k_{22}^{②} & k_{23}^{②} & k_{24}^{②} & k_{25}^{②} & k_{26}^{②}\\
k_{31}^{②} & k_{32}^{②} & k_{33}^{②} & k_{34}^{②} & k_{35}^{②} & k_{36}^{②}\\ \hline
k_{41}^{②} & k_{42}^{②} & k_{43}^{②} & k_{44}^{②} & k_{45}^{②} & k_{46}^{②}\\
k_{51}^{②} & k_{52}^{②} & k_{53}^{②} & k_{54}^{②} & k_{55}^{②} & k_{56}^{②}\\
k_{61}^{②} & k_{62}^{②} & k_{63}^{②} & k_{64}^{②} & k_{65}^{②} & k_{66}^{②}
\end{array}\right)^{②}\begin{matrix}1\\2\\3\\0\\0\\4\end{matrix}
\end{array}
$$

删去 $\boldsymbol{k}^{ⓔ}$ 中定位向量分量为零的行和列，即这些元素不送入结构刚度矩阵 $\boldsymbol{K}$ 中，再利用单元定位向量集成并累加后的结构刚度矩阵为

$$
\begin{array}{cccccc}
 & 1 & 2 & 3 & 4 & \\
\boldsymbol{K}= & k_{44}^{①}+k_{11}^{②} & k_{45}^{①}+k_{12}^{②} & k_{46}^{①}+k_{13}^{②} & k_{16}^{②} & 1\\
 & k_{54}^{①}+k_{21}^{②} & k_{55}^{①}+k_{22}^{②} & k_{56}^{①}+k_{23}^{②} & k_{26}^{②} & 2\\
 & k_{64}^{①}+k_{31}^{②} & k_{65}^{①}+k_{32}^{②} & k_{66}^{①}+k_{33}^{②} & k_{36}^{②} & 3\\
 & k_{61}^{②} & k_{62}^{②} & k_{63}^{②} & k_{66}^{②} & 4
\end{array}
$$

与后处理法对应，因定位向量中考虑了支座对位移的限制，而且集成时没有考虑这些元素，相当于集成时已经对支座限制住的位移进行了处理，由此得出的结构刚度矩阵是非奇异的。

综上所述，结构（原始）刚度矩阵 $\boldsymbol{K}$ 是由结构坐标系下的单元刚度矩阵 $\boldsymbol{k}^{ⓔ}$ 按“对号入座”规则集成的。所谓“对号入座”，即把单元杆端位移分量（也称局部位移码）序号换成对应的结构结点位移分量（也称整体位移码）序号（这一步通常称为“换码”），搬到 $\boldsymbol{K}$ 中相应编号的位置（通称对号入座），最后在 $\boldsymbol{K}$ 中同一号码位置上的元素相加，称为“集合”。在这里，**“换码”的实质是满足变形协调条件；“集合”的实质是满足平衡条件。因此，上述形成**

结构（原始）刚度矩阵的过程，就是使单元集合时同时满足变形协调和平衡条件的过程。

四、结构原始刚度矩阵的性质

对于由自由式单元刚度矩阵集成的结构原始刚度矩阵，具有以下性质：

1. 对称性

由反力互等定理可得原始刚度矩阵 $\boldsymbol{K}$ 中元素 $K_{ij}=K_{ji}$，因此 $\boldsymbol{K}$ 是对称矩阵。

2. 奇异性

由自由式单元刚度矩阵集成的原始刚度矩阵具有奇异性。这是因为自由式单元刚度矩阵本身是奇异性的。在给定平衡的外荷载作用下不可能确定其惯性运动，即不可能确定结点位移的唯一解答，因此必须进行处理，引入边界条件。相比之下，由前处理法得到的结构刚度矩阵是非奇异性的。

3. 稀疏性

根据集成规则，有单元相连接的杆端结点称为相关结点，无单元连接的结点为不相关结点。显然，如果 i 和 j 为不相关结点，则 $\boldsymbol{K}$ 的子矩阵 $\boldsymbol{K}_{ij}=\boldsymbol{K}_{ji}=\boldsymbol{0}$。因此，如果作结构离散化时注意了使相关结点编码的最大差值尽可能小（即所谓合理编码），则结构（原始）刚度矩阵 $\boldsymbol{K}$ 只在对角线附近一带状区域内有非零的子矩阵，即 $\boldsymbol{K}$ 具有稀疏性。

五、结构刚度系数的物理意义及速算方法

整体刚度矩阵 $\boldsymbol{K}$ 中的第 i 行 j 列元素 K_{ij} 称为**结构刚度系数**。其物理意义为：当仅第 j 个结点位移码处发生单位位移（$\Delta_j=1$）时，在第 i 个结点位移码处所需施加的结点力。与位移法基本方程中系数的物理意义相对应，结构刚度系数 K_{ij} 的物理意义也可描述为：当仅结构的第 j 个位移分量产生单位位移时，与第 i 个位移相应的“附加约束”上的反力大小。

利用结构刚度系数的物理概念和等截面直杆的形常数，可以不经单元分析和集成而得到结构刚度矩阵中任何指定的结构刚度系数。其方法如下：

（1）如果第 j 个位移和第 i 个位移分量间没有直接的单元连接（即非相关结点位移），则

$$K_{ij}=0$$

（2）如果第 j 个位移和第 i 个位移分量间是相关结点位移，则从结构中取出与 Δ_j 相关联的单元部分；令所取出部分结构仅产生 $\Delta_j=1$ 的位移，利用形常数绘相应内力图；再取隔离体，由平衡条件求与第 i 个位移相应的附加约束上的总反力，其值即为 K_{ij}。

例 7.7 试求图 7.22（a）示结构相应编码的整体刚度矩阵中元素 K_{44}、$K_{4,13}$。

解：根据结构刚度系数物理意义，求 K_{44} 的计算简图如图 7.22（b）所示。当仅 4 号位移码处发生单位位移时，可根据形常数绘出两竖柱的弯矩图和两横梁的轴力图，如图 7.22（b）

所示。再取隔离体，求出 4 号位移方向，即 5 结点处水平附加约束上的总反力，其值为两柱端剪力和两梁端轴力之和，即

$$K_{44}=\frac{2EA}{l}+\frac{24EI}{l^3}$$

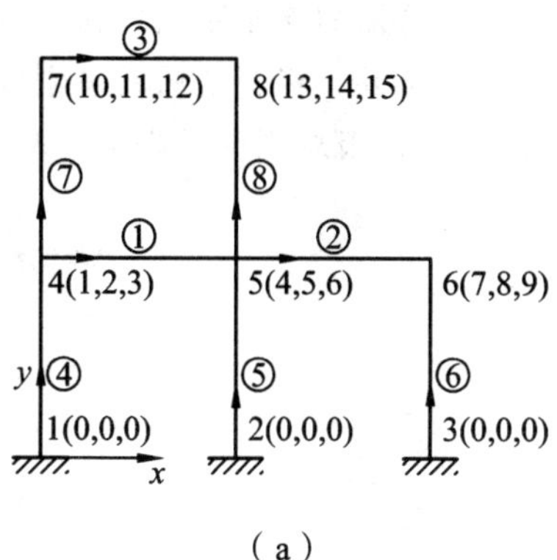

（a）

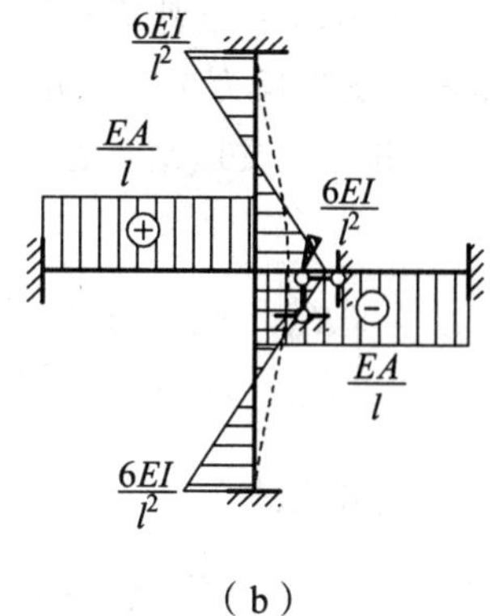

（b）

图 7.22

根据结构刚度系数物理意义，由图 7.22（b）所示的计算简图可求得第 13 号位移方向，即结点 8 处水平附加约束上的总反力，其值为

$$K_{13,4}=K_{4,13}=-\frac{12EI}{l^3}$$

由上述速算方法可见，求结构刚度系数 K_{ij} 时，可根据整体刚度矩阵中元素的物理意义，在熟记形常数的前提下，取相关部分为对象，即可很容易求得。

六、边界条件处理

边界条件处理的目的就是在原始刚度方程中引入边界条件，使原始刚度矩阵为非奇异矩阵，从而求得结点位移的唯一解。

在支座约束前处理法中，因定位向量中考虑了对支座位移的限制，在集成结构刚度矩阵时，与零位移相关的单元刚度矩阵中的元素不参加集成，相当于在集成的过程中，已经对支座位移进行了处理，故由此得到的结构刚度矩阵是非奇异矩阵。而支座约束后处理法没有考虑对支座位移的限制，结点位移全部编号，所有的单元刚度矩阵中的元素全部参与集成，这样由自由式单元集成的原始刚度矩阵是奇异的，因此必须引入足以阻止刚体位移的约束条件（也称为边界条件），修改原始刚度矩阵，使其成为结构刚度矩阵。

常用的边界条件后处理方法有三种，即划行划列法、乘大数法和置换法。

1. 划行划列法

对于实际结构，结点位移可分为两类：一类结点位移是未知的，由结构的变形决定，如

图 7.21 所示刚架结点 2 的所有位移和结点 3 的角位移，在这些位移方向上的结点力即结点荷载是已知的；另一类结点位移是已知的支座位移，如图 7.21 所示刚架结点 1 的所有位移和结点 3 的水平、竖向线位移，在这些位移方向上的结点力即支座反力是未知的。采用划行划列法方法，将两类结点位移分量重新排列，把受约束的支座结点位移分量靠后，未知结点位移和相应的已知结点力向量分别以子向量 $\boldsymbol{\Delta}_{\mathrm{d}}$ 和 $\boldsymbol{F}_{\mathrm{d}}$ 表示；已知的支座结点位移分量和相应的未知结点力（即未知支座反力）向量分别以子向量 $\boldsymbol{\Delta}_{\mathrm{r}}$ 和 $\boldsymbol{F}_{\mathrm{r}}$ 表示。将调整后的总刚度矩阵按对应未知结点位移 $\boldsymbol{\Delta}_{\mathrm{d}}$ 和已知支座结点位移 $\boldsymbol{\Delta}_{\mathrm{r}}$ 子向量进行分块，则总刚度方程 $\boldsymbol{F}=\boldsymbol{K}\boldsymbol{\Delta}$ 可改写为如下形式：

$$\begin{pmatrix}\boldsymbol{K}_{\mathrm{dd}} & \boldsymbol{K}_{\mathrm{dr}}\\ \boldsymbol{K}_{\mathrm{rd}} & \boldsymbol{K}_{\mathrm{rr}}\end{pmatrix}\begin{pmatrix}\boldsymbol{\Delta}_{\mathrm{d}}\\ \boldsymbol{\Delta}_{\mathrm{r}}\end{pmatrix}=\begin{pmatrix}\boldsymbol{F}_{\mathrm{d}}\\ \boldsymbol{F}_{\mathrm{r}}\end{pmatrix} \tag{7-17}$$

按矩阵运算规则展开上式，得

$$\boldsymbol{K}_{\mathrm{dd}}\boldsymbol{\Delta}_{\mathrm{d}}+\boldsymbol{K}_{\mathrm{dr}}\boldsymbol{\Delta}_{\mathrm{r}}=\boldsymbol{F}_{\mathrm{d}}$$
$$\boldsymbol{K}_{\mathrm{rd}}\boldsymbol{\Delta}_{\mathrm{d}}+\boldsymbol{K}_{\mathrm{rr}}\boldsymbol{\Delta}_{\mathrm{r}}=\boldsymbol{F}_{\mathrm{r}}$$

由第一式可求解未知结点位移 $\boldsymbol{\Delta}_{\mathrm{d}}$：

$$\boldsymbol{\Delta}_{\mathrm{d}}=\boldsymbol{K}_{\mathrm{dd}}^{-1}(\boldsymbol{F}_{\mathrm{d}}-\boldsymbol{K}_{\mathrm{dr}}\boldsymbol{\Delta}_{\mathrm{r}}) \tag{7-18}$$

由第二式可求解未知结点力 $\boldsymbol{F}_{\mathrm{r}}$，注意到

$$\boldsymbol{F}_{\mathrm{r}}=\boldsymbol{F}_{\mathrm{R}}+\boldsymbol{F}_{\mathrm{D}}$$

上式中 $\boldsymbol{F}_{\mathrm{R}}$ 为支座反力子向量，$\boldsymbol{F}_{\mathrm{D}}$ 为在支座约束方向的结点荷载，由此可求得支座反力子向量 $\boldsymbol{F}_{\mathrm{R}}$ 为

$$\boldsymbol{F}_{\mathrm{R}}=-\boldsymbol{F}_{\mathrm{D}}+\boldsymbol{K}_{\mathrm{rd}}\boldsymbol{\Delta}_{\mathrm{d}}+\boldsymbol{K}_{\mathrm{rr}}\boldsymbol{\Delta}_{\mathrm{r}} \tag{7-19}$$

当支座位移为零时，即 $\boldsymbol{\Delta}_{\mathrm{r}}=0$ 时，原始刚度方程可简化为

$$\boldsymbol{K}_{\mathrm{dd}}\boldsymbol{\Delta}_{\mathrm{d}}=\boldsymbol{F}_{\mathrm{d}}$$
$$\boldsymbol{K}_{\mathrm{rd}}\boldsymbol{\Delta}_{\mathrm{d}}=\boldsymbol{F}_{\mathrm{r}}$$

这时未知结点位移 $\boldsymbol{\Delta}_{\mathrm{d}}$ 和支座反力 $\boldsymbol{F}_{\mathrm{R}}$ 分别为

$$\boldsymbol{\Delta}_{\mathrm{d}}=\boldsymbol{K}_{\mathrm{dd}}^{-1}\boldsymbol{F}_{\mathrm{d}} \tag{7-20}$$
$$\boldsymbol{F}_{\mathrm{R}}=-\boldsymbol{F}_{\mathrm{D}}+\boldsymbol{K}_{\mathrm{rd}}\boldsymbol{\Delta}_{\mathrm{dr}} \tag{7-21}$$

由于 $\boldsymbol{\Delta}_{\mathrm{r}}=0$，相当于把总（原始）刚度方程（7-17）中对应于已知支座位移分量为零的行与列划去，因此这种边界条件处理方法常称为划行划列法。

记 $\boldsymbol{K}=\boldsymbol{K}_{\mathrm{dd}}$，$\boldsymbol{\Delta}=\boldsymbol{\Delta}_{\mathrm{d}}$，$\boldsymbol{F}=\boldsymbol{F}_{\mathrm{d}}-\boldsymbol{K}_{\mathrm{dr}}\boldsymbol{\Delta}_{\mathrm{r}}$，经边界条件处理后的结构刚度方程可统一用下式表示：

$$\boldsymbol{K}\boldsymbol{\Delta}=\boldsymbol{F} \tag{7-22}$$

式中，$\boldsymbol{K}$ 为经边界条件处理后的结构刚度矩阵。

2. 乘大数法

设 Δ 中一个位移约束条件为$\Delta_i = c_i$，N 为一个很大的数。所谓乘大数法，是将主元 K_{ii} 用 NK_{ii} 替换，相应的结点荷载元素 F_i 用 $NK_{ii}c_i$ 替换，这样处理即能满足约束条件。为此，刚度方程第 i 个展开式为

$$K_{i1}\Delta_1 + K_{i2}\Delta_2 + \cdots + NK_{ii}\Delta_i + \cdots + K_{in}\Delta_n = NK_{ii}c_i$$

上式左右两边同除 NK_{ii}，则可得

$$\sum_{\substack{j=1 \\ j\neq i}}^{n} \frac{K_{ij}}{NK_{ii}}\Delta_j + \Delta_i = c_i$$

由于 NK_{ii} 远大于 K_{ij}，因此上式第一项近似等于零。这就表明，约束条件这样处理后能得到近似满足。

3. 置换法

仍然设 Δ 中一个位移约束条件为$\Delta_i = c_i$，采用置换法时需要做以下处理：

（1）将相应的结点荷载列阵的元素 $F_j\ (j\neq i)$用 $F_j - K_{ji}c_i$ 置换。

（2）将 K_{ij}（$i\neq j$）和 K_{ji}（$i\neq j$）即 i 行、i 列非对角线元素全部置换成 0。

（3）将 K_{ii} 置换成 1，F_i 置换成 c_i 。

这样做能使约束条件得到满足且刚度方程等价，证明从略。若有 n 个已知位移边界条件，则作 n 次上述处理即可。

七、铰结点的处理及忽略轴向变形影响

1. 铰结点的处理

当刚架中有铰结点时，其处理方法是将铰结点处各杆的杆端转角均作为基本未知量求解。这样虽然增加了未知量的数目，但所有杆件都采用前述一般单元的刚度矩阵，因而单元类型统一、程序简单、通用性强。

在铰结点处，由于汇交于铰结点处各杆的杆端线位移是相同（不独立）的，且角位移是不同（独立）的，因此在对结点位移分量进行编码时，须注意增设铰结点处的角位移编码。其处理方法为：**铰结点处的线位移采用同码，而角位移采用异码**。

如图 7.23 所示刚架，铰结点 2 处有两个转角未知量，因此增设铰结点 2 处的角位移编码，即单元②的终端转角编号为 6，而单元③的终端转角编号为 7，在铰结点 2 处的两杆杆端它们的线位移相同（不独立），因此它们的线位移应采用同码，而角位移采用异码。各单元的结点位移分量编号如图 7.23 所示。

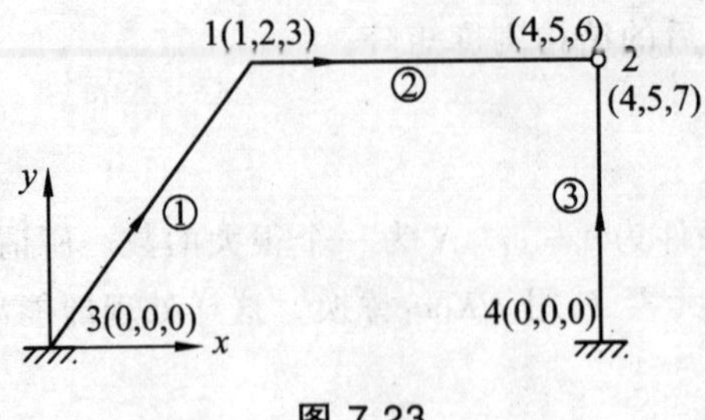

图 7.23

将上述结点位移按其在总位移向量中的先后顺序编号，则结点位移向量为

$$\boldsymbol{\Delta}=\begin{pmatrix}\Delta_1 & \Delta_2 & \Delta_3 & \Delta_4 & \Delta_5 & \Delta_6 & \Delta_7\end{pmatrix}^{\mathrm{T}}$$

①、②、③单元的定位向量分别为

$$\boldsymbol{\lambda}^{①}=\begin{pmatrix}0\\0\\0\\1\\2\\3\end{pmatrix}^{①},\quad \boldsymbol{\lambda}^{②}=\begin{pmatrix}1\\2\\3\\4\\5\\6\end{pmatrix}^{②},\quad \boldsymbol{\lambda}^{③}=\begin{pmatrix}0\\0\\0\\4\\5\\7\end{pmatrix}^{③}$$

然后利用前面所述的集成规则集成结构刚度矩阵 $\boldsymbol{K}$，此时结构刚度矩阵 $\boldsymbol{K}$ 为 7 阶方阵。

2. 忽略轴向变形影响

用矩阵位移法计算刚架时，也可忽略轴向变形影响。由于不计轴向变形，各结点线位移不再全部独立，因而只对其独立的结点线位移予以编号。处理方法是：**凡结点线位移分量相等者编号也相同。**

但当有斜杆等情况时，这样处理并不方便。

如图 7.24 所示刚架，忽略轴向变形影响，在刚结点 1 处竖向位移分量为零，故其编码也为零。此外，因为忽略了轴向变形影响，结点 1、2 的水平位移分量都相等，因此它们的线位移采用同码，所以结点 1 的位移编码为（1，0，2），结点 2 的位移编码为（1，0，3）。

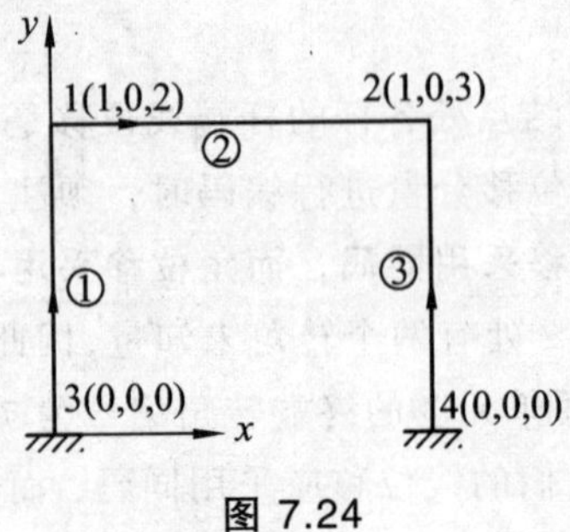

图 7.24

忽略轴向变形影响后结构的未知结点位移共有 3 个，如图 7.24 所示。将上述结点位移按

其在总位移向量中的先后顺序编号，则结点位移向量为

$$\boldsymbol{\Delta}=\begin{pmatrix}\Delta_1 & \Delta_2 & \Delta_3\end{pmatrix}^{\mathrm{T}}$$

①、②、③单元的定位向量分别为

$$\boldsymbol{\lambda}^{①}=\begin{pmatrix}0\\0\\0\\1\\0\\2\end{pmatrix}^{①},\quad \boldsymbol{\lambda}^{②}=\begin{pmatrix}1\\0\\2\\1\\0\\3\end{pmatrix}^{②},\quad \boldsymbol{\lambda}^{③}=\begin{pmatrix}0\\0\\0\\1\\0\\3\end{pmatrix}^{③}$$

然后利用前面所述的集成规则集成结构刚度矩阵 $\boldsymbol{K}$，此时结构刚度矩阵 $\boldsymbol{K}$ 为 3 阶方阵。

忽略轴向变形另一方便的办法是采用前面讲的一般方法（即每个结点位移分量均作独立未知量求解），将杆件的截面面积 A 输为很大的数（例如比实际面积大 100 或 1000 倍），即可得到满意的结果。

八、非结点荷载处理

结构上的荷载可以作用于结点上，称为结点荷载；也可以作用在杆件上，称为非结点荷载。在矩阵位移法中，荷载是通过结点传递到结构上的，因此，上述所讨论的矩阵分析方法都是针对于结点荷载作用的。在实际问题中，不可避免地会遇到非结点荷载作用，因此用矩阵位移法分析时，必须进行非结点荷载的处理，将非结点荷载转化为等效结点荷载，然后才可以用前面介绍的矩阵位移法进行分析。在计算结构的最终内力时，需要利用叠加原理。

下面讨论非结点荷载的处理方法及步骤：

在矩阵位移法中，结构总刚度方程 $\boldsymbol{F}=\boldsymbol{K\Delta}$ 中的 $\boldsymbol{F}$ 称为综合结点荷载列阵，通常也称为结点荷载列阵。它由两部分组成，即

$$\boldsymbol{F}=\boldsymbol{F}_{\mathrm{D}}+\boldsymbol{F}_{\mathrm{E}} \tag{7-23}$$

式中，$\boldsymbol{F}_{\mathrm{D}}$ 为直接结点荷载列阵，由作用在结点上的结点荷载组成；$\boldsymbol{F}_{\mathrm{E}}$ 为等效结点荷载列阵，由单元等效结点荷载组成。

$\boldsymbol{F}$ 中的各分量的排列次序应与结点位移列阵各分量的排列次序应一一对应。

进行非结点荷载的处理原则：**在等效结点荷载作用下，结构的结点位移与实际非结点荷载作用下结构的结点位移应相等**。由此形成的综合结点荷载列阵，可按下述步骤进行：

（1）假想将有非结点荷载作用单元的两端结点位移完全约束住，使其成为两端固定的杆件。在非结点荷载作用下，杆件两端结点上产生固端力，在局部坐标系中记为 $\overline{\boldsymbol{F}}_{\mathrm{F}}^{ⓔ}$，称为单元固端力列阵。

（2）将上述局部坐标系中的固端力进行坐标转换，得到结构坐标系中单元固端力，即

$$F_F^{ⓔ} = T^{ⓔ\mathrm{T}} \overline{F}_F^{ⓔ}$$

(3) 解除约束，即将上述结构坐标系中的单元固端力变号，得到结构坐标系中的单元等效结点荷载列阵，即

$$F_E^{ⓔ} = -F_F^{ⓔ} = -T^{ⓔ\mathrm{T}} \overline{F}_F^{ⓔ} \tag{7-24}$$

(4) 将各单元等效结点荷载 $F_E^{ⓔ}$ 按"对号入座"法则集成、累加得到结构等效结点荷载列阵 F_E。

(5) 当结点上尚有结点荷载作用时，可按式（7-23）将其一起组合为综合结点荷载列阵 F。

例 7.8 试求图 7.25（a）所示结构在结点位移编码情况下的综合结点荷载列阵。

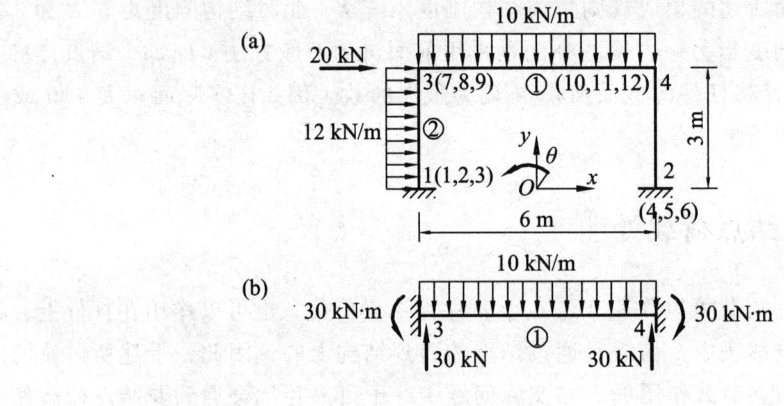

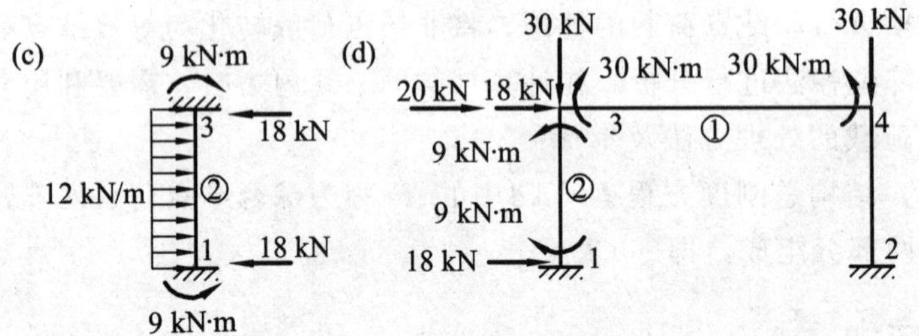

图 7.25

解 该结构共有 12 个结点位移，综合结点荷载列阵 F 为 12 阶列向量。注意 F 中各分量的排序与 Δ 中各分量的排序一一对应。

(1) 将非结点荷载作用的①、②单元的两端结点位移完全约束住，使其成为两端固定的杆件，如图 7.25（b）、（c）所示，此时利用位移法中等截面直杆的载常数表求得①、②单元在非结点荷载作用下的固端力，由此形成局部坐标系中单元的固端力列阵 $\overline{F}_F^{①}$、$\overline{F}_F^{②}$。将其坐标转换得到结构坐标系下的固端力列阵 $F_F^{ⓔ}$，再将 $F_F^{ⓔ}$ 反号得到单元的等效结点荷载列阵，即

$$F_E^{①} = \begin{pmatrix} F_{E3}^{①} \\ \hline F_{E4}^{①} \end{pmatrix} = -F_F^{①} = (0 \quad -30\mathrm{kN} \quad -30\mathrm{kN\cdot m} \mid 0 \quad -30\mathrm{kN} \quad 30\mathrm{kN\cdot m})^{\mathrm{T}}$$

$$F_E^{②}=\begin{pmatrix}F_{E1}^{②}\\ \hline F_{E3}^{②}\end{pmatrix}=-F_F^{②}=(18\text{kN}\quad 0\quad -9\text{kN}\cdot\text{m}\mid 18\text{kN}\quad 0\quad 9\text{kN}\cdot\text{m})^T$$

（2）将各单元等效结点荷载 $F_E^{ⓔ}$ 中的各元素按“定位向量”定位到结构等效结点荷载列阵 F_E 中对应位置并累加，即

$$\begin{matrix} & 7 & 8 & 9 & 10 & 11 & 12 \end{matrix}$$

$$F_E^{①}=(0\quad -30\text{kN}\quad -30\text{kN}\cdot\text{m}\mid 0\quad -30\text{kN}\quad 30\text{kN}\cdot\text{m})^T$$

$$\begin{matrix} & 1 & 2 & 3 & 7 & 8 & 9 \end{matrix}$$

$$F_E^{②}=(18\text{kN}\quad 0\quad -9\text{kN}\cdot\text{m}\mid 18\text{kN}\quad 0\quad 9\text{kN}\cdot\text{m})^T$$

①、②单元的等效结点荷载如图 7.25（d）所示。

（3）结点 3 上有结点荷载作用，将其一起组合为综合结点荷载列阵，即

$$\begin{aligned}F&=F_D+F_E\\&=(F_1^T\quad F_2^T\quad F_3^T\quad F_4^T)^T\\&=(18\text{kN}+F_{R1x}\quad F_{R1y}\quad -9\text{kN}\cdot\text{m}+M_1\mid F_{R2x}\quad F_{R2y}\quad M_2\mid 38\text{kN}\quad -30\text{kN}\quad -21\text{kN}\cdot\text{m}\mid 0\quad -30\text{kN}\quad 30\text{kN}\cdot\text{m})^T\end{aligned}$$

F 中的 F_{R1x}、F_{R1y}、M_1、F_{R2x}、F_{R2y}、M_2 为结点 1、2 的支座反力。

根据上述的步骤，也可由力学概念，用直观的方法迅速获得。其方法是直接将图 7.25（b）、（c）所示的各单元的固端力 $\overline{F}_F^{①}$、$\overline{F}_F^{②}$ 反号作用于 1、3、4 结点上，结点荷载 $F_{3x}=20$ kN 也作用于结点 3 上，如图 7.25（d）所示；再按图 7.25（a）所示的结点位移编号顺序，集成、累加即得综合结点荷载列阵。

确定综合结点荷载列阵中的任何指定元素，也可利用等截面直杆的载常数，不经单元分析和集成而得到。其方法具体如下：

（1）根据单元上荷载状况，利用载常数（两端固定单跨梁）得到局部坐标系下的固端力；将其反向即得等效杆端力。

（2）局部坐标系下的等效杆端力转移到结点称等效结点荷载，等效结点荷载和直接结点荷载向整体坐标系方向投影。

（3）根据整体位移码，将相同编码上的全部结点荷载分量累加，即得到与此位移码相应的综合结点荷载元素。

第六节　单元杆端力的计算

单元杆端力的计算即为局部坐标系下单元杆端内力的计算。经过上述的整体分析后，已求得了结构全部结点位移，进而可由单元分析求出各单元杆端内力。其步骤如下：

（1）确定整体坐标系下的单元杆端位移。

根据单元结点信息（即单元两端结点整体码）或单元定位向量（单元整体位移码向量），即可从结点位移列阵Δ中取出该单元的结构坐标下的杆端位移列阵$\delta^{ⓔ}$。

（2）形成单元坐标转换矩阵。

根据单元的结点坐标信息，可以求出倾角的$\cos\theta^{ⓔ}$、$\sin\theta^{ⓔ}$，从而形成单元坐标转换矩阵$T^{ⓔ}$。

（3）计算局部坐标系下的单元杆端内力。

根据单元刚度方程和位移坐标转换可得

$$\overline{F}^{ⓔ}=\overline{k}^{ⓔ}T^{ⓔ}\delta^{ⓔ}+\overline{F}_{\mathrm{F}}^{ⓔ} \tag{7-25}$$

或

$$\overline{F}^{ⓔ}=T^{ⓔ}F^{ⓔ}+\overline{F}_{\mathrm{F}}^{ⓔ}=T^{ⓔ}k^{ⓔ}\delta^{ⓔ}+\overline{F}_{\mathrm{F}}^{ⓔ} \tag{7-26}$$

式（7-25）、（7-26）即为单元杆端力的计算公式。$\overline{F}^{ⓔ}$中包含两部分，第一部分$\overline{k}^{ⓔ}T^{ⓔ}\delta^{ⓔ}$或$T^{ⓔ}k^{ⓔ}\delta^{ⓔ}$为由单元杆端位移引起的杆端力；第二部分$\overline{F}_{\mathrm{F}}^{ⓔ}$为单元上外荷载引起的固端力。显然，只有单元上有荷载作用时才有此项。

对于平面刚架，要注意习惯上的内力符号规定和杆端力符号规定间的差异。

例 7.9 已知图 7.26 所示连续梁结点位移列阵Δ，试用矩阵位移法求出杆件 23 的杆端弯矩并画出连续梁的弯矩图。设$q=20\ \mathrm{kN/m}$，23 杆的$i=1.0\times10^{6}\ \mathrm{kN\cdot cm}$。

$$\Delta=\begin{Bmatrix}-3.65\\7.14\\-5.72\\2.86\end{Bmatrix}\times10^{-4}\ \mathrm{rad}$$

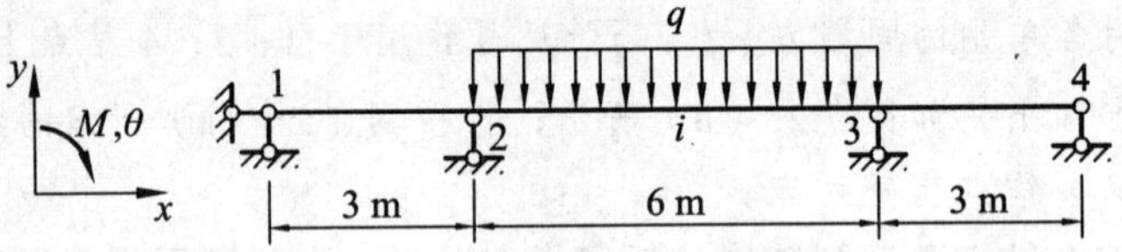

图 7.26

解 记 23 杆件为②单元，单元两端的杆端位移为转角，相应的杆端力为弯矩，其计算式为

$$\overline{F}^{②}=\overline{k}^{②}\overline{\delta}^{②}+\overline{F}_{\mathrm{F}}^{②}$$

式中，

$$\overline{k}^{②}=\begin{pmatrix}4i & 2i\\ 2i & 4i\end{pmatrix}^{②},\quad \overline{\delta}^{②}=\begin{pmatrix}\overline{\delta}_2\\ \overline{\delta}_3\end{pmatrix}=\begin{pmatrix}7.14\\-5.72\end{pmatrix}\times10^{-4}\ \mathrm{rad},\quad \overline{F}_{\mathrm{F}}^{②}=\begin{pmatrix}\overline{F}_{\mathrm{F2}}\\ \overline{F}_{\mathrm{F3}}\end{pmatrix}=\begin{pmatrix}-60\\60\end{pmatrix}\mathrm{kN\cdot m}$$

故杆件 23 的杆端弯矩为

$$\begin{pmatrix}\overline{F}_1\\ \overline{F}_2\end{pmatrix}^{②}=\begin{pmatrix}M_{23}\\ M_{32}\end{pmatrix}=\begin{pmatrix}4i & 2i\\ 2i & 4i\end{pmatrix}\begin{pmatrix}7.14\\-5.72\end{pmatrix}+\begin{pmatrix}-60\\60\end{pmatrix}=\begin{pmatrix}-42.88\\51.40\end{pmatrix}\mathrm{kN\cdot m}$$

此连续梁的弯矩图如图 7.27 所示。

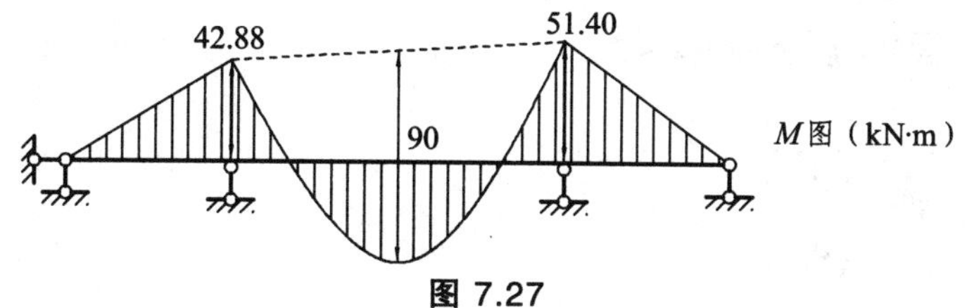

图 7.27

求单元的杆端内力，也可由力学概念，用直观的方法迅速获得。根据题意，杆件 23 两端的杆端转角和杆件上的荷载如图 7.28（a）所示。利用等截面直杆的形常数和载常数，分别求得其固端弯矩，如图 7.28（b）、（c）、（d）所示；再根据单元局部位移编码，将相同编码上全部杆端弯矩分量累加即得到与此位移码相应的杆端弯矩，累加后杆端弯矩如图 7.28（e）所示。

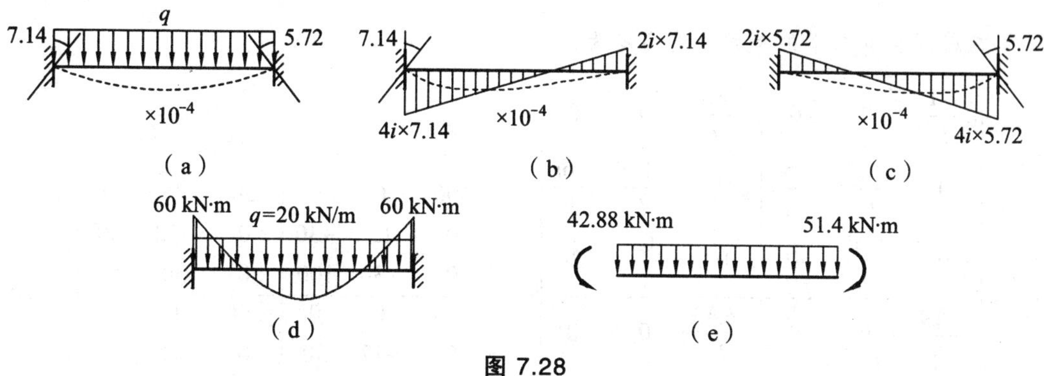

图 7.28

例 7.10 考虑轴向变形，求图 7.29（a）所示结构单元①的杆端力 $\overline{\boldsymbol{F}}^{①}$。已知：$I=(1/24)\ \mathrm{m}^4$，$E=3\times10^7\ \mathrm{kN/m^2}$，$A=0.5\ \mathrm{m}^2$，结点 1 的位移列阵 $\Delta_1=1\times10^{-6}\times(3.700\,2\ \mathrm{m}\ \ -2.710\,1\ \mathrm{m}\ \ -5.148\,5\ \mathrm{rad})^{\mathrm{T}}$。

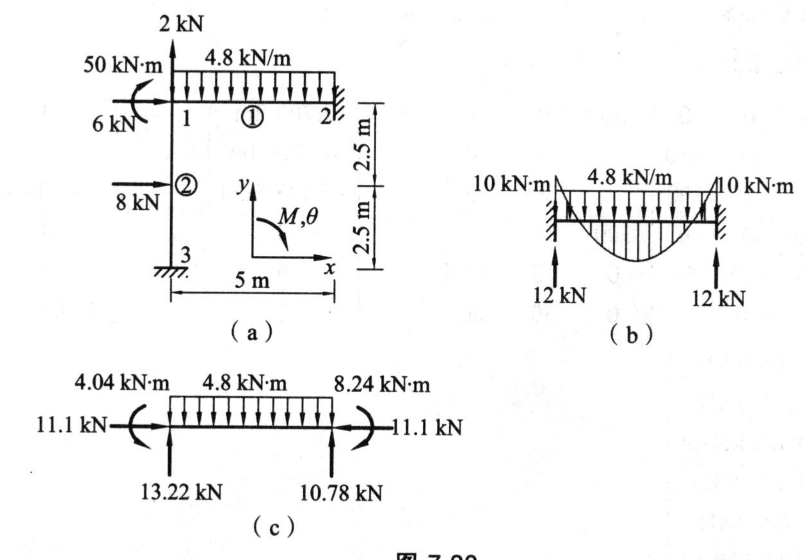

图 7.29

解 由局部坐标系下的单元杆端内力计算式（7-25），有

$$\overline{\boldsymbol{F}}^{①}=\overline{\boldsymbol{k}}^{①}\boldsymbol{T}^{①}\boldsymbol{\delta}^{①}+\overline{\boldsymbol{F}}_{\mathrm{F}}^{①}$$

式中

$$\boldsymbol{\delta}^{①}=\begin{pmatrix}\boldsymbol{\delta}_1^{①}\\ \hline \boldsymbol{\delta}_2^{①}\end{pmatrix}$$

$$\boldsymbol{\delta}_1^{①}=\boldsymbol{\Delta}_1=1\times10^{-6}\times(3.700\,2\ \mathrm{m}\quad -2.710\,1\ \mathrm{m}\quad -5.148\,5\ \mathrm{rad})^{\mathrm{T}}$$

$$\boldsymbol{\delta}_2^{①}=(0\ \ 0\ \ 0)^{\mathrm{T}}$$

单元①在非结点荷载作用下的固端力如图 7.29（b）所示，其列阵为

$$\overline{\boldsymbol{F}}_{\mathrm{F}}^{①}=(0\quad 12\ \mathrm{kN}\quad -10\ \mathrm{kN\cdot m}\ |\ 0\quad 12\ \mathrm{kN}\quad 10\ \mathrm{kN\cdot m})^{\mathrm{T}}$$

单元①在局部坐标系下的单元刚度矩阵为

$$\overline{\boldsymbol{k}}^{①}=\left(\begin{array}{ccc|ccc}\frac{EA}{l} & 0 & 0 & -\frac{EA}{l} & 0 & 0\\ 0 & \frac{12i}{l^2} & -\frac{6i}{l} & 0 & -\frac{12i}{l^2} & -\frac{6i}{l}\\ 0 & -\frac{6i}{l} & 4i & 0 & \frac{6i}{l} & 2i\\ \hline -\frac{EA}{l} & 0 & 0 & \frac{EA}{l} & 0 & 0\\ 0 & -\frac{12i}{l^2} & \frac{6i}{l} & 0 & \frac{12i}{l^2} & \frac{6i}{l}\\ 0 & -\frac{6i}{l} & 2i & 0 & \frac{6i}{l} & 4i\end{array}\right)^{①}=\left(\begin{array}{ccc|ccc}300 & 0 & 0 & -300 & 0 & 0\\ 0 & 12 & -30 & 0 & -12 & -30\\ 0 & -30 & 100 & 0 & 30 & 50\\ \hline -300 & 0 & 0 & 300 & 0 & 0\\ 0 & -12 & 30 & 0 & 12 & 30\\ 0 & -30 & 50 & 0 & 30 & 100\end{array}\right)^{①}\times10^4$$

由于单元①局部坐标系与结构坐标系重合，$\boldsymbol{T}^{①}$ 为单位阵，故杆端力 $\overline{\boldsymbol{F}}^{①}$ 为

$$\overline{\boldsymbol{F}}^{①}=\overline{\boldsymbol{k}}^{①}\boldsymbol{\delta}^{①}+\overline{\boldsymbol{F}}_{\mathrm{F}}^{①}$$

$$=\left(\begin{array}{ccc|ccc}300 & 0 & 0 & -300 & 0 & 0\\ 0 & 12 & -30 & 0 & -12 & -30\\ 0 & -30 & 100 & 0 & 30 & 50\\ \hline -300 & 0 & 0 & 300 & 0 & 0\\ 0 & -12 & 30 & 0 & 12 & 30\\ 0 & -30 & 50 & 0 & 30 & 100\end{array}\right)^{①}\times10^4\begin{pmatrix}3.700\,2\mathrm{m}\\ -2.710\,1\mathrm{m}\\ -5.148\,5\mathrm{rad}\\ \hline 0\\ 0\\ 0\end{pmatrix}\times10^{-6}+\begin{pmatrix}0\\ 12\ \mathrm{kN}\\ -10\ \mathrm{kN\cdot m}\\ \hline 0\\ 12\ \mathrm{kN}\\ 10\ \mathrm{kN\cdot m}\end{pmatrix}$$

$$=\begin{pmatrix}11.100\,6\ \mathrm{kN}\\ 13.219\,3\ \mathrm{kN}\\ -4.038\,5\ \mathrm{kN\cdot m}\\ \hline -11.100\,6\ \mathrm{kN}\\ 10.780\,7\ \mathrm{kN}\\ 8.238\,8\ \mathrm{kN\cdot m}\end{pmatrix}$$

单元①的杆端内力如图 7.29（c）所示。

同样，单元①的杆端内力，也可由力学概念用直观的方法迅速获得。根据题意，单元①的 1 端有轴向位移 $u_1 = 3.700\,2\times10^{-6}\,\text{m}$，侧向位移 $v_1 = -2.710\,1\times10^{-6}\,\text{m}$ 及转角位移 $\varphi_1 = -5.148\,5\times10^{-6}\,\text{rad}$；2 端由于是固定端，全部位移为零。利用等截面直杆的形常数和载常数，分别求得其固端力，如图 7.30（a）、（b）、（c）、（d）所示。再根据单元局部位移编码，将相同编码上全部杆端内力分量累加即得到与此位移码相应的杆端内力，累加后单元①的杆端内力如图 7.30（e）所示。

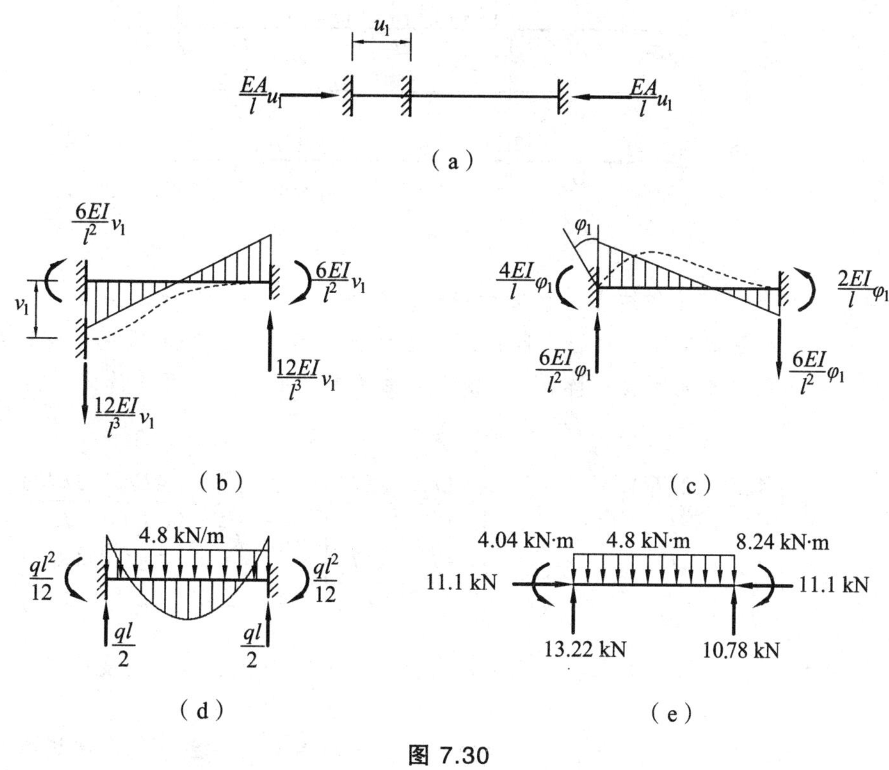

图 7.30

第七节　计算步骤和算例

综上所述，矩阵位移法的计算步骤可归纳如下（以后处理为例）：

（1）对结点和单元进行编号，建立结构（整体）坐标系和单元（局部）坐标系，并对结点位移进行编号。

（2）计算各单元局部坐标系下的单元刚度矩阵 $\overline{\boldsymbol{k}}^{ⓔ}$、坐标转换矩阵 $\boldsymbol{T}^{ⓔ}$ 和结构坐标系下的单元刚度矩阵 $\boldsymbol{k}^{ⓔ}$。

（3）形成结构原始刚度矩阵 $\boldsymbol{K}$。

（4）计算单元的固端力列阵 $\overline{\boldsymbol{F}}_{\text{F}}^{ⓔ}$ 和单元的等效结点荷载列阵 $\boldsymbol{F}_{\text{E}}^{ⓔ}$，形成结构的等效结点荷载列阵 $\boldsymbol{F}_{\text{E}}$ 及综合结点荷载列阵 $\boldsymbol{F}$。

（5）引入支承条件，修改原始刚度方程（针对后处理法）。

（6）解算结构刚度方程，求出结点位移Δ。

（7）计算各单元杆端力$\overline{F}^{ⓔ}$。

例 7.11 试用矩阵位移法计算图 7.31（a）所示的三跨连续梁，绘出弯矩图。$EI_1 = 8.0\times 10^4\ \mathrm{kN\cdot m^2}$，$EI_2 = 6.0\times 10^4\ \mathrm{kN\cdot m^2}$，$EI_3 = 9.0\times 10^4\ \mathrm{kN\cdot m^2}$。

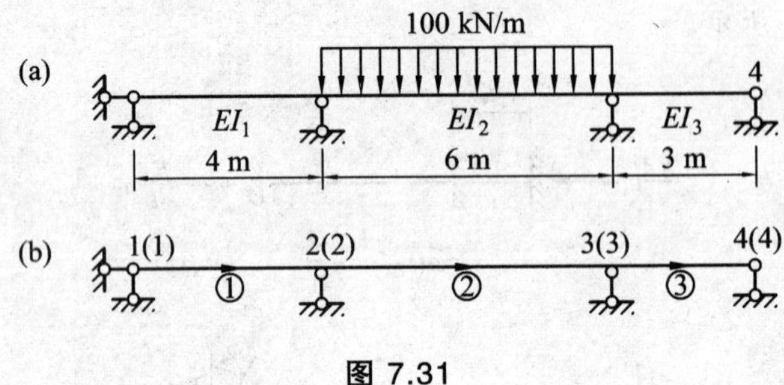

图 7.31

解 （1）对结点、单元和结点位移进行编号，如图 7.31（b）所示。对于该连续梁，各单元的结构坐标系和局部坐标系重合，因而没有坐标变换问题。本题采用右手坐标系。

（2）形成各单元的单元刚度矩阵$\boldsymbol{k}^{ⓔ}$。由等截面梁单元的单元刚度矩阵式（7-2），有

$$\boldsymbol{k}^{①}=\begin{pmatrix}\dfrac{4EI_1}{l_1} & \dfrac{2EI_1}{l_1}\\[2mm] \dfrac{2EI_1}{l_1} & \dfrac{4EI_1}{l_1}\end{pmatrix}\begin{matrix}1\\2\end{matrix},\quad \boldsymbol{k}^{②}=\begin{pmatrix}\dfrac{4EI_2}{l_2} & \dfrac{2EI_2}{l_2}\\[2mm] \dfrac{2EI_2}{l_2} & \dfrac{4EI_2}{l_2}\end{pmatrix}\begin{matrix}2\\3\end{matrix},\quad \boldsymbol{k}^{③}=\begin{pmatrix}\dfrac{4EI_3}{l_3} & \dfrac{2EI_3}{l_3}\\[2mm] \dfrac{2EI_3}{l_3} & \dfrac{4EI_3}{l_3}\end{pmatrix}\begin{matrix}3\\4\end{matrix}$$

（矩阵上方定位号分别为 1 2；2 3；3 4）

将图 7.31（b）所示的各单元始、末端的结点位移号分别号在单元刚度矩阵的上方和右侧。

（3）由各单元刚度矩阵$\boldsymbol{k}^{ⓔ}$的上方和右侧的单元定位向量，集成结构刚度矩阵$\boldsymbol{K}$，此时结构刚度矩阵$\boldsymbol{K}$为 4 阶方阵，即

$$\boldsymbol{K}=\begin{pmatrix}\dfrac{4EI_1}{l_1} & \dfrac{2EI_1}{l_1} & 0 & 0\\[2mm] \dfrac{2EI_1}{l_1} & \dfrac{4EI_1}{l_1}+\dfrac{4EI_2}{l_2} & \dfrac{2EI_2}{l_2} & 0\\[2mm] 0 & \dfrac{2EI_2}{l_2} & \dfrac{4EI_2}{l_2}+\dfrac{4EI_3}{l_3} & \dfrac{2EI_3}{l_3}\\[2mm] 0 & 0 & \dfrac{2EI_3}{l_3} & \dfrac{4EI_3}{l_3}\end{pmatrix}\begin{matrix}1\\2\\3\\4\end{matrix}$$

（矩阵上方定位号为 1 2 3 4）

将各杆所需有关数据计算如下：

$$\frac{EI_1}{l_1}=2.0\times10^4\text{kN}\cdot\text{m}\,,\quad \frac{EI_2}{l_2}=1.0\times10^4\text{kN}\cdot\text{m}\,,\quad \frac{EI_3}{l_3}=3.0\times10^4\text{kN}\cdot\text{m}$$

将上述数据代入 $\boldsymbol{K}$ 中，得

$$\boldsymbol{K}=\begin{pmatrix}8.0 & 4.0 & 0.0 & 0.0\\ 4.0 & 12.0 & 2.0 & 0.0\\ 0.0 & 2.0 & 16.0 & 6.0\\ 0.0 & 0.0 & 6.0 & 12.0\end{pmatrix}\times10^4\text{kN}\cdot\text{m}$$

由于连续梁的单元刚度矩阵为非奇异矩阵，由此组集而成的结构刚度矩阵 $\boldsymbol{K}$ 也是非奇异的，故无需再进行支座约束条件处理。

（4）计算非结点荷载作用下②单元的固端力列阵及等效结点荷载列阵，形成结构的结点荷载列阵。

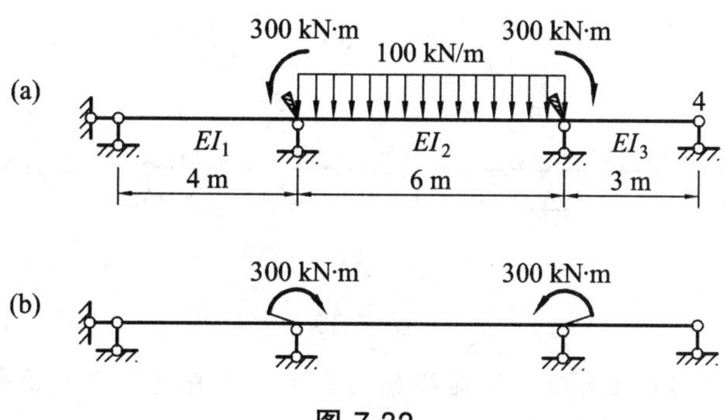

图 7.32

由图 7.32（a）、（b）可得②单元的固端力列阵及等效结点荷载列阵，即

$$\boldsymbol{F}_{\text{F}}^{②}=\begin{pmatrix}300\\ -300\end{pmatrix}\text{kN}\cdot\text{m}\,,\qquad \boldsymbol{F}_{\text{E}}^{②}=-\boldsymbol{F}_{\text{F}}^{②}=\begin{pmatrix}-300\\ 300\end{pmatrix}\text{kN}\cdot\text{m}$$

结点荷载列阵为

$$\boldsymbol{F}=\begin{pmatrix}0 & -3.0 & 3.0 & 0\end{pmatrix}^{\text{T}}\times10^2\text{kN}\cdot\text{m}$$

（5）解方程。求得未知结点位移为

$$\boldsymbol{\Delta}=\boldsymbol{K}^{-1}\boldsymbol{F}=\begin{pmatrix}\theta_1\\ \theta_2\\ \theta_3\\ \theta_4\end{pmatrix}=\begin{pmatrix}1.78\\ -3.57\\ 2.86\\ -1.43\end{pmatrix}\times10^{-3}\text{rad}$$

（6）计算各单元杆端弯矩。

由单元杆端力计算式（7-25），得各单元的杆端弯矩为

$$\boldsymbol{F}^{①}=\boldsymbol{k}^{①}\boldsymbol{\delta}^{①}=\boldsymbol{k}^{①}\begin{pmatrix}\theta_1\\ \theta_2\end{pmatrix}=\begin{pmatrix}8 & 4\\ 4 & 8\end{pmatrix}\times10^4\text{kN}\cdot\text{m}\begin{pmatrix}1.78\\ -3.57\end{pmatrix}\times10^{-3}=\begin{pmatrix}0\\ -214\end{pmatrix}\text{kN}\cdot\text{m}$$

$$\boldsymbol{F}^{②}=\boldsymbol{k}^{②}\boldsymbol{\delta}^{②}+\boldsymbol{F}_{\mathrm{F}}^{②}=\boldsymbol{k}^{②}\begin{pmatrix}\theta_2\\\theta_3\end{pmatrix}+\boldsymbol{F}_{\mathrm{F}}^{②}$$

$$=\begin{pmatrix}4&2\\2&4\end{pmatrix}\times10^4\,\mathrm{kN\cdot m}\begin{pmatrix}-3.57\\2.86\end{pmatrix}\times10^{-3}+\begin{pmatrix}300\\-300\end{pmatrix}\mathrm{kN\cdot m}=\begin{pmatrix}214\\-257\end{pmatrix}\mathrm{kN\cdot m}$$

$$\boldsymbol{F}^{③}=\boldsymbol{k}^{③}\boldsymbol{\delta}^{③}=\boldsymbol{k}^{③}\begin{pmatrix}\theta_3\\\theta_4\end{pmatrix}=\begin{pmatrix}12&6\\6&12\end{pmatrix}\times10^4\,\mathrm{kN\cdot m}\begin{pmatrix}2.86\\-1.43\end{pmatrix}\times10^{-3}=\begin{pmatrix}257\\0\end{pmatrix}\mathrm{kN\cdot m}$$

各单元的杆端弯矩如图 7.33（a）、（b）、（c）所示，连续梁的最后弯矩图如图 7.33（d）所示。

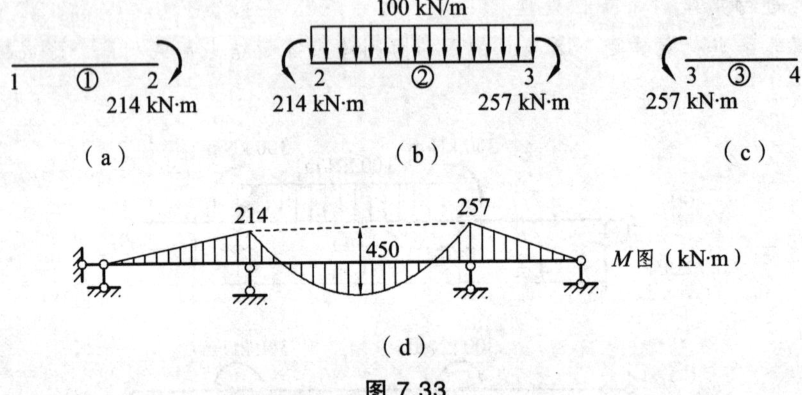

图 7.33

例 7.12 试求图 7.34（a）所示平面刚架的内力。各杆材料及截面均相同，$E=200$ GPa，$I=32\times10^{-5}\mathrm{m}^4$，$l=4\mathrm{m}$，$A=1\times10^{-2}\mathrm{m}^2$。

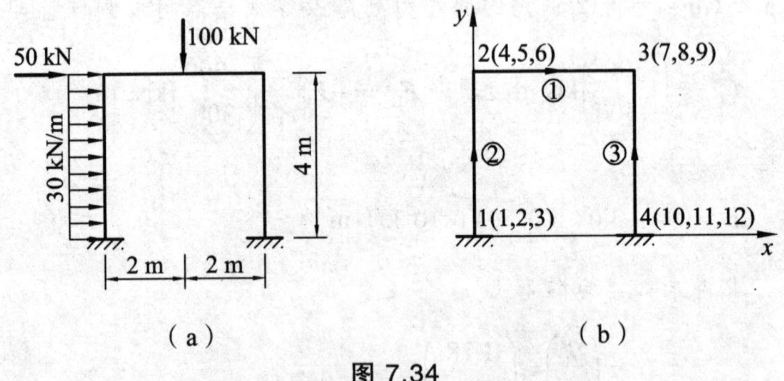

图 7.34

解 （1）对结点和单元进行编号（此题采用后处理法），结点位移分量编号、结构坐标系、各单元的局部坐标系如图 7.34（b）所示。

先将所需有关数据计算如下：

$$\frac{EA}{l}=500\times10^3\,\mathrm{kN/m},\qquad \frac{12EI}{l^3}=12\times10^3\,\mathrm{kN/m},\qquad \frac{6EI}{l^2}=24\times10^3\,\mathrm{kN}$$

$$\frac{4EI}{l}=64\times10^3\,\mathrm{kN\cdot m},\qquad \frac{2EI}{l}=32\times10^3\,\mathrm{kN\cdot m}$$

（2）形成局部坐标系下的单元刚度矩阵 $\overline{\boldsymbol{k}}^{ⓔ}$，由式（7-6），对于单元①、②和③，有

$$\overline{\boldsymbol{k}}^{①}=\overline{\boldsymbol{k}}^{②}=\overline{\boldsymbol{k}}^{③}=\left(\begin{array}{ccc|ccc} 500 & 0 & 0 & -500 & 0 & 0 \\ 0 & 12 & 24 & 0 & -12 & 24 \\ 0 & 24 & 64 & 0 & -24 & 32 \\ \hline -500 & 0 & 0 & 500 & 0 & 0 \\ 0 & -12 & -24 & 0 & 12 & -24 \\ 0 & 24 & 32 & 0 & -24 & 64 \end{array}\right)\times 10^3$$

（3）计算结构坐标系中的单元刚度矩阵 $\boldsymbol{k}^{ⓔ}$。

对于①单元，$\theta^{①}=0°$，$\boldsymbol{T}^{①}=\boldsymbol{I}$，$\overline{\boldsymbol{k}}^{①}=\boldsymbol{k}^{①}$。

对于②单元和③单元，$\theta^{②}=\theta^{③}=90°$，$\cos\theta=0$，$\sin\theta=1$，坐标转换矩阵为

$$\boldsymbol{T}^{②}=\boldsymbol{T}^{③}=\left(\begin{array}{ccc|ccc} 0 & 1 & 0 & & & \\ -1 & 0 & 0 & & \boldsymbol{0} & \\ 0 & 0 & 1 & & & \\ \hline & & & 0 & 1 & 0 \\ & \boldsymbol{0} & & -1 & 0 & 0 \\ & & & 0 & 0 & 1 \end{array}\right)$$

$$\boldsymbol{k}^{②}=\boldsymbol{k}^{③}=\boldsymbol{T}^{③\mathrm{T}}\overline{\boldsymbol{k}}^{③}\boldsymbol{T}^{③}=\left(\begin{array}{ccc|ccc} 12 & 0 & -24 & -12 & 0 & -24 \\ 0 & 500 & 0 & 0 & -500 & 0 \\ -24 & 0 & 64 & 24 & 0 & 32 \\ \hline -12 & 0 & 24 & 12 & 0 & 24 \\ 0 & -500 & 0 & 0 & 500 & 0 \\ -24 & 0 & 32 & 24 & 0 & 64 \end{array}\right)\times 10^3$$

（4）将以上各单元刚度矩阵 $\boldsymbol{k}^{ⓔ}$ 集成结构原始刚度矩阵 $\boldsymbol{K}$。

结构原始刚度矩阵 $\boldsymbol{K}$ 为 12×12 阶方阵，它的每个子块都是 3×3 阶方阵。根据图 7.34（b）所示的各单元始、末两端 i、j 的结点号码，将各单元刚度矩阵 $\boldsymbol{k}^{ⓔ}$ 划分成四个子块，它们分别为

$$\begin{array}{ccc} \quad\;\; 2 \quad\;\; 3 & \quad\;\; 1 \quad\;\; 2 & \quad\;\; 4 \quad\;\; 3 \\ \boldsymbol{k}^{①}=\left(\begin{array}{c|c} \boldsymbol{k}_{22}^{①} & \boldsymbol{k}_{23}^{①} \\ \hline \boldsymbol{k}_{32}^{①} & \boldsymbol{k}_{33}^{①} \end{array}\right)\begin{array}{c}2\\3\end{array}, & \boldsymbol{k}^{②}=\left(\begin{array}{c|c} \boldsymbol{k}_{11}^{②} & \boldsymbol{k}_{12}^{②} \\ \hline \boldsymbol{k}_{21}^{②} & \boldsymbol{k}_{22}^{②} \end{array}\right)\begin{array}{c}1\\2\end{array}, & \boldsymbol{k}^{③}=\left(\begin{array}{c|c} \boldsymbol{k}_{44}^{③} & \boldsymbol{k}_{43}^{③} \\ \hline \boldsymbol{k}_{34}^{③} & \boldsymbol{k}_{33}^{③} \end{array}\right)\begin{array}{c}4\\3\end{array} \end{array}$$

各单元两端的结点号码分别写在单元刚度矩阵的上方和右侧。

将以上各单元刚度矩阵中的四个 3 阶子块按其两个下标号码逐一送入结构原始刚度矩阵中相应结点号码位置中去，即得原始刚度矩阵 $\boldsymbol{K}$。

$$\boldsymbol{K}=\begin{pmatrix} \boldsymbol{k}_{11}^{②} & \boldsymbol{k}_{12}^{②} & \boldsymbol{0} & \boldsymbol{0} \\ \boldsymbol{k}_{21}^{②} & \boldsymbol{k}_{22}^{①}+\boldsymbol{k}_{22}^{②} & \boldsymbol{k}_{23}^{①} & \boldsymbol{0} \\ \boldsymbol{0} & \boldsymbol{k}_{32}^{①} & \boldsymbol{k}_{33}^{①}+\boldsymbol{k}_{33}^{③} & \boldsymbol{k}_{34}^{③} \\ \boldsymbol{0} & \boldsymbol{0} & \boldsymbol{k}_{43}^{③} & \boldsymbol{k}_{44}^{③} \end{pmatrix}\begin{matrix}1\\2\\3\\4\end{matrix}$$

$$=\begin{pmatrix} 12 & 0 & -24 & -12 & 0 & -24 & & & & & & \\ 0 & 500 & 0 & 0 & -500 & 0 & & \boldsymbol{0} & & & \boldsymbol{0} & \\ -24 & 0 & 64 & 24 & 0 & 32 & & & & & & \\ -12 & 0 & 24 & 512 & 0 & 24 & -500 & 0 & 0 & & & \\ 0 & -500 & 0 & 0 & 512 & 24 & 0 & -12 & 24 & & \boldsymbol{0} & \\ -24 & 0 & 32 & 24 & 24 & 128 & 0 & -24 & 32 & & & \\ & & & -500 & 0 & 0 & 512 & 0 & 24 & -12 & 0 & 24 \\ & \boldsymbol{0} & & 0 & -12 & -24 & 0 & 512 & -24 & 0 & -500 & 0 \\ & & & 0 & 24 & 32 & 24 & -24 & 128 & -24 & 0 & 32 \\ & & & & & & -12 & 0 & -24 & 12 & 0 & -24 \\ & \boldsymbol{0} & & & \boldsymbol{0} & & 0 & -500 & 0 & 0 & 500 & 0 \\ & & & & & & 24 & 0 & 32 & -24 & 0 & 64 \end{pmatrix}\times 10^3$$

（5）计算非结点荷载作用下单元的固端力列阵 $\overline{\boldsymbol{F}}_{\mathrm{F}}^{ⓔ}$ 和单元的等效结点荷载列阵 $\boldsymbol{F}_{\mathrm{E}}^{ⓔ}$，形成结构的等效结点荷载列阵 $\boldsymbol{F}_{\mathrm{E}}$ 及综合结点荷载列阵 $\boldsymbol{F}$。

非结点荷载作用下①、②单元在局部坐标系中的固端力列阵为

$$\overline{\boldsymbol{F}}_{\mathrm{F}}^{①}=\begin{pmatrix}\overline{\boldsymbol{F}}_{\mathrm{F2}}^{①}\\ \overline{\boldsymbol{F}}_{\mathrm{F3}}^{①}\end{pmatrix}=\begin{pmatrix}0\\ 50\ \mathrm{kN}\\ 50\ \mathrm{kN\cdot m}\\ 0\\ 50\ \mathrm{kN}\\ -50\ \mathrm{kN\cdot m}\end{pmatrix},\qquad \overline{\boldsymbol{F}}_{\mathrm{F}}^{②}=\begin{pmatrix}\overline{\boldsymbol{F}}_{\mathrm{F1}}^{②}\\ \overline{\boldsymbol{F}}_{\mathrm{F2}}^{②}\end{pmatrix}=\begin{pmatrix}0\\ 60\ \mathrm{kN}\\ 40\ \mathrm{kN\cdot m}\\ 0\\ 60\ \mathrm{kN}\\ -40\ \mathrm{kN\cdot m}\end{pmatrix}$$

将上述 $\overline{\boldsymbol{F}}_{\mathrm{F}}^{ⓔ}$ 进行坐标转换后反号，得到单元等效结点荷载列阵 $\boldsymbol{F}_{\mathrm{E}}^{ⓔ}$。

对于单元①，$\theta^{①}=0°$，$\boldsymbol{T}^{①}=\boldsymbol{I}$，有

$$\boldsymbol{F}_{\mathrm{E}}^{①}=-\overline{\boldsymbol{F}}_{\mathrm{F}}^{①}=\begin{pmatrix}\boldsymbol{F}_{\mathrm{E2}}^{①}\\ \boldsymbol{F}_{\mathrm{E3}}^{①}\end{pmatrix}=\begin{pmatrix}0\\ -50\ \mathrm{kN}\\ -50\ \mathrm{kN\cdot m}\\ 0\\ -50\ \mathrm{kN}\\ 50\ \mathrm{kN\cdot m}\end{pmatrix}\begin{matrix}4\\5\\6\\7\\8\\9\end{matrix}$$

对于单元②，$\theta^{②}=90°$，有

$$\boldsymbol{F}_{\mathrm{E}}^{②}=-\boldsymbol{T}^{②\mathrm{T}}\overline{\boldsymbol{F}}_{\mathrm{F}}^{②}=\begin{pmatrix}\boldsymbol{F}_{\mathrm{E}1}^{②}\\ \hline \boldsymbol{F}_{\mathrm{E}2}^{②}\end{pmatrix}=\begin{pmatrix}60\ \mathrm{kN}\\0\\-40\ \mathrm{kN\cdot m}\\ \hline 60\ \mathrm{kN}\\0\\40\ \mathrm{kN\cdot m}\end{pmatrix}\begin{matrix}1\\2\\3\\4\\5\\6\end{matrix}$$

将各单元等效结点荷载列阵 $\boldsymbol{F}_{\mathrm{E}}^{ⓔ}$ 按其右侧的单元定位向量“对号入座”，集成、累加得到结构等效结点荷载列阵 $\boldsymbol{F}_{\mathrm{E}}$。此时，结点上还有结点荷载 F_{2x} 作用，则将其一起组合为综合结点荷载列阵 $\boldsymbol{F}$，即

$$\begin{aligned}\boldsymbol{F}&=\boldsymbol{F}_{\mathrm{D}}+\boldsymbol{F}_{\mathrm{E}}\\&=\left(60\mathrm{kN}+F_{\mathrm{R}1x}\quad F_{\mathrm{R}1y}\quad -40\mathrm{kN\cdot m}+M_1 \mid 110\mathrm{kN}\quad -50\mathrm{kN}\quad -10\mathrm{kN\cdot m}\mid 0\quad -50\mathrm{kN}\quad 50\mathrm{kN\cdot m}\mid F_{\mathrm{R}4x}\quad F_{\mathrm{R}4y}\quad M_4\right)^{\mathrm{T}}\end{aligned}$$

$\boldsymbol{F}$ 中的 $F_{\mathrm{R}1x}$、$F_{\mathrm{R}1y}$、M_1、$F_{\mathrm{R}4x}$、$F_{\mathrm{R}4y}$、M_4 为结点 1、4 的支座反力。

（6）引入支承条件，修改原始刚度方程。

结构的原始刚度方程为

$$\boldsymbol{F}=\boldsymbol{K}\boldsymbol{\Delta}$$

结点 1 和 4 为固定端，有

$$\boldsymbol{\Delta}_1=\begin{pmatrix}\Delta_1\\\Delta_2\\\Delta_3\end{pmatrix}=\begin{pmatrix}u_1\\v_1\\\theta_1\end{pmatrix}=\begin{pmatrix}0\\0\\0\end{pmatrix},\quad \boldsymbol{\Delta}_4=\begin{pmatrix}\Delta_{10}\\\Delta_{11}\\\Delta_{12}\end{pmatrix}=\begin{pmatrix}u_4\\v_4\\\theta_4\end{pmatrix}=\begin{pmatrix}0\\0\\0\end{pmatrix}$$

在原始刚度矩阵中删去与上述零位移对应的行和列，同时在结点位移列向量和结点外力列向量中删去相应的行，便得到修改后的结构的刚度方程为

$$\begin{pmatrix}110\\-50\\-10\\ \hline 0\\-50\\50\end{pmatrix}=\left(\begin{array}{ccc|ccc}512&0&24&-500&0&0\\0&512&24&0&-12&24\\24&24&128&0&-24&32\\ \hline -500&0&0&512&0&24\\0&-12&-24&0&512&-24\\0&24&32&24&-24&128\end{array}\right)\times10^3\begin{pmatrix}\Delta_4\\\Delta_5\\\Delta_6\\ \hline \Delta_7\\\Delta_8\\\Delta_9\end{pmatrix}$$

（7）解方程，求得未知结点位移为

$$\begin{pmatrix}\boldsymbol{\Delta}_2\\ \hline \boldsymbol{\Delta}_3\end{pmatrix}=\begin{pmatrix}\Delta_4\\\Delta_5\\\Delta_6\\ \hline \Delta_7\\\Delta_8\\\Delta_9\end{pmatrix}=\begin{pmatrix}u_2\\v_2\\\theta_2\\ \hline u_3\\v_3\\\theta_3\end{pmatrix}=10^{-6}\begin{pmatrix}6318\ \mathrm{m}\\-23.38\ \mathrm{m}\\-1164\ \mathrm{rad}\\ \hline 6194\ \mathrm{m}\\-176.6\ \mathrm{m}\\-508.4\ \mathrm{rad}\end{pmatrix}$$

（8）计算各单元杆端力。

按单元杆端力计算式（7-25）计算，对于单元①，$\theta^{①}=0°$，$\boldsymbol{T}^{①}=\boldsymbol{I}$，即

$$\overline{\boldsymbol{F}}^{①}=\overline{\boldsymbol{k}}^{①}\boldsymbol{T}^{①}\boldsymbol{\delta}^{①}+\overline{\boldsymbol{F}}_{\mathrm{F}}^{①}=\overline{\boldsymbol{k}}^{①}\boldsymbol{\delta}^{①}+\overline{\boldsymbol{F}}_{\mathrm{F}}^{①}=\overline{\boldsymbol{k}}^{①}\begin{pmatrix}\boldsymbol{\Delta}_2\\ \hline \boldsymbol{\Delta}_3\end{pmatrix}+\overline{\boldsymbol{F}}_{\mathrm{F}}^{①}$$

$$=10^3\left(\begin{array}{ccc|ccc}500&0&0&-500&0&0\\0&12&24&0&-12&24\\0&24&64&0&-24&24\\ \hline -500&0&0&500&0&0\\0&-12&-24&0&12&-24\\0&24&32&0&-24&64\end{array}\right)10^{-6}\begin{pmatrix}6318\\-23.38\\-1164\\ \hline 6194\\-176.6\\-508.4\end{pmatrix}+\begin{pmatrix}0\\50\\50\\ \hline 0\\50\\-50\end{pmatrix}=\begin{pmatrix}62.0\ \mathrm{kN}\\11.7\ \mathrm{kN}\\-37.1\ \mathrm{kN\cdot m}\\ \hline -62.0\ \mathrm{kN}\\88.3\ \mathrm{kN}\\-116.1\ \mathrm{kN\cdot m}\end{pmatrix}$$

对于单元②、③，$\theta=90°$，$\cos\theta=0$，$\sin\theta=1$，由式（7-25），有

$$\overline{\boldsymbol{F}}^{②}=\overline{\boldsymbol{k}}^{②}\boldsymbol{T}^{②}\boldsymbol{\delta}^{②}+\overline{\boldsymbol{F}}_{\mathrm{F}}^{②}=\overline{\boldsymbol{k}}^{②}\boldsymbol{T}^{②}\begin{pmatrix}\boldsymbol{\Delta}_1\\ \hline \boldsymbol{\Delta}_2\end{pmatrix}+\overline{\boldsymbol{F}}_{\mathrm{F}}^{②}$$

$$=10^3\left(\begin{array}{ccc|ccc}500&0&0&-500&0&0\\0&12&24&0&-12&24\\0&24&64&0&-24&24\\ \hline -500&0&0&500&0&0\\0&-12&-24&0&12&-24\\0&24&32&0&-24&64\end{array}\right)\left(\begin{array}{ccc|ccc}0&1&0&&&\\-1&0&0&&\mathbf{0}&\\0&0&1&&&\\ \hline &&&0&1&0\\&\mathbf{0}&&-1&0&0\\&&&0&0&1\end{array}\right)10^{-6}\begin{pmatrix}0\\0\\0\\ \hline 6318\\-23.38\\-1164\end{pmatrix}+\begin{pmatrix}0\\60\\40\\ \hline 0\\60\\-40\end{pmatrix}$$

$$=\begin{pmatrix}11.7\ \mathrm{kN}\\107.9\ \mathrm{kN}\\154.4\ \mathrm{kN\cdot m}\\ \hline -11.7\ \mathrm{kN}\\12.1\ \mathrm{kN}\\37.1\ \mathrm{kN\cdot m}\end{pmatrix}$$

$$\overline{\boldsymbol{F}}^{③}=\overline{\boldsymbol{k}}^{③}\boldsymbol{T}^{③}\boldsymbol{\delta}^{③}=\overline{\boldsymbol{k}}^{③}\boldsymbol{T}^{③}\begin{pmatrix}\boldsymbol{\Delta}_4\\ \hline \boldsymbol{\Delta}_3\end{pmatrix}$$

$$=10^3\left(\begin{array}{ccc|ccc}500&0&0&-500&0&0\\0&12&24&0&-12&24\\0&24&64&0&-24&24\\ \hline -500&0&0&500&0&0\\0&-12&-24&0&12&-24\\0&24&32&0&-24&64\end{array}\right)\left(\begin{array}{ccc|ccc}0&1&0&&&\\-1&0&0&&\mathbf{0}&\\0&0&1&&&\\ \hline &&&0&1&0\\&\mathbf{0}&&-1&0&0\\&&&0&0&1\end{array}\right)10^{-6}\begin{pmatrix}0\\0\\0\\ \hline 6194\\-176.6\\-508.4\end{pmatrix}$$

$$=\begin{pmatrix}88.3\mathrm{kN}\\62.1\mathrm{kN}\\132.4\mathrm{kN\cdot m}\\ \hline -88.3\mathrm{kN}\\-62.1\mathrm{kN}\\116.1\mathrm{kN\cdot m}\end{pmatrix}$$

各单元的杆端内力如图 7.35（a）、（b）、（c）所示，最后弯矩图如图 7.35（d）所示。

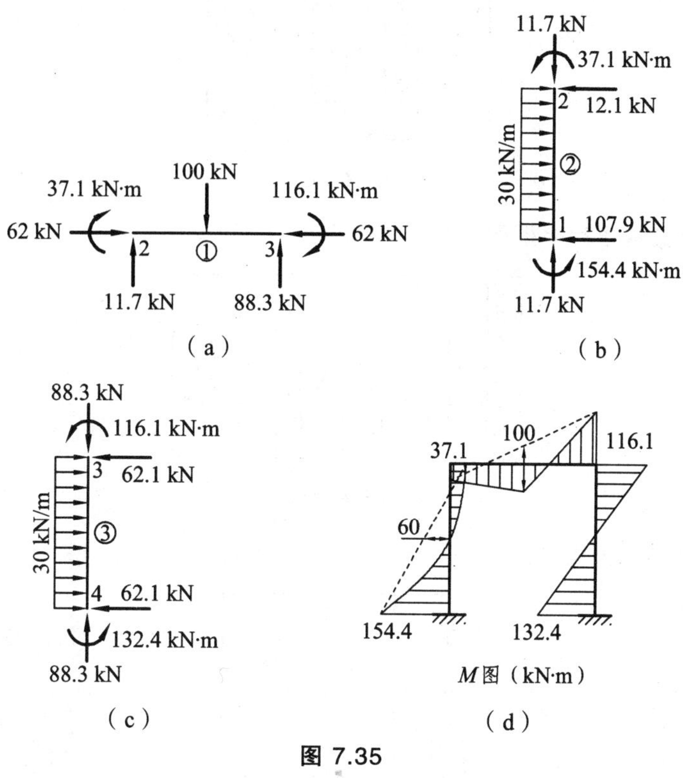

图 7.35

第八节　矩阵位移法计算程序主框图简介

矩阵位移法是以计算机为运算工具的结构计算方法，它是将该方法的原理通过编制计算机程序来实现求解目的的。矩阵位移法计算程序主框图如图 7.36 所示。

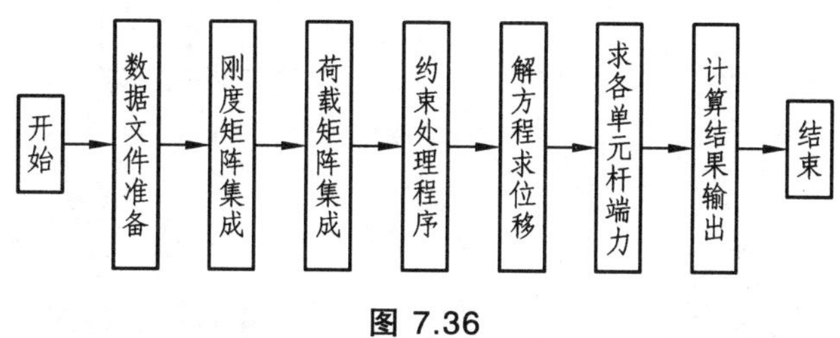

图 7.36

计算主程序是不进行具体计算工作的，各种具体工作，即计算程序主框图中的各模块是通过调用子程序实现的，子程序中又可调用别的子程序。

计算程序主框图中的几个主要子程序框图如下：

（1）数据文件子程序框图（见图 7.37）。

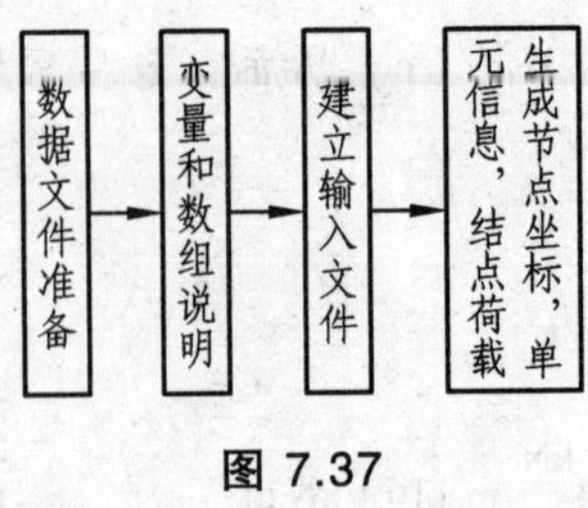

图 7.37

（2）刚度矩阵集成子程序框图（见图 7.38）。

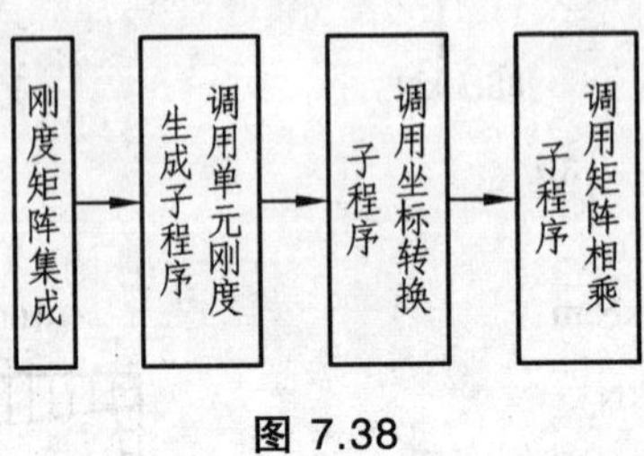

图 7.38

（3）荷载列阵集成子程序框图（见图 7.39）。

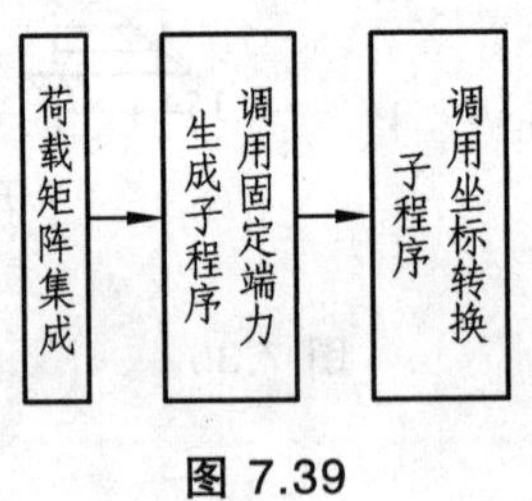

图 7.39

（4）杆端力计算和输出子程序框图（见图 7.40）。

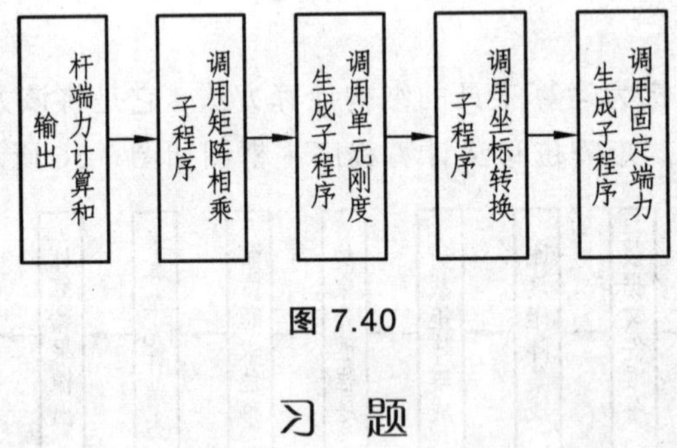

图 7.40

习　题

7.1　图示连续梁结构，试分别确定用位移法和矩阵位移法计算的未知量数目。

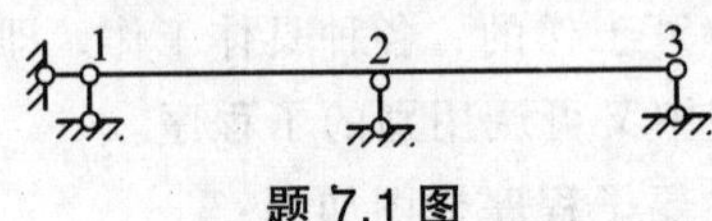

题 7.1 图

7.2　图示连续梁结构，用矩阵位移法的先处理法计算，确定未知量数目。

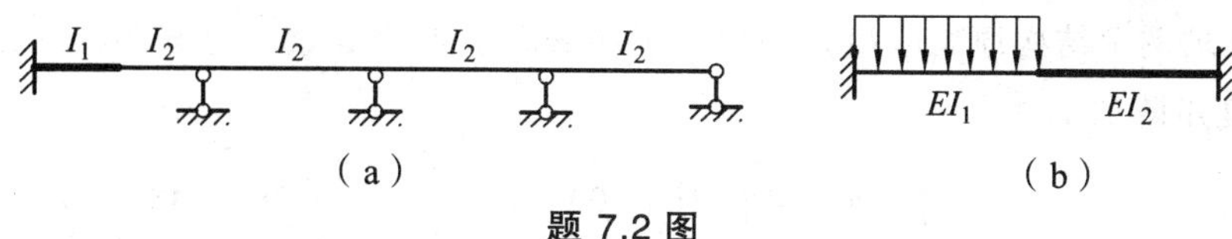

题 7.2 图

7.3 单元杆端力列阵按轴力、剪力、弯矩顺序排列，杆端位移列阵按轴向线位移、垂直轴线的线位移、角位移顺序排列时，试求局部坐标下单元刚度矩阵 $\overline{\boldsymbol{k}}^{ⓔ}$ 中的元素 $\overline{k}_{22}$。

提示：考虑单元刚度矩阵中元素 $\overline{k}_{22}$ 物理意义。

7.4 图示四个单元的 l、EA、EI 相同，整体坐标系为右手系，试分别确定各单元的倾角 θ（在图中表示出）。

7.5 图示平面刚架单元，整体坐标系为左手系，试求该单元的坐标变换矩阵 $\boldsymbol{T}^{ⓔ}$。

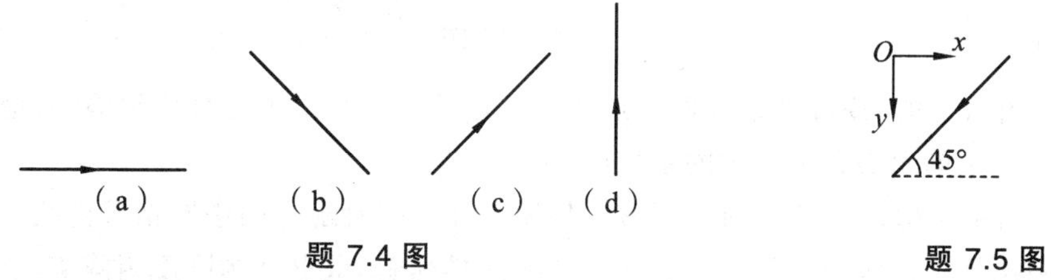

题 7.4 图　　题 7.5 图

7.6 图示忽略轴向变形的竖直杆单元，求在整体坐标系中的单元刚度矩阵的第 1 列元素。

7.7 图示桁架，设各杆 $E=2\times10^4\text{kN/cm}^2, A=60\text{cm}^2$，求单元②在整体坐标系中的单元刚度矩阵。

7.8 考虑各杆件轴向变形，图示结构若采用边界条件先处理法计算，试确定结构刚度矩阵的容量。

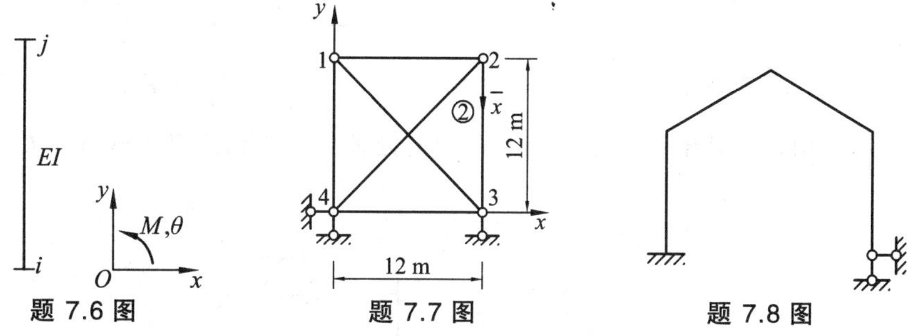

题 7.6 图　　题 7.7 图　　题 7.8 图

7.9 试求图示连续梁（EI=常数）原始刚度矩阵 $\boldsymbol{K}$ 中的子块 $\boldsymbol{K}_{22}$ 的元素。各结点和单元编号、整体坐标系、单元局部坐标系如图所示。

7.10 求图示桁架的结构刚度矩阵。

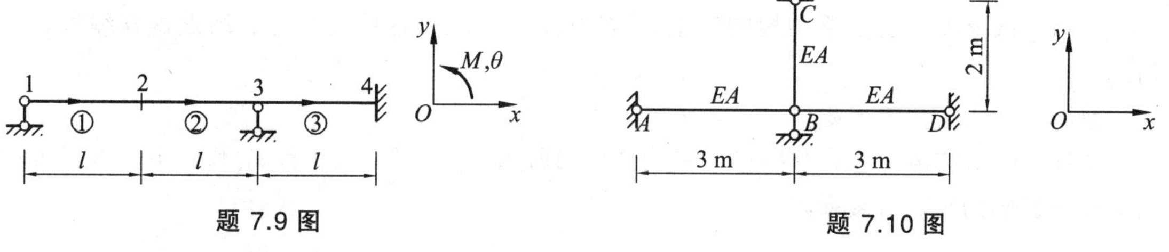

题 7.9 图　　题 7.10 图

7.11　试求图示结构原始刚度矩阵中的子块 $\boldsymbol{K}_{22}$ 的 4 个元素。已知各杆件在整体坐标系中的单元刚度矩阵如下：

$$\boldsymbol{k}^{①}=\boldsymbol{k}^{②}=\left(\begin{array}{cc|cc}100 & 0 & -100 & 0\\0 & 0 & 0 & 0\\ \hline -100 & 0 & 100 & 0\\0 & 0 & 0 & 0\end{array}\right)\times10^4,\quad \boldsymbol{k}^{③}=\left(\begin{array}{cc|cc}36 & 48 & -36 & -48\\48 & 64 & -48 & -64\\ \hline -36 & -48 & 36 & 48\\-48 & -64 & 48 & 64\end{array}\right)\times10^4$$

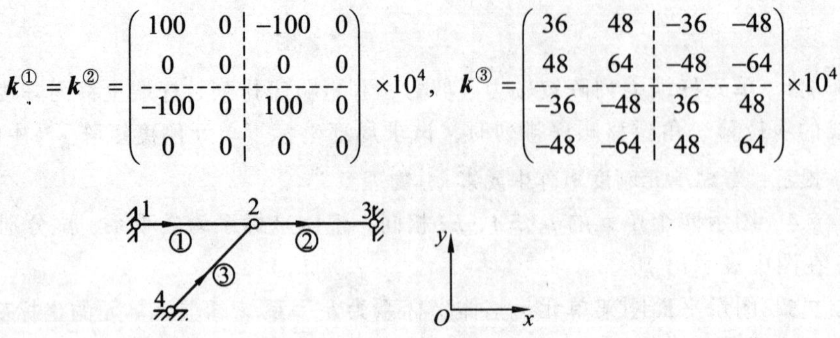

题 7.11 图

7.12　图示结构，按边界条件前处理法在给定的坐标系下进行总体编码（考虑轴向变形），并写出单元①、单元②和单元③的定位向量。

7.13　图示结构，不考虑轴向变形，整体坐标如图所示，图中圆括号内数码为结点位移编码（力和位移均按水平、竖直、转动方向顺序排列）。试求结构刚度矩阵 $\boldsymbol{K}$。

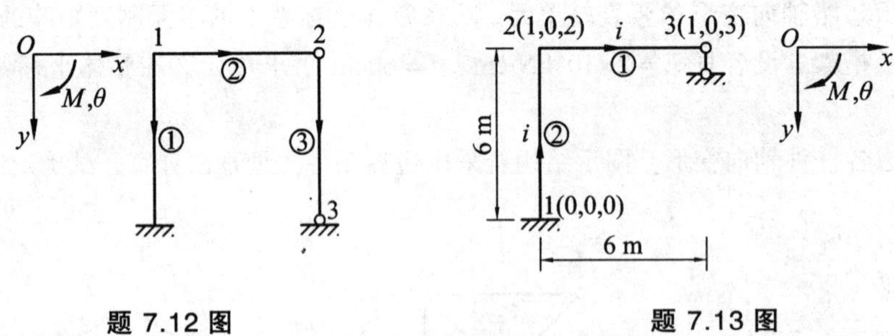

题 7.12 图　　　　题 7.13 图

7.14　图示结构，不计轴向变形影响，试用前处理法求结构刚度矩阵 $\boldsymbol{K}$。E=常数。

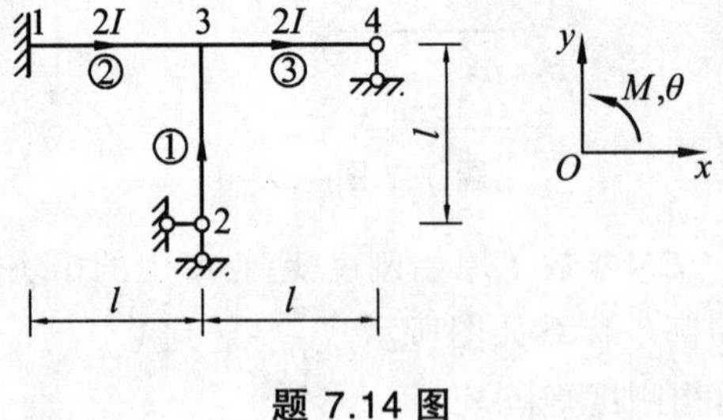

题 7.14 图

7.15　试求图示连续梁结构刚度矩阵 $\boldsymbol{K}$ 中元素 K_{64}。各单元编号、结点位移编号如图所示。

提示：考虑结构刚度矩阵中元素 K_{64} 物理意义。

7.16　图示结构，荷载及结点位移编号如图所示，在水平力 F_{1x} 和 F_{3x} 作用下，求只考虑弯曲变形影响的结点荷载列阵。

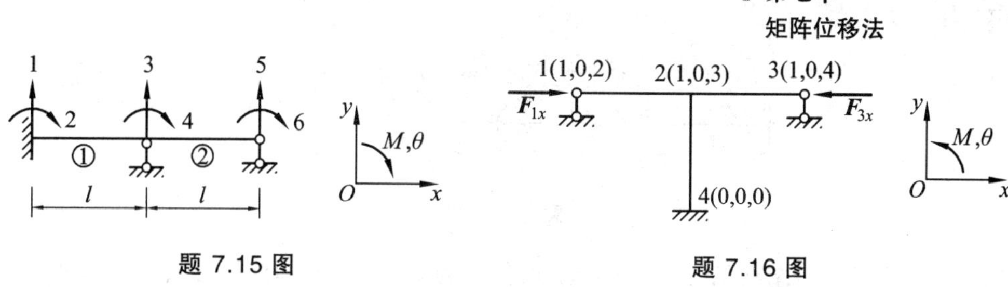

题 7.15 图　　　　题 7.16 图

7.17　图示结构，荷载及结点、单元编号如图所示，按后处理法求等效结点荷载列阵。

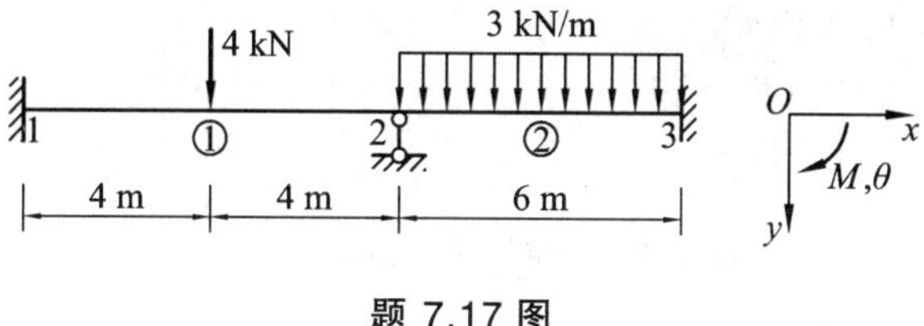

题 7.17 图

7.18　图示结构，荷载及结点位移编号如图所示，求考虑杆件轴向变形影响的等效结点荷载列阵。

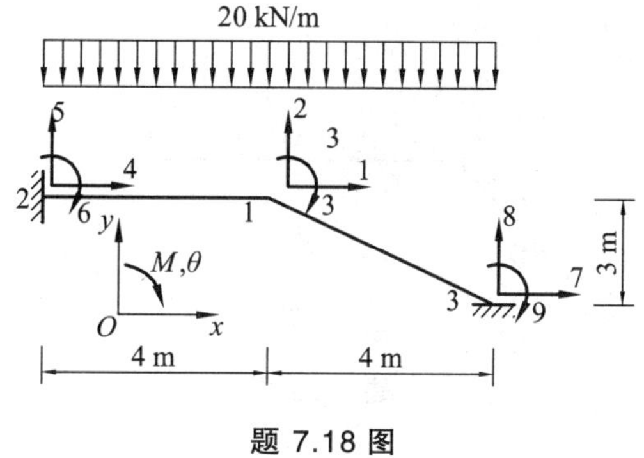

题 7.18 图

7.19　按前处理法求图示结构的综合结点荷载列阵。

7.20　按前处理法求图示结构的结点荷载列阵。只考虑弯曲变形，各杆 EI =常数。

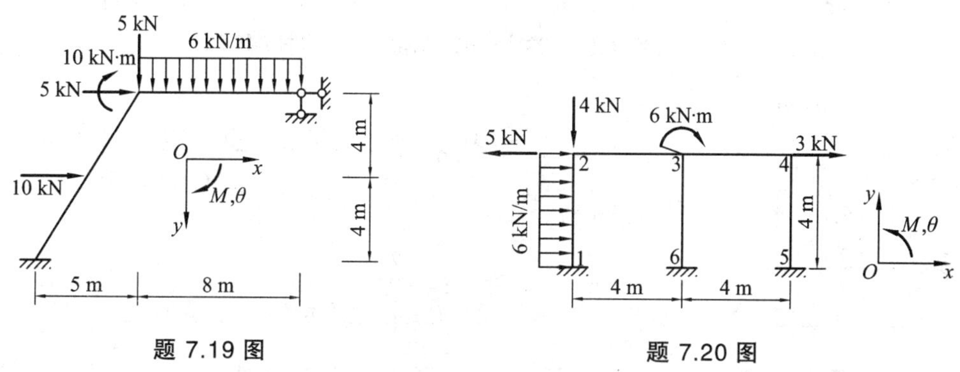

题 7.19 图　　　　题 7.20 图

7.21　已知图示连续梁的结点位移列阵 $\Delta=(-0.003\quad 0.004\quad 0.005)^{\mathrm{T}}\ \mathrm{rad}$，设各杆的 $E=2\times10^4\,\mathrm{kN/cm^2}, I=400\mathrm{cm}^4, l=400\mathrm{cm}$。求单元②的杆端力。

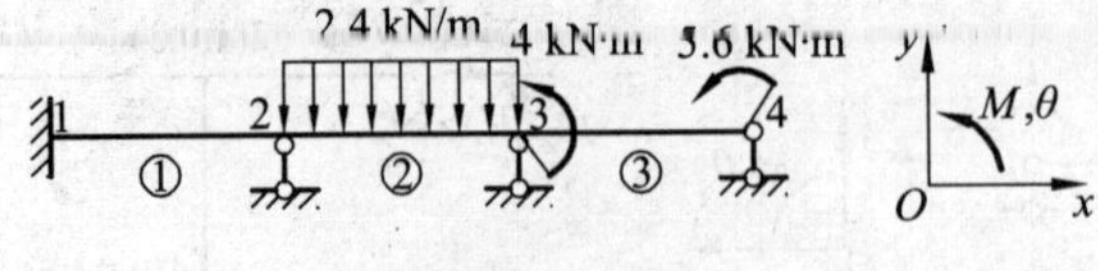

题 7.21 图

7.22　已求得图示结构结点 2、3 的结点位移为式（a）、（b），并已知单元②的单元刚度矩阵为式（c）。试求单元②的 2 端的弯矩值。（长度单位 m，力单位 kN，角度单位 rad）

$$\begin{pmatrix} u_2 \\ v_2 \\ \varphi_2 \end{pmatrix} = \begin{pmatrix} 0.4 \\ -190 \\ -50 \end{pmatrix} \times 10^{-5} \qquad (\text{a}) \qquad \begin{pmatrix} u_3 \\ v_3 \\ \varphi_3 \end{pmatrix} = \begin{pmatrix} -0.2 \\ -110 \\ 20 \end{pmatrix} \times 10^{-5} \qquad (\text{b})$$

$$\boldsymbol{k}^{②} = \left(\begin{array}{ccc|ccc} 50 & 0 & 0 & -50 & 0 & 0 \\ 0 & 3 & 1 & 0 & -3 & 1 \\ 0 & 1 & 0.4 & 0 & -1 & 0.2 \\ \hline -50 & 0 & 0 & 50 & 0 & 0 \\ 0 & -3 & -1 & 0 & 3 & -1 \\ 0 & 1 & 0.2 & 0 & -1 & 0.4 \end{array}\right) \times 10^5 \qquad (\text{c})$$

题 7.22 图

7.23　已知图示桁架的结点位移列阵为 $\Delta = \dfrac{1}{EA}(342.322 \quad -1139.555 \quad -137.680 \quad -1167.111)^{\mathrm{T}}$，设各杆 EA 为常数，求单元①的内力。

7.24　图示连续梁各杆 $EI = 5\ \mathrm{kN \cdot m^2}$，支座 2、3 分别发生如图所示竖向位移，已求得结点转角为 $\Delta = (-0.002\,58 \quad 0.003\,14 \quad 0.002\,03)^{\mathrm{T}}$ rad，求各单元的杆端弯矩列阵。

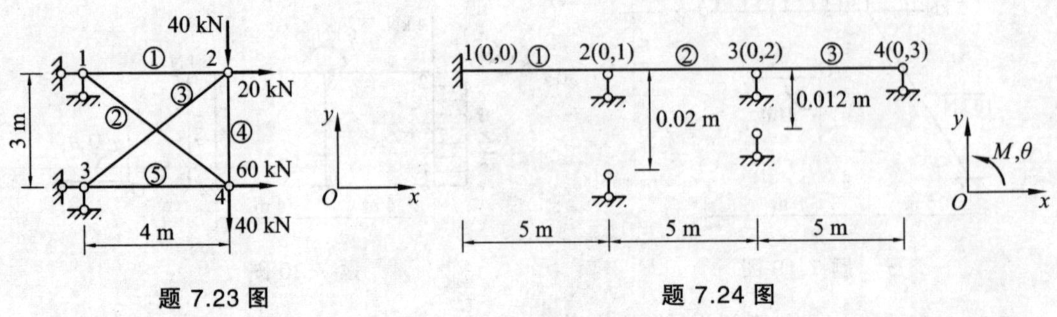

题 7.23 图　　　　题 7.24 图

7.25　图示结构，不计轴向变形，各杆长均为 $l = 6\mathrm{m}$，$q = 14\mathrm{kN/m}$，各结点和单元编号、

整体坐标系、单元局部坐标系如图所示。已知结点转角 $\theta_2=-\dfrac{1}{i}$（逆时针），$\theta_3=\dfrac{4}{i}$（顺时针），求单元①、②的杆端力列阵。

7.26　试用矩阵位移法（采用前处理法）计算图（a）所示结构。各结点和单元编号、整体坐标系、单元局部坐标系如图（b）所示。各杆材料及截面积均相同，$E=7.0\times10^{8}$ kPa，$I=32\times10^{-5}\text{m}^4$，$A=1\times10^{-2}\text{m}^2$。

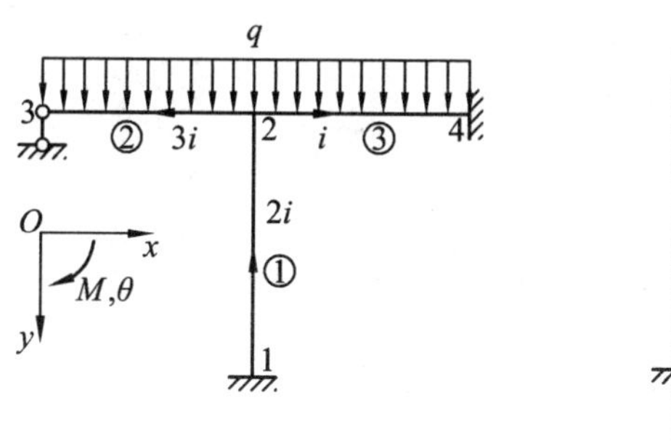

题 7.25 图

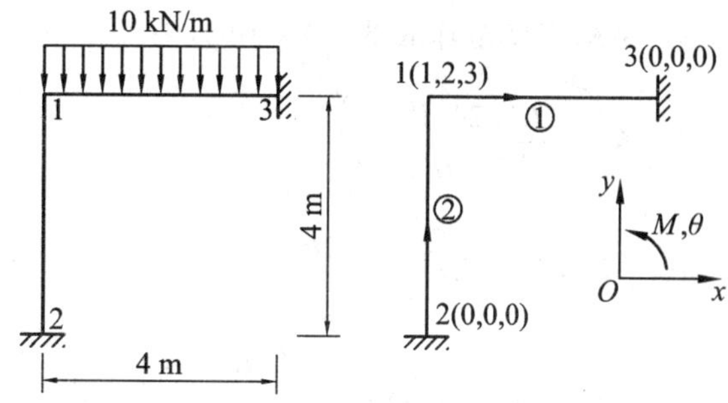

题 7.26 图

习题参考答案

7.1　位移法 1，矩阵位移法 3

7.2　（a）6；（b）2

7.3　$\bar{k}_{22}=\dfrac{12EI}{l^3}$

7.4

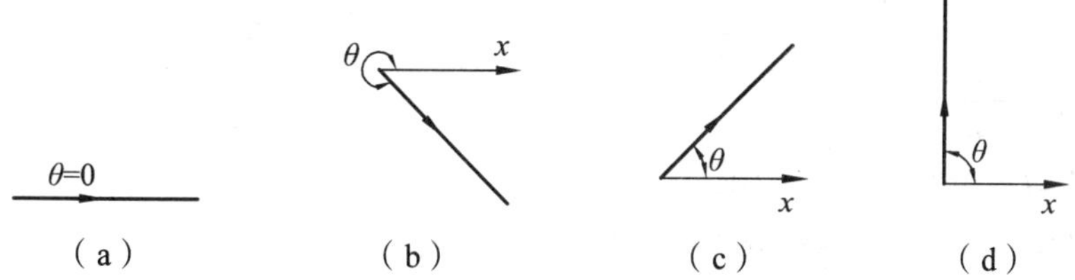

7.5

$\theta=135^\circ$，$\sin135^\circ=\dfrac{\sqrt{2}}{2}$，$\cos135^\circ=-\dfrac{\sqrt{2}}{2}$，$\boldsymbol{T}^{ⓔ}=\begin{pmatrix}\boldsymbol{t} & \boldsymbol{0}\\ \boldsymbol{0} & \boldsymbol{t}\end{pmatrix}$，

$$\boldsymbol{t}=\begin{pmatrix}\cos135^\circ & -\sin135^\circ & 0\\ \sin135^\circ & \cos135^\circ & 0\\ 0 & 0 & 1\end{pmatrix}=\begin{pmatrix}-\dfrac{\sqrt{2}}{2} & -\dfrac{\sqrt{2}}{2} & 0\\ \dfrac{\sqrt{2}}{2} & -\dfrac{\sqrt{2}}{2} & 0\\ 0 & 0 & 1\end{pmatrix}$$

7.6 $k_{11}=\dfrac{12EI}{l^3}$，$k_{21}=-\dfrac{6EI}{l^2}$，$k_{31}=-\dfrac{12EI}{l^3}$，$k_{41}=-\dfrac{6EI}{l^2}$

7.7 $$\boldsymbol{k}^{②}=\begin{pmatrix}0&0&0&0\\0&1&0&-1\\0&0&0&0\\0&-1&0&1\end{pmatrix}\times 1\,000\ \text{kN/m}$$

7.8 结构刚度矩阵 $\boldsymbol{K}$ 为 10×10 方阵

7.9 $$\boldsymbol{K}_{22}=\frac{EI}{l}\begin{pmatrix}24/l^2&0\\0&8\end{pmatrix}$$

7.10 $$\boldsymbol{K}=K_{11}=2\times\frac{EA}{3}=\frac{2EA}{3}$$

7.11 $$\boldsymbol{K}_{22}=\boldsymbol{k}_{22}^{①}+\boldsymbol{k}_{22}^{②}+\boldsymbol{k}_{22}^{③}=\begin{pmatrix}236&48\\48&64\end{pmatrix}\times10^4$$

7.12 $\boldsymbol{\lambda}^{①}=(1\ 2\ 3\ 0\ 0\ 0)^{\mathrm{T}}$, $\boldsymbol{\lambda}^{②}=(1\ 2\ 3\ 4\ 5\ 6)^{\mathrm{T}}$, $\boldsymbol{\lambda}^{③}=(4\ 5\ 7\ 0\ 0\ 8)^{\mathrm{T}}$

7.13 $$\boldsymbol{K}=i\begin{pmatrix}\frac{1}{3}&-1&0\\-1&8&2\\0&2&4\end{pmatrix}$$

7.14 $$\boldsymbol{K}=\frac{EI}{l}\begin{pmatrix}4&2&0\\2&20&4\\0&4&8\end{pmatrix}$$

7.15 $$K_{64}=\frac{2EI}{l}$$

7.16 $\boldsymbol{F}=(F_{1x}-F_{3x}\quad 0\quad 0\quad 0)^{\mathrm{T}}$

7.17 $\boldsymbol{F}_{\mathrm{E}}=(4\ \text{kN}\cdot\text{m}\quad 5\ \text{kN}\cdot\text{m}\quad -9\ \text{kN}\cdot\text{m})^{\mathrm{T}}$

7.18 $\boldsymbol{F}_{\mathrm{E}}=(0\quad -80\ \text{kN}\quad 0\quad 0\quad -40\ \text{kN}\quad 26.7\ \text{kN}\cdot\text{m}\quad 0\quad -40\ \text{kN}\quad -26.7\ \text{kN}\cdot\text{m})^{\mathrm{T}}$

7.19 $\boldsymbol{F}=(10\ \text{kN}\quad 29\ \text{kN}\quad 32\ \text{kN}\cdot\text{m}\quad -32\ \text{kN}\cdot\text{m})^{\mathrm{T}}$

7.20 $\boldsymbol{F}=(10\ \text{kN}\quad 8\ \text{kN}\cdot\text{m}\quad -6\ \text{kN}\cdot\text{m}\quad 0)^{\mathrm{T}}$

7.21 $\overline{\boldsymbol{F}}^{②}=\left(5.1\ \text{kN}\quad 2.4\ \text{kN m}\quad 4.5\ \text{kN}\quad -1.2\ \text{kN m}\right)^{\mathrm{T}}$

7.22 $M_2^{②}=-96\ \text{kN}\cdot\text{m}$

7.23 $$\overline{\boldsymbol{F}}^{①}=\begin{pmatrix}-85.581\ \text{kN}\\85.581\ \text{kN}\end{pmatrix}$$

7.24 $\boldsymbol{F}^{①}=\begin{pmatrix}18.64\\13.64\end{pmatrix}\mathrm{N\cdot m}$， $\boldsymbol{F}^{②}=\begin{pmatrix}-13.64\\-2.2\end{pmatrix}\mathrm{N\cdot m}$， $\boldsymbol{F}^{③}=\begin{pmatrix}2.22\\0\end{pmatrix}\mathrm{N\cdot m}$

7.25 $\overline{\boldsymbol{F}}^{①}=\begin{pmatrix}-4\\-8\end{pmatrix}\mathrm{kN\cdot m}$， $\overline{\boldsymbol{F}}^{②}=\begin{pmatrix}54\\0\end{pmatrix}\mathrm{kN\cdot m}$

7.26 $\varDelta=\begin{pmatrix}4.621\times10^{-6}\,\mathrm{m}\\-3.444\times10^{-5}\,\mathrm{m}\\9.858\times10^{-5}\,\mathrm{rad}\end{pmatrix}$

第八章　结构动力学

【学习目的和基本要求】

结构动力学主要研究结构在动荷载作用下的振动问题。工程结构除承受静荷载外，还会受到随时间迅速变化的动荷载作用，在动荷载作用下，结构的内力、位移等量值将随时间变化，本章目的就是确定这些量值的变化规律，从而得到其最大值，为做出合理的动力设计奠定基础。

对本章学习的基本要求如下：

了解：（1）单自由度体系在一般荷载作用下的计算；

（2）振型分解法；

（3）自振频率的近似计算方法。

熟悉与理解：（1）区分结构动力学和结构静力学最重要的差别；

（2）动力自由度的判别方法；

（3）单自由度、多自由度体系运动方程的建立方法；

（4）单自由度、多自由度体系动力特性计算方法；

（5）单自由度、多自由度体系在简谐荷载作用下的内力、位移计算方法；

（6）阻尼对振动的影响。

掌握与应用：（1）动力自由度的判定；

（2）单自由度、两个自由度体系动力特性的计算；

（3）单自由度、两个自由度体系在简谐荷载作用下动力反应的计算。

第一节　概　述

一、动荷载和动力计算的特点

建筑结构除承受静荷载作用外，有时还会受到动荷载的作用。动荷载的特征是荷载的大小、方向和作用点**随时间而迅速变化**。在动荷载作用下将使结构产生**不容忽视的惯性作用**，使结构发生明显的振动，即在其平衡位置附近往返运动。例如：机械运转对结构的作用、风振和地震对结构的影响等，都属于动荷载。

静荷载是指**不随时间变化**或虽然变化但变化缓慢以致结构质量运动所产生的**惯性力小到可以忽略不计的荷载**。例如：结构的自重、缓慢改变或缓慢移动的荷载都是静荷载。静荷载与动荷载之间并无严格界限，一个荷载是视为静荷载还是动荷载，主要是根据要解决的问题和荷载的作用效果来决定的。

结构在动荷载作用下内力、位移的变化规律与结构质量、刚度分布和能量耗散等因素有关。由它们导出的表征结构动力响应特性的一些固有量，称为结构的动力特性，它们是：结构的自振频率（或周期）、结构的主振型和结构的阻尼。这些固有的特性与结构的外部作用因素无关。

结构的动力特性是结构动力分析的重要研究内容。因此，结构的动力特性的计算和结构在动荷载作用下的内力、位移的计算，是本章的两大主要任务。

结构动力计算在以下几个重要的方面不同于静力计算问题：

（1）动力问题具有随时间而变化的性质。在静荷载作用下，结构处于平衡状态，结构上的内力、位移等量不随时间变化。结构在动荷载作用下会发生振动，结构上的内力、位移等量不仅是位置的函数也是时间的函数，同一位置处的内力、位移在不同时刻是不同的。

（2）结构的内力和变形不仅与动荷载的幅值有关，而且与动荷载的变化规律以及结构本身的动力特性（自振频率、振型和阻尼等因素）有关。

（3）**是否考虑惯性力影响是静力问题和动力问题最重要的区别**。在动荷载作用下，结构的内力不仅要与外荷载平衡，而且要与由于加速度所引起的惯性力平衡。

（4）根据达朗贝尔原理，动力计算问题可以转化为静力平衡问题来处理。但是，这是一种形式上的平衡，是一种动平衡，是在引进惯性力的条件下的平衡。换句话说，在动力计算中，虽然形式上仍是在列平衡方程，但是这里要注意两个特点：第一，在运动体系的质点上加入假想的惯性力，因而在所考虑的力系中要包括惯性力这个新的力；第二，体系在动荷载、弹性恢复力和惯性力共同作用下处于瞬时的平衡状态（动平衡状态），考虑阻尼时还要加上阻尼力，据此建立运动方程并求解。

（5）动力计算的目的是确定结构的内力、位移等量值随时间变化的规律，从而确定动力反应的最大值并将其作为设计的依据。由于动荷载使结构产生了不容忽视的惯性作用，其作用完全不等同于将动荷载看做静荷载计算所得的量值，这反映了动荷载对结构不利的一面，对规模较大、较复杂的结构，尤其需要慎重考虑，以便合理地设计承受动荷载的结构。

二、动荷载的分类

结构在大小、方向和作用点随时间变化的荷载作用下，质量运动加速度所引起的惯性力和荷载相比达到不可忽视的程度时的荷载称为**动荷载**。工程实践中常有的动荷载主要有如下几种：

1. 简谐荷载

简谐荷载指随时间按正弦（余弦）规律改变大小的周期性荷载，它随时间变化的规律如图 8.1 所示。例如：有旋转机件的设备安装于结构上时，因旋转部分质量有偏心而产生的离心力，即对结构形成简谐荷载。

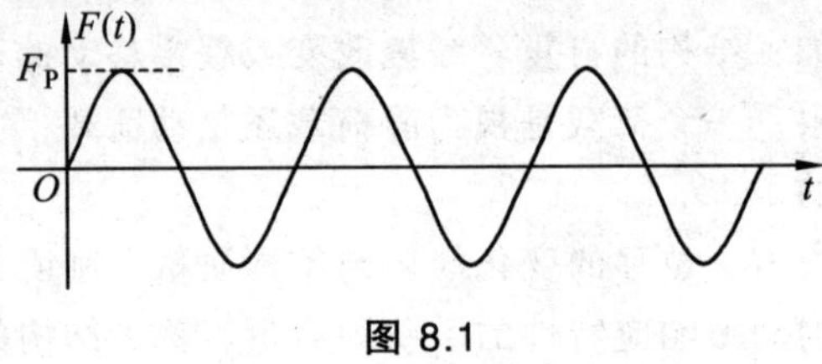

图 8.1

2. 冲击荷载

冲击荷载指作用时间很短的一种动荷载，其特点是在很短的时间内动荷载急剧增大或减小。如图 8.2（a）所示的冲击荷载、图 8.2（b）所示的各种爆炸荷载都属于这一类动荷载。

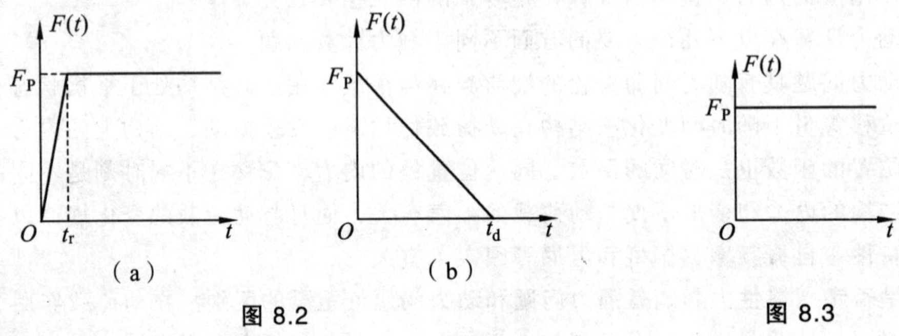

图 8.2　　图 8.3

3. 突加荷载

突加荷载指突然施加在结构上且持续较长一段时间的荷载。例如：吊车制动力对厂房的作用、在结构上突然施加一重物作用等均属突加荷载。突加荷载随时间的变化规律如图 8.3 所示。

4. 随机荷载

前面提到的三类荷载都属于确定性荷载，荷载随时间的变化规律是确定的、已知的。**如果荷载在作用前是未知的、不能事先确定的，则称为随机荷载**。例如，脉动风压的作用和地震作用均属于这一类型荷载。

本章只涉及确定性荷载。不同的确定性荷载，分析方法也不同。

在确定性荷载中，简谐荷载是最常见也是最重要的一种动荷载。研究它对结构的作用规律可加深对结构振动问题中的概念和理论的理解。可以说，结构在简谐荷载作用下的分析在结构动力学中具有很强的基础性。本章以简谐荷载作用下的结构动力计算为主。

第二节 结构动力计算简图和动力自由度

一、结构动力计算简图

动力分析的特点是要考虑惯性作用，而惯性作用是随运动体系的质量而分布的，因此在确定计算简图时，必须确定质量分布情况及质点位移形态。实际结构上的质量是连续分布的，都是无限自由度体系，如按无限自由度体系分析不仅导致分析困难，而且从工程角度也没必要，故必须对结构进行必要的简化。

集中质量法就是将实际结构的质量按一定的规则集中在某些几何点上，这些具有质量的点称为**质点**；除这些点以外，物体看做是无质量的。这样就将无限自由度体系变成了有限自由度体系。

如图 8.4（a）所示的水塔，塔架的质量与水箱质量相比较小可忽略不计，水箱质量 m 简化集中到一个质点，其动力计算简图如图 8.4（b）所示。再如图 8.5（a）所示的简支梁，实际质量是连续分布的，质量分布集度（单位长度的质量）以 $\bar{m}$ 表示。简化时，可将梁的质量集中在图 8.5（b）所示的两质点处，或者将质量分别集中图 8.5（c）所示的三质点处，而该梁则成了无质量梁。显然，集中质点越多就越接近于原结构，但质点越多计算量将越大。

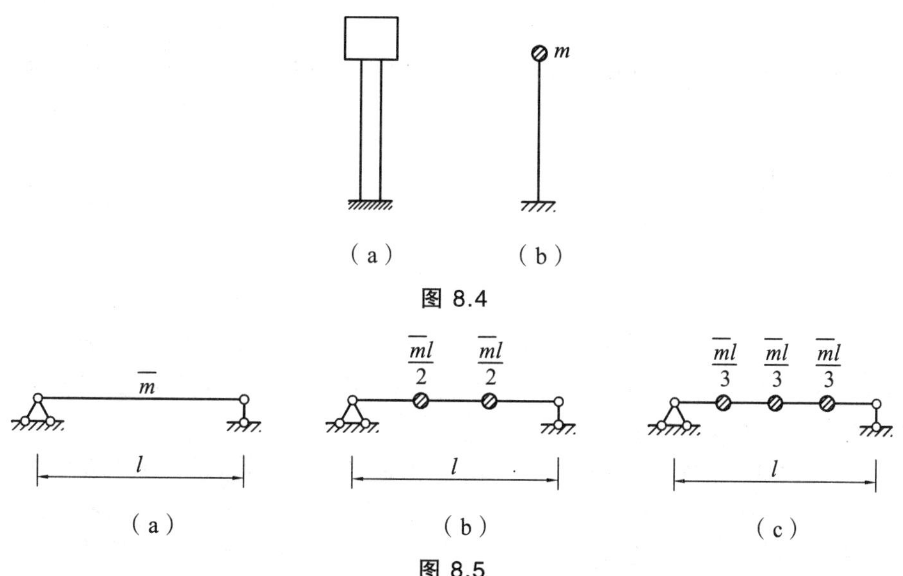

图 8.4

图 8.5

二、动力计算中体系的动力自由度

在动力计算中，一般把质点处的位移作为基本未知量。当求出质点位移后，利用与静力学相同的方法求出结构的内力。由于结构上各质点间有杆件相连，存在着几何约束，因而各质点的位移不一定相互独立。在计算前，首先应确定体系上共有多少个独立的质点位移，即有多少个独立的基本未知量。这个问题可由分析体系的动力自由度解决。

确定体系在运动过程中任一时刻全部质点的位置所需要的相互独立的几何参数的数目，称为体系的动力自由度，简称自由度。也就是说，体系在变形过程中全部质点的独立位移分量的个数称为体系的动力自由度。

对于较复杂的体系，确定体系的动力自由度可采用在质点上沿运动方向施加附加刚性链杆以限制质点运动的方法。如果至少加上 n 个链杆后才能使体系上所有质点均不能运动，则体系的动力自由度为 n，这是因为去掉这 n 个链杆体系将可以发生 n 个独立的质点位移。所以，体系的动力自由度数目等于约束所有质点运动所需施加的最少链杆数目。

对于集中质量法简化的有限自由度体系，在确定结构动力自由度数时应注意：杆件一般可发生弹性变形，对于梁和刚架，一般不计杆件的轴向变形。例如，图 8.6（a）所示体系有一个质点，不计杆件的分布质量和轴向变形，则质点只能水平运动，不能竖向运动，只有一个位移分量 $y(t)$，故自由度为 1。若在质点上加一个水平链杆，则质点不能发生任何运动[见图 8.6（b）]，也可确定其自由度为 1。具有一个自由度的体系称为单自由度体系，如图 8.6（a）所示。

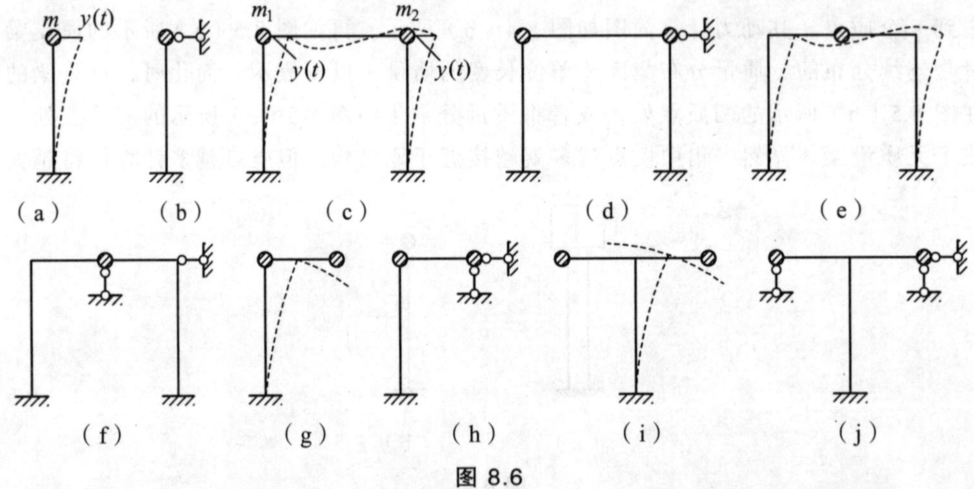

图 8.6

图 8.6(c)所示体系有两个质点，不计杆的轴向变形，两个质点的水平位移相同均为 $y(t)$，且均无竖向位移；若在其中一个质点上加一个水平链杆则两个质点均不能运动[见图 8.6(d)]。故该体系具有一个自由度，为单自由度体系。

可见，自由度数不一定等于质点个数，自由度的数目与体系是静定结构还有超静定结构无关。

图 8.6（e）所示体系有一个质点，由于杆件可发生弹性弯曲变形，质点有竖向和水平的两个位移分量，这两个位移相互独立，故有两个自由度。加链杆确定时如图 8.6（f）所示。具有两个或两个以上自由度的体系称为多自由度体系。图 8.6(e)所示体系为多自由度体系。

图 8.6（g）、（i）所示体系的自由度分别为 2 个和 3 个，确定方法见图 8.6（h）、（j），故均为多自由度体系。

图 8.7（a）所示为两层房屋的动力计算简图，柱子无质量（质量已集中到横梁），由于不计梁的弯曲变形（$EI\to\infty$），又不计杆的轴向变形，梁的两端不能上下运动，梁上各点只能水平运动且位移相同。只要在两个梁端加水平支杆，则所有质量均不能运动[见图 8.7（b）]，故此体系有两个自由度。

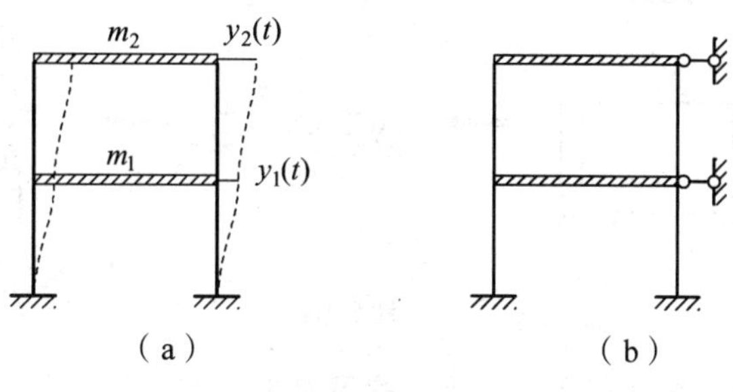

图 8.7

图 8.8 所示具有分布质量的简支梁，可以将梁看成是由无穷多个质量为 $\overline{m}\mathrm{d}x$ 的质点构成的。加一个竖向链杆只能约束一个质点的竖向位移，要阻止所有质点竖向位移需要加无穷多个链杆，故其自由度为无穷多个。这样的体系称为无限自由度体系，所有质点的位移形成一条连续的变形曲线。

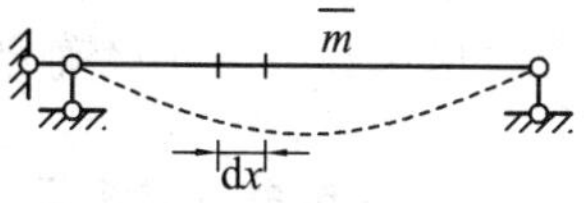

图 8.8

实际结构的质量都是连续分布的，都是无限自由度体系。若均按无限自由度体系计算，不仅十分困难而且没有必要，因此通常将无限自由度体系简化成单自由度或多自由度体系。简化的方法除前面提到的质量集中法外，还有其他一些方法，可参阅有关书籍。

第三节　单自由度体系的自由振动

单自由度体系的动力分析虽然比较简单，但是非常重要。这是因为：第一，很多实际的动力问题均可按单自由度体系进行计算，或进行初步的估算。第二，单自由度体系的动力分析是多自由度体系动力分析的基础，多自由度体系动力分析中应用到许多概念都是由单自由度分析引出的。故只有牢固地打好这个基础，才能顺利学习后面的内容。

一、单自由度体系振动的简化模型及建立运动方程

1. 单自由度体系振动的简化模型

任意单自由度结构的振动问题都可以抽象为“质量-弹簧-阻尼器”的分析模型。

图 8.9（a）示出了单自由度体系自由振动的“质量-弹簧-阻尼器”水平运动简化模型。该模型中将原来由立柱对质量 m 所提供的弹性力改用弹簧来提供，能量耗散机理用阻尼器来

描述，即得到图 8.9（a）所示的水平运动模型。

图 8.9（b）示出了单自由度体系自由振动的“质量-弹簧-阻尼器”竖向运动模型。

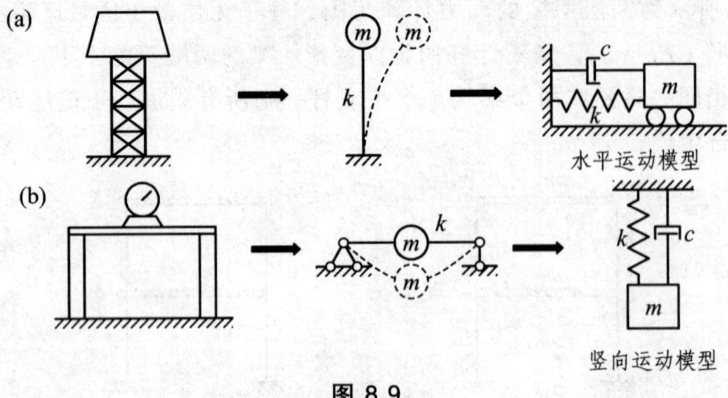

图 8.9

“质量-弹簧-阻尼器”分析模型中，k 为弹簧刚度系数，它为使弹簧伸长或压缩单位长度时所需施加的力。以图 8.9（a）为例，k 应与立柱的刚度系数（使柱顶产生单位水平位移时在柱顶所需施加的水平力）相等。阻尼机理简化为一种普遍、常用的黏滞阻尼模型，c 为黏滞阻尼系数，由实验确定。

2. 单自由度体系运动方程建立的方法及步骤

在结构动力学中，将用以描述体系质量运动随时间变化规律的方程，称为体系的运动方程。根据达朗贝尔原理，采用动静法建立振动微分方程时，有两种方法：一种是从力系平衡的角度出发，建立动力平衡方程，又称**刚度法**；另一种是从位移协调的角度出发，建立位移方程，又称**柔度法**。建立运动方程的一般步骤为：

（1）根据问题的具体情况和精度要求确定体系质量分布和动力自由度数，即建立计算模型。

（2）建立坐标系，给出各自由度的位移参数。

（3）分析各位移方向受力。

（4）建立运动方程。

图 8.10（a）所示的悬臂立柱在顶部有一重物，质量为 m。设柱本身的质量比 m 小得多，可以忽略不计，因此，体系只有一个自由度。

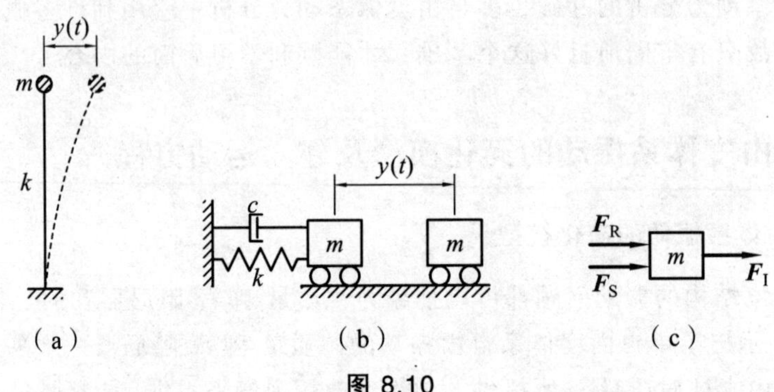

图 8.10

假设由于外界的干扰，质点 m 离开了静止平衡位置，干扰消失后，由于立柱弹性力的影响，质点 m 沿水平方向产生自由振动，在任一时刻，质点 m 的水平位移为 $y(t)$。

将原来由立柱对质量 m 所提供的弹性力改用弹簧来提供，能量耗散机理用阻尼器来描述，即得到图 8.10（b）所示的弹簧分析模型。现分别用刚度法和柔度法建立运动方程。

（1）刚度法。

用刚度法建立运动方程的思路为：取运动质点为隔离体，利用质点在某一时刻处于动平衡状态建立平衡方程。此时质点上作用有惯性力、阻尼力和弹性恢复力，利用达朗贝尔原理建立体系瞬时动平衡方程。

对于图 8.10（b）所示的弹簧分析模型，现以质点 m 的静力平衡状态为坐标原点，以 y 表示质点的动位移，其速度 $\dot{y}$ 和加速度 $\ddot{y}$ 均取与 y 方向相同为正。取质点 m 为隔离体，如图 8.10（c）所示，沿运动方向作用于隔离体上的力有下列三种：

① 弹性恢复力：

$$F_{\mathrm{S}} = -ky = -k_{11}y$$

即弹簧对质点的作用力，它与位移成正比，负号表示其实际方向恒与位移 y 的方向相反，其永远指向静力平衡位置。此力有将质点 m 拉回到静力平衡位置的趋势，故又称为恢复力。

② 惯性力：

$$F_{\mathrm{I}} = -m\ddot{y}$$

它的大小等于质量 m 于其位移加速度 $\ddot{y}$ 的乘积，而方向与加速度 $\ddot{y}$ 的方向相反，故有负号。

③ 阻尼力：

$$F_{\mathrm{R}} = -c\dot{y}$$

它反映了结构变形过程中材料的内摩擦、结构与支座之间的摩擦以及周围介质等因数所引起的对质点运动的阻力。根据等效黏滞阻尼理论，阻尼力与质量的运动速度成正比，但方向相反，故有负号。

质点在惯性力 F_{I}、弹性恢复力 F_{S} 与阻尼力 F_{R} 作用下将维持动力平衡，故有

$$F_{\mathrm{I}} + F_{\mathrm{S}} + F_{\mathrm{R}} = 0$$

将 F_{I}、F_{S} 和 F_{R} 的算式代入即得

$$m\ddot{y} + c\dot{y} + k_{11}y = 0$$

令

$$\omega^2 = \frac{k_{11}}{m}, \qquad \xi = \frac{c}{2m\omega}$$

式中，ξ 为体系的阻尼比，则有

$$\ddot{y}(t) + 2\xi\omega\dot{y}(t) + \omega^2 y(t) = 0 \tag{8-1}$$

这就是单自由度体系自由振动的一般方程，它是一个二阶常系数线性微分方程。

（2）柔度法。

用柔度法建立运动方程的思路为：由质点在某一时刻的位移状态建立运动方程。对于图

8.10（a）所示的体系，质点 m 的位移由惯性力和阻尼力引起。

用 δ_{11} 表示弹簧的柔度系数,即弹簧因单位力作用所产生的位移,其值与刚度系数 $k(k_{11})$ 互为倒数，则有

$$\delta_{11}=\frac{1}{k_{11}} \tag{8-2}$$

当质点 m 发生振动时，把惯性力 F_I 和阻尼力 F_R 看做是两个静力荷载作用在体系的质点上，则在其作用下质点处的位移 y 可按叠加原理表示为

$$y=(F_I+F_R)\delta_{11}$$

将 F_I、F_R 的算式代入上式，整理后得到从位移协调角度建立的自由振动微分方程为

$$m\ddot{y}+c\dot{y}+\frac{1}{\delta_{11}}y=0$$

这就是从位移协调角度建立的自由振动微分方程。同样，令 $\omega^2=\dfrac{1}{m\delta_{11}}$，$\xi=\dfrac{c}{2m\omega}$，则振动微分方程如式（8-1）所示。

在建立振动微分方程时，当质量沿水平方向振动时，质量 m 虽然有重力 $W=mg$ 作用（g 是重力加速度），但由于重力方向与振动方向垂直，故重力对振动无影响。当质量 m 沿竖直方向振动时，弹簧处于静力平衡位置时的初拉力恒与质点的重力 $W=mg$ 相平衡而抵消，故在振动过程中这两个力都不需要考虑。

二、无阻尼自由振动

1. 无阻尼自由振动特点

（1）无能量耗散，振动一经开始便永不休止。

（2）无振动荷载。

2. 运动方程及其解的形式

将式（8-1）中去除阻尼力项，即得单自由度体系无阻尼自由振动微分方程：

$$\ddot{y}+\omega^2y=0 \tag{8-3}$$

式（8-3）是一个齐次微分方程，其通解为

$$y(t)=C_1\cos\omega t+C_2\sin\omega t$$

取 y 对时间 t 的一阶导数，则得质点在任一时刻的速度为

$$\dot{y}(t)=-\omega C_1\sin\omega t+\omega C_2\cos\omega t$$

此两式中的常数 C_1 和 C_2 可由振动的初始条件来确定。设在初始时刻 $t=0$ 时，质点有初位移

$y(0)=y_0$ 和初速度 $\dot{y}(0)=\dot{y}_0=v_0$，则有

$$C_1=y_0\text{，}\quad C_2=\frac{v_0}{\omega}$$

由此微分方程式（8-3）的解，则动位移的表达式为

$$y(t)=y_0\cos\omega t+\frac{v_0}{\omega}\sin\omega t \tag{8-4}$$

由此可见，结构的自由振动是由两部分组成的：一部分由初位移 y_0 引起，表现为余弦规律；另一部分由初速度 v_0 引起，表现为正弦规律。二者之间的相位差为一直角，即后者落后于前者 $\frac{\pi}{2}$。

若令 $$y_0=A\sin\varphi\text{，}\quad \frac{v_0}{\omega}=A\cos\varphi$$

则有

$$A=\sqrt{y_0^2+\frac{v_0^2}{\omega^2}} \tag{8-5}$$

$$\tan\varphi=\frac{y_0}{v_0/\omega} \tag{8-6}$$

为了便于讨论，解的形式为可改写为

$$y(t)=A\sin(\omega t+\varphi) \tag{8-7}$$

由式（8-7）可见，质量以其静力平衡位置为中心做往复简谐振动，参数 A 代表振动时最大的位移幅度，称为振幅；φ 称为初始相位角。质量的动位移随时间变化规律也称位移时程曲线，如图 8.11 所示。

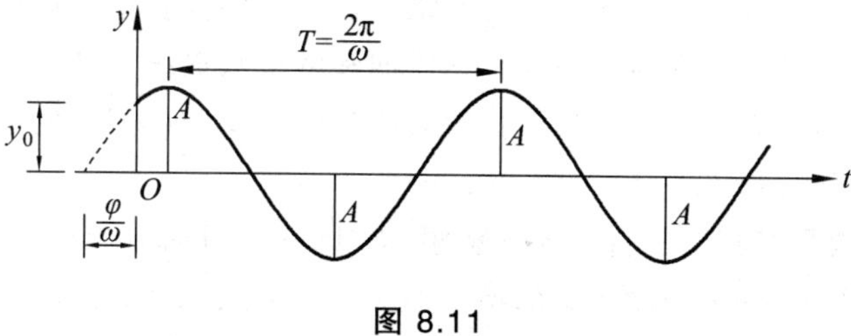

图 8.11

3. 几个参数介绍

（1）周期。单自由度体系自由振动是一种周期性的简谐运动，质量振动一次所需的时间为

$$T=\frac{2\pi}{\omega} \tag{8-8}$$

T 称为体系的自振周期，简称为周期，常用的单位为秒（s）。

（2）工程频率。体系在单位时间内的振动次数，即振动频率 f 为

$$f=\frac{1}{T}$$

f 常称为工程频率，其常用单位为振次/秒（s^{-1}）或赫兹（Hz）。

（3）频率（圆频率）。由式（8-7）可以看出，旋转向量的角速度 ω 也就是体系在 2π 秒内的振动次数，故 ω 称为圆频率。在结构动力学中，通常将无阻尼自由振动时的圆频率称为自振频率，简称为频率。

频率定义式为

$$\omega=\frac{2\pi}{T} \tag{8-9}$$

频率计算式为

$$\omega=\sqrt{\frac{k_{11}}{m}}=\sqrt{\frac{1}{m\delta_{11}}}=\sqrt{\frac{g}{W\delta_{11}}}=\sqrt{\frac{g}{\Delta_{st}}} \tag{8-10}$$

式中，g 表示重力加速度，$\Delta_{st}=W\delta_{11}$ 表示由于质点重量 W 所产生的沿振动方向的静力位移。由式（8-10）可见，频率只取决于体系的质量和刚度，而与外界因素无关，是体系本身固有的属性，所以又称为固有频率。

周期计算式为

$$T=2\pi\sqrt{\frac{m}{k_{11}}}=2\pi\sqrt{m\delta_{11}}=2\pi\sqrt{\frac{W\delta_{11}}{g}}=2\pi\sqrt{\frac{W}{gk_{11}}} \tag{8-11}$$

结构自振周期和自振频率是结构重要的动力特性之一，由以上的分析可以看出自振周期 T 和自振频率 ω 的一些重要性质：

① 结构自振周期和自振频率与结构的刚度和质量有关。结构自振周期 T 随刚度的增大和质量的减小而减小；结构自振频率 ω 随之而增大。这一特点在结构设计中对如何控制结构自振周期和频率有重要意义。因为结构的自振周期和频率只取决于其自身的质量和刚度，所以反映的是结构固有的动力特性。外部干扰力只能影响振幅和初相角的大小而不能改变结构的自振周期和频率。

② 如果两个结构具有相同的自振周期和频率，则它们对动力荷载的反应也将是相同的。自振频率计算式（8-10）表明，ω 随 Δ_{st} 的增大而减小。就是说，若把质点安放在结构上产生最大位移处，则可得到最低的自振频率和最大的振动周期。

三、自振频率的计算方法及示例

1. 利用自振频率计算公式计算

由自振频率计算式（8-10），算出刚度系数 k_{11}、柔度系数 δ_{11} 或静位移 Δ_{st}，代入公式即可求得。

例 8.1 求图 8.12（a）所示刚架的自振频率。

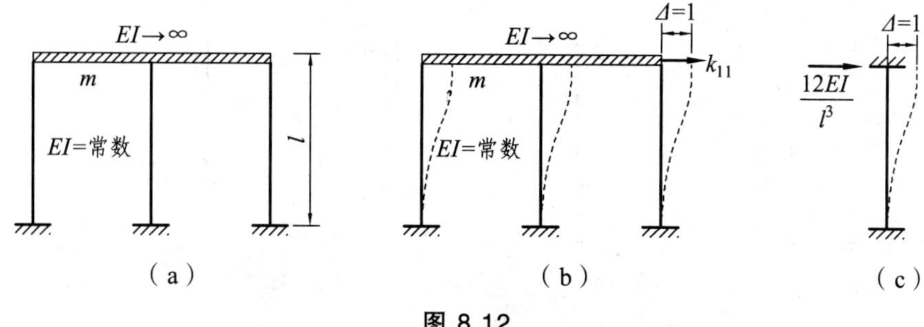

图 8.12

解 沿该刚架振动方向发生单位位移时，所有刚结点都不能发生转动（横梁刚度为无穷大），此时图 8.12（b）所示的刚度系数 k_{11} 的计算非常方便，因而对此类结构求自振频率时，宜采用刚度法计算。

图 8.12（c）所示的两端刚结杆件的侧移刚度为 $\dfrac{12EI}{l^3}$，故

$$k_{11} = 3\times\frac{12EI}{l^3} = \frac{36EI}{l^3}$$

$$\omega = \sqrt{\frac{k_{11}}{m}} = \sqrt{\frac{36EI}{ml^3}}$$

例 8.2 求图 8.13（a）所示体系的自振频率。

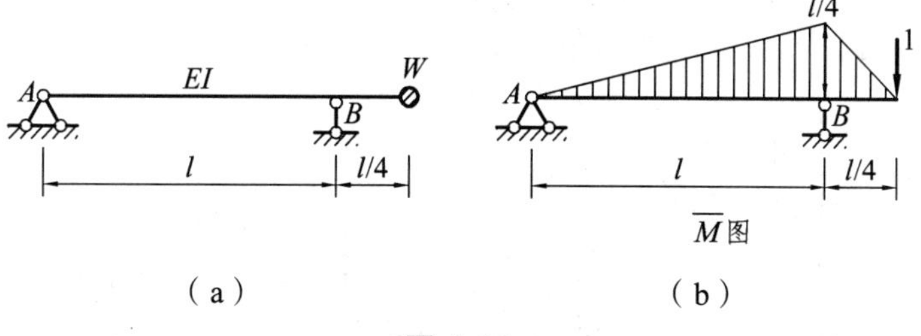

图 8.13

解 本题中，当质点沿振动方向（竖向）发生单位位移时，刚结点 B 要发生转动，因而计算刚度系数 k_{11} 比较麻烦。在这种情况下，宜采用柔度法计算。

沿质点自由度方向施加一个单位荷载，作出单位荷载作用下的弯矩图，如图 8.13（b）所示。由图乘法得柔度系数为

$$\delta_{11} = \int\frac{\overline{M}\overline{M}}{EI}\mathrm{d}x = \frac{1}{EI}\left(\frac{l^3}{48}+\frac{l^3}{192}\right) = \frac{5l^3}{192EI}$$

$$\omega = \sqrt{\frac{1}{m\delta_{11}}} = \sqrt{\frac{g}{W\delta_{11}}} = \sqrt{\frac{192gEI}{5Wl^3}}$$

例 8.3 求图 8.14（a）所示刚架的自振频率。各杆 EI 为常数。

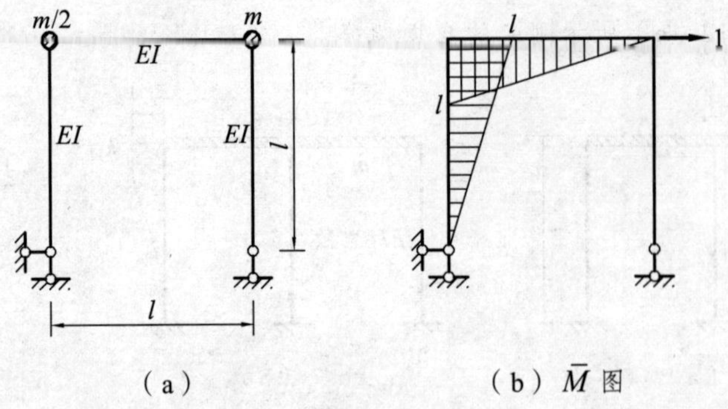

（a）　　（b）$\overline{M}$ 图

图 8.14

解　图示体系有两个质点，均无竖向位移，仅有水平位移且位移相同，故是单自由度体系。由于两个质点上的惯性力共线，列方程时可合并，所以可按一个质点的情况考虑。作出单位力引起的弯矩图[见图 8.14（b）]，按图乘法求出柔度系数为

$$\delta_{11}=\frac{1}{EI}\times\frac{1}{2}\times l\times l\times\frac{2l}{3}\times 2=\frac{2l^3}{3EI}$$

代入频率计算式（8-10）中，并注意质量为 $\frac{3}{2}m$，得

$$\omega=\sqrt{\frac{1}{m\delta_{11}}}=\sqrt{\frac{EI}{ml^3}}$$

例 8.4　求图 8.15（a）所示刚架的自振频率。

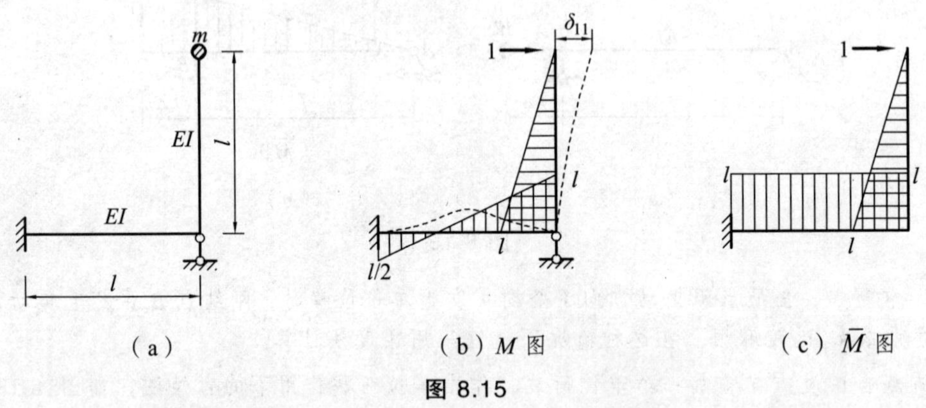

（a）　　（b）M 图　　（c）$\overline{M}$ 图

图 8.15

解　图示结构为单自由度体系。为求柔度系数，先用超静定结构内力解法求出单位力作用下的弯矩图[见图 8.15（b）]，然后绘出静定基本结构在 δ_{11} 方向上作用单位力时的 $\overline{M}$ 图[见图 8.15（c）]，将 M 图与 $\overline{M}$ 图图乘得柔度系数为

$$\delta_{11}=\frac{1}{EI}\left(\frac{l^3}{3}+\frac{l^3}{2}-\frac{l^3}{4}\right)=\frac{7l^3}{12EI}$$

代入频率计算式（8-10）中，得自振频率为

$$\omega=\sqrt{\frac{1}{m\delta_{11}}}=\sqrt{\frac{12EI}{7ml^3}}$$

2. 列幅值方程求频率

在任一时刻，质点的位移由式（8-7）有

$$y(t)=A\sin(\omega t+\varphi)$$

将 $y(t)$ 对 t 求二阶导数得质点的加速度为

$$\ddot{y}(t)=-A\omega^2\sin(\omega t+\varphi)$$

质点的惯性力为

$$F_{\mathrm{I}}(t)=-m\ddot{y}(t)=mA\omega^2\sin(\omega t+\varphi)$$

将惯性力 $F_{\mathrm{I}}(t)$ 同位移 $y(t)$ 相比，可见它们在数量上成比例，方向一致，相位相同。当质点位移达到最大值 A 时，惯性力也达到最大值 $mA\omega^2$。若在质点位移和惯性力同时达到幅值的瞬时，建立位移幅值 A 与惯性力的幅值 $mA\omega^2$ 的关系式，该关系式称为幅值方程。通过该幅值方程也可求得频率。

例 8.5 求图 8.16（a）所示体系的自振频率。$EA=3EI/l^2$。

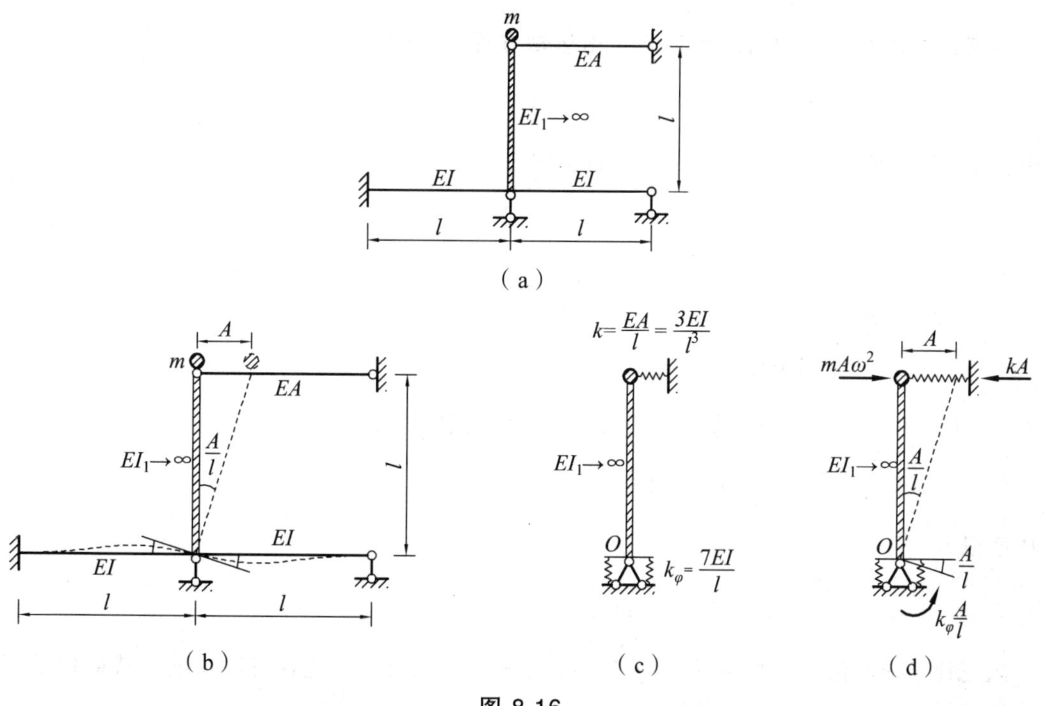

图 8.16

解 该体系质点无竖向振动，仅有水平振动，故为单自由度振动问题。选定某一时刻的

位移形式如图 8.16（b）所示，根据变形情形，该体系等价于图 8.16（c）所示的具有弹簧支承的单根柱子。现列幅值方程求频率，作出幅值图如图 8.16（d）所示，此时质点处的振幅为 A，惯性力幅值 $mA\omega^2$ 作用在质点上，弹簧上的弹簧约束力如图（d）所示，由此列出幅值方程。由 $\sum M_0 = 0$，有

$$mA\omega^2 l - kAl - k_\varphi \frac{A}{l} = 0$$

将 k、k_φ 代入式中，$A \neq 0$，即可求得自振频率为

$$\omega = \sqrt{\frac{10EI}{ml^3}}$$

四、有阻尼自由振动

无外部激励的振动其振动幅度会逐渐减小，直至停止，这种现象称衰减。振幅随时间减小说明在振动中有能量损耗，能量耗完，振动停止。

引起耗能的原因主要有材料内摩擦阻力、环境介质阻力、连接处摩擦力、地基土内摩擦力。这些耗能因素称为**阻尼**，是动力分析的一个重要特性。

1. 振动方程及其解

当考虑计阻尼时，单自由度体系自由运动方程（8-1）为

$$\ddot{y}(t) + 2\xi\omega\dot{y}(t) + \omega^2 y(t) = 0$$

式中，ξ 为反映阻尼大小的阻尼因子，通常称为**阻尼比**，即

$$\xi = \frac{c}{2m\omega} \tag{8-12}$$

式中，c 为阻尼系数，为

$$c = 2m\omega\xi \tag{8-13}$$

方程（8-1）是一个常系数齐次线性微分方程，它的特征方程为

$$\lambda^2 + 2\xi\omega\lambda + \omega^2 = 0$$

其特征根为

$$\lambda_{1,2} = \omega(-\xi \pm \sqrt{\xi^2 - 1})$$

阻尼比 ξ 的取值有三种情况，即 $\xi < 1$，$\xi = 1$，$\xi > 1$。对应这三种情况，特征根是不同的，因而方程（8-1）的解也不同。

（1）小阻尼情况。

当 $\xi<1$ 时，特征根 λ_1、λ_2 是两个复数。方程（8-1）的通解为

$$y(t)=\mathrm{e}^{-\xi\omega t}(C_1\cos\omega_{\mathrm{D}}t+C_2\sin\omega_{\mathrm{D}}t)$$

式中

$$\omega_{\mathrm{D}}=\omega\sqrt{1-\xi^2} \tag{8-14}$$

为有阻尼自由振动的圆频率。方程（8-1）通解中的 C_1 和 C_2 仍可由初始条件确定。于是动位移的表达式可写成

$$y(t)=\mathrm{e}^{-\xi\omega t}\left(y_0\cos\omega_{\mathrm{D}}t+\frac{v_0+y_0\xi\omega}{\omega_{\mathrm{D}}}\sin\omega_{\mathrm{D}}t\right)=A\mathrm{e}^{-\xi\omega t}\sin(\omega_{\mathrm{D}}t+\varphi_{\mathrm{D}}) \tag{8-15}$$

其中，常数为

$$A=\sqrt{{y_0}^2+\left(\frac{v_0+y_0\xi\omega}{\omega_{\mathrm{D}}}\right)^2} \tag{8-16}$$

$$\tan\varphi_{\mathrm{D}}=\frac{\omega_{\mathrm{D}}y_0}{v_0+y_0\xi\omega} \tag{8-17}$$

式（8-15）为 $\xi<1$ 或小阻尼情况下的质点位移 $y(t)$ 的变化规律。据此可作出有阻尼自由振动的 y-t 曲线，如图 8.17 所示。

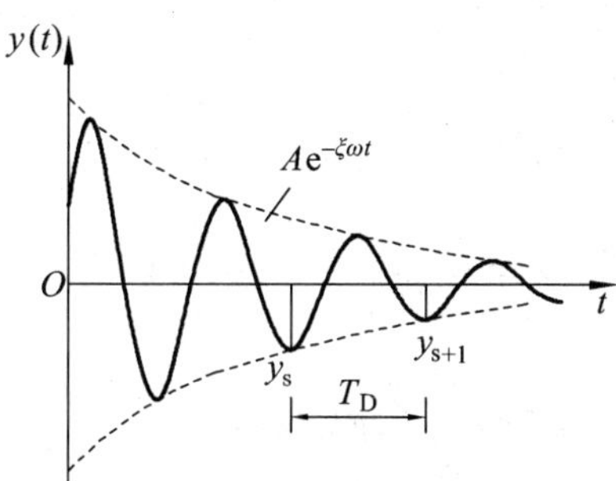

图 8.17

由图 8.17 可见，有阻尼自由振动是一个衰减的正弦曲线，其频率 ω_{D} 或两相邻极限位置之间的时间间隔 $T_{\mathrm{D}}=2\pi/\omega_{\mathrm{D}}$ 仍为常数，但振幅 $A\mathrm{e}^{-\xi\omega t}$ 随时间按指数规律减小，**阻尼比越大，则振幅衰减越快**，因而通常称此振动为衰减振动。

（2）临界阻尼情况。

当 $\xi=1$ 时，特征方程有两个相等的实根。方程（8-1）的通解为

$$y(t)=(C_1+C_2t)\mathrm{e}^{-\omega t}$$

这是一个非周期函数，故不发生振动。这是由振动过渡到非振动状态之间的临界情况，此时与阻尼比 $\xi=1$ 所对应的阻尼系数 c 值称为**临界阻尼系数**，用 c_{cr} 表示，即

$$c_{\mathrm{cr}}=2m\omega=2\sqrt{mk_{11}} \tag{8-18}$$

可见临界阻尼系数与体系的质量和刚度系数的乘积的平方根成正比。此时阻尼比可表达为

$$\xi=\frac{c}{c_{\mathrm{cr}}} \tag{8-19}$$

这说明结构实际的阻尼系数 c 与临界阻尼系数 c_{cr} 的比值，为阻尼比。

（3）大阻尼情况。

当 $\xi>1$ 时，特征方程的根为两个负实数，方程（8-1）的解不出现振动的情形，结构在受到初始干扰偏离平衡位置以后，将慢慢地恢复到原有位置而**不具有波动性质**。

综上所述可知，只有小阻尼情况即 $\xi<1$ 时才能发生自由振动，此时自振频率 ω_{D} 随阻尼比 ξ 的增加而减小，周期 T_{D} 随阻尼比 ξ 的增加而增大。由于阻尼比 ξ 一般很小，故求频率时可不计阻尼影响。

2. 阻尼比、阻尼系数的确定

在衰减振动中，振幅随时间增加而越来越小，但任意两相邻振幅的比值是一个常数。设某一时刻 t_{s} 的振幅为 y_{s}，经过一个周期 T_{D} 以后与它相邻的下一个时刻 $t_{\mathrm{s}}+T_{\mathrm{D}}$ 的振幅为 $y_{\mathrm{s+1}}$，如图 8.17 所示，即

$$y_{\mathrm{s}}=A\mathrm{e}^{-\xi\omega t_{\mathrm{s}}}, \qquad y_{\mathrm{s+1}}=A\mathrm{e}^{-\xi\omega(t_{\mathrm{s}}+T_{\mathrm{D}})}$$

两个相邻振幅的比值为

$$\frac{y_{\mathrm{s}}}{y_{\mathrm{s+1}}}=\frac{A\mathrm{e}^{-\xi\omega t_{\mathrm{s}}}}{A\mathrm{e}^{-\xi\omega(t_{\mathrm{s}}+T_{\mathrm{D}})}}=\mathrm{e}^{\xi\omega T_{\mathrm{D}}}=\text{常数} \tag{8-20}$$

由此可见，ξ 值越大，衰减速度越大。为了便于应用，将式（8-20）两边取自然对数值，则

$$\ln\frac{y_{\mathrm{s}}}{y_{\mathrm{s+1}}}=\xi\omega T_{\mathrm{D}}=\xi\omega\frac{2\pi}{\omega_{\mathrm{D}}}\approx 2\pi\xi$$

这里，$\ln\frac{y_{\mathrm{s}}}{y_{\mathrm{s+1}}}$ 称为振幅的对数衰减率。在经过 n 次波动后，有

$$\ln\frac{y_{\mathrm{s}}}{y_{\mathrm{s}+n}}\approx 2n\pi\xi$$

由此，阻尼比可表达为

$$\xi\approx\frac{1}{2n\pi}\ln\frac{y_{\mathrm{s}}}{y_{\mathrm{s}+n}} \tag{8-21}$$

在实际工程中，可以通过实验测得两振幅值 y_{s} 和 $y_{\mathrm{s}+n}$，即可由式（8-21）确定阻尼比，再由式（8-13）求得阻尼系数。

第四节　单自由度体系在简谐荷载作用下的强迫振动

强迫振动是指结构在动荷载作用下的振动。分析强迫振动的主要目的是确定结构在动荷载作用下内力、位移随时间变化的规律，从而确定结构的最大动位移和最大动内力值。

简谐荷载是指大小随时间按正弦或余弦变化的荷载，即 $F(t)=F_P\sin\theta t$，其中 F_P 称为简谐荷载的幅值，θ 称为简谐荷载的圆频率。简谐荷载随时间变化的图形如图 8.1 所示。

一、无阻尼强迫振动

1. 运动方程及其解

设图 8.18（a）所示体系受简谐荷载作用，用弹簧模型表示，如图 8.18（b）所示。k 是立柱或弹簧的刚度系数。不计阻尼影响，取质量 m 作隔离体，如图 8.18（c）所示。用刚度法建立运动方程，弹性恢复力 $F_S=-ky=-k_{11}y$、惯性力 $F_I=-m\ddot{y}$、动荷载 $F(t)=F_P\sin\theta t$ 之间的平衡方程为

$$m\ddot{y}+k_{11}y=F_P\sin\theta t$$

用柔度法建立方程时，当质点 m 振动时，把惯性力 F_I 和动荷载 $F(t)$ 看做是一个静力荷载作用在体系的质量上，则在其作用下结构在质点处的位移 y 应等于：

$$y=(-m\ddot{y}+F_P\sin\theta t)\delta_{11}$$

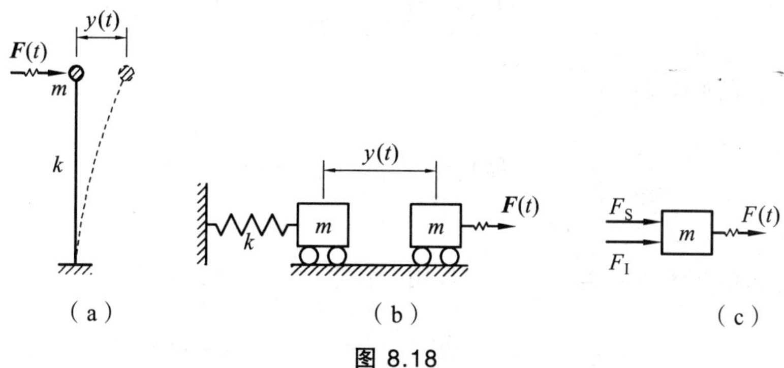

图 8.18

已知 $\omega^2=\dfrac{k_{11}}{m}=\dfrac{1}{m\delta_{11}}$，代入运动方程中得单自由度体系在简谐荷载作用下运动方程的一般形式，即

$$\ddot{y}+\omega^2 y=\frac{F_P}{m}\sin\theta t \tag{8-22}$$

方程（8-22）的齐次解为

$$\overline{y}(t)=C_1\sin\omega t+C_2\cos\omega t$$

设方程（8 22）的非齐次特解为

$$y^*(t)=A\sin\theta t$$

将特解代入方程（8-22），并消去$\sin\theta t$后得

$$A=\frac{F_P}{m(\omega^2-\theta^2)}$$

故方程（8-22）的通解为

$$y(t)=\overline{y}(t)+y^*(t)=C_1\sin\omega t+C_2\cos\omega t+\frac{F_P}{m(\omega^2-\theta^2)}\sin\theta t \tag{8-23}$$

式中，积分常数C_1和C_2可由运动的初始条件确定。

在通解式（8-23）中，有按结构自振频率ω变化的部分，还有按动荷载频率θ变化的部分，由于在实际的振动中存在阻尼，前者会在振动开始后的很短时间内消失，只剩下后者。两者均存在的振动阶段称为过渡阶段，只剩后者的振动阶段称为平稳阶段或稳态振动。由于过渡阶段时间一般很短，因此在实际问题中一般只讨论稳态振动。

2. 纯强迫振动分析

质点在平稳阶段的稳态振动称为纯强迫振动，此时质点位移随时间的变化规律，即运动方程（8-22）的非齐次特解为

$$y(t)=A\sin\theta t=\frac{F_P}{m(\omega^2-\theta^2)}\sin\theta t=\frac{F_P}{m\omega^2\left(1-\dfrac{\theta^2}{\omega^2}\right)}\sin\theta t \tag{8-24}$$

质点的最大动位移即振幅A为

$$A=\frac{F_P}{m\omega^2}\cdot\frac{1}{1-\dfrac{\theta^2}{\omega^2}}=F_P\delta_{11}\cdot\frac{1}{1-\dfrac{\theta^2}{\omega^2}}=y_{st}\cdot\frac{1}{1-\dfrac{\theta^2}{\omega^2}}=y_{st}\mu \tag{8-25}$$

式中，y_{st}为将动荷载幅值F_P当作静荷载作用于体系时所引起的质点的静位移，即

$$y_{st}=\frac{F_P}{m\omega^2}=\frac{F_P}{k_{11}}=F_P\delta_{11} \tag{8-26}$$

式（8-25）中的μ为动力系数，表示在简谐荷载作用下动力位移的放大系数，它反映了惯性力的影响，即

$$\mu=\frac{A}{y_{st}}=\frac{1}{1-\dfrac{\theta^2}{\omega^2}} \tag{8-27}$$

由式（8-25）可得运动方程（8-22）的稳态解，即

$$y(t)=A\sin\theta t=y_{st}\cdot\mu\sin\theta t \tag{8-28}$$

3. 动力系数的讨论

由上述运动方程的稳态解式（8-28）可见，在简谐荷载作用下，质点的振幅 A 是荷载幅值 F_P 作为静荷载作用于体系时所产生的质点的静位移 y_{st} 再扩大 μ 倍。振幅 A 除了与 y_{st} 有关（即与荷载幅值和结构刚度有关）外，还与动力系数有关。在荷载幅值及结构刚度不变的情况下，振幅随动力系数变化，而动力系数 μ 随比值 θ/ω（称为频比）变化。动力系数 μ 与频比 θ/ω 的关系曲线如图 8.19 所示。图中纵坐标取为 μ 的绝对值，当动荷载作用于质点上时，μ 正负号的实际意义不大。

由图 8.19 可看出，μ 随比值 θ/ω 变化的规律和特点如下：

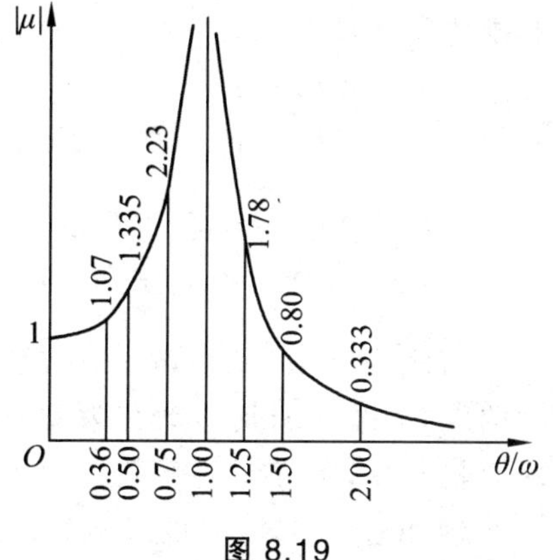

图 8.19

（1）当 $\theta/\omega \to 0$ 时，$\mu \to 1$。这时简谐荷载的频率比结构的自振频率小很多，即荷载随时间变化缓慢，由此引起的动位移幅值与动荷载幅值作为静荷载所引起的静位移趋于一致，故可将动荷载作为静荷载处理。通常当 $\theta \leqslant \frac{\omega}{5}$ 时，把动荷载作为静荷载计算所造成的误差小于 5%。

（2）当 $\theta/\omega \to 1$ 时，$|\mu| \to \infty$。这说明简谐荷载的频率与结构的自振频率一致时，振幅会无限增大，这种现象称为**共振**。实际上由于阻尼的存在，振幅不会趋于无穷大，但在较小的简谐荷载作用下也会产生较大的位移。

（3）当 $0 < \theta/\omega < 1$ 时，动力系数 $\mu > 1$，且随着 θ/ω 的增大而增大。

（4）当 $\theta/\omega > 1$ 时，$|\mu|$ 的值随 θ/ω 的增大而减小。这时 μ 为负值，表明质点的位移方向在振动中始终与简谐荷载方向相反。

（5）当 $\theta/\omega \to \infty$ 时，$\mu \to 0$，表明当简谐荷载的频率远远大于自振频率时，动位移将趋于零。

由上述可知，作动力设计时应避免发生共振。为了避开共振和减小振幅，应设法改变频比 θ/ω。由于 θ 是动荷载的频率，由机器转速决定，一般不能改变，所以需改变结构的自振频率 ω。由自振频率计算公式（8-10）可知，ω 与结构的质量成反比而与结构的刚度成正比，调整结构的质量和刚度时，有以下两种方案：

① 刚性方案。当 $\theta/\omega < 1$ 时，可增大结构的刚度或减小质量以达到增大自振频率，使 $\theta \ll \omega$，从而减小振幅的目的。

② 柔性方案。当 $\theta/\omega > 1$ 时，应采取相反的措施，使 $\theta \gg \omega$，从而减小振幅。

二、动位移幅值、动内力幅值的计算

结构动力分析的一个主要目的就是确定结构在动荷载作用下的内力、位移等量值随时间而变化的规律，以便找出其最大值以作为设计或检算的依据。最大值即动位移幅值、动内力幅值，其计算方法有以下两种：

1. 利用动力系数计算动位移、动内力幅值

对于单质点的单自由度体系，**当简谐荷载与质点位移共线时，结构中的动内力与动位移成正比，动内力幅值具有与动位移幅值相同的动力系数**，故动内力幅值的计算可用与动位移幅值相同方法计算。由此，动位移幅值和动内力幅值的计算步骤可归结如下：

（1）求出简谐荷载幅值作为静荷载作用于体系时所产生的静位移 y_{st} 和静内力 M_{st}（以梁和刚架弯矩为例）。

（2）求出动力系数 μ。

（3）将静位移 y_{st}、静内力 M_{st} 分别乘以动力系数 μ，即得动位移幅值、动内力幅值，即

$$\left.\begin{aligned} y_{D\max} &= A = y_{st}\cdot\mu \\ M_{D\max} &= M_{st}\cdot\mu \end{aligned}\right\} \tag{8-29}$$

需注意的是：当简谐荷载与质点位移共线时，μ 既是动位移放大系数，也是各截面动内力的放大系数，此时 μ 统称为动力系数。但是当简谐荷载不是作用在质点上时，动位移和动内力就会有不同的动力系数。

例 8.6 图 8.20 所示简支梁，其跨长 $l=4$ m，惯性矩 $I=8.8\times10^{-5}$ m^4，弹性模量 $E=$ 210 GPa。在梁的中间有重量为 $W=35$ kN 的电动机，电动机转动时其离心力的竖向分量为 $F_P\sin\theta t$，且 $F_P=10$ kN。若不计梁自重，不计阻尼，求当电机的转速为 $n=500$ 转/分时梁的最大弯矩和最大挠度。

图 8.20

解 在图示荷载作用下，最大弯矩和最大挠度均出现于梁中点。它们均由两部分构成，一部分是电机重力引起的，另一部分是由动荷载引起的。由于动荷载作用在质点上，且作用线与质点位移方向一致，故动位移和动内力的动力系数相同。

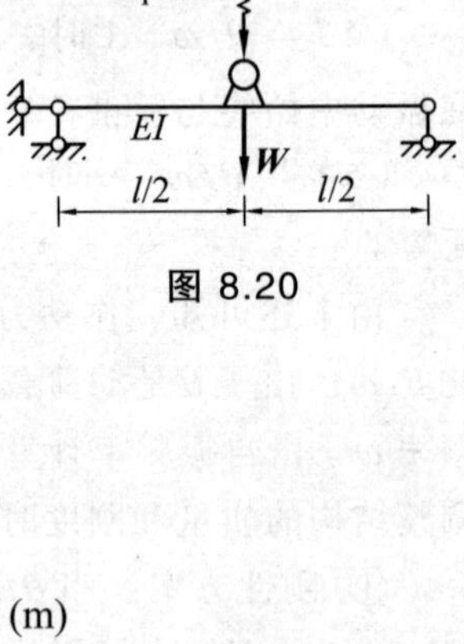

（1）求出简谐荷载幅值作为静载作用于体系时所产生的跨中截面的静位移和静弯矩，得

$$\delta_{11}=\frac{l^3}{48EI}$$

$$y_{st}=F_P\cdot\delta_{11}=\frac{10\times10^{-3}\times4^3}{48\times210\times10^9\times8.8\times10^{-5}}=0.722\times10^{-3}\ \text{(m)}$$

$$M_{st}=\frac{F_Pl}{4}=\frac{10\times4}{4}=10\ \text{(kN}\cdot\text{m)}$$

（2）求动力系数 μ、动位移幅值、动弯矩幅值。

结构的自振频率由式（8-10），得

$$\omega=\sqrt{\frac{1}{m\delta_{11}}}=\sqrt{\frac{g}{W\delta_{11}}}=\sqrt{\frac{9.8}{2.53\times10^{-3}}}=62.3\ (\text{s}^{-1})$$

荷载的频率为

$$\theta = \frac{2\pi n}{60} = \frac{2\times 3.14\times 500}{60} = 52.3\ (\mathrm{s}^{-1})$$

动力系数由式（8-27），得

$$\mu = \frac{1}{1-\dfrac{\theta^2}{\omega^2}} = \frac{1}{1-\dfrac{52.3^2}{62.3^2}} = 3.4$$

跨中截面的动位移幅值和动弯矩幅值为

$$y_{\mathrm{D\,max}} = y_{\mathrm{st}}\cdot\mu = 0.722\times 10^{-3}\times 3.4 = 2.45\times 10^{-3}\ \ (\mathrm{m})$$
$$M_{\mathrm{D\,max}} = M_{\mathrm{st}}\cdot\mu = 10\times 3.4 = 34\ \ (\mathrm{kN\cdot m})$$

（3）求跨中截面的最大位移和最大弯矩。

电机重力作用下跨中位移$\varDelta_{\mathrm{w}}$和弯矩 M_{w}为

$$\varDelta_{\mathrm{w}} = W\cdot\delta_{11} = \frac{35\times 10^{-3}\times 4^3}{48\times 210\times 10^9\times 8.8\times 10^{-5}} = 2.53\times 10^{-3}\ (\mathrm{m})$$
$$M_{\mathrm{w}} = \frac{Wl}{4} = \frac{35\times 4}{4} = 35\ \ (\mathrm{kN\cdot m})$$

跨中截面的最大位移和最大弯矩为

$$y_{\max} = \varDelta_{\mathrm{w}} + y_{\mathrm{D\,max}} = 2.53\times 10^{-3} + 2.45\times 10^{-3} = 4.98\times 10^{-3}\ \ (\mathrm{m})$$
$$M_{\max} = M_{\mathrm{w}} + M_{\mathrm{D\,max}} = 35 + 34 = 69\ \ (\mathrm{kN\cdot m})$$

例 8.7 试求图 8.21（a）所示体系稳态阶段的最大动弯矩并绘动弯矩幅值图。$\theta = 0.5\omega$(ω为自振频率），不计阻尼。

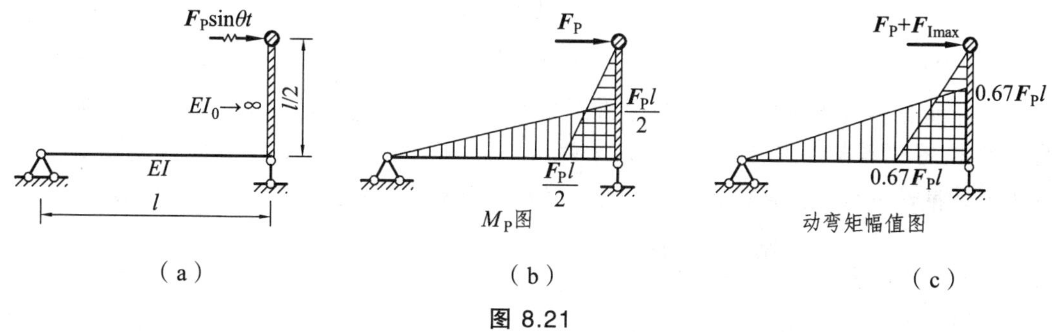

图 8.21

解 本题动荷载作用在质点上，且作用线与质点运动方向一致，此时位移动力系数也是内力动力系数，即

$$M_{\mathrm{D\,max}} = \mu M_{\mathrm{st}}$$

动力系数由（8-27）式，得

$$\mu=\frac{1}{1-\dfrac{\theta^2}{\omega^2}}=1.33$$

作简谐荷载幅值所产生的静弯矩 M_P 图，如图 8.21（b）所示。由 $M_{D\max}=\mu M_{st}$，最大动弯矩为

$$M_{D\max}=\mu M_{st}=1.33\times\frac{F_P l}{2}=0.67F_P l$$

只需将静力荷载作用下的弯矩 M_P 图放大 μ 倍，即得动荷载作用下动弯矩幅值图。该图与将动荷载的幅值、惯性力的幅值作用在质点上产生的最大动弯矩幅值图是完全一样的。最大动弯矩幅值图如图 8.21（c）所示。

例 8.8 图 8.22（a）所示刚架受简谐荷载作用。已知 $\theta=0.5\omega$，横梁为刚性杆，不计阻尼影响，求横梁水平位移幅值和动弯矩幅值图。

解 本题动荷载作用在质点上，且作用线与质点运动方向一致，此时位移动力系数也是内力动力系数。

（1）求荷载幅值 F_P 引起的静位移、静弯矩图。

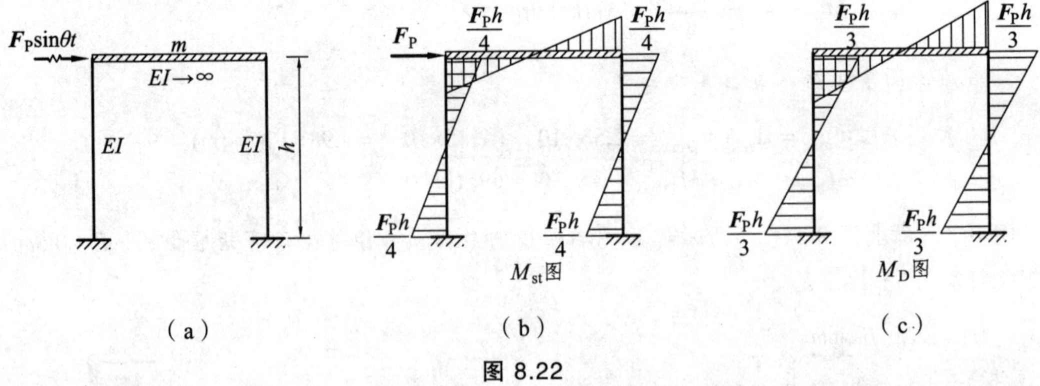

图 8.22

该刚架横梁刚度无穷大，沿振动方向发生单位位移时，所有的刚结点都不能转动，因而刚度系数 k_{11} 的计算非常方便。为求刚度系数 k_{11}，在质量上沿水平振动方向加一链杆，并令链杆沿水平振动方向发生单位移动，求出链杆反力即为刚度系数，即

$$k_{11}=\frac{12EI}{h^3}\times 2=\frac{24EI}{h^3}$$

$$y_{st}=\frac{F_P}{k_{11}}=\frac{F_Ph^3}{24EI}$$

荷载幅值 F_P 引起的弯矩图 M_{st} 如图 8.22（b）所示。

（2）求动力系数 μ、动位移幅值、动弯矩幅值图。

动力系数由式（8-27），得

$$\mu=\frac{1}{1-\dfrac{\theta^2}{\omega^2}}=\frac{1}{1-\dfrac{1}{2^2}}=\frac{4}{3}$$

动位移幅值为

$$A=y_{st}\cdot\mu=\frac{F_Ph^3}{24EI}\times\frac{4}{3}=\frac{F_Ph^3}{18EI}$$

绘动弯矩幅值图时，只需将静力荷载作用下的弯矩 M_{st} 图放大 μ 倍，即得图 8.22（c）所示的动弯矩幅值图。

以上分析中，结构上只有一个质点，动荷载作用在质点上并且与质点位移共线。在实际问题中，单自由度体系可能不止一个质点，动荷载也可能不作用在质点上，在这种情况下，动内力幅值、动位移幅值的计算与前述不完全相同。由于荷载幅值 F_P 作为静载所引起的结构内力图与动荷载和惯性力引起的动内力图不成比例，故动内力幅值图不能由荷载幅值作为静载所引起的内力图乘以 μ 获得，或者说这时的 μ 不是内力的动力系数。

2. 利用幅值方程计算动位移、动内力幅值

结构动位移可通过幅值方程求解，这是由质点在纯强迫振动中的运动规律决定的。在振动过程中，质点的位移、惯性力和动荷载的变化规律分别为

$$y(t)=A\sin\theta t$$
$$F_1(t)=-m\ddot{y}(t)=mA\theta^2\sin\theta t$$
$$F(t)=F_P\sin\theta t$$

由以上各式可见，对于无阻尼体系，动荷载、位移、惯性力三者频率相同，相位角相同，三者同时达到幅值。于是简谐荷载作用下的动力反应可列幅值方程求解。

例 8.9 求图 8.23（a）所示结构在简谐荷载作用下质点振幅和动弯矩幅值图。已知 $\theta=0.5\omega$（ω 为自振频率），不计阻尼。

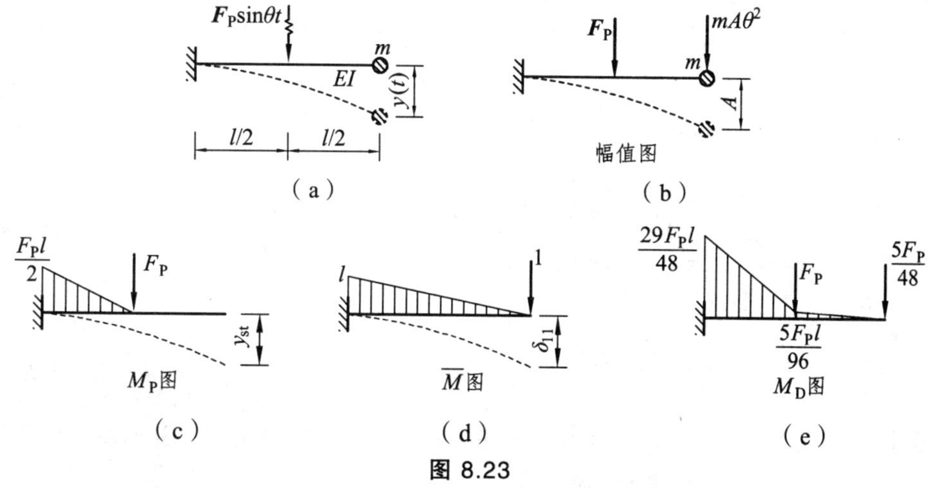

图 8.23

解 设振幅为 A，将惯性力幅值作用于质点上，此时动荷载、位移、惯性力三者同时达到幅值，幅值图如图 8.23（b）所示，由图 8.23（c）、（d），用柔度法列幅值方程，得

$$A = y_{st} + \delta_{11} \cdot mA\theta^2$$

$$A = \frac{y_{st}}{1 - m\theta^2 \delta_{11}}$$

由于 $m\delta_{11} = \dfrac{1}{\omega^2}$，所以

$$A = y_{st} \frac{1}{1 - \theta^2 / \omega^2}$$

此式与用动力系数计算振幅公式（8-29）式完全相同。将图 8.23（c）、（d）图乘可得

$$y_{st} = \int \frac{M_P \overline{M}_1}{EI} ds = \frac{5F_P l^3}{48EI}$$

于是质点振幅为

$$A = \frac{5F_P l^3}{48EI} \cdot \frac{1}{1 - \left(\dfrac{1}{2}\right)^2} = \frac{5F_P l^3}{36EI}$$

质点上惯性力幅值为

$$F_{I\max} = mA\theta^2 = mA\frac{1}{4}\omega^2$$

$$= mA\frac{1}{4} \cdot \frac{1}{m\delta_{11}} = \frac{A}{4\delta_{11}} = \frac{1}{4} \times \frac{5F_P l^3}{36EI} \times \frac{3EI}{l^3} = \frac{5F_P}{48}$$

将惯性力幅值和荷载幅值作用在结构上，作出弯矩图即得动弯矩幅值图。作动弯矩幅值图也可利用已绘出的 $\overline{M}_1$ 图和 M_P 图用叠加法绘出，即 $M_D = \overline{M}_1 F_{I\max} + M_P$，动弯矩幅值图如图 8.23（e）所示。

由上例计算可见，对于动荷载不作用在质点上的情况，利用幅值方程计算动位移、动内力幅值是很方便的，因为幅值方程是代数方程，不需要解算微分方程。

三、有阻尼强迫振动

在简谐荷载作用下，有阻尼强迫振动质点的运动方程为

$$m\ddot{y} + c\dot{y} + k_{11} y = F_P \sin\theta t$$

或

$$\ddot{y} + 2\xi\omega\dot{y} + \omega^2 y = \frac{F_P}{m} \sin\theta t \tag{8-30}$$

这是非齐次二阶常微分方程，其通解由齐次解和特解两部分构成。阻尼使齐次解部分趋于零，在振动的平稳阶段只剩下特解部分。

设方程（8-30）的特解为

$$y(t)=C_1\cos\theta t+C_2\sin\theta t$$

代入式（8-30）中，经整理可得

$$C_1=\frac{F_P}{m}\cdot\frac{\omega^2-\theta^2}{(\omega^2-\theta^2)^2+4\xi^2\omega^2\theta^2},\qquad C_2=\frac{F_P}{m}\cdot\frac{-2\xi\omega\theta}{(\omega^2-\theta^2)^2+4\xi^2\omega^2\theta^2}$$

将 C_1、C_2 代入特解中即得纯强迫振动的稳态振动解。将其写成单项形式，即

$$y(t)=A\sin(\theta t-\varphi) \tag{8-31}$$

式中

$$A=\sqrt{C_1^{\ 2}+C_2^{\ 2}}=\frac{F_P}{m\omega^2}\cdot\frac{1}{\sqrt{\left(1-\frac{\theta^2}{\omega}\right)^2+4\xi^2\frac{\theta^2}{\omega}}} \tag{8-32}$$

$$\tan\varphi=\frac{2\xi\frac{\theta}{\omega}}{1-\frac{\theta^2}{\omega^2}} \tag{8-33}$$

A、φ 分别为有阻尼稳态振动中的振幅和相位角。将 $\omega^2=\dfrac{1}{m\delta_{11}}$ 代入式（8-32）中，振幅又可表示为

$$A=y_{st}\cdot\mu \tag{8-34}$$

式中，μ 为动力系数，即

$$\mu=\frac{1}{\sqrt{\left(1-\frac{\theta^2}{\omega}\right)^2+4\xi^2\frac{\theta^2}{\omega}}} \tag{8-35}$$

式（8-34）表明，有阻尼的位移幅值仍与荷载幅值作为静载所引起的静位移 y_{st} 成比例。求位移幅值的方法与无阻尼时相同，但动力系数不同。

分析阻尼对振幅的影响主要分析动力系数 μ。由式（8-35）可知，动力系数 μ 与频比 θ/ω 和阻尼比 ξ 有关，对应不同的阻尼比 ξ，可绘出 μ 与 θ/ω 的关系曲线，如图 8.24 所示。

从图 8.24 中除可得到与无阻尼情况类似的结论外，还可发现阻尼对位移幅值的影响情况。阻尼越大，振幅越小，在 $\theta/\omega=1$ 附近阻尼的影响最为明显。

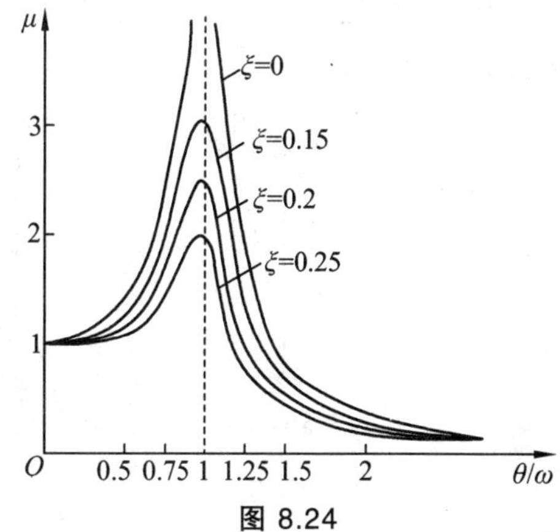

图 8.24

$\theta/\omega=1$ 附近区域称为共振区，共振区的范围一般取为

$$0.75<\frac{\theta}{\omega}<1.25$$

阻尼的影响在共振区内显著，在共振区外不明显，因此在共振区外时可以不计阻尼的影响。

由上面的分析可知，阻尼对单自由体系振动的影响具有以下特点。

（1）单自由度体系的自由振动由于阻尼的存在，振动若干周后将恢复静平衡状态，受迫振动将从瞬态转为稳态。

（2）阻尼器能消耗尽可能多的能量，故是减少振动的有效措施。

（3）对简谐荷载作用下的受迫振动，在共振区内阻尼影响显著，而在非共振区可忽略阻尼影响。

（4）有阻尼体系的位移反应比荷载滞后一相位角。θ/ω、φ、动位移、动荷载有如下关系：

① $\theta/\omega\to 0$时，θ很小，$\varphi\to 0$，位移滞后动荷载趋于0°。位移与动荷载同步，体系弹性恢复力趋于和动荷载平衡，位移和荷载同向。

② $\theta/\omega\to 1$时，$\theta\approx\omega$，$\varphi\to\pi/2$，位移滞后动荷载趋于90°。体系阻尼力趋于与动荷载平衡，因此在频率比 $0.75<\dfrac{\theta}{\omega}<1.25$ 的共振区内，阻尼对体系的动力响应将起重要作用。

③ $\theta/\omega\to\infty$时，θ很大，$\varphi\to\pi$，位移滞后动荷载趋于 180°。体系惯性力趋于与动荷载平衡，位移和荷载反向。

（5）动力系数取决于阻尼比 ξ、频率比θ/ω，当荷载作用在质点上并且与质点位移共线时，位移和内力的动力系数相同；否则，两者不同。

第五节　单自由度体系在一般动荷载作用下的强迫振动

一般动荷载是指荷载随时间的变化呈非周期性。如图 8.2（a）所示的冲击荷载，荷载在很短的时间内急剧增大或减小；图 8.2（b）所示的各种爆炸荷载，均属于这一类动荷载。

图 8.25（a）所示单自由度体系受一般动荷载 $F(t)$ 作用，动荷载随时间的变化规律如图 8.25（b）所示。

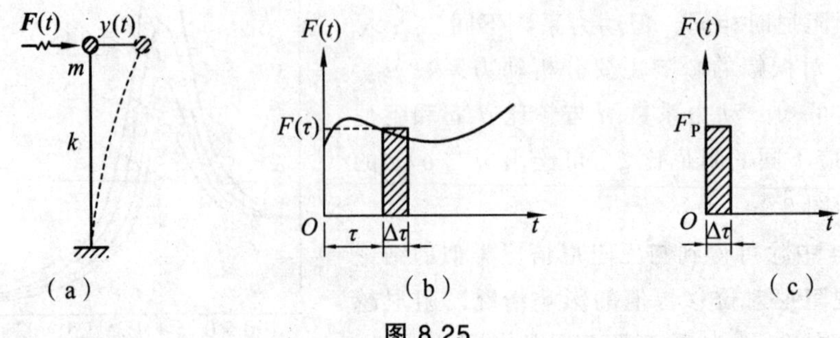

图 8.25

运动方程的通解仍是由齐次解和特解组成。齐次解即自由振动解，在前面已经有所介绍，这里讨论其特解。由于 $F(t)$ 可能是 t 的较复杂函数，特解不易直接求得。下面用分解 $F(t)$ 的方法求特解：

首先，把动荷载 $F(t)$ 看做是无数瞬时冲量的连续作用，求出瞬时冲量作用所引起的微分响应并进行积分，即可得到 $F(t)$ 作用下的响应。这种方法称为**冲量法**。

不计阻尼影响，质点的运动方程为

$$m\ddot{y}+ky=F(t)$$

瞬时冲量是指荷载 $F(t)$ 在极短的时间 $\Delta\tau$ 内给予振动物体的冲量，用 S 表示，则

$$S=F(\tau)\cdot\Delta\tau$$

即图 8.25（b）所示的阴影面积。这里的变量 τ 表示冲量作用的时刻。下面求 τ 时刻作用的冲量引起的 t 时刻的位移。

设静止的单自由度体系在 $t=0$ 时受瞬时冲量 $S=F_{\mathrm{P}}\cdot\Delta\tau$ 作用，如图 8.25（c）所示，在其作用下质点获得动量 mv_0，质点 m 将产生初速度，故有

$$v_0=\frac{F_{\mathrm{P}}}{m}\cdot\Delta\tau$$

瞬时冲量作用结束后且无其他荷载质作用时，因 $\Delta\tau$ 很小，可认为初位移还未发生。此后，质点的运动可看成是由此初速度 v_0 引起的自由振动。由自由振动的解，可得瞬时冲量作用所引起的微分响应，即

$$\mathrm{d}y(t)=\frac{v_0}{\omega}\sin\omega t=\frac{F_{\mathrm{P}}\Delta\tau}{m\omega}\sin\omega t$$

若冲量是在 $t=\tau$ 时作用于质点上，且 $S=F(\tau)\cdot\Delta\tau$ [见图 8.25（b）]，则质点位移在 $t<\tau$ 时为零，当 $t>\tau$ 时，有

$$\mathrm{d}y(t)=\frac{F(\tau)\Delta\tau}{m\omega}\sin\omega(t-\tau)$$

由于一般动荷载 $F(t)$可看成一系列瞬时冲量的连续作用，因此把每个瞬时冲量引起的位移相加即得质点的位移响应，即

$$y(t)=\int_0^t\frac{F(\tau)}{m\omega}\sin\omega(t-\tau)\,\mathrm{d}\tau=\frac{1}{m\omega}\int_0^t F(\tau)\sin\omega(t-\tau)\,\mathrm{d}\tau \tag{8-36}$$

该式为无阻尼情况下的杜哈梅（Duhamel）积分，实际计算时常用数值积分方法求其值。若 $t=0$ 时体系还有初位移、初速度，则质点的位移为

$$y(t)=y_0\cos\omega t+\frac{v_0}{\omega}\sin\omega t+\frac{1}{m\omega}\int_0^t F(\tau)\sin\omega(t-\tau)\,\mathrm{d}\tau \tag{8-37}$$

例 8.10 求单自由度体系在突加荷载作用下的动位移幅值。加载前体系静止，不计阻尼。

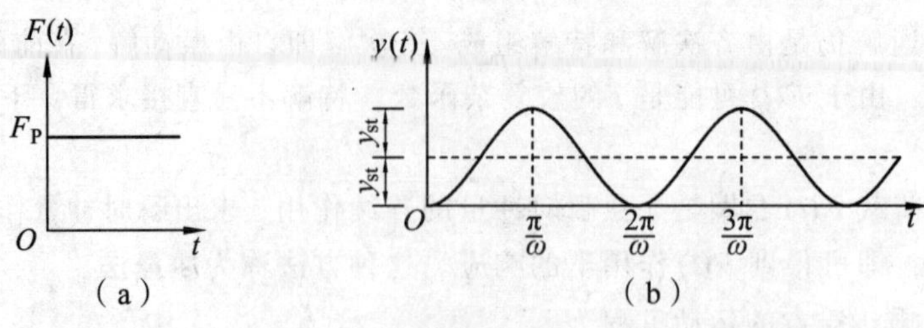

图 8.26

解 突加荷载是指以某一定值 F_P 突然施加到结构上，保持数值不变且长期作用的荷载。其随时间的变化规律为

$$F(t)=\begin{cases}0 & (t=0)\\ F_P & (t>0)\end{cases}$$

变化规律曲线如图 8.26（a）所示。

将 $F(t)=F_P$ 代入杜哈梅（Duhamel）积分式（8-36）中，有

$$y(t)=\int_0^t \frac{F_P}{m\omega}\sin\omega(t-\tau)\,\mathrm{d}\tau=\frac{F_P}{m\omega^2}(1-\cos\omega t)=y_{st}(1-\cos\omega t)$$

式中，$y_{st}=\dfrac{F_P}{m\omega^2}=\delta_{11}F_P$ 为常量荷载 F_P 作用下的静位移。质点位移与时间的关系曲线如图 8.26（b）所示。从图中可知，突加荷载引起的质点最大动位移为 $y_{max}=2y_{st}$，它发生在使 $\cos\omega t=-1$ 的时刻，即 $t=n\pi/\omega$（$n=1$，3，5，…）的时刻，动力系数为 2，可见突加荷载所引起的最大位移是静位移的 2 倍，这也反映了惯性作用的影响。

由上面的分析可知，杜哈梅（Duhamel）积分具有以下的特点：

（1）对于线性体系，由叠加原理可用 Duhamel 积分来求任意荷载下的动力响应，这种分析方法称为时域分析法。

（2）用 Duhamel 积分求 t 时刻的动力响应时，应该区分 t 为无荷载阶段还是有荷载阶段。

（3）突加荷载的最大位移响应接近或等于 2 倍静位移。

（4）周期荷载的动力响应可由一系列简谐响应和静力响应综合得到。

（5）由于非线性问题叠加原理不适用，故 Duhamel 积分不能用于非线性问题，对此，通常要进行时程分析来求数值解。

第六节　多自由度体系的自由振动

许多工程实际的振动问题是可以简化为单自由度体系进行计算的，但对于如烟囱、塔架等高耸柔性结构，如果也按单自由度体系计算，所得结果的误差往往过大。因此，对如高层房屋的水平振动以及不等高排架的振动等都应当按多自由度体系计算。

多自由度体系的动力分析也分为自由振动分析和强迫振动分析。**自由振动分析的主要目**

的是计算体系的动力特性，如自振频率、振型等，为强迫振动分析做准备。

本节主要讨论多自由度体系自由振动的特性，包括自振频率及主振型的计算。按照建立运动方程的方法不同，多自由度体系的振动也分为柔度法和刚度法。柔度法通过建立位移协调方程求解，刚度法通过力的平衡方程求解，两种方法各有其适用范围。与单自由度体系类似，其阻尼一般很小，对体系的自振频率等影响不大，计算体系的自振频率和振型可不予考虑。

本节先讨论两个自由度体系的自由振动，然后再推广到 n 个自由度体系的一般情况。

一、两个自由度体系自由振动运动方程的建立

1. 刚度法

图 8.27（a）所示两个自由度体系，假设由于外界的干扰，质点 m_1、m_1 离开了静力平衡位置；干扰消失后，质点沿水平方向产生自由振动，在任一时刻，质点 m_1、m_1 的水平位移为 $y_1(t)$、$y_2(t)$。

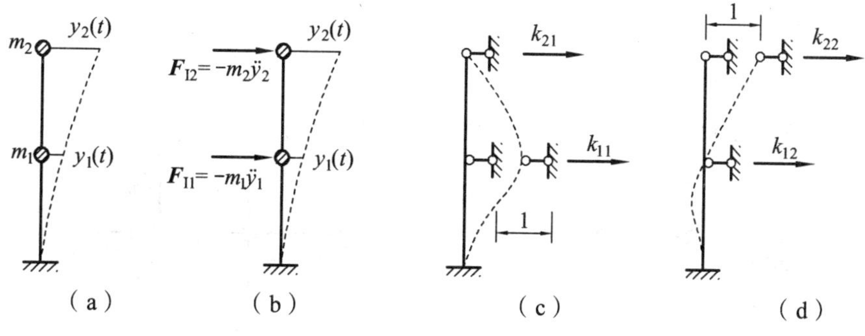

图 8.27

当质点振动时，把惯性力 F_{I1}、F_{I2} 看做两个静力荷载作用在体系的质量上，如图 8.27（b）所示，按刚度法思路列出质点在某一时刻处于动平衡状态的动平衡方程，即

$$-m_1\ddot{y}_1+F_{s1}=0$$
$$-m_2\ddot{y}_2+F_{s2}=0$$

式中，F_{s1}、F_{s2} 分别为体系作用于质量 m_1、m_2 上的弹性恢复力。对于线性振动体系，F_{s1}、F_{s2} 可按叠加原理表示为

$$F_{s1}=-(k_{11}y_1+k_{12}y_2)$$
$$F_{s2}=-(k_{21}y_1+k_{22}y_2)$$

式中，各 k_{ij} 为刚度系数，其意义如图 8.27（c）、（d）所示。将弹性恢复力 F_{s1}、F_{s2} 代入动平衡方程中，即得两个自由度体系自由振动的运动方程：

$$\left.\begin{aligned}m_1\ddot{y}_1+k_{11}y_1+k_{12}y_2=0\\m_2\ddot{y}_2+k_{21}y_1+k_{22}y_2=0\end{aligned}\right\}\qquad(8\text{-}38)$$

将式（8-38）以矩阵形式表示：

$$\begin{pmatrix} m_1 & 0 \\ 0 & m_2 \end{pmatrix}\begin{pmatrix} \ddot{y}_1 \\ \ddot{y}_2 \end{pmatrix}+\begin{pmatrix} k_{11} & k_{12} \\ k_{21} & k_{22} \end{pmatrix}\begin{pmatrix} y_1 \\ y_2 \end{pmatrix}=\begin{pmatrix} 0 \\ 0 \end{pmatrix}$$

简写为

$$\boldsymbol{M\ddot{Y}}+\boldsymbol{KY}=\boldsymbol{0} \tag{8-39}$$

式（8-39）为多自由度体系以刚度系数表示的自由振动运动方程式，式中 $\boldsymbol{M}$ 和 $\boldsymbol{K}$ 分别为体系的质量矩阵和刚度矩阵。在集中质量体系中，$\boldsymbol{M}$ 为 n 阶对角矩阵，$\boldsymbol{K}$ 为 n 阶对称方阵。

2. 柔度法

图 8.28（a）所示两个自由度体系的自由振动，按柔度法建立运动方程时，在自由振动过程中的任一时刻 t，质量 m_1、m_2 的位移 $y_1(t)$、$y_2(t)$ 视为惯性力 $F_{I1}=-m_1\ddot{y}_1(t)$、$F_{I2}=-m_2\ddot{y}_2(t)$ 作用下所产生的静位移，如图 8.28（b）所示。对于线性体系，应用叠加原理可列出其运动方程为

$$\left.\begin{aligned} y_1(t)=\delta_{11}F_{I1}+\delta_{12}F_{I2}=-m_1\ddot{y}_1\delta_{11}-m_2\ddot{y}_2\delta_{12} \\ y_2(t)=\delta_{21}F_{I1}+\delta_{22}F_{I2}=-m_1\ddot{y}_1\delta_{21}-m_2\ddot{y}_2\delta_{22} \end{aligned}\right\} \tag{8-40}$$

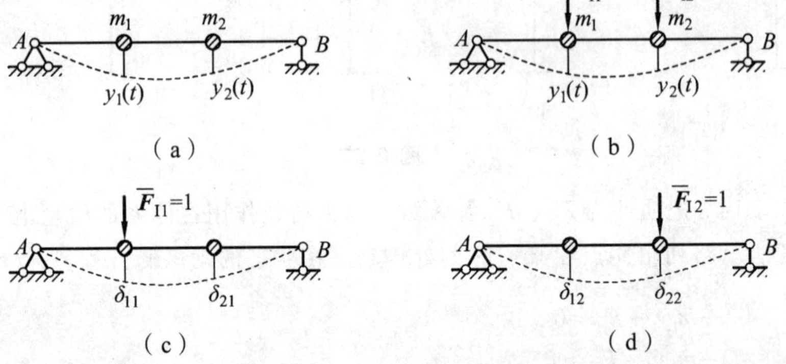

图 8.28

式中，各 δ_{ij} 为体系的柔度系数，其意义如图 8.28（c）、（d）所示。

将式（8-40）以矩阵形式表示：

$$\begin{pmatrix} y_1 \\ y_2 \end{pmatrix}=-\begin{pmatrix} \delta_{11} & \delta_{12} \\ \delta_{21} & \delta_{22} \end{pmatrix}\begin{pmatrix} m_1 & 0 \\ 0 & m_2 \end{pmatrix}\begin{pmatrix} \ddot{y}_1 \\ \ddot{y}_2 \end{pmatrix}$$

简写为

$$\boldsymbol{Y}=-\boldsymbol{\delta M\ddot{Y}} \tag{8-41}$$

式（8-41）为多自由度体系以柔度系数表示的自由振动运动方程式，式中 $\boldsymbol{M}$ 和 $\boldsymbol{\delta}$ 分别为体系的质量矩阵和柔度矩阵。在集中质量体系中，$\boldsymbol{M}$ 为 n 阶对角矩阵，$\boldsymbol{\delta}$ 为 n 阶对称方阵。

对比式（8-39）、（8-41），可以看到

$$\boldsymbol{K}=\boldsymbol{\delta}^{-1}$$

故体系的刚度矩阵与柔度矩阵互为逆矩阵。这一结论对任意多自由度体系都成立。

归结上述建立运动方程的柔度法和刚度法，具有以下结论：

（1）刚度形式方程和柔度形式方程可以互换。但对于具体问题工作量可能不同，通常对于静定结构，采用柔度法要简单一些；而对于超静定结构，则采用刚度法较方便。

（2）单自由度体系刚度系数和柔度系数互为倒数。多自由度体系刚度矩阵和柔度矩阵互为逆矩阵，但其对应系数不存在互为倒数的关系。

（3）运动方程中的柔度矩阵和刚度矩阵并不等同于超静定结构静力计算的柔度矩阵（力法）和刚度矩阵（位移法）。二者阶数不同，系数意义不同。

二、两个自由度体系的振型方程和频率方程

多自由度体系受迫振动的解是齐次解与特解之和，所以自由振动分析（齐次解）是基础。自由振动分析的核心是确定体系的动力特性，而这些动力特性是通过振型方程和频率方程来获得的。

1. 以刚度系数表示的振型方程和频率方程

设两个自由度以刚度系数表示的自由振动运动方程（8-38）的特解为

$$\left.\begin{aligned}y_1(t)=A_1\sin(\omega t+\varphi)\\y_2(t)=A_2\sin(\omega t+\varphi)\end{aligned}\right\}$$

式中，A_1、A_2、ω 和 φ 为待定常数，由特解满足方程和运动的初始条件确定。上式所表现的运动具有以下特点：

（1）在振动过程中，两个质点具有相同的频率 ω 和相同的相位角 φ；A_1、A_2 分别为 m_1、m_2 的位移幅值。

（2）在振动过程中，两个质点的位移在数值上随时间变化，但二者的比值始终保持不变，即

$$\frac{y_1(t)}{y_2(t)}=\frac{A_1}{A_2}=\text{常数}$$

这种结构位移形状保持不变的振动形式称为主振型，简称为振型。

将运动方程的特解代入运动方程（8-38）中，消去 $\sin(\omega t+\varphi)$ 后，可得以刚度系数表示振型方程，即

$$\left.\begin{aligned}(k_{11}-\omega^2m_1)A_1+k_{12}A_2=0\\k_{21}A_1+(k_{22}-\omega^2m_2)A_2=0\end{aligned}\right\}\qquad(8\text{-}42)$$

显然该方程是一个关于 A_1、A_2 的齐次线性代数方程组，$A_1=A_2=0$ 满足该方程，但表示体系不振动，故不是所需的。若方程中的 A_1、A_2 不同时为零，则应使方程（8-42）系数行列式为零，由此得到刚度系数表示的频率方程或特征方程为

$$D=\begin{vmatrix} k_{11}-\omega^2 m_1 & k_{12} \\ k_{21} & k_{22}-\omega^2 m_2 \end{vmatrix}=0 \tag{8-43}$$

展开式（8-43）并整理可得体系的自振频率，即

$$\omega^2=\frac{1}{2}\left[\left(\frac{k_{11}}{m_1}+\frac{k_{22}}{m_2}\right)\pm\sqrt{\left(\frac{k_{11}}{m_1}+\frac{k_{22}}{m_2}\right)^2-\frac{4(k_{11}k_{22}-k_{12}k_{21})}{m_1 m_2}}\right]$$

可以证明 ω^2 的两个根都是正的实根。由此可见，具有两个自由度的体系共有两个自振频率。用 ω_1 表示其中最小的一个，称为第一频率或基本频率；另一个频率 ω_2，称为第二频率。

对于 n 个自由度的体系就有 n 个自振频率，将频率从小到大依次排列起来，即

$$\omega_1<\omega_2<\omega_3<\cdots<\omega_n$$

总称为**频率谱**。

对于两个自由度的体系，求出频率 ω_1、ω_1 后，再来确定它们各自相应的振型。由线性代数理论可知，振型方程（8-42）中的两式相互不独立，因此只能利用其中的一式来求得振幅 A_1、A_2 之间的相对比值。也就是说由振型方程（8-42）不能确定 A_1、A_2 的大小，但可求出二者比值 A_2/A_1。

先将第一频率 ω_1 代入振型方程（8-42）的第一式中，相应的 m_1、m_2 的振幅分别记为 $A_1^{(1)}$、$A_2^{(1)}$，有

$$\rho_1=\frac{A_2^{(1)}}{A_1^{(1)}}=\frac{\omega_1^2 m_1-k_{11}}{k_{12}} \tag{8-44a}$$

这个与 ω_1 相对应的比值所确定的振型，称为第一主振型或基本振型。此时，质量 m_1、m_2 的振动方程为

$$\left.\begin{aligned} y_1(t)=A_1^{(1)}\sin(\omega_1 t+\varphi_1) \\ y_2(t)=A_2^{(1)}\sin(\omega_1 t+\varphi_1) \end{aligned}\right\}$$

该式是运动方程（8-38）的一个特解。

同理，把 ω_2 代入振型方程（8-42）的第一式中，相应的 m_1、m_2 的振幅分别记为 $A_1^{(2)}$、$A_2^{(2)}$，有

$$\rho_2=\frac{A_2^{(2)}}{A_1^{(2)}}=\frac{\omega_2^2 m_1-k_{11}}{k_{12}} \tag{8-44b}$$

这个与 ω_2 相对应的比值所确定的另一个振型，称为第二主振型。此时质量 m_1、m_2 的振动方程为

$$\left.\begin{aligned} y_1(t) &= A_1^{(2)}\sin(\omega_2 t+\varphi_2) \\ y_2(t) &= A_2^{(2)}\sin(\omega_2 t+\varphi_2) \end{aligned}\right\}$$

该式是运动方程（8-38）的一个特解。

2. 以柔度系数表示的振型方程和频率方程

与刚度法类似，设两个自由度以柔度系数表示的自由振动运动方程（8-40）的特解仍为

$$\left.\begin{aligned} y_1(t) &= A_1\sin(\omega t+\varphi) \\ y_2(t) &= A_2\sin(\omega t+\varphi) \end{aligned}\right\}$$

将特解代入运动方程（8-40）中，消去 $\sin(\omega t+\varphi)$ 后，可得到以柔度系数表示振型方程为

$$\left.\begin{aligned} (m_1\delta_{11}\omega^2-1)A_1+m_2\delta_{12}\omega^2 A_2 &= 0 \\ m_1\delta_{21}\omega^2 A_1+(m_2\delta_{22}\omega^2-1)A_2 &= 0 \end{aligned}\right\} \tag{8-45}$$

式（8-45）仍是一个关于 A_1、A_2 的齐次线性代数方程，若使方程中的 A_1、A_2 不同时为零，则应使方程组系数行列式为零，即

$$\begin{vmatrix} m_1\delta_{11}\omega^2-1 & m_2\delta_{12}\omega^2 \\ m_1\delta_{21}\omega^2 & m_2\delta_{22}\omega^2-1 \end{vmatrix}=0 \tag{8-46a}$$

这就是以柔度系数表示的频率方程或特征方程，由它可求出频率。若将 ω^2 除以式（8-45）振型方程的每一项，并令 $\lambda=1/\omega^2$，得频率方程为

$$\begin{vmatrix} m_1\delta_{11}-\lambda & m_2\delta_{12} \\ m_1\delta_{21} & m_2\delta_{22}-\lambda \end{vmatrix}=0 \tag{8-46b}$$

展开式（8-46）可得解出 λ 的两个根，即可求得两个自振频率的值为

$$\omega_1=\frac{1}{\sqrt{\lambda_1}},\ \omega_2=\frac{1}{\sqrt{\lambda_2}}$$

将求得的频率 ω_1、ω_2 分别代入振型方程（8-45），即可求得相应的第一、二主振型，即

$$\rho_1=\frac{A_2^{(1)}}{A_1^{(1)}}=\frac{\dfrac{1}{\omega_1^2}-\delta_{11}m_1}{\delta_{12}m_2} \tag{8-47a}$$

$$\rho_2=\frac{A_2^{(2)}}{A_1^{(2)}}=\frac{\dfrac{1}{\omega_2^2}-\delta_{11}m_1}{\delta_{12}m_2} \tag{8-47b}$$

这里，$A_1^{(i)}$、$A_2^{(i)}$ 分别表示第 i（$i=1$，2）主振型中质点 1、2 的振幅。

3. 推广到 n 个自由度的体系

对于 n 个自由度的体系有 n 个自振频率，每个自振频率有自己相应的主振型。按某一主振型自由振动时，由于其振动形式保持不变，因此这个多自由度体系实际上就会像单自由度体系那样振动。多自由度体系能够按某个主振型自由振动的条件是：**初始位移和初始速度应当与此主振型相对应。**

将两个自由度体系以刚度系数表示的振型方程（8-42）写成矩阵形式，并推广到 n 个自由度的体系，即得 n 个自由度体系的振型方程：

$$(\boldsymbol{K}-\omega^2\boldsymbol{M})\boldsymbol{A}=0 \tag{8-48}$$

式中，$\boldsymbol{K}$ 称为刚度矩阵，是一 n 阶对称矩阵；$\boldsymbol{M}$ 称为质量矩阵，是一 n 阶对角矩阵。

由于振型方程是位移幅值 $\boldsymbol{A}$ 的齐次方程，为使 $\boldsymbol{A}$ 有非零解，则应使式（8-48）的系数行列式为零，由此即得 n 个自由度体系的频率方程：

$$\left|\boldsymbol{K}-\omega^2\boldsymbol{M}\right|=0 \tag{8-49}$$

将行列式展开，可得到一个关于 ω^2 的 n 次代数方程，由此即可求出频率。

令 $\boldsymbol{A}^{(i)}$ 表示与频率 ω_i 相应的主振型向量，即

$$\boldsymbol{A}^{(i)}=(A_1^{(i)}\quad A_2^{(i)}\quad \cdots\quad A_n^{(i)})^{\mathrm{T}}$$

将 ω_i 和 $\boldsymbol{A}^{(i)}$ 代入振型方程（8-48），由于方程为齐次方程，因而不能求出 $\boldsymbol{A}^{(i)}$ 中各个元素的确定值，但可确定各元素间的相对比值。如果假定了 $\boldsymbol{A}^{(i)}$ 中任一个元素的值，例如通常可假设第一个元素的 $A_1^{(i)}=1$，便可求出其余各元素的值，这样求得的振型称为**标准化振型**。

同样，将上述两个自由度体系以柔度系数表示的振型方程（8-45）写成矩阵形式，并推广到 n 个自由度的体系，即得 n 个自由度体系的振型方程方程：

$$\left(\boldsymbol{\delta M}-\frac{1}{\omega^2}\boldsymbol{I}\right)\boldsymbol{A}=\boldsymbol{0} \tag{8-50}$$

式中，$\boldsymbol{\delta}$ 称为柔度矩阵，是一 n 阶对称矩阵；$\boldsymbol{M}$ 称为质量矩阵，是一 n 阶对角矩阵。

为使 $\boldsymbol{A}$ 有非零解，则应使振型方程（8-50）的系数行列式为零，即得 n 个自由度体系的频率方程：

$$\left|\boldsymbol{\delta M}-\frac{1}{\omega^2}\boldsymbol{I}\right|=\boldsymbol{0} \tag{8-51}$$

将频率方程（8-51）行列式展开，可得到一个关于 ω^2 的 n 次代数方程，由此即可求出频率。

三、振动微分方程的一般解

在一般情况下，两个自由度体系有两个自振频率，相应的有两个主振动和主振型，它们都是振动微分方程的特解。这些主振动的线性组合，就构成了振动微分方程（8-38）、（8-40）

的一般解，即

$$\left.\begin{aligned}y_1(t)=A_1^{(1)}\sin(\omega_1 t+\varphi_1)+A_1^{(2)}\sin(\omega_2 t+\varphi_2)\\y_2(t)=A_2^{(1)}\sin(\omega_1 t+\varphi_1)+A_2^{(2)}\sin(\omega_2 t+\varphi_2)\end{aligned}\right\} \tag{8-52}$$

式中有 8 个常数：$A_1^{(1)}$、$A_2^{(1)}$、$A_1^{(2)}$、$A_2^{(2)}$、ω_1、ω_2、φ_1、φ_2，已确定出 ω_1、ω_2、ρ_1、ρ_2，未知常数还有四个，可由 $t=0$ 时两个质点的四个初始条件确定。

n 个自由度体系便有 n 个自振频率，相应的便有 n 个主振动和主振型，这些主振动的线性组合，就构成了振动微分方程的一般解：

$$y_i(t)=\sum_{k=1}^{n}A_i^{(k)}\sin(\omega_k t+\varphi_k)\quad(i=1,\ 2,\ \cdots,\ n) \tag{8-53}$$

由此可见，多自由度体系自由振动分析的主要目的是计算体系的自振频率、主振型。

综合上述，由多自由度体系自由振动分析，可归纳出以下重要特性：

（1）多自由度体系自振频率的个数与体系的自由度数相等，自振频率与主振型一一对应。

（2）主振型是多自由度体系特有的概念；主振型只表明振动的形状，不能唯一确定其幅值。

（3）自振频率与相应的主振型均为体系固有的动力特性，与外界因素无关。

（4）多自由度体系自由振动可看做是不同自振频率所对应的主振型的线性组合，即体系的自由振动可分解为按各自振频率下主振型进行的简谐振动。在一般情况下，由式（8-53）确定的体系的自由振动不再是简谐振动，只有在质量的初位移和初速度与某个主振型相一致的前提下，体系才会按该主振型作简谐振动。

四、两个自由度体系频率和主振型计算示例

例 8.11 图 8.29（a）所示两层刚架，横梁为无限刚性，立柱的抗弯刚度 EI_1、EI_2，立柱的质量忽略不计，横梁的质量 m_1、m_2，每层高度 h_1、h_2，求自振频率和主振型。

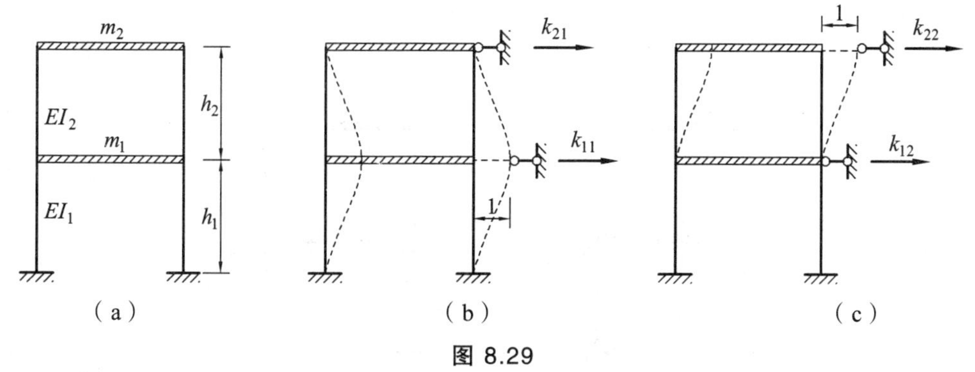

图 8.29

解 图 8.29（a）所示的两层刚架为两个自由度振动体系，当沿振动方向发生单位位移时，所有刚结点都不能发生转动（横梁刚度为无穷大），刚度系数 k_{ij} 的计算非常方便，因而对此类结构求频率、主振型时，宜采用刚度法计算。

（1）求刚度系数。

设各层侧移单位位移时的层间侧移刚度为 k_1、k_2，则

$$k_1 = 2\times\frac{12EI_1}{h_1^3} = \frac{24EI_1}{h_1^3}, \qquad k_2 = 2\times\frac{12EI_2}{h_2^3} = \frac{24EI_2}{h_2^3}$$

当 $k_1 = k_2 = k$，$m_1 = m_2 = m$，分别沿质量自由度方向（水平方向）发生单位位移，如图 8.29（b）、（c）所示，由此求得刚度系数为

$$k_{11} = k_1 + k_2 = 2k, \qquad k_{12} = -k_1 = -k$$
$$k_{21} = -k_1 = -k, \qquad k_{22} = k_2 = k$$

（2）求频率。

将刚度系数代入频率方程（8-43）中，展开可得

$$(2k-\omega^2 m)(k-\omega^2 m) - k^2 = 0$$

求出频率：

$$\omega_1^2 = \frac{3-\sqrt{5}}{2}\cdot\frac{k}{m}, \qquad \omega_1 = 0.618\ 03\sqrt{\frac{k}{m}}$$

$$\omega_2^2 = \frac{3+\sqrt{5}}{2}\cdot\frac{k}{m}, \qquad \omega_2 = 1.618\ 03\sqrt{\frac{k}{m}}$$

（3）求振型。

由式（8-44a）、（8-44b），分别求出第一、二主振型，即

$$\frac{A_1^{(1)}}{A_2^{(1)}} = -\frac{k_{12}}{k_{11}-\omega_1^2 m_1} = \frac{1}{1.618}，即\ A^{(1)} = \begin{pmatrix}1\\1.618\end{pmatrix}$$

$$\frac{A_1^{(2)}}{A_2^{(2)}} = -\frac{k_{12}}{k_{11}-\omega_2^2 m_1} = -\frac{1}{0.618}，即\ A^{(2)} = \begin{pmatrix}1\\-0.618\end{pmatrix}$$

由此作出第一、二主振型图，如图 8.30 所示。

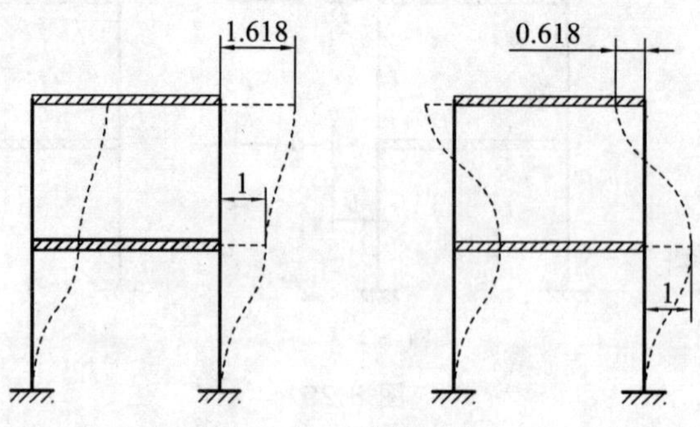

图 8.30

例 8.12 试求图 8.31（a）所示结构的自振频率和主振型。

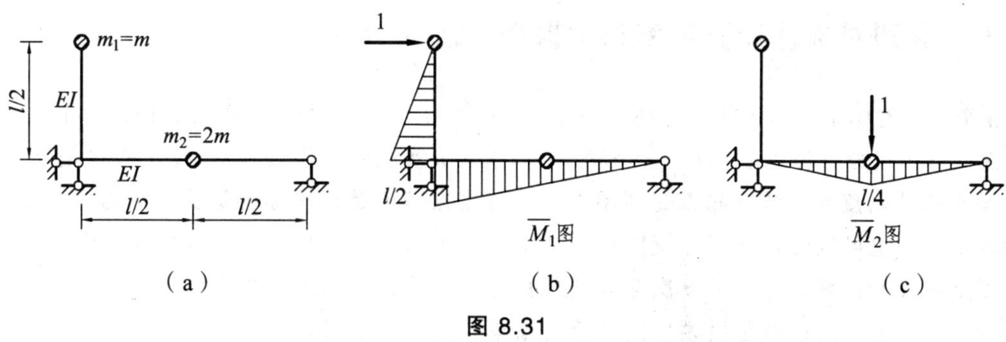

图 8.31

解 图 8.31（a）所示的结构为两个自由度振动体系，当质点沿振动方向发生单位位移时，刚结点要发生转动，因而计算刚度系数 k_{ij} 比较麻烦，在这种情况下，宜采用柔度法计算。

（1）求柔度系数。

分别沿质点自由度方向施加单位荷载，作出单位弯矩图，如图 8.31（b）、（c）所示。由图乘法得柔度系数为

$$\delta_{11}=l^3/8EI\ ,\quad \delta_{22}=l^3/48EI\ ,\quad \delta_{12}=\delta_{21}=l^3/32EI$$

（2）求频率。

将柔度系数代入频率方程（8-46）中，并展开求得

$$\omega_1=2.635\sqrt{EI/ml^3}\quad ,\qquad \omega_2=6.653\sqrt{EI/ml^3}$$

（3）求振型。

由式（8-47a）、（8-47b），分别求出第一、二主振型为

$$\frac{A_1^{(1)}}{A_2^{(1)}}=-\frac{\delta_{12}m_2}{\delta_{11}m_1-\dfrac{1}{\omega_1^2}}=\frac{1}{0.305}，\ 即\ A^{(1)}=\begin{pmatrix}1\\0.305\end{pmatrix}$$

$$\frac{A_1^{(2)}}{A_2^{(2)}}=-\frac{\delta_{12}m_2}{\delta_{11}m_1-\dfrac{1}{\omega_2^2}}=\frac{1}{-1.639}，\ 即\ A^{(2)}=\begin{pmatrix}1\\-1.639\end{pmatrix}$$

由此作出第一、二主振型图，如图 8.32 所示。

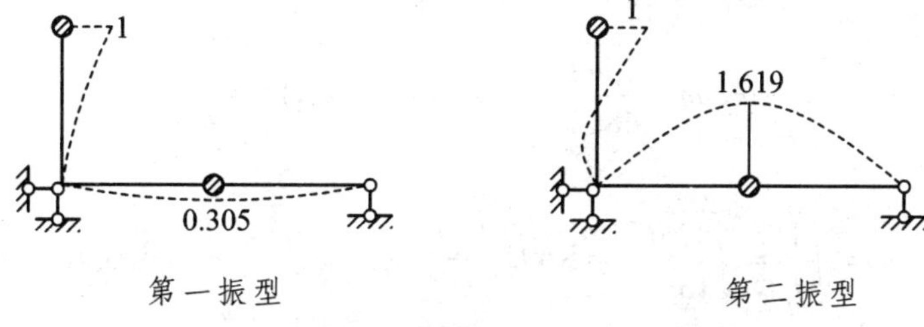

图 8.32

五、利用对称性计算频率和主振型方法及示例

n个自由度体系的频率计算是将频率方程（8-49）、（8-51）行列式展开，得到一个关于ω^2的n次联立的代数方程，由此求出n个频率。但求解n次联立的代数方程时，工作量是较大的。

当结构的刚度和质量分布都是对称的，则其主振型不是正对称便是反对称的。因此，求自振频率时，也可以分别就正、反对称的情况取一半结构来进行计算，这样就减少了刚度系数、柔度系数的计算，降低了n次联立的代数方程的阶数，从而简化了计算。当振动体系为两个单自由度体系时，简化后频率的计算可按单自由度体系来计算。

例 8.13 求图 8.33（a）所示等截面简支梁的自振频率和主振型。

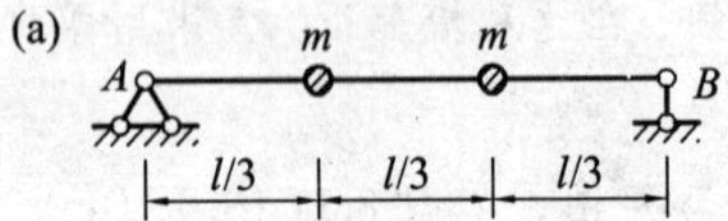

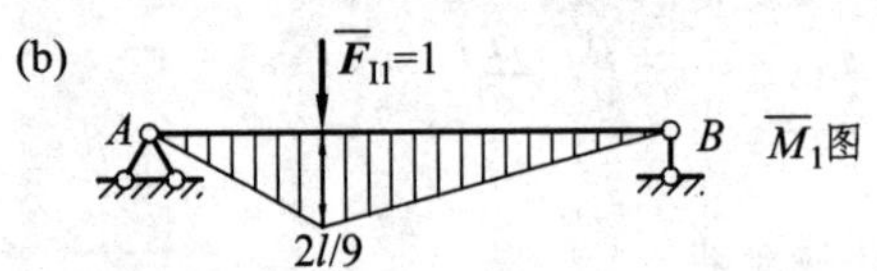

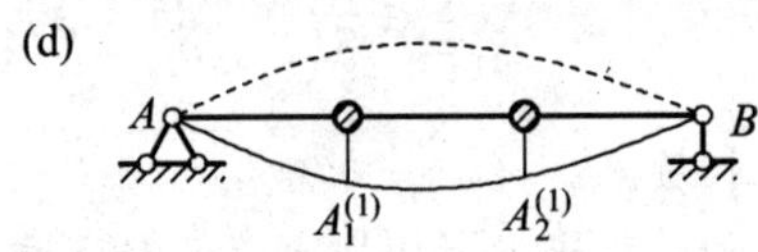

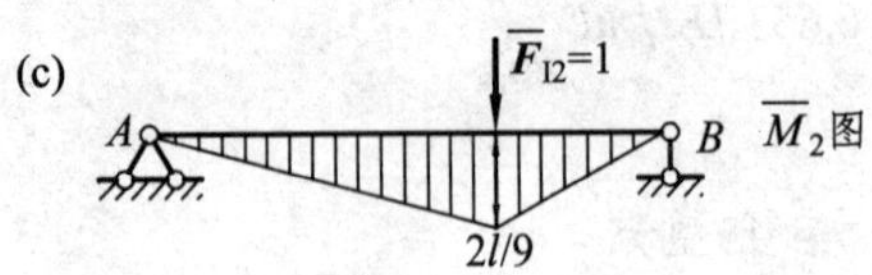

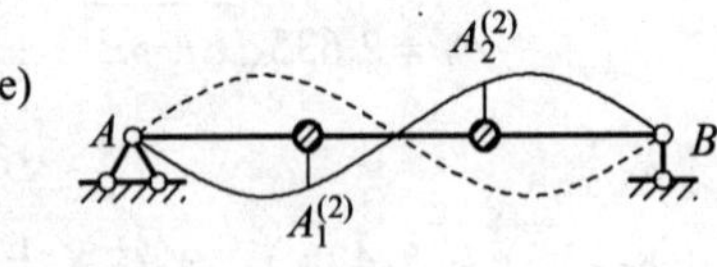

图 8.33

解 （1）求柔度系数。

分别沿质点自由度方向施加单位荷载，作出单位弯矩图，如图 8.33（b）、（c）所示。由图乘法得柔度系数为

$$\delta_{11}=\delta_{22}=\frac{4l^3}{243EI},\quad \delta_{12}=\delta_{21}=\frac{7l^3}{486EI}$$

（2）求频率。

将柔度系数代入频率方程（8-46）中，并注意有$m_1=m_2=m$，则可求得

$$\lambda_1=(\delta_{11}+\delta_{12})m=\frac{15ml^3}{486EI},\qquad \lambda_2=(\delta_{11}-\delta_{12})m=\frac{ml^3}{486EI}$$

于是得到

$$\omega_1=\sqrt{\frac{1}{\lambda_1}}=\sqrt{\frac{486EI}{15ml^3}}=5.692\sqrt{\frac{EI}{ml^3}}$$

$$\omega_2=\sqrt{\frac{1}{\lambda_2}}=\sqrt{\frac{486EI}{ml^3}}=22.05\sqrt{\frac{EI}{ml^3}}$$

（3）求振型。

将 ω_1 代入主振型方程式（8-47a）中，求得第一振型为

$$\rho_1 = \frac{A_2^{(1)}}{A_1^{(1)}} = \frac{\lambda_1 - \delta_{11} m_1}{\delta_{12} m_2} = \frac{(\delta_{11} + \delta_{12}) m}{\delta_{12} m} = 1$$

这表明结构按第一频率振动时，两质点始终保持同向且相等的位移，其振型是正对称的，如图 8.33（d）所示。

同理，将 ω_2 代入主振型计算式（8-47b）中，求得第二振型为

$$\rho_2 = \frac{A_2^{(2)}}{A_1^{(2)}} = \frac{\lambda_2 - \delta_{11} m_1}{\delta_{12} m_2} = \frac{(\delta_{11} - \delta_{12}) m - \delta_{11} m}{\delta_{12} m} = -1$$

可见按第二频率振动时，两质点的位移是等值而反向的，振型为反对称形状，如图 8.33（e）所示。

由此例可以看出，若结构的刚度和质量分布都是对称的，则其主振型不是正对称便是反对称的。因此，求自振频率时，也可以分别就正、反对称的情况取一半结构来进行计算，这样就简化为两个单自由度结构的计算。

在求对称振型和与其相应的频率时，取半结构如图 8.34（a）所示。这是一个单自由度体系，其柔度系数[由图 8.34（c）所示单位弯矩图自乘]为

$$\delta_{11} = \frac{5l^3}{162EI}$$

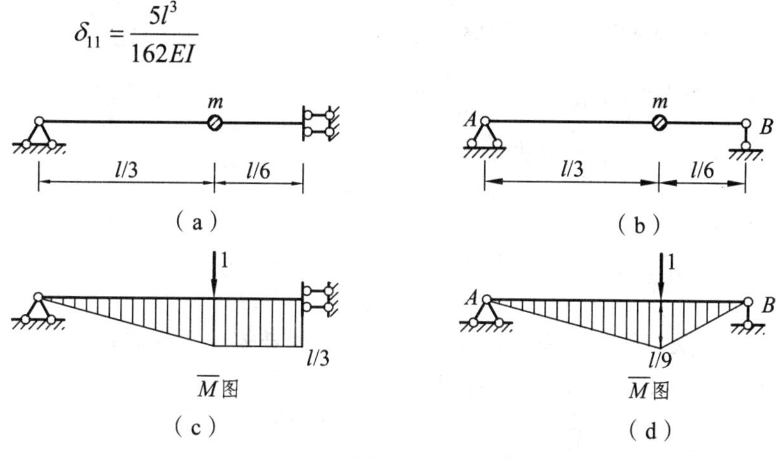

图 8.34

求反对称振型及频率时，取半结构，如图 8.34（b）所示。这也是单自由度体系，其柔度系数[由图（d）所示单位弯矩图自乘]为

$$\delta_{11} = \frac{l^3}{486EI}$$

于是分别得到两个频率。比较两个频率后即可求得第一频率 ω_1 和第二频率 ω_2，以及相对应的对称振型（第一振型）和反对称振型（第二振型）。

六. 主振型的正交性

n 个自由度的体系具有 n 个自振频率及 n 个主振型，每一频率及其相应的主振型均满足 n 个自由度体系的振型方程（8-48），即

$$(\boldsymbol{K}-\omega^2\boldsymbol{M})\boldsymbol{A}=0$$

式中，$\boldsymbol{K}$ 称为刚度矩阵，是 n 阶对称矩阵；$\boldsymbol{M}$ 称为质量矩阵，是 n 阶对角矩阵。

例如，对第 i 个频率和振型，有

$$\boldsymbol{K}\boldsymbol{A}^{(i)}=\omega_i^2\boldsymbol{M}\boldsymbol{A}^{(i)} \tag{a}$$

对第 j 个频率和振型，有

$$\boldsymbol{K}\boldsymbol{A}^{(j)}=\omega_j^2\boldsymbol{M}\boldsymbol{A}^{(j)} \tag{b}$$

对式（a），两边左乘以 $\boldsymbol{A}^{(j)}$ 的转置矩阵 $\boldsymbol{A}^{(j)\mathrm{T}}$，对式（b）两边左乘以 $\boldsymbol{A}^{(i)\mathrm{T}}$，则有

$$\boldsymbol{A}^{(j)\mathrm{T}}\boldsymbol{K}\boldsymbol{A}^{(i)}=\omega_i^2\boldsymbol{A}^{(j)\mathrm{T}}\boldsymbol{M}\boldsymbol{A}^{(i)} \tag{c}$$

$$\boldsymbol{A}^{(i)\mathrm{T}}\boldsymbol{K}\boldsymbol{A}^{(j)}=\omega_j^2\boldsymbol{A}^{(i)\mathrm{T}}\boldsymbol{M}\boldsymbol{A}^{(j)} \tag{d}$$

由于 $\boldsymbol{K}$ 和 $\boldsymbol{M}$ 均为对称矩阵，故 $\boldsymbol{K}^{\mathrm{T}}=\boldsymbol{K}$，$\boldsymbol{M}^{\mathrm{T}}=\boldsymbol{M}$。将式（d）两边转置，则有

$$\boldsymbol{A}^{(j)\mathrm{T}}\boldsymbol{K}\boldsymbol{A}^{(i)}=\omega_j^2\boldsymbol{A}^{(j)\mathrm{T}}\boldsymbol{M}\boldsymbol{A}^{(i)} \tag{e}$$

再将式（c）减去式（e）得

$$(\omega_i^2-\omega_j^2)\boldsymbol{A}^{(j)\mathrm{T}}\boldsymbol{M}\boldsymbol{A}^{(i)}=0$$

当 $i\neq j$ 时，$\omega_i\neq\omega_j$，于是有

$$\boldsymbol{A}^{(j)\mathrm{T}}\boldsymbol{M}\boldsymbol{A}^{(i)}=0 \tag{8-54}$$

这表明，**对于质量矩阵 $\boldsymbol{M}$，不同频率的两个主振型是彼此正交的**，这是主振型之间的第一个正交关系。将这一关系代入式（c），即可知

$$\boldsymbol{A}^{(j)\mathrm{T}}\boldsymbol{K}\boldsymbol{A}^{(i)}=0 \tag{8-55}$$

由此可见，**对于刚度矩阵 $\boldsymbol{K}$，不同频率的两个主振型也是彼此正交的**，这是主振型之间的第二个正交关系。对于只具有集中质量的结构，由于 $\boldsymbol{M}$ 是对角矩阵，故前者比后者要简单一些。

主振型的正交性也是结构本身固有的特性，其应用有：

（1）简化多自由度体系的动力计算。

（2）检验所得主振型是否正确。

（3）利用振型求振型对应的自振频率。

例 8.14 检查图 8.35（a）所示三层框架中的 $\boldsymbol{A}^{(1)}$ 和 $\boldsymbol{A}^{(2)}$ 的正交性。

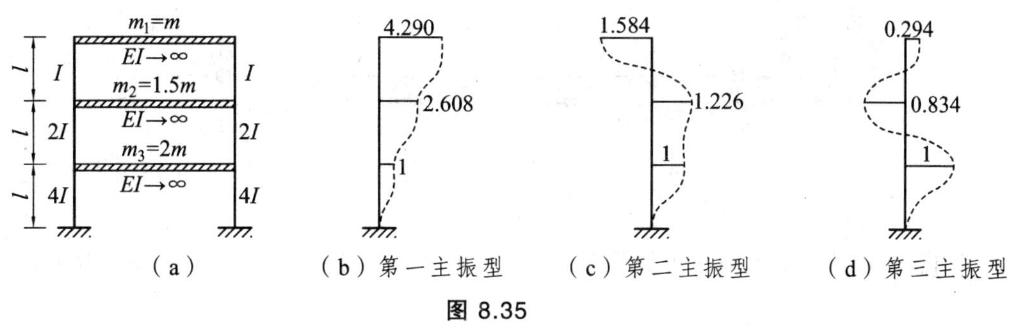

（a）　（b）第一主振型　（c）第二主振型　（d）第三主振型

图 8.35

解　由图 8.35（a）、（b）、（c）确定 $\boldsymbol{M}$、$\boldsymbol{A}^{(1)}$ 和 $\boldsymbol{A}^{(2)}$，分别为

$$\boldsymbol{M}=m\begin{pmatrix}2&0&0\\0&1.5&0\\0&0&1\end{pmatrix},\quad \boldsymbol{A}^{(1)}=\begin{pmatrix}1\\2.608\\4.290\end{pmatrix},\quad \boldsymbol{A}^{(2)}=\begin{pmatrix}1\\1.226\\-1.584\end{pmatrix}$$

由两个主振型 $\boldsymbol{A}^{(1)}$ 和 $\boldsymbol{A}^{(2)}$ 关于质量矩阵的正交关系，有

$$\boldsymbol{A}^{(1)\mathrm{T}}\boldsymbol{M}\boldsymbol{A}^{(2)}=\begin{pmatrix}1&2.608&4.290\end{pmatrix}m\begin{pmatrix}2&0&0\\0&1.5&0\\0&0&1\end{pmatrix}\begin{pmatrix}1\\1.226\\-1.584\end{pmatrix}=0.001m\approx0$$

故可认为满足正交性要求。

第七节　多自由度体系在简谐荷载作用下强迫振动

多自由度体系在简谐荷载作用下作强迫振动时的位移与单自由度体系类似，也由两部分构成：在过渡阶段存在与结构自振频率有关的振动分量和与荷载频率有关的振动分量。由于阻尼影响，到振动的平稳阶段只剩下与荷载频率有关的振动分量。过渡阶段一般很短，故本书只讨论平稳阶段的振动。

一、两个自由度体系在简谐荷载作用下强迫振动的运动方程

1. 柔度法

设结构受如图 8.36（a）所示的简谐荷载作用，这些简谐荷载的频率相同，相位也相同（若不同，需用其他方法求解，如下节介绍的振型分解法）。当荷载频率远离结构的自振频率时，可不计阻尼（计阻尼时用其他方法）。对于质量 m_1、m_2 的动位移 y_1、y_2，可由叠加原理用柔度法建立运动方程，有

$$\left.\begin{aligned}y_1(t)=\delta_{11}F_{\mathrm{I1}}+\delta_{12}F_{\mathrm{I2}}+\Delta_{1\mathrm{P}}\sin\theta t=-m_1\ddot{y}_1\delta_{11}-m_2\ddot{y}_2\delta_{12}+\Delta_{1\mathrm{P}}\sin\theta t\\y_2(t)=\delta_{21}F_{\mathrm{I1}}+\delta_{22}F_{\mathrm{I2}}+\Delta_{2\mathrm{P}}\sin\theta t=-m_1\ddot{y}_1\delta_{21}-m_2\ddot{y}_2\delta_{22}+\Delta_{2\mathrm{P}}\sin\theta t\end{aligned}\right\}\tag{8-56}$$

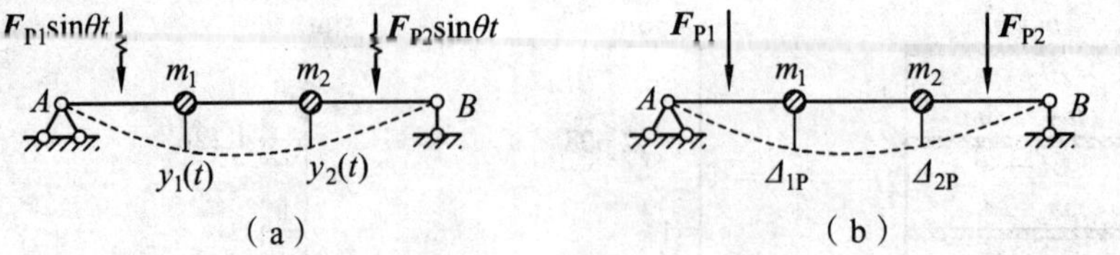

图 8.36

式中，Δ_{1P}、Δ_{2P} 为荷载幅值作为静荷载作用于体系时所引起的质点位移，如图 8.36（b）所示。

2. 刚度法

仿照自由振动时运动方程（8-38）的建立过程，由在动荷载、惯性作用和弹性恢复力的作用下附加约束上的反力为零的平衡条件，用刚度法建立运动方程，有

$$\left.\begin{aligned}m_1\ddot{y}_1+k_{11}y_1+k_{12}y_2=F_{P1}\sin\theta t\\ m_2\ddot{y}_2+k_{21}y_1+k_{22}y_2=F_{P2}\sin\theta t\end{aligned}\right\}\tag{8-57}$$

二、运动方程的解

设各质点位移在平稳阶段均与荷载同频同步变化，即取特解的形式为

$$\left.\begin{aligned}y_1(t)=A_1\sin\theta t\\ y_2(t)=A_2\sin\theta t\end{aligned}\right\}\tag{8-58}$$

式中，A_i 为质量 m_i 的位移幅值。将上式及对时间的二阶导数代入运动方程（8-56）中，并消去公因子 $\sin\theta t$，可得由柔度系数表示的位移幅值方程，即

$$\left.\begin{aligned}(\delta_{11}\mathrm{m}_1\theta^2-1)A_1+\delta_{12}m_2\theta^2A_2=-\Delta_{1P}\\ \delta_{21}\mathrm{m}_1\theta^2A_1+(\delta_{22}\mathrm{m}_2\theta^2-1)A_2=-\Delta_{2P}\end{aligned}\right\}\tag{8-59}$$

式（8-59）为一组线性代数方程，由此方程可求得振动中各质点的位移幅值 A_1、A_2，即

$$A_1=\frac{D_1}{D_0},\quad A_2=\frac{D_2}{D_0}$$

式中，

$$D_0=\begin{vmatrix}m_1\theta^2\delta_{11}-1 & m_2\theta^2\delta_{21}\\ m_1\theta^2\delta_{21} & m_2\theta^2\delta_{22}-1\end{vmatrix},\quad D_1=\begin{vmatrix}-\Delta_{1P} & m_2\theta^2\delta_{21}\\ -\Delta_{2P} & m_2\theta^2\delta_{22}-1\end{vmatrix},\quad D_2=\begin{vmatrix}m_1\theta^2\delta_{11}-1 & -\Delta_{1P}\\ m_1\theta^2\delta_{21} & -\Delta_{2P}\end{vmatrix}$$

同样，将式（8-58）及对时间的二阶导数代入运动方程（8-57）中，并消去公因子 $\sin\theta t$，可得由刚度系数表示的位移幅值方程，即

$$\left.\begin{aligned}(k_{11}-\theta^2m_1)A_1+k_{12}A_2=F_{1P}\\ k_{21}A_1+(k_{22}-\theta^2m_2)A_2=F_{2P}\end{aligned}\right\}\tag{8-60}$$

由此方程组可求得振动中各质点的位移幅值 A_1、A_2，相应的行列式分别为

$$D_0=\begin{vmatrix}k_{11}-\theta^2m_1 & k_{12}\\ k_{21} & k_{22}-\theta^2m_2\end{vmatrix},\quad D_1=\begin{vmatrix}F_{1P} & k_{12}\\ F_{2P} & k_{22}-\theta^2m_2\end{vmatrix},\quad D_2=\begin{vmatrix}k_{11}-\theta^2m_1 & F_{P1}\\ k_{21} & F_{P2}\end{vmatrix}$$

应当注意的是，由刚度系数表示的位移幅值方程（8-60）是适用于简谐集中荷载直接作用于质点上的情况。

将各质点的位移幅值 A_1、A_2 代入式（8-58）中，即得平稳阶段质点的运动规律。

由以上分析，可归纳出多自由度体系在简谐荷载作用下稳态振动具有如下特点：

（1）由于强迫振动的动荷载为已知，故可由位移幅值方程（8-59）、（8-60）直接求出动位移的幅值 A_1、A_2。

（2）干扰力频率与振幅的关系。

① 当 $\theta\to 0$ 时，动力作用很小，动位移幅值相当于将干扰力幅值当做静荷载作用于体系时所产生的位移。方程趋于静力方程，动载相当于静载作用。

② 当 $\theta\to\infty$ 时，$A_1\to 0$，$A_2\to 0$，质点位移趋于零，相当于静止。

（3）当 $\theta\to\omega_1$ 或 $\theta\to\omega_2$ 时，位移变得很大，系统将产生共振。对应两个频率有两个共振点。在 n 个自由度的振动中，当外界干扰力的频率等于体系的任意一阶自振频率时，都会出现共振，即体系存在 n 个共振点。

（4）动荷载、位移、惯性力同步：

$$\begin{cases}F_i(t)=F_{Pi}\sin\theta t\\ y_i(t)=A_i\sin\theta t\\ F_{Ii}=-m_i\ddot{y}_i(t)=m_iA_i\theta^2\sin\theta t=F_{Ii}^0\sin\theta t\end{cases}\qquad (i=1,2)$$

由上式可见，在纯强迫振动时，质点的位移、惯性力与荷载的变化规律相同，按相同频率同步变化。当位移达到幅值时，动荷载和惯性力也同时达到幅值；位移最大时，内力也最大。

（5）求内力幅值时可将动荷载和惯性力的幅值作为静荷载作用于结构，用静力方法求出内力，即得动内力幅值。

质点的惯性力幅值为

$$\left.\begin{aligned}F_{I1}^0&=m_1A_1\theta^2\\ F_{I2}^0&=m_2A_2\theta^2\end{aligned}\right\}\tag{8-61}$$

将上述关系代入质点位移的幅值方程（8-59）中，可化成求惯性力幅值的方程，即

$$\left.\begin{aligned}\left(\delta_{11}-\frac{1}{m_1\theta^2}\right)F_{I1}^0+\delta_{12}F_{I2}^0+\varDelta_{1P}&=0\\ \delta_{21}F_{I1}^0+\left(\delta_{22}-\frac{1}{m_2\theta^2}\right)F_{I2}^0+\varDelta_{2P}&=0\end{aligned}\right\}\tag{8-62}$$

由此解出惯性力幅值 F_{I1}^0、F_{I2}^0，求得惯性力幅值如为正，表示与计算柔度系数时置于质量处的单位力方向相同；为负时，表示与单位力方向相反。

结构的最大动内力为

$$M_{D\max}=M_P+F_{I1}^0\overline{M}_1+F_{I2}^0\overline{M}_2 \tag{8-63}$$

例 8.15 图8.37（a）所示刚架，已知 $\theta=4\sqrt{EI/mh^3}$，$m_1=m_2=m$，各层的层间侧移刚度为 k_1、k_2。求一、二层楼面的位移幅值、惯性力幅值及柱底截面弯矩值。

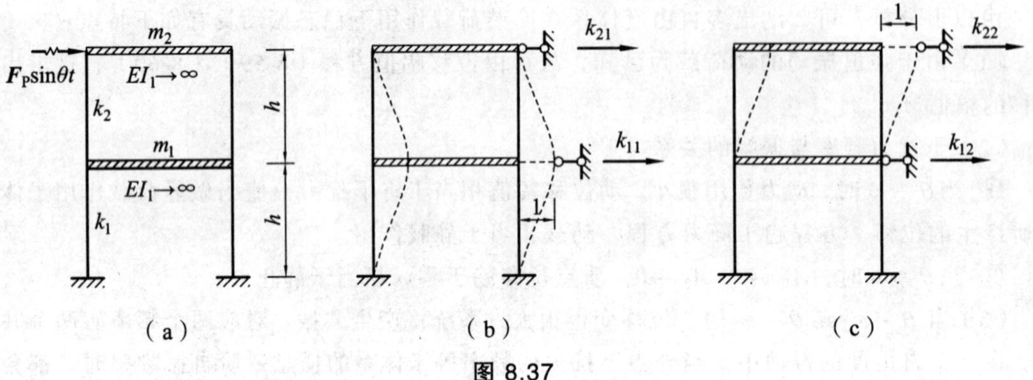

图 8.37

解 （1）求刚度系数。

分别沿质量自由度方向（水平方向）发生单位位移，如图 8.37（b）、（c）所示，由此求出刚度系数为

$$k_{11}=k_1+k_2,\quad k_{21}=k_{12}=-k_2,\quad k_{22}=k_2$$

对于该结构，各层的层间侧移刚度系数 $k_1=k_2=k=24EI/h^3$。

（2）求位移幅值。

由已知条件得 $m\theta^2=16EI/h^3$，由式（8-60），求得

$$D_0=\begin{vmatrix}k_{11}-\theta^2m_1 & k_{12}\\ k_{21} & k_{22}-\theta^2m_2\end{vmatrix}=-320\left(\frac{EI}{h^3}\right)^2$$

$$D_1=\begin{vmatrix}F_{P1} & k_{12}\\ F_{P2} & k_{22}-m_2\theta^2\end{vmatrix}=24F_P\frac{EI}{h^3},\qquad D_2=\begin{vmatrix}k_{11}-m_1\theta^2 & F_{P1}\\ k_{21} & F_{P2}\end{vmatrix}=32F_P\frac{EI}{h^3}$$

$$A_1=\frac{D_1}{D_0}=-0.075F_P\frac{h^3}{EI},\qquad A_2=\frac{D_2}{D_0}=-0.1F_P\frac{h^3}{EI}$$

（3）计算惯性力幅值。

由式（8-61），求得惯性力幅值为

$$F_{I1}^0=m_1A_1\theta^2=16\frac{EI}{h^3}\times(-0.075)\frac{F_Ph^3}{EI}=-1.2F_P$$

$$F_{I2}^0=m_2A_2\theta^2=16\frac{EI}{h^3}\times(-0.1)\frac{F_Ph^3}{EI}=-1.6F_P$$

（4）计算内力。

将荷载幅值和惯性力幅值作用在结构上，如图 8.38（a）、（b）所示，按静力进行计算，柱底截面弯矩值如图 8.38（c）所示。

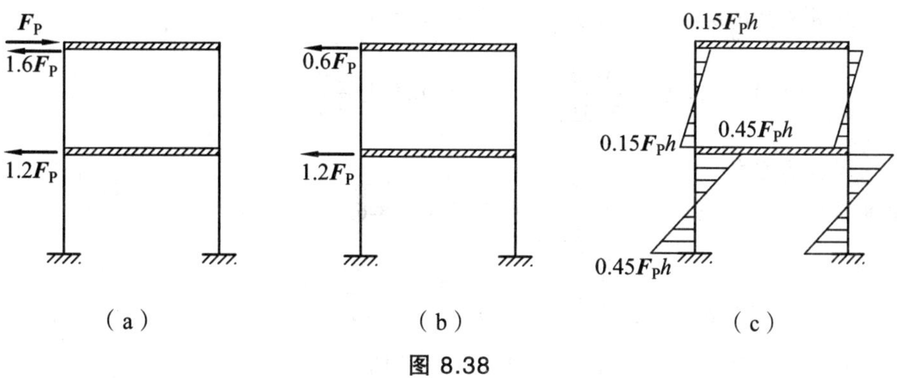

图 8.38

例 8.16 求图 8.39（a）所示体系的振幅和动弯矩幅值图。已知：$m_1 = m_2 = m$，$\theta = 0.6\omega_1$，$\omega_1 = 5.69\sqrt{\dfrac{EI}{ml^3}}$。

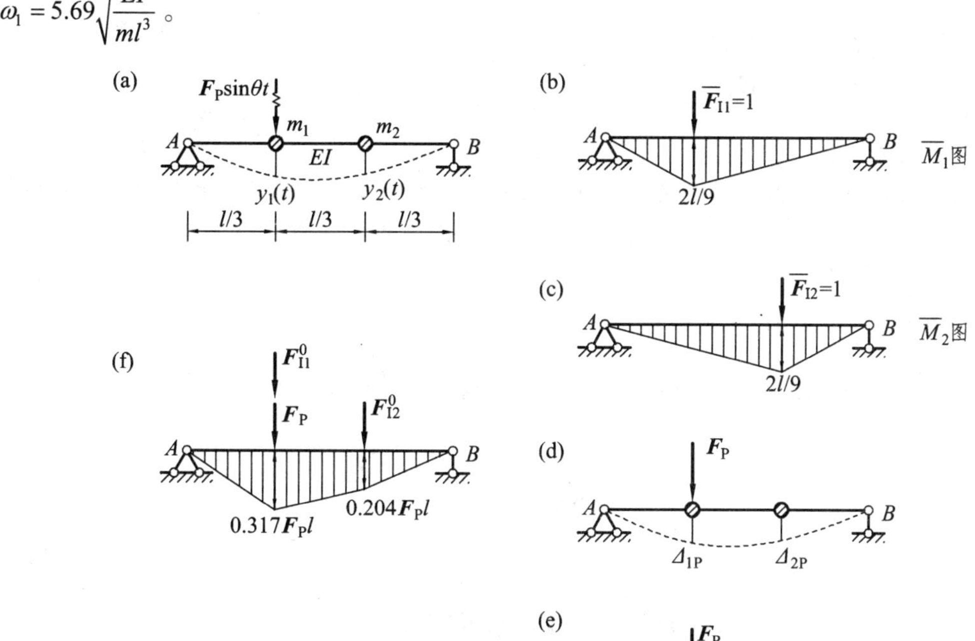

图 8.39

解 （1）求柔度系数和自由项。

将单位力分别作用于质点自由度方向，并作出单位弯矩图，如图 8.39（b）、（c）所示，由此求出结构的柔度系数为

$$\delta_{11}=\delta_{22}=\frac{8l^3}{486EI},\quad \delta_{12}=\delta_{21}=\frac{7l^3}{486EI}$$

将荷载幅值作为静荷载所引起的质点位移如图 8.39（d）所示，作出荷载幅值弯矩图如图 8.39（e）所示，由图 8.39（b）、（c）、（e）可得荷载幅值引起的位移为

$$\varDelta_{1P}=\delta_{11}F_P=\frac{4F_Pl^3}{243EI},\quad \varDelta_{2P}=\delta_{21}F_P=\frac{7F_Pl^3}{486EI}$$

（2）求惯性力幅值。

将柔度系数和自由项代入惯性力幅值方程式（8-62）中，即

$$\left.\begin{aligned}\left(\frac{4l^3}{243EI}-\frac{1}{m\theta^2}\right)F_{I1}^0+\frac{7l^3}{486EI}F_{I2}^0+\frac{4F_Pl^3}{243EI}=0\\ \frac{7l^3}{486EI}F_{I1}^0+\left(\frac{4l^3}{243EI}-\frac{1}{m\theta^2}\right)F_{I2}^0+\frac{7F_Pl^3}{486EI}=0\end{aligned}\right\}$$

解得惯性力幅值为

$$\left.\begin{aligned}F_{I1}^0=0.297F_P\\ F_{I2}^0=0.271F_P\end{aligned}\right\}$$

（3）计算内力。

将荷载幅值和惯性力幅值作用在结构上，按静力进行计算，作出弯矩图即得动弯矩幅值图，如图 8.39（f）所示。也可由叠加原理，按式（8-63）作出动弯矩幅值图。

（4）计算位移幅值。

由惯性力幅值式（8-61），求得位移幅值为

$$A_1=\frac{F_{I1}^0}{m_1\theta^2}=0.297F_P\times\frac{l^3}{11.65EI}=2.55\times10^{-2}\,\frac{F_Pl^3}{EI}$$

$$A_2=\frac{F_{I2}^0}{m_2\theta^2}=0.271F_P\times\frac{l^3}{11.65EI}=2.31\times10^{-2}\,\frac{F_Pl^3}{EI}$$

第八节　振型分解法

仿照上节两个自由度体系简谐荷载的运动方程（8-57），多自由度体系在一般荷载作用下无阻尼强迫振动微分方程，按刚度法有

$$\boldsymbol{M}\ddot{\boldsymbol{Y}}+\boldsymbol{K}\boldsymbol{Y}=\boldsymbol{F}_P(t)\tag{8-64}$$

其中，$\boldsymbol{M}$ 为质量矩阵；$\boldsymbol{K}$ 为刚度矩阵；$\ddot{\boldsymbol{Y}}$ 为加速度向量；$\boldsymbol{Y}$ 为位移向量；$\boldsymbol{F}_P(t)$ 为荷载向量。

当动荷载不是同频同步的简谐荷载时，直接求解微分方程组是不容易的。**利用振型的正**

交性，通过坐标变换可将联立的（耦联的）微分方程组化成 n 个独立的（非耦联的）微分方程。这种方法称为振型分解法。

前面所建立的多自由度体系的振动微分方程，是以各质点的位移 y_1，y_2，…，y_n 为对象来求解的，位移列向量

$$\boldsymbol{Y}=(y_1 \quad y_2 \quad \cdots \quad y_n)^{\mathrm{T}}$$

称为几何坐标。为了解除方程组的耦联，利用振型的正交性，进行如下的坐标变换：

以体系的 n 个主振型向量 $\boldsymbol{A}^{(1)}$，$\boldsymbol{A}^{(2)}$，…，$\boldsymbol{A}^{(n)}$ 作为基底，把几何坐标 $\boldsymbol{Y}$ 表示为基底的线性组合，即

$$\boldsymbol{Y}=\eta_1(t)\boldsymbol{A}^{(1)}+\eta_2(t)\boldsymbol{A}^{(2)}+\cdots+\eta_n(t)\boldsymbol{A}^{(n)} \tag{8-65}$$

这也就是将位移列向量 $\boldsymbol{Y}$ 按各主振型进行分解。式（8-65）的矩阵形式为

$$\boldsymbol{Y}=\boldsymbol{A\eta} \tag{8-66}$$

式中，$\boldsymbol{A}$ 称为振型矩阵，即

$$\boldsymbol{A}=(\boldsymbol{A}^{(1)} \quad \boldsymbol{A}^{(2)} \quad \cdots \quad \boldsymbol{A}^{(n)})^{\mathrm{T}}$$

$\boldsymbol{\eta}$ 称为正则坐标，即

$$\boldsymbol{\eta}=(\eta_1 \quad \eta_2 \quad \cdots \quad \eta_n)^{\mathrm{T}}$$

式（8-66）就把几何坐标 $\boldsymbol{Y}$ 变换成数目相同的另一组新的正则坐标 $\boldsymbol{\eta}$，振型矩阵 $\boldsymbol{A}$ 为几何坐标和正则坐标之间的转换矩阵。

通过变换，以便在新坐标系下联立的方程组变成每个方程只含一个未知量的解耦方程组。其几何意义表明体系中每个质点的位移由 n 个固有振型线性叠加而成，称振型叠加法；又可理解为任意位移可按振型分解，故又称振型分解法。

将式（8-66）代入振动微分方程（8-64）中并左乘以 $\boldsymbol{A}^{\mathrm{T}}$，得到

$$\boldsymbol{A}^{\mathrm{T}}\boldsymbol{MA}\ddot{\boldsymbol{\eta}}+\boldsymbol{A}^{\mathrm{T}}\boldsymbol{KA\eta}=\boldsymbol{A}^{\mathrm{T}}\boldsymbol{F}_{\mathrm{P}}(t) \tag{a}$$

利用主振型的正交性，很容易证明（a）式中的 $\boldsymbol{A}^{\mathrm{T}}\boldsymbol{MA}$ 和 $\boldsymbol{A}^{\mathrm{T}}\boldsymbol{KA}$ 都是对角矩阵，即

$$\boldsymbol{A}^{\mathrm{T}}\boldsymbol{MA}=\begin{pmatrix} \tilde{M}_1 & 0 & 0 & 0 \\ 0 & \tilde{M}_2 & 0 & 0 \\ 0 & 0 & \ddots & 0 \\ 0 & 0 & 0 & \tilde{M}_n \end{pmatrix}=\tilde{\boldsymbol{M}} \tag{b}$$

$\tilde{\boldsymbol{M}}$ 称为广义质量矩阵，它是一个对角矩阵。其中，主对角线上的任意元素 $\tilde{M}_i=\boldsymbol{A}^{(i)\mathrm{T}}\boldsymbol{MA}^{(i)}$。

$$\boldsymbol{A}^{\mathrm{T}}\boldsymbol{KA}=\begin{pmatrix} \tilde{K}_1 & 0 & 0 & 0 \\ 0 & \tilde{K}_2 & 0 & 0 \\ 0 & 0 & \ddots & 0 \\ 0 & 0 & 0 & \tilde{K}_n \end{pmatrix}=\tilde{\boldsymbol{K}} \tag{c}$$

$\tilde{\boldsymbol{K}}$ 称为广义刚度矩阵，它也是一个对角矩阵。其中，主对角线上的任意元素 $\tilde{K}_i = \boldsymbol{A}^{(i)\mathrm{T}}\boldsymbol{K}\boldsymbol{A}^{(i)}$。

由前面主振型方程式（8-48），对第 i 个频率和振型，有

$$(\boldsymbol{K}-\omega_i^2\boldsymbol{M})\boldsymbol{A}^{(i)} = 0$$

将上式左乘以 $\boldsymbol{A}^{(i)}$ 的转置矩阵 $\boldsymbol{A}^{(i)\mathrm{T}}$，得

$$\boldsymbol{A}^{(i)\mathrm{T}}\boldsymbol{K}\boldsymbol{A}^{(i)} = \omega_i^2\boldsymbol{A}^{(i)\mathrm{T}}\boldsymbol{M}\boldsymbol{A}^{(i)}$$

则

$$\tilde{K}_i = \omega_i^2\tilde{M}_i \tag{8-67}$$

或

$$\omega_i = \sqrt{\frac{\tilde{K}_i}{\tilde{M}_i}} \tag{8-68}$$

式中，$\tilde{K}_i$ 称为广义刚度；$\tilde{M}_i$ 称为广义质量。这就是根据广义刚度和广义质量计算频率 ω_i 的公式，它是单自由度体系频率计算公式的推广。

将式（a）中的右端记为 $\tilde{\boldsymbol{F}}_{\mathrm{P}}(t)$，其任意元素为

$$\tilde{F}_{\mathrm{P}i}(t) = \boldsymbol{A}^{(i)\mathrm{T}}\boldsymbol{F}_{\mathrm{P}}(t) \tag{d}$$

称为相应于第 i 个主振型的广义荷载，$\tilde{\boldsymbol{F}}_{\mathrm{P}}(t)$ 则称为广义荷载向量。

将式（b）、（c）和（d）代入式（a），则有

$$\tilde{\boldsymbol{M}}\ddot{\boldsymbol{\eta}}+\tilde{\boldsymbol{K}}\boldsymbol{\eta} = \tilde{\boldsymbol{F}}_{\mathrm{P}}(t)$$

由于 $\tilde{\boldsymbol{M}}$ 和 $\tilde{\boldsymbol{K}}$ 是对角矩阵，故此时方程组已解除耦联而成为 n 个独立方程：

$$\tilde{M}_i\ddot{\eta}_i+\tilde{K}_i\eta_i = \tilde{F}_{\mathrm{P}i}(t)\quad (i=1,\ 2,\ \cdots,\ n) \tag{8-69}$$

将上式除以 $\tilde{M}_i$，并将式（8-68）代入可得

$$\ddot{\eta}_i+\omega_i^2\eta_i = \frac{\tilde{F}_{\mathrm{P}i}(t)}{\tilde{M}_i}\quad (i=1,\ 2,\ \cdots,\ n) \tag{8-70}$$

将方程（8-69）与单自由度体系的运动方程相比可见，若一个单自由度体系的质量为 $\tilde{M}_i$，刚度系数为 $\tilde{K}_i$，荷载为 $\tilde{F}_{\mathrm{P}i}(t)$。即如图 8.40 所示时，该单自由度体系的运动方程与式（8-69）相同，该体系称为振型 i 的折算体系。

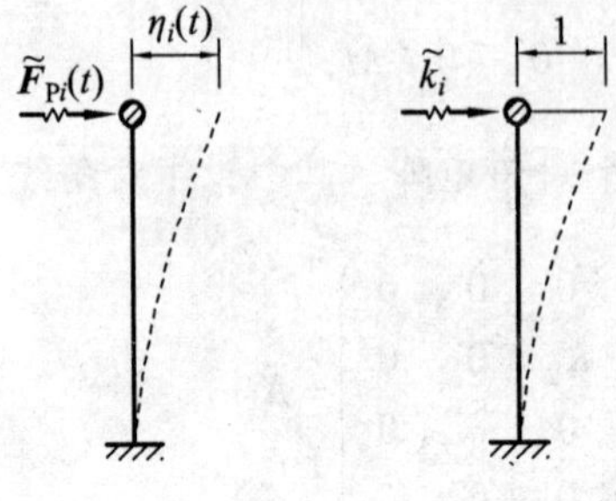

图 8.40

这样，求组合系数$\eta_i(t)$转化为求折算体系的位移，可利用单自由度体系的求解方法。当求出所有组合系数后，再由$\boldsymbol{Y}=\boldsymbol{A\eta}$求原多自由度体系的位移。

综上所述，振型分解法的计算步骤如下：

（1）计算结构的自振频率和振型。

（2）计算各振型的广义质量、广义荷载[$\tilde{M}_i$、$\tilde{F}_{Pi}(t)$]。

（3）计算各振型折算体系的位移。

（4）按$\boldsymbol{Y}=\boldsymbol{A\eta}$式计算结构的位移。

例 8.17 求图 8.41（a）所示体系的振幅。已知$m_1=m_2=m$，$\theta=3.415\sqrt{\dfrac{EI}{ml^3}}$。

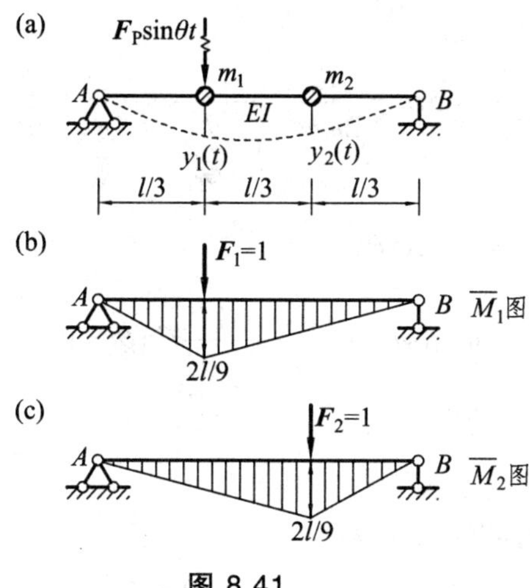

图 8.41

解 （1）计算结构的自振频率和振型。

分别沿质点自由度方向施加单位荷载，作出单位弯矩图，如图 8.41（b）、（c）所示。由图乘法得柔度系数为

$$\delta_{11}=\delta_{22}=\frac{4l^3}{243EI},\quad \delta_{12}=\delta_{21}=\frac{7l^3}{486EI}$$

将它们代入频率方程、振型计算式中，并注意$m_1=m_2=m$，则可求得

$$\omega_1=5.692\sqrt{EI/ml^3}$$

$$\omega_2=22.045\sqrt{EI/ml^3}$$

$$\boldsymbol{A}^{(1)}=\begin{pmatrix}1\\1\end{pmatrix},\quad \boldsymbol{A}^{(2)}=\begin{pmatrix}1\\-1\end{pmatrix}$$

（2）计算各振型的广义质量、广义荷载。

$$\tilde{M}_1=\boldsymbol{A}^{(1)\mathrm{T}}\boldsymbol{M}\boldsymbol{A}^{(1)}=\begin{pmatrix}1 & 1\end{pmatrix}\begin{pmatrix}m & 0\\0 & m\end{pmatrix}\begin{pmatrix}1\\1\end{pmatrix}=2m$$

$$\tilde{M}_2 = \boldsymbol{A}^{(2)\mathrm{T}}\boldsymbol{M}\boldsymbol{A}^{(2)} = \begin{pmatrix}1 & -1\end{pmatrix}\begin{pmatrix}m & 0\\ 0 & m\end{pmatrix}\begin{pmatrix}1\\ -1\end{pmatrix} = 2m$$

$$\tilde{F}_{\mathrm{P}1}(t) = \boldsymbol{A}^{(1)\mathrm{T}}\boldsymbol{F}_{\mathrm{P}}(t) = \begin{pmatrix}1 & 1\end{pmatrix}\begin{pmatrix}F_{\mathrm{P}}\sin\theta t\\ 0\end{pmatrix} = F_{\mathrm{P}}\sin\theta t$$

$$\tilde{F}_{\mathrm{P}2}(t) = \boldsymbol{A}^{(2)\mathrm{T}}\boldsymbol{F}_{\mathrm{P}}(t) = \begin{pmatrix}1 & -1\end{pmatrix}\begin{pmatrix}F_{\mathrm{P}}\sin\theta t\\ 0\end{pmatrix} = F_{\mathrm{P}}\sin\theta t$$

（3）计算各振型的折算体系的位移 $\eta_i(t)$。

$$\ddot{\eta}_1 + \omega_1^2\eta_1 = \frac{F_{\mathrm{P}}}{2m}\sin\theta t$$

$$\eta_1(t) = y_{\mathrm{st}}\cdot\mu\sin\theta t = \frac{F_{\mathrm{P}}}{2m\omega_1^2}\cdot\frac{1}{1-\dfrac{\theta^2}{\omega_1^2}}\sin\theta t = 2.411\ 3\times10^{-2}\frac{F_{\mathrm{P}}l^3}{EI}\sin\theta t$$

$$\ddot{\eta}_2 + \omega_2^2\eta_2 = \frac{F_{\mathrm{P}}}{2m}\sin\theta t$$

$$\eta_2(t) = y_{\mathrm{st}}\cdot\mu\sin\theta t = \frac{F_{\mathrm{P}}}{2m\omega_2^2}\cdot\frac{1}{1-\dfrac{\theta^2}{\omega_2^2}}\sin\theta t = 0.105\ 4\times10^{-2}\frac{F_{\mathrm{P}}l^3}{EI}\sin\theta t$$

（4）计算结构的位移。

$$\boldsymbol{Y} = \eta_1(t)\boldsymbol{A}^{(1)} + \eta_2(t)\boldsymbol{A}^{(2)}$$

$$\begin{pmatrix}y_1(t)\\ y_2(t)\end{pmatrix} = \begin{pmatrix}1\\ 1\end{pmatrix}\eta_1(t) + \begin{pmatrix}1\\ -1\end{pmatrix}\eta_2(t) = \begin{pmatrix}2.516\ 7\\ 2.305\ 9\end{pmatrix}\times10^{-2}\frac{F_{\mathrm{P}}l^3}{EI}\sin\theta t$$

振幅为

$$\begin{pmatrix}A_1\\ A_2\end{pmatrix} = \begin{pmatrix}2.516\ 7\\ 2.305\ 9\end{pmatrix}\times10^{-2}\frac{F_{\mathrm{P}}l^3}{EI}$$

由折算体系位移 $\eta_i(t)$ 的系数值可看出：第一振型在总的位移中所占比例比第二振型所占比例大许多。对于 n 自由度体系，低阶振型起主要作用。在一般激振荷载作用下，任一时刻的位移主要由前几阶振型分量组成，高阶振型影响较小，在保持精度条件下，可忽略高阶振型的影响。

还需注意，一般情况下各振型分量的频率是不同的，不能简单地将各振型分量的幅值相加。本例由于是单频简谐荷载下求稳态位移，且未计阻尼，故各振型分量的频率相同，相位也相同。一般荷载作用及计阻尼情况可参阅其他书籍。

习　题

8.1　试确定图示各体系的动力自由度数目。（各集中质量略去转动惯量，刚架轴向变形

忽略不计)

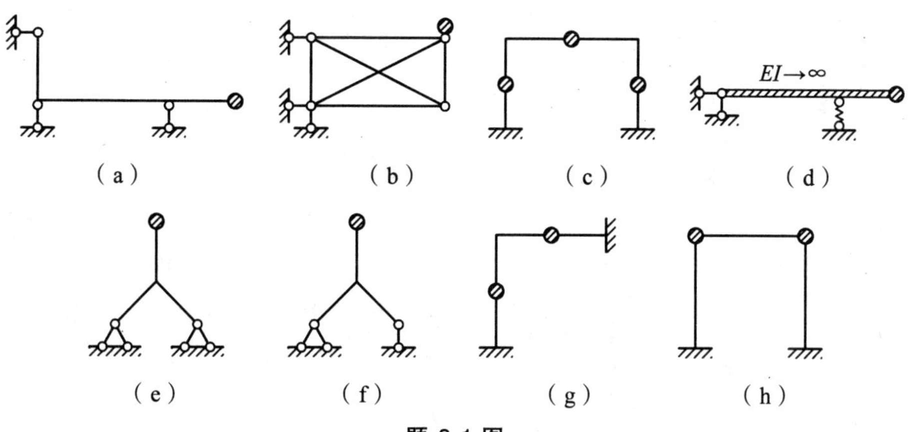

题 8.1 图

8.2 试列出图示简支梁无阻尼受迫振动的振动方程。EI=常数，略去杆件自重及阻尼影响。

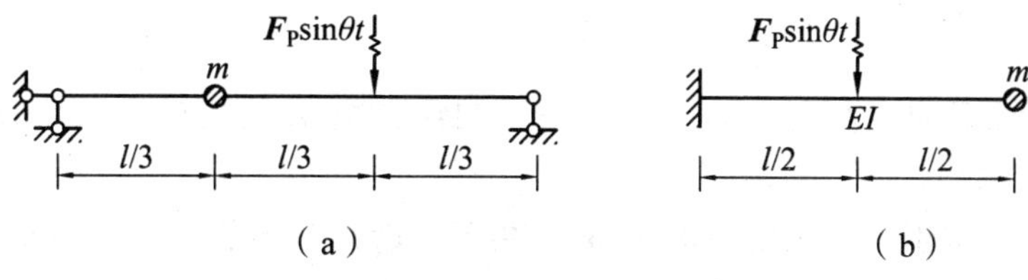

题 8.2 图

8.3 试比较图示两梁自振频率的大小。

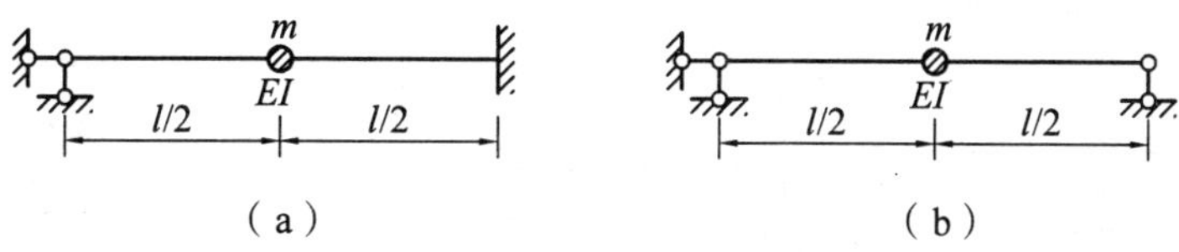

题 8.3 图

8.4 图示两梁的 EI 相同，试比较自振频率的大小。

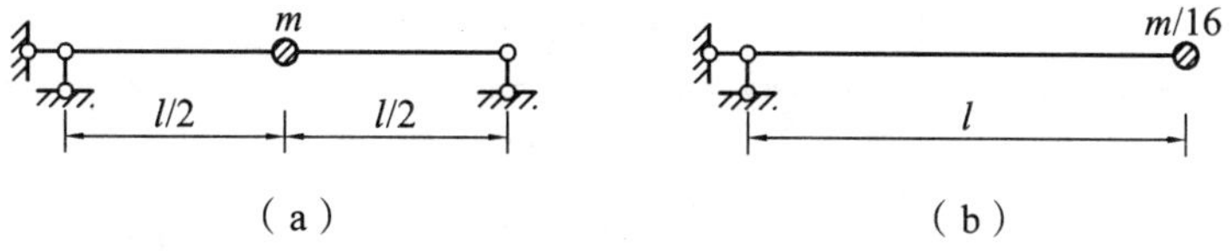

题 8.4 图

8.5 试求图示各体系的自振频率。

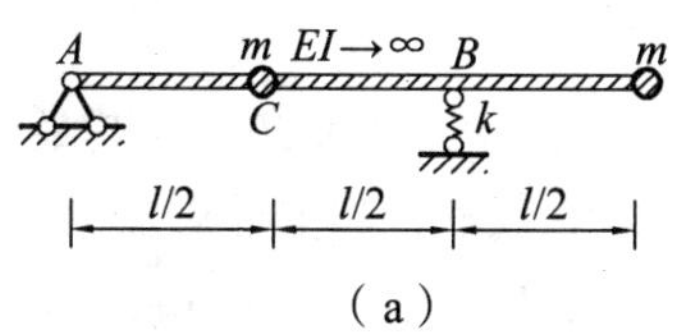

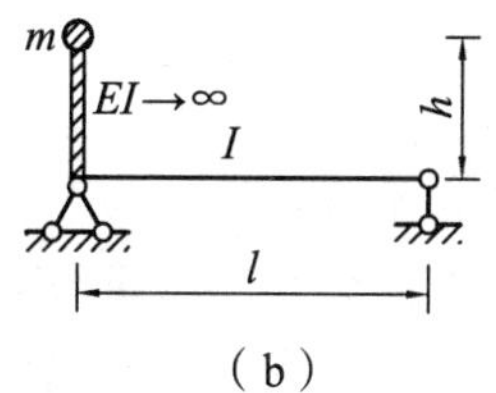

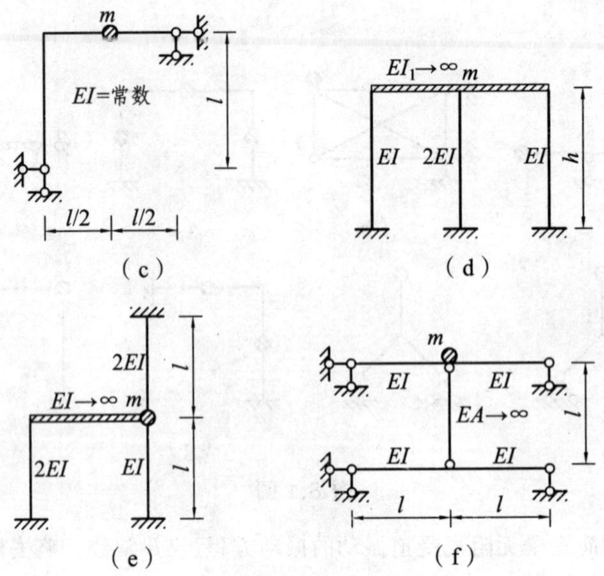

题 8.5 图

8.6 求图示梁的自振频率，略去杆件自重及阻尼影响。k_1 为横梁在 C 点的侧移刚度系数，k_2 为弹簧的刚度系数。

8.7 图示梁自重不计，在集中重量 W 作用下，C 点竖向位移 $\Delta_C = 1$ cm，求该体系的自振周期。

8.8 图示梁不计阻尼，承受一静载 $F_P = 12$ kN，梁 EI 为常数。设在 $t = 0$ 时刻把这个荷载突然撤除，求质点 m 的位移。

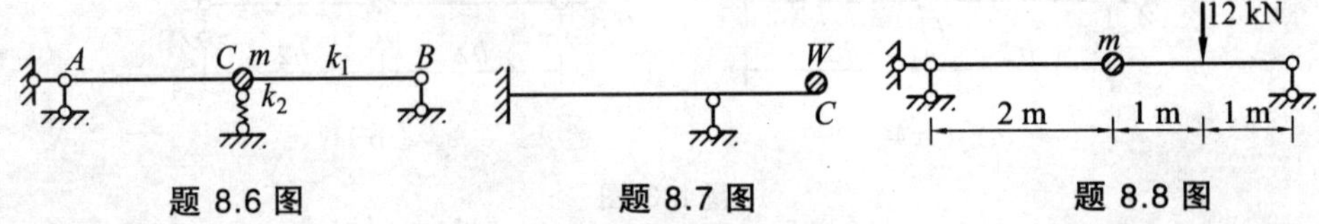

题 8.6 图　　题 8.7 图　　题 8.8 图

8.9 图示结构，柱子的刚度、高度相同，横梁刚度为无穷大，质量集中在横梁上。它们的自振频率自左至右分别为 ω_1、ω_2、ω_3、ω_4，试比较自振频率的大小及它们的关系。

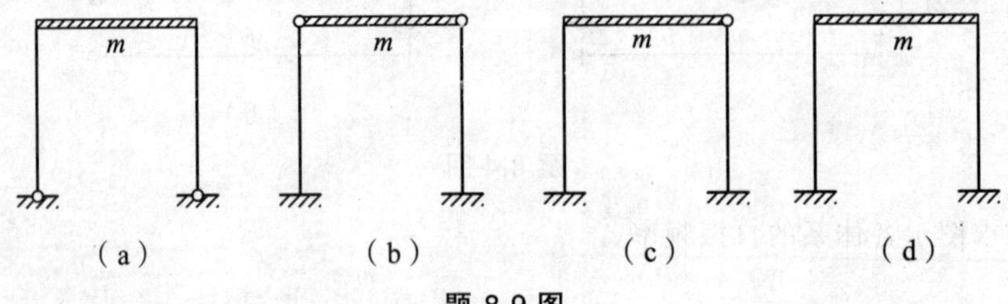

题 8.9 图

8.10 图示体系不计阻尼的稳态最大动位移 $y_{\max} = 4F_P l^3/9EI$，求其最大动力弯矩。

8.11 在上题中若具有一重量 $W = 12$ kN 的集中质量，其上受有振动荷载 $F_P \sin\theta t$，其中 $F_P = 5$kN。若不考虑阻尼，试分别计算该梁在振动荷载为每分钟 300 次、600 次两种情况下的最大竖向位移和最大负弯矩。已知 $l=2\text{m}$，$E=210\text{ GPa}$，$I=3.4\times10^{-5}\text{m}$，梁的自重可忽略不计。

8.12　已知 $m=5\text{ t}$，$F_P=15\text{ kN}$，干扰力转速 100 r/min，不计杆件的质量，$EI=5\times10^3\text{kN}\cdot\text{m}^2$。试作此刚架的最大动力弯矩图。

8.13　图所示体系各柱 EI=常数，柱高均为 l，$\theta=\sqrt{[18EI/(ml^3)]}$。求：

（1）无阻尼时动位移的幅值和最大动力弯矩；

（2）当 $\xi=0.05$ 时位移的幅值和最大动力弯矩。

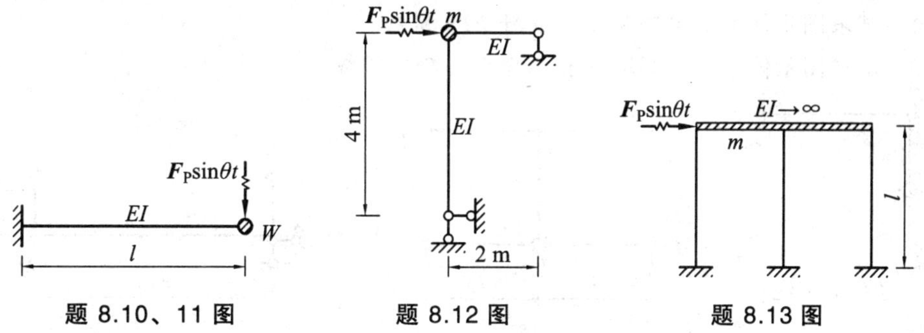

题 8.10、11 图　　题 8.12 图　　题 8.13 图

8.14　试求图示体系稳态阶段的最大动位移。已知 $\theta=0.75\omega$（ω 为自振频率），EI= 常数。

8.15　试求图示体系的动力弯矩图。设 $\theta=\sqrt{\dfrac{24EI}{ml^3}}$，不计阻尼。

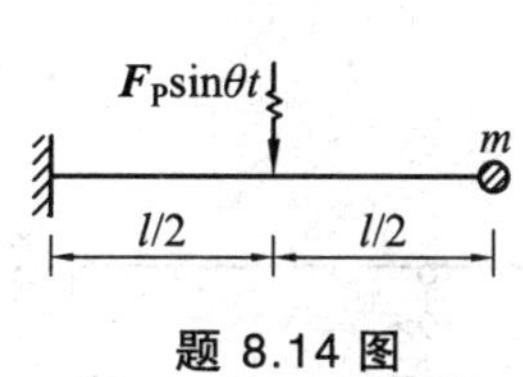

题 8.14 图

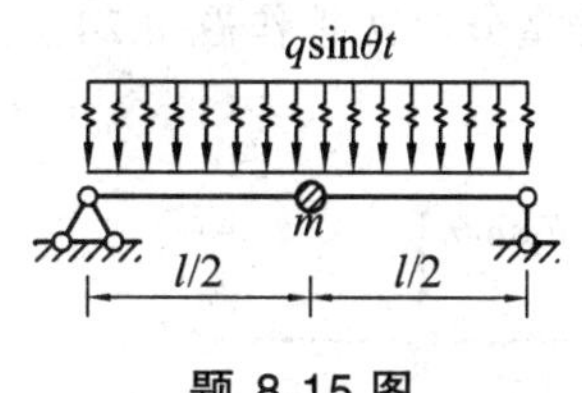

题 8.15 图

8.16　爆炸荷载可近似用图示规律表示，即

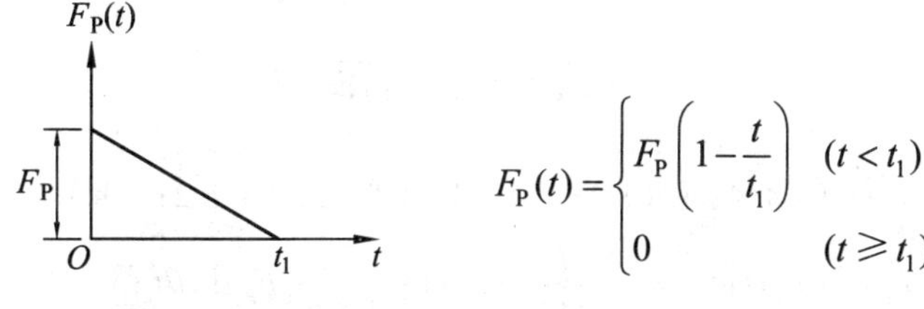

$$F_P(t)=\begin{cases}F_P\left(1-\dfrac{t}{t_1}\right) & (t<t_1)\\ 0 & (t\geqslant t_1)\end{cases}$$

题 8.16 图

若不计阻尼，试求单自由度体系在此种荷载作用下的动力位移公式。设结构原处于静止状态。

8.17　图示无阻尼刚架，不计杆件自重。试列出振动微分方程，并求出其中的系数。

8.18　试求图示体系频率和主振型，绘出主振型图，并验算主振型正交性。

8.19　试求图示体系的频率。已知初始条件为：初位移 $y_{10}=0.02\text{ m}$，$y_{20}=-0.004\ 73\text{ m}$，初速度为零，求体系振动形式及质点位移表达式。

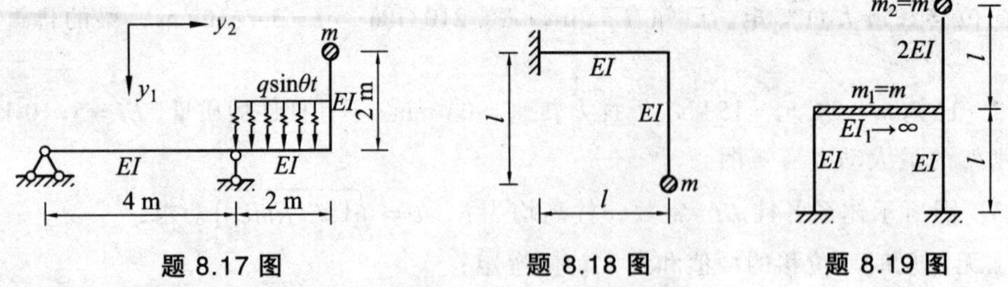

题 8.17 图　　题 8.18 图　　题 8.19 图

8.20　试求图示刚架的自振频率和主振型。EI = 常数。

8.21　试求图示体系的自振频率。各杆 EI = 常数。

8.22　试求图示体系的自振频率和主振型。EI = 常数。

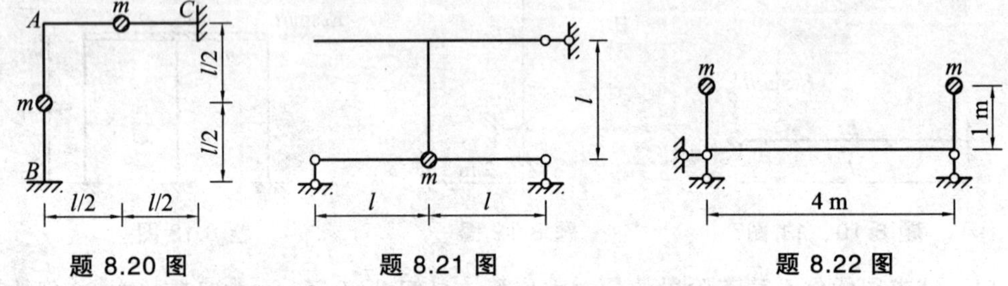

题 8.20 图　　题 8.21 图　　题 8.22 图

8.23　已知 $\theta=\sqrt{48EI/m\,l^3}$，求图示体系的动力弯矩图及振幅图。$EI$=常数。

8.24　已知各杆 EI =常数，作图示体系的动力弯矩图。$\theta^2=12EI/ml^3$。

8.25　试用振型分解法重作题 8.24。

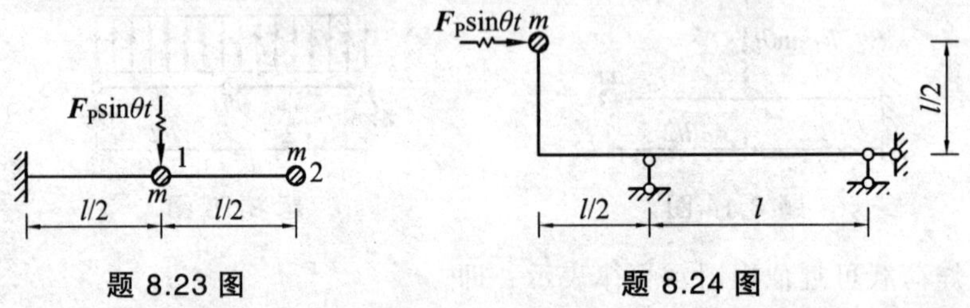

题 8.23 图　　题 8.24 图

习题参考答案

8.1 （a）2；（b）2；（c）4；（d）1；（e）1；（f）2；（g）2；（h）1

8.2 （a） $y(t)=F_1\delta_{11}+F_P(t)\delta_{12}=-\dfrac{4l^3}{243EI}m\ddot{y}(t)+\dfrac{7l^3}{486EI}F_P\sin\theta t$；

（b） $y(t)=-\dfrac{l^3}{3EI}m\ddot{y}(t)+\dfrac{5F_Pl^3}{48EI}\sin\theta t$

8.3 图（a）大

8.4 图（a）、图（b）相同

8.5 （a） $\omega^2=\dfrac{2k}{5m}$；（b） $\omega=\sqrt{\dfrac{3EI}{mlh^2}}$；（c） $\omega=8.172\sqrt{\dfrac{EI}{ml^3}}$；（d） $\omega=\sqrt{\dfrac{48EI}{mh^3}}$；

（e）$\omega = 7.746\sqrt{\dfrac{EI}{ml^3}}$；（f）$\omega = \sqrt{\dfrac{12EI}{ml^3}}$

8.6 $\omega = \sqrt{\dfrac{k_{11}}{m}} = \dfrac{\sqrt{k_1 + k_2}}{m}$

8.7 $T = 2\pi\sqrt{\dfrac{\Delta}{g}} = 0.201\ (\mathrm{s})$

8.8 $y(t) = y_0 \cos \omega t = \dfrac{11}{EI}\cos\sqrt{\dfrac{3EI}{4m}}t$

8.9 $\omega_1 = \omega_2 < \omega_3 < \omega_4$

8.10 $M_{\mathrm{D}\max} = \mu M_{\mathrm{P}} = \dfrac{4}{3}F_{\mathrm{P}}l$

8.11 （1）$\Delta_{\max} = 0.788\ \mathrm{cm}(\downarrow), M_{A\max} = -42.2\ \mathrm{kN\cdot m}$；

（2）$\Delta_{\max} = 0.681\ \mathrm{cm}(\downarrow), M_{A\max} = -36.4\ \mathrm{kN\cdot m}$

8.12 $\delta_{11} = 6.4\times10^{-3}\ \mathrm{m/kN}$，$\omega = 5.59$，$\theta = 10.47\mathrm{s}^{-1}$，$\mu = -0.42$，最大动弯矩（刚结点处）为 25.2 kN·m（内侧受拉）

8.13 （1）$y_{\mathrm{D}\max} = \dfrac{F_{\mathrm{P}}l^3}{18\mathrm{EI}}, M_{\mathrm{D}\max} = \dfrac{F_{\mathrm{P}}l}{3}$;

（2）$y_{\mathrm{D}\max} = 1.98\times\dfrac{F_{\mathrm{P}}l^3}{36EI}, M_{\mathrm{D}\max} = 1.98\times\dfrac{F_{\mathrm{P}}l}{6}$

8.14 $y_{\mathrm{st}} = \dfrac{5F_{\mathrm{P}}l^3}{48EI}, \mu = \dfrac{16}{7}, y_{\mathrm{D}\max} = 0.228\dfrac{F_{\mathrm{P}}l^3}{EI}$

8.15 跨中弯矩 $\dfrac{9ql^2}{32}$

8.16 当 $t < t_1, y = y_{\mathrm{st}}\left(1 - \cos\omega t + \dfrac{\sin\omega t}{\omega t_1} - \dfrac{t}{t_1}\right)$;

当 $t > t_1, y = y_{\mathrm{st}}\left[-\cos\omega t + \dfrac{\sin\omega t - \sin\omega(t - t_1)}{\omega t_1}\right]$

8.17 $\begin{cases} EIy_1(t) = -8m\ddot{y}_1 - \dfrac{28}{3}m\ddot{y}_2 + \dfrac{22}{3}q\sin\theta t \\ EIy_2(t) = -\dfrac{28}{3}m\ddot{y}_1 - 16m\ddot{y}_2 + 8q\sin\theta t \end{cases}$

8.18 $\omega_1 = 0.8057\sqrt{\dfrac{EI}{ml^3}}$，$\omega_2 = 2.8147\sqrt{\dfrac{EI}{ml^3}}$

8.19 $\omega_1 = 4.58\dfrac{ml^3}{EI}$，$\omega_2^2 = 31.42\dfrac{ml^3}{EI}$

体系按第二振型振动，质点位移为

$y_1 = 0.02\cos(\omega_2 t)$，$y_2 = -0.00473\cos(\omega_2 t)$

8.20　$\omega_1=\sqrt{\dfrac{768EI}{7ml^3}}=10.47\sqrt{\dfrac{EI}{ml^3}}$, $\omega_2=\sqrt{\dfrac{192EI}{ml^3}}=13.86\sqrt{\dfrac{EI}{ml^3}}$

8.21　$\delta_{11}=\dfrac{l^3}{6EI}$，$\delta_{12}=0$，$\delta_{22}=\dfrac{l^3}{2EI}$，$\omega_1=1.414\sqrt{\dfrac{EI}{ml^3}}$，$\omega_2=2.45\sqrt{\dfrac{EI}{ml^3}}$

8.22　取正对称半结构：$\delta_{11}=\dfrac{2.333}{EI}$，$\omega_1=0.654\ 7\sqrt{\dfrac{EI}{m}}$；

取反对称半结构：$\delta_{22}=\dfrac{1}{EI}$，$\omega_2=\sqrt{\dfrac{EI}{m}}$

8.23　$M_{\mathrm{D}\max}=\dfrac{F_{\mathrm{P}}l}{4}$，

$A_1=\dfrac{F_{\mathrm{I1}\max}}{m\theta^2}=\dfrac{F_{\mathrm{P}}l^3}{96EI}$，$A_2=\dfrac{F_{\mathrm{I2}\max}}{m\theta^2}=-\dfrac{F_{\mathrm{P}}l^3}{96EI}$

8.24　$\delta_{11}=\dfrac{l^3}{4EI}$，$\delta_{12}=\dfrac{7l^3}{48EI}$，$\delta_{22}=\dfrac{l^3}{8EI}$，$\varDelta_{\mathrm{1P}}=\dfrac{F_{\mathrm{P}}l^3}{4EI}$，$\varDelta_{\mathrm{2P}}=-\dfrac{7F_{\mathrm{P}}l^3}{48EI}$，

$F_{\mathrm{I1}\max}=\dfrac{25}{35}F_{\mathrm{P}}$，$F_{\mathrm{I2}\max}=\dfrac{28}{33}F_{\mathrm{P}}$

第九章　影响线及其应用

【学习目的和基本要求】

影响线是解决工程中移动荷载作用下结构分析的工具。通过本章学习，掌握移动荷载下的影响线及其应用，为解决厂房中吊车梁在吊车荷载作用下、公路铁路桥梁在车辆及列车荷载作用下、结构在人群、临时设备和风压力荷载作用下的设计问题奠定基础。

对本章学习的基本要求如下：

了解：（1）简支梁绝对最大弯矩的概念以及确定方法；

（2）绘制简支梁内力包络图的方法；

（3）用机动法作连续梁内力的影响线以及确定可动均布荷载的最不利布置。

熟悉与理解：（1）影响线横坐标和纵坐标的物理概念；

（2）影响线的绘制方法；

（3）利用影响线求量值；

（4）荷载临界位置的判定方法；

（5）移动荷载作用下的最大内力（或反力）的计算步骤和方法。

掌握与应用：（1）静力法和机动法作单跨梁、多跨梁的影响线；

（2）间接荷载作用下的影响线；

（3）利用影响线求量值和利用影响线确定最不利荷载位置及最大影响量。

第一节　移动荷载与影响线的概念

在前面所讨论的结构分析问题中，结构所承受的荷载的作用位置是固定不变的，这种荷载通常称为**固定荷载**。一般工程结构除了承受固定荷载作用外，还要受到移动荷载的作用。大小、方向不变，仅作用位置发生改变的荷载称为**移动荷载**。例如，火车、汽车通过铁路、公路的桥梁时车辆的轮压以及工业厂房中在吊车梁上行驶的吊车轮压等，对结构而言都是移动荷载。对此，忽略由移动荷载引起的惯性作用，将移动荷载作为一种特殊静荷载考虑。

显然，在移动荷载作用下，结构的反力和内力将随着荷载位置的移动而变化。因此，需要研究由于荷载位置的变化对结构的内力、反力或位移大小的影响，并根据它们的变化规律，求出其最大值，以此作为结构设计的依据。**影响线就是解决工程中移动荷载作用下内力计算问题的工具。**

工程中的移动荷载是多种多样的，不可能针对每一个结构在各种移动荷载作用下产生的效果一一进行分析，以研究移动荷载对结构各种力学物理量的变化规律。一般只需研究具有典型意义的一个竖向单位集中荷载 $F_P=1$ 沿结构移动时，某一量值（内力、反力等）的变化规律，再利用叠加原理，进一步研究实际移动荷载对该量值的影响。

由此引出影响线的定义：**当单位移动荷载在结构上移动时，表示结构上某一量值 S（内力、反力等）变化规律的函数图形称为该量值 S 的影响线。**

第二节　静力法作单跨静定梁影响线

绘制影响线的主要方法有两种，即**静力法**和**机动法**。

用静力法绘制影响线，就是将荷载 $F_P=1$ 放在任意位置，并选定一坐标系，以横坐标 x 表示荷载作用点的位置，然后根据平衡条件求出所求量值与荷载位置 x 之间的函数关系式，这种关系式称为影响线方程。之后，根据方程作出影响线图形。

一、简支梁的影响线

1. 支座反力影响线

现以图 9.1（a）所示简支梁为例，绘制支座反力 F_{RA} 的影响线。设支座反力向上为正，取 A 点为坐标原点，用 x 表示荷载 $F_P=1$ 作用点的横坐标（注意这里的荷载作用点位置 x 是变量）；y 为影响线的纵坐标，它表示量值 F_{RA} 的大小。

由图 9.1（a）可知，当荷载 $F_P=1$ 由 A 端移到 B 端时，变量 x 由 0 变到 l。由平衡方程 $\sum M_B=0$，求得反力 F_{RA} 的变化规律，即

$$F_{RA}\times l-1\times(l-x)=0$$

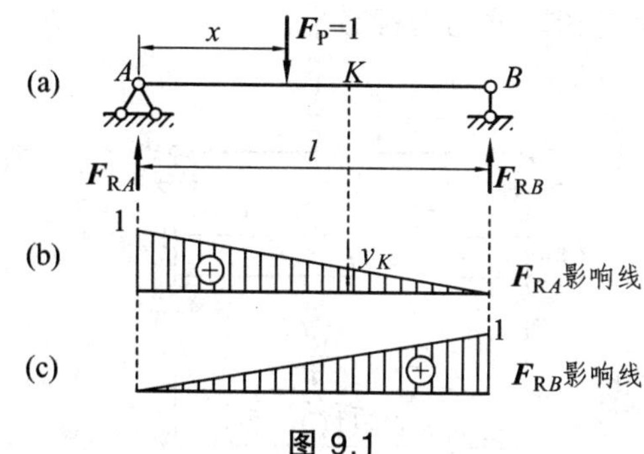

图 9.1

由此得 F_{RA} 的影响线方程为

$$F_{RA}=\frac{l-x}{l}\ (0\leqslant x\leqslant l)$$

它是荷载位置参数 x 的线性函数，影响线是一条直线，其两端的纵距为：当 $F_P=1$ 在 A 点（即 $x=0$）时，$F_{RA}=1$；当 $F_P=1$ 在 B 点（即 $x=l$）时，$F_{RA}=0$。利用这两个纵距画出 F_{RA} 的影响线，如图 9.1（b）所示。

同样，由平衡方程 $\sum M_A=0$，求得反力 F_{RB} 的变化规律，即

$$1\times x-F_{RB}\times l=0$$

由此得 F_{RB} 的影响线方程为

$$F_{RB}=\frac{x}{l}\ (0\leqslant x\leqslant l)$$

根据此方程可求出 $F_P=1$ 在梁上任何作用位置时反力 F_{RB} 的值。当 $x=0$ 时，$F_{RB}=0$；当 $x=l$ 时，$F_{RB}=1$。将两个纵坐标连成直线，得到 F_{RB} 的影响线，如图 9.1（c）所示。

综上所述，用静力法绘制影响线应理解以下几点：

（1）在上述支座反力 F_{RA}、F_{RB} 影响线中，横坐标 x 表示的是 $F_P=1$ 的作用位置；纵（竖）标表示的是支座反力 F_{RA}、F_{RB} 的值，如在图 9.1（b）F_{RA} 影响线中的竖标 y_K 表示当 $F_P=1$ 移动到 K 点时，反力 F_{RA} 的大小。支座反力 F_{RA}、F_{RB} 影响线形象地表明了支座反力 F_{RA}、F_{RB} 随单位荷载 $F_P=1$ 的移动而变化的规律。

（2）影响线的范围即 $F_P=1$ 的作用范围，影响线的基线垂直于 $F_P=1$ 的作用线。

（3）绘制影响线时，正值画在基线之上，负值画在基线之下，且标明符号。

（4）由于单位荷载 $F_P=1$ 量纲为 1，所以反力、剪力、轴力的影响线的量纲也为 1，而弯矩影响线是长度的量纲。

2. 内力影响线

绘制图 9.2（a）所示的指定截面 C 的弯矩、剪力影响线。取 A 为原点，以 x 表示荷载

$F_P=1$ 的位置。由于 $F_P=1$ 有可能在截面 C 的左侧 AC 梁段移动，也可能在截面 C 的右侧 CB 梁段移动，因此，应对这两种情况分别进行考虑。

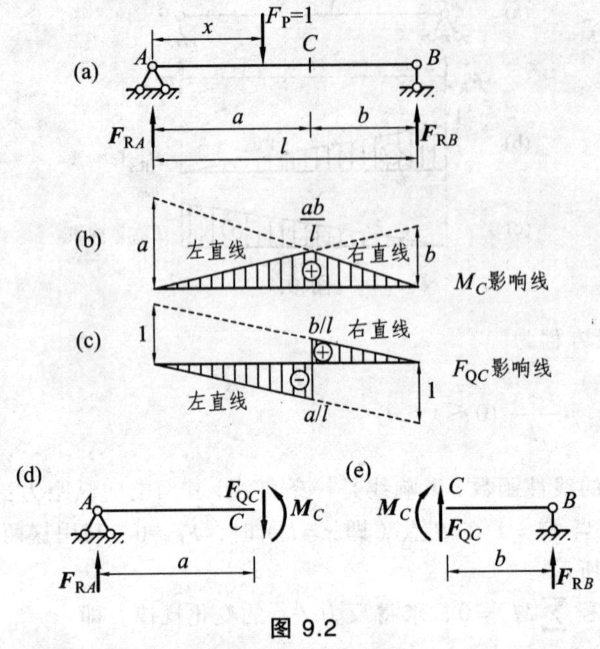

图 9.2

（1）$F_P=1$ 在截面 C 的左侧 AC 梁段移动，此时为了计算简便，取截面 C 以右 CB 部分为隔离体，如图 9.2（e）所示，并设弯矩以梁下缘纤维受拉为正、剪力以绕隔离体顺时针方向转动为正。

由平衡条件 $\sum M_C=0$，求 M_C 在截面 C 以左部分的变化规律，即

$$M_C=F_{RB}\cdot b=\frac{x}{l}b\ (0\leqslant x\leqslant a)$$

可见 M_C 影响线在截面 C 以左部分为一直线。当 $x=0$ 时，$M_C=0$；当 $x=a$ 时，$M_C=\dfrac{ab}{l}$，于是可绘出当 $F_P=1$ 在截面 C 以左的梁段上移动时 M_C 的影响线[见图 9.2（b）中的左直线]。

由平衡条件 $\sum F_y=0$，求 F_{QC} 在截面 C 以左部分的变化规律，即

$$F_{QC}=-F_{RB}=-\frac{x}{l}\ (0\leqslant x\leqslant a)$$

这表明，在 AC 段内 F_{QC} 的影响线与反力 F_{RB} 的影响线相同，二者仅相差一个正负号。因此，将反力 F_{RB} 影响线 AC 段换为负值，即得 F_{QC} 影响线的左直线，如图 9.2（c）所示。

（2）$F_P=1$ 在截面 C 的右侧 CB 梁段移动时，上述影响线方程不再适用。此时为了计算简便，取截面 C 以左部分为隔离体，如图 9.2（d）所示。

由平衡条件 $\sum M_C=0$，求 M_C 在截面 C 以右部分的变化规律，即

$$M_C=F_{RA}\cdot a=\frac{l-x}{l}a\ (a\leqslant x\leqslant l)$$

可见 M_C 的影响线在截面 C 以右的部分也为一直线。当 $x=a$ 时，$M_C=\dfrac{ab}{l}$；当 $x=l$ 时，$M_C=0$，于是可绘出当 $F_P=1$ 在截面 C 以右的梁段上移动时 M_C 的影响线[见图 9.2（b）中的右直线]。

由平衡条件 $\sum F_y=0$，求 F_{QC} 在截面 C 以右部分的变化规律，即

$$F_{QC}=F_{RA}=\frac{l-x}{l}\ (a\leqslant x\leqslant l)$$

同样，在 CB 段内，F_{QC} 的影响线与反力 F_{RA} 的影响线相同。因此，反力 F_{RA} 影响线的 CB 段直线即为 F_{QC} 影响线的右直线，如图 9.2（c）所示。

3. M_C、F_{QC} 影响线的特点

M_C 影响线的特点如下：

（1）由图 9.2（b）所示的 M_C 影响线可知，M_C 的影响线由左右两段直线组成，形状为一个三角形，两直线的交点即三角形的顶点恰位于截面 C 处，其纵距为 $\dfrac{ab}{l}$。在截面 C 处形成一个极大值，说明 $F_P=1$ 移动到截面 C 时，C 截面的弯矩最大。

（2）M_C 影响线左直线也可由反力 F_{RB} 的影响线乘以常数 b 并取其 AC 段而得到，右直线则也可由反力 F_{RA} 的影响线乘以常数 a 并取其 CB 段而得到。这种利用已知量值的影响线绘制欲求量值影响线的方法是很方便的，以后会经常用到。

（3）弯矩影响线的纵距为长度的量纲。

F_{QC} 的影响线的特点如下：

（1）由图 9.2（c）所示的 F_{QC} 影响线可知，F_{QC} 的影响线由两条相互平行的直线组成，其纵距在 C 点处有突变；也就是当 $F_P=1$ 由 C 点的左侧移到其右侧时，截面 C 的剪力值将发生突变，突变值等于 1。当 $F_P=1$ 在 C 点稍左侧时，$F_{QC}=-a/l$；当 $F_P=1$ 在 C 点稍右侧时，$F_{QC}=b/l$。显然，而当 $F_P=1$ 恰作用于 C 点时，F_{QC} 值是不确定的。

（2）F_{QC} 影响线左直线可由反力 F_{RB} 影响线的 AC 段直线取负得到；右直线可由反力 F_{RA} 影响线的 CB 段直线得到。

（3）剪力影响线的纵距与支座反力影响线的纵距一样，为无量纲。

二、伸臂梁的影响线

1. 反力影响线

如图 9.3（a）所示伸臂梁，仍取 A 为原点，x 以向右为正。当 $F_P=1$ 作用于梁上任一点 x 时，由平衡条件可求得两支座反力为

$$\begin{cases} F_{RA}=\dfrac{l-x}{l} \\ F_{RB}=\dfrac{x}{l} \end{cases}\quad (-l_1\leqslant x\leqslant l+l_2)$$

注意：这两个支座反力影响线方程与简支梁的支座反力影响线方程完全相同，只是荷载 $F_P=1$ 的作用范围即 x 的变化范围有所扩大，方程适用于梁的全长（包括伸臂部分）范围。因此，只需将简支梁的支座反力影响线向两个伸臂部分延长，即得伸臂梁的两个支座反力的影响线，如图 9.3（b）、（c）所示。

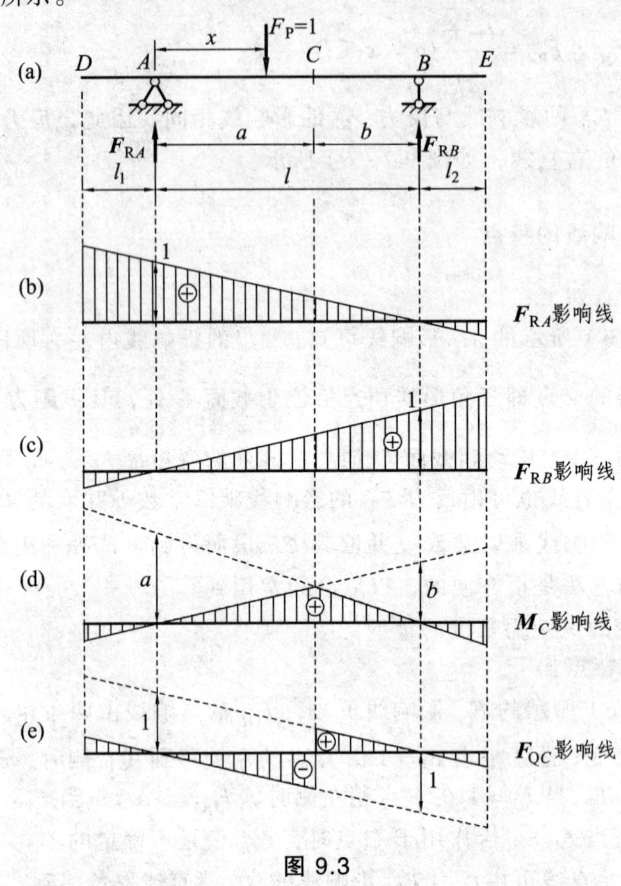

图 9.3

2. 两支座之间的指定截面内力影响线

为求两支座间的任一指定截面 C 的弯矩和剪力影响线，可将它们表示为反力 F_{RA} 和 F_{RB} 的函数。即利用已知的某些量值影响线来作出其他量值的影响线，这种方法使影响线的绘制较为方便。

（1）当 $F_P=1$ 在截面 C 以左 DC 段移动时，取截面 C 以右部分为隔离体，有

$$\begin{cases} M_C = F_{RB}\cdot b \\ F_{QC} = -F_{RB} \end{cases} \quad (-l_1 \leqslant x \leqslant a)$$

（2）当 $F_P=1$ 在截面 C 以右 CE 段移动时，取截面 C 以左部分为隔离体，有

$$\begin{cases} M_C = F_{RA}\cdot a \\ F_{QC} = F_{RA} \end{cases} \quad (a \leqslant x \leqslant l+l_2)$$

据此可绘出 M_C 和 F_{QC} 的影响线，如图 9.3（d）、（e）所示。由此看到，将图 9.2（a）所示的简支梁 C 截面的弯矩和剪力影响线的左、右直线分别向左、右两方向延长，即可得伸臂梁的 M_C 和 F_{QC} 影响线。

3. 伸臂部分截面的内力的影响线

在求伸臂部分上任一指定截面 K[见图 9.4（a）]的弯矩和剪力影响线时，为计算方便，改取 K 为坐标原点，并规定 x 以向左为正。

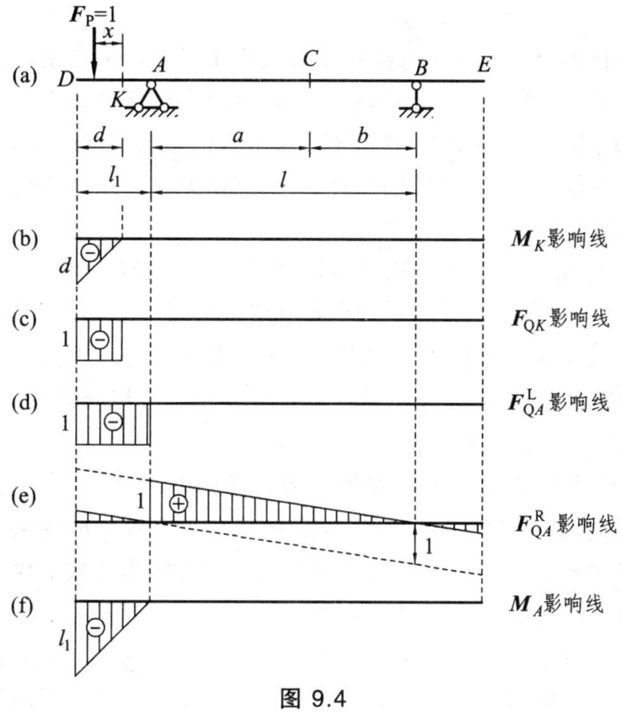

图 9.4

（1）当 F_P=1 在截面 K 以左 DK 段移动时，取截面 K 以左部分为隔离体，有

$$\begin{cases} M_K = -x \\ F_{QK} = -1 \end{cases} \quad (0 \leqslant x \leqslant d)$$

（2）当 F_P = 1 在截面 K 以右 KE 段移动时，仍取截面 K 以左部分为隔离体，此时，由于隔离体上无荷载，故截面 K 处的弯矩和剪力均为零，M_K 影响线与 F_{QK} 影响线与基线完全重合。由此绘出的 M_K 和 F_{QK} 影响线如图 9.4（b）、（c）所示。

4. 支座邻近截面的内力影响线

对于支座处截面的剪力影响线，需就支座稍左和稍右两侧截面分别进行绘制。由于这两个截面分别属于伸臂部分和跨内部分，所以影响线的变化规律显然是不相同的。

（1）求图 9.4（a）中支座 A 稍左侧截面的剪力 F_{QA}^L 影响线，可由图 9.4（c）中伸臂部分上截面 K 的 F_{QK} 影响线使截面 K 趋于截面 A 稍左而得到，如图 9.4（d）所示。

（2）求图 9.4（a）中支座 A 稍右侧截面的剪力 F_{QA}^{R} 影响线，则由图 9.3（e）中跨内截面 C 的 F_{QC} 影响线使截面 C 趋于截面 A 稍右而得到，如图 9.4（e）所示。

（3）求图 9.4（a）中支座 A 截面的弯矩影响线。由于当 $F_P=1$ 在截面 A 以右移动时，M_A 恒为零。故 A 截面的弯矩影响线，可由图 9.4（b）中伸臂部分上截面 K 的 M_K 影响线使截面 K 趋于截面 A 而得到，如图 9.4（f）所示。

三、用静力法绘制影响线小结

（1）用静力法绘制影响线的方法与在固定荷载作用下利用平衡条件求该反力或内力的方法是完全相同的，即都是先取隔离体，然后由平衡条件求该反力或内力。不同之处仅在于作影响线时，作用的荷载是一个移动的单位荷载，所求得的该反力或内力是荷载位置 x 的函数，即影响线方程，再由少数几个特征位置的 x 值算出控制纵标，就可绘出由若干直线段组成的该反力或内力的影响线图形。

（2）当移动的单位荷载作用在结构的不同部分上所求量值的影响线方程不相同时（如 M_C、F_{QC} 影响线），应将它们分段写出，并在作图时注意各方程的适用范围。

（3）对于静定结构，其反力和内力的影响线方程都是 x 的一次函数，故静定结构的反力和内力影响线都是由直线所组成。至于静定结构的位移影响线以及超静定结构的内力影响线，因影响线方程不再是 x 的一次函数，故一般为曲线。

（4）反力和内力的影响线 S_K 的每一纵距对应着荷载 $F_P=1$ 的一个作用位置，它的全部纵距组成的图形，表示 S_K 值的变化规律，即 S_K 影响线（注意 S_K 影响线每一纵距的含义）。

为加深对影响线物理概念的理解，现将影响线与内力图作比较。例如：图 9.5（a）的简支梁上有一个位置固定的集中荷载作用在 C 处，相应的弯矩图形状虽与图 9.5（b）中 M_C 影响线相似，但 M 图表示在这一固定荷载作用下各截面的弯矩分布情况，即各处纵距代表各个截面的弯矩值。显然，弯矩图与弯矩影响线两者的物理概念是截然不同的，图 9.5（a）、（b）中 D 点的纵距代表的物理概念也是截然不同的。

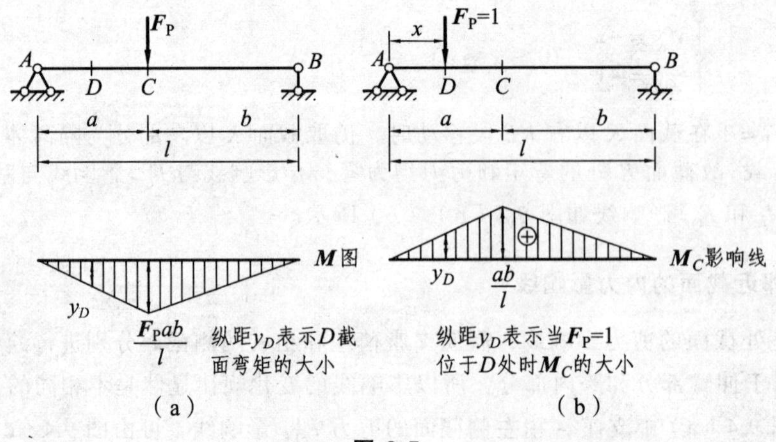

图 9.5

例 9.1 试作图 9.6（a）所示静定梁的反力 F_{RB} 及弯矩 M_C 的影响线。

解 （1）求 F_{RB} 影响线。设 $F_P = 1$ 作用于梁上任一点时，由整体平衡条件 $\sum F_y = 0$，得

$$F_{RB} = 1$$

此式表明，$F_P=1$ 在任何位置时 F_{RB} 是常量 1。F_{RB} 影响线如图 9.6（b）所示。

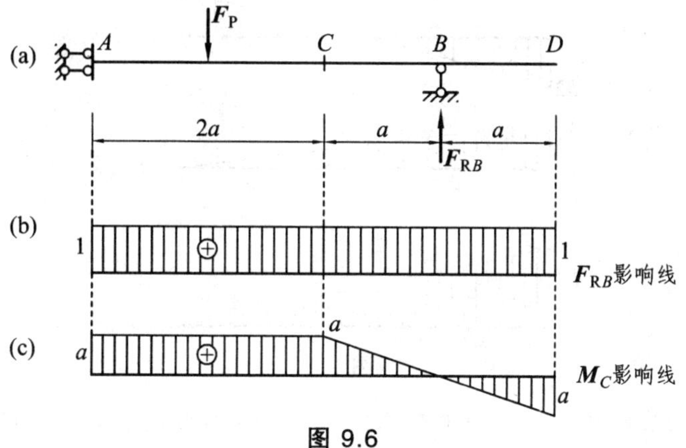

图 9.6

（2）求 M_C 影响线。当 $F_P=1$ 在截面 C 以左 AC 段移动时，取截面 C 以右 CBD 部分为隔离体，由 $\sum M_C = 0$，得

$$M_C = F_{RB} \cdot a = a \quad （A—C\text{ 段}）$$

当 $F_P=1$ 在截面 C 以右 CBD 段移动时，由 C、B 两点可定出 CBD 段的影响线，即

$F_P=1$ 在 C 点，$M_C = a$

$F_P=1$ 移至支点 B 时，$M_C = 0$

将两个纵标连成直线并向外延伸，即可定出 CBD 段的影响线（也可建立该段的方程）。M_C 影响线如图 9.6（c）所示。

例 9.2 试绘出图 9.7（a）所示结构指定截面内力 F_{Q1}、M_2、M_3 及支座反力 F_{RA} 的影响线。单位力 $F_P=1$ 在上部梁 CD 上移动。

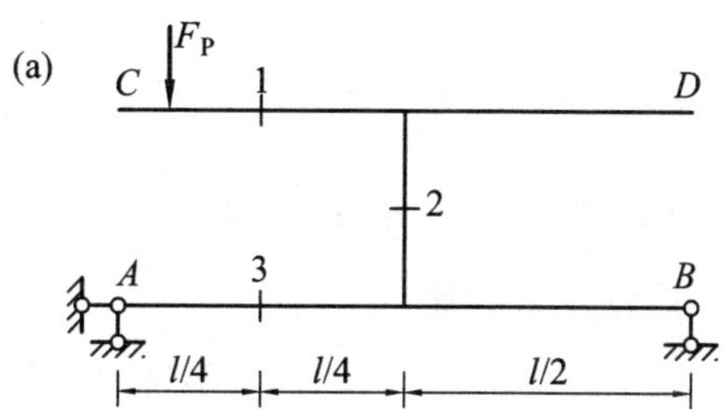

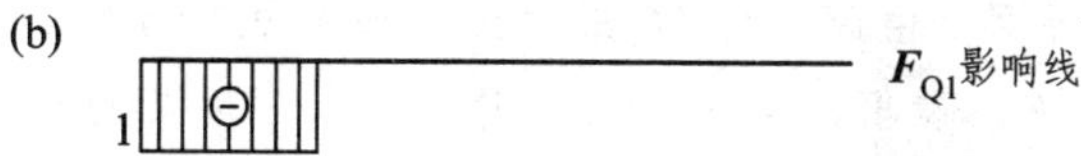

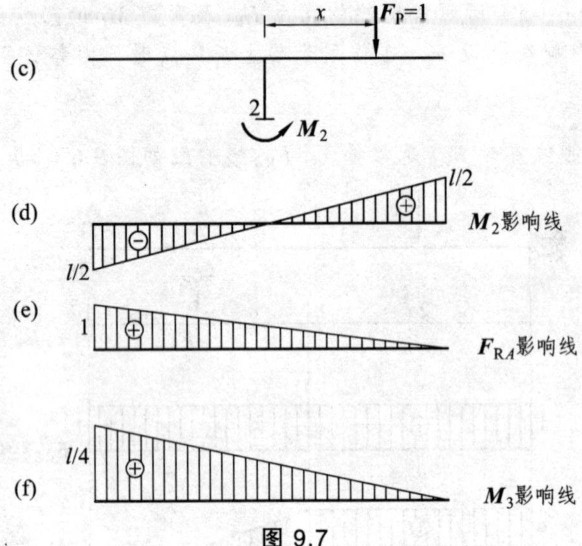

图 9.7

解 （1）求 F_{Q1} 影响线。当 $F_P=1$ 在截面 1 以右移动时，取截面 1 以左部分为隔离体，此时由于隔离体上无荷载，故截面 1 处的剪力为零。故在截面 1 以右 1—D 段 F_{Q1} 影响线与基线重合。

当 F_P=1 在截面 1 以左移动时，仍取截面 1 以左部分为隔离体，由 $\sum F_y=0$，有

$$F_{Q1}=-1 \quad （C—1 段）$$

由此可绘得 F_{Q1} 影响线，如图 9.7（b）所示。

（2）求 M_2 影响线。取隔离体如图 9.7（c）所示，为计算方便，取梁中点为坐标原点，并规定 x 向右为正。当 $F_P=1$ 作用于梁上任一点 x 时，以截面 2 为矩心，由 $\sum M_2=0$，得

$$M_2=x \quad (-l \leqslant x \leqslant l)$$

由此可绘得 M_2 影响线，如图 9.7（d）所示。

（3）求 M_3 影响线。取梁左端点 C 为坐标原点，并规定 x 向右为正。设 $F_P=1$ 作用于梁上任一点 x 时，可求得

$$M_3=F_{RA}\times\frac{l}{4}$$

此式表明，将 F_{RA} 影响线纵坐标乘以 $\frac{l}{4}$，即得 M_3 的影响线。为此，求 F_{RA} 影响线。当 $F_P=1$ 作用于梁上任一点 x 时，由 $\sum M_B=0$，得

$$F_{RA}=\frac{l-x}{l}$$

F_{RA} 影响线如图 9.7（e）所示。由此绘得 M_3 影响线，如图 9.7（f）所示。

由 M_3 影响线的绘制方法看出，绘制影响线时，可以利用某些已知量值影响线来绘制该量值的影响线。这种方法使影响线的绘制较为方便，在以后影响线的绘制中会经常用到。

第三节　静力法作多跨静定梁的影响线

在固定荷载作用下多跨静定梁的内力分析，需要分清结构的基本部分、附属部分以及各部分之间的传力关系。对于绘制多跨静定梁的影响线，也同样是关键所在。

1. 附属部分某量值影响线

图 9.8（a）所示多跨静定梁，其层叠图如图 9.8（b）所示。先分析附属部分的影响线规律。现欲求 D 支座反力 F_{RD} 的影响线。当单位力 $F_P=1$ 在基本部分 ABC 上移动时，附属部分不受力，所以附属部分 F_{RD} 的影响线在基本部分 ABC 范围内的值为 0。当 $F_P=1$ 移动到附属部分，则该部分相当于一简支梁，F_{RD} 的影响线如图 9.8（c）所示。

由上述分析可知：**多跨静定梁附属部分某量值影响线，其非零纵距图形仅限于附属部分本身。**

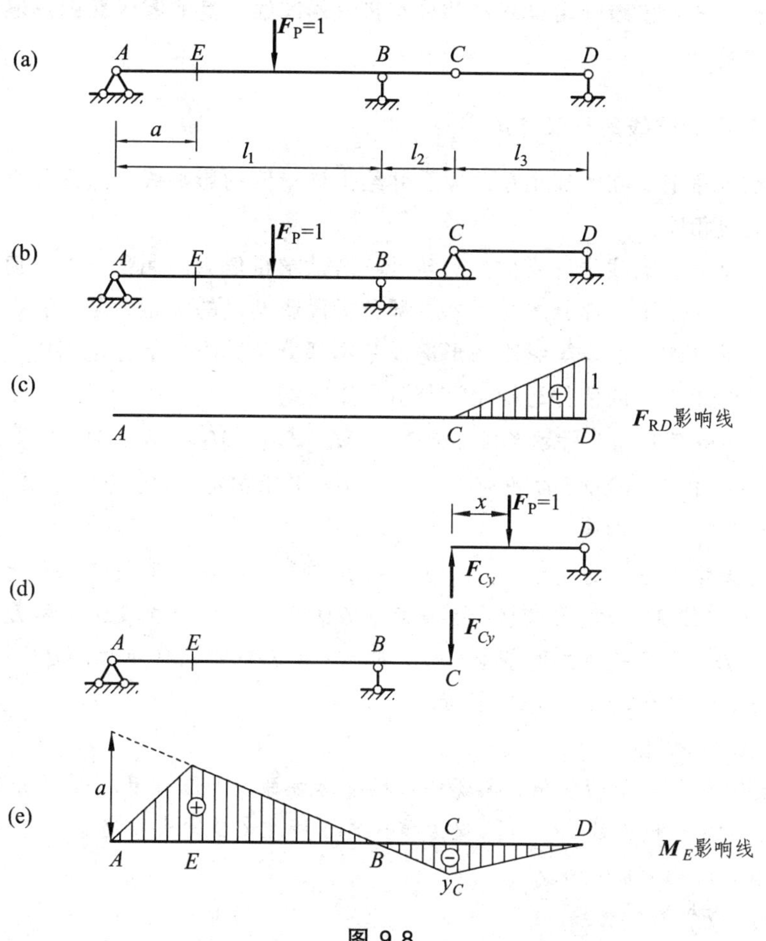

图 9.8

2. 基本部分某量值影响线

现分析基本部分量值 M_E 的影响线的作法：

（1）当 $F_P=1$ 在基本部分时，附属部分不受力，M_E 影响线在 AC 段与独立的伸臂梁相同，据此绘出 AC 梁 M_E 影响线。在 C 处的纵距值为 y_C，其意义为当 $F_P=1$ 移动到 C 处时，$M_E=y_C$。

（2）当 $F_P=1$ 在附属部分 CD 段移动时，附属部分传到 C 点的力为 $F_{Cy}=\dfrac{l_3-x}{l_3}$，相当于一个 x 的一次函数的变力作用于固定位置 C 处，如图 9.8（d）所示，此时量值为

$$M_E=y_C\cdot F_{Cy}=y_C\frac{l_3-x}{l_3}\qquad(0\leqslant x\leqslant l_3)$$

当 $x=0$ 时，$M_E=y_C$；$x=l_3$ 时，$M_E=0$。据此可画出 $F_P=1$ 在附属部分 CD 段移动时，M_E 影响线的 CD 段直线，如图 9.8（e）所示。

由上述分析可知：**多跨静定梁基本部分某量值影响线，其非零纵距图形遍及基本部分及它的附属部分范围内。**

3. 多跨静定梁影响线的一般作法

（1）取出欲求量值所在的那个单跨梁，并绘出该量值的影响线，这部分影响线完全与独立的单跨梁影响线相同。

（2）由这一部分影响线的两端向左右延伸。若欲求量值为附属部分某量值时，其影响线的非零纵距图形仅限于附属部分本身，基本部分梁段影响线的纵距为零。若欲求量值为基本部分某量值时，其影响线的非零纵距图形遍及基本部分及其附属部分范围内。可由铰处纵距为已知和支座处纵距为零的条件，确定该部分的影响线。

例 9.3 试作图 9.9（a）所示多跨静定梁的 M_1、F_{Q1}、M_2、F_{Q2}、M_E、F_{QE}^{R} 的影响线。

解 该多跨静定梁 AC 和 DG 为两个相互独立的基本部分，CD 为附属部分。

（1）作 M_1、F_{Q1} 的影响线。

M_1、F_{Q1} 为基本部分上的量值。作影响线时，应先作出这两个量值本身所在 AC 梁段，即作出伸臂梁 ABC 的 M_1、F_{Q1} 影响线。附属部分 CD 由铰 C 处影响线连续和 D 处纵距为零两个条件确定。而 DG 为另一独立的基本部分，$F_P=1$ 在这一部分移动时，M_1、F_{Q1} 的值为零。M_1、F_{Q1} 的影响线如图 9.9（b）、（c）所示。

（2）作 M_2、F_{Q2} 的影响线。

M_2、F_{Q2} 为附属部分上的量值，其影响线的非零纵距图形仅限于附属部分 CD 梁段本身，基本部分 AC 和 DG 梁段上的 M_2、F_{Q2} 值为零，自身所在 CD 梁段相当于单跨梁。M_2、F_{Q2} 的影响线如图 9.9（d）、（e）所示。

（3）作 M_E、F_{QE}^{R} 的影响线。

M_E、F_{QE}^{R} 的影响线作法与 M_1、F_{Q1} 的影响线作法相同。先作出 M_E、F_{QE}^{R} 所在的伸臂梁 DG 在支承截面处的 M_E、F_{QE}^{R} 的影响线，再将其向附属部分 CD 梁延伸，由铰 D 处影响线纵

距连续、C 处纵距为零确定 CD 段直线。M_E、F_{QE}^{R} 的影响线如图 9.9（f）、（g）所示。

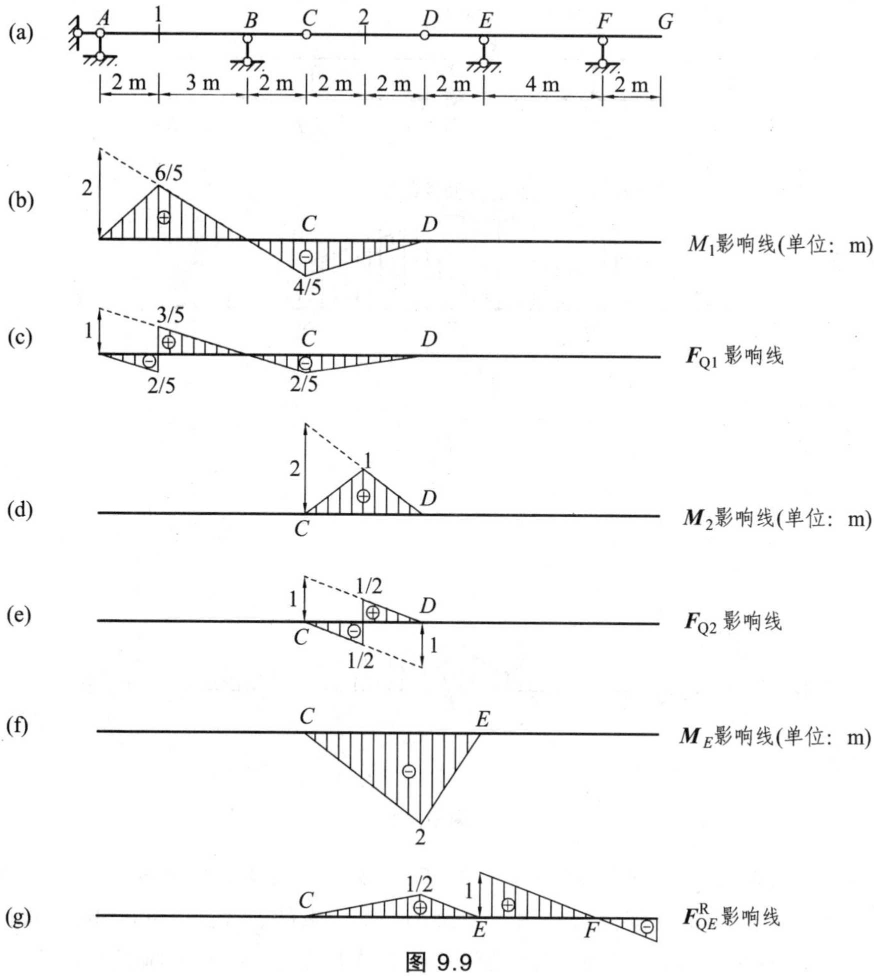

图 9.9

第四节　间接荷载作用下的影响线

间接荷载也可称为结点荷载，图 9.10 所示为桥梁结构中的纵横梁桥面系统及主梁的简图。计算主梁时通常可假定纵梁简支在横梁上，横梁置于主梁上。荷载直接作用于上层纵梁上，再通过横梁（结点）将力传给下层主梁（或桁架），随着荷载的移动，主梁只在各横梁处（结点处）受到大小变化的集中力作用。对主梁来说，这种荷载称为间接荷载或结点荷载。

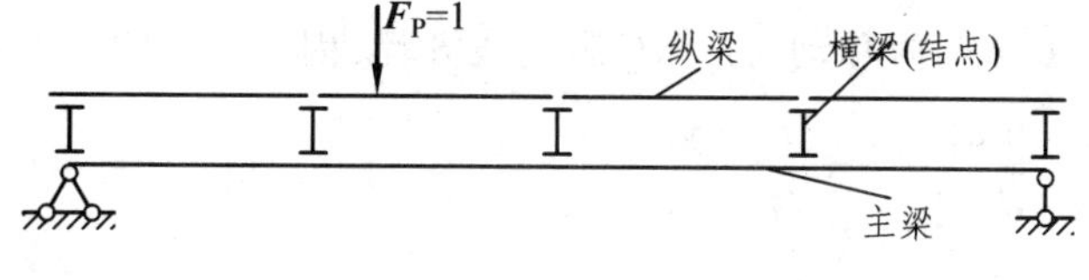

图 9.10

现分析图 9.11（a）所示主梁 C 截面的弯矩影响线的作法：

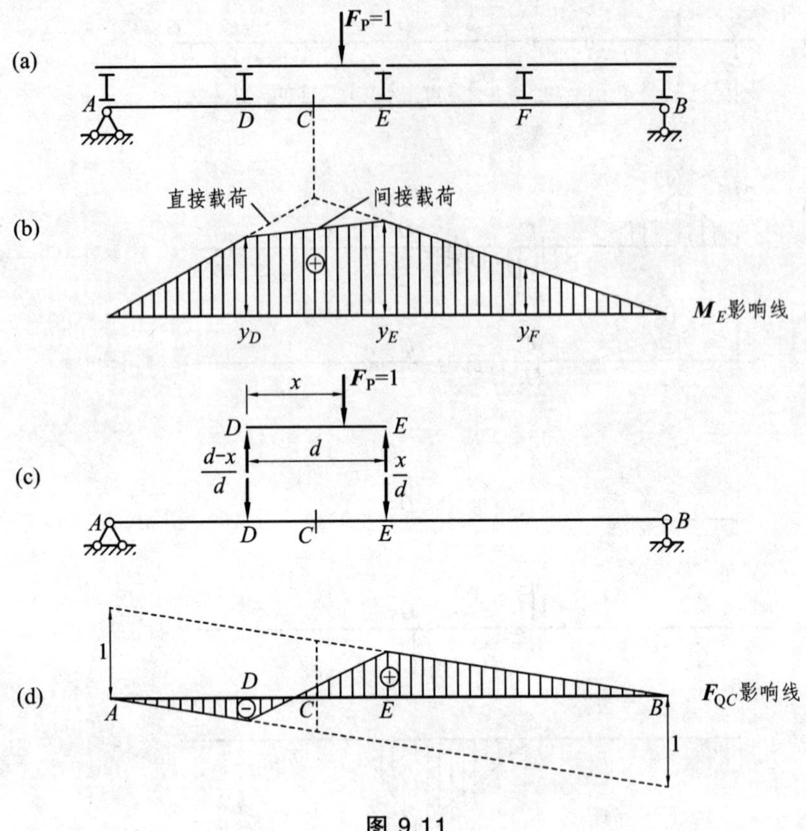

图 9.11

（1）当荷载 $F_P=1$ 移动到各横梁结点 D、E、F 处时，显然，此时相当于荷载直接作用在主梁上。因此，可先作出直接荷载作用下主梁的 M_C 影响线，见图 9.11（b），而在此影响线中，在各结点处的纵距 y_D、y_E、y_F 也就是间接荷载作用下主梁 M_C 影响线的纵距。

（2）当荷载 $F_P=1$ 在任意两相邻结点如 D、E 之间的纵梁上移动时的情况，如图 9.14（c）所示，设 $F_P=1$ 距 D 点为 x，则纵梁的两个反力即作用在主梁上的作用力[见图 9.11（c）]分别为

$$F_{Dy}=\frac{d-x}{d},\quad F_{Ey}=\frac{x}{d}$$

主梁在这两个结点荷载作用下，由影响线的定义和叠加原理，截面 C 的弯矩为

$$M_C=F_{Dy}\cdot y_D+F_{Ey}\cdot y_E=\frac{d-x}{d}y_D+\frac{x}{d}y_E$$

这就是当 $F_P=1$ 在 DE 节间内移动时的 M_C 影响线方程，因它为 x 的一次函数，故为一直线段。

当 $x=0$ 时，$M_C=y_D$

$x=d$ 时，$M_C=y_E$

由此可知，只需找到直接荷载作用下的 M_C 影响线位于各结点处的纵距，然后将相邻纵距顶

点逐段连以直线，就形成间接荷载下的 M_C 影响线，如图 9.11（b）中梯形所示。实际上，它与直接荷载作用下的 M_C 影响线的大部分节间的直线段是重合的，只是在截面 C 所在的节间 CE 内将虚线所示的三角形作了修正。

以上结论，适用于绘制间接荷载作用下任何量值的影响线。因此，可将绘制间接荷载作用下影响线的一般步骤归纳如下：

① 作出直接荷载作用下所求量值的影响线（用虚线表示）。

② 取上述影响线位于各结点处的纵距，按照相邻结点纵距顶点必为一直线的原则对上述影响线进行修正，即得间接荷载作用下该量值的影响线。

根据上述步骤可作图 9.11（a）所示主梁 C 截面的剪力影响线 F_{QC}。

（1）作出直接荷载作用下截面 C 的剪力影响线 F_{QC}，用虚线表示，如图 9.11（d）所示。

（2）取 F_{QC} 影响线位于各结点处的纵距，按照相邻结点纵距顶点必为一直线的原则对 F_{QC} 影响线进行修正，此时 A—D、E—B 节间的直线段是重合的，只是在截面 C 所在的节间 DE 内，取 D、E 点结点处纵距 y_D、y_E 连成直线即得间接荷载作用下 F_{QC} 影响线。

（3）F_{QC} 影响线可见，如果截面 C 的位置在 DE 之间的任意处，尽管直接荷载下的 F_{QC} 的影响线（虚线所示）有所变化，但间接荷载下的 F_{QC} 的影响线（实线所示）形状不发生任何改变。图 9.11（d）所示的 F_{QC} 影响线也为 DE 节间的节间剪力影响线 F_{QDE}。

第五节　机动法作静定梁影响线的概念

机动法是作影响线的另一种方法，它的理论依据是虚功原理，根据理论力学中刚体体系的虚位移原理，应用机动法可以**将绘制静定结构内力和反力影响线的静力问题转化为作刚体位移图的几何问题**。下面应用机动法绘制伸臂梁的影响线：

1. 伸臂梁的反力影响线

伸臂简支梁受单位移动荷载 $F_P = 1$ 作用，如图 9.12（a）所示。为求反力 F_{RB} 的影响线，先撤除与 F_{RB} 相应的支座链杆，并以图 9.12（b）所示的正向反力 F_{RB} 代替。此时伸臂简支梁已转化为具有一个自由度的机构，故可给予此机构沿 F_{RB} 正方向一个微小的虚位移 δ_B，如图 9.12（b）所示，梁 AB 作为一个刚体发生了绕支点 A 的微小转动，以 δ_B 和 δ_P 分别表示梁 B 点处和移动荷载 $F_P = 1$ 作用点和方向的虚位移。δ_B 取与反力 F_{RB} 的方向一致为正，δ_P 取与单位 $F_P = 1$ 方向一致为正，此时根据虚位移原理，梁上原有平衡力系 $F_P = 1$、F_{RB}、F_{RA} 所完成的虚功总和等于零，即

$$1 \times \delta_P + F_{RB} \times \delta_B = 0$$

得

$$F_{RB} = -\frac{\delta_P}{\delta_B} \tag{a}$$

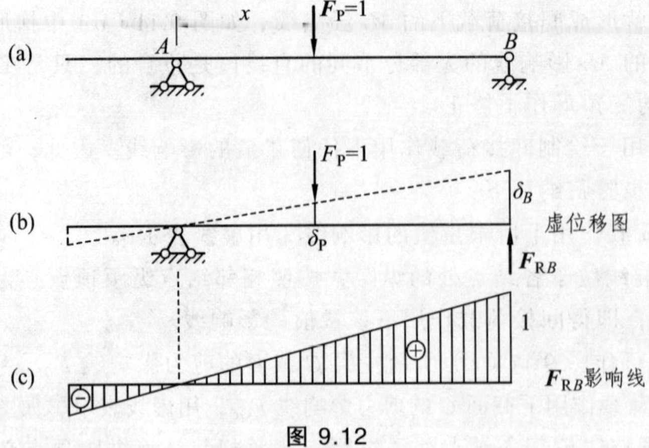

图 9.12

观察这一表达式，δ_B是在 F_{RB} 方向给定的一个常数，δ_P与移动荷载 $F_P=1$ 的作用位置相对应，它随 x 的变化而变化，代表全梁的竖向虚位移图，如图 9.12（b）所示。于是（a）式表明，反力 F_{RB} 随 x 而变化的变化规律与虚位移图 δ_P 相同，其中 $-1/\delta_B$ 可看做比例尺，由此（a）式可表达为

$$F_{RB}=\left(-\frac{1}{\delta_B}\right)\delta_P(x) \tag{b}$$

由（b）式可知，F_{RB} 的影响线与荷载作用点的竖向虚位移图 $\delta_P(x)$ 成正比，也就是说，根据虚位移图 δ_P 就可以定出 F_{RB} 的影响线轮廓。

考虑到体系只具有一个自由度，所给定的 δ_B 是任意微小值，为简便起见，常令 $\delta_B=1$，则变量 F_{RB} 的表达式简化为

$$F_{RB}=-\delta_P \tag{c}$$

对于静定梁的任意量值 S，则有

$$S=-\delta_P \tag{9-1}$$

由于竖向虚位移图 δ_P 的符号规定为与荷载 $F_P=1$ 的方向一致者为正，即图 9.12（b）中虚位移图 $\delta_P(x)$ 在梁轴下方者为正，则按（c）式将 δ_P 变号而作为影响线的符号，也就是在梁轴下方为负、在上方为正，如图 9.12（c）所示。

归纳起来，用机动法作静定结构任意量值 S 的影响线的步骤如下：

（1）欲求某量值 S 的影响线，撤去与 S 相应的约束，以正向约束力 S 代替，此时结构变成具有一个自由度的机构。

（2）使体系沿 S 的正方向发生虚位移，作出荷载作用点的竖向虚位移图[$\delta_P(x)$图]，由此可定出 S 的影响线轮廓。

（3）令该约束力 S 方向的虚位移 $\delta_S=1$，可进一步定出影响线各纵距的数值。

（4）将所得承载弦（移动荷载 $F_P=1$ 所作用的梁段）的竖向虚位移图 $\delta_P(x)$（以后用 y 表示）反号，即横坐标以上的图形取正、横坐标以下的图形取负，即得该量值 S 的影响线。

2. 伸臂梁 *C* 截面的弯矩影响线

用机动法作图 9.13（a）所示截面 C 的弯矩影响线，首先撤除截面 C 上与 M_C 相应的抗转约束，即将截面 C 改成铰结点，并以图 9.13（b）所示的正向弯矩 M_C 代替原有联系中的作用力，此时梁转化为具有一个自由度的机构；然后令左右截面沿 M_C 正向发生微小转角虚位移，即左段刚体 AC 有逆时针向转角 α，右段刚体 BC 有顺时针转角 β，如图 9.13（b）所示。此时根据虚位移原理，可列出虚功方程：

$$1\times y+M_C\times\alpha+M_C\times\beta=0$$

得

$$M_C=-\frac{y}{\alpha+\beta}$$

式中，$\alpha+\beta$ 为铰 C 处杆件的折角，即与 M_C 相应的广义位移。若令 $\alpha+\beta=1$，则

$$M_C=-y$$

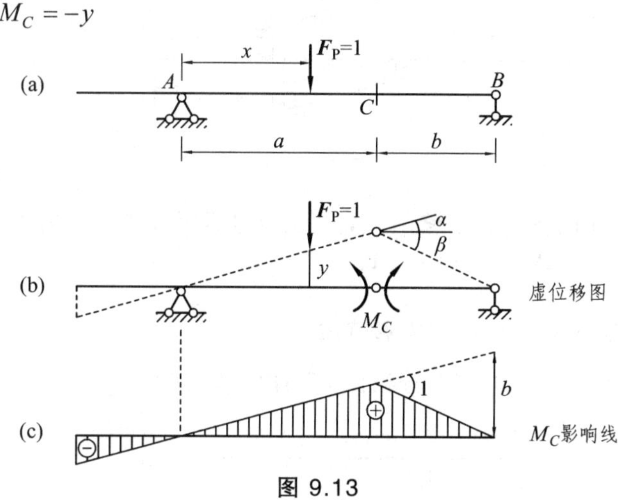

图 9.13

由此可得全梁（承载弦）的竖向虚位移图，更改正负号后就成 M_C 影响线，如图 9.13（c）所示，B 处控制纵标为 $1\times b$。

3. 伸臂梁 *C* 截面的剪力影响线

用机动法作图 9.14（a）所示 C 截面的剪力影响线，在截面 C 上撤除与 F_{QC} 相应的抗剪约束，即将截面 C 改成“滑动铰”（左右截面间由两根平行于梁轴的等长链杆形成一个定向联系，这种装置不能抵抗或传递剪力，但仍能承受或传递弯矩和轴力），并以一对正向剪力 F_{QC} 代替原有联系中的作用力，如图 9.14（b）所示。然后，令此机构沿 F_{QC} 正向发生微小剪切虚位移，则左刚片 AC 可绕 A 转动、右刚片 BC 可绕 B 转动，但因 C 处“滑动铰”的联系只容许左、右截面以及左、右刚片保持平行，故梁轴虚位移图成为左、右互相平行的两段直线。图 9.14（b）中的截面 C 的左、右两侧相对剪切位移为 δ_{C1} 和 δ_{C2}。与上述虚位移相应的虚功方程为

$$1\times y+F_{QC}\times\delta_{C1}+F_{QC}\times\delta_{C2}=0$$

得

$$F_{QC}=-\frac{y}{\delta_{C1}+\delta_{C2}}$$

式中，$\delta_{C1}+\delta_{C2}$ 为 C 点两侧截面的竖向相对线位移，即与 F_{QC} 相应的广义位移。若令 $\delta_{C1}+\delta_{C2}=1$，则有

$$F_{QC}=-y$$

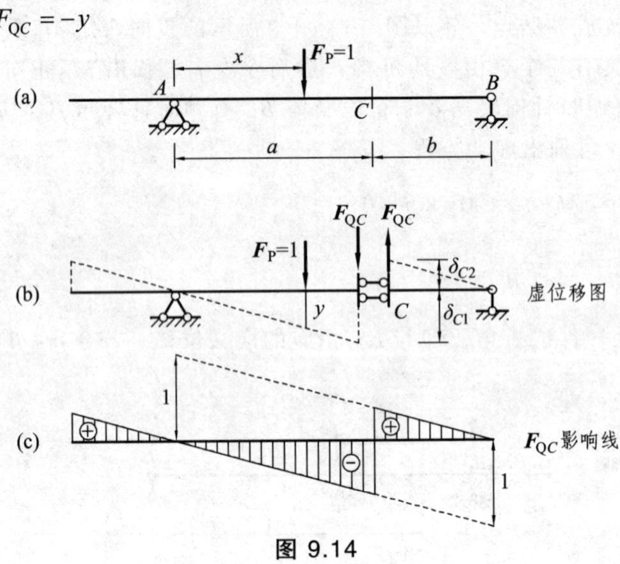

图 9.14

由此可得全梁（承载弦）的竖向虚位移图，更改正负号后就成 F_{QC} 影响线，如图 9.14（c）所示，B 处控制纵标及两平行线间的竖距为 1。

4. 伸臂梁中伸臂部分 D 截面的内力影响线

用机动法作图 9.15（a）中伸臂部分截面 D 的内力影响线。

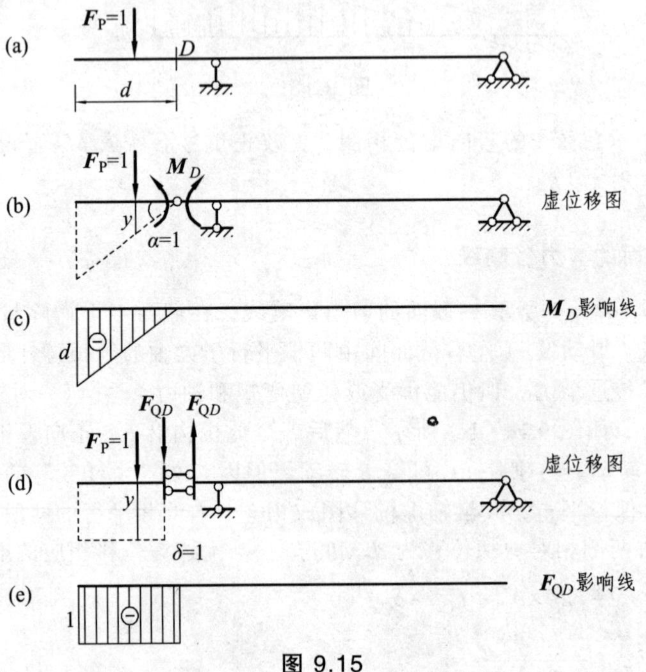

图 9.15

在分别撤除了与 M_D 和 F_{QD} 相应的约束后，可以看到仅在截面 D 以左的伸臂段形成了机构，D 以右则是几何不变体[见图 9.15（b）、（d）]，因此刚体虚位移只可能发生在截面 D 以左。于是虚位移图及相应的 M_D、F_{QD} 的影响线分别如图 9.15（c）、（e）所示，均与按静力法所得影响线相同。需要指出，以上诸图中将虚位移和荷载、约束力画在同一个图上，但该虚位移是另外附加给该平衡力系的，是独立于该力系的。

5. 用机动法绘制主梁在间接荷载下的影响线

用机动法绘制主梁在间接荷载下的影响线时，需注意的是影响线图形的范围是移动荷载可以抵达的范围。用机动法作影响线时，首先作出直接荷载作用下的影响线，即作出主梁的虚位移图，然后取上层纵梁所发生的虚位移图作为影响线的形状。这是因为荷载 $F_P = 1$ 是在纵梁上移动，荷载作用点的虚位移 δ_P 发生在纵梁上，它才是虚功方程中的 y。

6. 多跨静定梁影响线

多跨静定梁包含基本部分和附属部分，用机动法绘制其各项影响线将是很方便的。在上述的用机动法绘制影响线的步骤均适用，只需注意下述特点：

（1）在撤去与所求量值相应的约束后，若在基本部分形成机构，则除基本部分发生虚位移外，还将影响其附属部分。

（2）若在附属部分形成机构，则虚位移图仅涉及附属部分。

例 9.4 试用机动法作图 9.16（a）所示多跨静定梁 M_n、F_{Qm}、F_{QC} 影响线。

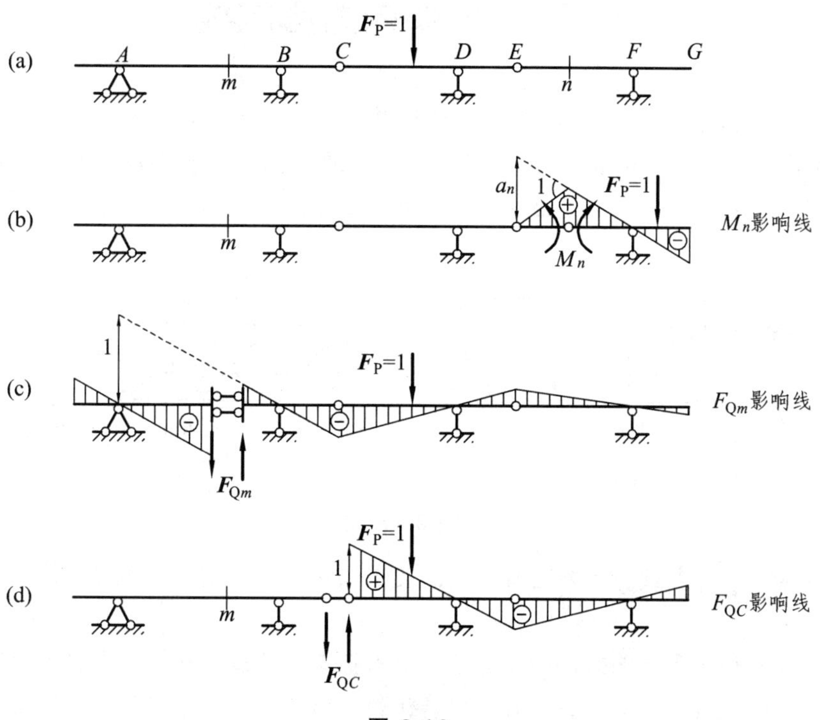

图 9.16

解 （1）作 M_n 影响线。截面 n 位于第二层附属梁 EFG 跨内，铰 E 以左为其基本部分；作 M_n 影响线时，在撤去与 M_n 相应的约束后，形成的机构仅在附属部分 EFG 梁本身，故虚位移图局限在 EFG 段内。按前述单跨梁的方法，定出 E 端控制纵标为 $1\times a_n$，并将其改变为正号，M_n 影响线如图 9.16（b）所示。

由此可见，附属部分量值 M_n 影响线的非零纵距图形仅分布于附属部分范围内。

（2）作 F_{Qm} 影响线。截面 m 位于基本部分 AB 梁跨内，铰 C 以右均为其附属部分。作 F_{Qm} 影响线时，在撤去与 F_{Qm} 相应的约束，形成机构 Am-mC 后，发生相应的虚位移，铰 C 的竖向虚位移即为确定值，从而使第一层附属梁 CDE 绕支点 D 发生转动，继而又使第二层附属梁 EFG 绕支点 F 转动，如图 9.16（c）所示。F_{Qm} 影响线控制纵标应由截面 m 所在的 AB 梁来确定，各支点处的纵标为零。

由此可见，基本部分量值 F_{Qm} 影响线的非零纵距图形分布于全梁，即基本部分及其附属部分范围内。

（3）作 F_{QC} 影响线。撤去 C 处抗剪的竖向约束后，仅右部 CDE 和 EFG 可发生的虚位移图，其控制纵标由铰 C 所在的 CDE 梁来确定，各支点处的纵标为零。F_{QC} 影响线如图 9.16（d）所示。

综上所述，用机动法绘制影响线的优点是不经具体的静力计算即可迅速地确定影响线的形状、正负号及控制纵标，特别是影响线中的各直线段落，清楚地与撤去约束后的体系内各刚片的分界相对应。这为结构设计工作提供了方便，也可对静力法所作影响线进行校核。

第六节 桁架内力影响线

在桁架中，荷载是通过纵梁和横梁而传递到桁架结点上的，如图 9.17 所示，为了方便，纵横梁一般不画出来。当横梁放在桁架上弦时，称上弦承载；当横梁放在桁架下弦时，称下弦承载。因此，桁架内力影响线有**上承式**和**下承式**之分。

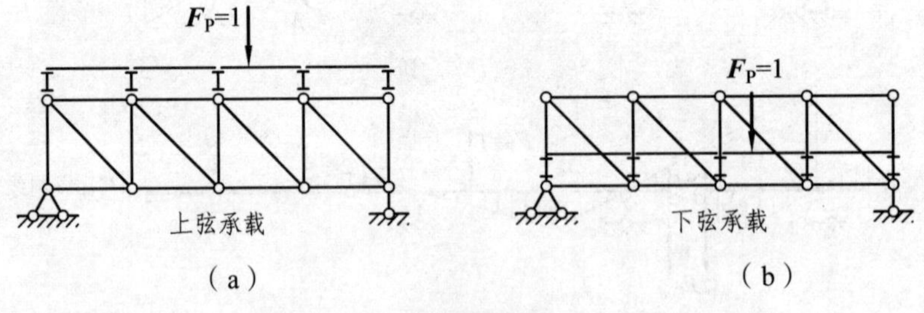

（a）　　　　（b）

图 9.17

桁架承受的是结点荷载，故前面所讨论的关于间接荷载作用下影响线的性质，对桁架都是适用的。

根据结点荷载作用下影响线的绘制方法，只需把单位荷载 $F_P=1$ 依次置于承载弦的各结点（横梁）上，计算出该杆轴力的数值，用竖标表示出来，再将相邻竖标连以直线，就得到该杆的轴力影响线。

如果结点（横梁）很多时，这样逐点求值不够简便，此时应采用静力法绘制影响线。用静力法绘制桁架内力的影响线，需考虑 $F_P=1$ 在不同部分移动时，分别写出所求杆件内力的影响线方程，然后根据方程作出影响线。常用的方法有截面法和结点法。这些方法与前面介绍的静定平面桁架内力计算的截面法和结点法是一致的，所不同的是：前者作用的荷载是一个移动的单位荷载，而后者作用的荷载是固定荷载。

一、用力矩法求桁架内力影响线

下面以图 9.18（a）所示的平行弦桁架为例来说明用力矩法绘制上、下弦杆 1、2 杆的内力影响线的方法。

设单位荷载 $F_P=1$ 沿桁架下弦 AB 移动，图 9.18（b）所示的梁为该桁架的等代简支梁。支座反力 F_{RA} 和 F_{RB} 的影响线与简支梁支座反力 F_{RA} 和 F_{RB} 的影响线相同。

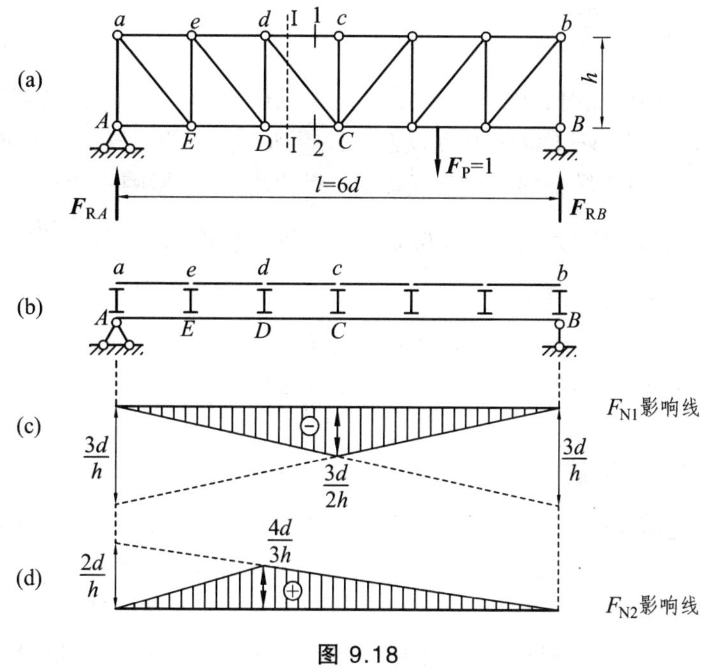

图 9.18

（1）求上弦 1 杆 $\boldsymbol{F}_{N1}$ 影响线。

① 作 I—I 截面，如图 9.18（a）所示，截开承载弦（下弦）的 DC 节间。当 $F_P=1$ 在 D 点以左移动，取 I—I 截面右部为隔离体，由力矩平衡方程 $\sum M_C=0$，得

$$F_{RB}\times 3d+F_{N1}\times h=0$$

$$F_{N1}=-\frac{3d}{h}\cdot F_{RB} \tag{a}$$

式（a）表明 F_{N1} 影响线 $A—D$ 段的左直线，与反力 F_{RB} 影响线的形状相同。作这段直线时只需作出反力 F_{RB} 影响线，将其纵坐标乘以 $-3d/h$，取 D 以左一段直线即得 F_{N1} 影响线的左直线。

由于符号为负，故画于基线以下。

② 当 $F_P=1$ 在被截开节间 C 点以右移动，取 I—I 截面左边部分为隔离体，由力矩平衡方程 $\sum M_C=0$，可得

$$F_{RA}\times 3d+F_{N1}\times h=0$$

$$F_{N1}=-\frac{3d}{h}F_{RA} \tag{b}$$

式（b）表明 F_{N1} 影响线 C—B 段的右直线，与反力 F_{RA} 影响线的形状相同。作这段直线时只需作出反力 F_{RA} 影响线，将其纵坐标乘以 $-3d/h$，取 C 以右一段直线即得到 F_{N1} 影响线的右直线。

③ 当 $F_P=1$ 在被截节间 D、C 之间移动时，将 D、C 两点纵坐标连以直线。

由上述三段直线，得到 F_{N1} 影响线，如图 9.18（c）所示。

式（a）、（b）也可以合并为一个式子，用图 9.18（b）所示相应简支梁在结点 C 的弯矩影响线 M_C^0 表示，即

$$F_{N1}=-\frac{M_C^0}{h} \tag{c}$$

由式（c）作 F_{N1} 影响线时，先作出相应简支梁[见图 9.18（b）]C 点的弯矩影响线，并将它的纵坐标乘以 $-1/h$，取 I—I 截面 D 点以左一段得到其左直线，取 I—I 截面 C 点以右一段得到其右直线，D、C 两点纵坐标连以直线即 F_{N1} 影响线。F_{N1} 影响线的形状为三角形，顶点（力矩中心 C 点）处的纵坐标为 M_C^0 影响线 C 点处的纵坐标除以 h，即 $-\frac{3d\times 3d}{6d\times h}=-\frac{3d}{2h}$。

（2）求下弦 2 杆 F_{N2} 影响线。

和上述 F_{N1} 影响线的绘制方法相似，绘制 F_{N2} 影响线仍用 I—I 截面，以结点 d 为力矩中心，用力矩平衡方程 $\sum M_d=0$，列出左、右直线方程并将其合并，可得

$$F_{N2}=+\frac{M_d^0}{h} \tag{d}$$

式（d）表明 F_{N2} 的影响线可由相应简支梁 d（D、d 两点重合）点的弯矩影响线求得。由此，先作出相应简支梁 d 点的弯矩影响线 M_d^0，并将它的纵坐标乘以 $1/h$，取 I—I 截面 D 点以左一段得到其左直线，取 I—I 截面 C 点以右一段得到其右直线，D、C 两点纵坐标连以直线即 F_{N2} 影响线。F_{N2} 影响线的形状为三角形，顶点（力矩中心 d 点）处的纵坐标为 M_d^0 影响线 d 点处的纵坐标除以 h，即 $\frac{2d\times 4d}{6d\times h}=\frac{4d}{3h}$，$F_{N2}$ 影响线如图 9.18（d）所示。

上述 F_{N1}、F_{N2} 影响线方程，均用力矩平衡方程 $\sum M_{C(d)}=0$ 求得。影响线的形状为一三角形，其左右两直线交于力矩中心 $C(d)$ 之下。力矩中心的位置影响到影响线的形状，通常有如下几种情况：

① 对于简支桁架，当力矩中心位于截开节间的左右结点上时，影响线为一个三角形。

② 当力矩中心位于截开节间的左右结点之间时，影响线为一个截头四边形。

③ 当力矩中心位于截开节间的左右结点之外时，影响线为一个突角四边形。

二、用投影法求桁架内力影响线

下面仍以图 9.18（a）所示的平弦桁架为例，来说明用投影法绘制斜杆和竖杆 3、4 杆内力影响线的方法。

对于斜杆，为计算方便，可先绘出其水平或竖向分力的影响线，然后按比例关系求得其内力影响线。

（1）求斜杆 F_{N3} 内力的竖向分力 F_{y3} 影响线。

设单位荷载 $F_P = 1$ 沿桁架下弦 AB 移动，作截面 I—I，如图 9.19（a）所示，截开承载弦（下弦）的 DC 节间（上弦承载是 dc 节间），将斜杆 F_{N3} 以竖向分力 F_{y3} 代替。

① 当 $F_P = 1$ 在 I—I 截面以左 $A—D$ 段移动时，取 I—I 截面右部为隔离体，由投影平衡方程 $\sum F_y = 0$，得

$$F_{y3} = -F_{RB} \tag{e}$$

式（e）表明 F_{y3} 影响线 $A—D$ 段的左直线与反力 F_{RB} 影响线的形状相同，作这段直线，只需作出反力 F_{RB} 影响线，取 D 以左一段直线即得到 F_{y3} 影响线的左直线。由于其符号为负，故画于基线以下。

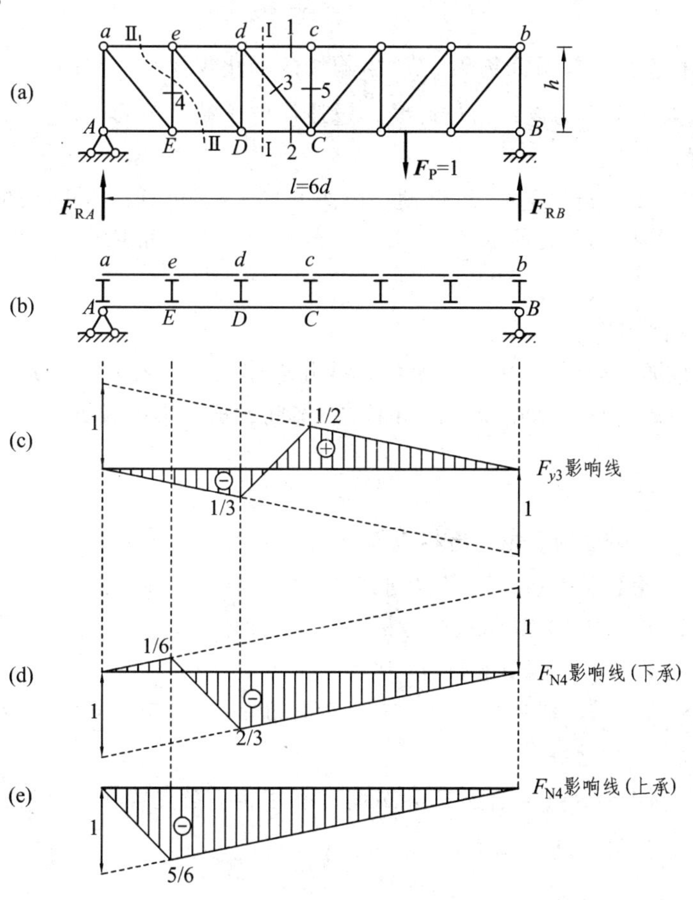

图 9.19

② 当 $F_P=1$ 在 I—I 截面以右 $C—B$ 段移动时，取 I—I 截面左部为隔离体，由投影平衡方程 $\sum F_y=0$，得

$$F_{y3}=F_{RA} \tag{f}$$

式（f）表明 F_{y3} 影响线 $C—B$ 段的右直线与反力 F_{RA} 影响线的形状相同，作这段直线时只需作出反力 F_{RA} 影响线，并取 C 以右一段即得到 F_{y3} 影响线的右直线。由于其符号为正，故画于基线以上。

③ 当 $F_P=1$ 被截节间 D、C 结点之间移动时，将 D、C 两点纵坐标连以直线。由上述三段直线，得到 F_{y3} 影响线，如图 9.19（c）所示。

将上述式（e）、（f）合并为一个式子，即用图 9.19（b）所示相应简支梁在结点荷载作用下 DC 节间的剪力影响线 F_{QDC}^0 表示，有

$$F_{y3}=F_{QDC}^0 \tag{g}$$

由式（g）作 F_{y3} 影响线时，先作出相应简支梁在结点荷载作用下 F_{QDC}^0 影响线，并取 D 以左一段得到其左直线，取 C 以右一段得到其右直线，D、C 两点纵坐标连以直线即为 F_{y3} 影响线。

F_{y3} 影响线与相应简支梁节间剪力 F_{QDC}^0 影响线的变化规律是一样的，即左右直线为两条平行线，D、C 两点纵坐标的连线为过渡线，过渡线位于截开节间。注意桁架内力的符号规定：受拉为正，受压为负。

若单位荷载 $F_P=1$ 沿桁架上弦 ab 移动，由图 9.19（b）可见，该桁架的上弦结点与下弦结点的投影重合，同时求 F_{y3} 时所取的 I—I 截面截断的上下节间对齐，因此斜杆内力影响线上承与下承都是一样的。

（2）求竖杆 F_{N4} 影响线。

① 作Ⅱ—Ⅱ截面，如图 9.19（a）所示，截开承载弦（下弦）的 ED 节间（上弦承载是 ae 节间），利用相应简支梁在结点荷载作用下 ED 节间的剪力影响线 F_{QED}^0，列出下列表达式：

$$F_{N4}=-F_{QED}^0 \tag{h}$$

由式（h）作 F_{N4} 影响线时，先作出相应简支梁在结点荷载作用下 ED 节间的剪力影响线，但符号相反，取Ⅱ—Ⅱ截面 E 以左一段得到其左直线；取Ⅱ—Ⅱ截面 D 以右一段得到其右直线；被截节间 ED 部分，取 E、D 两点纵坐标连以直线即为 F_{N4} 影响线，如图 9.19（d）所示。

② 若单位荷载 $F_P=1$ 沿桁架上弦 ab 移动，图 9.19（b）可见，该桁架的上弦结点与下弦结点的投影重合，但求 F_{N4} 时所取的Ⅱ—Ⅱ截面截断的上下节间不对齐，因此竖杆 F_{N4} 内力影响线有上承式与下承式之分。

由Ⅱ—Ⅱ截面截开承载弦（上弦）ae 节间，利用相应简支梁在结点荷载作用下 ae 节间的剪力影响线 F_{Qae}^0，列出下列表达式：

$$F_{N4}=-F_{Qae}^0 \tag{i}$$

由式（i）作 F_{N4} 影响线，先作出相应简支梁在结点荷载作用下 ae 节间的剪力影响线 F_{Qae}^{0}，但符号相反，取Ⅱ—Ⅱ截面 e 点以右一段得到其右直线；被截节间 ae 部分，取 a、e 两点纵坐标连以直线即为 F_{N4} 影响线，如图 9.19（e）所示。

综上所述，用投影平衡方程 $\sum F_y = 0$ 求腹杆内力影响线，其影响线与相应梁（简支、悬臂、外伸梁）被截 mn 节间的节间剪力 F_{Qmn}^{0} 影响线是一样的，即左右直线为两条平行线，m、n 两点纵坐标的连线为过渡线，过渡线位于截开的 mn 节间。但注意桁架杆件内力符号规定：受拉为正，受压为负。

同时还应注意：若桁架上弦结点与下弦结点的投影不重合时或求内力时所取截面截断的上下节间不对齐时，绘影响线要分上承与下承。

因此，绘制图 9.19（a）所示桁架的弦杆及斜杆内力影响线不需分上承和下承。但绘制竖杆内力影响线，需区分上承和下承。

三、用结点法求桁架内力影响线

下面仍以图 9.18（a）所示的平弦桁架为例，来说明用结点法绘制竖杆内力影响线的方法。设单位荷载 $F_P = 1$ 分别沿桁架下弦 AB 及上弦 ab 移动，试作竖杆 5 杆内力影响线。

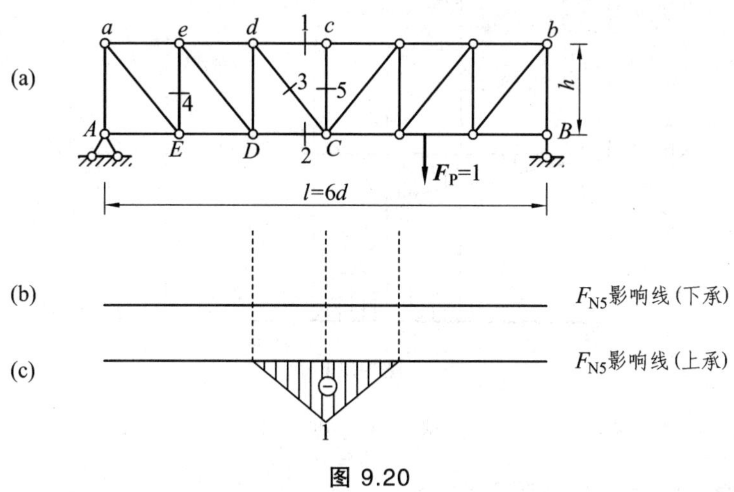

图 9.20

（1）当 F_P =1 在下弦 AB 移动，如图 9.20（a）所示，由于桁架下弦结点承受荷载作用，取上弦结点 c 为隔离体，由结点 c 的平衡方程可得

$$F_{N5} = 0$$

上式表明，$F_P = 1$ 在下弦任意位置，5 杆均是零杆，因此 F_{N5} 的影响线与基线重合，如图 9.20（b）所示。

（2）当 $F_P = 1$ 在上弦移动，这时若仍取上弦结点 c 为隔离体，则需要考虑两种情况：

① 当 $F_P = 1$ 作用于其他结点时，$F_{N5} = 0$。

② 当 $F_P = 1$ 在结点 c 时，由结点 c 的平衡方程可得 $F_{N5} = -1$。

由此将结点 c 处的纵坐标与相邻两点的零纵距连以直线即得 $F_P=1$ 在上弦移动时 F_{N5} 影响线，如图 9.20（c）所示。

由上述结点法求杆件内力可见，取结点为隔离体，需分别考虑 $F_P=1$ 不在所取的结点上时和 $F_P=1$ 在所取的结点时两种情况下所求杆件的受力。

例 9.5 试求图 9.21（a）所示桁架竖杆 a 的内力影响线，荷载沿下弦移动。

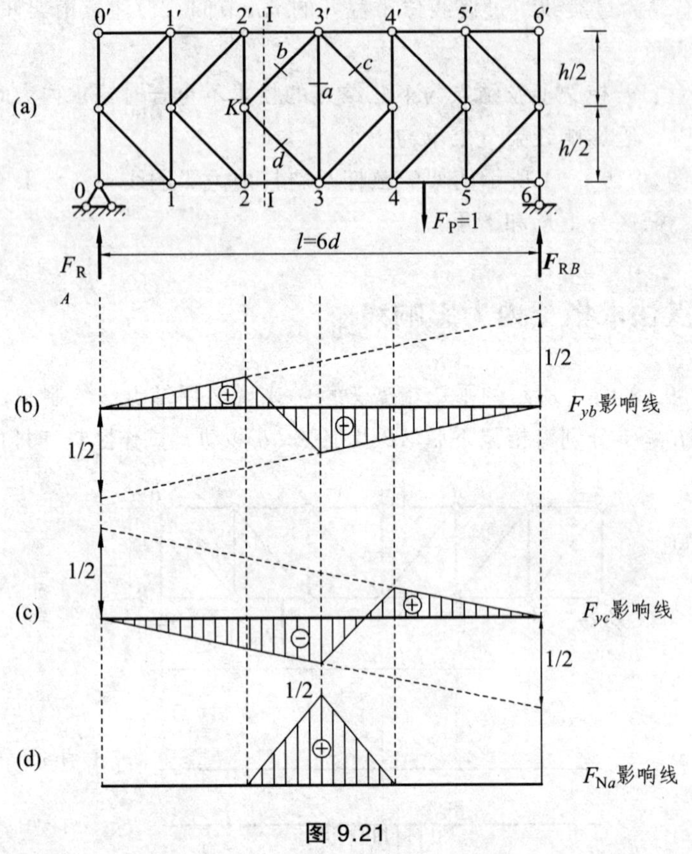

图 9.21

解 用结点法求 a 杆内力，取上弦结点 3′为隔离体，由结点 3′的平衡条件 $\sum F_y=0$，得

$$F_{Na}=-(F_{yb}+F_{yc})$$

由于结点 3′不在承载弦（下弦）上，故此方程对于 $F_P=1$ 在下弦任意位置移动都是适用的。

a 杆内力式表明，欲求 a 杆内力，应先求得 b 杆及 c 杆的竖向分力。b 杆的竖向分力可由结点 K 的平衡条件及截面 I—I 的投影方程联合求得；同理，c 杆的竖向分力也可按此法求得。现按这一途径，分别作 b、c 杆的竖向分力及 a 杆内力影响线。

（1）作 b 杆的竖向分力影响线。

由结点 K 的平衡条件可知 $F_{xb}=-F_{xd}$，因而有 $F_{Nb}=-F_{Nd}$ 及 $F_{yb}=-F_{yd}$，即 b、d 两杆的竖向分力数值相等符号相反。再作截面 I—I，截开下弦 2—3 节间（对下弦承载），利用相应简支梁在结点荷载作用下 2—3 节间的剪力影响线 F_{Q23}^{0}，列出下列表达式：

当 $F_P = 1$ 不在 2—3 节间时，由平衡条件 $\sum F_y = 0$，得

$$F_{yb} = -\frac{1}{2}F_{Q23}^{0}$$

即 b、d 两杆共同承受 2—3 节间的剪力，而两杆的竖向分力等值反号，故知每杆承受一半。

当 $F_P = 1$ 在 2—3 节间时，将 2、3 两点纵坐标连以直线即可。

由上所述，作 b 杆竖向分力的影响线 F_{yb}，先作出相应简支梁在结点荷载作用下 2—3 节间的剪力影响线，并将它的纵坐标乘以 $-1/2$，取 2 以左一段得到其左直线；取 3 以右一段得到其右直线；在被截 2—3 节间部分，取 2、3 两点纵坐标连以直线即得 F_{yb} 影响线，如图 9.21（b）所示。

（2）作 c 杆内力影响线。

按上述方法可得

$$F_{yc} = +\frac{1}{2}F_{Q34}^{0}$$

据此可作出 F_{yc} 影响线，如图 9.21（c）所示。显然，F_{yc} 影响线也可从已知的 F_{yb} 影响线根据对称关系直接得到。

（3）作 a 杆内力影响线。

将 F_{yb}、F_{yc} 两影响线叠加并反号，即得到 F_{Na} 的影响线，如图 9.21（d）所示。

第七节　影响线的应用

影响线的应用有两个方面：一是利用影响线求影响量值；二是利用影响线确定荷载的最不利位置，从而求出该量值的最大值。

一、利用影响线计算量值

绘制影响线时，考虑的是单位荷载 $F_P = 1$ 的作用，当若干具体荷载作用于结构时，可根据叠加原理，利用某一量值影响线计算出该量值所受的总影响，即产生的该量值总值称之为影响量。现讨论当若干集中荷载或分布荷载作用于某已知位置时，利用影响线求影响量值的情况。

设有一组位置固定的集中荷载 F_{P1}、F_{P2}、F_{P3} 作用于简支梁，位置已知，如图 9.22（a）所示，现利用图 9.22（b）所示 F_{QC} 影响线求 F_{P1}、F_{P2}、F_{P3} 作用下 F_{QC} 的数值。

在 F_{QC} 影响线中，相应于各荷载作用点的纵坐标为 y_1、y_2、y_3，它们分别是 $F_P = 1$ 在相应位置产生的 F_{QC}。因此，由 F_{P1} 产生的 F_{QC} 等于 $F_{P1}y_1$，F_{P2} 产生的 F_{QC} 等于 $F_{P2}y_2$，F_{P3} 产生的 F_{QC} 等于 $F_{P3}y_3$。根据叠加原理，可得到 F_{P1}、F_{P2}、F_{P3} 共同作用下 F_{QC} 的数值为

$$F_{QC} = F_{P1}y_1 + F_{P2}y_2 + F_{P3}y_3$$

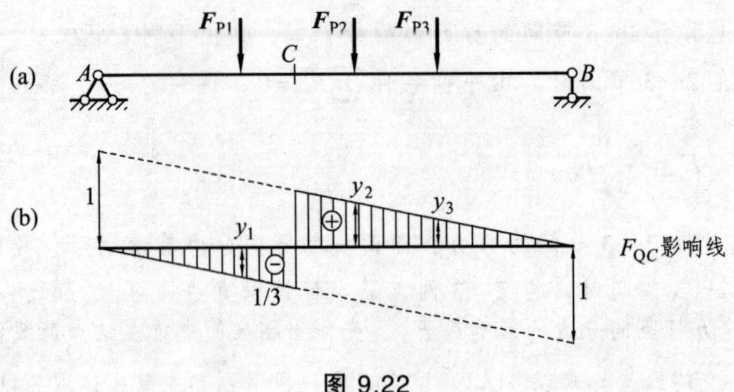

图 9.22

一般来说，设有一组位置固定的集中荷载 F_{P1}，F_{P2}，…，F_{Pn} 作用于结构，结构某量 S 影响线在各荷载作用点的纵坐标为 y_1，y_2，…，y_n，则某量 S 的影响量的值为

$$S = F_{P1}y_1 + F_{P2}y_2 + \cdots + F_{Pn}y_n = \sum_{i=1}^{n} F_{Pi}y_i \tag{9-2}$$

应用（9-2）式时，应注意影响线纵坐标 y_i 的正负号。

若简支梁上有给定位置（DE 段）的均布荷载 q 作用，如图 9.23（a）所示，现利用图 9.23（b）所示 F_{QC} 影响线求在给定均布荷载 q 作用下 F_{QC} 的数值。

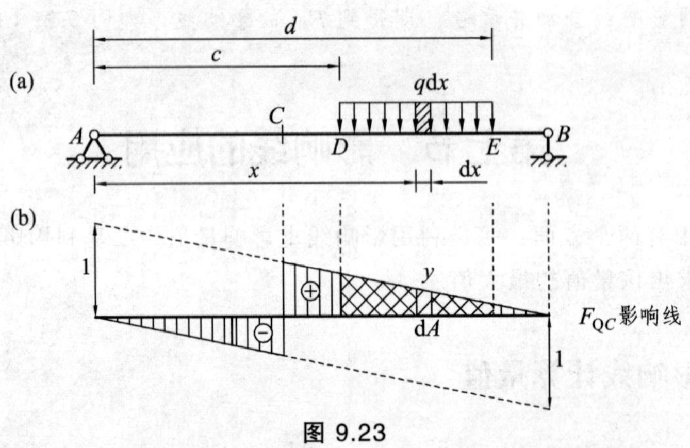

图 9.23

在均布荷载作用段上，将微段 $\mathrm{d}x$ 上的荷载 $q\mathrm{d}x$ 看做一个集中荷载，则它引起的 F_{QC} 的量值为 $q\mathrm{d}x \cdot y$，在 DE 段均布荷载产生的 F_{QC} 的值为

$$F_{QC} = \int_c^d q\mathrm{d}x \cdot y = q\int_c^d y \cdot \mathrm{d}x = q\int_c^d \mathrm{d}A = qA$$

这里，A 表示 F_{QC} 影响线图形在均布荷载作用范围内的面积。

在一般情形下，利用某量 S 的影响线求均布荷载 q 作用下 S 的影响量值的计算公式为

$$S = qA \tag{9-3}$$

式（9-3）表示在给定均布荷载 q 作用下，S 的数值等于均布荷载的集度 q 乘以该量影响

线在均布荷载作用范围的面积。应用此公式时，要注意面积的正负号。

例 9.6 图 9.24（a）所示简支梁，全跨受均布荷载作用，已作出截面 C 剪力影响线如图 9.24（b）所示。试利用 F_{QC} 影响线计算在上述荷载作用下 F_{QC} 的数值。

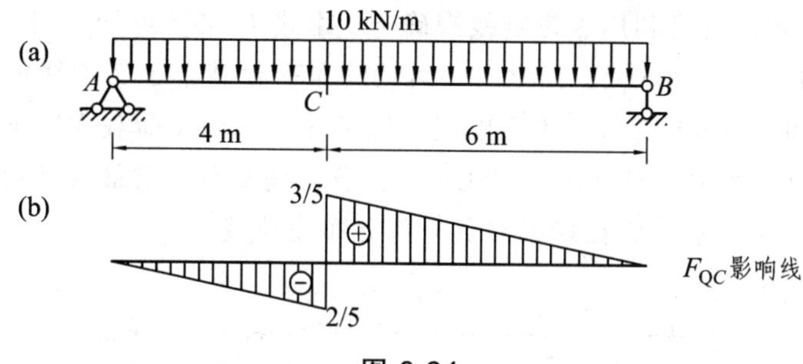

图 9.24

解 F_{QC} 影响线正号部分的面积以 A_1 表示，负号部分的面积以 A_2 表示，则

$$A_1=\frac{1}{2}\times 6\times\frac{3}{5}=1.8\ \text{(m)},\quad A_2=\frac{1}{2}\times 4\times\left(-\frac{2}{5}\right)=-0.8\ \text{(m)}$$

由影响量值计算公式（9-3），得

$$F_{QC}=q(A_1+A_2)=10\times(1.8-0.8)=10\ \text{(kN)}$$

二、利用影响线确定最不利荷载位置

在移动荷载作用下结构上的各种量值均将随荷载的位置变化而变化，而设计时必须求出各种量值的最大值（包括最大正值和最大负值，最大负值也称最小值），以作为设计的依据。为此，必须先确定使**某一量值发生最大（或最小）值的荷载位置，即最不利荷载位置**。只要所求量值的最不利荷载位置一经确定，则其最大（最小）值便可按上述方法算出。影响线的一个重要作用，就是用来确定荷载的最不利荷载位置。

当荷载的情况比较简单时，只需根据影响线和荷载的特性直观判断，就可确定荷载的最不利位置。例如，只有一个集中荷载 F_P 在结构上移动时，如图 9.25 所示，显然将 F_P 置于影响线的最大竖标处即产生 S_{max}；而将 F_P 置于最小（最大负值）竖标处即产生 S_{min} 值。由此可见，最不利荷载位置判断的原则一般是：将移动荷载中数值较大、间距较密的荷载放在影响线纵坐标较大部位。

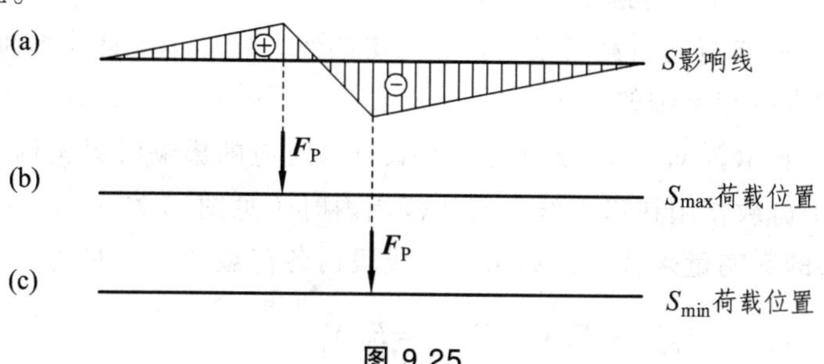

图 9.25

1. 可动均布荷载的最不利布置

对于可以任意断续布置的均布荷载，也称为可动均布荷载，如人群、货物等。可动均布荷载的最不利布置是指荷载可按任意位置分布时，使量值 S 达到最大值的荷载分布位置。这种最大值的荷载分布位置可利用 S 影响线来确定。由式（9-3）可知，当可动均布荷载满布 S 影响线正号范围内时，得到 S_{max}；反之，当可动均布荷载满布 S 影响线负号范围内时，得到 S_{min}。例如，对图 9.26（a）所示的 S 影响线，欲求在可动均布荷载作用下 S_{max}，则最不利荷载布置如图 9.26（b）所示，即应在影响线正号部分布满荷载；求最大负值 S_{min} 时，最不利荷载布置如图 9.26（c）所示，应在影响线负号部分布满荷载。

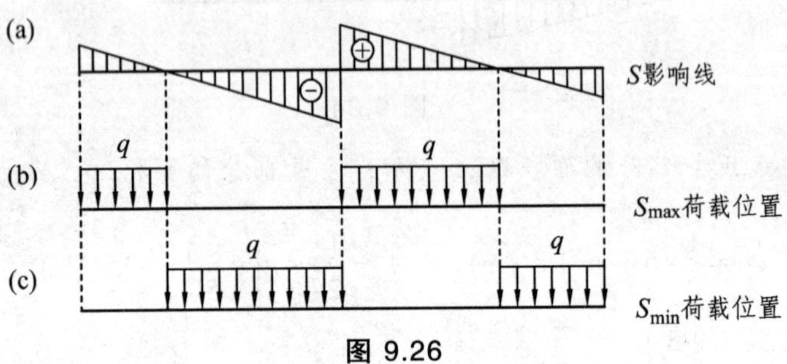

图 9.26

确定了可动均布荷载的最不利布置之后，便可利用静力学方法或直接利用式（9-3）求得相应的最不利值。

2. 行列荷载的最不利位置

行列荷载是指一系列间距不变的移动集中荷载（也包括均布荷载）。例如，在铁路、公路桥梁上行驶的火车、汽车，简称中-活载、汽-活载；工业厂房中在吊车梁上行驶的吊车荷载均为行列荷载。

在行列荷载作用下，确定某量值 S 的最不利荷载位置，通常有如下两步：

（1）求出 S 达到极值的荷载位置，这个荷载位置称为荷载的**临界位置**。

（2）从荷载的临界位置中选出荷载的**最不利位置**，也就是从 S 的极大值中选出最大值，从 S 的极小值中选出最小值。

根据最不利荷载位置的定义可知，当荷载移动到该位置时，所求量值 S 为最大，因而荷载由该位置不论向左或向右移动到邻近位置时，S 值均将减小。因此，一般从荷载移动时 S 的增量入手来解决行列荷载的最不利位置问题。

图 9.27 所示为一组行列荷载及某量值 S 的影响线。荷载移动时其排列、间距和数值保持不变。S 影响线两直线与 x 轴的倾角以 α_1、α_2 表示（其中 α_1 为正，α_2 为负）。两直线内的合力分别用 F_{R1}、F_{R2} 表示，$\bar{y}_1$、$\bar{y}_2$ 分别表示 F_{R1}、F_{R2} 对应的影响线纵坐标。

首先，当若干荷载作用在影响线一直线范围内时（见图 9.27），各荷载的影响量可由这些荷载的合力 F_{Ri} 的影响量来代替。如第一直线段内各荷载的影响量为

$$F_{P1}y_1 + F_{P2}y_2 + F_{P3}y_3 + F_{P4}y_4 = F_{R1}\bar{y}_1$$

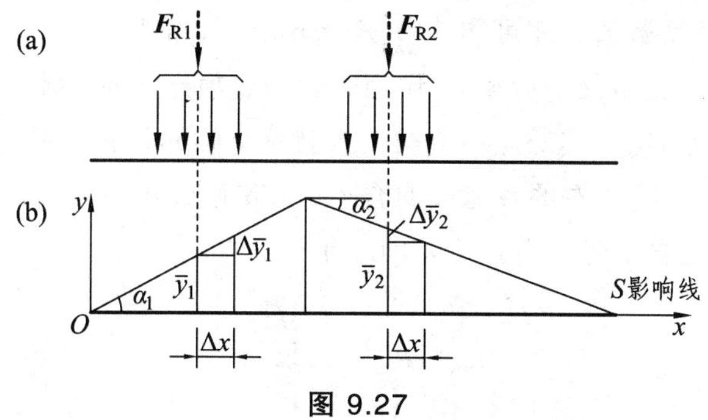

图 9.27

根据叠加原理，合并两直线段内各合力计算的影响量值，则

$$S = F_{R1}\bar{y}_1 + F_{R2}\bar{y}_2 = \sum_{i=1}^{2} F_{Ri}\bar{y}_i \tag{a}$$

对于由直线组成的影响线，受移动荷载作用时的影响量 S 由 x 的一次函数式所组成，使 S 取得极值时荷载的临界位置为：荷载自临界位置向左移动或向右移动时，S 量值均减少或等于零，即 S 的增量应满足：

$$\Delta S \leqslant 0 \tag{b}$$

设各荷载都移动 Δx（向右移动时，Δx 为正），F_{Ri} 作用线也移动 Δx，如图 9.27 所示。由式（a）可得 S 的增量为

$$\Delta S = \sum F_{Ri}\Delta\bar{y}_i$$

则根据几何关系，纵坐标 $\bar{y}_i$ 的增量为

$$\Delta\bar{y}_i = \Delta x \cdot \tan\alpha_i$$

由此，S 的增量为

$$\Delta S = \Delta x \sum F_{Ri}\tan\alpha_i$$

使 S 取得极值时荷载的临界位置应满足条件（b），即

$$\Delta x \sum F_{Ri}\tan\alpha_i \leqslant 0 \tag{c}$$

式（c）可以分为两种情况：

$$\left.\begin{aligned} &\text{当荷载向右移时}(\Delta x > 0) \quad \sum F_{Ri}\cdot\tan\alpha_i \leqslant 0 \\ &\text{当荷载向左移时}(\Delta x < 0) \quad \sum F_{Ri}\cdot\tan\alpha_i \geqslant 0 \end{aligned}\right\} \tag{9-4}$$

式（9-4）说明：如果 S 为极值，荷载稍向左、右移动时，$\sum F_{Ri}\cdot\tan\alpha_i$ 必须变号。要使 $\sum F_{Ri}\tan\alpha_i$ 改变符号，则必须有一个集中荷载正好作用在影响线顶点上。当整个荷载稍向左移，此集中荷载移到左段；当整个荷载稍向右移，此集中荷载移到右段。只有在这两种情况

下，合力 F_{Ri} 才可能改变数值，才可能使 $\sum F_{Ri}\tan\alpha_i$ 改变符号。

设 S 取得极值发生在某集中荷载 F_{Pi} 作用于影响线顶点上时，则该集中荷载便称为量值 S 的一个临界荷载，记为 F_{Pcr}，其对应的荷载位置就称为临界位置。现以 F_R^L 表示 F_{Pcr} 以左的各荷载的合力，F_R^R 表示 F_{Pcr} 以右的各荷载的合力，S 影响线中以 $\alpha_1=\alpha$，$\alpha_2=-\beta$，如图 9.28 所示，当荷载向右、左移动时，由式（9-4），有

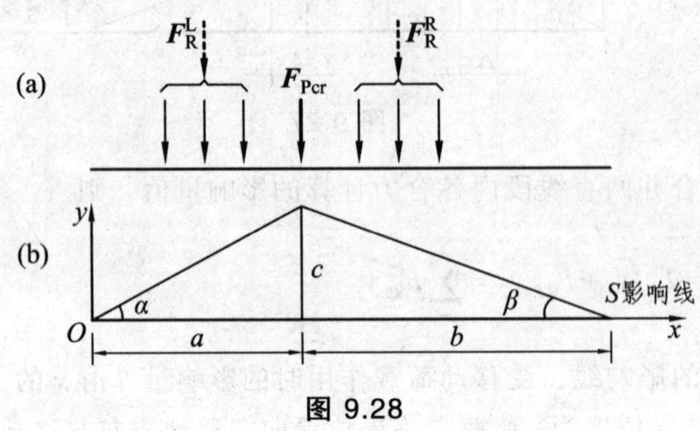

图 9.28

$$F_R^L\tan\alpha-(F_{Pcr}+F_R^R)\tan\beta\leqslant 0$$
$$(F_R^L+F_{Pcr})\tan\alpha-F_R^R\tan\beta\geqslant 0$$

式中，$\tan\alpha=\dfrac{c}{a}$，$\tan\beta=\dfrac{c}{b}$，代入上式得三角形影响线行列荷载作用的临界位置判别式为

$$\left.\begin{aligned}&\frac{F_R^L}{a}\leqslant\frac{F_{Pcr}+F_R^R}{b}\\&\frac{F_R^L+F_{Pcr}}{a}\geqslant\frac{F_R^R}{b}\end{aligned}\right\}\tag{9-5}$$

式（9-5）表明：**行列荷载中必有一个集中荷载 F_{Pcr} 在影响线的顶点，将 F_{Pcr} 计入哪一边（左边或右边），则哪一边的荷载平均集度要大。**

当图 9.29 所示的均布荷载跨过三角形影响线顶点，可由 $\dfrac{\mathrm{d}s}{\mathrm{d}x}=\sum F_{Ri}\tan\alpha_i=0$ 的极值条件来确定临界位置。此时有

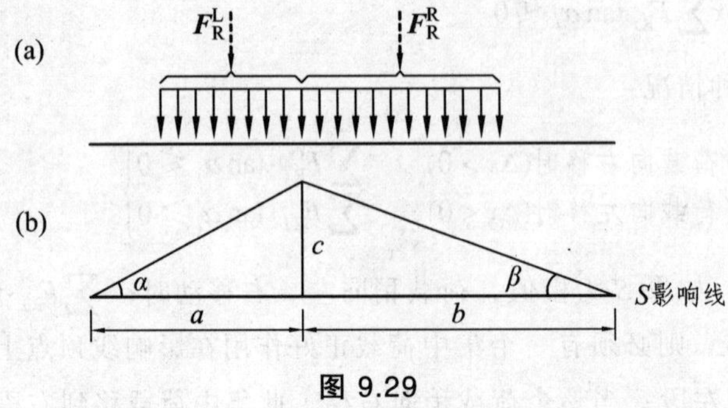

图 9.29

$$\sum F_{Ri}\tan\alpha_i = F_R^L\frac{c}{a} - F_R^R\frac{c}{b} = 0$$

可得

$$\frac{F_R^L}{a} = \frac{F_R^R}{b} \tag{9-6}$$

式（9-6）表明：**均布荷载跨过三角形影响线顶点时，左、右两边的平均荷载集度应相等。**

对于图 9.30 所示的直角三角形影响线（以及凡是竖标有突变的影响线），上述三角形影响线判别式均不再适用。此时的最不利荷载位置，当荷载较简单时，一般可**直观判定**。例如对于中-活载，显然当第一轮位于影响线顶点时（见图 9.30）所产生的 S 值最大，故为最不利荷载位置。当荷载较复杂时，可按前述估计最不利荷载位置的原则，布置几种荷载位置，直接算出相应的 S 值，且选取其中最大者。

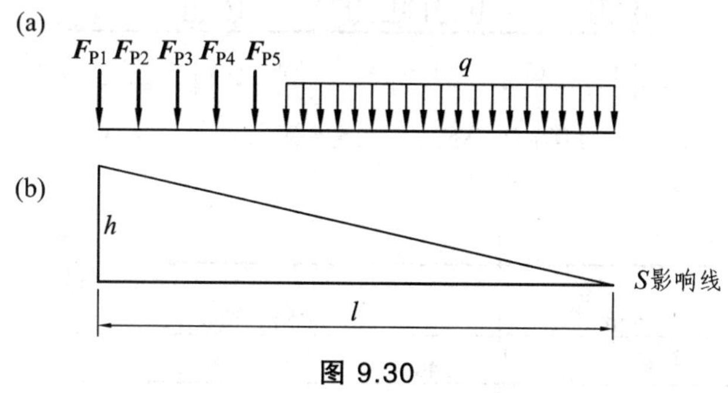

图 9.30

综上所述，确定最不利荷载位置方法及步骤可归结如下：

（1）从行列荷载中选定一个集中荷载置于影响线的某一顶点上。

（2）令此集中荷载分别向左、右移动，如满足临界位置的判别式（9-5），则此荷载位置为临界位置；否则此荷载位置不是临界位置，应换一个荷载置于顶点再行试算。

（3）对每一个临界位置可求出一个 S 的极值，然后从各种极值中选取最大（最小）值，而其相应的荷载位置即为最不利荷载位置。

为了减少试算次数，宜事先大致估计临界荷载位置。为此，应将行列荷载中数值较大且较为密集的部分置于影响线的最大竖标附近，同时注意位于同符号影响线范围内的荷载应尽可能得多，因为这样才可能产生较大的 S 值。

例 9.7 图 9.31（a）所示简支梁，在给定行列荷载（车队）作用下，试求截面 C 的最大弯矩。

解 （1）作出 M_C 影响线，如图 9.31（b）所示。

（2）考虑车队调头向右开行。将重车后轮置于影响线顶点，如图 9.31（c）所示，按上述式（9-5）计算，有

$$\frac{100+100}{15} > \frac{150}{25}$$

$$\frac{100}{15} < \frac{100+150}{25}$$

故知这是一临界位置。此时在梁上的荷载较多且最重的轮子位于影响线最大竖标处，故不需要再考虑其他位置。

（3）考虑车队调头向左开行。即将重车后轮置于顶点处试算，如图 9.31（d）所示，有

$$\frac{50+100}{15} > \frac{130}{25}$$

$$\frac{50}{15} < \frac{100+130}{25}$$

故知这又是一临界位置，且在此情况下其他荷载位置也不需要再考虑。

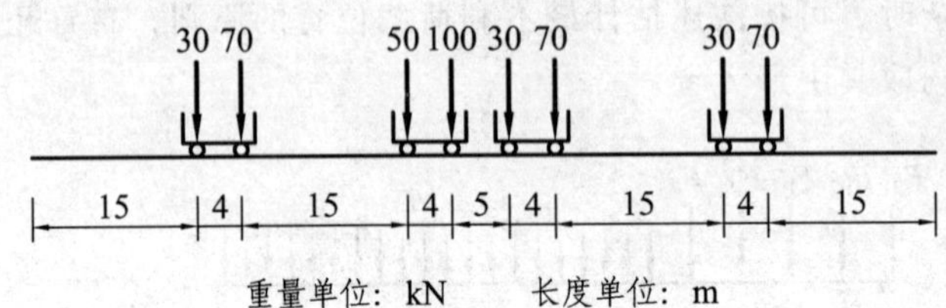

(a)

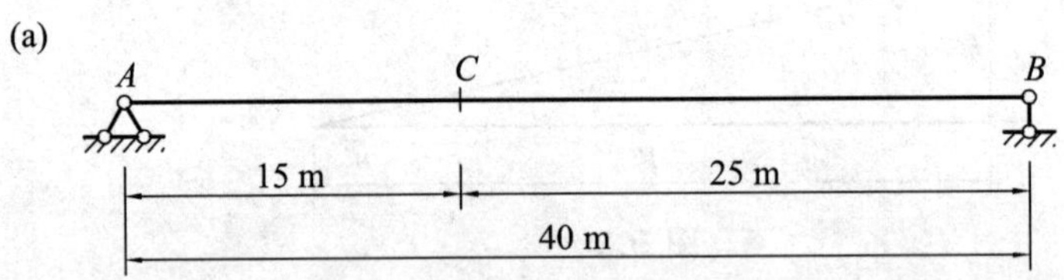

(b)

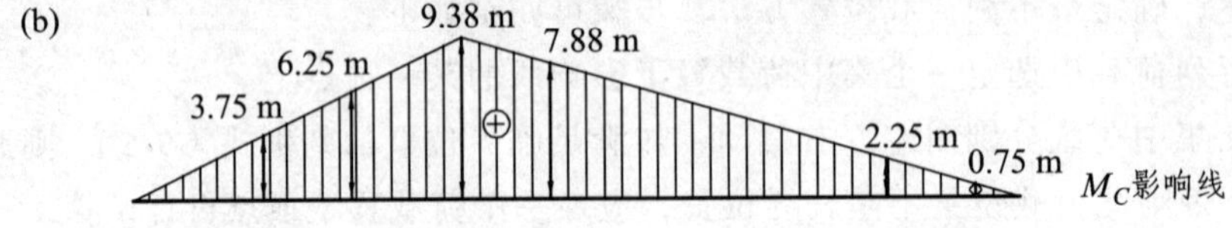

(c)

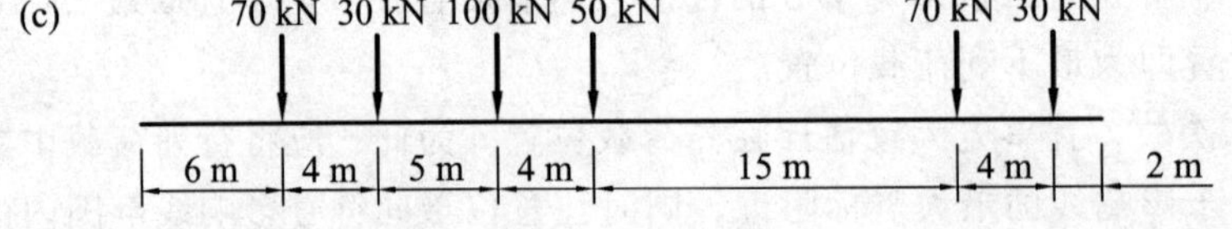

(d)

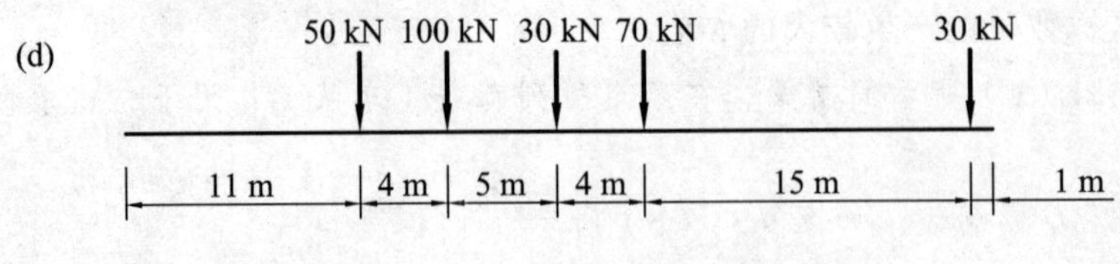

图 9.31

根据上述两临界位置，可分别算出相应的 M_C 值。经比较得知图 9.31（c）所示的荷载位置对应的 M_C 值更大，即该位置为最不利荷载位置。此时

$$M_{C\max} = 70\times3.75 + 30\times6.25 + 100\times9.38 + 50\times7.88 + 70\times2.25 + 30\times0.75 = 1\,962 \quad (\text{kN}\cdot\text{m})$$

第八节　简支梁的绝对最大弯矩和内力包络图的概念

在设计承受移动荷载的结构时，必须求出每一截面内力在移动荷载作用下的最大值（最大正值和最大负值）。连接各截面内力最大值的曲线为内力包络图。内力包络图表示各截面内力变化的上、下限，在设计中十分重要。

一、简支梁的绝对最大弯矩

在移动荷载作用下，利用前述方法，不难求出简支梁上任一指定截面的最大弯矩。**简支梁中所有截面的最大弯矩中的最大者，即弯矩包络图中最大竖距值，称为简支梁的绝对最大弯矩。绝对最大弯矩发生的截面是最危险的截面。**

要确定简支梁的绝对最大弯矩，需解决以下两个问题：

（1）绝对最大弯矩发生在哪一个截面？

（2）此截面发生最大弯矩值时的荷载位置如何？

也就是说，此时的截面位置与荷载位置都是未知的。

为了解决上述问题，我们可以把各个截面的最大弯矩都求出来，然后加以比较。但是实际上梁上的截面有无穷多个，不可能一一计算，因而只能选取有限多个截面来进行比较，以求得问题的近似解答。当然这也是比较麻烦的。

当梁上作用的移动荷载都是集中荷载时，问题可以简化。我们知道，梁在集中荷载组作用下，无论荷载在任何位置，弯矩图的顶点总是在集中荷载作用点处。因此可以断定，绝对最大弯矩必定是发生在某一集中荷载作用点处的截面上。剩下的问题就是确定它究竟发生在哪一个荷载的作用点处及其位置。为此，可采取如下办法来解决：

图 9.32 所示简支梁，试取某一集中荷载 F_{PK}，研究它的作用点处截面的弯矩何时成为最大。以 x 表示 F_{PK} 与左支座 A 的距离，梁上荷载的合力 F_R 至 F_{PK} 的距离为 a，由 $\sum M_B=0$，则左支座反力为

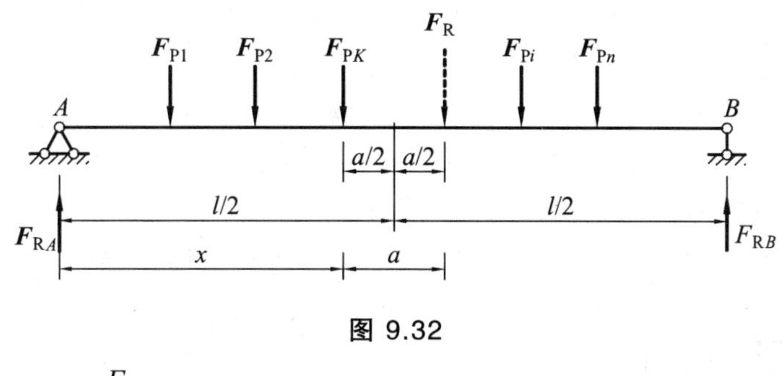

图 9.32

$$F_{RA}=\frac{F_R}{l}(l-x-a)$$

F_{PK} 作用点截面的弯矩 M_x 为

$$M_x = F_{RA}x - M_K = \frac{F_R}{l}(l-x-a)x - M_K$$

式中，M_K 表示 F_{PK} 以左梁上荷载对 F_{PK} 作用点的力矩总和，它是一个与 x 无关的常数。当 M_x 为极大时，根据极值条件有

$$\frac{dM_x}{dx} = \frac{F_R}{l}(l-2x-a) = 0$$

$$x = \frac{l}{2} - \frac{a}{2} \tag{9-7}$$

式（9-7）表明，当 F_{PK} 与合力 F_R 对称于梁的中点时，F_{PK} 作用点截面，即 $\frac{l}{2}-\frac{a}{2}$ 截面的弯矩达到最大值，此时的 F_{PK} 为该截面的临界荷载 F_{Pcr}，其弯矩为

$$M_{max} = \frac{F_R}{l}\left(\frac{l}{2}-\frac{a}{2}\right)^2 - M_K \tag{9-8}$$

利用上述结论，可将各个荷载作用点截面的最大弯矩找出，将它们加以比较而得出绝对最大弯矩。当荷载数目较多时，这种方法的计算工作量是很大的。实际计算时，宜事先估计发生绝对最大弯矩的临界荷载。因为简支梁的绝对最大弯矩总是发生在梁的中点附近，故可设想，使梁中点截面产生最大弯矩的临界荷载也就是发生绝对最大弯矩的临界荷载。经验表明，这种设想在通常情况下都是正确的。据此，计算绝对最大弯矩可按下述步骤进行：

（1）确定使梁中点 C 截面发生最大弯矩的临界荷载 F_{PK}（此时可顺便求出梁中点截面 C 的最大弯矩 M_{Cmax}）。

（2）假设梁上荷载的个数并求其合力 F_R（大小及位置）。

（3）移动荷载组使 F_{PK} 与 F_R 对称于梁的中点，此时应注意查对梁上荷载是否与所求的合力相符；如不符（即有荷载离开梁上或有新的荷载作用到梁上），则应重新计算合力，再行安排直至相符。

（4）计算 F_{PK} 作用点截面的弯矩，通常即为绝对最大弯矩 M_{max}。

最后需要注意，当假设不同的梁上荷载个数均能实现上述荷载布置时，则应将不同情况 F_{PK} 作用点截面的弯矩分别求出，然后选大者为绝对最大弯矩。

例 9.8 试求图 9.33（a）所示简支梁在给定行列荷载（车队）作用下的绝对最大弯矩，并与跨中 C 截面最大弯矩比较。

解 （1）求跨中截面 C 的最大弯矩。

绘出 M_C 影响线，如图 9.33（b）所示，显然重车后轮位于 C 点时为最不利荷载位置[见图 9.33（c）]，即临界荷载为 100 kN，M_C 最大值为

$$M_{Cmax} = 50\times3.0 + 100\times5.0 + 30\times2.5 + 70\times0.5 = 760 \quad (\text{kN}\cdot\text{m})$$

（2）设发生绝对最大弯矩时有 4 个荷载在梁上，其合力为

$$F_R = 50 + 100 + 30 + 70 = 250 \quad (\text{kN})$$

F_R 至临界荷载 100 kN 的距离 a，由合力矩定理（以 100 kN 作用点为矩心）求得

$$a = \frac{30\times5 + 70\times9 - 50\times4}{250} = 2.32 \ (\text{m})$$

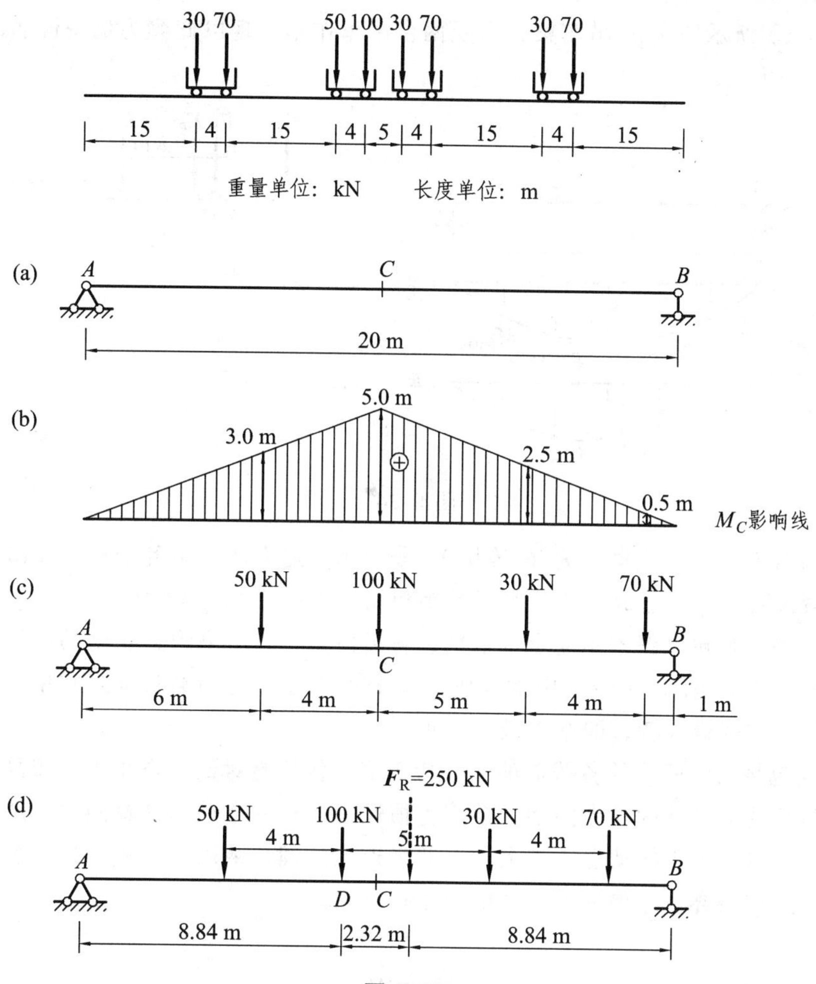

图 9.33

（3）移动荷载组使 100 kN 与 F_R 对称于梁的中点，荷载安排如图 9.33（d）所示，此时梁上荷载与求合力时相符。由绝对最大弯矩计算式（9-8）算得

$$M_{\max}=\frac{250}{20}\times\left(\frac{20}{2}-\frac{2.32}{2}\right)^2-50\times 4=777\ \ (\text{kN}\cdot\text{m})$$

与跨中 C 截面最大弯矩比较，绝对最大弯矩比跨中最大弯矩大 2.2%。在实际工作中，有时也用跨中最大弯矩来近似代替绝对最大弯矩。

二、简支梁的弯矩包络图的概念

把在移动荷载作用下简支梁中**各个截面产生的最大弯矩值用曲线连接起来，得到的图形称为在该移动荷载作用下的简支梁的弯矩包络图**。该图表示，无论移动荷载在什么位置，梁中的弯矩不会出此范围。

图 9.34（a）所示的 6 m 吊车梁，承受两台吊车作用，现以此梁为例来说明简支梁的弯矩包络图的绘制方法。

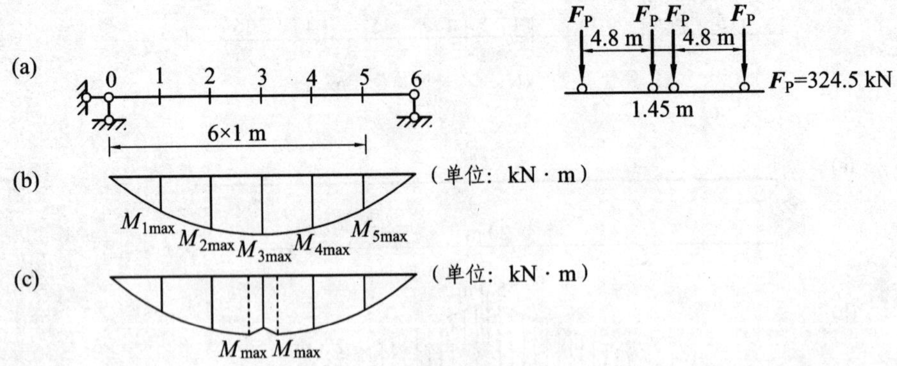

图 9.34

将梁分为若干等份（这里分为 6 等份）。分别用上述方法求出各个截面在吊车移动过程中所产生的最大弯矩，并连成曲线，绘得弯矩包络图如图 9.34（b）所示。

这样得到的弯矩包络图不是完全准确的，它丢掉了在梁中央附近发生的比梁中央截面最大弯矩还要大的弯矩[图 9.34（c）中虚线所示]。这个弯矩就是荷载移动过程中，在梁的所有各截面最大弯矩中的最大者，即绝对最大弯矩。

上述弯矩包络图中所示的各截面的最大弯矩值（包括绝对最大弯矩）是按静力计算得到的，实际上荷载移动时结构发生振动，会产生惯性力，是一个动力计算问题，通常用把按静力计算的结果乘以大于 1 的动力（扩大）系数来近似处理，乘以动力系数后与静荷载（如自重）引起的弯矩相结合，即得据以设计的弯矩包络图。

习 题

9.1 试求图示结构 M_C、F_{QC} 影响线。

9.2 图（b）是图（a）所示外伸梁的 M_K 影响线，简述竖标 y_D 的物理概念。

9.3 简述图示影响线竖标 a、b 的含义。

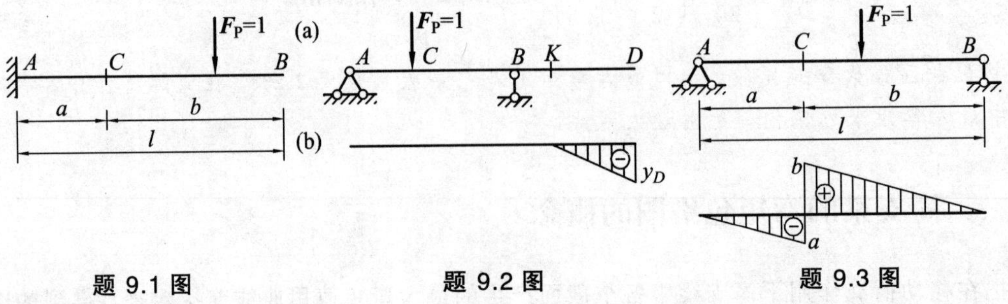

题 9.1 图　　题 9.2 图　　题 9.3 图

9.4 试用静力法作影响线：（a）F_{RA}、M_B、F_{QC}、M_C、F_{QB}^{L}、F_{QB}^{R} 的影响线；（b）F_{RB}、M_A、M_C、F_{QC} 的影响线。

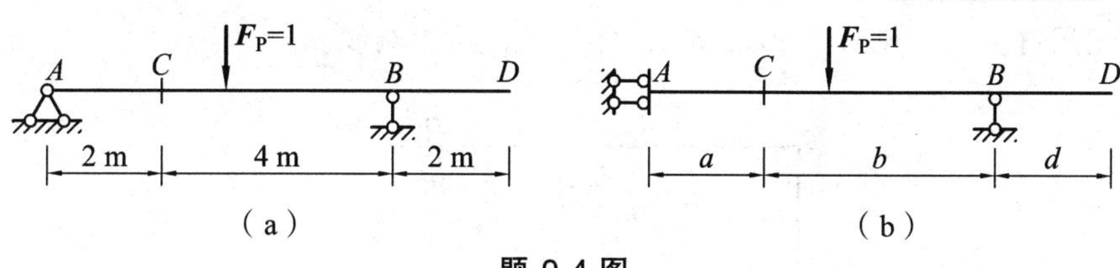

题 9.4 图

9.5 试用静力法作求斜梁 F_{Ay}、M_C、F_{QC}、F_{NC} 的影响线。

9.6 试绘出图示两根梁跨中截面的弯矩影响线，并予以对比。

9.7 作图示结构的 F_{RB}、M_D、F_{QD}、F_{QC}^{L} 及 F_{QC}^{R} 的影响线。

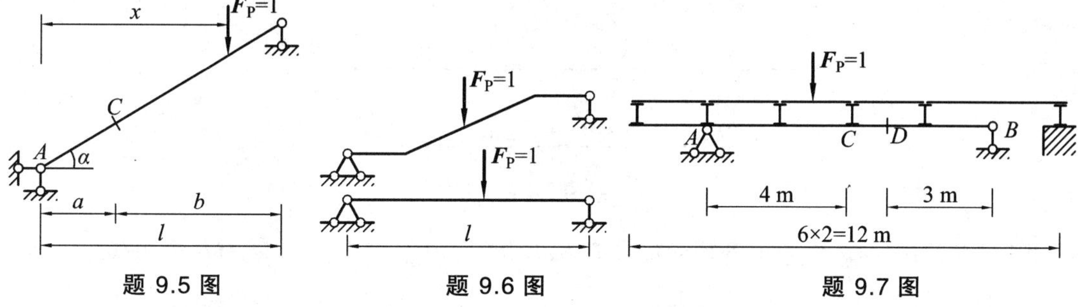

题 9.5 图　　题 9.6 图　　题 9.7 图

9.8 图示结构，$F_P=1$ 在 $ABCD$ 上移动，试绘出 M_K 影响线的形状。

9.9 试绘出图示结构支座 A 右侧截面剪力影响线的形状。

9.10 简述图示影响线中 K 点的纵坐标 y_K 的物理概念。

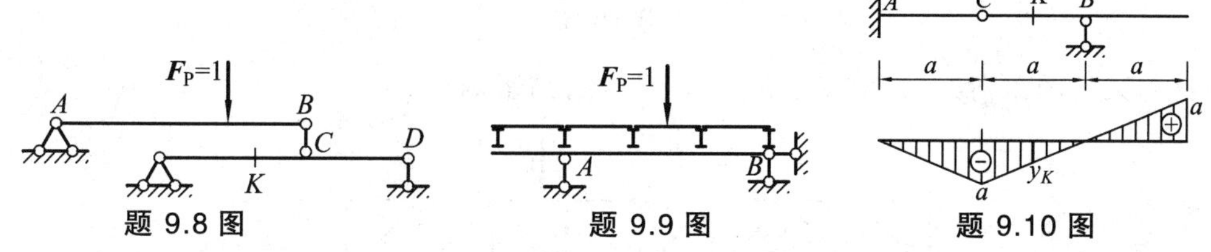

题 9.8 图　　题 9.9 图　　题 9.10 图

9.11 试作下列多跨静定梁 F_{RA}、F_{QB}、M_E、F_{QE}、F_{RC}、F_{RD}、M_F、F_{QF} 的影响线。

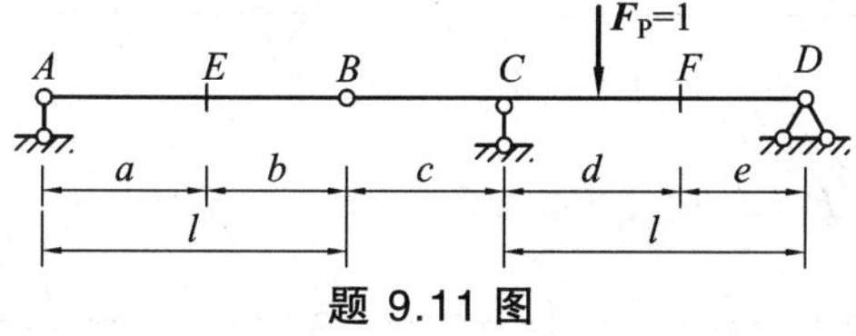

题 9.11 图

9.12 试作图示梁在结点荷载作用下 F_{RB}、F_{QG}^{L}、F_{QG}^{R}、F_{QB}^{L}、M_H、F_{QH}^{R} 的影响线。各节间长度为 2 m。

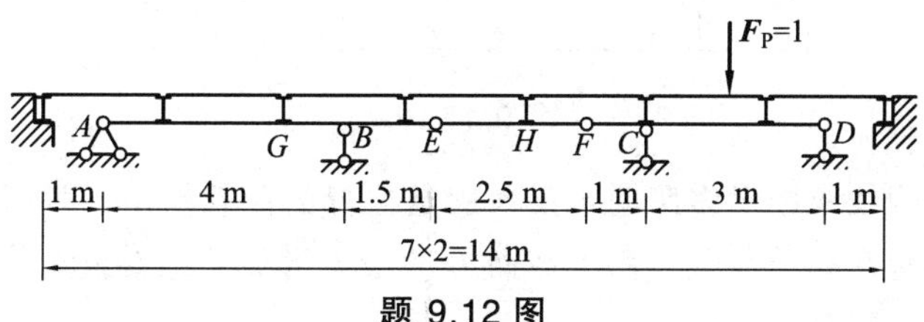

题 9.12 图

9.13　试用静力法求刚架中 M_A、F_{Ay}、M_K、F_{QK} 的影响线。

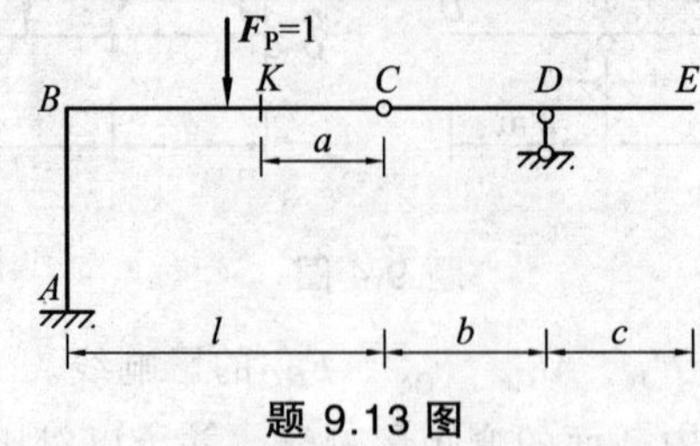

题 9.13 图

9.14　试用机动法求 M_E、F_{QB}^{L}、F_{QB}^{R} 的影响线。

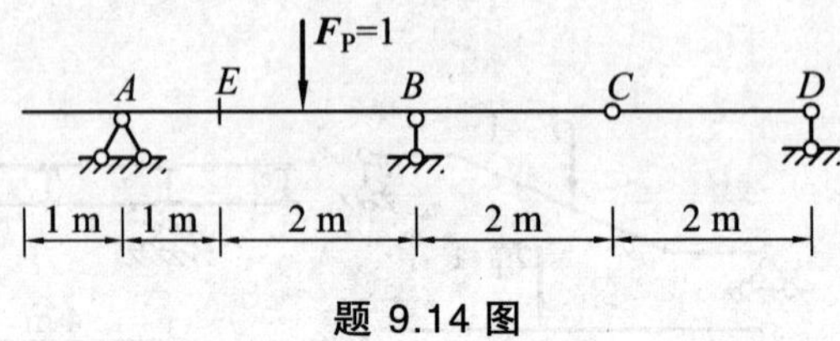

题 9.14 图

9.15　试用机动法作图示多跨静定梁的 F_{RA}、F_{QB}、F_{QC}^{L}、F_{QC}^{R}、M_K、M_D 影响线。

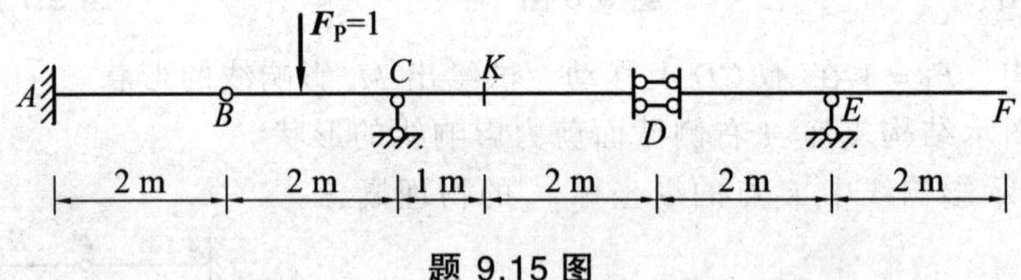

题 9.15 图

9.16　试作图示桁架轴力 F_{N1}、F_{N2}、F_{N3}、F_{N4} 的影响线。

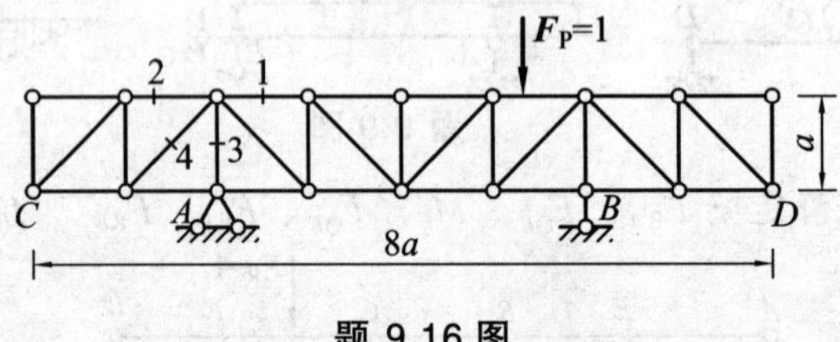

题 9.16 图

9.17　试作图示桁架的 F_{N1}、F_{N2}、F_{N3}、F_{N4}、F_{N5} 影响线。

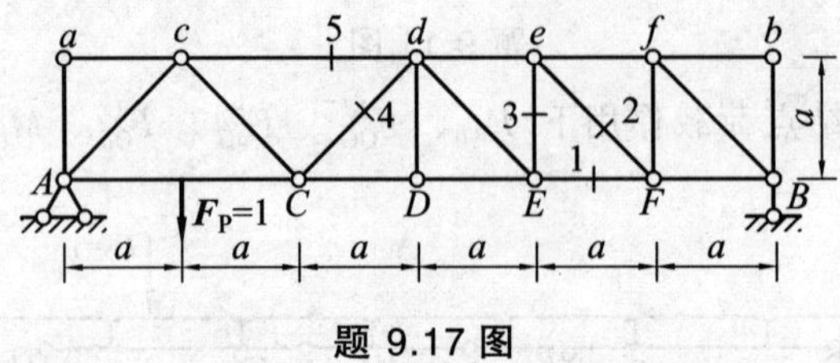

题 9.17 图

9.18　试利用影响线求图示多跨静定梁在固定位置的荷载作用下截面 E 的剪力。

9.19　求图示结构在移动荷载作用下截面 B 的最大弯矩（绝对值）。

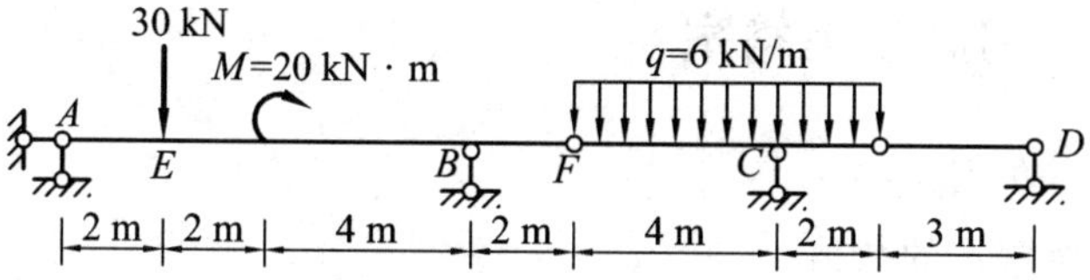

题 9.18 图

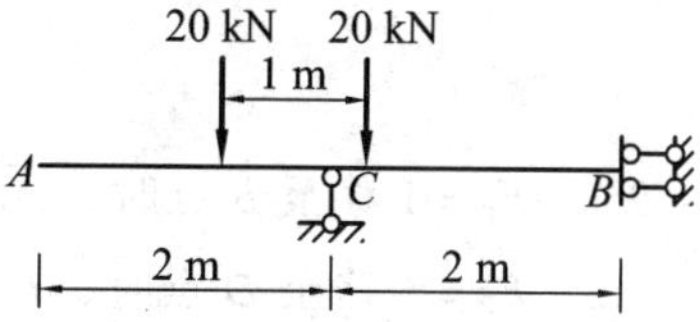

题 9.19 图

9.20　求图示简支梁在所给移动荷载作用下 M_C 的最大值。

9.21　求图示伸臂梁在所给移动荷载组作用下 M_K 的最大值。

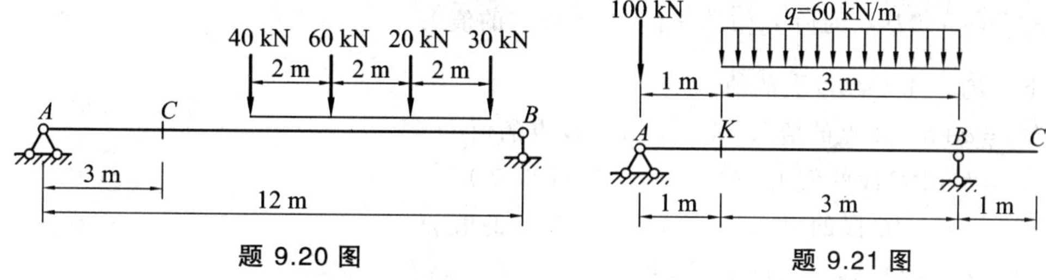

题 9.20 图　　题 9.21 图

9.22　判断图示简支梁的最不利荷载位置，并求 F_{QC} 的最大、最小值：（a）在中-活载作用下；（b）在汽车-15 级荷载作用下。

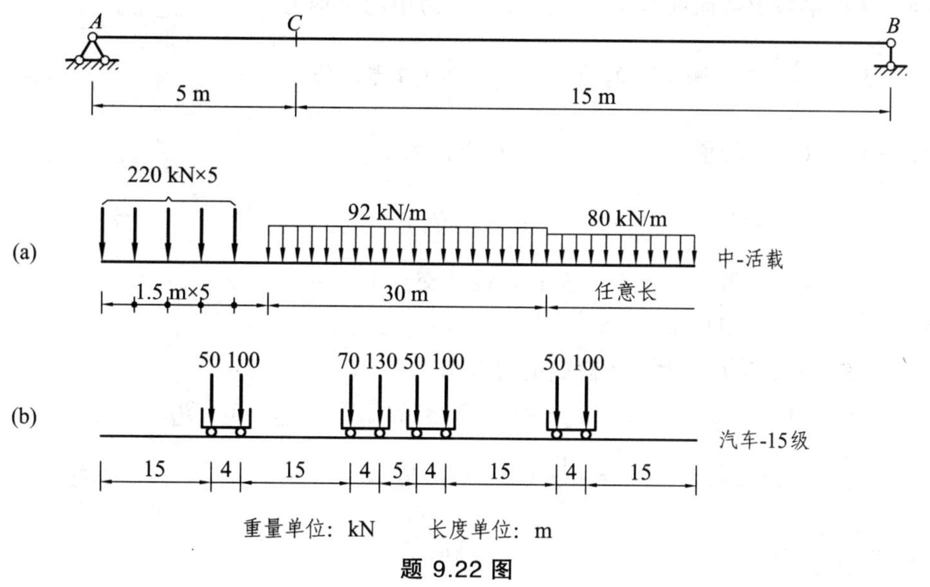

题 9.22 图

9.23　求图示简支梁的绝对最大弯矩，并与跨中截面的最大弯矩相比较。

9.24　求图示简支梁的绝对最大弯矩。

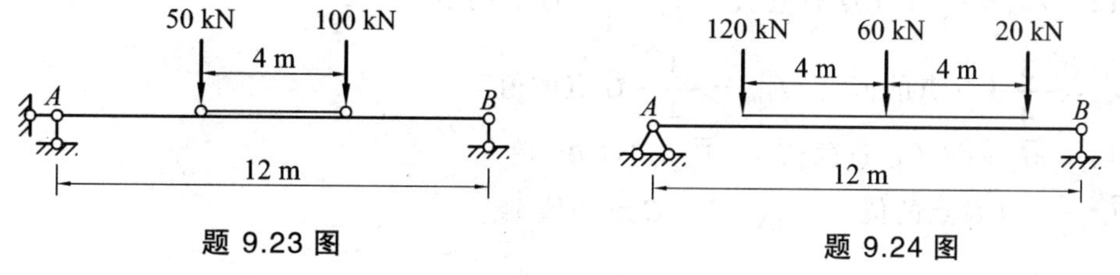

题 9.23 图　　题 9.24 图

习题参考答案

9.1　$F_P=1$ 移至 B 点时，$\bar{M}_C=-b, \bar{F}_{QC}=1$

9.2　$F_P=1$ 移至 D 点时，K 截面弯矩的数值

9.3　竖标 b 为 $F_P=1$ 在 C 点偏右时产生的 C 截面的剪力 $\bar{F}_{QC}$ 值；竖标 a 为 $F_P=1$ 在 C 点偏左时产生的 C 截面的剪力 $\bar{F}_{QC}$ 值

9.4 （a）$\bar{F}_{RA}=1$（A 点的值），$\bar{M}_B=-2\,\text{m}$（D 点的值），

$\bar{F}_{QB}^{L}=-\dfrac{1}{3}$（$D$ 点的值），$\bar{F}_{QB}^{R}=1$（B 点以右的值）；

（b）$\bar{F}_{RB}=1$（ABD 点的值）

$\bar{M}_A=a+b$（A 点的值），$\bar{M}_A=-d$（D 点的值），

$\bar{M}_C=b$（AC 段的值），$\bar{M}_C=-d$（D 点的值），

$\bar{F}_{QC}=-1$（AC 段的值），$\bar{F}_{QC}=0$（CBD 段的值）

9.5　$F_{yA}=F_{yA}^0, M_C=M_C^0, F_{QC}=F_{QC}^0\cos\alpha$，$\bar{F}_{NC}=-\bar{F}_{QC}^0\sin\alpha$

其中，上标加“0”者为相应简支梁（水平放置）有关的影响线。

9.6　两根梁跨中截面的弯矩影响线相同，跨中的值均为 $\dfrac{l}{4}$

9.7　$\bar{F}_{RB}=\dfrac{3}{4}$（$B$ 左侧结点的值），$\bar{F}_{RB}=\dfrac{3}{8}$（$B$ 点的值），

$\bar{M}_D=\dfrac{3}{2}\text{m}$（$C$ 点的值），$\bar{F}_{QD}=-\dfrac{1}{2}$（$C$ 点的值），

$\bar{F}_{QC}^{L}=\dfrac{1}{2}$（$C$ 点的值），$\bar{F}_{QC}^{R}=-\dfrac{1}{2}$（$C$ 点的值）

9.8　形状为三角形，其顶点（左右直线的交点）在 B 点之下

9.9　$\bar{F}_{QA}^{R}=0$（A 点的值）

9.10　$F_P=1$移至 K 点时，A 截面的弯矩值

9.11　$\bar{F}_{RA}=1$（A 点的值），$\bar{F}_{QB}=-1$（$B_{左}$点的值），$\bar{F}_{QB}=0$（$B_{右}$点的值），

$\bar{M}_E=\dfrac{ab}{l}$（E 点的值），$\bar{F}_{QE}=-\dfrac{a}{l}$（$E_{左}$点的值），

$\bar{F}_{RC}=\dfrac{l+c}{l}$（$B$ 点的值），$\bar{F}_{RD}=-\dfrac{c}{l}$（$B$ 点的值），

$\bar{M}_F=-\dfrac{ce}{l}$（B 点的值），$\bar{F}_{QF}=\dfrac{c}{l}$（$B$ 点的值）

9.12　$\bar{F}_{RB}=\dfrac{20}{11}$（$H$ 点的值），$\bar{F}_{QG}^{L}=\dfrac{1}{4}$（$G$ 点的值），

$\bar{F}_{QG}^{R}=-\dfrac{3}{4}$（$G$ 点的值），$\bar{F}_{QB}^{L}=-\dfrac{3}{4}$（$G$ 点的值）

9.13　$\bar{M}_A=-l$（C 点的值），$\bar{F}_{Ay}=1$（BC 段），

$\bar{M}_K=-a$（C 点的值），$\bar{F}_{QK}=1$（C 点的值）

9.14 $\bar{M}_E=-\frac{2}{3}\text{ m}$（$C$ 点的值），$\bar{F}_{QB}^{L}=-\frac{2}{3}$（$C$ 点的值），$\bar{F}_{QB}^{R}=1$（C 点的值）

9.15 $\bar{F}_{RA}=-1$（F 点的值），$\bar{F}_{QB}=1$（$B_{右}$点的值），

$\bar{F}_{QC}^{L}=-\frac{3}{2}$（$D_{左}$点的值），$\bar{F}_{QC}^{R}=1$（$D_{左}$点的值），

$\bar{M}_K=-2\text{ m}$（F 点的值），$\bar{M}_D=2\text{ m}$（$D_{右}$点的值）

9.16 $\bar{F}_{N1}=\frac{3}{2}$，$\bar{F}_{N2}=1$，$\bar{F}_{N3}=-\frac{3}{2}$，$\bar{F}_{N4}=\sqrt{2}$（均为 C 点的值）

9.17 $\bar{F}_{N1}=\frac{3}{4}$，$\bar{F}_{N2}=-\frac{2\sqrt{2}}{3}$，$\bar{F}_{N3}=\frac{2}{3}$（均为 E 点的值），

$\bar{F}_{N4}=\frac{\sqrt{2}}{3}$，$\bar{F}_{N5}=-\frac{3}{4}$（均为 C 点的值）

9.18 $\bar{F}_{QE}=-\frac{1}{4}$（$F$ 点的值），$F_{QE}^{L}=17.75\text{ kN}$，$F_{QE}^{R}=-12.25\text{ kN}$

9.19 $|M_B|_{max}=60\text{ kN}\cdot\text{m}$

9.20 $M_{C\max}=242.5\text{ kN}\cdot\text{m}$

9.21 $M_{K\max}=97.5\text{ kN}\cdot\text{m}$

9.22 （a）$F_{QC\max}=789\text{ kN}, F_{QC\min}=-131\text{ kN}$；

（b）$F_{QC\max}=149\text{ kN}, F_{QC\min}=-36\text{ kN}$

9.23 绝对最大弯矩 355.6 kN·m，跨中截面最大弯矩 350 kN·m

9.24 绝对最大弯矩 426.7 kN·m